心理辅导与服务能力考试用书

心理咨询与辅导基础理论

主编◎桑 标

Psychological Counseling and Service

华东师范大学出版社
·上海·

图书在版编目(CIP)数据

心理咨询与辅导基础理论/桑标主编.—上海:华东师范大学出版社,2023
ISBN 978-7-5760-4303-7

Ⅰ.①心… Ⅱ.①桑… Ⅲ.①心理咨询-资格考试-自学参考资料②心理辅导-资格考试-自学参考资料 Ⅳ.①B849.1

中国国家版本馆 CIP 数据核字(2023)第 217725 号

心理咨询与辅导基础理论

主　　编	桑　标
责任编辑	师　文
审读编辑	师　文　余思洋
责任校对	王丽平　时东明
装帧设计	俞　越

出版发行	华东师范大学出版社
社　　址	上海市中山北路 3663 号　邮编 200062
网　　址	www.ecnupress.com.cn
电　　话	021-60821666　行政传真 021-62572105
客服电话	021-62865537　门市(邮购)电话 021-62869887
地　　址	上海市中山北路 3663 号华东师范大学校内先锋路口
网　　店	http://hdsdcbs.tmall.com
印 刷 者	上海龙腾印务有限公司
开　　本	787 毫米×1092 毫米　1/16
印　　张	27.75
字　　数	639 千字
版　　次	2023 年 12 月第 1 版
印　　次	2025 年 6 月第 3 次
书　　号	ISBN 978-7-5760-4303-7
定　　价	68.00 元

出 版 人　王　焰

(如发现本版图书有印订质量问题,请寄回本社客服中心调换或电话 021-62865537 联系)

前　言

　　心理健康是个体在成长和发展过程中，认知合理、情绪稳定、行为适当、人际和谐，以及能适应变化的一种完好状态，是个体健康不可或缺的重要组成部分，对个人的幸福生活和社会的长治久安有着极为重要的意义。党的二十大报告指出：推进健康中国建设是增进民生福祉、提高人民生活品质的重要举措，推进健康中国建设要重视心理健康和精神卫生，把健全社会心理服务体系、加大培养社会心理服务人才作为健康中国建设的重要内容。

　　社会心理服务以心理学知识为基础，系统性地看待微观、中观、宏观，以及个体、群体和社会之间的关系，通过不同的手段和方法，有效解决不同层面的心理问题。社会心理服务是促进与保障大众心理健康的重要保证。2016年10月，中共中央、国务院印发的《"健康中国2030"规划纲要》中提出加强心理健康服务体系建设和规范化管理，加大全民心理健康科普宣传力度，提升心理健康素养。到2030年，常见精神障碍防治和心理行为问题识别干预水平显著提高。2022年5月，国务院办公厅印发的《"十四五"国民健康规划》中提出要完善心理健康和精神卫生服务。2023年5月，教育部等17个部门联合印发的《全面加强和改进新时代学生心理健康工作专项行动计划（2023—2025年）》中提出力争三年内健全健康教育、监测预警、咨询服务、干预处置"四位一体"的学生心理健康工作体系，完善学校、家庭、社会和相关部门协同联动的学生心理健康工作格局。

　　社会心理服务的有效开展，不仅仅局限于心理咨询与治疗，还包括心理测评、教育教学、社会工作、用户研究等应用心理学的各个领域，这些都需要能够向大众普及的心理学知识，并要在此基础上，结合人们各自的岗位，将相关的知识应用到与人相关的方方面面的服务工作中去。例如，青少年的教育、老年人的照护、犯罪行为的预防和矫正、组织机构与社会的管理、城乡环境的建设决策等。总而言之，有人生活工作的地方，就有社会心理服务的需要，就需要人们拥有社会心理服务的意识和能力，这是社会和谐发展奔向美好未来的保障。

　　2016年12月，中宣部等22个部门联合印发的《关于加强心理健康服务的指导意见》中明确要求加强心理健康领域社会工作专业人才队伍建设，医学、教育、康复、社会工作等相关专业要加强心理学理论教学和实践技能培养，促进学生理论素养和实践技能的全面提升。目前，全国开设心理学专业的大专院校和研究所已经超过百家；在基础教育方面，中小学中也普遍落实了心理健康教育教师的岗位设置，进一步建立健全了三级心理健康教育网络体系。

　　本教材是应心理辅导与服务能力考试的需求而编写的，教材分为《心理咨询与辅导基础理论》和《心理咨询与辅导专业理论与实务》两册。《心理咨询与辅导基础理论》共分为三个部分，旨在帮助读者系统性地学习和掌握社会心理服务相关的心理学基础知识，了解什么是科学心理学，帮助读者科学地认识心理和心理学。其中：第一部分系统性地梳理了心理学重要的基础概念、研究领域、研究方法和主要流派，包括注意、感知觉、记忆、情绪、动机、能力等内容；第二部分阐述了个体心理发展的主要理论，从认知、情绪、人格、道德、同伴关系等方面介绍了个体心理发展的规律；第三部分介绍了社会心理学的基础理论，包括社会认知、社会态度、利他、群体影响等内容，帮助读者更好地理解群体中的自己和"个体与他人""个体与群体"之间的关系。《心理咨询与辅导专业理论与实务》聚焦社会心理服务中需要了解的心理咨询、心理辅导知识，介绍了心理咨询与治疗理论对"人的服务"的作用与意义，帮助读者更加客观地看待心理成长与积极的人文建设对于个体心理健康的必要性；同时，也介绍了一些基本的心理咨询技术及其在具体情境中的应用，从技术实务层面为读者提供了具体的操作指导。

本教材是心理辅导与服务能力考试初级和中级的考试配套教材，在此基础上，关于中级和高级的考试认证还会结合各领域的专项需要，推出新的教材，聚焦强化心理咨询与治疗能力、心理测量与评估能力、家庭教育与辅导能力、特殊人群的心理照护能力、公众事件的心理引导与援助能力等，强化理论与实操能力的进阶培养。

本教材也可以作为大众的心理健康科普读物，在个体层面，帮助读者了解"人的心理"，从而预防心理问题的发生，减少心理疾病，维护心理健康，建构积极健康的人际关系；在社会层面，化解社会矛盾，维护社会稳定，提升人民整体心理健康水平与幸福感，实现社会安定、和谐、进步，促进健康中国、平安中国、幸福中国的建设。

本教材的编写得到了上海市心理学会、上海市教育人才交流协会、上海赢鑫心理研究院和华东师范大学出版社等各方面的大力支持，在此表示衷心的感谢！也欢迎读者朋友对教材提出完善意见，以便进一步提升教材质量。

编　者

2023 年 10 月

目 录

01 第一部分 普通心理学

第一章 绪论 ··· 3
第一节 心理学的研究对象 ··· 3
第二节 心理学的研究领域 ··· 5
第三节 心理学的主要流派 ··· 7
第四节 心理学的研究方法 ··· 9

第二章 心理和行为的脑神经生理机制 ··· 12
第一节 神经元 ··· 12
第二节 神经系统 ··· 14
第三节 大脑皮质的功能 ··· 16

第三章 意识和注意 ··· 20
第一节 意识 ··· 20
第二节 注意 ··· 22
第三节 注意的种类 ··· 24
第四节 注意的特征 ··· 27

第四章 感觉和知觉 ··· 31
第一节 感觉 ··· 31
第二节 感觉现象 ··· 34
第三节 知觉 ··· 35
第四节 知觉的特征 ··· 37
第五节 观察 ··· 41

第五章 记忆 ··· 43
第一节 记忆概述 ··· 43
第二节 记忆系统 ··· 45
第三节 遗忘 ··· 49

第四节　记忆品质和记忆策略 …………………………… 52

第六章　表象和想象 …………………………………………… 57
第一节　表象 ……………………………………………… 57
第二节　想象 ……………………………………………… 59
第三节　想象的种类 ……………………………………… 60

第七章　思维 …………………………………………………… 64
第一节　思维概述 ………………………………………… 64
第二节　概念的形成 ……………………………………… 69
第三节　问题解决 ………………………………………… 75
第四节　创造性思维 ……………………………………… 82

第八章　情绪和情感 …………………………………………… 86
第一节　情绪和情感概述 ………………………………… 86
第二节　情绪和情感的种类 ……………………………… 88
第三节　表情 ……………………………………………… 93
第四节　情绪的自我调节 ………………………………… 94

第九章　意志 …………………………………………………… 97
第一节　意志概述 ………………………………………… 97
第二节　意志行动过程 …………………………………… 99
第三节　意志品质 ………………………………………… 103
第四节　挫折心理 ………………………………………… 104

第十章　动机 …………………………………………………… 109
第一节　动机概述 ………………………………………… 109
第二节　需要 ……………………………………………… 112
第三节　生理性动机 ……………………………………… 114
第四节　社会性动机 ……………………………………… 116

第十一章　能力 ………………………………………………… 122
第一节　能力概述 ………………………………………… 122
第二节　智力理论 ………………………………………… 126
第三节　智力测验 ………………………………………… 131

第十二章　气质 ·············· 134
第一节　气质概述 ·············· 134
第二节　气质类型 ·············· 136
第三节　气质理论 ·············· 137

第十三章　性格 ·············· 141
第一节　性格概述 ·············· 141
第二节　性格类型 ·············· 144
第三节　性格测量 ·············· 146
第四节　人格理论 ·············· 148

02 第二部分　发展心理学

第一章　绪论 ·············· 157
第一节　发展心理学的研究对象与任务 ·············· 157
第二节　心理发展的基本问题 ·············· 160
第三节　遗传对心理发展的影响 ·············· 162
第四节　环境对心理发展的影响 ·············· 165

第二章　心理发展的主要理论 ·············· 172
第一节　成熟势力说 ·············· 172
第二节　行为主义观 ·············· 173
第三节　社会学习论 ·············· 175
第四节　精神分析论 ·············· 176
第五节　相互作用论 ·············· 179
第六节　社会文化理论 ·············· 181
第七节　人本主义观 ·············· 183
第八节　生态系统理论 ·············· 185
第九节　毕生发展观 ·············· 187

第三章　身体的发展与发育 ·············· 190
第一节　身体发展的一般规律 ·············· 190
第二节　大脑和神经系统的发展 ·············· 191
第三节　青春期身体发育与性发育 ·············· 193

　　　　第四节　青春期性心理 …………………………………… 196

第四章　认知的发展 …………………………………………… 201
　　　　第一节　认知发展的阶段 …………………………………… 201
　　　　第二节　智力的发展与智力测验 …………………………… 204
　　　　第三节　创造力的发展 ……………………………………… 211

第五章　情绪的发展 …………………………………………… 216
　　　　第一节　早期情绪发展 ……………………………………… 216
　　　　第二节　儿童期的情绪发展 ………………………………… 224
　　　　第三节　青少年的情绪发展 ………………………………… 226
　　　　第四节　发展性情绪问题 …………………………………… 228

第六章　人格的发展 …………………………………………… 235
　　　　第一节　生物学因素与人格发展 …………………………… 235
　　　　第二节　家庭因素与人格发展 ……………………………… 238
　　　　第三节　自我与人格 ………………………………………… 241

第七章　道德的发展 …………………………………………… 249
　　　　第一节　道德发展的理论 …………………………………… 249
　　　　第二节　亲社会行为及其发展 ……………………………… 254
　　　　第三节　攻击行为及其发展 ………………………………… 258

第八章　同伴关系的发展 ……………………………………… 263
　　　　第一节　同伴关系的发展与特点 …………………………… 263
　　　　第二节　同伴关系的评定与类型 …………………………… 267
　　　　第三节　青少年的网络交往 ………………………………… 269

第九章　学习心理的发展 ……………………………………… 273
　　　　第一节　非智力因素与学习 ………………………………… 273
　　　　第二节　学习策略与学习风格 ……………………………… 280
　　　　第三节　学习不良及其干预 ………………………………… 283

第十章　性别发展与性别差异 288
第一节　性别的形成与发展 288
第二节　发展中的性别差异 292

03 第三部分　社会心理学

第一章　绪论 299
第一节　社会心理学的对象与特点 299
第二节　社会心理学发展简史 301
第三节　社会心理学的理论 303
第四节　社会心理学的研究方法与潜在问题 307

第二章　社会化与社会认知 311
第一节　社会化 311
第二节　社会认知 316

第三章　社会角色与性别差异 324
第一节　社会角色 324
第二节　性别角色 327
第三节　性别差异 331

第四章　社会态度 335
第一节　态度概述 335
第二节　社会态度的形成 338
第三节　社会态度的改变、影响因素及理论 339
第四节　偏见 345
第五节　社会态度的测量 348

第五章　归因与判断 351
第一节　归因 351
第二节　判断 354

第六章　人际关系 ……… 360
第一节　人际吸引 ……… 360
第二节　人际沟通 ……… 362
第三节　人际关系 ……… 365
第四节　亲密关系 ……… 367
第五节　人际冲突 ……… 371

第七章　利他与侵犯 ……… 374
第一节　利他行为 ……… 374
第二节　侵犯行为 ……… 381

第八章　社会影响 ……… 386
第一节　大众社会心理 ……… 386
第二节　相符行为 ……… 392

第九章　群体影响 ……… 401
第一节　群体影响概述 ……… 401
第二节　群体对个体行为的影响 ……… 403
第三节　群体对决策的影响 ……… 406
第四节　群体领导 ……… 410

第十章　社会心理学的应用 ……… 414
第一节　社会心理学在健康、临床领域的应用 ……… 414
第二节　社会心理学在管理、环境领域的应用 ……… 421
第三节　社会心理学在司法、政治领域的应用 ……… 426

主要参考文献 ……… 432

后记 ……… 434

第一部分

普通心理学

第一章 绪论
第二章 心理和行为的脑神经生理机制
第三章 意识和注意
第四章 感觉和知觉
第五章 记忆
第六章 表象和想象
第七章 思维
第八章 情绪和情感
第九章 意志
第十章 动机
第十一章 能力
第十二章 气质
第十三章 性格

第一章
绪论

第一节 心理学的研究对象

一、心理学的定义

世界上存在着两种现象：物质现象和精神现象。大多数人对日月山川、四季更替以及自己的身体状况等认识得比较清楚，而人的精神现象、心理活动往往涉及非常广泛的领域，例如，记忆、思维、情绪、能力、气质、性格等，这使得有些人对心理现象存在不正确的理解，认为心理学是深奥的、具有某种神秘色彩的，甚至把心理学与算命等封建迷信相提并论，这些是完全不正确的。

尽管心理学在它的萌芽时期渗透着许多不科学的观点，甚至是荒谬的论断，但它在步入20世纪后，已逐渐发展成为一门具有丰富理论内涵和重要应用价值的科学。

心理学的英语"psychology"一词源于古希腊语，其本义为"心灵或精神解说"。在1879年，德国心理学家、哲学家和现代实验心理学创始人冯特（W. Wundt）在德国莱比锡大学创建了世界上第一个心理实验室，并对人的心理现象进行了系统研究。从此，心理学从哲学中分离出来成为一门独立的学科，冯特被誉为"科学心理学诞生的旗手"。

随着心理学研究的发展，学界对心理学做出了相对统一的定义：心理学是研究人的行为和心理活动发生、发展及其变化规律的科学。

心理学探讨人的心理活动及其神经生理机制，其研究目标和方法与自然科学一样，具有自然科学性质。但人又是社会实体，受到社会环境的影响，从这个意义上说，心理学又具有社会科学的性质。因此，心理学是一门兼有自然科学和社会科学性质的边缘（中间）学科。

二、心理学研究的对象

心理学把统一的人的心理现象分为既相互联系又有所区别的两个部分：心理过程和人格。

（一）心理过程

人的心理过程包括认知过程、情绪情感过程和意志过程。

认知过程是指人脑认识客观事物的过程，是人由表及里、由现象到本质地反映客观事物本质及其内在联系的心理活动，这是人最基本的心理活动过程，包括感觉、知觉、记忆、思维和想象，注意是伴随心理活动过程的心理特性。

情绪情感过程是指人脑对客观事物是否满足自身物质和精神需要而产生的态度体验，是人对客观事物的主观反映。凡客观事物能符合并满足自己的需要，人就会对其产生积极的、肯定的情绪和情感,反之,则会产生消极、否定的情绪和情感。

意志过程是指人自觉地确定目的、克服困难、力求实现预定目的的心理过程。为实现既定目标而有意识地调节与支配行为的心理活动,是人的意志的体现。意志是人与动物的本质区别。人的意志行动体现在发动和制止两个方面,人们通过调节自身的言论和行为来达到预定的目的。

人的认知过程、情绪情感过程和意志过程相互联系、相互作用,从而构成了有机且完整的人类心理活动。一方面,认知过程会影响情绪情感过程。"知之深,爱之切"说明认知过程对人的情绪情感具有重要影响;"知识就是力量"则说明认知过程对人的意志过程也具有重要影响。另一方面,情绪情感过程又会反作用于认知过程,没有情绪和情感的推动或缺乏良好的体验,人的认知活动就不可能深入发展。同时,情绪情感过程与意志过程之间也具有密切联系。情绪和情感既可以成为意志行动的动力,也可能成为意志行动的阻力,而人的认知过程则可以在很大程度上调控人的情绪和情感活动。

人的认知过程、情绪情感过程和意志过程有其发生、发展及变化的共同特征,是统一的心理过程的不同方面。人的心理过程的发生、发展的规律性是心理学研究的对象之一。

(二) 人格

由于心理过程发生在具体的个人身上,而每个人的先天素质及其所处的后天环境不同,这就使每个人都有其自己独有的特征,所谓"人心不同,各如其面",即指人格。人格是指一个人区别于他人的心理特征的总称,有时也把它与个性看作同义词。但人格与个性之间存在着一些差别:人格是对个体心理特质的阐述,即从总体上说明个体行为的原因,而个性指个体在典型的心理特征方面的差异,是相对于共性而言的。人格主要表现在两个方面:心理倾向性和心理特征。人格是心理学研究的另外一个重要对象。

1. 心理倾向性

心理倾向性是指人对客观事物及活动对象的选择与趋向,是人积极从事活动的指向性和基本动力。心理倾向性主要包括需要、动机、兴趣、爱好、理想、价值观、人生观和世界观等。需要是由人的生理和心理上的某种失衡状态引起的使个体进行某项活动的基本原因;动机是在需要的驱动下产生并趋向预定目标的心理动力;兴趣是人认识客观事物的心理倾向;世界观是人对世界或客观环境的总的看法。心理倾向性随着人的生理和心理的逐渐成熟,有以下几个主要发展阶段:在儿童时期,兴趣是支配个体心理活动与行为的主要动力;在青少年时期,理想上升到主导地位;在青年后期和成年期,人生观、价值观和世界观成为占据主导地位的心理动力,它们支配着人的整个心理活动与行为表现,其中世界观是心理动力的最高表现形式和最高调节器,它集中体现了人的社会属性。

2. 心理特征

心理特征是人在认知过程、情绪情感过程和意志过程中形成的稳定且经常表现出来的特征,是人的多种心理特征的独特结合,集中反映了一个人的心理面貌。个性心理特征主要包括能力、气质和性格。能力是指一个人顺利完成某种活动所必须具备的心理特征,它反映出人与人之间在活动效率及潜在可能性方面存在差异。气质和性格是一个人区别于他人，并在不同情境中也能表现出一贯的、相对稳定的行为模式的心理特征。气质是指人的心理活动与行为产生的动力特征，表现在心理活动的强度、速度、稳定性和灵活性等方面。性格是人在现实的稳定的态度及与之相适应的习惯化的行为方式中所表现出来的人格心理特征。性格在人格中具有核心意义。气质和性格相互联系、相互影响、相互作用，从而使一个人的心理活动与行为表现与其他人相互区别。

人的心理过程和人格彼此联系，构成一个有机的整体。没有心理过程，人格就无法形成。没有对客观事物的认识，没有因客观事物与人的需要之间的态度体验而产生的情绪情感，没有积极改造客观事物的意志，人格就会成为无本之源。反之，人格又会反作用于人的心理过程。

概括地说，心理学是研究人的行为和心理过程发生及发展规律的科学；是研究心理过程和人格形成、发展与变化规律的科学；是研究心理过程和人格之间的关系的科学。要深入了解并解释人的心理现象，就要从整体上考察人的心理活动。

第二节 心理学的研究领域

心理学是研究人的心理现象的科学。根据心理学研究的对象和性质，可将其分为自然科学研究与社会科学研究；根据心理学涉及的领域，可将其分为基础科学研究与应用科学研究。

一、心理学主要的研究领域

（一）自然科学与社会科学研究

人的心理现象是脑的机能与属性，它包括心理的神经生物学基础、脑的发育完善对心理发展的影响，以及遗传在人类行为中的作用等。心理学研究还借助计算机科学来模拟人类的智慧与行为，如知觉、问题解决、概念形成和推理与决策等。从这个意义上说，心理学研究的目标和手段与自然科学相似。

但人又具有社会属性。人的心理的发生、发展离不开社会环境的影响。例如，当人离群索居，不与他人交往时，其语言表达能力就不可能得到顺利发展，也不可能获得高度发展的思维能力，当然就不具有分析问题与解决问题的能力。人的观察力、记忆力和注意力等，都是在社会实践中形成和发展起来的，因此，心理学的研究具有很强的社会科学性质。

（二）基础科学与应用科学研究

心理学研究人脑对客观事物主观反映的规律性，它既涉及人脑的机能，也与社会环境相互关联，心理学所揭示的人的心理现象是人脑与社会环境相互作用、相互影响而产生的最普遍、最基本的现象。因此，心理学要研究人脑这一高度发展了的物质的运动，如感觉、知觉、记忆、思维、情绪、意志和人格等。从这个意义上说，心理学既要研究人的心理过程和人格的形成、发展及变化的一般规律，也要研究促使人的心理现象发生、发展的神经生理机制与功能，还要研究人的心理的社会化，以及其与社会环境相互作用的规律性。

心理学不仅是一门基础学科，又是一门应用学科。由于人的社会实践范围广泛，其对人的心理活动的发生、发展有着不同的作用和影响，因此，我们需要通过对实践领域心理活动规律的揭示，指导人们学会遵循心理规律有效地从事各项社会实践活动。

心理学的应用研究领域迅速扩展并得到高速发展有两方面的原因：一是生活实际的需要。现代生活的多元纷繁，使人对心理素养高度重视，尤其重视对人才的培养，以及智力的开发等。同时，由于社会政治、经济、文化以及科学技术的迅速发展，竞争加剧，导致人们在工作、学习、生活过程中遇到了前所未有的困惑与挫折，由此产生了许多心理健康方面的问题，这些都极大地推动了心理学的应用研究。二是与心理学相关的学科发展迅速，如生理学、社会学、教育学、计算机学、管理学、逻辑学、语言学等学科不断与心理学交融并发展形成了许多新的分支学科，这些都促进了心理学的飞速发展。

二、心理学的分类

经过不断发展，心理学在理论上已经形成了独立的学科体系，在应用上已经与各个实践领域建立了广泛的联系，发展出了许多心理学分支学科。

普通心理学研究的是正常成年人的心理现象发生和发展的一般规律，涉及感觉、知觉、记忆、思维等心理过程的一般规律，以及需要、动机和性格等心理特征形成、发展和变化的一般规律。普通心理学在心理学学科体系中占有特殊地位，它是各心理学分支学科的理论基础，也是心理学入门的基础知识。

生理心理学研究的是人的心理活动的生理机制，主要探讨在生理过程、神经生理生化等方面心理活动的生理机能。生理心理学在现代脑科学研究及现代生物技术发展的基础上，揭示心理现象在脑部的解剖特征机制以及与脑功能方面的相互关系。

发展心理学研究的是个体心理发生、发展过程及其基本规律。它以人的心理发生、发展的各个阶段的心理特点与规律为研究对象。发展心理学分为婴幼儿心理学、儿童心理学、青少年心理学、青年心理学、中年心理学和老年心理学。

教育心理学研究的是教育过程中教与学的心理活动规律，揭示教育和人的心理发展之间的相互关系。其研究内容涉及受教育者的道德品质形成、知识与技能掌握、教师的心理品质、影响教学过程的心理因素，以及学生良好行为习惯的形成规律和家庭、学校、社会等外在环境对受教育者的心理影响等。

社会心理学研究的是在群体环境下个体心理发生、发展及其变化的规律，涉及个体如何受群体的影响而改变行为，以及在受到压力时如何做出顺从的行为，包括个体社会化过程、印象形成、社会态度、人际吸引和群体心理等方面。

工业心理学包括工程心理学和管理心理学，它涉及工程设计中如何使设备适应人的活动特点，从而提高工作效率、改变领导与管理风格、激励员工开发潜能、提升经济效益与社会效益等方面的内容。

临床心理学是运用心理学原理诊断及治疗心理异常的心理学分支学科，它涉及情绪问题、行为异常、智力迟钝、适应困难和人际关系紧张等方面。临床心理学家不同于精神病医生，他们以心理学原理揭示心理问题，运用心理矫正技术与方法使来访者恢复正常心理活动，通过咨询等一系列程序，改变来访者原有的认知结构、负面态度和行为模式，使他们能够重新适应社会生活。

第三节　心理学的主要流派

一、构造主义心理学：心理活动的内容

构造主义心理学学说最早由冯特提出，后经他的学生铁钦纳（E. B. Titchener）在美国宣扬推广。构造主义心理学认为心理学是研究人的意识经验的科学，该学派采用内省的方法，通过分析口头报告来了解人的心理结构。

构造主义心理学认为意识经验包括内容、过程和原因。内容是人所经历的经验，包括感觉、意象和感情；过程是经验发生、发展的过程，包括经验是如何发生、发展及变化的；原因是探究各种经验产生的缘由，以及它们之间存在着的因果关系。

二、机能主义心理学：有目的的心理

机能主义心理学的创始人为美国心理学家詹姆斯（W. James）和杜威（J. Dewey）。机能主义心理学主张心理学要研究人在适应环境的过程中所扮演的角色及其行为背后的心理活动，这比把心理或意识看作结构要素更重要，人的"意识流"在适应环境的过程中具有重要作用。机能主义心理学极大地推动了心理学在实际应用领域的发展。

三、格式塔心理学：整体的心理

格式塔心理学由德国心理学家韦特海默（M. Wertheimer）、苛勒（W. Köhler）以及美国心理学家考夫卡（K. Koffka）等人创立。格式塔是从德文"Gestal"音译而来的，意为"整体""形状"或"完形"，它强调的是知觉的组织。格式塔心理学主张把人的心理作为整体进行探讨，而不是简单地把心理或行为分解为部分。例如，一支乐曲对人来说是一个整体，若把它拆分成各种音符，人就无法感受其整体的旋律。格式塔心理学认为：整体不同于部分之和；整体先于部分而存在，并制约和决定部分的性质与意义；部分相加不等于整体，整体大于部分之和。格式塔心理学对知觉理解和学习研究的发展做出了重大贡献。

四、精神分析理论：心理活动的动力

精神分析理论由奥地利精神病医生弗洛伊德（S. Freud）在1896年提出。弗洛伊德认为，精神生活或意识像一座冰山，只有露在海面上的一部分可以被看见，其他隐藏在海面下不能被觉知的部分是潜意识，人的言行会不断地受到潜意识中的观念、冲动、欲望等的影响。

因此，人的思维、感情、行为的发生并非偶然，且儿童期的经验对个体日后个性的形成与发展具有重要影响，可以说，成人是由儿童创造的。

精神分析理论主要由三部分内容组成：(1)用潜意识、生本能、死本能和力比多(Libido)等概念来解释人的行为动力；(2)用口腔期、肛门期、性器期、潜伏期、生殖期以及恋父情结、恋母情结等来解释人格发展的不同阶段及相应特征；(3)用本我、自我、超我来解释人格结构，并以焦虑和心理防御机制解释三种"我"之间的矛盾冲突。

精神分析理论影响了人类文化和心理学的发展，使原先仅对某些心理现象进行片面探讨的心理学转而关注起了趋向内部的、对个人整体方面的研究。随着精神分析理论及相关临床实践的发展，心理学越来越重视个体在人格发展过程中受到的社会环境和文化的影响，因此后来又出现了新精神分析理论(neo-psychoanalysis)，它们修正了弗洛伊德的部分观点。

五、行为主义心理学：理解和控制行为

行为主义心理学的代表人物是美国心理学家华生(J. B. Watson)和斯金纳(B. F. Skinner)。华生认为，心理学研究的对象应当是可以观察到的外显行为，而不是看不见、摸不着、无法客观研究的意识。行为主义心理学主张心理学的研究应该遵循刺激—反应公式，把研究的重点由内隐的心理和意识转向外显的可以观察的行为，且应当重视环境因素，因为环境因素是影响行为产生与发展的重要因素，而遗传的影响则可以不必理会。华生曾宣称，社会若需要某类人，他就可以把任何智力与身体正常的人，教导成为社会所需要的人，如数学家、文学家、音乐家、律师或军官，也可以让他成为乞丐、流氓或罪犯。

行为主义心理学以客观的、可以验证的实验方法，使心理学最终具有自然科学性质，对科学心理学的发展做出了很大贡献。其在学习规律、条件反射、奖励和惩罚的应用、行为矫正等方面，以及在治疗精神障碍、抑制攻击行为、解决两性问题和克服药物成瘾等方面都起到了重要作用。但行为主义心理学排斥内省法及意识经验，使心理学研究的内涵窄化，从而阻碍了心理学的健康发展。

六、人本主义心理学：潜能的发展

人本主义心理学由美国心理学家马斯洛(A. H. Maslow)和罗杰斯(C. Rogers)在20世纪中叶创立。在心理学的发展过程中，行为主义心理学和精神分析理论通常被称为心理学发展中的第一势力和第二势力，而人本主义心理学则被称为第三势力。

人本主义心理学认为，心理学应以正常健康的人为研究对象，每个人都有自我成长、发展和掌控自己生活及行为的动力，人的本性是善良的，并蕴藏着巨大、无限的潜力，每个人都具有寻求自我实现并达成该目标的潜能。

人本主义心理学强调心理学应该充实人们的生活并帮助人们挖掘自我实现的潜能。因此，心理学要研究的是如何通过改善环境和创设条件来充分发展人的潜能，以实现个体的自我选择，使个体拥有其所追求的更具创造性、更有意义和更令人满意的生活，满足其自我实

现的需要。

人本主义心理学强调人的社会性并对人的心理本质做出了新的诠释,这对当今教育心理学、发展心理学、心理咨询与辅导、心理治疗等产生了很大的影响。

七、认知心理学:多水平、多层次的信息加工

认知心理学以人的认知过程为研究对象,探索人获取知识和使用知识的过程。

认知心理学通过实验结果建立的认知过程的心理机制模型,促进了人们对心理活动过程的理解。认知心理学家皮亚杰(J. Piaget)认为,心理学应该研究人的智慧发展,要着力探索人类智慧的性质及其结构与机能。他认为智慧的本质是适应,即使个体与环境取得平衡。

认知心理学促进了人们对个体心理活动过程的理解,尤其是关于人们如何理解外部世界,以及如何描述心理活动模式和变化的过程。

第四节 心理学的研究方法

心理学通过科学研究程序来研究个体的心理活动及其行为表现,从而揭示人的心理活动的发生、发展及变化的规律。

一、观察研究法

观察研究法是指在自然情境中对研究对象的心理现象与行为表现进行系统的观察记录,经过分析以获得其心理活动发生、发展及变化规律的方法。例如,观察学生课堂上的行为表现,了解其注意稳定性、情绪状态和人格特征等。

观察研究法有两种方式:一是参与被观察者的活动过程,即观察者是被观察者活动中的一员;另一种是在旁观察而不参与被观察者的活动。无论采取哪种形式,原则都是不能让被观察者发觉自己正在被他人观察,否则他们的行为表现就会受到影响而导致结果失真。

观察研究法的优点是使被观察者的心理活动自然流露,从而保持了研究的客观性,使获得的资料比较真实。不足之处是很难对观察结果进行重复验证,以及难以对结果进行精确分析,分析容易受观察者本人的知识经验、兴趣、愿望和观察技能等因素的影响。

二、实验研究法

实验研究法是指有计划、有目的地控制条件,使被试产生某种心理现象并加以记录,然后对其进行分析的研究方法。实验研究法不但要求实验者提出研究的问题,即"是什么",还要求他们探讨问题发生的原因,即"为什么"。实验研究法在科学研究中被广泛应用。

采用实验研究法研究个体心理活动与行为表现时,重点是在控制条件的前提下研究自变量和因变量之间的内在关系。我们将由实验者安排、控制与实施的实验条件称为自变量或独立变量;将实验者所要观察、测量和记录被试做出的反应称为因变量,它们是实验者要收集和研究的真正对象;将实验者欲排除的某些条件,以避免实验结果受到它们的影响的称

为控制变量。例如,在探讨阅读速度和记忆的关系的实验中,要求被试阅读材料的数量及速度等是自变量,被试对材料的记忆结果是因变量;在阅读过程中,光线、阅读内容的深浅、阅读动机、噪音等变量是控制变量,它们虽然不是实验的目的,但为了避免这些因素对实验结果产生影响,实验者需设法对其加以控制。

三、心理测验法

心理测验法是指使用标准化测验工具度量不同个体对同一事物所做反应的差异,或同一个体在不同时间或情境中对同一事物所做反应的差异的方法。心理测验法按内容分为智力测验、成就测验、态度测验和人格测验;按形式分为文字测验和非文字测验;按测验规模分为个别测验和整体测验等。采用心理测验法必须具备两个基本要求:测验的信度和效度。信度是指心理测验的可靠程度。如果同一个体多次接受同一测验,得到的结果均相同或大致相同,则可以说测验的信度高。效度高则是指测验有效地测量了被试的心理品质。心理测验法经常被用来探讨难以确定自变量和因变量关系的问题,是量化研究个体心理特征和行为的主要工具之一,其应用范围十分广泛。

四、相关研究法

相关研究法是指研究个体的人格特质、行为表现与客观事件之间是否相互关联以及其相互关联的程度的方法。例如,该方法可用于研究子女的智商、人际交往能力、情绪状态,以及所获成绩与其父母的个体情况是否相关,相关程度如何等问题。

相关研究法既可以在自然环境中开展,也可以在实验室中进行,基本步骤是通过测验获得两个因素,然后运用统计处理技术揭示两者之间的相关程度,并用相关系数加以说明。相关系数从－1.00到＋1.00,如果相关系数是＋1.00,说明两者之间存在着完全正相关;反之,如果相关系数是－1.00,则说明两者之间存在着完全负相关。心理学的研究发现:同卵双生子之间智商的相关系数为0.86;子女与父母之间智商的相关系数为0.35。

五、个案研究法

个案研究法是指对被试各个方面的状况进行深入而详尽的了解,收集个体详细信息,经过分析推知其行为背后的原因的方法。个案研究法的特殊形式是晤谈法。

通过个案研究,研究人员能解释某一个体的某些心理与行为发生、发展和变化的原因。这既是该研究方法的优点,也是它的不足。因为某一个体的个案研究结论,并不一定适用于另一个体,因此,该方法无法被用来对人类整体的心理现象与行为进行概括。

六、调查研究法

调查研究法是指就某一问题要求被调查者自由表达其意见或态度,以此分析群体心理倾向的研究方法。调查研究法在实施时虽然以个人为对象,但其目的是通过调查很多对象获取大量数据、资料,以此来分析与推测群体的心理倾向。

调查研究法一般有两种形式。一种是问卷调查,即通过让被调查者回答事先拟定好的问题,收集相关资料,以此来分析与推测群体的心理特点及心理状态。第二种是晤谈法。晤谈法是通过面谈的方式收集资料,并以此来分析与推测群体的心理特点及心理状态的研究法。晤谈法一般不需要特殊条件和设备,比较容易掌握和施行。

第二章
心理和行为的脑神经生理机制

第一节　神经元

神经系统是人的心理活动的主要生理基础。人的一切心理活动——感觉、知觉、记忆、思维和想象等都是通过神经系统的活动来实现的。

一、神经元的基本概念

（一）神经元的结构和种类

神经元又称神经细胞，它们数量惊人，是神经系统的基本结构和功能单位，尽管其形状、大小、化学成分和功能各异，但主要由细胞体、轴突、树突三个部分组成。

神经元具有接收刺激、传递和整合信息的功能。图1-2-1表现的是神经元沿着一个方向传递信息的状态，树突和细胞体接收传来的信息，细胞体对信息进行整合，通过轴突将信息传给另一个神经元或效应器。

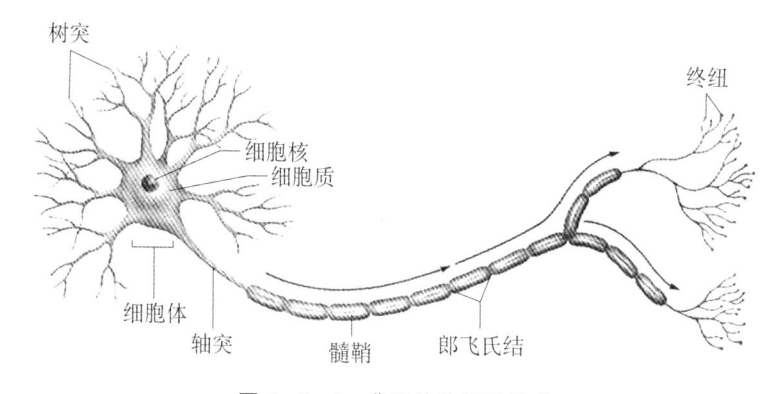

图1-2-1　典型的神经元模式

（二）神经元的种类

神经元根据其形态与功能，分为感觉神经元、运动神经元和联络神经元。感觉神经元又称传入神经元，负责接收来自身体组织和感觉器官的信息并将它们传递到大脑和脊髓。运动神经元又称传出神经元，它们把中枢神经系统的指令传递到身体组织。联络神经元又称中间神经元，它们将信息从感觉神经元传递到运动神经元及其他中间神经元。神经系统中有几百万个感觉神经元和运动神经元，有成百上千亿个中间神经元。

二、神经兴奋的方式

(一) 神经元的兴奋

神经元具有兴奋和传导两种功能。

神经元受到刺激并产生兴奋是一种对刺激的反应能力,表现形式为神经冲动。神经冲动是神经组织的特性,它将信息从一个神经元传递至另一个神经元。

(二) 突触及其功能

神经元之间的联系是通过突触进行和实现的。突触是神经元之间彼此接触的部位。根据接触部位的不同,可将突触分为:轴突与细胞体、轴突与轴突、轴突与树突。

突触是控制信息传递的关键部位,它决定着信息传递的方向、范围和性质。突触分为突触前膜(发送信息的神经元的终纽)、突触后膜(接收信息的神经元的树突或细胞体)和两者之间的突触间隙。当一个神经元内的神经冲动传到轴突末梢时,突触前膜、轴突末端膨大的突触小体中的突触囊泡内所存储的神经递质(引起其他神经元兴奋的化学物质)就被释放出来,进入到突触间隙。进入突触间隙的神经化学递质与突触后膜的受体分子结合,引起突触后膜电位变化,产生突触后电位,实现了神经冲动的传递(如图 1-2-2 所示)。以神经递质为媒介的突触传递,是人脑内信息传递的主要方式。人脑中约有一百多种神经递质,如乙酰胆碱、去甲肾上腺素、5-羟色胺、多巴胺等。乙酰胆碱对学习和记忆具有重要作用,也是连接运动神经元和骨骼肌的信使。去甲肾上腺素辅助控制警觉和唤醒。5-羟色胺会影响人的情绪、饥饿和睡眠。多巴胺则影响人的运动、学习、注意和情绪等。

神经递质产生兴奋或抑制的作用取决于受体分子,即同样一种递质可能在一种突触中产生兴奋作用,而在另一种突触中产生抑制作用。因此,作为化学递质的神经递质能够改变其他神经元的活动。突触是使心理活动得以发生的媒体,而神经递质的存在,说明人的心理与行为可能受到许多药物的影响,因为药物可以阻断、复制或激发神经递质的活动。

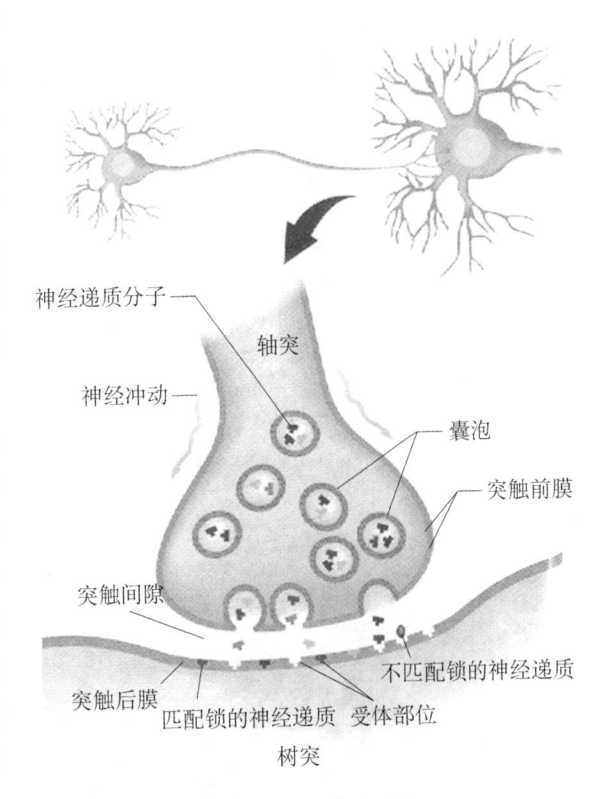

图 1-2-2 突触传递

第二节　神经系统

人的神经系统由周围神经系统和中枢神经系统两部分组成。周围神经系统指除脑和脊髓以外的所有神经结构，它们分布于人体全身，主要功能是接收刺激、产生刺激；中枢神经系统由脑和脊髓组成，它们接收传入的信息并对其进行分析与综合。

一、周围神经系统

周围神经系统由躯体神经系统和自主神经系统组成。躯体神经系统主要调节身体的运动，同时还负责传递来往于中枢神经系统与感觉器官和骨骼肌肉之间的信息，所有的这些信息都是可控的。自主神经系统主要控制并调节身体内脏器官、腺体和肌肉的活动，如呼吸、消化和心跳等，一般不受意识控制。

（一）躯体神经系统

躯体神经系统由脑神经和脊神经组成，负责控制人体的随意运动以及中枢神经系统与感觉器官和骨骼肌肉间的信息传递。躯体神经系统具有整合和协调身体的功能，把来自眼、耳、鼻、舌、皮肤、肌肉、关节等处的外部刺激信息传递到中枢神经系统，使人感知光亮、声音、气味、味道、疼痛、温度等，又把经过中枢神经系统分析、综合的神经冲动传递到运动器官和效应器，从而产生感觉器官和骨骼肌肉的运动反应，包括随意运动、调整姿势和身体平衡活动等。

（二）自主神经系统

自主神经系统又称植物性神经系统，负责人体意识之外的不随意机能部分的活动。它由分布在心肌、平滑肌和腺体等内脏器官的运动神经元构成，控制身体内的不随意活动，如出汗、心跳、消化和血液循环等，这些活动都是不受人的主观意志控制的，即使人睡着了或处于无意识状态，它们也不会停止活动（如图1-2-3所示）。

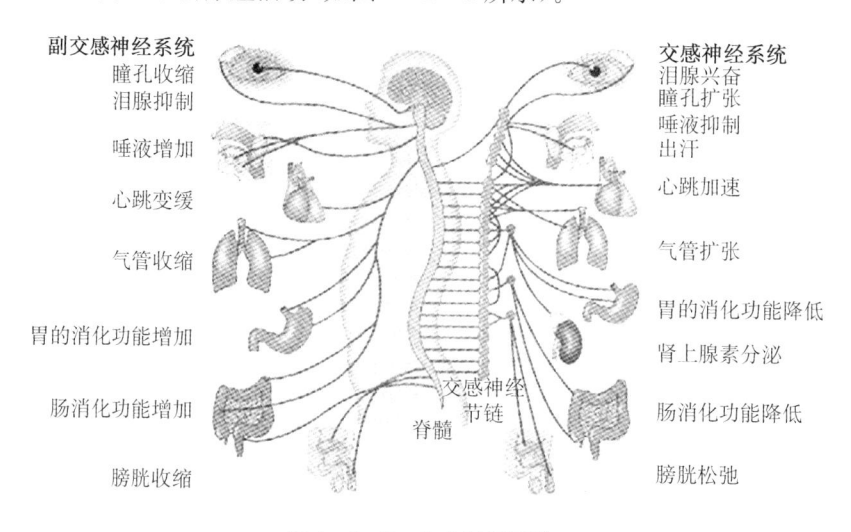

副交感神经系统
- 瞳孔收缩
- 泪腺抑制
- 唾液增加
- 心跳变缓
- 气管收缩
- 胃的消化功能增加
- 肠消化功能增加
- 膀胱收缩

交感神经系统
- 泪腺兴奋
- 瞳孔扩张
- 唾液抑制
- 出汗
- 心跳加速
- 气管扩张
- 胃的消化功能降低
- 肾上腺素分泌
- 肠消化功能降低
- 膀胱松弛

交感神经节链
脊髓

图1-2-3　自主神经系统

自主神经系统分为交感神经系统和副交感神经系统，它们在人的生理机能活动中起着相反、相成的作用。交感神经系统负责在应激性紧急情况下集中资源，唤醒躯体采取行动来应对危险。副交感神经系统负责平息身体在紧急情况下被交感神经系统调动起来的状态，使身体继续储存能量，维持内部机能的常规活动，或使兴奋的躯体回到较低唤醒水平。交感神经系统和副交感神经系统协同活动，以维持身体内部状态的稳定。

二、中枢神经系统

（一）脊髓

脊髓位于椎管内，是中枢神经系统的低级中枢。一束神经从脑延伸至背的末端，完成脑和身体其他部位之间信息的传递。脊髓是脑神经传入与传出信息的中转站和简单反射的控制中心。例如，膝跳反射活动就是在脊髓水平上进行的。

（二）脑

人的中枢神经系统中最重要的部分是脑，所有复杂心理活动都与脑密切相关。人脑中含有人体中全部神经细胞的 90%，大约有 140 亿个神经元。人脑呈复杂的网状结构，每一立方厘米的组织内含有约 4000 万个突触，它们昼夜不停地活动。因此，约占人体重量 2% 的脑，要消耗全身供氧量的 1/5 左右。

1. 脑干

脑干是调节呼吸、血压、心跳的中枢，其中的延髓更是维持生命机能的极其重要的部分，若受到损伤将是致命的，因此，脑干也被称为"生命中枢"。在脑干内部，两耳之间是网状结构。当脊髓的感觉输入传导到丘脑时，那些通过网状结构进行传导的信息，即经过滤的某些重要信息将传送到脑的其他区域。网状结构还能唤醒大脑皮质去注意新的刺激，甚至使之在睡眠中也保持警觉。若网状结构大面积损伤则会导致人的昏迷。

2. 丘脑

脑干上部是丘脑，它是感觉信息的接力站、交换站。从眼睛、耳朵和皮肤传递来的信息经过丘脑，向上传递给更高部分的脑区。丘脑也整合来自脑的信息，并把它们分类，发送给小脑和延脑（或称延髓）。

3. 小脑

小脑的机能是协调随意运动，控制身体姿势和维持身体平衡。在学习运动技能方面，小脑具有重要作用。

4. 边缘系统

大脑两半球交界处的环状部分是边缘系统，包括杏仁核和海马，它们与大脑皮质相连接。其中海马与人对事实或情节的记忆有关，杏仁核与害怕、攻击行为和愤怒等情绪有关。边缘系统还参与自我保护、学习、记忆和快乐的体验。下丘脑会影响人的饥饿感、渴感、体温和性行为等。

第三节 大脑皮质的功能

大脑是中枢神经系统中最重要的部位,占脑重量的 2/3,主要机能是高级认知活动和情绪活动。大脑分为左右对称的两半球,由胼胝体连接,胼胝体使信息可以在两半球之间传递和发送。

大脑皮质表面有许多沟和回,下凹部分称为沟或裂,凸起部分称为回。在解剖学上一般把大脑半球左右对称的部分称为叶,每个半球又被沟和回分为四个叶,分别是额叶、顶叶、枕叶和颞叶。每个脑叶都具有各自不同的功能,它们相互配合共同完成大脑的工作。

一、大脑皮质的分区及其机能

大脑皮质的三个主要区域是感觉区、运动区和联合区。尽管这些区域是独立的、分开的,但它们相互作用、相互依赖,共同对人的行为产生影响。

(一)大脑皮质的感觉区及机能

1. 躯体感觉区

躯体感觉区位于中央沟之后的左右脑的顶叶,主要接收来自皮肤感觉和身体运动这部分的信息,如触摸觉、温度觉、压觉、位置和疼痛等信息。躯体感觉区所占面积越大,其对应的感觉器官的敏感程度就越高。例如,嘴唇对应的躯体感觉区所占面积很大,因此这一部位对刺激特别敏感。背部和躯干对应的躯体感觉区所占面积很小,其敏感程度就比较低。

大脑皮质的上部与下半身相关,大脑皮质的下部与上半身相关。最大的感觉区与唇、舌、大拇指、食指相关。

2. 视觉区

视觉区位于脑后部的枕叶,它们专门处理经由视网膜传入大脑的视觉信息。

3. 听觉区

听觉区位于大脑外侧裂下部两侧的颞叶,它们专门处理经由耳朵输入到颞叶的声音信息。大脑皮质的颞叶区接收来自双耳的信息,一侧颞叶得到的信息,主要来自头部另一侧的耳,因此带有双侧性。在听觉皮质中有的区与语言输出有关,有的区与语言理解相关。当颞叶区某部位受损时,就会严重地影响到人的听觉以及对语言的理解或使用。

(二)大脑皮质的运动区及机能

大脑皮质的运动区位于中央前回,是躯干和四肢中各肌肉运动单位在皮质上的投射区。运动区的主要功能是支配、调节身体的姿势、位置及躯体各部位的运动,其对躯体运动的调节是交叉性的,但对头面部肌肉的控制则是双侧性的。一定区域支配一定部位的肌肉,它们呈倒置排列分布,但头面部区域的排列是正置分布的。身体不同部位在大脑皮质上对应的代表区,其面积大小与运动的精细、复杂程度有关。例如,大拇指和口部对应的运动区其所占面积就特别大。大脑皮质感觉区和运动区所对应的具体身体部位及机能如图1-2-4所示。

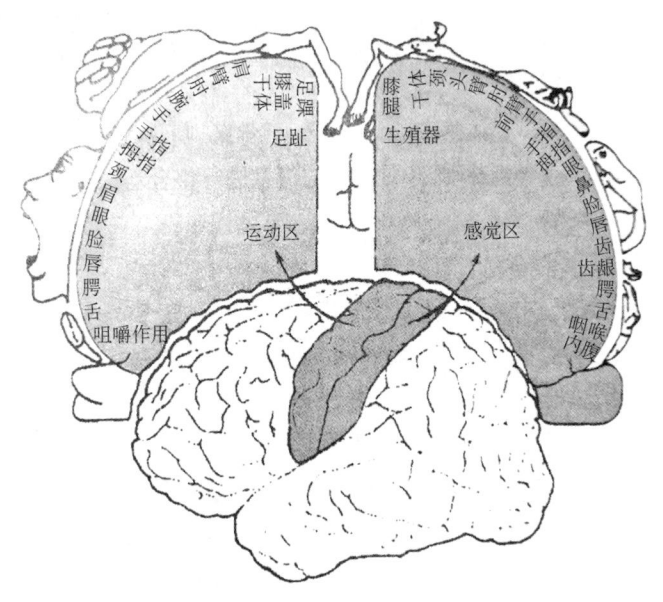

图1-2-4 大脑皮质的感觉和运动中枢位置

(三) 大脑皮质的语言区及机能

大脑皮质的语言区的额叶位于外侧裂之上和中央沟之前,是控制高级心理机能和运动的中枢,负责控制、调节运动和认知活动。语言区主要由大脑左半球上较为广泛的运动皮质组成。例如,听单词会激活大脑左半球颞叶,说单词则会激活大脑左半球前额叶,看到单词会激活大脑左半球枕叶,生成单词则会激活大脑左半球额叶下回和颞中回(如图1-2-5所示)。

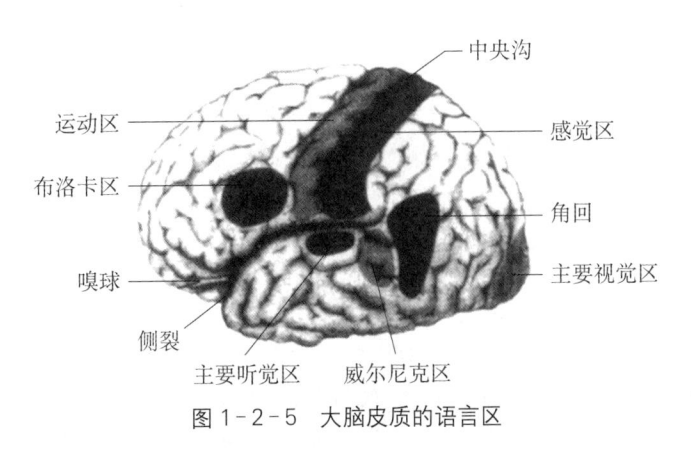

图1-2-5 大脑皮质的语言区

(四) 大脑皮质的联合区及机能

大脑皮质联合区负责对经过感觉区域加工的信息进行解释和整合,并将各种各样的感觉信息与存储的记忆相联系，同时根据这些信息做出反应。例如，筹划、决策等活动，就是通过整合不同的感觉信息对外界刺激做出适当反应。

联合区与人的高级心理活动有关。大脑左半球联合区受损伤的病人可能会患失语症，这与位于左侧额叶的布洛卡区有关。布洛卡区受损的病人，无法像正常人那样组织词汇、说话或写字，尽管他们知道自己想说什么，但就是不能把话正确地说出来。威尔尼克区受损的病人，仍能讲话，发音也没什么问题，但词不达意，他们在词义理解和表达方面存在着困难。

因此，当一个人在大声朗读课文时，语词：(1) 先在视觉区登记；(2) 再传递至角回，角回会将这些语词转化为听觉编码；(3) 然后传至威尔尼克区使人接收并理解其含义；(4) 最后传递至布洛卡区；(5) 由布洛卡区控制朗读者的运动区，使其最终被念出。如果这个链条中的某个连接部分受到损伤，那么个体就会患上不同形式的失语症。角回受到损伤的人能说、能理解，但不能阅读。威尔尼克区受到损伤会影响人的理解能力。布洛卡区受到损伤则会影响人的表达能力（如图1-2-6所示）。

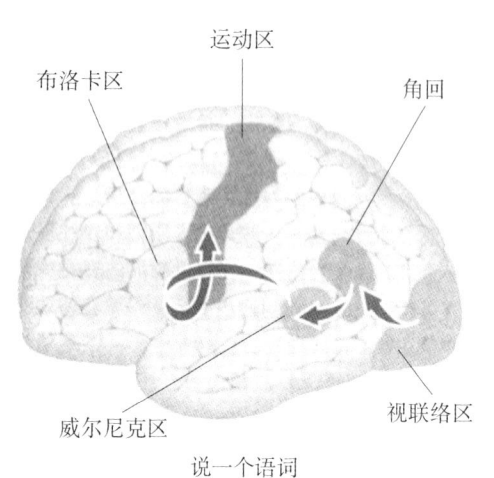

图 1-2-6 说一个语词时的大脑皮质联合区活动

二、大脑两半球的单侧化优势

著名生理心理学家斯佩里（R. Sperry）对癫痫病人的裂脑半球功能的研究表明，大脑两半球在语言、空间组织能力、思维类型、感知觉、音乐、舞蹈等方面的分工不同，使得大脑某一半球会在某些特定方面成为优势半球，这种不对称被称为"大脑两半球功能单侧化"。斯佩里因此研究发现在1981年获得了诺贝尔生理学或医学奖。

大脑两半球在功能上不对称的表现为：大约有99.99%的成年人其大脑左半球负责调控与语言相关的机能，如说话、写作、语言沟通和语言理解等。与数学、时间概念、节奏判断和协调复杂运动顺序等相关的机能也由左半球负责。研究表明：当在执行一项知觉任务时，右半球的活动增多；而在说话或者在计算时，左半球的活动增多。还有测验证实：右半球对闪现的图片有更快、更准确的识别能力；而左半球则对闪现的字词有更快、更准确的识别能力。如果将一个词闪现给右半球，那么识别它可能需要零点几秒甚至更长的时间，在此时间内信息将通过胼胝体被送抵负责语言的左半球。

大脑两半球功能单侧化是相对的。尽管完成许多任务可能会更多地利用到某一侧半球，但是，在大多数任务中，两个半球都必须共同参与，每个半球负责完成自己最擅长的部分，同时还要不断地与对侧的大脑进行信息交流（如图1-2-7所示）。

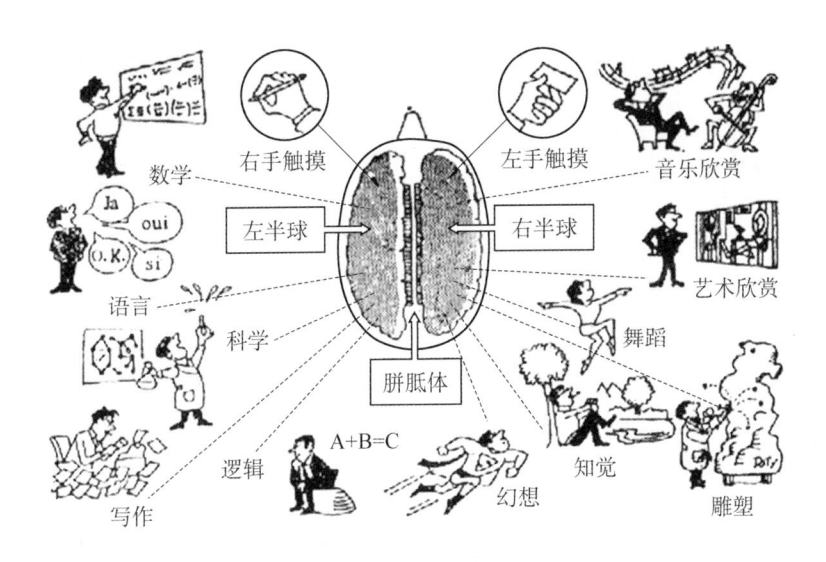

图 1-2-7　大脑两半球功能的单侧化优势

　　大脑两半球单侧化一般随语言的发展而出现，年龄较小的儿童在大脑两半球单侧化尚未完成时，若左半球受损伤，则其语言功能可由右半球来代替。但若损伤发生在成年人的左半球区域，则他的语言能力将随其受损的严重程度的加深而降低，甚至造成不可挽回的后果。男女性别差异也部分地体现在大脑两半球功能的差异上。大多数男性倾向于在左半球显示出更大的语言单侧化，因为对他们来说，语言功能被显著和主要地归属于左边大脑。相反，女性语言功能显示较少的单侧化，她们的两个半球倾向于更均匀的分配。这样的脑部单侧化的差异部分说明了为什么女性在某些语言技能测试上经常表现出较大的优势，如对说话的停顿和流利程度的测试。

　　男性和女性在信息加工方面可能存在差异。例如，在一个功能性磁共振成像研究中，在男女分别辨别词语正误时对其大脑活动进行扫描，结果发现，男性脑部左半球被激活，而女性则同时使用了两侧大脑。这可能与男女的胼胝体大小存在差异有关：女性的胼胝体更大，可能允许控制语言部分的大脑之间的联结更强。这也可以解释为什么女孩的语言能力形成得比男孩稍早些。在得出这样一个结论之前存在这样一个备择假设：女孩的语言能力形成得比男孩早的原因可能是女婴接收到比男婴更多的谈话鼓励，而这个包含更多鼓励的早期经历，可能推动了其大脑某些部位的发育。因此，脑部在生理上的差异可能是对社会和环境因素影响的反映，而不是男性与女性在行为上的差异所导致的。在这点上，知道这些备择假设孰是孰非是很重要的。应该指出的是，大脑两半球单侧化并不是绝对的，近年来的研究表明，大脑右半球在语言理解中也起着一定的作用。

第三章
意识和注意

第一节 意识

一、意识概述

(一) 意识的含义

意识是指人以感觉、知觉、记忆和思维等心理活动过程为基础的系统整体,对自己身心状态与外界环境变化的觉知和认识。人能够认识到自身以及周围世界(包括自然界和社会环境)的存在,以及自身和周围环境之间的复杂关系。具体来说,意识是人对环境刺激、自身感受、记忆和思维的觉知以及对自身行为和认知活动产生、维持和终止的调节与控制。

人的意识表现在:能够透过客观事物的外部现象或特征,认识其本质和它们之间的内在联系,并根据对客观事物的本质特征与内在规律的认识,指导与调控自己的行为或内部状态。意识包含两方面的内容:一方面是人对客观事物与周围环境的意识。这种对客观世界的意识是个体对客观对象和现象的有意识的反映,是个体对自身存在、客观事物与自然现象、自身状态与客观事物之间复杂关系的反映。它既包括对自然环境中发生的现象的意识,如感受到季节的交替、昼夜的变换;也包括对社会活动中所发生的各种事件和某些现象的意识,如社会经济发展与和平或战争等问题;同时,还包括个体对社会活动过程中人与人之间关系的意识,如他人与群体、男人与女人、群体与群体之间的冲突或和谐的人际关系等。另一方面是人对自己身心状态的意识。它包括两个方面:第一,人对自身内部活动状态的意识,如个体能感受到自身的生理变化,像心跳加快、面红耳赤、手心出汗等生理现象。第二,人对自身心理活动的意识,即个体能意识到自己的主观体验,即通常所说的自我意识。自我意识是指个人对自身心理活动总体状态的觉知与认识,包括自我感知、思考与体验、愿望、动机,以及对与自己利益相关的事情的反映等。

(二) 意识水平、意识功能和意识种类

1. 意识水平

一般把个体意识划定为三个不同水平。第一,意识的基本水平。它反映了个体对自身心理活动状态以及行为表现的觉知,也反映了个体对周围环境刺激的觉知。在这个意识水平上,个体会对正在觉知的事物、现象,或是可以觉知的刺激信息进行反映。第二,意识的中间水平。它反映了个体对环境刺激中的某事物或某现象的觉知,具有主观能动性。在这个意识水平上,个体能够依赖自身的知识经验,通过思考、想象新事物或新现象,并利用它们来回忆过去或计划将来。第三,意识的高级水平。它反映了个体对自身觉知、选择的事物或现

象正在进行有意识的思考(即自我觉知),具有个人经历的特征。在意识的高级水平上,个体将体验到有序的、符合逻辑的、可预期的某种状态,通过这种意识活动,个体逐渐形成对客观事物发展的预测能力,并运用它来选择当前的行动和计划未来。

2. 意识功能

(1)觉知功能。意识的觉知功能是指人对周围环境刺激信息和自身内部心理状态的了解,表现为人不仅能意识到客观事物的存在,包括自然界中的各种现象,以及人类社会生活中的复杂现象,而且能够意识到自身主体的存在、自身心理活动与行为表现的和谐,以及自身同客观事物之间的内在关系等。

(2)计划功能。意识的计划功能是指人的心理与行为是有目的性和计划性的,人不会盲目地从事社会实践活动,而总是具有某种目的和动机,这种目的和动机以观念形式存在于人脑之中。人类意识的计划功能是动物所不具备的。马克思曾经说过:"蜘蛛的活动与织工的活动相似,蜜蜂建筑蜂房的本领使人间的许多建筑师感到惭愧。但是,最蹩脚的建筑师从一开始就比最灵巧的蜜蜂高明的地方,是他在用蜂蜡建筑蜂房以前,已经在自己的头脑中把它建成了。"

(3)选择与监控功能。意识的选择与监控功能使个体能在环境中接受最适宜和最有效的刺激信息,限制并过滤与目标和目的无关的信息,最终有选择地存储与自己的需要相关的信息。意识的监控功能包括两个方面:一方面,意识可以监视个体内部心理活动和外部环境的刺激信息;另一方面,意识可以调节与控制自身状态与周围环境之间的相互关系。

3. 意识种类

根据意识的不同水平,可以把意识分为以下三种类型。

(1)无意识。无意识是指个体对自身身心活动状态以及周围环境变化没有觉知。在无意识状态下,人难以意识到自身生理状态的变化,像血压变化、心跳和脉搏变化、脑电活动等由神经系统控制的生理信息,尽管它们在个体身上每时每刻发生着、变化着,但个体并不觉知这些变化。

(2)前意识。前意识是指保持在人脑中的过去的经验或信息,平时虽不能被觉知到,但在需要时,或个体注意被吸引时可以通过复现或提取被觉知到。人的长时记忆中存储了大量信息,包括语言、运动、天文、地理等知识以及个体经历过的事件和主观体验等,个体平时一般不使用这些信息,并可能意识不到这些信息的存在。因此,前意识起到了心理背景的作用,而当个体面临某一问题时,就会把长时记忆中的可用信息提取到前意识之中,此时前意识担当了需要意识出现的阶梯,类似于计算机的缓冲区域,使个体可有意识地利用信息完成当前的工作任务。

(3)潜意识。潜意识是指个体自身没有觉知到的正在进行的某种心理活动与行为表现。潜意识是对个体正在进行的某种心理或行为属性的描述。例如,演讲者在述说时并不能意识到自己出现的口误。

弗洛伊德对潜意识进行了系统研究,他认为在某些意识经验中,如本能、欲望、创伤经历等具有威胁性的心理活动内容会被排除在意识层面之外。那些原始的、不被接受的欲念、动机和情绪等内容经验则被压抑使得个体并不能觉知，因为它们为社会规范或道德所不容。尽管潜意识中的欲望、情绪或某些观念被压抑，但它们并没有泯灭。那些被压抑的欲望、情绪和观念等，会在某种状态下通过各种转换，以象征性的方式在意识中出现，直接或间接地影响个体的心理活动及行为。

现实生活中，有时人会出现口误，就是受到了潜意识的影响，因此，我们可以通过了解人的潜意识，发现人的行为的潜在动力或产生心理障碍的某些原因。

第二节　注意

一、注意概述

（一）注意的含义

注意是人的心理活动对一定对象的指向和集中，是心理活动的一种积极状态。注意总是和心理活动过程紧密联系在一起的，因此，注意是心理活动的共同特性。

注意是和意识紧密联系在一起的心理现象，但是，它既不同于意识，也不同于对某一对象反映的感知和思维等认知过程。注意是意识或心理活动在某个时刻所处的状态，在人的心理活动中处于非常重要而特殊的地位，人的感觉、知觉、记忆、思维等心理活动过程离不开注意的参与。

（二）注意的特征

注意具有两个基本特征：注意的指向性和注意的集中性。

1. 注意的指向性

注意的指向性是指人的心理活动或意识总是有选择地反映一定的对象，而离开或忽略其他的对象。只有当心理活动或意识总是有选择地朝向一定的对象，而离开其余对象时，被选择的对象才能得到清晰、深刻和完整的反映，才有可能进入意识得到进一步的加工。注意对象位于注意的中心，其余的对象有些位于注意的边缘，有些位于注意之外。只有这样才能保证注意的方向。例如，学生在上课时，其心理活动总是选择讲台上教师的讲解、动作、板书，而忽略周围同学及教室内外的其他状况。可见，注意的指向性是指人的心理活动是在某个特定的方向上进行活动的。注意的指向性存在个体差异，它与一个人已有的知识和经验存在着密切关系。

2. 注意的集中性

注意的集中性是指人的心理活动或意识停留在被选择的对象上的强度或紧张度，它会使人的心理活动或意识离开无关对象，并且抑制多余的活动，保证目标活动得以顺利开展。"聚精会神""全神贯注"等词汇体现了注意的集中性。注意越集中，对对象的反映越清晰，对其他未被注意的对象的反映则变得越模糊，同时注意的范围会变得相对狭小，注意集中性特征反映了个体在意识活动过程中阻止无关信息进入意识的能力。

注意的指向性和集中性是注意的两个特征。注意指向性是注意集中性的前提和基础，注意集中性则是注意指向性的体现和发展，两者紧密联系在一起。注意不是独立的心理过程，而是一种心理状态，是伴随一切心理活动的共同的心理特性。一方面，注意没有特定的反映内容，人在注意的实际上是他们正在感知的、记忆的和思考的；另一方面，注意总是表现在各种心理活动之中，它是一切心理活动的开端和起点，并伴随着心理过程进行，总是指向心理活动反映的客观事物，如果没有注意的参与，人既不可能产生认知过程，也不可能产生情绪情感和意志过程，但注意不是反映事物，它只是保证人的心理活动能够更好地反映某个事物或现象，使心理活动具有组织性、积极性、清晰性和深刻性。注意伴随着心理活动过程的发生、发展并贯穿始终的特性，是人的心理活动处于积极状态的必备条件。脱离注意的心理活动是不能独立进行的，同样，离开了心理过程的注意也是无法存在的。因此，当一个人在注意某一事物的时候，同时就在感知和思考。当人在回忆或思维时，其注意必须同时指向和集中于其要回忆和思考的事物。通常所说的"注意黑板上的挂图""注意教师的话"，实际上是指"注意看黑板上的挂图""注意听教师讲的话"，只是由于习惯，把"看"字和"听"字省略了。注意如果离开了"看""听""思考""想象"等心理过程，也就失去了其存在的意义。

3. 注意的功能

注意和意识密不可分。当人处于注意状态时，意识内容比较清晰。人从睡眠到觉醒，再到注意，其意识状态分别处于不同的水平上。睡眠是一种无意识状态，此时，人不能清晰地意识到自己的活动或外部刺激，所以这时候人也没有注意。当人从睡眠进入觉醒状态时，意识开始逐渐意识到外部刺激和自身的活动，并有意识地调节自己的行为，此时出现各种注意活动。但是，人即使在觉醒的状态下，意识也不能意识到所有外部刺激和自身行为，而只能意识到其中的一部分，这是由于人的注意具有选择性。人的注意指向的内容，一般处于意识活动中心，对于注意指向的内容，人的意识是清晰的。

注意和意识又有区别。注意是心理活动的特性，意识是心理活动的觉知，其所反映的是注意的内容或特定对象。若用"看电视"比喻的话，注意是对电视节目的选择，意识则是对电视屏幕上展现内容的觉知。

注意具有以下三个功能。

（1）选择功能。注意的选择功能，表现为使人的心理活动指向那些有意义、符合需要、与当前活动相一致的事物，避开或抑制那些无意义的、附加的、干扰当前活动的刺激和信息，具有一定指向性。在生活中，周围环境给人提供了大量的刺激信息，这些刺激信息有的对人来说是重要的，有的则毫无意义。人要正常地学习、生活与工作，就必须选择重要的信息，排除无关刺激信息的干扰。

（2）维持功能。注意具有维持的功能，即当外界信息进入知觉、记忆等心理过程并被加工时，注意能够把已经选择为有意义、需要进一步加工的信息保持在意识中。如果没有注意的参与，外界通过感官输入的信息就会因无法被转换为一种持久形式保持在意识中而很快消失。只有那些被注意并转换了形式的信息,才有可能进入知觉和记忆系统。正因为注意具有维持的功能,人才能将注意对象的映像或内容维持在意识中,并使它们得到清晰、准确的反映,直至完成任务和达到预定目的。

(3) 调节与监督功能。注意不仅表现在稳定而持续的活动中,而且也表现在变化的活动上。当需要从一种活动转向另一种活动的时候,注意就表现出重要的调节与监督功能,使人的活动朝向目标,并根据需要适当分配和适时转移,使其对外界事物或自己的行为、思想、情感反映得更清晰和准确。另外,人在活动过程中难免会出现偏差,这时就需要注意的监控与调节,及时对其加以修正。人只有在注意转移的状态下,才能实现活动的转变。例如,机床操作工必须注意机器的运转情况,才能保证产品的质量。几乎每个人都有这样的体验:在学习和工作中,当集中注意时,就能做到错误少、效率高,而当注意分散或注意没有及时转移时,往往就会发生错误或事故。

4. 注意的外部表现

注意这种心理特性可以通过人的外部行为表现出来。人在集中注意某一事物时,常常伴随着特定的生理变化与外部表现。人在注意时最显著的外部表现有以下几种。

(1) 适应性运动。人在注意时,有关感官会朝向刺激物。这种朝向反应既可能是人的有意识反映,也可能是人下意识活动的结果。例如,人在和他人交谈时,如果被对方的谈吐所吸引,就会不由自主地将身体朝向对方稍微倾斜,似乎这样可以听得更清楚些。"侧耳倾听""举目凝视"等都是人在注意时适应性运动的典型表现。

(2) 无关运动的停止。人在注意高度集中时,血液循环会发生变化,即在集中注意时,肢体血管收缩,脑部血管舒张,身体肌肉处于紧张状态,与此同时,多数无关动作也会暂时停止。例如,在听演讲时,如果听众被演讲人的精彩言辞所吸引,就会专心致志、聚精会神地听,肢体的无关动作也会停止。一般无关动作的停止是注意高度集中的外部表现之一,即注意高度集中时,无关运动就会暂时停止。但是,人的外部行为与注意的内部状态之间并不总是一致的,有时会出现"心猿意马"的貌似注意的现象。

(3) 呼吸运动的变化。人在正常情况下,呼气与吸气的时间比例接近于1:1。当人在集中注意时,呼吸会变得轻微而缓慢,呼气时间变得长些,吸气时间变得短些。当注意高度集中时,人甚至会出现呼吸暂时停止的状态,即"屏气凝神"。

第三节 注意的种类

根据注意时有无目的性和意志努力的程度,可以把注意分为无意注意、有意注意和有意后注意。

一、无意注意

无意注意又称不随意注意或消极注意,是指事先没有预定目的,也不需要意志努力,不由自主地对一定事物发生的注意。

无意注意往往是由强烈的、新颖的和个人感兴趣的事物引起的,并经常是出乎意料的,没有预期目的的,也不依靠意志努力的。例如,上课时学生正在专心听讲,突然教室外面传来嘈杂声,学生们会不由自主地朝门窗外张望。可见,无意注意是一种消极被动的注意,是一种人的积极性水平较低的注意。

引起无意注意的原因主要有两种:一是刺激物本身的特点,二是人本身的状态。

(一) 刺激物本身的特点

刺激物本身的特点包括刺激物的强度、刺激物的新异性、刺激物的运动变化及刺激物的对比关系等,它们是人产生无意注意的主要原因。

1. 刺激物的强度

强烈的刺激物容易引起人的无意注意。如强烈的光线、巨大的声响、鲜艳的颜色、浓烈的气味等,都容易引起人的无意注意。引发无意注意的往往不是刺激物的绝对强度,而是刺激物的相对强度,即这个刺激物与其他刺激物的强度相比较而言的,它们发挥着引起无意注意的作用。例如,在嘈杂的人群中,需要大声叫嚷,才能引起他人的注意,但在图书馆或阅览室等安静场所,轻声细语也可能会干扰他人从而引起他们的无意注意。

2. 刺激物的新异性

新异的刺激物容易成为注意的对象。例如,城里的许多事物对初入城市的农村孩子来说十分新异,容易引起他们的无意注意。

3. 刺激物的运动变化

刺激物的活动或变化容易引起无意注意。例如,活动的霓虹灯广告的一亮一暗,灯塔灯光的一闪一灭,容易引起人的无意注意。刺激物的变化不仅包括由弱到强的变化,而且也包括由强到弱的变化。此外,刺激物任何突然的变化也会引起人的无意注意。

4. 刺激物的对比关系

能产生强烈对比的刺激物容易引起人的无意注意。刺激物之间在强度、形状、大小、颜色或持续时间等方面的差异越显著,越容易引起人的无意注意。例如,"鹤立鸡群"、"万绿丛中一点红"、作业批改中的红字等,由于它们和周围其他事物差异显著或对比鲜明,故而容易引起人的无意注意。

(二) 人本身的状态

无意注意不仅由外界刺激物被动地引起,而且和人本身的状态,如需要和兴趣、情绪情感状态、期待的事物或人、过去经验等有着密切的关系。

1. 需要和兴趣

人对客观事物的需要和兴趣会影响人的无意注意。由于每个人的生活和成长经验存在差异,人格特征、兴趣爱好、知识经验也各不相同,因此,在同样场合下,不同的人会注意不同的事物,即使对同一事物,不同的人也会注意到该事物的不同方面。

2. 情绪情感状态

人在心情好的时候，容易注意到周围事物的发展与变化。例如：一个热爱学生的教师，容易察觉学生的进步；一个喜欢孩子的母亲，会关注孩子的一举一动。而人在心境不佳的情况下，则无心注意周围所发生的一切。

3. 期待的事物或人

个体期待的事物或人，容易引起其无意注意。例如：学生期待已久的英雄或模范人物来学校做报告，那么他的报告必然容易引起学生的高度注意。章回小说作家、说书艺人往往在故事情节发展到高潮时设下悬念，卖关子说"欲知后事如何，且听下回分解"，以此引起读者或听众的期待，吸引读者或听众持续关注故事的发展。

无意注意具有两个作用：一方面可以帮助个体对新异事物进行定向，以获得对客观事物的清晰认识，这是无意注意的积极作用；另一方面，无意注意会使个体不由自主地离开当前正在进行的活动，从而干扰正在进行的活动，这是无意注意的消极作用。

二、有意注意

有意注意是指一种自觉的、有预定目的的、必要时需要一定意志努力的注意。例如：当一个学生正在思考学习上的某个问题时，旁边有人在谈论趣闻轶事，他被吸引而停止思考，去听人家讲述，这是无意注意；但当他意识到学习必须专心致志时，他就不会去听别人的谈话，而是聚精会神地去思考问题，这种服从于预定目的，并且经过一定意志努力的注意，就是有意注意。有意注意是注意的积极、主动的形式，是在人的实践活动中形成和发展起来的，同时，实践活动也离不开人的有意注意。在个体的心理发展过程中，有意注意出现得比较晚。

有意注意受意识的调节和支配，它具有两个基本特征：一是有预定的目的，二是需要意志的努力。有意注意在人的学习、工作、生活中具有重要作用。因此，个体应当积极创造条件，引起和保持有意注意。

引起和保持有意注意的方法主要有以下几点。

（一）加深对活动目的与任务的理解

有意注意是一种有预定目的的注意，目的越明确、越具体，对完成目的任务的意义理解越深刻，完成任务的愿望越强烈，就越能引起和保持有意注意。

（二）培养间接兴趣

有趣的事物容易引起人的有意注意。在产生有意注意的过程中，间接兴趣具有重要作用。例如，一些学生最开始觉得学外语、背单词枯燥乏味，而当他们一旦认识到掌握外语对今后的工作及人际交往的重要性后，就会克服各种困难，认真学习外语。这种对活动结果的兴趣，即间接兴趣，能够使个体保持稳定而集中的有意注意。

（三）合理地组织活动

在明确了活动目的与任务的前提下，合理地组织相关活动有利于有意注意的保持。例如,提出积极开展思维活动和"加强注意"的自我要求,尽可能地把智力活动与实际操作、技能练习密切结合起来,就有助于保持持久的有意注意。

(四) 个性特征

一个具有认真负责、吃苦耐劳、顽强坚毅等性格特点的人,易于使自己的注意服从于当前的目的与任务,而且持续时间比较久;相反,意志薄弱、害怕困难、不思进取的人,则不可能有良好的有意注意。

三、有意后注意

有意后注意是指具有自觉目的,但不需要特别意志努力的注意。有意后注意由有意注意发展而来,是人类特有的注意的高级表现形式,也是人类从事创造活动的必要条件。

有意后注意同时具有无意注意和有意注意的某些特征。一方面,有意后注意与自觉的目的与任务相联系,这类似于有意注意,它是在有意注意的基础上发展起来的;另一方面,有意后注意无须意志努力,这类似于无意注意。有意后注意可以在节约心理资源的同时,协助个体把心理活动指向和集中于一定的有意义、有价值的事物上,并服从于当前的要求,这有利于个体完成长期、持续的任务。例如,某个体在开始做某项工作或学习某种技能时,由于生疏往往会遇到困难,练习也相对乏味,他需要通过一定的意志努力保持有意注意。而当他一旦熟悉了工作,掌握了技能,其对工作和学习就会产生多种兴趣,在维持注意时就不需要特别的意志努力了,这时有意注意就转化为了有意后注意。

有意后注意既服从于当前的活动目的与任务,又不需要意志的努力,因而对完成长久、持续的任务有利。在人们的工作、学习活动中,如果能将有意注意发展成为有意后注意,就可以以较少的精力取得较好的效果。

第四节 注意的特征

一、注意广度

注意广度又称为注意范围,是指个体在一瞬间内能觉察或知觉到的对象数量。

人的注意广度是有限的。人的注意广度不是固定不变的,不同的人的注意广度存在差异,有些人的注意范围较大,有些人的注意范围较小。

注意广度受到以下两个方面因素的影响。

(一) 知觉对象的特点

在知觉任务相同的情况下,知觉对象的特点不同,个体的注意范围就会有所不同。一般规律是:注意的对象越集中,排列得越规律,越能成为相互联系的整体,注意的范围就越大;反之,注意的范围就越小。

(二)知觉者的活动任务和知识经验

在知觉对象相同的情况下,如果人的活动任务不同,其注意的范围也会有所不同。在知觉对象相同的情况下,注意范围的大小还取决于人的知识经验的多寡及把注意对象联合成组的能力的强弱。

注意范围的扩大,对于人们日常生活具有重要意义。例如,打字员、电报员、航空驾驶员、战斗指挥员等,都需要有很广的注意范围。在阅读中,阅读者阅读速度的提高也有赖于阅读时注意范围的扩大。

二、注意稳定性

注意稳定性是指人对同一对象或同一活动的注意所能持续的时间。

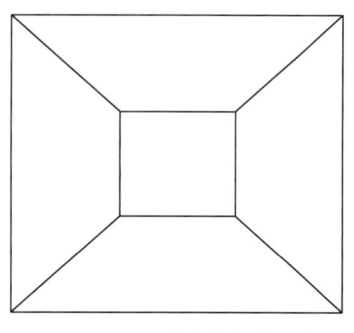

图 1-3-1 注意的起伏现象

注意稳定性是注意在时间上的特征,如果一个人在一段时间内能保持高效率,就可以说他的注意稳定性很好。注意稳定性在人们的工作和生活中具有重要的意义。

注意稳定性有狭义注意稳定性和广义注意稳定性之分。狭义的注意稳定性是指注意保持在同一对象上的时间特征。由于人的生理和心理的原因,长时间注意同一个对象之后,人的注意会不随意地离开客观事物,出现一种周期性变化的现象,即注意的周期性加强或减弱,这种现象被称为注意起伏或注意动摇(如图 1-3-1 所示)。

注意的起伏现象在每个人身上都会发生。一般说来,1—5 秒内的注意起伏,并不会影响完成活动任务所需的稳定注意。在日常工作、学习、生活中,注意的稳定性还经常表现为注意的具体对象的不断变化,但注意指向的活动的总方向或总任务始终不变。

与注意稳定性相反的状态是注意分散,又称分心。注意分散是指注意离开当前应当完成的活动任务而被无关事物所吸引,即注意没有完全保持在当前所应该指向和集中的事物上。引起注意分散的原因有两个:一方面,与无关刺激的干扰或单调刺激的长期作用有关;另一方面,与人的主体状态,如疲劳、疾病、担忧等有关。学生上课时"左顾右盼"、乱写乱画、身体姿势僵硬、表情呆滞等,都是注意分散的表现。注意分散是注意稳定性的障碍,为了保持注意的稳定,教师应注意在教学过程中排除可能引起学生注意分散的各种因素。

影响注意稳定性的因素主要有以下三种。

第一,对象本身的特点。注意对象如果是内容丰富、特征比较复杂、活动并变化着的,那么个体的注意就容易稳定和持久。如果注意的对象是贫乏单调而又没有什么变化的,则个体的注意就容易分散。

第二,活动的目的与任务。活动的目的与任务越明确,越有利于注意的稳定。在完成比较复杂的工作和学习任务时,个体不但要明确活动的总任务,而且要明确每一个步骤需要完成的具体任务,并积极地尝试着去完成它们,让大脑始终处于比较紧张的思维活动状态,这对于保持稳定的注意是有利的。

第三，人的主观状态。个体的积极态度和对注意事物的兴趣，是保持个体注意稳定的有利条件。因为兴趣常会使人废寝忘食、刻苦钻研，从枯燥无味的、单调的活动中得到无穷的乐趣。另外，良好的身体状态，对保持稳定的注意也很重要。心情舒畅、精神饱满，就易于稳定注意，而头痛、失眠、过度疲劳或情绪烦躁等，就不易于稳定注意。

三、注意分配

注意分配又称"时间共享"，指人在同一时间内把注意指向两种或两种以上的对象或活动上的注意特征，即通常所说的"眼观六路，耳听八方"。

人的注意分配能力，主要通过后天学习与训练获得。个体能否顺利地把注意分配给不同的活动，主要依赖以下两个条件。

第一，活动的熟练程度。个体想要自如地分配注意，就要使同时进行着的两种或几种活动中的至少一种活动达到自动化或部分自动化的熟练程度，因为只有这样，个体才可以把更多的注意集中到比较生疏的活动上去，也只有在这种情况下，个体才能做到"一心二用"。如果个体对同时进行的两种或多种活动都非常生疏，都需要高度集中注意，那么，注意分配就很难实现。

第二，同时进行的几种活动之间的内在关系。同时进行的两种或几种活动之间的关系，对注意的分配具有一定影响，有内在联系的活动便于注意的分配。例如，汽车驾驶员操纵汽车的进、退、动、止及鸣号，观看行车路线、仪表等，像这样联系密切的活动，个体在经过训练后可以建立起具有内在联系的反应系统，使动作协调一致，有利于注意分配。如果各种活动之间彼此没有联系，甚至互相排斥，例如，边开车边看书，就难以实现注意分配。

四、注意转移

注意转移是指个体根据新任务的要求，主动地把注意从一个对象转移到另一个对象上去的注意特征。注意转移与注意分散不同，注意分散是受无关刺激的影响，在无意识中发生的，完全是被动的，对正在进行的活动是一种妨碍。而注意转移是由于活动的需要，有意识、有目的、主动地把注意转向另一对象，这种注意转移实现之后，注意会马上稳定下来。

注意转移的过程主要受以下三个因素的制约。

第一，原来活动吸引注意的强度。个体在实现注意转移前所从事的活动对他的吸引力大，其注意的紧张度高，注意转移就比较困难。否则，注意转移就比较容易实现。

第二，新事物的性质与意义。如果新事物的内容丰富多彩、形式多样、有趣，那么，注意就比较容易转移。否则，就不易转移。但如果个体对新事物的意义理解深刻，除了理解其表面现象外，还能够理解它的重要作用，那么即使事物本身并不有趣，也会引起他的注意转移。

第三，事先是否有转移注意的信号。如果个体事先接收到注意转移的信号，其心理有所准备，则注意转移就会主动而及时。

注意转移还与人的高级神经活动类型和已有习惯有关。高级神经活动类型是灵活型的人,比非灵活型的人更容易转移注意,且其速度也更快。已经养成注意转移习惯的人,比没有这种习惯的人能更主动地实现注意转移。

　　人的注意特征还与个体的先天因素相关,但主要是在后天的生活实践和教育、训练中形成与发展起来的,注意特征与人的学习、工作和生活有密切的关系。了解注意特征并对其进行正确测定是很重要的,因为有些学习与工作要求个体具有较大的注意广度和良好的注意稳定性;有些学习与工作则需要个体具有较强的注意分配能力;还有些学习与工作要求个体能主动、及时、迅速地转移注意。所以,对注意特征的研究,不仅具有重要的理论意义,而且具有实践指导意义。

第四章
感觉和知觉

人脑获取信息以及解释这些信息时离不开感觉和知觉。感觉囊括了各种感觉器官从环境中接收信息的过程。知觉则是人脑和感觉器官对刺激进行分类、整合、分析和解释的过程。

第一节　感觉

一、感觉概述

(一) 感觉的含义

感觉是人脑对直接作用于感觉器官的客观事物的个别属性的反映。人对客观事物的认识活动是从感觉开始的。当人要认识某种事物时,其颜色、声音、硬度、气味等个别属性会作用于人的感觉器官,人通过感觉器官把这些个别属性反映到大脑中,使大脑获得有关客观事物的个别属性的信息,从而产生视觉、听觉和味觉等感觉。

感觉不仅反映外部事物的属性,还反映人体内部的状况与变化,如运动姿势、口渴、饥饿、疼痛等。简而言之,外部和内部的刺激首先作用于感觉器官,感觉器官将适宜刺激转换成神经冲动,通过传入神经到达大脑皮质相应区域,使人产生相应的感觉。

人的认识活动是从感觉开始的。通过感觉,人不仅能够了解客观事物的各种属性,知道身体内部的状况与变化,而且还能够进行复杂的知觉、记忆和思维等活动,从而更好地反映客观事物。感觉是维持人的正常心理活动的重要保障,如果感觉被剥夺,人的思维活动就会发生混乱,注意力就不能集中,甚至会产生严重的心理障碍。

(二) 感觉的特征

1. 直接性

感觉反映的是当前直接作用于感觉器官的客观事物,而不是过去的或间接的事物。因此,那些记忆中再现的事物属性或幻觉中各种类似感觉的体验等都不是感觉。

2. 个别属性

感觉反映的是客观事物的个别属性,而不是事物的整体。例如,人在面对苹果时,通过感觉获得的是其红色的外表、光滑的果皮、香甜的味道等个别属性,还不能把这些个别属性整合起来进行反映,也还不知道该事物的意义。对客观事物的个别属性的整体反映以及对其意义的解释,要由比感觉更高级的知觉、思维等心理活动来完成。

二、感觉的种类

感觉分为外部感觉和内部感觉。

(一) 外部感觉

外部感觉是指由外部客观刺激引起，反映外部事物的个别属性的感觉。外部感觉主要有视觉、听觉、嗅觉、味觉和肤觉。在人接收的有关外部事物属性的信息中，80%—90%是通过视觉获得的，听觉次之。肤觉按其性质分为触觉、压觉、振动觉、温觉、冷觉、痛觉和痒觉。味觉的感受器是味蕾，位于口腔黏膜内，主要分布在舌的表面，特别是舌尖和舌两侧（甜、酸、咸、苦）。嗅觉的感受器是位于鼻腔最上端的嗅上皮毛细胞。

(二) 内部感觉

内部感觉是指由有机体内部刺激引起，反映内脏器官、身体平衡及自身状况的感觉。内部感觉的感受器位于人体各内脏壁内、腹膜、胸膜、关节囊和前庭器官等处。它们把内脏、关节、肌肉、前庭器官等部位的活动及其变化等刺激，经传入神经传向中枢，从而引起饥、渴、饱、胀、痛、运动、平衡等内部感觉。

人类主要外部感觉和内部感觉的分类如表 1-4-1 所示。

表 1-4-1 人类主要的外部感觉和内部感觉分类

类别	种类	适宜刺激	感受器	传入神经	大脑皮质中枢	获得的信息
外部感觉	视觉	可见光波	视网膜的锥体细胞和杆体细胞	视觉传入神经	枕叶	光学结构的变量所能表示的一切事物的信息
	听觉	可听声波	耳蜗内基底膜上的毛细胞	听觉传入神经	颞叶	震动物体的性质和位置
	嗅觉	可挥发物质	嗅上皮毛细胞	嗅觉传入神经	边缘系统	可挥发物质的性质
	味觉	可溶解的物质	舌头上的味蕾	味觉传入神经	中央后回最下部	有营养和生化价值的物质
	肤觉	外界接触	皮肤神经末梢（鲁菲尼小体、梅克尔触盘、帕奇尼小体）	肤觉传入神经	中央后回	与物质的接触、机械的碰撞、物体的形状、温度、材料状态等
内部感觉	运动觉	身体运动	肌梭、肌腱和关节小体	动觉传入神经	中央前回	身体的空间位置、姿势和运动等
	平衡觉	机械和重力	半规管的毛细胞和前庭	前庭传入神经	前外雪氏回	空间运动、重力牵引

三、感觉测量

感觉是由外界物理量引起的,物理量及其变化是感觉产生和发生变化的重要条件。

(一) 感受性

心理量与物理量之间的关系是用感受性的大小来说明的。感受性是指人对适宜刺激的感觉能力,不同的人对同一种刺激的感受性存在着差异。感受性是用感觉阈限的大小来度量的。

(二) 感觉阈限

感觉阈限是指能引起感觉的、持续一定时间的刺激量,具体表现为人的感觉器官感到某个刺激存在或刺激发生某种变化所需刺激强度的临界值。感觉阈限与感受性的大小成反比关系,感觉阈限愈高,感受性愈弱;感觉阈限愈低,感受性愈强。

感觉器官能感受的刺激强度和两个刺激之间的最小差异,即绝对感觉阈限和差别感觉阈限。每种感觉都有两种类型的感觉阈限和感受性:绝对感觉阈限和绝对感受性;差别感觉阈限和差别感觉性。

1. 绝对感觉阈限和绝对感受性

绝对感觉阈限是指人的感官在接受某种刺激时,刚刚能引起其反应或刚刚能停止其反应的刺激强度,即刚刚能引起感觉的最小刺激量。在现实生活中,并非所有刺激都能引起人的感觉,只有那些达到一定量的刺激才能引起人的感觉。例如,人很难觉察落在皮肤上的灰尘。凡是达不到最小刺激量的刺激,即刺激强度在阈限之下的都不能引起人的感觉。因此,绝对感觉阈限并不是仅以被试的一次判断为依据,而是以被试多次判断中的概率为依据,即有 50% 的概率能被感觉到的最小刺激量为绝对感觉阈限。其大小根据机体内部与外部条件的影响而有所不同。

绝对感受性是人对最小刺激量的感觉能力,即刚刚能觉察出最小刺激量的能力。绝对感受性是用绝对感觉阈限的大小来度量的,两者在数值上成反比关系:绝对感觉阈限值越小,绝对感受性越强;绝对感觉阈限值越大,绝对感受性越弱。两者的关系可以表示为:

$$E = 1/R (E 为绝对感受性;R 为绝对感觉阈限)$$

2. 差别感觉阈限和差别感受性

差别感觉阈限是指刚刚能引起差别感觉的两个同类刺激之间的最小差别量。一般来说,某刺激引起人的感觉后,如果刺激量发生变化,则其引起的感觉也会发生相应的变化。但并不是刺激的所有变化量都能引起人的差别感觉。例如,在 100 克重量的基础上增加 1 克重量,人一般感觉不出两者的差异。只有当刺激变化到一定量时,才能使个体感觉到差别。例如,在 100 克重量上增加 10 克,如人能觉察出重量上的差异,则 10 克就是感觉在原重量 100 克时的差别感觉阈限。

差别感受性是指对同类刺激最小差别量的感觉能力。差别感觉阈限和差别感受性之间成反比关系。差别感受性越高,引起差别感觉所需要的刺激差别量就越小,即差别感觉阈限的值越小。

第二节 感觉现象

一、感觉适应

感觉适应是指感受器在刺激的持续作用下,人的感受性发生变化的现象。适应的一个例子是当一个强烈的刺激反复作用后会导致感受性的降低。假如你反复地听很高的音调,最后你会觉得声音变弱了。同样地,尽管当你刚跳进冰冷的湖水时,湖水的温度会让你接受不了,但最后你可能会习惯这样的水温。

(一)视觉适应

视觉适应是最常见的感觉适应现象。视觉适应包括暗适应和明适应两种。暗适应是指在暗光下人眼对光的敏感性逐渐提高的过程。许多人都有这样的经验:白天人刚进入已放映电影的影院里寻找座位时,最初好像什么也看不到,可过了一会儿,视觉能力就恢复了。这就是暗适应,即从强光处进入暗处或照明突然停止时,视觉光敏度逐渐增强的过程。

与暗适应相反,当人从暗处突然进入强光下时,起初会感到眼前一片耀眼光亮,看不清物体,稍待片刻后,视觉才恢复正常,这种现象称为明适应。明适应是指人从暗处进入亮处所引起的视觉感受性降低的现象。明适应的时间较为短暂。在最初的半分钟里,视觉感受性会迅速下降,而后速度减慢,在两三分钟里趋于稳定。在该过程中发生的生理变化是瞳孔缩小,减少进入眼睛的光,例如,人在这种情况下常常会眯起眼睛。一般五分钟左右,明适应就全部完成了。

(二)其他感觉适应

在日常生活中,还有许多其他感觉适应现象。例如,嗅觉、肤觉、听觉、味觉等的适应都很明显。"入芝兰之室,久而不闻其香;入鲍鱼之肆,久而不闻其臭"这是嗅觉适应。有些老年人把眼镜移到自己额头上却到处寻找眼镜,这是触觉适应。人在洗澡时,开始觉得水很烫,但经过几分钟后,便觉得不那么烫了,这是皮肤温度觉适应。听觉适应不甚明显,但人还是会在一定范围内表现出对噪声的适应。例如,人进入机器轰鸣的车间,刚开始时会感到嘈杂、烦躁,经过一段时间后,会感到机器轰鸣声的强度好像减弱了。人对痛觉的适应极难产生,正因如此,痛觉成为伤害性刺激的预警信号而颇具生物学意义。

二、感觉对比

感觉对比是指不同性质的刺激作用于同一感受器并产生相互作用,使感受性发生变化的现象。感觉对比增强了人的感觉差别,从而使个体能够更好地辨别事物。

根据刺激呈现时间的不同,可以把感觉对比分为同时对比和继时对比。

(一) 同时对比

同时对比是指两个刺激同时作用于同一感受器时产生的感觉对比现象。例如,肤色较白的人穿黑色服装会显得更白些,这是衣服和皮肤颜色同时作用于视觉感受器产生感觉对比后的效果。同时对比分为无彩色对比和彩色对比。无彩色对比是指两种彼此不同的无彩色刺激在相互并列的情况下,它们之间在明度上会出现增强现象。例如,灰色正方形在白色背景上,就比在黑色背景上显得更暗一些(如图1-4-1所示)。彩色对比是指色调在其周围颜色的影响下,会向其背景颜色的补色方面产生变化。

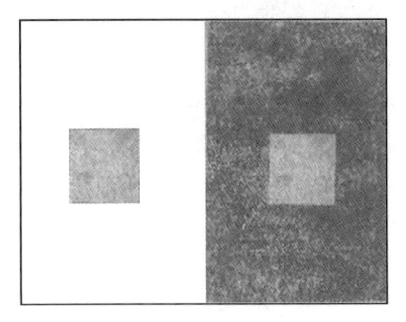

图1-4-1 明暗同时对比

(二) 继时对比

继时对比是指两个刺激先后作用于同一感受器产生的感觉对比现象。例如,在吃了糖之后,接着吃芦柑,会觉得芦柑很酸;在吃了苦药之后,紧接着喝白开水,会觉得白开水有点甜。

研究感觉对比现象有着重要意义。工业生产中的机器设备、工艺管道的色彩设计、危险场所中物体的警示颜色等,都要考虑到感觉对比现象。在教学活动中,教师要充分利用人的感觉对比规律组织教学,以提高教学效果和学生的学习效率。

三、联觉

联觉是指由一种感觉引起另一种感觉的心理现象。联觉是感觉相互作用的表现,常见的有颜色联觉与温度联觉、色听联觉和视听联觉。颜色感觉最容易使人产生联觉,例如,红、橙、黄等颜色会让人想到太阳和烈火,往往会引起人的温暖的感觉,因此,它们被称为暖色;绿、蓝、青等颜色会让人想到碧空和湖水,往往会引起人的寒冷的感觉,因此,它们被称为冷色。色听联觉是指人在听到某种声音时会产生鲜明的彩色形象。视听联觉是指人在声音的作用下会产生某种视觉。例如,形容某人"能演奏绚丽的乐曲"等。联觉在教育、绘画、建筑、宣传、图案设计、环境布置、广告和烹饪等领域具有广泛的应用价值。

第三节 知觉

一、知觉概述

(一) 知觉的含义

知觉是人脑对直接作用于感觉器官的客观事物的各种属性、各个部分及其相互关系的整体反映。知觉以感觉为基础,是人脑对感觉信息的组织、整合和解释。

当客观事物直接作用于人的感官时，人不仅能通过感觉反映该事物的个别属性，而且能通过各种感觉器官的协同活动，将通过感觉获得的客观事物的各种属性按其相互关系加以整合，形成该事物的完整映像，进而对其进行解释。例如，看到苹果时，人首先会感觉到苹果的颜色、硬度、香味等个别属性，然后会在脑中对这些属性的信息进行整合，加上已有知识经验的参与，最终形成苹果的完整映像。这种对感觉信息的组织、整合和解释就是知觉。可见，感觉是知觉的前提，知觉并不是感觉的简单相加，它在很大程度上依赖于人已有的知识经验。

（二）知觉的分类

根据不同的标准，可以对知觉进行不同的分类。依据在知觉过程中起主导作用的分析器的不同，可将知觉分为视知觉、听知觉、嗅知觉和味知觉等。依据知觉反映的客观事物的特性不同，可将知觉分为空间知觉、时间知觉和运动知觉。

二、感觉和知觉的异同

感觉和知觉之间既有共同点，又存在不同，两者既相互区别又相互联系。

（一）感觉和知觉的相同点

感觉和知觉反映的对象相同。感觉和知觉都是人脑对当前直接作用于感觉器官的客观事物的主观反映。客观事物是感觉和知觉产生的条件，没有客观事物，感觉和知觉不可能凭空产生，也就无所谓人的感觉和知觉的心理活动过程。

感觉和知觉都是人脑活动的结果，都是人脑对感觉器官接收到的刺激信息的加工处理过程。只有感觉器官而没有人脑的参与，无法产生感觉活动，更不能产生知觉。

（二）感觉和知觉的区别

感觉和知觉反映的内容不同。感觉是人脑对直接作用于感觉器官的客观事物的个别属性的反映，知觉则是人脑对直接作用于感觉器官的客观事物的各种属性、各个部分及其相互关系的整体的、综合的反映。两者反映的内容在层次上存在差异。

感觉和知觉产生的来源不同。感觉是介于生理和心理之间的活动过程，它的产生主要依赖于感觉器官的生理机制和刺激信息的物理特性，不需要或很少需要人的知识经验，因此，相同的刺激会引起不同的人相似的感觉。知觉则是纯粹的心理活动，它是在感觉的基础上对客观事物的各种属性进行整合和解释以获得某一意义的心理活动过程，需要人的知识经验等的参与，不同的人对同一刺激信息可能会产生不同的知觉。

感觉和知觉的生理机制不同。感觉是单一分析器活动的结果，而知觉是多种分析器协同活动对复杂刺激或刺激之间的相互关系进行分析、综合的结果。只有当多种分析器共同参与，反映并整合事物的多种属性之后，才能形成知觉。

（三）感觉和知觉之间的联系

感觉是人脑对客观事物的个别属性的反映，知觉是人脑对客观事物的各种属性的整体反映,没有对客观事物的个别属性的反映,就不可能有对客观事物的整体的反映。感觉是知觉过程的重要组成部分,是知觉的前提和基础。知觉则是感觉的深入和发展,人脑对客观事物个别属性的反映越丰富、越精确,由此形成的知觉就越完整、越正确,两者联系紧密。

第四节 知觉的特征

一、知觉选择性

(一)知觉选择性的含义

知觉选择性是指人根据自己的需要与兴趣,有目的地把某些刺激信息或刺激的某些方面作为知觉对象而把其他事物作为背景进行组织加工。

知觉对象与知觉背景之间的关系是相对而言的,它们可以发生相互转换。以双关图形的知觉为例,通过不同的知觉选择,既可以把它知觉为一种图形,也可以把它知觉为背景,这是知觉选择性的重要特征,它使人能够在繁杂的刺激信息中迅速形成清晰的、准确的、完善而又丰富的知觉内容。

知觉选择性使人能够把知觉对象从知觉背景中分离、辨别出来进而加以确认,它在工业生产、广告设计、军事和培养学生观察力等实践领域具有广泛的应用价值。

(二)影响知觉选择性的因素

1. 客观刺激物本身的特点

(1)强度大、对比明显、颜色鲜艳的客观刺激物容易成为知觉的对象。例如,光线强、声音响、轮廓分明的刺激物容易成为知觉的对象;反之,光线暗淡、声音微弱、轮廓模糊的刺激物不容易成为知觉的对象。例如,"万绿丛中一点红","红"就容易被区分出来。

(2)刺激物在空间上接近、连续或形状相似时,容易成为知觉的对象,在空间上具有接近、连续或形状相似的特点时,符合知觉的组织原则,容易组成图形而从背景中凸显出来被知觉加工和处理。

(3)在相对静止的背景上运动着的客观事物,容易成为知觉的对象。例如,交通信号灯中作为警戒信号的闪烁光,容易成为知觉的对象。

(4)刺激物符合"良好图形"原则的影响,如图形具有简明性、对称性时,容易成为知觉的对象(如图1-4-2所示)。

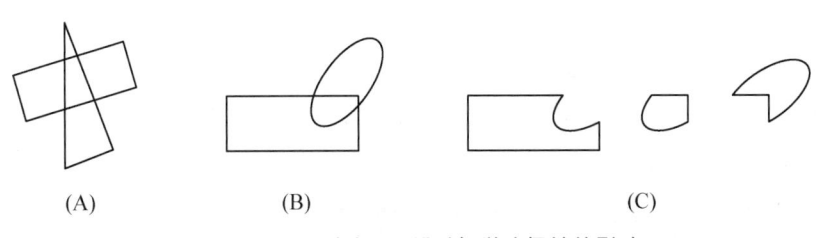

图1-4-2 "良好图形"对知觉选择性的影响

2. 知觉者的主观状态

人的需要与动机、愿望与要求、目的与任务、兴趣与爱好、已有知识经验以及刺激物对其具有的意义等主观因素和知觉活动密切相关。例如，学生上街买书，会将书店作为知觉的对象，将其他商店作为背景；书店里他所需要的书籍会成为知觉的对象，其他书籍则会成为知觉的背景。再如，你去车站接一位从未谋面的人时，先前的预期会影响你对这个人的识别。这些知觉活动的主观状态，在一定程度上会影响知觉的过程和结果。

二、知觉整体性

(一) 知觉整体性的含义

知觉整体性是指人利用已有的知识经验，把直接作用于感觉器官的客观事物的各种属性、各个部分整合为一个整体进行加工。人接收的客观事物的感觉信息是单一的、零散的，知觉把这些感觉信息进行整合并从整体上把握某事物的特征。因此，知觉整体性是将客观事物各种属性、各个部分有机结合起来组成整体并体现新的意义的过程（如图1-4-3所示）。

图1-4-3 知觉整体性的特征

(二) 影响知觉整体性的因素

1. 客观刺激物本身的特点

客观刺激物的各种属性、各个部分对人产生整体知觉的作用不同。客观刺激物的关键性成分或关键性特征对知觉的整体性起决定作用。例如，抽象派画家的作品可能会缺乏合适的线条比例，图案可能也不恰当，但人仍然能从整体上把握它、理解它、识别它和欣赏它，原因就在于作品中的关键性特征为知觉整体性创造了一定条件。

2. 知觉者的主观状态

知觉整体性不仅与刺激物本身的特征（如接近、连续或相似等）以及各部分之间的结构成分密切相关，而且还受到人的主观状态，特别是人原有知识经验的影响。一个人所具有的知识经验是其对当前知觉活动提供补充信息与整合属性的必要条件。

三、知觉理解性

(一) 知觉理解性的含义

知觉理解性是指在知觉过程中，人根据自己已有的知识经验对客观事物进行解释，并用语词加以概括，赋予其意义。具有不同知识经验背景的人对同一个知觉对象的组织加工是不同的，由此形成的知觉经验也会存在差异。例如，图1-4-4既可以把图中的人物视为少女，也可以把她看成老妇。面对同样的刺激信息，因为受到不同知识经验的影响，我们可以知觉为不同的内容与意义。如果先看图A，再看图B，往往会知觉到一位少女，脸朝侧后方，只能看到她的左耳和睫毛；如果先看图C，再看图B，则容易知觉到一位老妇，下巴凸出，嘴角凹陷。

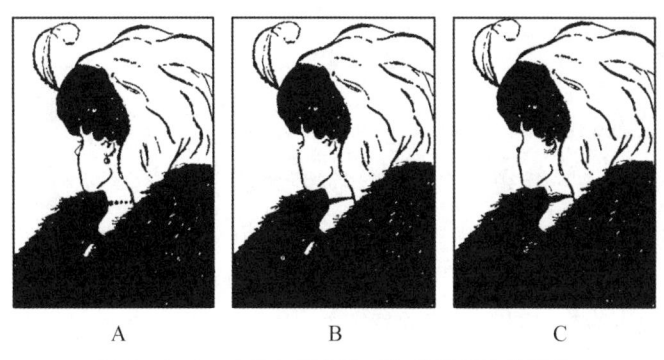

图 1-4-4 人的知识经验对知觉理解性的影响

（二）影响知觉理解性的因素

1. 知觉者的知识经验

知觉理解性是以人已有的知识经验为基础对信息进行加工处理的，知识经验是知觉理解的前提。不同的人，由于他们所积累的知识与经验不同，对同一客观事物的知觉理解程度也会有所差异，从而对该事物产生不同知觉。一个人对与某事物相关的知识了解得越多、经验越丰富，对该事物的知觉就会越深刻、越精确。例如：图1-4-5A是"不可能图形三头器"，乍一看会觉得它像是一个三维物体，但仔细看就会发现它存在问题；图1-4-5B是"不可能图形三角形"；图1-4-5C是"不可能图形楼梯"。这三个图形都无法被人已有的知识经验组织成稳定的和有意义的物体。

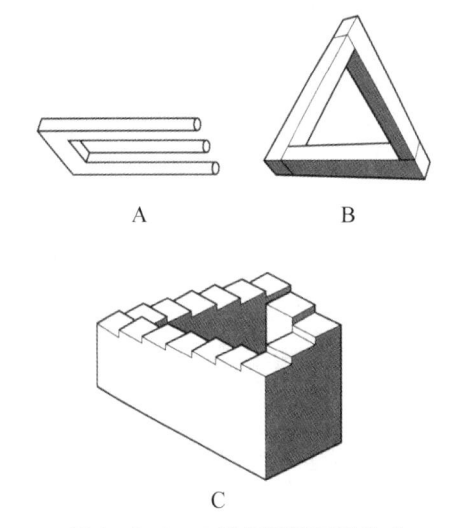

图 1-4-5 三种不可能图形模式

人的知识与经验对知觉理解性具有重要作用，当在知觉不可能图形时，人会运用自己的知识经验对其加以理解。例如，图1-4-6中的水流和瀑布并不符合现实世界中的物理学规律，由于人脑接收到来自眼睛的矛盾信息，人不能够用自己过去的知识经验对其加以解释和理解，这充分说明了人的知识经验在知觉理解中的重要作用。

2. 知觉者受语言指导的影响

语言指导可以为知觉理解性指引方向。当刺激信息判断标志不明显的时候，适当的语言指导可以帮助人们唤起过去的知识经验，促进其对知觉对象的理解。

图 1-4-6 不可能图形

四、知觉恒常性

（一）知觉恒常性的含义

知觉恒常性是指人在一定范围内，不随知觉客观条件的改变而保持其知觉映像。

在知觉过程中，距离、亮度、视角等知觉条件并不是一成不变的。在不同条件下，人对相同客体的物理特征或属性，如物体的大小、形状、颜色、亮度等形成的感觉映像也不是固定的。但是，由于客观事物本身具有一定的稳定性，因此，人的知觉必须具有相应的稳定性，才能真实地反映客观事物的本来面貌。一个人已有的知识经验，在知觉恒常性的产生过程中扮演着重要的角色。

（二）知觉恒常性的种类

在视觉范围内，知觉恒常性主要表现在大小恒常性、明度恒常性、形状恒常性、颜色恒常性和方向恒常性等方面。

1. 大小恒常性

从光学原理来说，远的物体投射在视网膜上形成的像，要比近的物体形成的像小。但当走向远的物体时，人并不会觉得这个物体会越来越大。因此，人对物体大小的知觉，并不完全随视网膜上视像的变化而变化，而是趋向于保持对该事物实际大小的知觉，这被称为知觉的大小恒常性。

2. 明度恒常性

明度恒常性是指当照明条件改变时，人知觉到的物体的相对明度保持不变的知觉特征。例如，将黑、白两匹布，一半置于亮处，一半置于暗处，虽然每匹布的两半部分亮度存在差异，但人仍把它知觉为是一匹黑布或一匹白布，而不会将其知觉为两段明暗不同的布料。又如，把白粉笔放在暗处，把煤块放在亮处，按照物理特性，在亮处的煤块因为反射了光看起来是白的，在暗处的粉笔则看起来是黑的，但人仍把煤块知觉为黑的，把粉笔知觉为白的。

3. 形状恒常性

形状恒常性是指人在观察熟悉的物体时，当因其观察角度发生变化而使投射在视网膜上的像发生改变时，其原本的形状知觉保持相对不变的知觉特性。例如，从不同角度观察一扇门，门从完全关闭到完全打开，虽然它在视网膜上的成像发生了许多变化，但人对门的形状知觉并不随视网膜上视像的变化而变化，而总是把它知觉为一扇长方形的门。

4. 颜色恒常性

颜色恒常性是指人对熟悉的物体，当其颜色由于照明等条件的变化而发生改变时，人的颜色知觉仍趋向于保持相对不变的知觉特性。例如，一面红旗，不管在白天还是在晚上，在路灯下还是在阳光下，在红光照射下还是在黄光照射下，人都会把它知觉为红色。从物理特性和生理角度看，当色光照射到物体表面时，由于色光混合原理的作用，物体表面的色调会发生变化，但人对物体颜色的知觉并不受照射到物体表面的色光的影响，而保持对物体颜色知觉恒常的特性,这与人的生活经验密切相关。

5. 方向恒常性

方向恒常性是指当人的身体部位或视像方向发生改变时,人对物体实际方位的知觉仍保持相对不变的知觉特征(如图1-4-7所示)。

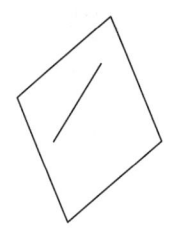

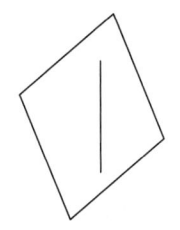

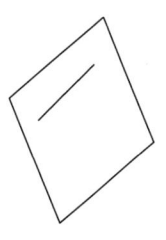

图 1-4-7　知觉的方向恒常性

知觉恒常性对人类的生存与发展具有重要意义。如果人没有知觉恒常性,那么,在知觉客观事物时,他们的知觉就会随着客观条件的变化而时刻发生变化,而由于外界环境永远处于变化之中,因此,在这种情况下,人要想获得任何确定的知识都会非常困难,甚至是不可能的。

第五节　观察

一、观察概述

(一) 观察的含义

观察是指有目的、有计划、比较持久的知觉,是知觉的高级形式。观察离不开思维,因此,人们也把观察称为"思维着的知觉"。

人的知觉有时是有目的、有意志参与的,有时则是漫无目的的。观察作为有意知觉,从开始进行时就具有确定的目的和计划,人会按照既定的目的与计划要求去组织并实施自己的知觉活动。同时,人在观察过程中,自始至终要有思维和语言的参与,还应对观察过程与结果进行归纳与整理。观察是人的各项社会实践所必需的,没有观察,人就不可能在科学研究、文学创作、艺术表现等方面取得成功。观察在教育活动过程中也是不可或缺的,在教师的教育教学过程中,以及在学生的学习活动中,观察更是具有特殊的重要性。

(二) 观察的特征

在观察能力方面,人与人之间存在着比较明显的个体差异。观察力是指人迅速、敏锐和正确地发现客观事物的特征、属性以及细节等方面的知觉能力,它是人的智力的重要组成部分。因此,人们在观察力的发展水平和观察类型上存在着差异。观察力是人们从事科学研究、艺术创作和社会实践不可或缺的心理特征。

观察的主要特征包括以下四个方面。

1. 观察的目的性

观察的目的性是指人在观察过程中,有确定的观察目的。具有观察目的性的人,始终会使自己的观察活动具有明确的方向和选择，它表现为人的知觉活动总是围绕着观察目的而展开，也表现为人在观察的过程中，能根据总的观察目的，分解观察过程并使之具体化。一般来说，观察的目的越明确、越具体，观察就越顺利，效果就越明显。

2. 观察的客观性

观察的客观性是指人在观察过程中，始终坚持实事求是的态度去知觉客观事物。观察是对客观事物的知觉，尊重客观事实，科学地反映客观事物的本来面貌和本质特征是观察的基本要求。

3. 观察的精细性

观察的精细性是指人在观察过程中，能够区分出客观事物所具有的细节。人只有精细知觉客观事物的特征，才能够发现客观事物中有价值的属性，提高观察的效果。一般来说，观察力强的人，具有既能观察到客观事物的全貌，又能观察到客观事物的细微特征的能力。

4. 观察的敏捷性

观察的敏捷性是指人能迅速地发现客观事物的重要属性或特征。一个人如果能够在看似平常的现象中发现新的信息，或者在平凡的事物中发现事物的重要特征，则表明其观察能力较强。

二、观察力的培养

观察力是指人有目的、主动地观察客观事物，并善于正确发现事物各种典型特征的知觉能力。观察力是学生在各项学习活动中不可缺少的基本能力之一，培养学生的观察力，是学校教育教学工作中非常重要的一环。因此，教师要从培养学生掌握观察技能入手，为发展学生良好的观察能力打好基础。

心理学家把形成与发展观察力视为一个人发现与获取知识的重要环节，认为其是智力活动的重要组成部分，培养和提高观察力，对于人的学习和工作都极为重要。在学校教育教学活动中，培养学生的观察力，一般要做好五个方面的工作：(1)明确观察的目的和任务。在指导学生观察客观事物时，教师要耐心地告知学生正在观察的是什么、观察的重点在哪里、应当在观察过程中收集哪些材料、观察的目的和任务是什么等。(2)制定观察事物的计划，选择观察事物的方法。在观察前，教师要帮助学生制定观察的计划，选择具体的观察方法，做好必要的知识与经验准备，安排好观察的顺序与步骤，避免学生在观察时顾此失彼。(3)激发积极思维。教师要不断地鼓励学生从不同角度、不同侧面对观察到的事物的每个细节加以思考和分析，提出自己的想法和见解，而不是满足于已有的现成答案。(4)做好观察总结。教师在要求学生对观察结果进行总结时，可以采取多种形式。观察总结可以用文字表述，也可以用图表、图解或其他形式说明。教师要引导学生相互交流观察心得与体会，以便互相学习。教师还要鼓励学生对观察过程中遇到的问题，以及收集到的各种信息进行比较与评价。(5)培养良好的观察品质。教师要鼓励学生将课堂学习与社会生活中的观察有机联系起来，从而使学生具备良好的观察品质。

第五章
记忆

第一节 记忆概述

一、记忆的内涵

（一）记忆的含义

记忆是指人脑对过去经验的保持和再现，即感知过的事物、思考过的问题、体验过的情感、练习过的动作等在人脑中的保持，以后在一定条件影响下能重新得到恢复。这种在人脑中对过去经历过的事物与体验加以保留和重现的过程，就是记忆。信息加工理论认为，记忆是人脑对输入信息进行编码、存储和提取的过程。

记忆同感觉和知觉一样，是人脑对客观现实的反映，但记忆要比感觉和知觉更复杂。感觉和知觉是人脑对直接作用于感觉器官的客观事物的特征或属性的反映，是人脑对客观事物的感性认识，记忆则是人脑对过去经验的反映，兼有感性认识和理性认识的特点。

（二）记忆环节

记忆包括三个基本环节，即识记、保持、回忆或再认。识记是记忆的第一个基本环节，指人识别与记住事物的过程，具有选择性特点，是记忆的前提和关键。保持是指已识记获得的知识经验在人脑中的巩固，是记忆的第二个基本环节。回忆或再认是在不同条件下恢复过去的经验。过去经历过的事物不在面前，人在脑中把它们重新呈现出来，称为回忆；过去经历过的事物再次出现在面前，确认它们是已识记过的事物，称为再认。回忆或再认是记忆的第三个基本环节，它们既是记忆的目的，也是检查记忆效率的指标。既不能回忆又不能再认的现象，称为遗忘。记忆过程的三个基本环节相互依存，密切联系。没有识记就谈不上对经验的保持，没有识记和保持，就不可能对经验过的事物进行回忆或再认。因此，识记和保持是回忆或再认的前提，回忆或再认是识记和保持的结果，它们进一步巩固、加强了识记和保持的内容。

记忆作为基本的心理活动，对保证人的正常生活起着极其重要的作用。人通过感知从外界获得信息，如果不能将其保留下来就不可能获得知识和经验，就不能形成概念进行判断和推理，也就不能适应复杂多变的客观环境。没有记忆，人的心理活动将不可能有正常的发展。记忆将人的心理活动的过去、现在和未来联结成一个整体，是人的心理活动在时间上得以持续的保证，它使个体最终实现心理的发展、知识经验的积累和个性心理特征的形成。

二、记忆的种类

(一)内隐记忆和外显记忆

根据记忆时意识参与的程度,可以把记忆分为内隐记忆和外显记忆。

内隐记忆是指在无意识的情况下,人的知识经验自动地对当前任务产生影响的记忆。内隐记忆强调的是信息提取过程中的无意识性,它并不要求在识记信息的过程中要有意识的参与。一般来说,当人在记忆某项任务时,会不知不觉地反映出其先前曾识记过的内容,这说明他在完成任务时,会受到以前学习中所获得信息的影响,或者说正是先前的学习,使其在完成当前任务时会更容易些,这说明了内隐记忆的作用。内隐记忆在生活中的应用屡见不鲜,例如,广告中的纯接触效应与阈下广告,以及人际交往中的印象形成等,都受内隐记忆的影响。

外显记忆是指人有意识地或主动地收集某些知识经验完成当前任务的记忆。外显记忆是有意识地提取信息的记忆,其突出特点是强调信息提取过程的有意识性,而不是信息识记过程的有意识性。外显记忆能够用语言进行比较准确的描述,即在需要的时候,可以利用自由回忆、线索回忆和再认等,将记忆中的事实表述出来。

(二)陈述性记忆和程序性记忆

根据信息加工处理方式的不同,可以把记忆分为陈述性记忆和程序性记忆。

陈述性记忆是指对事实的记忆,如对人名、地名、名词解释、定理、定律等的记忆都属于陈述性记忆。陈述性记忆具有明显的可以言传的特征,即在需要时可将事实陈述出来。

程序性记忆是指对具有先后顺序的活动过程的记忆。程序性记忆主要包括对智力技能的记忆与对动作技能的记忆两个部分,它是个体经过观察学习与实际操作练习而习得的记忆。程序性记忆是按一定程序习得的,开始时比较困难,但一旦掌握便很难遗忘。例如,小时候学会了弹钢琴,几十年后仍然不忘,如果已达到纯熟程度,那么,程序性记忆的信息检索就会以自动化方式呈现。程序性记忆最显著的特点是不能用语言表述,即不能言传。从个体发展来看,个体首先发展的是程序性记忆,例如,自幼学习的动作技能,写字、骑车、吃饭等,都是通过练习而获得的程序性记忆。

(三)形象记忆、情景记忆、语义记忆、情绪记忆和运动记忆

根据记忆的内容不同,可以把记忆分为形象记忆、情景记忆、语义记忆、情绪记忆和运动记忆。

形象记忆是指人以感知过的事物的形象为内容的记忆,它在人脑中保持的是事物的具体形象,具有比较鲜明的"直观"性,并以表象形式存储。形象记忆一般以视觉的和听觉的为主,也存在某些触觉的形象记忆。对于视觉形象记忆或听觉形象记忆缺乏的人来说,例如,盲人或听障人士就不能获得鲜明的形象记忆,这时一般是以触觉形象记忆或嗅觉形象记忆进行补偿的。

情景记忆是指人以亲身经历、发生在一定时间和地点的事件或情景为内容的记忆。情景记忆接收和存储的信息与个人生活中的特定事件、特定时间及地点相关,并以个人经历为参照,是个体真实生活的记忆。情景记忆对应于语义记忆,但与语义记忆有重大区别。情景记忆因一定时间和空间的限制,容易受到各种因素的干扰从而影响对信息的加工与存储。另外,对已存储在大脑中的有关情景记忆的信息,提取它们比较缓慢,往往需要通过一定的努力来搜寻相关线索。

语义记忆是指人对有组织的知识为内容的记忆,又称为语词逻辑记忆。语义记忆是以由语词概括的事物的关系以及事物本身的意义和性质为内容的记忆。例如,对客观事物的认识,尤其是对代表客观事物的抽象符号意义的记忆,如语言、文字、概念、原则等的学习与掌握。语义记忆的组织是抽象的和概括的,它所包含的信息不受信息的具体时间和空间的限制,是以意义为参照的,因此可以保证人能够从数以百万计的信息中提取出自己想要的信息。语义记忆对应于情景记忆,由于语义记忆的信息不易受环境因素的干扰,比较稳定,提取迅速,因此,搜寻线索时往往不需要做明显的努力。语义记忆为人类所特有,它与人的抽象思维的发展密切联系。在实践活动中,语义记忆能力会随着人的抽象思维能力的发展而不断提高。

情绪记忆是指人以曾经体验过的情绪或情感为内容的记忆。引起情绪和情感的事件已经过去,但对该事件的体验则保存在记忆中,在一定条件下,这种情绪和情感又会重新被体验到。强烈的、对人有重大意义的情绪和情感保持的时间较长久且容易被再体验。情绪记忆既可能是积极愉快的体验,也可能是消极不愉快的体验。积极愉快的情绪记忆对人的行为有激励作用,消极不愉快的情绪记忆则有降低人的活动效率的负面作用。情绪记忆的性质和强度的变化,是由过去引起情绪、情感体验的事物与个体当前需要之间的关系所决定的。

运动记忆是指人以过去经历过的身体运动或动作形象为内容的记忆。运动记忆以过去的运动或操作动作形成的运动表象为前提,没有运动表象(运动或动作形象在脑中的表征)就不会有运动记忆。运动表象来源于人对自己动作的知觉以及对他人动作和图案中动作姿势的知觉,也能通过对已有动作表象加工改组而创造出新的动作形象。运动记忆一旦形成,保持的时间往往很长久。保持和提取运动记忆中的信息一般比较容易,这些信息也不易被遗忘,它在生活、劳动技能等社会实践中起着重要的作用。

第二节　记忆系统

根据记忆过程中信息的输入、编码方式的特点以及信息存储时间的长短,可以将记忆分为感觉记忆、短时记忆和长时记忆三个记忆阶段或三个记忆子系统,它们共同构成了一个记忆系统。它们可以用记忆信息三级加工模型来表示(如图 1-5-1 所示)。

从图中可知,外界信息通过感觉器官时,会按输入信息原样的感觉痕迹形式被登记,包括感觉登记、图像登记和声像登记等,这就是感觉记忆系统,信息在此保持的时间很短,一般

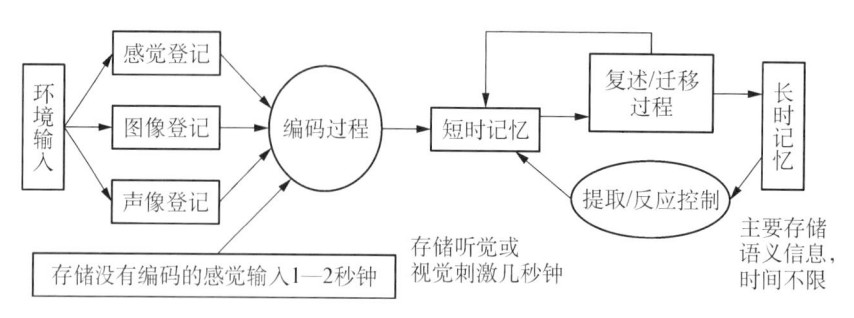

```
环境输入 → 感觉登记 / 图像登记 / 声像登记 → 编码过程 → 短时记忆 ⇄ 复述/迁移过程 → 长时记忆
                                                              ⇅ 提取/反应控制
存储没有编码的感觉输入1—2秒钟    存储听觉或视觉刺激几秒钟         主要存储语义信息，时间不限
```

图1-5-1 记忆信息三级加工模型

不超过两秒钟，其中一部分信息由于受到了注意而进入短时记忆系统，如果信息极为强烈、深刻，也会一次性直接进入长时记忆系统。但是，如果感觉记忆中的信息未被注意，则它们会很快减弱、消失。短时记忆系统中的信息主要来自感觉记忆，也有些是从长时记忆系统来的信息。当某人需要运用已有知识经验、规则来加工信息时，其便会从长时记忆中提取相应信息，提取出的信息会回溯到短时记忆系统，帮助短时记忆系统对信息进行有意识的加工。短时记忆系统中的信息经过复述后进入长时记忆系统得到长久保存。

感觉记忆、短时记忆和长时记忆是人类记忆系统中三个不同的信息加工阶段，尽管它们在信息的持续时间、记忆容量、信息编码方式以及信息存储与遗忘机制方面都不相同，但它们不是非此即彼的，而是相互联系、相互作用，密切配合在一起对信息进行加工处理的记忆系统。

一、感觉记忆

（一）感觉记忆的含义

感觉记忆是指感觉性刺激在作用停止后仍在脑中继续短暂保持其映像的记忆，它是人类记忆系统中信息加工的第一个阶段，感觉后像就是感觉记忆的例子。各种感觉器官通道都存在着对相应适宜刺激的感觉记忆，它是对信息"自动"进行输入的过程。但并非所有感觉器官接收到的刺激都被"登记"在感觉记忆中，感觉记忆具有选择性。信息要在感觉记忆中被"登记"，既依赖于客观事物本身的特点，也依赖于人的主观心理因素。

（二）感觉记忆的特征

感觉记忆中的信息还未经任何心理加工，是以感觉痕迹的形式被登记下来的，它具有以下基本特征。

（1）进入感觉记忆中的信息完全依据它所具有的物理特征接受编码，并以感知的顺序被登记，具有鲜明的形象性。

（2）进入感觉记忆的信息保持时间很短暂。图像记忆保持的时间约为1秒，声像记忆保持的时间为1—4秒，这为感觉记忆保持高度的效能提供了基本条件。若信息不能在感觉记忆中被瞬间登记或急速消失，就会同不断输入的新信息相互混杂，从而使大脑无法再识别最初的信息。

（3）感觉记忆的容量由感受器解剖的生理特点决定，几乎进入感觉器官的信息都能被登记。但感觉记忆痕迹很容易衰退,只有当登记了的信息受到特别注意时,才能转入到短时记忆被进一步加工,否则很快就会衰退并消失。

二、短时记忆

(一) 短时记忆的含义

短时记忆是指在1分钟之内对人脑中的信息进行加工编码的记忆。它与感觉记忆在功能上的区别是:感觉记忆中的信息是无意识的,也是未经加工的感觉痕迹;而短时记忆中的信息是来自感觉记忆并对其进行操作、加工,是正在操作的、活动的记忆。只有那些经过了加工、处理和编码的信息,才能被转入长时记忆中存储,否则就会被遗忘。

人在短时记忆某事物时,是为了对该事物进行某种加工。因此,短时记忆是根据记忆活动的目的,恰当地执行一定的操作与加工。例如,抄写或临摹字画活动,就需要不断地暂时使视线离开范本,凭借对范本的短时记忆进行操作。

(二) 短时记忆的特征

短时记忆是信息在感觉记忆之后的高一级加工阶段,它具有以下几个基本特征。

(1) 短时记忆中的信息保持时间,在无复述情况下一般只有5—20秒,最长也不超过1分钟。信息从短时记忆转入长时记忆的心理机制是复述,复述是为了把一定数量的信息保持在记忆中的内部言语。复述分为机械性复述和精致性复述两种。机械性复述是指一遍遍重复学习材料的过程;精致性复述是指将学习材料与长时记忆中存储的信息建立起联系的过程。研究与实践表明,精致性复述的效果远优于机械性复述。

(2) 短时记忆的容量有限。短时记忆的容量又称记忆广度,指信息短暂呈现后个体所能呈现的最大信息量。研究表明,人类的记忆广度为 7 ± 2 个单位,即5—9个单位,其平均数为7,它不分种族和文化,是正常成年人短时记忆的平均值。信息加工理论认为,如果人在主观上对材料加以组织并进行再编码,那么记忆中的信息容量可以扩大,即构成"组块"(chunk)。组块是指将若干信息单元联合成有意义的、较大单位的信息加工的记忆单元。因此,组块是信息材料的意义单位。例如,排列10个英文字母PSYCHOLOGY,对懂英语的人来说,它只构成1个组块的意义单位,而不懂英语的人则会将之视为10个单元。因此,个体可以运用知识经验,把小意义单元组合成有意义的单位,从而扩大和增加记忆广度。

(3) 短时记忆中的编码形式。信息编码指为把刺激信息转换为适合记忆系统的形式而进行加工的过程。我们把经过编码形成的具体信息形式称为代码。短时记忆中的信息编码方式主要采用言语听觉形式。一般情况下,视觉形象要转换成声音代码,这样才能在记忆中把信息更好地保存下来。短时记忆对刺激信息的编码方式以听觉编码为主,也会用到视觉编码和语义编码。

① 听觉编码。在短时记忆中,主要以听觉形式对刺激信息进行编码与存储,即使刺激信息是以视觉形式呈现的,人对它们进行加工处理时也会把它们转换成能够被短时记忆编码的听觉代码,即在短时记忆中会出现形—音转换的现象,视觉信息会以声音形式在短时记忆

中经过加工后保持或存储。

② 视觉编码。在短时记忆中，对字母、语词或句子等言语刺激信息来说，听觉编码或口语编码是适宜的，即使是对非言语刺激信息的加工，如图画等，也可以通过言语听觉形式进行编码。但这并不意味着短时记忆只有听觉编码一种加工方式。心理学研究表明，在短时记忆最初阶段存在着视觉形式的信息加工与编码过程。对于大量非言语刺激信息来说，视觉代码也许更重要，它可以避免视觉刺激因被转换为听觉代码而丢失许多信息的情况。

短时记忆中的听觉代码和视觉代码均属于感觉代码，但它们不同于感觉记忆。感觉记忆是按刺激信息的原有形式加以保持的，即根据刺激信息的物理特性进行直接编码与加工；而短时记忆中的感觉代码比感觉记忆中的刺激信息更为抽象，它们已经排除了刺激信息的某些物理特性或具体细节。一般而言，进入短时记忆的信息都是已经被识别了的，这是短时记忆中的感觉代码与感觉记忆中的刺激信息的重要区别。已有研究表明，短时记忆中的信息编码，除了有听觉编码和视觉编码等感觉代码外，还有语义编码。语义编码是指把信息转换成一种与意义有关的抽象代码，它不具有感觉通道的特异性特征。

尽管人有可能记住进入短时记忆的7个相对复杂的信息系列，但信息并不能在短时记忆中保持多久。心理学家的大量研究表明，短时记忆中的信息会在15—20秒后消失，除非它们通过复述加工进入了长时记忆。信息从短时记忆进入长时记忆主要依赖于复述，即对已进入短时记忆的信息的重复。复述能实现两种结果：首先只要是被复述的信息，便会被保存在短时记忆中，但更重要的是，复述能帮助人将信息转移到长时记忆中。

三、长时记忆

（一）长时记忆的含义

长时记忆又称永久记忆，指信息经过加工，在人脑中可长久保持并有巨大容量的记忆。长时记忆中的信息保持时间在1分钟以上，有些可达数年，甚至终生。长时记忆就像一座巨大的图书馆，保存着个人可以运用的各种事实、程序和知识经验。

长时记忆中存储的信息大都是在短时记忆中得到精致性复述的信息，例如，由事件、情感、技能、单词、范畴、规则和判断等所组成的知识经验。长时记忆使人能有效地对新信息进行编码，以便更好地识记和保持新获得的信息，同时它也能使人迅速有效地提取信息，以解决当前所面临的问题。因此，长时记忆存储了每个人获得的关于世界和自我的全部知识，为人的活动提供了必要信息，包括语言运用、知识学习、技能形成、判断推理和问题解决等。

（二）长时记忆的特征

（1）记忆容量无限。长时记忆的容量可以存储下人认识世界时获取的知识经验，是一个庞大的信息库。长时记忆中的信息主要是经过复述加工的短时记忆中的信息，但也有一些是感觉记忆中因印象深刻而一次性直接进入长时记忆的。人通过长时记忆把信息保持下来以备将来使用，或把过去已存储的信息提取出来用于当前。

（2）信息保持时间长久。长时记忆中保持的信息能够按时、日、月、年乃至终生存储。一一般认为,长时记忆中出现的遗忘现象,主要是由于信息受到干扰,使提取信息的过程发生了困难或遇到了内部与外部的阻碍。

(3) 以意义编码为主。长时记忆中的信息编码方式以意义编码为主。意义编码有两种形式:表象编码和语义编码,它们又被称为信息的双重编码。①表象编码是指以表象代码形式编码和存储关于具体事物或事件的信息,它主要用于加工和处理有关非言语对象或事件的知觉信息。表象是感知过的事物在人脑中印留的形象,因此,表象代码是记忆中有关事物的形象,它具有与实际知觉相似的特点,与外部客观事物相类似,包括事物的大小和空间关系。表象编码的特点是平行加工,它对复杂对象的各个特征同时进行处理,并将之存储到复杂联想结构中,以便使输出的信息具有空间特点。它既反映对象的静态特征,也反映对象的动态特征。表象编码不是刻板的对外界事物的拷贝,而是经过加工处理的抽象类似物的再现,并且不受感觉通道的制约,它包含着人对相类信息的概括加工能力。②语义编码是指以语义代码形式对短时记忆输入信息进行加工编码的过程。语义编码按照言语发生的顺序,以系统的方式表征言语听觉和言语运动两个方面的信息,不仅包括词及其符号、意义、所指对象,也包括应用这些词及符号等的规则,即语言的文法规则、符号的操作规则、数学的运用规则等。语义代码是一种抽象意义的表征,具有命题形式。语义编码的特征是串行加工,按照语义编码原理,长时记忆中存储的信息都是按照节点和许多关系进行编码的,语义成分之间的关系,如概念、事件和情节等信息,是用语义网络的形式来表征的。

第三节 遗忘

一、遗忘概述

数学家格里菲斯(J. Griffith)曾经估计,人在一生中所存储的信息量相当于《大英百科全书》信息量的500倍。计算机和博弈论之父约翰·冯·诺依曼(J. V. Neumann)甚至把人的记忆容量确定为2.8×10^{20}比特。尽管人脑能记住大量信息,但人在很多时候,仍会遗忘掉曾经记住的知识和信息。

每个正常人都会遗忘或者说经常会遗忘。例如,不记得熟人的名字、忘记一件事、忘记一个测验程序等,并且几乎每个人都明白记忆失败的后果。当然,遗忘不重要的经历细节、人和物,可使人免受无意义信息的干扰,从而通过遗忘形成一般印象和回忆。例如,你之所以会觉得朋友总是很熟悉,是因为你忘记了他的穿着、面部瑕疵以及其他随情景变化而变化的暂时特点。可以说,记忆集合的是各种关键特征,即遗忘使人类能够更加经济地运用自己的记忆能力。

(一) 遗忘的含义

遗忘是指人对识记过的材料不能再认或回忆,或是错误地再认或回忆。信息加工理论认为,遗忘是指识记过的信息提取不出来或提取时发生错误。遗忘显示了记忆的内容和数量最明显的动态变化,是保持的对立面,保持中的信息丧失就意味着遗忘。

根据遗忘的程度,可以将遗忘分为不完全遗忘和完全遗忘。不完全遗忘是指对存储的信息能再认但不能回忆,或能回忆但不能再认。完全遗忘是指对存储的信息既不能再认也不能回忆。

遗忘还可以分为暂时性遗忘和永久性遗忘。暂时性遗忘是指已存储在长时记忆中的信息一时不能被回忆或再认,但在适宜条件下还可恢复,实现回忆或再认。例如,个体突然遇到过去熟悉的朋友,会出现一下子叫不出其姓名的情况,即"舌尖现象"(tip-of-the-tongue phenomenon,简称TOT),但经过一番寒暄之后,个体又能够说出对方的姓名了。永久性遗忘是指识记过的材料不经过重新学习则不能再行恢复的现象。应该说,遗忘是巩固记忆的条件,如果没有遗忘,就会大大增加记忆的负荷,新信息、新材料的保持和恢复就会出现困难。

(二)遗忘曲线

德国心理学家艾宾浩斯(H. Ebbinghaus)对记忆和遗忘规律进行了实验研究。在实验中,为了排除过去知识经验、个人情绪对记忆结果的影响,消除新学习材料与记忆中原有知识经验的可能联系,他创制了无意义音节字表作为记忆实验材料,以及重学法等统计处理方法。无意义音节字表是由两个辅音和一个元音组成的字母串,如POF、XEM和QAZ等。在实验中,被试每次要识记一定数量的无意义音节,直到连续两次背诵无误。然后经过不同时距后再进行回忆,如果有的音节不能回忆出来,就重新学习,间隔时间分别为20分钟、1小时、9小时、1天、2天、6天、31天,直到再次达到背诵无误的标准。艾宾浩斯把重学时比初学时节省的诵读时间百分数作为保持量指标,并据此测量出遗忘进程,实验结果如表1-5-1所示。

表1-5-1 学习无意义音节后的保持量

时距	重学节省%(保持量)	遗忘数量%	时距	重学节省%(保持量)	遗忘数量%
20分钟	58.2	41.8	2天	27.8	72.2
1小时	44.2	55.8	6天	25.4	74.6
9小时	35.8	64.2	31天	21.1	78.9
1天	33.7	66.3			

从表1-5-1中可以看出,遗忘规律是先快后慢,这表明遗忘不是匀速进行的,在刚学过以后的短时间内遗忘的速度比较快,数量也比较多。随着时间的流逝,遗忘逐渐缓慢下来,到了一定的时间,几乎就不再遗忘了。根据这个实验结果绘制成的遗忘曲线,即艾宾浩斯遗忘曲线(如图1-5-2所示)。

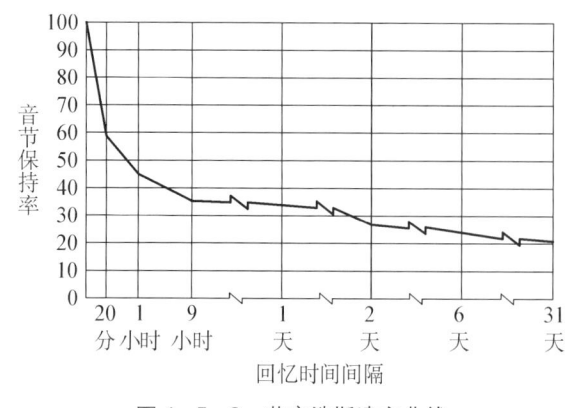

图1-5-2 艾宾浩斯遗忘曲线

二、遗忘理论

（一）记忆痕迹衰退说

记忆痕迹衰退说强调生理活动对记忆痕迹的影响，认为遗忘是因记忆痕迹得不到强化而逐渐减弱、衰退以至消失的过程。这种说法接近于常识，容易为人们所接受。但该理论没有得到有力的实验证明。

（二）干扰抑制说

干扰抑制说强调遗忘的主要原因是个体在学习和回忆时受到了其他刺激信息的干扰，一旦排除了这些干扰，记忆就可以恢复。干扰抑制说与记忆衰退说的不同点在于：干扰抑制说主张记忆痕迹并没有从人脑中消失，它们只是相互抑制造成了遗忘。

干扰抑制分为两类：前摄抑制和倒摄抑制。前摄抑制是指先学习和记忆的材料对后学习和记忆的材料的干扰作用。倒摄抑制是指后学习和记忆的材料对先学习和记忆的材料的保持与回忆的干扰作用。研究表明，在长时记忆里，信息的遗忘尽管有自然消退的因素，但主要是由于信息之间的相互干扰造成的。前摄抑制干扰的程度随先前学习材料数量的增加而增加，也随其保持时间的增加而增加。倒摄抑制干扰的程度受先、后所学两种材料的性质、难度、时间安排和识记的巩固程度等条件的制约。一般来说，先、后学习的两种材料越相近，干扰或抑制作用越大。因此，对于不同内容材料的学习要进行合理安排，以减少彼此之间的抑制干扰。同样，在学习某种材料的过程中也会出现前摄抑制干扰和倒摄抑制干扰，例如，人们在学习较长字表或一篇文章时，往往是首尾部分记得好，不易遗忘，而对中间部分则识记较难，也容易遗忘，这就是因为记忆同时受到了两种抑制干扰的影响。

（三）动机性遗忘说

动机性遗忘说又称动机抑制理论或压抑说，其认为遗忘是由于某种情绪或动机的驱使或压抑，如果压抑被解除了，记忆也就能恢复了。例如，个体会把某些痛苦、不愉快的经历压抑在潜意识层面使其被遗忘，因为它们中有些与社会道德观念冲突，或者可能会唤起创伤性体验而使人感到痛苦、不愉快和忧愁，于是个体便拒绝它们进入意识，即被潜意识动机所压抑。根据动机性遗忘说的观点，若能消除人为的压抑，消除记忆与消极情绪之间的负性联系，那么，遗忘就可能被克服。认知心理学认为，即使某种信息存储在长时记忆中，如果个体当时对引起记忆的刺激或线索缺乏兴趣和动机，不予注意，那么也就不能显示其实际记忆，即表现出遗忘。记忆的动机抑制理论虽然仍没有得到有力的实验证据为之证明，但是它将个体的需要、动机和负性情绪等联系起来，为研究遗忘提供了新的视角。

（四）线索依赖性说

线索依赖性说认为，遗忘不是由于痕迹消退，而是因检索线索时遇到了困难。图尔文（E. Tulving）将线索依赖性说和痕迹消退说做了重要区分，认为遗忘有两种可能性：一种是信息从记忆系统中消失了，这是痕迹消退说的观点；另一种是信息仍存储在记忆系统里，但不能被提取出来,这是线索依赖性说的观点。线索依赖性说得到了一些实验的证实,即一个记忆项目是与学习该项目时的上下文或情景联系在一起进行加工编码的,学习后会产生一个唯一的痕迹,既包括记忆项目本身的信息,也包括其所处的上下文或情景的信息。当个体对一个项目进行回忆时,他所提取到的线索与记忆时该项目所处的上下文或情景越相似,其回忆的效果也就越好。因此,遗忘是因为缺乏适当的提取线索,线索依赖性遗忘作用可能是个体遗忘长时记忆中的信息的主要原因。

第四节　记忆品质和记忆策略

一、影响记忆效果的因素

艾宾浩斯遗忘曲线表明,遗忘的进程不仅受到时间因素的影响,还受到其他因素的影响。

(一)学习材料的性质

学习材料性质的不同会影响记忆效果。一般来说,视觉的图片或图像要比单词好记。熟练的动作和形象不容易被遗忘,容易长久保持。研究表明,动作记忆最容易保持,形象记忆次之。人对有意义的材料,如诗歌等,比对无意义的材料遗忘得要慢些。

(二)学习材料的数量

学习材料的数量越多,遗忘得越快。有研究表明,即使是有意义的学习材料,当识记数量达到一定程度时,其遗忘的进程也会接近无意义学习材料的遗忘曲线。因此,人在识记时需要根据材料的性质选择合适的学习量才能达到最佳的记忆效果。

(三)学习材料的意义

学习材料的意义对记忆具有影响。人对没有重要意义、不符合自己需要与兴趣的信息遗忘得快,对与自身关系重大的信息遗忘得慢。

(四)学习材料的序列位置

人对处于不同序列位置的学习材料的遗忘进程不同,表现为记忆的序列位置效应,即记忆材料中的首尾部分容易保持,中间部分容易遗忘。研究表明,最后呈现的学习材料遗忘得最少,最容易记忆,称为近因效应。最先呈现的学习材料遗忘得也较少,并比较容易回忆,称为首因效应。而中间部分的学习材料,由于受到前摄抑制和倒摄抑制的共同作用,遗忘得最多。研究表明,保持最差的是中间稍微偏前后的部分,这可能是由于在该位置上的信息受到了前摄抑制和倒摄抑制较多的影响。

(五)学习程度

学习程度是指在学习过程中正确反应所能达到的程度。一般而言,学习程度越高,保持越牢固,遗忘越少。但过度学习为150%时保持的效果最好。过度学习是指学习达到恰能成诵后再继续学习一段时间或一定的次数。例如,某材料学习10遍后恰好能成诵,这10遍的学习程度为100%，此时再学习5遍，则学习程度为150%，后来的5遍就是过度学习。过度学习必须在一定限度内才能使保持效果上升，如果超过限度，个体则可能由于疲劳或兴趣减退，导致保持效果不再上升反而下降。

二、精致性复述

复述不仅是防止因短时记忆中的信息衰退而发生遗忘的主要心理机制，而且是使信息从短时记忆转入长时记忆实现长期存储的心理机制。为了不使短时记忆中的信息很快消退，必须进行有意识的复述。复述分为两种：机械性复述和精致性复述。机械性复述又称保持性复述，是指不利用已有的知识经验，只对短时记忆中的信息进行简单重复，力图将信息保持在记忆中的心理过程。精致性复述是指对短时记忆中的信息进行分析，尽量使之与已有知识经验建立联系，并把它们整合到长时记忆中的认知结构里存储起来的心理过程。图1-5-3是两种复述的效果模式图。长时记忆所存储的信息，绝大部分是经过精致性复述加工的来自短时记忆的信息。

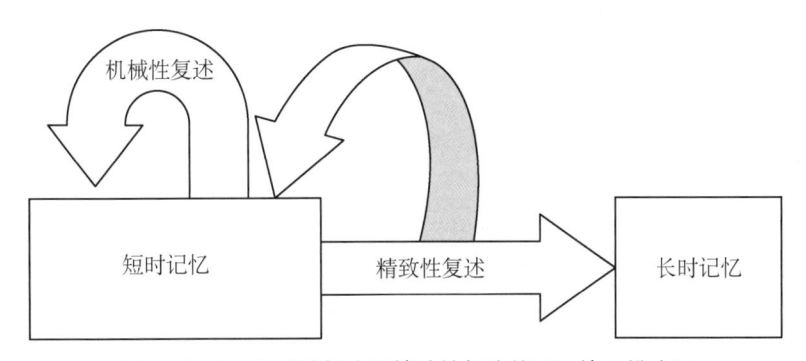

图1-5-3 机械性复述和精致性复述的不同效果模式图

精致性复述是短时记忆信息保持的重要条件，也是使加工处理了的信息从短时记忆转入长时记忆的重要机制。研究表明，如果只采用机械性复述对短时记忆中的信息进行加工，记忆效果不理想，即简单的机械性复述并不能提高记忆效果。

精致性复述和机械性复述反映了个体在对刺激信息进行加工时水平上的差异。一般而言，对信息进行分析、加工后，其与个体已有知识经验建立联系的紧密程度决定了信息在长时记忆中存储的时间。在精致性复述中，个体主动地对刺激信息进行加工，使刺激信息形成有意义的内在联系，并力图将它们与已有知识经验联系起来，达到对刺激信息的理解性加工与处理，使信息能整合到长时记忆的认知结构中长期存储。要提高记忆效果，应该遵循精致性复述的规律，在学习材料之间构建有意义联系，从而达到提高学习效果的目的。

三、记忆品质

良好的记忆品质有利于知识的巩固，它具有四个特点：（1）记忆的敏捷性。记忆的敏捷性品质是记忆速度和记忆效率的特征。据说，我国著名桥梁专家茅以升小时候看爷爷抄古文《东都赋》，他爷爷刚抄完，他就能背出。这种"过目成诵"的品质，是记忆敏捷性的超常表现。敏捷性是记忆的重要品质之一。（2）记忆的持久性。记忆的持久性品质是记忆保持的特征。人的记忆力会随年龄增长而逐渐衰退，但只要好学不倦，记忆力可以保持七八十年以上，甚至八九十岁的老人还能回忆起许多儿时经历过的细节。（3）记忆的准确性。记忆的准确性品质是记忆正确性与精确性的特征。一个人若能准确记住大量信息，并能不断向思维提供正确信息，表明其具备了良好的记忆品质。（4）记忆的储备性。记忆的储备性品质是从记忆中提取与应用信息的特征。拥有这种品质的个体在遇到现实需要时，能够迅速、灵活地提取相关信息，回忆所需内容。如果个体存储的信息无规律，纷乱无序，提取不便，说明其不具备良好的记忆品质。这些记忆品质相互联系，相互影响。

四、记忆策略

（一）记忆术

记忆术是一些能帮助人们有效提高记忆效果的方法。研究表明，记忆是有规律可循的，要获得良好的记忆力，取得良好的记忆效果，应该遵循记忆规律。记忆力强的人并非是天生的，而是掌握了记忆窍门或拥有有效记忆方法，并通过不断练习和实践使记忆力得到强化。

1. 定点法

定点法是将记忆项目同一组熟悉的地点建立起联系，使地点位置作为恢复各个项目的线索，同时利用视觉表象，来提高记忆效果的一种方法。一般来说，在将地点与要记的东西联系起来时，想象越夸张、越离奇，形象越鲜明，记忆的效果越好。

2. 联想法

联想法指通过谐音、观念或形象联想，将本身无意义的材料变成有意义的记忆内容。例如，光速为 29.979 万公里/秒，可记为"二舅点酒喝汽酒"；马克思生于 1818 年，逝世于 1883 年，可记为"一爬一爬，一爬就爬上了山"。

3. PQ4R 法

定点法和联想法主要用于记忆一些本身比较散乱的信息，要求个体有意地创造出将信息组织起来的情景。但根据学习和记忆原理，在应用于教材学习的记忆方法中，最流行并取得公认效果的是 PQ4R 法。"PQ4R"是指学习时应遵循的六个步骤：

第一个步骤，预习（prepare）。在开始学习之前，通读一遍全章内容，形成总体认识。确定它所包含的各个分段，然后把以下五个步骤应用在各个分段中。同时，考虑这一章讨论的主要问题，以及它与前几章的关系。

第二个步骤，提问（question）。在阅读每个分段前，提出有关分段的问题，把分段的标题改成适当问句。例如，本章中第三节的标题是"遗忘"，你可以把它改成这样的问句："遗忘是什么？""怎样才能避免遗忘？"等。

第三个步骤，阅读（read）。仔细阅读每个分段的内容，并尝试回答前面所提出的问题。

第四个步骤,复述(rehearsal)。在读课文时,试图进行理解,默读并想出一些例子,把教材和自己已有的知识经验联系起来。

第五个步骤,回忆(recall)。在学完一段后,试着回忆其中所包含的要点,在头脑中放一遍"电影",回答自己提出的问题。对不能回忆的部分再阅读一遍。

第六个步骤,复习(review)。学完全部内容后,复习所有内容,默默地回忆其中的要点,找出各节中和各节之间的内在联系。

将对学习材料的安排都设计成便于间断学习的模式可以使个体了解材料是如何组织的。对材料进行良好的"主观上的组织",是使个体学会有效记忆的重要方法。

(二) 复习的策略

1. 及时复习

研究表明,遗忘具有先快后慢的不均衡趋势,及时复习能防止学习后的快速遗忘。因此,及时复习与及时反馈是避免遗忘的重要策略。同时,要有反馈地学习,通过反馈可以及时知道自己的学习状况,知道应该在哪些方面需要再加强复习。

2. 合理分配复习时间与内容,分散与集中复习相结合

分配复习时间有两种方式:集中复习和分散复习。集中复习指在一段时间内相对集中地复习一种学习材料。分散复习是将同一学习材料的复习分多次进行,在每两次复习之间有一定的时间间隔。是集中复习还是分散复习,一般要根据学习材料的性质、数量、难易程度以及记忆已经达到的水平而定。在学习材料的内容较多时,分散复习的效果优于集中复习的效果,但分散复习的间隔时间不宜过短或过长。

3. 复习方式多样化

复习方法单调,容易使个体产生厌倦、感到疲劳,影响复习效果。多样化的复习方式能够使个体感到新颖,引起和加强注意,激发兴趣,调动学习积极性,从而提高复习的效果。同时,采用不同的方法对学习材料进行加工,有助于个体把内容更好地纳入自己已有的知识结构中去。例如,对同一字词的复习,可采用默写、填空、造句、分析字形偏旁部首、写出同义词或反义词等多种形式进行。

4. 运用多种感官参与复习

多种感官参与复习可以更好地提高记忆效果,例如,视听结合能够提高记忆效果。因此,在复习时应尽量让多种感官参与其中,要眼看、耳听、口读、手写相互配合,在脑中构成它们之间的神经联系,形成记忆痕迹,这样,当以后遇到其中一种刺激信息时,就可以唤起多种相关记忆,提高记忆效果。

5. 尝试回忆与反复识记相结合

尝试回忆是指在识记的材料尚未牢固记住之前就试图回忆的复习方法。尝试回忆与反复识记相结合是一种有效的复习手段。通过尝试回忆个体能够检验自己的识记情况,及时发现难以识记的部分和容易发生错误的地方,然后有重点地进行重新阅读,避免了时间的浪

费。同时,尝试回忆又能使个体将注意力集中在所识记的学习材料上,提高复习的信心和热情,进而提高记忆效果。

6. 掌握复习的"量"

复习的数量要适当,即一次复习的材料数量不宜过多,因为学习内容的数量与复习次数以及所用时间成正比。适当地过度学习,即达到150%的学习,能够较好地避免遗忘,从而提高学习效果。

第六章
表象和想象

第一节 表象

一、表象概述

（一）表象的含义

表象是指人脑对感知过的事物的形象的反映。例如，人脑中出现小学老师的形象就是表象。表象是人脑中以形象的形式对客观事物进行操作与加工的过程，是事物不在面前时对事物的心理复现，是由人脑中刺激痕迹的再现引起的。因此，表象是以感知觉提供的材料为基础形成的，没有对客观事物的感知，表象就无法形成。但表象不是感知觉的翻版和重复，而是感知觉痕迹经信息加工后的产物。由于表象的形成不需要客观事物的直接作用，可以不受时间和空间的限制，因此，人的思维活动不仅可以借助概念进行，也可以借助表象进行，它对人的思维、想象等高级心理活动具有重要作用。

（二）表象的特征

1. 直观形象性

表象以生动具体的形象在人脑中呈现，具有直观形象性特征。但它不同于感知觉的直接性特征，表象反映的是客观事物的大体轮廓和主要特征，不如感知觉那么鲜明、完整和稳定。例如，在电视中看到天安门的建筑、听到的伴随音乐是具体的、完整的和稳定的，而当回忆这些镜头时，脑中所呈现的形象，其清晰性和完整性就比较模糊，耳边回响的乐曲也会时强时弱或断断续续。

2. 概括性

表象反映的事物形象不是某个具体事物或事物的某个特征，而是同一事物或同一类事物在不同条件下所表现出来的一般特点或共同特征，是一种归类了的事物形象。这是表象与直接感知的形象的重要区别。例如，看到某棵树的形象是具体的，但在脑中出现"树"的表象则是概括了的各种树的形象。

表象的概括与思维的概括是不同的。表象是对一类事物形象的概括，而思维是对事物的本质特征的概括，是抽象的概括。表象的概括性不同于思维的概括性，主要表现在表象是形象的概括，思维是概念的概括。在表象的形象概括中，混杂着事物的本质属性和非本质属性，而思维揭示的是客观事物的本质属性，舍弃了非本质属性。表象的概括具有形象性特点，仍属于感性认识范畴。

表象是人类表征知识的重要形式，许多知识是在人脑中以表象的形式存储的，当这些形象再次在脑中呈现时，人就能够识别它们。表象在人的心理活动的形成和发展中具有重要作用，它打破了受当前事物直接作用的认识局限，使认识趋于概括化，是人类开展实践活动的必要条件。

表象的直观性和概括性决定了它在人的心理活动中的重要地位。例如，人在活动前总是在脑中形成"做什么"和"怎么做"的表象，这些表象使人能解决问题。因此，表象是人类心理活动区别于动物心理活动的本质所在。

表象是从感知到思维的过渡阶段，是认识过程中的重要环节。从表象的直观形象性来看，表象与感知觉相似；从表象的概括性来看，表象和思维相似。但它既不是感知觉也不是思维，而是介于两者之间的中间环节。表象摆脱了感知觉的局限，打破了人的认识受当前事物直接作用的制约，为概括的形成奠定了感性基础，使人的认识活动趋于概括和深刻。研究表明，表象训练能帮助人更好地挖掘自身的潜能，发展智力。表象作为一种信息表征，在学习和记忆以及解决问题与创造活动中具有重要作用。

二、表象的种类

（一）视觉表象、听觉表象、动觉表象、嗅觉表象、味觉表象、触觉表象等

根据表象形成时占主导的感觉通道的不同，可将表象分为视觉表象、听觉表象、动觉表象、嗅觉表象、味觉表象和触觉表象等。

视觉表象是人脑中感知过的具有视觉特征（颜色、形状、大小等）的形象，一般比较鲜明。听觉表象是人脑中感知过的具有听觉特征（音调、响度、音色和旋律等）的形象。在听觉表象中，言语听觉表象和音乐听觉表象最鲜明和突出。动觉表象是在人脑中出现的动作方面的形象，它可以是视觉的，如各种动作姿势的形象，也可以是动觉性的，如有关使用力气或动作幅度大小的表象。嗅觉、味觉和触觉等都有其相应的表象。

各种表象的作用随社会实践内容的不同而各有侧重，但表象往往都是综合起作用的，以感觉通道划分表象只具有相对意义。对大多数表象来说，其具有混合性质，因为一个人在知觉某事物时，往往要同时运用各种感觉器官。例如，舞蹈演员能随着音乐翩翩起舞，这离不开听觉表象和动觉表象的综合作用。由于人们所从事的社会实践活动不同，各种表象所起的作用也各有侧重。一般而言，画家具有较好的视觉表象，音乐家具有较好的听觉表象，体操运动员具有较好的动觉表象。

（二）个别表象和一般表象

根据表象形成的概括化程度，表象又可分为个别表象和一般表象。人感知某个事物并形成与此相应的表象，称为个别表象。人感知某一类事物后概括地形成反映某类事物的表象，称为一般表象。个别表象反映个别事物的具体特征，一般表象反映一类事物共同的、概括化了的特征。

个别表象和一般表象关系紧密，个别表象是一般表象的基础和核心，一般表象是在个别表象基础上产生的，由许多个别表象概括而成，它所反映的是个别表象的特征，但又不是原

封不动的、呆板的反映,而是有所取舍的反映,具有更高的概括性。一般来说,表象总是沿着从个别表象到一般表象的方向并向其深度和广度发展的。

(三) 记忆表象和想象表象

根据表象的创造性成分,表象可分为记忆表象和想象表象。记忆表象是过去感知过的事物形象在人脑中的重现,保留了客观事物的主要形象特点。想象表象是人脑在已有表象的基础上对其进行加工改造和整合而形成的新形象。想象表象和记忆表象都有一定的概括性,但是想象表象不同于记忆表象,它是在对原有表象进行联结、夸张、拟人化、典型化等加工改造的基础上形成的新形象,是一种新的过去未被感知过的事物形象,它既可以是现实世界中存在但自己没有感知过的,也可以是世界上尚不存在甚至永远也不可能出现的事物。但是,想象表象仍源于客观世界,是人脑反映客观事物的特殊形式。

第二节 想象

爱因斯坦曾经说过,想象力比知识更重要。因为知识是有限的,而想象力概括着世界上的一切,推动着社会的进步,并且是知识进化的源泉。

一、想象的含义

想象是人脑对原有表象进行加工改造形成新形象的心理过程,是以表象为内容的形式特殊的高级认知活动。人不仅能够回忆起过去感知过的形象,而且能够利用已有表象想象出从未感知过的事物的形象。例如,根据他人口头或文字描述,一个从未看到过雪的人,可以想象"千里冰封,万里雪飘"的北国风光。

想象最突出的特征是形象性和新颖性。形象性是指想象处理的主要是直观生动的图像信息,而不是词和符号,但它们不是原有表象的简单再现。新颖性是指想象产生的新形象不同于个体亲身感知过的、简单再现于头脑中的记忆表象,它可以是个体从未亲身经历过、现实中尚未存在或根本不可能存在的事物的形象。机械设计师绘制新机器的图纸、建筑师设计新型建筑的蓝图、文学家塑造千姿百态的典型人物形象等,都是人脑在原有表象的基础上加工改造而创造出新形象的结果,具有鲜明的新颖性。

二、想象的功能

想象在人类发展过程中具有重要作用,并在人们的工作、学习、生活中具有以下三种功能。

(一) 预见功能

想象的预见功能是指一个人能对客观现实进行超前反映,以形象的形式实现对客观事物的超前认知。人类进行实践活动,总是先在脑中形成未来活动过程和期望结果的形象,并利用它们指导和调节自己的活动,以实现预定的目的和计划。科学家的发明创造,工程师的工程设计,都是想象预见功能的体现。学生在学习过程中也必须具有想象力,如果想象力贫乏，思考问题考虑的面就比较狭窄，很难获得较强的分析问题和解决问题的能力。想象的超前预见功能在日常生活中有不少体现，像"未雨先绸""居安思危"等都是想象的预见功能的表现。

（二）补充功能

想象的补充功能是指想象能弥补人的认识活动在时间与空间上的局限和不足，或者在很难直接感知对象时，想象能弥补人在认知上的不足。例如，光速是29.979万公里/秒，某些粒子的生命只有1/100000秒，对于这些，人根本无法感知，但可以通过想象来认识它们。在社会生活中，也会经常遇到一些靠感知无法直接认知的事物，如宇宙间的天体运动、原始人的生活情景等一些在时间和空间上离我们十分遥远的事物，此时就可以借助想象的补充功能，实现对客观世界全面而深刻的认识。

（三）代替功能

想象的代替功能是指当人的某些需要和活动不能得到实际满足或无法完成时，可以通过想象从心理上得到某种替代与满足。例如，在中国古典戏曲表演艺术中，许多活动场面，像骑马、摆渡、开门、关门等，常常是通过演员形象化的动作来唤起观众的想象，以代替实际活动和特定场景的。在日常生活中，"望梅止渴"和"画饼充饥"等也说明人能通过想象的代替功能来缓解心中压力或寄托某种期望。当然，如果因过多地通过想象得到虚假的"满足"而越来越脱离现实，就会形成不良的心理品质。

第三节　想象的种类

根据想象活动是否具有目的性和计划性，可以把想象分为无意想象和有意想象。

一、无意想象

无意想象又称不随意想象，是指没有预定目的，在一定刺激作用下不自觉产生的想象。例如，当抬头仰望天空中变幻莫测的浮云时，我们脑中会浮现出起伏的山峦、柔软的棉花、活动的羊群、嘶鸣的奔马等形象等，这些都是无意想象的具体表现。

无意想象的特殊形式是梦。梦是人在睡眠状态下产生的正常心理现象，是无意想象的一种表现形式。人在睡眠时，整个大脑皮质处于一种弥漫性的抑制状态中，但仍有少部分神经细胞兴奋着，由于意识控制力的减弱，这些记载着往日经验的细胞便不随意地、不规则地结合在一起，形成一个个离奇古怪、荒诞无稽的梦境。梦有时对创造性问题的解决具有一定的启迪作用，当然，过多或内容过于离奇古怪的梦，可能是过度疲劳或心理失调的表现。不管梦境如何不可思议、多么离奇，它仍是人脑对过去经验和信息的组合。"日有所思，夜有所梦"，梦是对人的生存状态的反映。

二、有意想象

(一) 有意想象的含义

有意想象又称随意想象,是指根据预定目的,在一定意志努力下自觉进行的想象。科学家提出的各种假设,文学艺术家在脑中构思的人物形象,工程师的建筑物设计蓝图等,都是有意想象的"结晶"。因此,有意想象具有一定预见性和方向性,它调节与控制着想象活动的方向和内容。有意想象在人类认识世界和改造世界的活动中具有极其重要的意义。

(二) 有意想象的种类

根据有意想象的新颖性、独立性和创造性程度的不同,可以进一步把有意想象分为再造想象和创造想象。

1. 再造想象

再造想象是指个体根据语言描述或图形、符号的示意,在脑中形成相应事物的新形象的过程。例如:阅读鲁迅先生的《孔乙己》时,脑中出现穿长衫、站着喝酒的人物形象;机械工人根据图纸想象出机器的主要结构;看到祖国地图形状,脑中浮现出山川、湖泊、河流、高原、山脉等形象;建筑工人根据图纸想象未来高楼大厦的形象;等等。这些都属于再造想象。

再造想象形成的新形象是相对的,虽然对于想象者来说是新颖的,但实际上是社会环境中已经存在了的事物,人只是根据某种提示或语言描述在脑中将它们再造出来而已。不过从某种意义上说,再造想象仍然具有一定的创造性。由于每个人的知识、经验、兴趣、爱好、人格特征各不相同,每个人再造想象的内容和水平必然存在一定的差异。例如,想象"朝辞白帝彩云间,千里江陵一日还。两岸猿声啼不住,轻舟已过万重山"一诗中描绘的形象时,每个人再造出来的形象各不相同,都是按照自己的方式来形成新的形象的。

再造想象对人格塑造具有重要作用。再造想象过程其实是学习者将榜样的言行内化到自己的人格特质中的过程。例如,儿童观看了英雄人物的事迹,往往会在脑中想象自己也要像英雄人物那样来做出某些行为,体验某些情感,并以此指导自己的行动。因此,在思想品德教育中,应该运用各种方式唤起个体的再造想象,使榜样的品质潜移默化地移植到自己的人格特质中,从而塑造出优秀的人格品质。

形成正确的再造想象有赖于两个条件:一是正确理解语言描述以及图形、符号标志的实物的意义。再造想象是由语言或符号等唤起的,如果语言不能引起表象,那么再造想象活动就难以进行。例如,不懂外语的人,就无法在脑中形成外语原版作品中描绘的生动的人物与场景等形象。在教学中,教师一方面要正确地运用语言,形象生动地描述事物或现象,另一方面要有意识地进行各种符号的指导,促使学生把符号与其所标志的相应事物的形象结合起来。二是要有丰富的表象储备。记忆表象是想象的基础,记忆表象愈丰富,再造想象的内容就愈多样。同时,记忆表象的质量和种类影响着再造想象,即正确反映客观事物的表象储备越丰富,再造想象就越准确和充实。因此,教师要有计划地组织学生开展参观、访问、调查、实验等活动,创造条件尽可能地使用现代化教学手段,以丰富学生的表象储备,促进其再造想象的形成与不断发展。

2. 创造想象

创造想象是指个体根据一定目的和任务,不依据现成的描述,在人脑中独立地创造出某种新形象的心理过程。例如,设计师在脑中构思新型宇宙飞船的形象,作家在脑中塑造新的典型人物的形象,发明家对自己将要发明的工具形象的构思等都属于创造想象。创造想象中的形象不是以别人的描述为基础,而是以相关记忆表象为基础形成的,是个体按照自己的创见创造出的具有社会意义与社会价值的新形象。创造想象与创造性思维紧密结合,创造想象是创造性活动的必要环节,没有创造想象,创造性活动就难以顺利进行,它是人的创造性活动必不可少的重要组成部分。

创造想象是比再造想象更为复杂的智力活动,它的产生依赖于社会实践的需要、个体强烈的创造欲望、丰富的表象储备、高水平的表象改造能力以及思维的积极性等主客观条件。再造想象与创造想象既有联系又有区别,它们之间的异同和联系如表 1-6-1 所示。

表 1-6-1 再造想象与创造想象之间的异同和联系

	再造想象	创造想象
不同点	(1) 具有再造性,构造出的形象与原物相符合 (2) 再造的形象所代表的事物是已被他人创造出来的 (3) 在一般性活动中的作用较大	(1) 具有创造性,构造出的形象是崭新的 (2) 创造的形象所代表的事物是前所未有的 (3) 在创造性活动中的作用较大
共同点	(1) 都是根据已有表象构造出新形象 (2) 想象中的事物都是以前没有直接感知过的	
联系	(1) 再造想象是创造想象的基础,创造想象是再造想象的发展 (2) 创造想象中有再造性的成分,再造想象中有创造性的成分	

3. 幻想

幻想是指与个人生活愿望相结合,并指向未来发展的想象。幻想是创造想象的准备阶段,是创造想象的特殊形式。幻想不同于再造想象,因为它比再造想象有更多的创造性成分。它也不同于创造想象,其区别在于:一方面,创造想象不一定是个体所赞美或向往的形象,而幻想的形象往往是个人追求、向往和憧憬的;另一方面,幻想不与当前创造性活动发生直接联系,不一定产生现实的创造性成果,仅是未来创造活动的前奏和准备,而创造想象与创造性活动紧密相关,两者不可分割。幻想与创造想象的关系如表 1-6-2 所示。

表 1-6-2　幻想与创造想象的异同和联系

	幻想	创造想象
不同点	（1）是个人所向往的、追求的 （2）指向遥远的未来，不与创造性活动直接关联	（1）不一定是个人所祈求的、向往的 （2）与创造性活动直接相关，有想象的结果和产物
共同点	（1）都必须有一定的表象材料为依据 （2）都富有创造性、新奇性	
联系	（1）创造想象是幻想的基础，幻想是创造想象的特殊形式 （2）创造想象中有一定的幻想成分，幻想中也有一定的创造想象的成分	

幻想的品质与人的世界观或思想状态紧密联系。根据幻想的社会价值和有无实现的可能性，可将幻想分为积极幻想和消极幻想。积极幻想是指符合事物发展规律，具有一定社会价值和实现可能性的幻想，因此，积极幻想又称理想。理想指向未来，与让人展望将来发生的美好前景、激发人信心和斗志、鼓舞人顽强克服内外困难等积极的状态相联系。消极幻想是指不符合或违背事物发展规律，毫无实现可能性的幻想，因此又把消极幻想称为空想或白日梦。空想是一种毫无意义的想象，它常使人脱离现实，想入非非，甚至妄图逃避艰苦的劳动，以无益的想象代替实际行动。

第七章
思维

第一节 思维概述

一、思维的内涵

(一) 思维的含义

思维是人的重要的认识活动,是指人脑借助语言、表象或动作实现的对客观事物概括的、间接的反映。思维反映的是事物的本质特征和内在联系。

思维与感觉、知觉虽然都是人脑对客观事物的反映,但它们对客观事物的认识存在着根本区别。从反映的内容来看,感觉和知觉反映的是客观事物的个别属性、整体特征、表面现象及外部联系;思维反映的是客观事物共同的、本质的属性与特征以及内在联系。从反映的形式来看,感觉和知觉属于感性认识,是人脑对客观事物外部特征的直接反映;思维属于理性认识,是人脑对客观事物必然联系的间接反映。感觉和知觉是认识活动的低级阶段,是思维的基础和依据,思维是认识活动的高级阶段,是感觉和知觉的深化,在人的认识过程中处于核心地位。通过思维,人才可能对通过感觉和知觉获得的各种感性材料进行去粗取精、去伪存真、由此及彼、由表及里的加工,从而实现从感性认识到理性认识的飞跃,形成对客观事物的深刻、准确和全面的认识。

(二) 思维的特征

思维具有概括性和间接性两个基本特征。

1. 概括性

思维的概括性指人能够通过抽取同类事物共同的本质特征以及事物之间的必然联系来反映客观事物。思维概括性具有两层含义:一是思维反映的是同类事物的共同特征。例如,个体通过感知认识到许多人,有男人、女人、儿童、老人、黑人、白人、富人、穷人等,然后通过思维舍弃了年龄、种族、性别、贫富和肤色等具体特征,最终概括出人的有意识和语言、能够制造和使用劳动工具等本质特征。二是人通过思维能把握事物的本质特征和内部联系,并将其推广到同类事物中去。例如,通过思维概括人可以认识温度的升降与金属胀缩之间的因果关系,并将这一规律应用到生产和生活实践中去。思维概括性促进了人们对客观事物内在联系与规律的认识,有助于实现人们对客观环境的利用与控制。科学概念、定义、法则等都是人对客观事物本质特征和规律的概括的反映。由于思维的概括性,人才能透过客观事物的表面现象,掌握客观事物内部的普遍的或必然的联系。

2. 间接性

思维的间接性是指思维可以借助一定的媒介,通过对概念、判断和推理形式的加工,对感官不能把握的,或不在个体面前的客观事物进行反映。例如,人不能直接感知猿人的生活情景,但可以通过化石和考古资料,复现出猿人的形象和他们当时的生活情景。医生能够根据病人体温、血液、心率、血压的变化,对无法直接观察到的人体内部器官的状态做出正确诊断。科学工作者可以根据气候、动物活动和磁场等的异常变化,对地震灾害进行预测。正是由于思维的间接性,人们才能够超越时空的限制和人类感官的局限,认识那些无法感知或无法直接感知的事物,揭露客观事物的本质特征和内在活动规律。

思维的概括性和间接性是相互联系、相互促进的。思维间接性以人对事物的概括为前提,正是因为人有概括的知识经验,才能够间接地反映事物。例如,医生可以通过概括化了的医学理论,通过中介检查,经过思考间接地诊断病情,从而治愈疾病。思维的概括性和间接性在人的生活实践中具有重要意义,它们可以使人的认识范围不断扩大,使人不仅能够认识现在,而且还可以回顾过去、预见未来。同时,它们还能够不断地加深人们对客观事物认识的深度,让人能把握那些不能被直接感知的事物的内在规律,使人在掌握知识、认识事物发展规律的过程中,不断解决问题,并进行创造性活动。

二、思维的种类

(一) 动作思维、形象思维和抽象思维。

根据思维的内容,思维可分为动作思维、形象思维和抽象思维。

1. 动作思维

动作思维又称直觉行动思维,是指通过实际操作解决直观、具体问题的思维。动作思维是以实际动作为支柱解决问题时的思维活动,其特点是直观性和动作性。从发展角度看,3岁以前儿童的思维主要是动作思维,他们的思维活动往往是在实际操作中,借助触摸、摆弄物体来进行的。例如,幼儿在掌握抽象的数概念前,常借助摆弄物体或手指进行计算。成人也有动作思维,例如,工人在动手拆卸和安装机器的过程中,边操作边思考。但成人的动作思维水平要比儿童的高,他们主要是借助具体动作的帮助来进行思维,这不同于简单的动作思维。在人的发展过程中,动作思维在思维成分中会逐渐减少,代替它的是形象思维和抽象思维。

2. 形象思维

形象思维是指凭借事物的具体形象解决问题的思维,它往往是通过对表象的联想与推理来进行的。形象思维在学龄前儿童身上表现明显。例如,学龄前儿童在进行加减法运算时,通常是通过表象完成的。成人也离不开形象思维,艺术家、作家、导演、工程师、设计师等都较多地运用了具体形象的表象来解决问题。

3. 抽象思维

抽象思维是指以抽象的概念、判断、推理等形式来反映客观事物的本质特征和内在联系的思维。例如,撰写学术论文、证明数学定理、概括文章主旨等都需要运用抽象思维,通过严密的逻辑推论和证明来完成。

抽象思维在小学高年级学生身上会得到迅速发展，到了初中阶段，学生的抽象思维开始占据其思维的主导地位。抽象思维是人类思维概括性的集中体现，也是成人思维的主要形式。例如，科学家在进行研究时，需要先提出理论假设，并根据实验结果进行严密推理，从而判断结果是否支持假设。抽象思维不仅存在于科学家、哲学家和数学家的工作中，实际上，它存在于每个正常成年人的日常工作、学习与生活中。人的思维的发展，一般都要经历动作思维、形象思维和抽象思维三个相互联系的阶段。特别是在解决实际问题时，这三种思维往往是相互联系、相互渗透的。

（二）聚合思维和发散思维

根据思维探索问题答案的方向不同，可将思维分为聚合思维和发散思维。

1. 聚合思维

聚合思维又称集中思维、辐合思维，是指从已有的信息出发，根据自己熟悉的知识经验，遵循逻辑规则获得解决问题最佳的单一答案的思维。例如，A比B大，C比D小，A比E小，B比D大，F比E大，问谁最大？要解决这个问题，就需要运用聚合思维来寻找正确答案。聚合思维是利用已有知识经验，遵循确定方向，有范围、有组织、有条理的思维活动。

2. 发散思维

发散思维又称求异思维、分散思维，是指从已有信息出发，沿着不同方向探索思考，通过重新组织自己记忆中的知识经验，得出两种或两种以上多样性答案的思维。例如，要解决尽量多地说出"砖"的功能或用途、数学中的"一题多解"和作文教学中的"一事多写"等问题，就需要运用发散思维。发散思维是不确定思考方向或范围、不墨守成规、不囿于传统方法、由已知来探索未知的思维。发散思维具有流畅性、变通性和独创性等特点，通过这些特点的表现就可以考察一个人的创造性。

（三）直觉思维和分析思维

根据思维过程的清晰程度，可将思维分为直觉思维和分析思维。

1. 直觉思维

直觉思维是指没有经过严密的逻辑分析，径直根据客观事物的现象及对其变化的觉察而做出判断的思维。直觉思维具有顿悟特点。例如，医生通过观察与询问马上对某种疾病做出诊断，侦查员在敌方阵地迅速判断出其进攻设施，爆破专家在瞬间做出生死攸关的抉择等。直觉思维由于没有经过严格的逻辑顺序和明显的推理步骤，因此具有一定的模糊整体性和偶然性。但在个体能熟练运用逻辑推理的思维后，可以压缩、简化思维活动过程，这样就能省略许多中间环节。在某种程度上，直觉思维好比思维的紧急专用通道，是逻辑思维的凝聚和浓缩，具有敏捷性、直接性和简略性的特点。

2. 分析思维

分析思维是通过归纳推理、演绎推理等逻辑推论得出结论的思维。例如，学生在解数学题时，通过一定步骤的推理和论证得到正确答案，运用的就是分析思维。

（四）常规性思维和创造性思维

根据思维的创新性程度，可将思维分为常规性思维和创造性思维。

1. 常规性思维

常规性思维又称再造性思维，是个体运用自己已有的知识经验，按现成的方案和程序，运用惯常方法、固定模式直接解决问题的思维。例如，学生按照教师所教的解题方法，计算汽车从甲地到乙地的行驶时间，工人按设计好的图纸建造楼房等都是常规性思维的具体表现。常规性思维一般不对原有知识进行明显改组，因此缺乏独创性与新颖性。

2. 创造性思维

创造性思维是指重新组织个体已有的知识经验，提出新方案或新程序，以新颖、独特的方式，创造出符合社会价值的新的思维成果的思维。科学研究、发明创造、文艺创作或技术革新等创造性活动都是通过创造性思维实现的。创造性思维是人类思维的高级形式，是多种思维的综合体现，它既是发散思维与聚合思维的结合，也是直觉思维与分析思维的结合。

三、思维过程

思维过程是指人心智活动的一系列复杂认知操作过程，包括分析与综合、比较与归类、抽象与概括、体系化与具体化等过程。

（一）分析与综合

1. 分析

分析是指在思想上把客观事物的整体分解为各个部分、各种特性的思维过程。

思维过程一般从对问题的分析开始。分析分为过滤式分析和综合式分析两种方式。前者是对问题的条件与要求进行初步分析和尝试性解决，逐步减少各种无效试探。后者是把问题的条件与要求综合起来进行深入探讨，发现事物之间的内在联系，以找出解决问题的方法。

2. 综合

综合是在思想上把客观事物的各个部分、各种特性或个别联系与关系综合起来形成整体的思维过程。综合有助于人们整体地认识事物，把握事物的内在联系，抓住客观事物的本质特征。

综合分为联想性综合和创造性综合。前者以联想为基础，把客观事物的各个组成部分和个别特征结合在一起。创造性综合是在客观事物的各种属性之间建立起新的联系。

分析与综合彼此相反但又紧密联系，是同一思维过程中不可分割的两个方面。分析是为了综合，分析才有意义，在分析基础上进行综合，综合才更加完备，它们在思维过程中发挥着重要作用。

(二)比较与归类

1. 比较

比较是指在思想上确定客观事物之间的异同及关系的思维过程。比较分为对同类事物的比较和对非同类事物的比较。前者通过比较区分出对象的本质特征与非本质属性，从而形成或获得概念。后者是通过对非同类事物进行比较来把握客观事物之间的差异和相互关系，以避免混淆或割裂。

比较是思维的重要过程，也是重要的思维方法。有比较才会有鉴别，通过比较才能找到事物之间的共同点和差异点。

2. 归类

归类是指在思想上根据客观事物的异同把它们区分为不同种类或类型的思维过程。例如，根据注意的目的性和意志的努力程度，把注意分为无意注意和有意注意。归类是在比较的基础上，将具有共同点的事物归为一类，再根据更小差异区分被归为同一类的事物其个体之间的不同属性或特征，以揭示事物一定的从属关系和等级体系的思维活动。

(三)抽象与概括

1. 抽象

抽象是在思想上抽取出同类客观事物的本质特征，舍弃个别的、非本质特征的思维过程。例如，通过比较发现，花是"种子植物的有性繁殖器官"，这就把该事物的本质特征抽取了出来，并将颜色、形状、大小、香味等非本质属性与特征排除，而这个过程就是抽象。

2. 概括

概括是在思想上把抽象出来的客观事物的共同的、本质特征综合起来并推广到同类事物上去的思维过程。例如，金、银、铜、铁、锡都是能导电的金属，把这些特征加以概括，得出"金属能导电"的结论。

概括分为初级概括和高级概括。初级概括是指在感知觉或表象水平上的概括，主要特点是人根据具体经验来抽取客观事物的共同特征或相互联系，进而总结出某类事物的共同特征或共同属性。高级概括是指在把握了客观事物本质特征的基础上进行的概括，一般必须通过严密的思维活动过程。

(四)体系化与具体化

1. 体系化

体系化是指在思想上将知识的要素分门别类地建构成有机的、层次分明的整体系统的思维过程。例如，把动物分为无脊椎动物和脊椎动物，又把无脊椎动物分成原生动物、腔肠动物、环节动物、节肢动物等，以及把脊椎动物又分为鱼类、两栖类、爬行类、鸟类、哺乳类等，这样就把动物的知识要素体系化了。体系化是在分析与综合、比较与归类、抽象与概括的基础上进行的。

2. 具体化

具体化是在思想上把抽象与概括化了的一般原理应用到具体对象上去的思维过程。例如，举例说明并阐述某个定理、定律，用一般原理解答问题等，都是思维的具体化过程。具体化能把抽象的理性认识同具体的感性认识结合起来，是启发人们思考与发展人们认识能力的重要环节。通过具体化的思维过程，人可以更好地理解一般原理与客观事物之间的内在关系，总结原理并得到实践检验，且能够不断深化，揭示客观事物的发展规律。

分析与综合、比较与归类、抽象与概括、体系化与具体化等思维过程是紧密联系、相互作用的。遵循思维过程的规律是顺利完成任务、解决实际问题的心理基础。

第二节 概念的形成

概念是人类思维的重要形式之一，是认识活动的基础。概念是抽象思维的基本单位，是构成判断和推理的基本要素。概念是对具有共同特征的物体、事件的分类。

一、概念概述

（一）概念的含义

概念是人脑反映客观事物本质特性的思维形式。例如，"笔"这个概念，反映了各种笔的本质特性——"书写工具"，而不管它是钢笔、毛笔还是圆珠笔，也不管它是用何种材料制成的。

概念包括内涵和外延两个方面。概念的内涵是指概念所反映的客观事物的共同的关键特征，是概念的质或概念的含义。概念的外延是概念所包括的事物的总和，即概念适用的范围，是概念的量。例如，"人"这个概念，其内涵是"能够制造和使用劳动工具的高等动物"，它的外延是指过去生活过、现在生活着和将来要生活在世界上的一切人。概念的内涵越大，其外延就越小。概念的内涵越小，其外延就越大。

概念与词紧密联系。概念是用词来表达、巩固与记载的，概念使词成为具有意义的符号。另外，概念不等同于词，同一个概念可用不同的词来表达，同一个词在不同场合下能够表达不同的概念。例如，"医生"和"大夫"两个不同的词表达了同一个概念。而"千金"一词既可以表达"许多钱"的概念，也可以表达"女儿"的概念。可见，如果没有词，概念，特别是抽象概念是不可能存在的。

（二）概念的种类

1. 具体概念和抽象概念

（1）具体概念和抽象概念。具体概念是指根据客观事物的外部特征或属性形成的概念。例如，在幼儿面前呈现香蕉、苹果、皮球、口琴等物，要求他们分类。如果幼儿将苹果与皮球归为一类，将香蕉与口琴归为另一类，说明他们主要是根据物体的形状，如圆形、长的形状来分类的，由此形成的概念是具体概念。

（2）抽象概念。抽象概念是指根据客观事物本质特征或本质属性以及内在联系形成的概念。例如，幼儿能够将香蕉与苹果归为一类，将口琴与皮球归为一类，说明他们是按照事物的本质特征及内在联系进行分类的，由此形成的概念是抽象概念。

2. 前科学概念和科学概念

（1）前科学概念。前科学概念又称日常概念，是在日常生活中通过人际交往的经验积累而形成的概念。日常概念受个人生活范围和知识经验的限制，往往不能把握客观事物的本质特征或本质属性，其内涵常常包含着事物的非本质属性，存在着片面性，甚至是错误的。例如，小学生往往认为昆虫不属于动物或蘑菇不属于植物。前科学概念对科学概念的掌握具有重要作用，若前科学概念中的含义与科学概念的内涵一致，将有利于科学概念的掌握。但如果前科学概念的含义与科学概念的内涵不一致，则不利于科学概念的掌握。因此，前科学概念对科学概念的掌握具有重大的或积极或消极的影响。

（2）科学概念。科学概念是指经过假设和检验后逐渐形成的、反映客观事物本质特征及内在联系的概念。一般而言，那些可以用语言进行阐述与解释的科学概念，是在有计划、有目的的教学过程中获得的。例如，学习数学、物理学、生物学、心理学、教育学、社会学等学科的定义、定律、原理等。随着社会科学技术的飞速发展，以及人对客观事物认识的深化，科学概念的内涵和外延也在不断地完善与丰富。

二、概念的功能

概念是人的认知结构和认识过程的重要组成部分，它具有以下四种功能。

（一）分类功能

概念的分类功能使人能够通过概念把当前认识的客观事物归到某一类别中，并在脑中提取与该事物有关的知识与经验，从而迅速对其做出适当反应。

（二）推理功能

概念的推理功能使人能够通过概念对客观事物进行归类，并运用推理对当前事物或现象做出解释。例如，知道"麻雀"是鸟的一个种类，然后可以推断出具有与之相似的某些特征或属性，如会飞、长羽毛等的"鸽子"也是鸟的一个种类。

（三）联结功能

概念的联结功能使人能够对概念之间存在着的各种关系加以认识，并通过各种组合形成更加复杂的概念或概念体系。研究表明，概念之间通过联结可以构成语义网络，而概念通过语义网络中与之相连的概念又形成了庞大的知识体系。

（四）系统功能

概念的系统功能使人能够直接利用某些或某个概念，进行有效学习或探索，或者利用概念体系进行思想和感情交流，并不断获取新的知识与经验。

三、概念形成

(一) 概念形成的含义

概念形成是指个体通过反复接触大量同类事物或现象,从而获得此类事物或现象的共同属性或特征,并通过肯定或否定的例子加以证实的过程。概念形成的操作定义是:个体学会按照一定规则对同类客观事物进行正确分类。例如,教师向小学生呈现两条直线间的相互关系,告诉他们哪些是垂直,哪些不是垂直,当他们能够正确区分垂直(肯定)和非垂直情况(否定)时,就掌握了关于"垂直"的概念。

概念形成并不是一成不变的。随着社会的进步和科学技术的发展,概念的内涵和外延会发生很大的变化。例如,古时候,人们认为地球是扁平的,后来认识到它是球形的;过去人们把原子看作是物质的最小单位,现在认识到还可以把原子分为更微观的结构。不仅已有概念会日益完善,"燃素""以太"等虚假概念会被淘汰,而且随着新物质的不断发现和科学技术的日益发展,许多新概念也会不断产生。

(二) 概念形成阶段

概念形成一般经历三个阶段。

第一个阶段:抽象化。要形成概念首先要了解客观事物的属性或特征,因此,个体必须对具体事物的各种特征与属性进行抽象。如果个体缺乏这种抽象能力,他所形成的概念便无法脱离具体事物本身,他也不能概括其他同类具体事物。

第二个阶段:类化。个体对客观事物的各种属性及特征进行归类。要形成概念除了要从具体事物中抽取其共同属性或特征以外,还需将类似属性或特征加以归类。在进行类化时,个体必须归类客观事物某些属性或特征的相似性或共同性,而忽略事物之间非本质特征或属性的差异。

第三个阶段:辨别。个体对客观事物进行分辨是形成概念的重要一步。辨别渗透在概念形成的整个过程中——从发现客观事物的属性或特征(抽象化),到对这些属性或特征的认同(类化),然后过渡到对客观事物属性或特征之间差异的认识(辨别)。

四、概念掌握

(一) 概念掌握的含义

概念掌握是指个体掌握同类客观事物或现象共同本质特征或属性及其内在联系的过程。概念掌握是将人类历史发展过程中已经形成的现成概念,通过思维活动转变为人脑中的概念的过程。

人在掌握某种概念时,并不需要都由自己去寻找或发现概念的关键本质特征或属性,而可以通过学习前人已经抽象与概括了的对概念的描述,即对概念的定义的解释,通过概念同化来掌握概念。这时概念的关键特征是通过定义或上下文直接呈现给学习者的。概念掌握是一种积极的、主动的接受性学习,是个体积极的认知活动过程。只有当一个新的概念与学习者的认知结构中的适当观念建立起了联系,才能说学习者获得了这个概念的内涵,而建立这种联系,则必须通过学习者积极的思维活动才能实现。

(二)概念掌握的学习模式

概念掌握具有不同的学习模式,一般可概括为以下三种。

1. 类属学习

类属学习是指把新概念纳入自己认知结构的相关部分,使它们之间相互作用并建立起联系的过程。在概念学习中,新知识经常与人脑中原有认知结构的相关部分建立联系。认知结构主要是按语义层次来建构的,一旦新的刺激信息出现时,这些新信息与个体原有认知结构之间就会产生一种从属关系。

概念的类属学习有两种形式:派生类属学习和相关类属学习。

派生类属学习是指认知结构中原有概念是一个上位概念,所学新概念或接收到的新信息是这个上位概念的一个特征(属性)或一个例证。例如,原有认知结构中概念有"笔"(A),而"笔"这个概念是通过概括了"铅笔"(a1)、"钢笔"(a2)、"毛笔"(a3)、"水笔"(a4)等各种各样笔的从属概念而构成的。现在要学习新概念"圆珠笔"(a5)这个概念时,"圆珠笔"这个刺激信息就会被纳入原有认知结构"笔"这个概念之中。概念掌握的派生类属学习,可以使原有的概念得到充实或证实,但不能使原有概念产生本质上的改变(如图1-7-1所示)。

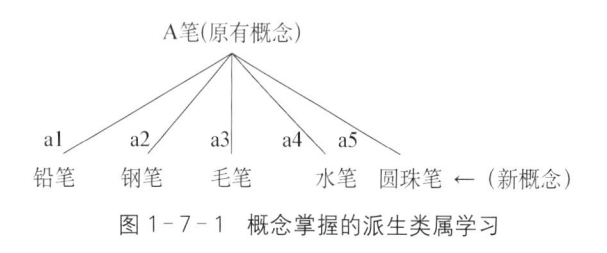

图1-7-1 概念掌握的派生类属学习

相关类属学习是指认知结构中原有概念是一个上位概念,所学的新概念或接收到的新信息只是对这个上位概念的深化、扩充、修饰或限定。这个概念学习形式可使已有的上位概念的本质特征发生改变。例如,对认知结构中原有概念"爱国行为"(A)的已有理解有"挂五星红旗"(U)、"爱国卫生大扫除"(V)、"保护自然资源"(W),现在有"学习国外先进科学技术"(Y)。当把这个新的信息纳入爱国行为中时,原来认知结构中的"爱国行为"的内涵被深化、被重新建构了,从而使概念内涵获得了更深刻的意义和更广泛的外延(如图1-7-2所示)。概念掌握过程是一个从简单到复杂,从低级到高级的过程。许多概念的掌握,都经历了一个不断深化、扩展的过程,这个学习过程比较符合人认识客观事物的规律。

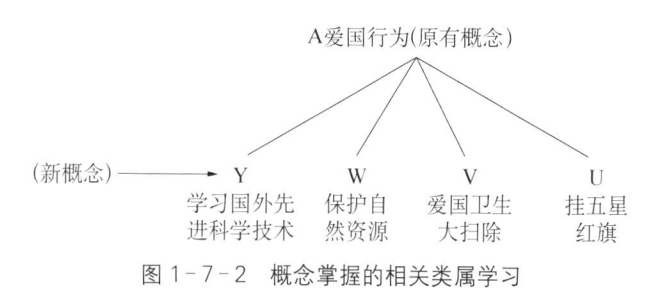

图1-7-2 概念掌握的相关类属学习

2. 总括学习

总括学习是指在若干已有的从属概念的基础上再学习一个上位概念。例如,掌握了"铅笔"(a1)、"橡皮"(a2)、"笔记本"(a3)等概念后,再学习高一级的类概念"文具"(A)时,原有的从属概念(an)可为学习总概念(A)服务。

3. 并列结合学习

并列结合学习是指当新知识与学习者认知结构中原有概念的概括层次相同,两者既非上位关系,又非下位关系时,通过并列或联合而产生的学习。当新概念或新的刺激信息不能纳入自己原有的概念之中,也不能概括原有的若干特殊概念时,就只能将其与原有认知结构中的整个内容进行一般联系。例如,新学习的概念是有关质量和能量的关系(A),在认知结构中原有的概念是热和体积关系(B)、遗传和变异关系(C)、需求和价格关系(D)等,这些知识之间即为并列结合关系。在这种情况下,新概念(A)不能类属于某个特殊关系,也不能总括原有的关系,但它们具有某种共同的关键属性。由于新概念与原有概念在知识层面具有一般的吻合性,因而能够被原有的知识同化,新知识可以从与原有知识的并列结合中获得意义(如图1-7-3所示)。

并列结合学习
新概念 A→B→C→D 原有概念

图1-7-3 概念掌握的并列结合学习

(三)影响概念掌握的因素

概念掌握的过程受多种因素的影响,例如:个体的学习动机与兴趣等主观心理因素,以及自己已有的知识经验,包括认知结构的可利用性、可辨别性、稳定性和清晰性等因素。其中,最主要的影响因素有以下几个。

1. 学习材料

在学习材料方面,概念的属性或特征会影响概念的掌握,尤其是复杂概念具有较多的属性与特征,因此比较难掌握。心理学研究了人的概念掌握的难度问题(如图1-7-4所示)。研究结果表明,具有具体特征的客观事物(如房子、脸等)要比具有空间特征的客观事物(如圆、树、形状等)容易识别,而抽象图形(如数量"2"或"5")就很难识别。概念的相关具体特征或属性越鲜明突出,就越能引起注意,概念掌握就越容易。

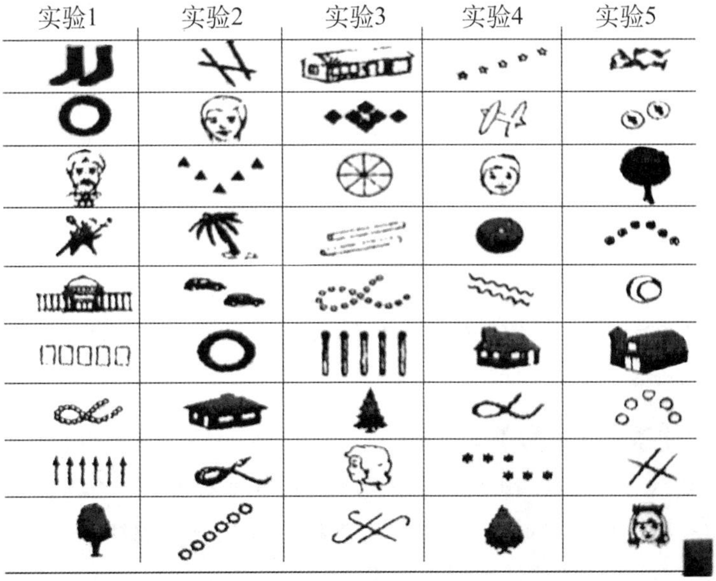

图1-7-4 概念掌握难度问题的实验材料

2. 学习者自身的因素

学习者自身的因素会影响概念的掌握。例如，知识经验、年龄、性别、智力、动机、情绪、疲劳程度等个体差异，以及由此产生的学习策略等，都会影响概念的掌握。概念掌握中的策略使用，不仅与学习者自身的因素有关，而且也与学习材料的信息以及学习者对它们的处理方式紧密相关。

3. 下定义

下定义是指用简洁明了的语言表述概念的内涵。下定义会对概念的掌握产生很大的影响，尤其在教学过程中，教师要适时地下定义，过早下定义会使学生由于还不理解事物本质特征而选择死记硬背，不能真正掌握概念的内涵，过迟下定义就起不到及时组织、整理和巩固知识的目的，达不到预期的教学效果。下定义是建构概念体系与掌握概念的重要环节，它有助于知识的系统化，使人们能深刻、全面地理解和存储知识，不断掌握新的概念。

（四）科学概念的掌握

掌握科学概念是学习的重要内容和任务，它受到许多因素的影响。在概念掌握过程中，应该注意以下几点。

1. 以感性材料为概念掌握的基础

感性材料是概念掌握的基础，人获得的感性材料越丰富、越具体、越全面，对概念的掌握就越准确、越容易。因此，在概念掌握过程中，要搜集必要的感性材料，注意充分利用直观事物进行学习。

2. 合理利用过去的知识和经验

过去的知识和经验对科学概念的掌握既有促进作用，也有消极作用。在概念掌握过程中，要合理地利用自己过去的知识和经验。例如，在日常生活中经常看到的对称现象，有利于理解"对称"的科学概念。但日常生活中所说的"气质"，同心理学术语"气质"的概念就有本质区别，因此要注意区分以促进对科学概念的掌握。

3. 充分利用变式

变式是指从不同角度和不同方面组织感性材料，使客观事物的本质特征或本质属性突显出来。在教学中，教师要充分运用变式进行教学，帮助学生比较迅速且正确地掌握概念。

4. 用正确的语言表述

概念是用词标志的，当用语言对概念进行表述时（即通常所说的下定义时），要用正确、清晰的语言陈述概念的内涵与外延，使人在理解的基础上掌握概念并将其固定下来，从而逐渐获得和积累大量的科学概念。

5. 形成概念体系，并运用于实践之中

人在掌握了概念与概念之间的内在关系，把握了不同概念之间的区别与联系后，才算真正掌握了概念的本质。在此基础上，还要努力把概念建构成知识体系。只有当概念被建构成一定的概念体系时，才算实现了知识的系统化。

人仅掌握概念并建构起概念体系是不够的,科学概念的获得还需要经过实践,只有实践能加深人对概念的理解,深化人对概念掌握的程度和水平。概念应用于实践时具有不同层次:模仿一般属于较低层次的概念应用;较高层次的概念应用是能够说明概念的内涵与外延,并利用概念来解决实际问题。

第三节 问题解决

问题解决既是重要的思维活动,也是思维的主要目的。在日常生活中,人们会遇到各种各样的问题,解决这些问题都需要思维的直接参与。

一、问题解决概述

(一) 问题的含义

问题是指个体在欲达到或期望达到目标的过程中遇到的既不能认知又不能用习惯反映的障碍。问题一般具有三个要素:(1)有一组已知的问题情境和条件的描述,即问题的起始状态。(2)有欲达到或期望的目标,即具有构成问题结论或结果的描述,或具有问题所要求的答案。(3)遇到了障碍,即该问题的正确解决方法不直接显现,需要通过间接思考才能获得。

(二) 问题的种类

1. 明确限定性问题与非明确限定性问题

明确限定性问题是指对问题的起始状态和目标状态都有明确规定,并最终有一个正确答案的问题。例如,下象棋就是一种明确限定性问题,它的界定清楚,开局、每个棋子的移动步子都是明确的,目标也非常清楚,即要尽快地"将死"对方。

非明确限定性问题是指问题的初始状态或目标状态以及可能的认知操作都不清楚,或没有明确说明,使问题具有不确定性。其最明显的特点是:虽然具有问题空间成分,即或具有问题的初始状态,或具有问题的目标状态,或具有算子,但对问题空间并未做出详细说明,而且可能还没有"正确的唯一答案",即仅具有含糊的目标状态。例如,"如何写好一篇心理学学术论文?""到底是买房还是租房?"等。日常生活中的问题,许多都是非明确限定性问题。在解决这类问题的过程中,必须对许多因素进行考虑后才能最后做出回答,有时往往需要创造性思维的参与。

2. 常规问题与非常规问题

问题还分为常规问题与非常规问题。当问题解决者能以一种预知的、系统的方式来运用算子进行认知操作时,该问题对问题解决者而言就是常规问题。例如,进行两个四位数相乘的运算,对一般人而言是一个常规问题,只要知道如何运用数字乘法规则就可以解决。非常规问题则需要采用新的方法来运用算子进行认知操作,或运用问题解决者不太了解的程序来解决问题。

3. 知识丰富性问题与知识贫乏性问题

按解决问题者运用算子的质量的不同，可将问题分为知识丰富性问题与知识贫乏性问题。知识贫乏性问题是指问题解决者在解决问题过程中所需要的特定领域的知识相对比较少。解决知识丰富性问题，需要丰富的特定学科领域的知识与技能，否则问题解决过程会受到很大限制，如果解决者知识丰富、训练有素，则其在解决这类问题时就会运用大量有效算子。

（三）问题解决的含义

问题解决是指由一定问题情境引起，个体经过一系列具有目标指向性的认知操作，使问题得以解决的过程。问题解决有创造性问题解决和常规性问题解决两种。需要利用或发展新方法解决问题的称为创造性问题解决。利用或运用现成方法解决问题的称为常规性问题解决。问题解决具有以下三个特征。

1. 目标指向性

解决问题的活动具有明确的目的性，其目标是通过一系列认知活动，有目的地把问题的初始状态转变为目标状态。

2. 操作系列性

在把问题的初始状态转变为目标状态的过程中，包含着一系列认知操作。单一认知操作不能构成问题解决程序。例如，课堂上老师让学生根据问题线索进行分析思考，并做出回答，这种认知操作既有目标指向，又有问题线索，必须通过一系列认知操作才可以完成。

3. 操作认知性

问题解决活动必须有认知操作的参与。具备了问题解决的目标指向性和系列的认知操作，仍不是问题解决的充分条件。例如，车工熟练地操作车床，不仅具有目的性而且有一系列操作程序，但这种操作是以体力为基础的，没有重要的认知成分参与其中。因此，单纯的身体动作系列不能看作问题解决。

问题解决的三个基本特征会在问题解决过程中统一起来。在理解问题之后，产生了解决问题的指向性。为了达到指向的目标就必须进行一系列认知操作，产生目标指向性是解决问题的前提，进行一系列认知操作是解决问题的条件。

（四）问题状态与问题空间

问题解决的过程是指个体通过运用一系列认知操作，将问题状态由初始状态经过一系列中间状态转变为目标状态的过程。在这个过程中，问题解决者会遇到各种问题情境，这些问题情境的总和构成了问题状态。

第一种状态，与问题解决有关的各种信息状况。表现为问题的初始状态、目标状态和中间状态。初始状态是关于问题已知条件的表征，包括与已知条件相关的所有信息；目标状态是问题解决者对结果期待的表征；中间状态是对介于初始状态和目标状态之间的各环节的表征。

第二种状态,从一种状态转向另一种状态的手段。涉及探索问题空间的途径,包括所呈现问题的初始状态、要求达到的目标状态、问题解决过程中各种可能的中间状态,如经验的或想象的、可使用的认知操作的算子等。

第三种状态,问题得到解决的最终目标。

心理学把问题解决过程分为三种状态:初始状态、目标状态和中间状态。初始状态是问题解决的最初状态;目标状态是问题解决最终要达到的目标;将初始状态转变为目标状态,需要经历由各种操作产生的各种不同状态,故从初始状态到目标状态之间的各种状态被称为中间状态。这三种状态统称为问题空间或问题状态空间。认知心理学认为,问题解决过程就是对问题空间的搜索过程。图 1-7-5 是"八张牌"问题解决的初始状态和目标状态,图 1-7-6 是解决"八张牌"问题空间的移牌步骤序列。

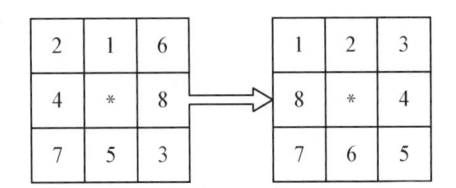

图 1-7-5 "八张牌"问题解决的初始状态和目标状态

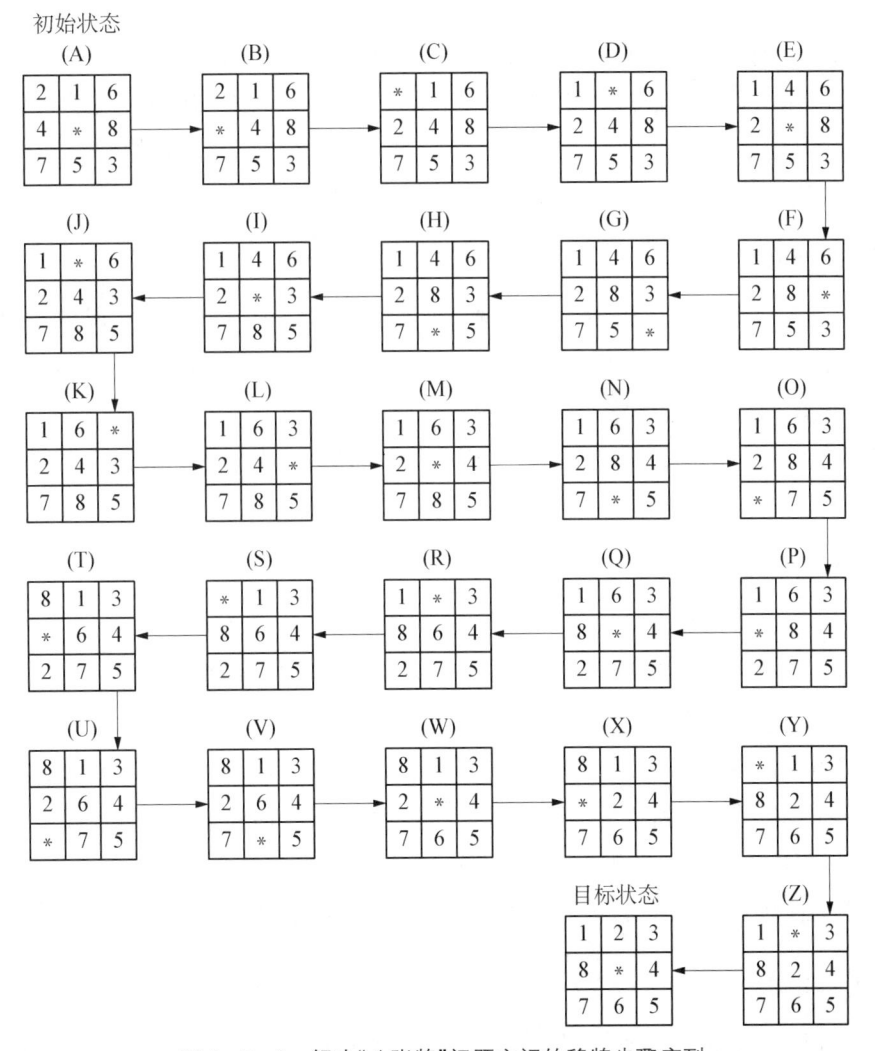

图 1-7-6 解决"八张牌"问题空间的移牌步骤序列

二、问题解决的思维过程

问题解决的思维过程分为以下四个阶段。

(一) 发现问题

问题就是矛盾,发现问题就是认识到矛盾的存在并产生解决矛盾的需要和动机。发现问题是问题解决的开端,有问题而不知道,问题解决的思维过程就无从谈起。只有发现问题,才能把社会需要转化为个人探索的欲望,才能产生强大的动力,激励和推动自己投入到问题解决的思维活动中去。爱因斯坦认为,提出一个问题比解决一个问题更重要,因为后者仅是方法和实践过程,而提出问题,则要找到问题的关键要害。

(二) 明确问题

明确问题就是要从笼统、混乱、不确定的问题中,找出问题的主要矛盾和关键因素,把握问题的实质,使问题的症结明朗化,从而确定解决问题的方向。

迅速而准确地明确问题依赖两个条件:一是全面系统地掌握感性材料。问题总是在具体事物中表现出来,只有当具体事物的感性材料十分丰富且符合实际时,人才能通过分析与综合,发现并抓住隐蔽在表面现象之后的问题。二是已有知识与经验的丰富。知识经验越丰富,越容易从一系列纷繁复杂的问题中区分与确定主要问题。

(三) 提出假设

明确问题之后,解决问题的关键就是根据问题的性质,运用已有的知识和经验,找到解决问题的方案、策略,拟定解决问题的途径和方法,并提出假设。假设是科学研究的前哨和侦察兵,是解决问题的必由之路,科学理论正是在假设的基础上通过不断实践发展和完善起来的。提出假设为解决问题搭建了从已知到未知的桥梁,没有合理的假设,就不能正确地解决问题,更不可能获得问题解决的结果。

(四) 检验假设

问题解决的最后步骤是检验假设。假设是对问题解决方案的探索和设想,假设是否正确,需要借助一定的手段来检验。检验假设的方法有两种:一种是直接检验,即通过实验和实践活动来加以验证。实践是检验真理的唯一标准,是检验假设最根本、最可靠的手段。另一种是间接检验,即根据已掌握的科学原理,利用思维活动对假设进行论证。对于那些不能立即通过实践直接检验的特殊活动中的假设,经常采用间接检验对其加以论证。例如,医生设计的治疗方案、军事指挥员提出的各种作战方案等,都需要先在脑中反复推敲、论证,然后再付诸实施。任何假设的真与伪、对与错,都要接受实践的检验。

三、问题解决策略

当面临要做出解决问题的决策时,人们经常寻求各种认知捷径,即算法式策略和启发式策略。算法式策略是一种推理规则,如果运用恰当,可以保证问题得到解决,甚至在不理解算法式原理时也能运用。例如,你知道可以通过公式 $a^2+b^2=c^2$ 求出直角三角形第三条边的长度,尽管你可能不知道该公式背后的数学原理。

然而,许多问题的解决并不能运用算法式策略。在这些情况下,就要运用启发式策略。启发式策略是可能得出结论的认知捷径。尽管启发式策略能增加成功解决问题的可能性,但与算法式策略不同的是,它不能保证问题得到解决。例如,当学生应对考试时,运用启发式策略,即仅复习听课笔记,忽视对教材内容的复习,考试就有可能会失败。

问题解决策略是在解决问题过程中,搜索问题空间和选择算子系列时运用的策略的总称。问题解决策略主要有手段—目的分析策略、逆向搜索策略和选择性搜索策略。

(一) 手段—目的分析策略

手段—目的分析策略是指针对需要解决的问题,先确定一系列目标,把每个子目标作为达到最终目标的手段,通过逐步缩小问题初始状态与目标状态之间的差距,最终达到目标状态,使问题得到解决的策略。手段—目的分析策略的核心是发现问题的初始状态与目标状态之间的差距,并尽量搜索能缩小这种差距的认知操作。下面以"河内塔"问题来说明手段—目的分析策略的认知操作步骤。如图1-7-7所示,有A、B、C三根立柱,在A柱上套有一叠按直径大小顺序排列的三个圆盘,要求设法将三个盘全部移到C柱上,移动时可以把盘套在B柱上,但必须遵守两条规则:一是每次只能移动一只圆盘;二是在任何一个柱子上都必须保持小盘放在大盘上面的顺序。

(二) 逆向搜索策略

逆向搜索策略又称目标递归策略,指从问题的目标状态出

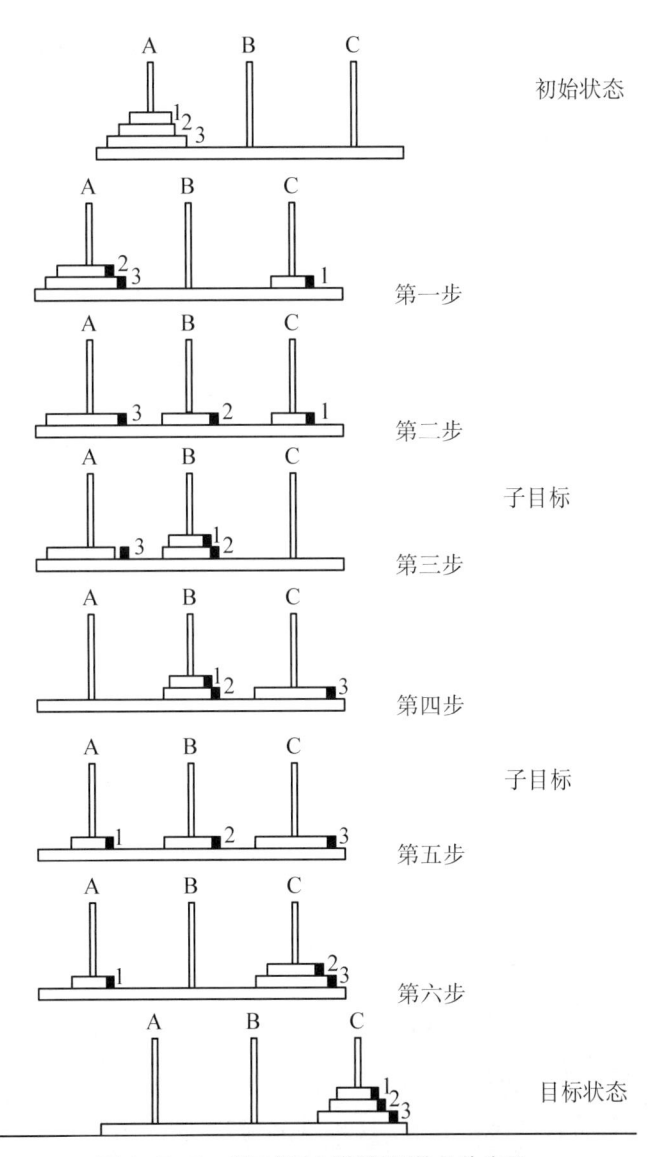

图1-7-7 解决"河内塔"问题的具体步骤

发,按照子目标组成的逻辑顺序逐级向初始状态递归的问题解决策略。例如,查看地图确定到达目的地的交通路线就经常采用逆向搜索策略,即先查目的地再逐渐逆回出发点来寻找最近路线。

逆向搜索策略和手段—目的分析策略都要考虑目标并要确定用怎样的认知操作去达到目标。但手段—目的分析策略要考虑问题的目标状态与初始状态之间的差距,而逆向搜索策略却不需要考虑这种差距。因此,手段—目的分析策略在搜索问题空间时受到的约束较大,如果通向目标状态的途径很多,这就是一种有用的搜索策略,即当在问题空间中从初始状态可以引出许多途径时,采用手段—目的分析策略比较有效,而从目标状态返回到初始状态的途径相对较多时,采用逆向搜索策略要好一些。

(三)选择性搜索策略

选择性搜索策略是在解决问题时,根据已知的信息和某些规则,选择问题解决的突破口,并从突破口获得更多信息,以便进一步进行搜索直到解决问题的策略。选择性搜索在解决问题时是一种很有效的策略,因为,这是一种从已知条件中搜索出解决问题的方案的方法,避免了大量的盲目尝试。

四、影响问题解决的因素

问题解决受很多因素的影响,既有社会因素和自然因素,也有客观因素和心理因素。从心理学角度来分析,解决问题的成败、速度以及质量等主要受到以下因素的影响。

(一)知识的表征方式

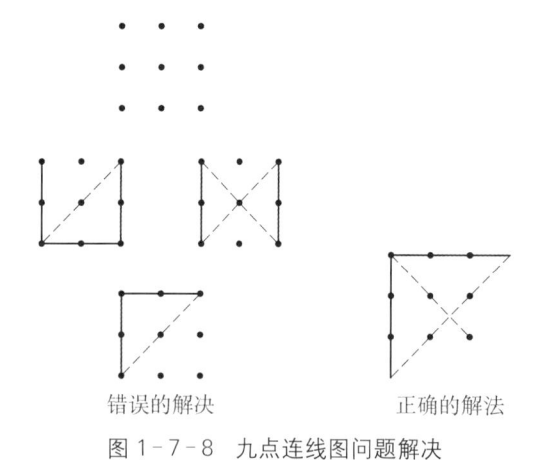

知识的表征方式会影响问题的解决。例如,九点连线图问题(如图1-7-8所示)。

该问题要求将图中九个点用不多于四条的线段一笔连在一起。人们在开始时常常不能成功地解决,原因在于这九个点在知觉上构成了形状,人总是试图在这个形状轮廓中进行连线。这说明有关知识的表征方式阻碍了对这个看似简单的问题的解决。如果将这一点在连线前告诉被试,被试就可以突破其所知觉形状的限制,成绩就会得到很大提高。

图1-7-8 九点连线图问题解决

(二)迁移作用

迁移是指人已有的知识与经验对解决新问题的影响,或是一种学习对另一种学习的影响。迁移分为正迁移和负迁移。已有的知识与经验有助于新问题的解决,称为正迁移。已有的知识与经验阻碍了新问题的解决,称为负迁移。在教学过程中,教师应充分发挥正迁移的作用,防止与避免学生在学习过程中发生负迁移。

（三）原型启发

在解决问题的过程中，因受到某种客观事物的启发而找到问题解决的途径和方法的过程，称为原型启发。具有启发作用的事物叫作原型。原型启发在创造性问题解决中起着很大的作用，例如，鲁班受丝茅草划破手的启发而发明了锯子等。原型能否对问题的解决起到启发作用，一是看原型与要解决的问题是否具有特征或属性上的联系或相似性，相似性越强，启发作用越大；二是看个体是否处于积极的思维活动状态中，个体若不能积极主动地进行联想、想象和类比推理，即使事物之间存在很大的相似性，也难以受到启发。

（四）思维定式

思维定式是指问题解决者原有的知识经验对当前问题解决的心理准备状态，是功能固着的泛化。思维定式既可能在解决问题过程中发挥积极作用，加快问题解决的速度，也可能使思维呆滞，导致个体无法根据实际情况灵活地解决问题，阻碍创造性思维的发展，影响问题解决的效率和质量。思维定式的著名研究是陆钦斯（A. S. Luchins）的量水实验。实验中要求被试用大小不同的容器量出一定量的水，用数字进行计算（如表 1-7-1 所示）。

表 1-7-1　陆钦斯的量水实验过程

课题序列	容器的容量			要求量出的容量
	A	B	C	P
1	29	3	—	20
2	21	127	3	100
3	14	163	25	99
4	18	43	10	5
5	9	42	6	21
6	20	59	4	31
7	23	49	3	20
8	15	39	3	18
9	28	76	3	25

根据实验结果，实验组的被试在解第 2—9 题时，大都使用了 B-A-2C 的方法进行，在解第 7—9 题时，有 81% 的人受到思维定式的影响。

虽然思维定式对问题解决有使人的思维固定化、不寻求创新途径等消极影响，但也不能因此忽略其在运用已有方法迅速解决同类问题方面具有的积极作用。

（五）功能固着

功能固着是指仅以一个事物的典型用途去思考该事物，是人在解决问题时只看到某事物通常的功能，看不到它可能存在的其他方面的功能，从而干扰问题解决的思维活动。功能固着是一种将某种物体功能固定化的心理倾向。当一个人看到某物体起某种作用时,要看到它的其他作用与功能就比较困难,这就阻碍了问题的解决。例如,人在看到锤子的锤打功能之后,就很难看到它还具有压纸、防身等其他的特殊功用。

(六)动机和情绪状态

人对活动的态度、责任感、兴趣等都会对问题解决的效果产生影响。就动机而言,动机强度不同,对解决问题效率的影响大小也不一样。实验研究表明,在一定限度内,动机强度与解决问题效率之间的关系呈倒"U"字形曲线。太弱或太强的动机水平都不利于问题的解决,中等强度的动机水平则能使人最有效地解决问题。若动机水平超过一定限度,容易出现情绪紧张、思维紊乱、注意范围狭窄、动作紊乱、失误增多等情况,反而会降低解决问题的效率,这就是耶克斯—多德森定律(The Yerkes-Dodson's Law)(如图 1-7-9 所示)。

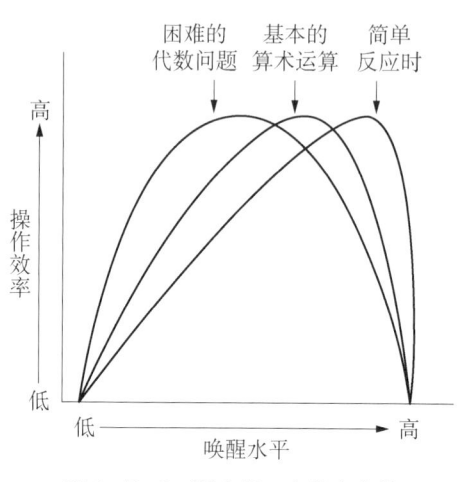

图 1-7-9　耶克斯—多德森定律

(七)人格特征

能否顺利地解决问题与一个人的人格特征具有密切关系。研究表明,具有远大理想、意志坚强、勇于进取、自信乐观、富有创新意识、人际关系和谐、果断、勤奋等人格特征的人,常能克服各种困难,迅速而有效地解决问题。鼠目寸光、意志薄弱、畏缩、懒惰、拘谨、自负、自卑、人际关系不良等人格特征,往往会干扰问题的解决。一个人的智力水平、气质类型等也会在一定程度上影响其解决问题的效率和方式。

第四节　创造性思维

一、创造性思维概述

(一)创造性思维的含义

创造性思维是指以新颖独特的方法解决问题,并产生首创的、具有社会价值的思维成果的思维活动。创造性思维是人类思维能力的最高体现,通过创造性思维,人们可以在现有研究成果的基础上,深入揭示客观事物的本质特征及规律,形成新的认知结构,并使认识超出现有水平,探索未知。如果说思维是美丽的花朵,那么,创造性思维就是其中最璀璨的一枝。创造性思维往往是人在进行文艺创作、科学发现、技术革新与发明等创造性活动时的思维过程。

(二)创造性思维的特征

创造性思维主要有以下四个方面的特征。

1. 新颖性

创造性思维最突出的特征是新颖性，这是因为它与创造性活动联系在一起，其结果具有新颖性。创造性思维不仅要遵循一般思维活动的规律，而且要另辟蹊径，超越甚至否定传统思维活动模式，冲破原有观念的束缚，提出具有重大社会价值、前所未有的思维成果。例如，哥白尼的"太阳中心说"、伽利略的"自由落体定律"，以及达尔文的"生物进化学说"等划时代的理论，都体现了创造性思维的新颖性特征。

2. 发散思维与聚合思维的有机结合

创造性思维要解决的是没有现成答案的问题。发散思维具有变通性、流畅性和独特性等特点，可以帮助个体打破原有思维活动模式，拓宽思路，产生新颖独特的观念和思想，因此，发散思维是创造性思维的主要心理成分。但发散思维不能离开聚合思维而单独发挥作用，它必须与聚合思维结合在一起，依据一定标准，从众多选择中寻找出最佳解决方案，以利于问题的顺利解决。在创造活动过程中，发散思维与聚合思维是相辅相成、交替进行的。创造性思维的全过程，往往要经过从发散思维到聚合思维，再从聚合思维到发散思维的多次循环才能完成。

3. 创造想象的参与

创造想象的参与是创造性思维的重要环节之一。由于创造想象可以弥补解决问题时相关事实、现实的不足和尚未发现的细节或某些环节，提供有关未知事物的新形象，它能使创造性思维成果具体化。文艺作品中新形象的创造、科学研究中新假说的提出、创造发明中新机器的设计等，都离不开创造想象的参与。

4. 灵感状态

灵感指人在创造性活动过程中出现的认知心理状态，是人集中全部精力解决问题时，由于偶然因素触发而突然在脑中闪现某种新形象、新概念、新观念的顿悟现象。在灵感状态下，人的注意力高度集中，大脑处于优势兴奋状态，会将全部精力投入创造活动的对象上，此时，人的创造欲望非常强烈，创造意识十分清晰和敏锐，思维活动极为活跃，往往还伴随着情绪的巨大紧张、亢奋，对创造活动的对象充满着激情。灵感是人在长期的创造性思维活动的基础上出现的飞跃，是人的主观能动性和积极的精神力量的集中体现。

二、创造性思维的基本过程

创造性思维过程大体包含准备阶段、酝酿阶段、豁朗阶段和验证阶段四个阶段。

（一）准备阶段

准备阶段分为一般性基础准备和为某种目标所做的准备，目的是为发展创造性思维进行广博的知识与技能的准备。在这个阶段中，要努力创造条件，有目的、有计划地为规划的创造性项目做好充分准备。

（二）酝酿阶段

酝酿阶段是个体在积累一定知识经验的基础上，对问题和信息资料进行周密细致的探索和深刻的思考，力图找到解决问题的途径和方法的阶段。这个阶段从外表上看并没有明显的外部活动，创造者的观念仿佛处于"冬眠"状态，有时还搁置了对问题的思考，从事着其他的活动，但实际上其创造性思维在潜意识与意识的思维活动中断断续续地不断涌动着，有时会在一些无关活动中受到启发，使问题得到创造性解决。

（三）豁朗阶段

经过对问题周密的长时间思考之后，个体会在无意中受到偶然事件的触发而突然产生新思想、新观念、新形象，使原来百思不得其解的问题迎刃而解，问题得到顺利解决。这时事物之间的各种联系与内在关系会令人意想不到地、闪电般地联结起来，使人从"踏破铁鞋无觅处"的困境中摆脱出来，进入一种"得来全不费工夫"的状态，并显示出极大的创造性。在豁朗阶段，具有创造性思维能力的人容易找到灵感，且这种灵感带有很强的爆发性和突然性。灵感的出现看似偶然、神秘，其实它总是发生在顽强地致力于创造性解决问题的人身上，是艰巨的脑力劳动的结晶。正如柴可夫斯基所说的那样：灵感是这样一位客人，他不爱拜访懒惰者。

（四）验证阶段

验证阶段是对豁朗阶段出现的新思想、新观念进行验证、补充和修正，使其趋于完善的过程，也是对整个创造过程的反思过程。在这个阶段，经过理论和实践的多次反复论证和修改，无数次地汰劣存优，创造性活动将获得圆满的结果。如果验证失败，则问题仍未得到解决，需要返回到准备阶段或酝酿阶段。验证阶段既可以采取逻辑推理的方式进行，也可以通过实验或实践活动来获得创造性成果。

三、创造性思维的培养

创造性思维在人类的创造性活动中起着重要作用。培养大批具有创新意识和创造力的人才，是教育工作的重要任务，"为创造性而教"已成为当前教育界的共识。培养学生的创造性思维应该做到以下四个方面。

（一）保护好奇心，激发求知欲

好奇心是人对新异事物产生诧异并进行探究的心理倾向。求知欲又称认识兴趣，它是好奇心的升华，是人渴望获得知识的一种心理状态。好奇心和求知欲是推动人们主动积极地观察世界、进行创造性思维的内部动因。具有强烈好奇心和求知欲的人，对事物有着执着的追求和迷恋，不会感到学习和创造是一种负担，而是会在活动中获得极大的精神鼓舞和情感满足。在教学中，教师要通过启发式教学或创设问题情境的方式，使学生产生求知的需要和探索的欲望，主动提出问题和质疑。

（二）创设创造性思维形成的氛围

教师既是知识的传授者，也是创造教育的实施者。培养学生的创造性思维就要为学生创设支持和容忍标新立异的环境。在教学工作中,教师应善于提出问题,启发学生学会独立思考,寻求正确答案。要鼓励学生质疑争辩,自由讨论。要指导学生掌握发现问题、分析问题和解决问题的科学思维方法。为此,美国教育心理学家托兰斯(E. P. Torrance)向教师提出了五条建议:(1)尊重学生提出的任何幼稚甚至荒唐的问题;(2)欣赏学生表达出的具有想象力与创造性的观念;(3)多夸奖学生提出的建议;(4)避免对学生所做的事情给予否定的价值判断;(5)对学生的意见有所批评时应解释理由。

(三) 加强发散思维和直觉思维的训练

发散思维是创造性思维的主要成分,加强发散思维的训练对培养创造性思维有重要作用。实验证明,通过有目的、有意识的训练,可以提高学生思维的流畅性、变通性和独特性。例如,通过一题多解和一题多变的练习,培养学生思维的灵活性和变通性。鼓励学生自编应用题,发展学生思维的独特性和新颖性。通过组织学生参与课内、课外活动发展学生的发散思维。

直觉思维是创造性思维的组成部分之一。在创造活动中,由直觉思维产生的想法尽管还只是一种未经检验与证明的猜想或假设,但它就像智慧的火花一样能引导人们继续深入思考,因此,它也是发明、创造的先导。发展学生的直觉思维能力是培养学生创造性思维的重要环节。直觉思维总是以熟悉的知识为依据的,教会学生掌握每门学科的基本理论,是发展学生直觉思维的前提。教师要鼓励学生对问题进行大胆推测、应急性回答或提出各种想法,以培养学生敢于猜想的良好习惯,使学生有更多的机会产生新观念和新设想。

(四) 陶冶创造型人格

创造性思维的发展不仅与智力因素有关,也与一系列非智力因素,特别是与人格特征密切相关。人格特征是促进学生创造性思维发展的必要条件。研究认为,创造型人格一般具有以下特征:浓厚的认知兴趣,旺盛的求知欲和强烈的好奇心;敏锐的观察力,丰富的想象力;具有捕捉机遇的能力;较强烈的进取心和较高的抱负水平;自信心强,且能有效进行自我激励;较强的独立性,从众行为少,有开拓创新精神,不受传统观念束缚;勇敢,敢冒风险,喜欢富有挑战性的工作;有献身精神,热情,勤奋;具有幽默感、审美感、浪漫、直率,感情开放;坚忍、顽强,目标明确,有锲而不舍的精神。

创造型人格是在学习和实践活动中逐渐形成的。要培养学生的创造型人格,教师就必须改变传统的教育观念,在教育教学活动中全面贯彻素质教育的要求,不能只是把培养守纪律、听话、应试分数高的学生作为教育的终极目标。此外,教师还应结合教学实际,加强对学生良好人格特征的培养,正确对待具有创造性思维的学生,使每个学生的创造潜能可以得到充分展现。

第八章
情绪和情感

第一节 情绪和情感概述

一、情绪和情感的含义

（一）情绪和情感的定义

情绪和情感是指人对客观事物的态度体验，是人脑对客观现实与个体需要之间关系的反映，只是反映的内容和方式与认识过程不同。情绪和情感是复杂的心理现象，其中包括认知活动、生理反应和行为表现。

（二）情绪和情感的特点

1. 具有独特的主观体验

主观体验是情绪和情感最主要的组成成分，是个体对不同事物的自我感受与体验，它涉及人的认知活动以及对认知结果所进行的评价。认知过程是通过概念、判断、推理来反映客观事物的特性与规律的，而情绪和情感则是通过个体的感受与体验反映客观事物的，因此，情绪和情感不是对客观事物和现象本身的反映，而是由客观事物与主体需要之间的关系所引起的喜、怒、哀、惧等主观感受。

2. 具有明显的机体变化和生理唤醒状态

表情是明显的情绪和情感的外部表现形式，它通过面部肌肉、身体姿势和语音语调等方面的变化表现出来，在情绪和情感中具有独特的传递自身体验的作用。同时，情绪和情感也会引起有机体内脏机能方面的变化，如消化、呼吸、血液循环、内分泌腺活动、脑电和皮肤电活动的变化等。

3. 具有独特的生理机制

在情绪和情感活动过程中，不仅大脑皮质，而且大脑皮质下的丘脑、下丘脑、边缘系统和网状系统等部位也起着特定的作用。

情绪和情感是由人的认知活动和对认知活动结果的评价所引起的，对于同一事件或现象，不同的人由于其认知活动和对认知结果评价的不同，可能会产生不同的甚至是截然相反的情绪状态。因此，情绪和情感反映的是客观事物与个体自身需要之间的关系的主观体验，凡是能够满足个体需要或符合其愿望的事物，就会使人感到愉快，反之，不符合个体需要或违背其愿望的事物，就会使人产生郁闷、痛苦、焦虑和愤怒等感受。那些与人的需要没有直接关系的事物或活动，一般不会引起人的情绪和情感体验。

二、情绪和情感的功能

(一) 适应功能

情绪和情感是人适应环境、求得生存与发展的工具。从人类远古祖先进化的角度分析，情绪和情感是与适应环境程度及脑的发育完善程度紧密相连的。情绪和情感的根本意义在于帮助人们适应社会环境，例如，愤怒的情绪是由于人的活动不断受到阻碍而引起的，如果这时能够调整心态并动员机体能量，就能够比较顺利地克服障碍。人的许多表情动作，尤其是面部表情具有实际意义或是人的有用行为、动作的体现。

(二) 组织功能

人在知觉和记忆过程中对信息进行选择与加工，情绪和情感则是对心理过程进行监督，是心理活动的组织者。积极的情绪和情感具有调节和组织的作用，消极的情绪和情感具有干扰和破坏的作用。研究表明，中等强度的积极情绪，可以为认知活动提供最佳的心理状态，有助于提高个体的认知活动效果。例如，可以促进或组织人的工作记忆、推理判断和问题解决过程。心理学的研究发现：当情绪唤醒水平达到最佳状态时，个体的工作与学习效率最高；当情绪唤醒水平很低时，人就像处于深度睡眠状态一样，没有效率可言；但情绪唤醒水平过高，则会干扰人的认知操作。

(三) 信息功能

情绪和情感是个人与他人进行相互影响的重要方式之一，人们通过表情来传递信息、交流思想并实现其信息功能。从心理学角度而言，人与人之间首先通过语言进行交际，但在某些情况下，当人的思想或愿望不能言传而只可意会时，可以通过表情信息，实现人与人之间的沟通与交流，达到互相了解、彼此共鸣的目的。

(四) 动机功能

人的需要是行为动机产生的基础和主要来源，情绪和情感是人对需要是否获得满足的主观体验，激励人去从事某些活动和行为，提高活动的效率。例如，积极的情绪和情感状态会成为行为的积极推动力，而消极的情绪和情感状态则会起到消极的阻碍作用。因此，可以说情绪和情感状态具有动机的始动作用和指引功能，促使人追求引起积极情绪和情感的目标而回避导致消极情绪和情感的目标。

三、情绪和情感的关系

情绪和情感合称为感情，综合反映了人的情绪和情感状态以及愿望、需要等主观感受体验。在日常生活中，一般不对情绪和情感进行严格区分，但作为科学概念，情绪和情感的内涵及外延还是存在着一定的区别与联系的。

(一) 情绪和情感的区别

从需要角度看，情绪通常与个体的生理需要得到满足与否相联系。例如，与饮食、休息、空气和繁殖等需要是否得到满足相联系，它为人和动物所共有。情感是人类所特有的心理活动，通常是与人的社会性需要相联系的复杂而又稳定的态度体验。例如，爱国主义、集体主义、人道主义、荣誉感、羞耻心、求知欲和责任感等。

从发生角度看，情绪具有反应性和活动性的特点，即它会随着情境的变化以及个体需要的满足状况而发生相应的改变，受情境影响较大。情感是个体的内心体验和感受，是具有稳定性和深刻性的社会意义的心理体验。例如，对真理的追求、对爱情的向往和对美的事物的体验等，它们虽然不轻易地表露，但对人的行为具有重要的调节作用。

从稳定性程度看，情绪具有情境型和短暂性的特点。例如，色、香、味俱全的菜肴会引起个体的愉快体验，噪音会导致个体不愉快的感受，一旦这些情境不再存在或发生变化，相应的情绪体验也会随之消失或改变。情感则具有较大的稳定性和持久性，一经产生就相对稳定，不受情境所左右。稳固的情感体验是情绪概括化的结果。

从表现方式看，情绪具有明显的冲动性和外部表现，如悔恨时的捶胸顿足、愤怒时的暴跳如雷、快乐时的喜笑颜开等。情绪一旦发生，强度一般较大，有时会导致人无法控制。情感则以内蕴的形式存在或以内敛的方式加以流露，情感始终受个体的意识调节与支配。

（二）情绪和情感的联系

情绪和情感既有区别又相互联系。一方面，情感离不开情绪，稳定的情感是在情绪的基础上形成的，同时又通过情绪反应得以表达；另一方面，情绪也离不开情感，情感的深度决定着情绪的表现强度，情感的性质决定了在一定情境下情绪表现的形式。情绪发生的过程往往深含着情感的因素。总之，情绪是情感的外部表现，情感是情绪的本质内容，两者紧密联系。

第二节　情绪和情感的种类

一、基本情绪

我国古代思想家荀子将情绪划分为好、恶、喜、怒、哀、乐六类，倡导"六情说"；而在《礼记》中，情绪被分为喜、怒、哀、惧、爱、恶、欲七类，即"七情说"；其中的喜、怒、哀、乐是各种分类中最基本的情绪形式。

法国哲学家笛卡儿（R. Descartes）认为，人有惊奇、爱悦、憎恶、欲望、欢乐和悲哀六种原始情绪，其他情绪都是它们的组合或分支。

克雷奇（Krech）将人类情绪分为以下几种：基本情绪，包括快乐、愤怒、悲哀、恐惧四种原始情绪，它们与个人追求目的的活动相联系，并具有高度紧张性；与感觉刺激有关的情绪，包括愉快或不愉快的情绪，它指向个人所具有的积极目标或消极目标；与自我评价有关的情绪，它指向个人对自己行为与各种行为标准之间关系的知觉与评价，包括成功与失败、骄傲与羞耻、内疚与悔恨的情绪。与别人有关的情绪，包括由自己与别人的关系引起并指向别人的情绪，如爱与恨等。以下主要介绍四种基本情绪。

（一）快乐

快乐是个体在达到所盼望的目的后紧张解除时所产生的舒适感受与体验。快乐的程度取决于达到目的的容易程度，和或然率有关，其激动水平与愿望满足的意外程度有关。当目的突然达到，紧张解除，人就会感到极大的快乐。

（二）愤怒

愤怒是当人在遭受攻击、威胁、羞辱等强烈刺激，感到自己的愿望受到压抑、行动受到挫折、尊严受到伤害时所表现出的极端情绪体验。在愤怒时，人常会出现攻击、冲动等不可控制的言论与行为。愤怒的程度与人的个性特征有关，也与情境对人的压制状况和干扰的程度、次数、性质有关。因此，愤怒的产生是人与所处环境的交互作用的结果。

（三）悲哀

悲哀是个体失去某种他所盼望的或追求的事物时所产生的主观体验。悲哀的强度取决于个体所失去事物的价值，失去的事物越宝贵，价值越大，个体就会感到越悲哀。例如，亲人的去世使人产生极度的悲哀，这与失去一般的朋友是不同的。从强度上可以把悲哀分为遗憾、失望、悲伤、哀痛。

（四）恐惧

恐惧是人在企图摆脱、逃避某种危险刺激或预期有害刺激时所产生的强烈的情绪感受与体验。当恐惧产生时，往往会伴随极度不安的主观体验，想逃离或进攻的欲望，以及交感神经系统的兴奋、肌肉紧张、神经末梢收缩、呼吸急促、心跳加快等反应。

引起恐惧的通常是熟悉环境中出现的意外变化，如：危险、陌生、黑暗、奇异事物的突然出现，身体突然失去平衡，以及他人恐惧情绪的感染，等等。恐惧的产生与人的认知预期有关，关键在于个体缺乏应对可怕情境的能力。

二、情绪状态

典型的情绪状态有心境、激情和应激，它们是依据情绪发生的强度、持续性和紧张度划分的。

（一）心境

心境是一种较微弱、平静而持续的带有渲染作用的情绪状态。它是人在某一段时间内的心理活动的基本背景，例如，最近心情舒畅或闷闷不乐等。心境具有以下几个明显的特点。

从发生的强度和激动性看，心境是微弱的而持续的情绪体验状态，它的发生有时连个体自身都觉察不到或很难感受到。

从持续时间看，心境是稳定的、持续时间较长的情绪体验状态，少则几天、几周，多则数月、数年。

从作用的范围来看，心境不是对某些具体事物的特定体验，而是一种具有非定向的、弥散性的情绪体验,即心境不指向某个特定事物,而是使人的整个精神活动和行为都染上某种情绪色彩,"忧者见之而忧,喜者见之而喜"就是对心境特点的描述。

心境对人的学习、工作、生活和身体健康都有很大影响。积极、良好、乐观的心境会促使人发挥主观能动性、振奋乐观,增强克服困难的勇气,提高活动的效率,同时有益于个体的身体健康。消极、悲观的心境则会使人厌烦、意志消沉、颓废悲观,从而降低活动效率,并有损身体健康。

(二)激情

激情是个体一种强烈的、短暂的、爆发式的情绪状态。激情往往是由与人密切相关的重大事件引起的,例如,取得重大成功后的狂喜、惨遭失败后的绝望和沮丧等。激情具有以下五个特点。

(1)爆发性。激情的发生过程一般都是迅猛的,即在短暂的时间内把大量能量喷发出来,犹如火山爆发,强度极大。

(2)冲动性。激情一旦发生,个体会被情绪所驱使,言行缺乏理智,带有很大的盲目性,出现"意识狭窄现象",即个体在激情状态下认知活动范围变得狭小,理智分析能力受到抑制,此时个体的自我调节能力下降,意志控制减弱,会出现行为失控现象。

(3)持续时间短暂。在激情爆发后的短暂平息阶段,冲动开始弱化或消失,此时,个体会出现疲劳现象,严重时会出现精力衰竭的现象,表现为对身边的事物漠不关心,精神萎靡。

(4)确定的指向。激情一般都是由特定对象或现象引起的,例如,意外成功会引起狂喜,反之,目的没有达成会使人感到绝望。对个体而言意义重大的事件、对立的意向、愿望冲突等都会导致激情。

(5)明显的外部表现。在激情状态下,可以看到人愤怒时的"怒目圆睁"、狂喜时的"手舞足蹈"、悲痛时的"嚎啕大哭"等,有时甚至还会出现痉挛性动作,语言过多或语无伦次等情况。

激情是可以控制的,在激情发生的最初阶段若有意识地对其加以控制,能够将危害降低到最低限度。因此,人要学会控制激情的消极影响,不要以激情作为借口原谅自己的过失。一般在激情状况下,人要学会通过合理释放与升华、适当转移注意力等方式来缓解与调控激情的消极影响。激情并非都是消极的,它也可以成为激励个体积极活动的强有力的推动力。

(三)应激

应激是个体在生理或心理上受到威胁时出现的非特异性的身心紧张状态,表现为在出乎意料的紧张状况下所引起的情绪体验。应激是人对意外环境刺激所做出的适应性反应。比如,突然遭遇火灾、地震、歹徒袭击或面临重大比赛或考试时,个体会动员机体各部分使之处于紧急状态,同时使自己的精力集中于某事件,迅速做出抉择,并采取有效行动,这时其身心皆处于应激状态。

产生应激的原因主要是人已有的知识经验与所面临的事件提出的新要求不相符,当人缺乏有效方法作为参照时,就会进入应激状态以应对突发情况。另外,当遇到由于自己的经验不足,难以应对当前的境遇的情况时,人会产生无能为力的失助感和紧张感。应激对人的活动影响很大,会表现出以下特点:一是超压性。在应激状态下,人会因自己所面临事件的强烈刺激而承受巨大的心理压力,使得情绪高度紧张。二是超负荷性。在应激状态下,人必然会在生理上和心理上承受超过平常水平的身心负荷,因此,人需要尽力调动体内各种能量或资源来应对重大的突发事件。

人在应激状态下的反应有积极和消极之分。积极的反应表现为急中生智,及时摆脱危险境地,做出平时几乎不可能做到的事情。消极的反应则表现为惊慌失措、意识狭窄,导致感知和注意产生局限,思维迟滞,行动呆板,正常处事能力水平大幅度下降。一般说来,应激状态的某些消极影响是可以调节的。过去的知识经验、良好的性格特征、高度的责任感等都是在应激状态下能够阻止行为紊乱的重要因素。

应激一般分为三个阶段:一是警觉阶段。在应激初期,交感神经兴奋导致肾上腺素分泌增加,心率加快,血糖和胃酸增加,有机体处于适应性防御状态。二是阻抗阶段。有机体提高了代谢水平,动员保护机制以抵消持续的情绪紧张状态。三是衰竭阶段。由于持续紧张,有机体适应性储存能量耗尽,这时有机体被自身防御作用损害,从而导致了适应性疾病。

人们在纷繁复杂的社会生活中经常会遭遇到突发事件并产生应激反应,但强度不同。如果威胁性刺激情境已成为个体生活中长期存在的事件,那么,该生活事件就会对个体心理产生很大的压力,即生活压力(life stress)。心理学家霍尔姆斯(Holmes)和瑞赫(Rahe)进行了一项实验,他们列出了人在生活中最关心的 100 件事,并请 400 位不同年龄、不同职业的人对这些事可能会对人产生的心理压力进行评分,分数越高表示其带给人的压力感越大。结果如表 1-8-1(节选部分)所示。该实验结果表明:生活变化程度越大,引起的应激反应就越强烈,对人的身心的损害也就越大。

表 1-8-1 生活变化事项与压力感量表

生活变化事项	压力感(分)	生活变化事项	压力感(分)
1. 配偶亡故	100	13. 性关系适应困难	39
2. 离婚	73	14. 家庭添进人口	39
3. 夫妻分居	65	15. 失业重新整顿	39
4. 牢狱之灾	63	16. 财务状况改变	38
5. 家庭亲人亡故	63	17. 亲友亡故	37
6. 个人患病或受伤	53	18. 改变行业	36
7. 新婚	50	19. 夫妻争吵加剧	35
8. 失业	45	20. 借债超过万元	31
9. 分居夫妻恢复同居	45	21. 负债未还,抵押被没收	30
10. 退休	44	22. 改变工作职位	29
11. 家庭中有人生病	40	23. 子女成年离家	29
12. 怀孕	40	24. 涉讼	29

续　表

生活变化事项	压力感（分）	生活变化事项	压力感（分）
25. 个人有杰出成就	28	35. 改变宗教活动	19
26. 妻子新就业或刚离职	26	36. 改变社会活动	18
27. 初入学或毕业	26	37. 少于万元的借债	17
28. 改变生活条件	25	38. 改变睡眠习惯	16
29. 改变个人习惯	24	39. 家庭成员团聚	15
30. 与上司不和睦	23	40. 改变饮食习惯	15
31. 改变上班时间或环境	20	41. 度假	13
32. 搬家	20	42. 过圣诞节	12
33. 转学	20	43. 一些微小的涉讼事件	11
34. 改变休闲方式	19		

三、情感的种类

情感是与人的社会性需要相联系的主观体验，反映了人的社会关系和生活状况，是人类特有的心理现象。人类高级的社会性情感有道德感、理智感和美感。

（一）道德感

道德感是个体根据一定的社会道德规范与标准，评价自己和他人的思想、意图及行为时产生的内心体验。当个体自己或他人的言论与行为符合社会道德规范与标准时，个体就会产生肯定性的情感体验，如自豪、幸福、敬佩、欣慰、热爱等。否则就会产生否定性的情感体验，如不安、羞愧、内疚、厌恶、憎恨等。

道德感内涵丰富，按其内容可分为自尊感、荣誉感、义务感、责任感、同志感、友谊、民族自豪感、集体主义、爱国主义、人道主义和国际主义等。

道德感具有社会性、历史性，是品德心理结构的一个重要组成部分，并与道德认知、道德行为紧密联系在一起，对个体的活动产生巨大的推动、控制和调节作用，是重要的自我监督力量之一。

（二）理智感

理智感是个体在认识和评价客观事物的过程中产生的情感体验。例如，探求事物的好奇心、渴望理解的求知欲、解决问题的质疑感、获得成就的自豪感、对科学结论的确信感等都属于理智感。

理智感是人在进行认知活动的过程中产生和发展起来的，对学习知识、认识事物的发展规律、探求真理、摒弃偏见、解放思想等具有积极的推动作用。理智感在人类中表现出共性，但仍受到社会道德观念和个体世界观的影响。

（三）美感

美感是个体根据审美标准评价事物时产生的主观感受和获得理解时精神愉悦的体验。美感包括自然美感、社会美感和艺术美感三种。游览山水风光时产生的美感属于自然美感；目睹见义勇为、纯朴诚实、谦虚坦率等行为与品质时产生的美感属于社会美感；欣赏艺术绘画、音乐舞蹈、戏剧魔术时产生的美感属于艺术美感。

从内心体验角度分析，美感具有两个明显的特点：(1)美感是一种愉悦的体验。自然界的美景使人心旷神怡；高尚的行为会使人在敬佩中享受美带来的愉悦；喜剧艺术使人在笑声中享受美带来的快乐；悲剧艺术使人在同情、赞叹中感受到慷慨悲壮的美。(2)美感是一种带有好恶倾向的主观体验。美感表现了一个人对于美好事物的肯定和对丑恶事物的反感，以及对完美地再现事物的美或丑的赞叹。

美感除了受被感受事物的性质、特点以及刺激的强度影响外，还受到社会环境的制约，为人的社会生活所左右，在历史发展的不同阶段，审美标准往往也存在着巨大差异。同时，在同一个社会的不同阶层，人们对美的标准和体验也存在着明显差异。但那些不涉及阶级利益的审美对象，如古代文物、大自然环境等能够满足人们共同的审美需求，并引起具有共同性质的美感。由于每个人的审美需要、观点、标准和能力不相同，所以不同个体对同一对象的美感体验也不相同。对美丑的评价、鉴赏能引起人的美感，对善恶的评价也会影响人的审美感受与体验。

第三节 表情

一、表情的含义

表情是个体在情绪和情感状态下的生理、心理以及外部行为上所表现出的变化或活动。表情既是人与人之间交往和传递信息的重要手段，也是了解个体情绪和情感感受与体验的客观指标。人类的表情复杂而细腻，既可以表达各种心理内容，也可以表达语言所不能表达或不便表达的心理状态。

二、面部表情、身段表情和言语表情

（一）面部表情

不同情绪和情感体验会产生不同的面部表情，面部表情能精细、准确地反映人的情绪，是人类表达情绪最主要的表情动作之一。人的面部分为额眉—鼻根区、眼—鼻颊区和口唇—下巴区三个区域，这三个区域的肌肉运动组合构成了不同的面部表情，以表达相应的情绪。例如，愉快时，额眉—鼻根区放松，眉毛下降；眼—鼻颊区眼睛眯小，面颊上提，鼻面扩张；口唇—下巴区嘴角后收、上翘。这三个区域的肌肉运动组合就构成了笑的面部表情。在表现不同情绪的不同面部表情中，起主导作用的肌肉各不相同。例如，笑时嘴角上翘、惊奇

时眼和嘴张大、悲哀时双眉和嘴角下垂等。

通过同一事件引起同样情绪的跨文化研究表明,引发某种特定基本情绪的事件内容也具有普遍性,即在不同文化背景下,人们对恐惧、悲伤、愤怒、幸福和厌恶的解释具有一致性。大多数人认为,恐惧是因为受到威胁;悲伤是因为发生悲伤事件;愤怒是由目标受阻而引起的;幸福是因为实现了目标;厌恶则是因为味觉与嗅觉目标受到破坏。研究证明,人类普遍存在着跨种族、跨文化的基本原始情绪经验。

(二) 身段表情

身段表情是指除面部之外的身体其他部位的表情动作,又称为肢体语言。头、手和脚是表达身段情绪的主要身体部位。例如,欢乐时手舞足蹈、悔恨时顿足捶胸、惧怕时手足无措、羞怯时扭扭捏捏等,舞蹈和哑剧就是演员利用身段表情和面部表情反映剧中人物情感和思想的艺术表现形式。

利用头、手和脚的动作表达情绪时,在某些情况下,当事人经常并不自知。相对于面部表情来说,身段表情不易被控制。心理学的研究发现,腿和脚部的动作经常是下意识的,因而可最真实地表现当事人当前的情绪和情感状态。

(三) 言语表情

言语表情是情绪和情感在言语的声调、节奏和速度上的表现。人在高兴时声调轻快,悲哀时声调低沉、节奏缓慢,愤怒时音量会加大、语气显得急促而严厉。同样一句话用不同的方式讲出来会表现出不同的含义。例如,"你干嘛"用升调说出时表示疑问,用降调说出表示不耐烦,用感叹语气强调则表示责备。

面部表情、身段表情和言语表情相互结合,共同组成了人类非言语交往的沟通形式,并在人际交往中发挥着重要作用。在三种表情中,面部表情起着主导性作用,身段表情和言语表情起着辅助性作用。在日常生活中,人们通过观察对方的表情来了解其主观感受或思想意图。但由于成年人的情绪和情感具有社会制约性,并可以通过自己的意识对其加以调节与控制,因此,在他们身上会出现掩盖或隐藏真情实感的状况。所以在识别他人情绪和情感时,不能仅把表情作为情绪判断的唯一依据,而应该把表情与主观体验、生理唤醒等方面的表现结合起来进行考虑。

第四节　情绪的自我调节

俗话说"人有悲欢离合,月有阴晴圆缺"。在人的一生中总会有不如意的事情发生,没有人可以时刻都保持着快乐的情绪。人总会遇到令人烦恼、愤恨、悲伤的事情,因此产生诸如焦虑、愤怒和悲哀等负面情绪是不可避免的,关键在于如何调节和控制这些负面情绪,避免其对个体身心健康产生不良影响。

在负面情绪状态下有机体处于一种应激状态,人会产生一系列生理反应,例如,腺体和神经递质的活动使有机体紧急动员起来,造成肌肉紧张,血压、心率、呼吸也会随之发生变化。这些变化有助于个体适应环境的变化，以维系个体的生存与发展。但是，长期的应激状态会击溃人体的生物化学机制，损伤人体的内脏器官，使人的抵抗力下降，最终会导致心身疾病的发生。所以应该要用理智的力量控制自己的情绪，用适当的方法来转移和调整自己的情绪，这对保持身心健康十分重要。怎样调节和控制负面情绪？一般要做到以下三个方面。

一、觉知自己的情绪状态

当处于情绪状态下时，个体应主动地觉知到自己"正在大动肝火""很焦虑""很伤心"等负面情绪，此时，个体对自我状态暂时不做反应也不加评价，只是意识到自己的情绪起伏状态，这样就有了一个选择和处理负面情绪的空间，或是约束、控制自己的情绪，或是任由情绪宣泄。只有在认识到自己的情绪处于什么状态时，大脑才有可能发出控制的指令，及时调控自己的行为。

二、转移注意力

当个体认识到自己正处于激动的情绪状态时，就要有意识地转移注意力，使它不至于爆发出来难以控制。例如，转移话题，或者做点儿别的事情，改变注意焦点，从而分散注意力。做一些平时最感兴趣的事，这是使人从消极、负面的情绪中解脱出来的好办法。在苦闷、烦恼时，不要再去想引起苦闷、烦恼的事，而是要转移注意力，如打球、绘画、下棋、听音乐、看电视、读小说、阅读报纸等，或者多回忆让自己感到幸福、高兴的事，从而把消极的、负面的情绪转变为积极的情绪，冲淡甚至忘却烦恼，使情绪逐步好转。还可以采用改变周围环境的方法转移注意力。例如，打扫卫生、收拾房间，去绿树成荫的大道上散步，到风景秀丽的野外欣赏自然风光等，这样就可以忘却烦恼，解除消极与负面情绪的困扰，使心情逐步好转。

三、合理地发泄情绪

学会合理地发泄消极和负面情绪，是排除不良情绪的有效方法。具体的方法有以下几种。

（一）在适当的场合哭泣

哭是一种有效解除紧张、烦恼与痛苦情绪的方法，尤其是对突如其来的打击所造成的高度紧张和极度痛苦，哭可以起到缓解作用。因此，有人提出"为健康而哭"的说法，认为人在悲伤时不哭是有害健康的。哭虽然会扰乱人体正常的生理功能，使人的心跳、呼吸变得不规律，但对人有益的一面是它能宣泄悲痛，释放不良情绪。此外，人在不良状态下产生的眼泪中含有一种"毒素"，排出后将有益于身体健康。

（二）向他人倾诉

有了消极或负面情绪，可以向自己的父母、亲朋好友或心理咨询师倾诉，诉说委屈，以此来消除心中的不良情绪感受。

（三）进行比较剧烈的运动

人在情绪低落时，往往不爱活动，越不活动，情绪越低落，从而形成恶性循环。事实证明,情绪状态可以改变人的身体活动,身体活动也可以改变人的情绪状态。例如,改变走路的姿势,昂首挺胸,加大步幅,加大双手摆动的幅度;或者通过跑步、干体力活等比较剧烈的活动,把体内积聚的能量释放出来,使郁积的怒气和其他不愉快的情绪得到发泄,从而改变消极的情绪状态。

(四)放声歌唱或放声喊叫

雄壮的歌曲可以振奋精神,放声歌唱可以提高士气。个体在心情憋闷时,找个适当的场合放声喊叫,可以把心中郁积的不良"能量"释放出来,也能解除心中的烦闷。

(五)主动用语言控制调节情绪

语言是人类特有的高级心理活动,语言暗示对人的心理乃至行为非常有效。当不良或负面情绪要爆发或个体感到心中非常压抑的时候,可以通过语言暗示的方式,来调整和放松心理上的紧张,使不良情绪得到缓解。例如,当将要发怒的时候,可以用语言来暗示自己:"别做蠢事,发怒是无能的表现,发怒既伤自己,又伤别人,于事无补。"这样的自我提醒,会使自己的心情平静一些。我国历史上的禁烟功臣林则徐脾气很大,他为了控制自己的怒气,在中堂挂了书有"制怒"两字的大条幅,以便随时提醒自己。当遇到挫折时,用诸如"失败乃成功之母""山重水复疑无路,柳暗花明又一村""锲而不舍,金石可镂"等名言警句来激励自己,这也是调节与控制不良情绪的方法。

第九章
意志

第一节 意志概述

一、意志的内涵

(一) 意志的含义

意志是指个人自觉地确定目的,并根据目的来支配和调节自己的行动,克服种种困难以实现预定目的的心理过程。

意志是人类特有的心理现象,是人的意识能动性的集中表现。有无意志是人和动物最本质的区别之一。世界上的所有物种,只有人能够在自己从事活动之前,将活动结果作为活动目的存储在脑中,并以此来指导自己的行动。

由意志支配的行动称为意志行动,它表现为人有目的、有计划地认识世界并改造世界。意志与意志行动相互作用,紧密联系。人的意志是人的主观活动,它体现在人的意志行动之中,没有意志就不会有意志行动,意志行动是意志活动的外显表现。意志对行为的调节主要体现在对行为的发动和制止这两个方面。在意志的作用下,人可以推动自己去从事达到目的和愿望的行动,同样在意志的作用下,人也可以阻止与自己的目的及愿望不相关的行动。

(二) 意志行动的特征

意志行动与克服困难相联系。一个人的意志坚强与否,往往是以其克服困难的性质和努力程度为标准加以衡量的。只有那些与克服困难相联系而产生的意志行动,才是意志行为的重要特征。

意志通过行动表现出来,意志行动是人类所特有的行为。但是,并非所有的人类行动都是意志行动。意志行动具有以下三个基本特征。

1. 自觉的目的性

意志行动的目的性是人与动物的本质区别。自觉的目的性是人的意志行动的前提。一个人总是先深思熟虑、对行动的目的有了充分的认识,并且把活动的结果存储在头脑中之后才去采取行动的。如果一个人没有自觉的目的,也就没有意志可言,更不会产生意志行动,即失去了能动地认识事物和改造事物的基本前提。

人的活动和行为始终是在个体自觉目的的意志支配下进行的,所确立的目的水平高低与个体意志行动的效应大小直接相关。在崇高理想支持下所确立的目标,能够有效地调节个体的行为,并在实现目的的过程中,使个体表现出积极的、顽强的、进取的精神,其行为结果就会产生较大的社会价值。

2. 随意运动

随意运动是意志行动的基础，意志行动表现在人的随意运动中。人的行动是由动作组成的。动作一般分为不随意运动和随意运动两种。不随意运动是指那些不受意志支配的、不由自主产生的动作，主要有四种形式：一是本能动作；二是无意识状态下产生的动作，即自动化了的动作；三是习惯性动作；四是在某种状况下的冲动性行为，即没有经过深思熟虑，对于行动目的也没有明确的意识，不考虑后果，缺乏自觉控制的行为动作，一般在激情状况下发生。

随意运动是指在个体意识的调节与支配下，具有一定目的方向性或习惯性的运动，如长跑、写字、操纵劳动工具等。随意运动是在不随意运动的基础上，通过有目的的练习而形成的条件反射，其主要特征是受个体意识的调节与控制，具有明确的目的性。随意运动是意志行动的基础，若没有随意运动，意志行动就不可能产生，目的也不可能实现。

3. 克服困难

克服困难是意志行动的核心。虽然人有行动目的，其行动也以随意运动为基础，但除此之外，意志行动还与克服困难相联系。例如，行走对于正常人来说轻而易举，但对久卧病床正在康复的病人来说，每走一步都需要克服很多困难，这时，行走这种随意运动就由意志参与的活动变为了人的意志行动。在现实生活中，有许多行为并非是意志行为，如饭后散步、闲时聊天、观鱼赏花等，由于做起来没有明显困难，所以一般都不认为它们是意志行为。只有那些与克服困难相联系的意志行动，才是意志行为。因此，一个人的意志坚强与否，往往是以其克服的困难的性质和努力程度为标准来加以衡量的。

意志行动作为有自觉目的的行动，在目的确立与实现的过程中会遇到各种各样的困难。困难包括内部困难和外部困难。内部困难指来自个体本身、干扰目的确定与实现的生理和心理方面的障碍，例如，身体的健康状况、知识经验水平、能力智慧状况、人格特征等。外部困难指来自个体外部的客观条件、阻碍自己目的确定与实现的种种障碍，如恶劣的环境、他人的嘲讽打击，以及政治、经济、文化方面的落后等。一个人只有在克服各种困难障碍的过程中才能表现出意志力水平。

二、意志与认知、情绪和情感的关系

意志与认知、情绪和情感是统一的心理过程的不同方面，三者之间存在着紧密联系。

(一) 意志过程与认知过程的相互关系

意志过程是以认知过程为前提的，离开了人的认知过程，意志过程就不可能产生。自觉的目的性是意志的基本特征之一，人的任何目的都不是凭空产生的，而是在认知活动的基础上产生的。目的虽然是主观的，但它们却来源于人对客观事物的认知的结果。人在确定目的、选择方法和步骤的过程中，需要做到审时度势，分析主客观条件，回忆过去的经验，设想未来的结果，拟定方案和制定计划，而对这一切所进行的反复权衡和斟酌等，都必须通过感知、记忆、思维、想象等认知过程才能实现。

意志过程对认知过程也有很大的影响。没有人的意志努力，就不可能有认知过程，更不可能使认知活动过程深入和持久地进行下去。因为在认知活动过程中，人总会遇到这样或那样的困难，要克服这些困难，就需要做出意志努力。

（二）意志过程与情绪和情感过程的相互关系

情绪和情感既可以成为意志行动的动力，也可以成为意志行动的阻力。当某种情绪和情感对人的活动起推动作用的时候，这种情绪和情感就会成为意志行动的动力。例如，积极的心境对学习或工作具有推动作用；社会责任感会促使个体努力学习、辛勤劳动。当某种情绪和情感对人的活动起阻碍作用的时候，就会成为意志行动的阻力。例如，消极的心境就会影响个体的学习与工作状态；高度焦虑的情绪会妨碍个体意志行动的执行，动摇甚至削弱人的意志，阻碍预定目标的实现。

意志能够控制情绪，使情绪服从人的理智。个体在工作或学习中因遇到困难而产生的消极情绪，可以通过自己的意志来加以调节与控制，从而使自己的意志行动服从于理智的要求。例如，人既能够调节和控制由于失败或挫折带来的痛苦或愤怒等情绪，也能够控制和调节由于胜利带来的狂喜、激动等情绪，当然这取决于一个人的意志力水平的高低。

第二节　意志行动过程

意志行动是人的积极性的体现，是意志对个体行为的调节和控制过程，它有发生、发展与完成阶段。意志行动过程分为采取决定阶段和执行决定阶段。

一、采取决定阶段

采取决定是意志行动的开始阶段，它决定意志行动的方向，以及意志行动的动因，是意志行动不可缺少的准备阶段。这个过程包括动机冲突、确定行动目的、选择行动方法和制定行动计划等环节。

（一）动机冲突

人的意志行动是由一定的动机引起的，动机是激发人的行为的内部动力。意志行动中的动机冲突是指当动机之间相互矛盾时人对各种动机进行权衡，评定其社会价值的过程以及排除意志的内部障碍的过程。动机由需要产生，由于人的需要具有多样性，因此个体行动背后的动机往往是纷繁复杂的，不同的动机经常同时存在，但又不可能同时获得满足，这就导致了动机之间的矛盾与冲突，有时甚至是非常尖锐的矛盾冲突。

动机冲突是个体在确定目的时对自己各种动机进行价值权衡，以做出选择的过程。就动机冲突的形式来说，主要分为以下四种。

1. 双趋冲突

双趋冲突又称为接近—接近型冲突，指个体必须对同时出现的两个具有同等吸引力的正面目标进行选择时产生的难以取舍的心理冲突,即"鱼,我所欲也;熊掌,亦我所欲也",但两者不可兼得时的内心冲突。例如,既想看电视又想踢足球就是一种双趋冲突。要解决这种冲突并不难,只要稍微调整一下动机,冲突便会消除。但是,当个体遇到与自己的利益得失关系重大的冲突时,就会出现特别难取舍以及犹豫不决的心理矛盾。

2. 双避冲突

双避冲突又称回避—回避型冲突,指个体必须对同时出现的两个具有同样强度的负面目标进行选择时产生的心理冲突,这实际上是一种"左右为难""进退维谷"式的由于选择困难造成的使人困扰不安的心理冲突(如图1-9-1所示)。

双避冲突会出现两种状况。第一种是犹豫不决或优柔寡断,这是因为当个体的选择指向其中一个目标时,这一目标的威胁性便增强,而若将个体推向另一目标,则另一目标的威胁性又会增强,这样个体就会陷入左右为难的动机冲突,使个体产生焦虑。第二种是逃避或拒绝选择。逃避可以是离开冲突的实际情境,或在思想上逃避,如做白日梦。而拒绝往往是在个体感受到一种无能为力的心理崩溃时发生的。这时的心理冲突对个体的心理健康影响很大,缓解或化解这种冲突的关键是找到其他出路或出现其他因素,即"两害相权,取其轻者"——选择回避程度较轻的目标。

图1-9-1 双避冲突

3. 趋避冲突

趋避冲突又称接近—回避型冲突,指由个体对同一目标既想接近又想回避的两种相互矛盾的动机而引起的心理冲突。趋避冲突在日常生活中经常出现,一个人对同一个目的会同时产生两种对立的动机,好而趋之,恶而避之。例如,某人喜欢甜食,但怕吃多会胖;某人在遇到麻烦时想求助他人,但又怕遭到拒绝;某人生病,想快些痊愈但又怕打针;等等。当一个人同时具有求得成功和回避失败的动机时,他实际上就面临着一定程度的趋避冲突。趋避冲突在心理上引起的困惑比较严重,因为它会使人在较长时间内一直处于对立意向的矛盾状态中,并可能因此导致行动不断失误。

4. 多重趋避冲突

多重趋避冲突又称为多重接近—回避型冲突,指由于面对两个或多个既对个体具有吸引力又遭个体排斥的目标或情境所引起的心理冲突。例如,一个人想跳槽到新的工作单位,因为新单位会给予其较高的经济收入和优厚的福利待遇,只是工作性质和人际关系不太容易适应;而如果继续留在原单位工作,则有习惯的工作环境,人际关系也较好,但经济收入和福利待遇较差些。这种对利弊得失进行衡量的考虑会引起多重趋避冲突。一般来说,如果几种目标的吸引力和排斥力相差较大时,解决这种内心冲突就比较容易;如果几种目标的吸引力和排斥力比较接近,解决这种内心冲突就比较困难,需要用较长时间来考虑得失、权衡利弊。

(二) 确定行动目的

确定行动目的在意志行动中非常重要。是否能够通过动机冲突斗争而正确地确定行动目的,体现了一个人的意志力水平。动机之间的矛盾越大,斗争越激烈,在确定行动目的时所需要的意志努力也越多。意志的力量表现在正确地处理动机冲突、选择正确动机、确定正确的目标等方面。

目的是意志行动所要达到的目标和结果。目的越明确、越高尚、越具有社会价值,则由这个目的所引起的毅力也就越大,就越能表现出人的意志力水平。相反,一个没有明确目的而盲目行动的人,往往会患得患失,斤斤计较,因此便无成就可言。但是,目的的确立并不是件容易的事情。通常,一个人在行动之前往往会有几个彼此不同,甚至是相互抵触的目的,此时,就需要对其进行权衡比较,根据目的的意义、价值、客观条件和自身特点最终确定一个目的。一般来说,有一定难度、需要花费一定的意志努力才可以达到的目的,往往是比较适宜的。一旦这个目的得以实现,可以给个体带来心理上的满足感和成就感,并能够弥补由目的确定时发生的内心冲突所带来的损害,为更好地实现下一个目的做好准备。如果有几种目的都很适宜且诱人,就可能会引发个体的内心冲突或动机斗争,使个体难以下决心做出抉择,这时,就需要个体进行合理安排,即先实现主要的、近期的目的,后实现次要的、远期的目的。或者相反,先实现次要目的,再集中力量实现主要目的。

动机冲突和确定行动目的是两个既相互区别又有联系的过程。在选择和确定行动目的之前,往往要经过激烈的动机斗争,克服心理矛盾与冲突。相反,在目的确定的过程中也会进一步引起动机斗争,随后才会逐步趋于统一。要正确地确定目的,就必须排除各种内外部干扰,为此个体需要以正确的动机为基础,面对现实,深思熟虑,权衡利弊,仔细分析、评价所追求目标的重要性,并通过自己的意志努力,增强自信,果断做出决定,明确行动目的,同时注意信息的反馈,以便能够有效地修正行动,使目的顺利地达成。

(三) 选择行动方法

个体在经过动机冲突、确定行动目的之后,就要解决如何实现目的,即解决怎样做、怎样实现目标的问题了,为此,个体需要根据主客观条件来选择达到目的的方式、方法,并制定行动计划。

选择行动方法和策略的过程,既能反映出个体知识经验的多寡、智力及认知水平的高低,又能反映出个体的意志力水平。完成这个过程一般要满足两方面的要求:一是为实现预定目的所做的行为设计是合理的;二是这种方式、方法符合客观事物的规律和社会准则。只有把这两个方面有机结合起来,才能顺利地实现预定目的。

(四) 制定行动计划

这一环节主要指个体根据已确定的行动目的和已选择的行动方法,制定具体的行动计划,包括行动的程序。制定计划时,要注意广泛收集各种信息,全面了解情况,进行深入细致的调查研究,在此基础上认真分析,抓住重点,突出矛盾,制定出切实可行的行动计划。

方法选择和计划制定不仅受动机和目的的影响,还与个体的知识经验以及其能否掌握客观事物的发展规律密切相关。

在经过动机冲突、确定行动目的、选择行动方法以及制定行动计划后,意志行动的准备阶段就结束了,它将过渡到执行决定阶段。

二、执行决定阶段

执行决定就是将准备阶段已做出的决定付诸实施,是意志行动的关键环节和完成阶段。同时,由于执行决定过程已从"头脑中的行动"过渡到实际行动,需要克服更多的内部、外部困难,因而更能体现出一个人的意志力水平。

执行决定过程一般包括以下两个方面。

(一)根据既定方案积极组织行动,以实现目的

选择行动方法和策略是在目的确定之后由实现目的的愿望所推动的。它是一个人根据欲达目的的外部条件和内部规律,适当地设计自己行动的过程。这个过程既能反映一个人的经验、认知水平和智力,又能反映一个人的意志力水平。例如,在简单的意志行动中,行动目的一经确定,方式、方法很快就可拟定。而在复杂的意志行动中,如果有较长远的目的,就要选择行动方法和策略,其间会遇到各种阻力和困难,若能选择出合理的优化行动模式,就能促使目的顺利实现,若选择不当,就有可能导致意志行动的失败。

(二)克服困难或障碍,实现所做出的决定

克服困难,实现所做出的决定是意志行动的关键环节,因为即使有美好的愿望、行动目的和高尚动机,或者完善的计划,如果不将之付诸实际行动,所有的一切仍然是空中楼阁,仍然只是脑中的主观愿望而已。

在实现所做决定时的最突出的特点是在行动过程中会遇到这样或那样的困难,而要克服这些困难就需要意志努力的参与。意志努力表现在克服内心的冲突、干扰以及外部的各种障碍上,人要在实现所做决定的过程中承受巨大的体力和智力上的负担,要克服自己原有的知识经验以及内心冲突对执行决定所产生的干扰,当在意志行动中出现的新情况、新问题与预定目的、计划和方法等发生矛盾的时候,人还必须努力做出果断决定,同时根据意志行动中的反馈信息来修正自己原有的行动方案,放弃不符合实际情况的原有决定,这样才能最终实现预定目标。

实现预定目标,标志着基本的意志行动过程的顺利完成。但是,人的意志行动并不会就此结束。在新的需要、动机、愿望和所追求目的的推动下,人又会开展新的意志行动,由此不断向新的目标行进,这是一个人意志行动中极为重要的环节。

第三节 意志品质

意志品质主要包括意志的自觉性、果断性、自制性和坚韧性四种,它们在人的意志行动中贯彻始终,反映了个体的意志力水平,是人格的重要组成部分并直接影响个体的行为结果。

一、意志的自觉性

意志的自觉性是指个体在行动中具有明确的目的,能认识到行动的社会意义,并能够主动调节与支配自己的行动,使之服从于社会要求的意志品质。

意志自觉性品质不但表现在对行动目的的社会意义与社会价值的自觉认识上,而且表现在坚决执行决定、实现预定目的的态度与自觉行动上。意志自觉性品质贯穿于整个意志行动的始终,是坚强意志力的支柱。

与意志自觉性相反的意志品质是受暗示性和独断性。受暗示性表现为个体在行动过程中缺乏主见,易受他人的影响,并经常不加分析地接受他人的思想和行为,既容易动摇,也会轻易地改变或放弃自己原先的决定,表现为"人云亦云,人行亦行"的盲目行动。独断性是指个体盲目地做决定,并一意孤行,一概拒绝他人的意见、规劝或建议。从表面上看,这似乎是个体在独立地做出并执行决定,实际上是缺乏意志自觉性品质的表现。这种人往往坚持己见,以自己的意愿替代客观事物发展的规律,当客观环境发生变化时,不能对自己的目的、计划、决定与行动予以合理调节,并且总是毫无理由地拒绝考虑他人的意见。受暗示性和独断性都是不良的意志品质。

二、意志的果断性

意志的果断性是指个体根据客观环境变化的状况,迅速而合理地做出决定,并实现所做决定的心理品质。具有果断性品质的人能够全面而深刻地考虑行动的目的,以及达到预定目的的计划与方法,虽然在处理一件事情的时候会出现复杂的、剧烈的内心冲突,但他们在动机冲突过程中,能够沉着冷静,明辨是非,当机立断,及时做出决定。在不需要立即行动或在情况发生变化时,他们能够马上停止或改变已执行的决定。

意志果断性品质以意志自觉性品质为前提,并与个体智慧的批判性和思维的敏捷性相联系。由于意志行动的目的明确,是非明辨,所以个体才能毫不踌躇地采取坚决行动。但不是每个人都能在复杂情境中表现出高水平的果断性。意志果断性品质必须以正确的认识为前提,以深思熟虑为条件。

与果断性相反的意志品质是优柔寡断和草率决定。优柔寡断是指个体在采取决定和执行决定时总是顾虑重重、犹豫不决,一直处于动机冲突状态而迟迟不做决定。这种人尽管考虑很多,但由于长期处于动摇不定的状态下,经常对自己的决定的正确性存在怀疑,当要其必须做出抉择时,他们往往会任意选择而又无信心去完成,因此往往会一事无成,甚至造成不可挽回的损失。草率决定是指个体未经深思熟虑,不顾后果而草率行事,这种人尽管做决断很迅速,但却缺乏根据,有时是一时冲动,有时只是想尽快摆脱由此带来的不愉快心理状态,因此,经常导致失败的结果。优柔寡断和草率决定都是不良的意志品质。

三、意志的自制性

意志的自制性是指个体善于根据预定目的或既定要求,自觉地调节与控制自己的心理活动和行为表现的意志品质。自制性是个体自我控制能力之一,反映了意志对人的心理与行为的抑制功能。具有自制性意志品质的人,既善于调节并控制自己的心理活动与行为,以便执行所做出的决定,又善于抑制与活动目的相违背的心理活动与行为,其主要特征是情绪稳定、注意集中、记忆力强和思维敏捷。

与自制性相反的意志品质是任性和怯懦。任性的人在任何场合都不善于约束自己的言论与行为,经常感情用事,为所欲为。怯懦的人则胆小怕事,遇到困难就惊慌失措或畏缩不前。任性和怯懦都是不良的意志品质。

四、意志的坚韧性

意志的坚韧性指在实现预定目的的过程中,能够坚持不懈并在行动时保持充沛精力和毅力的意志品质。具有坚韧性意志品质的人,面对困难和挫折时会不屈不挠,善于从失败中总结经验教训,能够坚定不移地把已开始的行动进行到底,他们善于抵御不合目的的主客观诱因的干扰,做到专心致志、从一而终。坚韧性是人的重要的意志品质,一切有成就的人都具有这种不屈不挠地向既定目标前进的品质。

与坚韧性相反的意志品质是动摇性和顽固性。动摇性是指个体立志无常、见异思迁,尽管有行动目的,但是往往虎头蛇尾,遇到困难就动摇妥协而放弃对预定目的的追求。顽固性是指个体只承认自己的意见或论据,当实践证明其行动是错误时仍固执己见,我行我素。动摇性和顽固性虽然表现形式不同,其实质都是不能正确对待行动过程中的困难,属于不良的意志品质。

第四节　挫折心理

一、挫折心理的含义

(一) 挫折的定义

挫折是个体的动机、愿望、需要和行为受到内部和外部因素阻碍的情境和相应的情绪状态。一个人在实现自己所追求的目标的过程中并非一帆风顺,往往会遇到这样或那样的阻碍,这些阻碍有些来自个体自身,如生理缺陷、能力不够、观念冲突、情感压抑或自己的抱负水平及期望过高等,有些则来自外部的环境,这些内外部因素使个体的需要不能获得满足,愿望不能实现,行为总是受到阻挠,最终导致个体陷入愤怒、不满、失望和痛苦的体验等典型的挫折状态中。

挫折包括挫折情境、挫折认知、挫折行为三个方面。

(1)挫折情境。挫折情境是指导致个体所确定的目标不能实现的干扰事件或阻碍目的达到的行动条件以及情境等。(2)挫折认知。挫折认知是指个体对挫折情境的认识、态度、评价与解释状况,这是产生挫折和应对挫折的关键。例如,同样的挫折情境,会因个体不同的认知而引起不同的情绪感受与行为表现。(3)挫折行为。挫折行为是指伴随挫折认知而产生的情绪与行为反应。如愤怒、焦虑和攻击等。挫折情境、挫折认知和挫折行为是同时并存的,三者的有机作用构成了挫折心理。但是,有时挫折认知与挫折行为这两种因素的相互结合也会构成挫折感。例如,有人总怀疑周围的人看不起自己,认为别人总是在背后议论自己,从而就可能产生紧张、烦恼等情绪及相应的行为反应。

二、挫折产生的原因

导致挫折的原因有很多,概括起来可以分为客观因素和主观因素。

(一) 客观因素导致的挫折

客观因素包括自然因素和社会因素两个方面。自然环境中的各种影响因素有不以人的意志为转移的力量所造成的时空限制、自然灾害、亲人的生离死别和环境嘈杂等。自然界有其自己的发展规律,人类直到今天还不能完全认识所有事物,也不可能绝对地征服自然。因此,个体在自然环境中生存与发展时,必然会遇到所处环境带来的种种障碍,产生挫折在所难免。社会因素是指来自个体所处社会环境的干扰或障碍。社会环境既包括政治制度、经济发展水平和文化环境,也包括学校、家庭、群体等环境。同自然因素相比,社会因素更易引起个体的挫折感,后果也比较严重。

(二) 主观因素导致的挫折

由个体自身内在原因引起的挫折叫作个人起因挫折,主观因素包括生理因素和心理因素两个方面。生理因素方面导致的挫折,主要指个体的身体素质、体力、外貌以及某些生理缺陷或疾病所带来的某些限制,导致个体无法实现所确定的目标。例如,想当歌唱家却没有好嗓子,想当运动员却没有强壮的体魄。个体心理因素引起的挫折,是指个体的心理特点和心理水平,如需要、动机、理想、信念以及能力、气质、性格等所带来的影响。

一般来说,个体在意识到自己的心理发展水平不高、不能胜任某项工作、无法与他人协调一致时就会产生挫折。从容易引发挫折的直接因素与个体自身心理状况之间的关系来看,影响挫折的心理因素主要有对自己的能力评价不当。例如:有人对自己评价过高,目空一切,结果到处碰壁;有人对自己的期望与抱负过高;有人心比天高,但从不愿刻苦努力,并总是怨天尤人。

三、挫折的行为反应

挫折的行为反应是一种应激反应,是指个体陷入挫折状态后所启动的一系列心理、生理和行为上的反应。每个人在现实生活中都会体验到挫折,但不同人在不同时空条件下会对挫折做出不同反应。例如,有人在面对挫折时能够保持冷静态度,并客观地分析挫折产生的原因,避免或减少了焦虑与应激反应。经常可见的挫折反应是愤怒、敌对、过度焦虑、冷漠、攻击、退行和固着行为等。

(一) 过度焦虑

焦虑是挫折后常见的心理反应,是个体在预料会有某种不良后果或模糊性威胁将出现时产生的一种不愉快的情绪感受。例如,出现了实际威胁之后对自尊的挑战,在工作、学习或交往中的压力等,其程度可以由轻微的忧虑到惊慌失措或惊恐状态。但是,适度的焦虑不仅对人无害处,而且可以提高个体的学习效率,并使其发挥潜能、激发斗志、唤起警觉,从而提高活动效率。但若挫折过于强烈则可能损害身心健康,甚至会导致心理疾病。

(二) 冷漠

冷漠是个体对他人、事物、现象等外部刺激缺乏相应的情绪和情感反应的状态。一般认为,是个体在遭受挫折后所表现出对挫折情境漠不关心或无动于衷的态度。其实,个体在此时此地的这种表现并非因为他们潇洒坦然,而是由于其最近的愤怒与痛苦、困惑等受到了暂时的情感压抑。冷漠反应是由于个体长期遭受挫折、动机无法得到满足而表现出的一种心理防御机制,其心理表现为内心的体验非常贫乏,对周围的人、事、物和个人的切身利益也表现得非常冷淡、漠不关心,没有任何兴趣,并与周围人失去情感联系,对悲欢离合无动于衷。

(三) 攻击

攻击是挫折后的行为反应之一,是个体试图伤害他人身体或精神的情绪状态或行为表现。一般表现为个体受挫后为发泄愤怒情绪而做出的具有敌对情绪的过激行为。

根据攻击的表现方式可把攻击分为直接攻击和间接攻击。直接攻击是指将攻击矛头直接指向并侵害引起挫折体验和愤怒情绪的对象,例如,对他人、事物、事件等,采取打斗、辱骂、讽刺等行为。间接攻击是指个体受到挫折后,不是把攻击矛头直接指向挫折来源,如人或事物及事件,而是把愤怒和不满转向发泄到与挫折产生不相关的其他人、事物或事件上,即"找替罪羊"。间接攻击往往在以下情况下表现出来:一是个体意识到暂时不能直接攻击引起挫折的对象,例如,在单位里受到领导的严厉批评,到家里后冲着家人发火;二是挫折来源既可能是生活压力,也可能是长期劳累或压力作用的综合结果,在这种情况下,由于找不到真正的挫折源,个体会把烦闷的负面情绪宣泄到周围的人或事物上。

根据攻击的性质,可以把攻击分为敌意性攻击和工具性攻击。敌意性攻击是指使对方在肉体上或精神上遭受痛苦。工具性攻击的主要目的是借助攻击以获得自己所预谋的某种(些)利益,而并不在意侵害被攻击的对象。

根据攻击个体的人格特征,可以把攻击分为特质性攻击和状态性攻击。特质性攻击是指个体因具有容易引发攻击人格特质而产生的攻击。状态性攻击一般指与人格的特质无关,攻击的发生是暂时的、持续时间较短的攻击,其持续的时间往往与被激怒的强度有关,被激怒的强度越强,攻击行为持续的时间就越长,反之,就短些。

（四）退行

退行是指个体遭受挫折时，以与其自身年龄与身份不相符的幼稚行为来应对现实困境。个体的心理与行为随着年龄的增长有其一定的发展规律，即人的心理活动与行为表现总的趋势是逐渐成熟的。但是，当个体遇到挫折时，其行为可能会出现由成熟向幼稚倒退的现象，此时，受挫折个体会采用非常简单与幼稚的行为方式来应对挫折，希望借此得到他人的同情与关照。

（五）固着行为

固着行为是个体在遭受挫折时产生了某种行为，但当挫折情境发生变化，已产生的刻板化行为方式仍盲目地重复出现。在现实生活中，个体在一定状况下受挫后要根据情况随机应变，以便摆脱导致挫折的困境，但有人却依旧会重复先前的刻板反应。表面上刻板行为与人的某些习惯相似，但两者存在着很大差异，即习惯行为受到的奖励或惩罚，是与人的需要是否获得满足相联系的，如果某些行为习惯不能够满足忍耐的需要，个体就会改变习惯。

四、挫折承受力

（一）挫折承受力的含义

挫折承受力是一个人在面对挫折时摆脱困扰，避免出现心理活动与行为表现失常的能力。不同的个体具有不同的挫折承受能力；同一个人在面对不同的挫折情境时，其承受力也存在着差异。

不同的人对同样的不利条件产生的挫折感受程度可能是不同的，这一般取决于一个人能否正确认识诱发挫折情境的事件或人物，这是引起个体挫折感受以及使个体表现出挫折行为的直接原因。当个体能够在挫折情境出现时冷静分析，权衡利弊，就会产生理智思考，从而努力克服障碍、继续奋斗，或者调整目标、重新开始。如果一个人在幼儿期所遭受的挫折较少并能有效解决，他就会具有处理并解决生活中出现的挫折情境的经验。如果遭遇了较多的挫折而不知如何正确面对与有效解决，就会影响个体的发展，使之产生自卑、怯懦等不良性格特征，并逐渐丧失克服挫折的勇气与力量。

一个人的抱负水平会极大地影响其挫折承受力。一般来说，个体抱负水平越高，越容易体验到挫折，对挫折的反应也越强烈。因此，使自己的抱负水平能够适合自己的条件是影响挫折承受力的重要因素。一个充满自信的人在面临失败时，往往会把失败归因于自己努力不够或运气不佳，那么他就会重新调整自我，确信自己能够成功，因此失败并不一定会带来更大的挫折感。

（二）挫折承受力的影响因素

挫折给人预警，它要求人用意志努力来勇敢面对现实的困难与障碍，了解与探明个体挫折的来源，找出导致挫折的原因，并根据具体情况采取不同的应对方法以提高自己对挫折的承受力。

挫折不可避免，每个人都应该自觉地与内部、外部困难做斗争，以提高自己的挫折承受力，力争成为生活、工作和学习的强者。挫折是个体的主观感受，有时并非完全由挫折情境决定。不同个体会采取不同的应对挫折的策略来锻炼与提高自己的挫折承受力。

影响挫折承受力的因素主要有以下几个方面。

1. 身体条件

一个身体健康、活动自如的人，其承受挫折的能力一般会好于身体欠佳、体质虚弱，或有某些生理疾病的人。

2. 认知因素

不同的人在对待同样的挫折情境时，由于其认知不同而会产生不同的情绪状态与行为反应。情绪涉及人的思维、信念以及需要，当出现情绪障碍时，个体会选择某种情绪取向并表现出来。俗话说，"烦恼都是自找的"，这反映了个体对挫折情境的认知状况。

3. 人格特质因素

具有远大理想及抱负的人，要比胸无大志、鼠目寸光的人具有更强的挫折承受力。在对某些感兴趣的物体或事情的认识中遇到的挫折，要比在枯燥乏味的认知活动中遇到的挫折更容易承受。那些性格开朗、乐观自信、坚毅忍耐的人，比那些具有孤僻悲观、自卑怯懦个性的人的挫折承受力要强。

4. 知识经验

心理学的研究表明，个体所具有的生活经验以及所掌握的知识对挫折承受力具有很大的影响。如果个体在生活过程中经常遇到某种挫折情境，并通过自己的努力来摆脱挫折事件，从而获得解决挫折情境的技巧，其挫折承受力就较强。另外，那些从小就受到良好的家庭、学校教育和社会训练，对挫折具有正确的认知，获得并掌握了面对挫折情境的知识，以及处理挫折技巧的人，其挫折承受力就较强。但是，像那些从小娇生惯养，过着饭来张口、衣来伸手的日子，很少甚至几乎从未经历过挫折的人，他们的挫折承受力就较弱。

第十章
动机

第一节　动机概述

一、动机的内涵

（一）动机的含义

动机是指激发和维持个体的行动，并使行动朝向一定目标的心理倾向或内部动力。动机是一个解释性的概念，用来说明个体为什么会有这样或那样的行为。

动机可以是有意识的，也可以是无意识的。动机虽然不能被直接观察，但可以通过分析个体的任务选择、对活动的努力与坚持程度，以及语言表述等外部行为表现，间接推断个体的行为动机。可见，动机概念中含有个人行为的直接原因、个人由目标引发行为的动力以及使个体明确自己行为的意义。

（二）动机产生的条件

动机是在内在条件和外在条件的共同作用下产生的。

引起动机的内在条件是人的需要，动机在需要的基础上产生。某种需要得不到满足，就会推动人去寻找满足需要的对象，从而产生个体活动与行为的动机。如果说，人的需要是个体行为积极性的源泉，那么，动机就是这种源泉和实质的具体表现。例如，学生的学习动机，就是学生学习需要的具体表现；再比如，人的吃喝行为，就是为了满足人的饥、渴的内在需要。动机和需要紧密地联系在一起，离开需要的动机是不存在的。当需要在强度上达到一定水平，并具有满足需要的对象存在时，就会引起动机。可以说，需要是动机形成的基础，动机是由需要引起的。

引起动机的外在条件是能够满足需要的事物，由于其经常诱发动机，所以又被称为诱因。诱因是驱使个体产生一定行为的外在条件，是引起动机的另一个重要原因。例如，价格的高与低可能成为个体做出购买某物行为的诱因。诱因分为正诱因和负诱因。凡是个体因趋向或接受它而得到满足的诱因称为正诱因；凡是个体因逃离或躲避它而得到满足的诱因称为负诱因。例如，对于酷热来说，凉风是正诱因，日晒是负诱因。诱因可以是物质的，也可以是精神的。例如，对真理和正义的坚信和热爱、个人的责任感或事业心，在一定条件下都能成为推动人去从事某种活动的诱因。

当个体的需要在强度上达到一定程度并且有诱因存在时，就产生了动机。例如，人具有社交需要，但若身在孤岛，缺乏社交的具体对象，这种交往需要就无法转化为交往动机，也就不会产生社交行为。人只有在群体中才会产生交往动机，并进行社交活动。由此可见，需要和诱因是形成动机的两个必要条件，它们一个"推"（需要），一个"拉"（诱因），"推"强调动机中个体的内部力量,即需要的作用,"拉"强调动机中的外部环境,即诱因的作用。一般认为,有些动机形成时需要的作用强些,有些动机形成时诱因的作用强些。例如,"走过路过不要错过"这句广告宣传用语,说的就是人本来并没有买东西的内在需要,但偶遇价廉物美的商品时也可能会产生购买动机。

二、动机的功能

动机在人类行为中起着十分重要的作用。有人把动机比喻为发动机和方向盘,动机既给人以活动的动力,又对人的活动方向进行控制与调整。可以说,动机具有活动性和选择性,具体来说,人类动机具有激发、指向和激励的功能。

(一) 激发功能

动机对人的活动具有激发功能。人类的各种活动总是由一定动机引起的,没有动机就没有活动。例如,形容"流泪"时可以说:悲痛欲绝的泪、喜极而泣的泪、委屈难过的泪、心酸激动的泪等,这些"泪水"前的形容词,实际上暗含了流泪行为的某种动机,当然某时某刻的流泪动机可能有多种,虽然我们可能并不清楚某人流泪是为了什么,但可以确信的是一定是存在着某种起作用的动机。因此,动机是引起个体活动的动力,对活动具有始动的激发作用。

(二) 指向功能

如果说动机的激发功能如同导火索,那么,动机的指向功能就好比指南针,它使活动具有一定的方向,并使个体朝着预定的目标前进。例如,当人觉得疲乏想休息时,既可以选择去睡觉,也可以选择散步、打球等放松精神的活动;再如,在学习动机的支配下,学生就可能会去自习室或图书馆学习。

(三) 激励功能

当动机激发并指引个体产生某种活动后,活动能否坚持同样受到动机的调节与支配。动机对活动的维持和加强作用,是动机的激励功能。例如,如果毫无目的地让一个学龄前儿童保持某种姿势站立一段时间是比较困难的,然而,如果让他在游戏中扮演某个感兴趣的角色,那他就可以长时间地、耐心地保持某种站立姿势。不同性质和强度的动机,对活动的激励作用不同。高尚动机比低级动机更具激励作用,强动机比弱动机具有更大的激励作用。

三、动机的种类

人类的动机十分复杂,可以从各个角度、根据不同标准对动机进行分类。通过对动机的分类,可以对动机的本质与特性有更全面的认识与理解。

(一) 生理性动机和社会性动机

根据与动机相关联的需要的性质,可以把人的动机分为生理性动机和社会性动机。

生理性动机起源于生理性需要,它以有机体的生理需要为基础,是一种比较低级的动机。例如,饥饿、口渴、睡眠、排泄等,都是生理性动机。生理性动机推动人去活动,从而满足某种生理性需要。由于人具有社会性,人类的生理性动机必然会受到社会生活条件的制约,被打上社会的烙印。例如,一个人在感到困乏需要睡眠时,就会停止一切活动而上床睡觉,但此时的睡眠动机已不再是一种纯粹的生理性动机,它可能包含了想要休息好,使自己精力充沛、醒来后可以更好地工作或学习的社会性因素。

社会性动机又称心理性动机,它源于社会性需要,与人的社会性需要相联系,例如,成就、交往、权威、归属与爱等。社会性动机具有持久性特征,它是通过后天学习获得的,故社会性动机在人与人之间存在着很大的个体差异。正是在社会性动机的推动下,每个人会完成各种各样的社会性活动,从而逐渐成为社会性个体。

(二)长远、概括的动机和暂时、具体的动机

根据动机的影响范围和持续作用的时间长短,可以把人的动机分为长远、概括的动机和暂时、具体的动机。

长远、概括的动机来自对活动意义的深刻认识,持续作用的时间长,比较稳定,影响范围也广。暂时、具体的动机由对活动本身的兴趣引起,持续作用的时间短,经常受到个人情绪的影响,不太稳定。例如,如果学生学习是为了掌握科学文化知识并学有专长,将来为社会做贡献,那么这种动机是长远、概括的动机。相反,如果学生学习是为了某次考试取得好成绩,获得老师表扬或家长奖励,那么这种动机则是暂时、具体的动机。虽然暂时、具体的动机易受偶然因素干扰,但由于它与活动联系得比较紧密、直接,所以仍不失为推动个体活动的一种动力。

上述两种动机相互联系、相互补充。人不仅要有长远的目标,也要有近期的目标,只有将两种动机相结合,才能形成巨大的推动力。由于暂时、具体的动机常随情境改变而变化,所以应有长远、概括的动机支持,以使个体的活动更自觉,保持时间更长,更具有活动的积极性;而长远、概括的动机比较抽象,也应有暂时、具体的动机作为补充,使远大目标的激励更好地与当前活动相结合。

(三)高尚动机和卑下动机

根据动机的性质和社会价值,可以把人的动机分为高尚动机和卑下动机。高尚动机能持久地调动人的积极性,促使其为社会的发展做出重大的贡献;而卑下动机违背社会发展规律与人民利益,不利于社会的发展。

(四)主导动机和辅助动机

根据动机在活动中的地位和所起作用的大小,可以把人的动机分为主导动机与辅助动机。在一段时期或一种活动中,总有一种或一些动机处于主导地位,起决定作用,这种动机称为主导动机,而其他动机则处于从属地位,起辅助加强主导动机及坚持主导动机所指引的方向的作用,这种动机称为辅助动机。个体的活动为这两种动机所激励,由动机的总和所支配。当辅助动机与主导动机的关系比较一致时,活动动力就会得到加强;当两者彼此冲突

时，活动动力就会减弱。

（五）意识动机和潜意识动机

根据动机的意识性，可以把动机分为意识动机和潜意识动机。

意识动机是指行为者知道促使自己行为活动的原因，以及能够满足其需要的目标的动机。潜意识动机是指个体虽然具有明确的行为活动，但不知道行为产生的动机。潜意识动机虽然没有被个体意识到行为原因，但却会影响个体的活动，像思维定式、习惯、情绪波动等活动中都含有其成分。

从某种程度上说，意识动机和潜意识动机是相互联系、相互转化的。当人需要分析引起自己某种活动行为的原因时，潜意识动机会作为意识动机呈现出来；相反，当人的某种兴趣或理想比较稳定巩固时，潜意识动机又会以习惯或定式等形式蕴藏在个体的行为活动之中。意识动机和潜意识动机两者共同构成了个体行为的动机系统，其中，意识动机起主导作用，潜意识动机虽然比较独特，但其作用不容忽视。

（六）内在动机和外在动机

根据动机产生过程中需要和诱因作用的权重不同，可以把动机分为内在动机和外在动机。

内在动机是指个体因对活动或工作过程感到满足而加强其继续该种活动或工作的内在动力。内在动机是在没有任何外部奖赏的情况下产生的，是由活动或工作本身产生的。兴趣、好奇心、自尊心、上进心、责任感、自我实现等心理因素，在一定条件下都可以成为推动个体进行学习、工作的内在动机。因此，内在动机的获得，要求活动、工作或学习本身具有挑战性、新颖性和多样性，这样不仅能够使个体从中学到新东西，而且还能发挥其创造力，使其保持持久的积极性。

外在动机是指影响或控制个体行为的外在因素或力量。外在动机不是在对行为活动或工作本身的满足中产生的，而是由行为活动或工作中所获得的奖赏，如工资、奖金、福利等条件引起的。例如，公司职员为了获得高薪而努力工作，显然其勤奋工作，并非出自对工作本身的兴趣。

内在动机的推动力量较大，维持作用时间较长；外在动机的推动力量较小，维持作用时间较短。内在动机和外在动机的划分并不是绝对的。由于外部环境的要求、条件必须转化为个体的内在需要才能成为推动行为活动的动机，因此，当外在动机发生作用时，个体的活动实际上还要依赖某种责任感或某种期望得到奖赏、避免失败的观念，这些内在心理因素同样属于需要的范畴。从这个意义上说，外在动机会转化为内在的动力。

第二节 需要

一、需要的含义

需要是指人脑对生理需求和社会需求的反映，是个体内部的某种缺乏或不平衡状态，体现了个体在生存和发展过程中对客观事物与条件的依赖性。

需要是个体行为活动积极性的源泉，常以意向、愿望、动机、抱负、兴趣、信念、价值观等形式表现出来,是人进行活动的内在驱动力。人的各种活动,从衣食住行、学习劳动,到创造发明,都是在需要的推动下产生和发展的。需要越强烈、越迫切,由它引起的活动动机就越强烈。同时,人的需要也是在活动中不断产生和发展的。当人通过活动使原有的需要得到满足时,人和周围环境的关系就发生了变化,于是又会产生新的需要。这样,需要推动着人去从事某种活动,在活动中需要不断地得到满足又不断地产生新的需要,从而使人的活动不断地向前发展。因此,可以说人对某事物的认识和产生的情绪情感,都是以个体内在的需要为中介的。

二、马斯洛的需要层次理论

人本主义心理学家马斯洛将需要系统化,提出了需要层次理论。他认为,个体具有复杂、多层次的需要组合,基本的、具体的需要位于底层,抽象的精神需要位于上层。他最初提出需要有五个层次:生理需要、安全需要、归属与爱的需要、尊重需要和自我实现的需要,后来又补充了认知需要、审美需要和超越的需要,形成由低到高按不同层级排列的需要系统(如图 1-10-1 所示)。

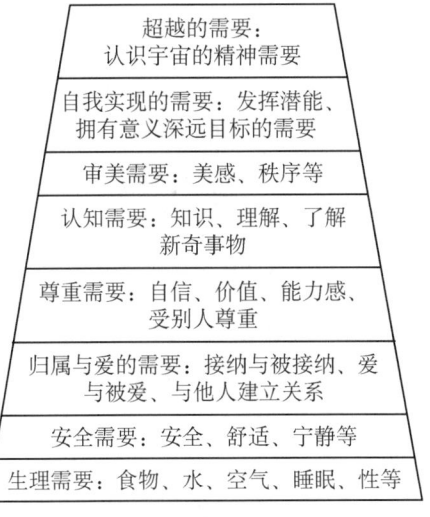

图 1-10-1 马斯洛的需要层次理论

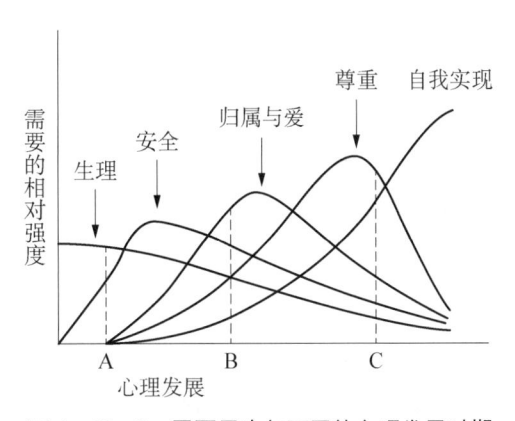

图 1-10-2 需要层次与不同的心理发展时期

马斯洛认为,人类各种基本需要是相互联系、相互依赖、彼此重叠的,只有低层次需要基本得到满足以后,才会出现高层次需要。个人需要的发展过程像波浪似的演进,各种不同需要的优势,由低一级演进到高一级(如图 1-10-2 所示)。需要的层次越低,它的力量越强,随着需要层次的上升,需要的力量相对减弱。马斯洛把需要层次确定为五个层次,它们以渐进形式表现出来。

生理需要是个体维持生存的需求,包括食物、水、空气、睡眠和性等,它们是个体维持生命的基本需要,也是人类需要中最重要、最具力量、最为迫切的要求。在所有的需要中,获得充足的食物和洁净的水,要比获得尊重或艺术享受等更为重要。

安全需要是个体对组织、秩序、安全感和预见等的需要，它们是在个体的生理需要得到相对满足后产生的需要，包括稳定、受到保护、远离恐惧和混乱、免除焦虑等，尤其重要的是对纪律和秩序等的需要。当个体对未来感到不安或难以预测，或组织环境不稳定，以及社会秩序受到威胁时，就会产生强烈的安全需要。劳动安全、职业安全、生活稳定、避免灾难等都是人类主要的安全需要。

归属与爱的需要是个体渴望与人建立充满感情的关系，并在群体和家庭中拥有一定地位的需要，如爱情、朋友、社团活动、参与团体事务等。当个体已满足生理需要和安全需要后，会产生对友谊和爱的需要。

尊重需要是个体基于自我评价产生的自重、自爱和期望受到他人、群体和社会认可等的需要，它是在归属与爱的需要相对满足后产生的需要。尊重需要分为两种基本类型：自尊的需要和受到他人或群体尊重的需要。这两种需要是每个人都必须得到满足的，如果一个人无法满足自尊和被他人或群体尊重的需要，就会产生自卑、无助、失落和沮丧等情绪，这将对个体发展产生不利的影响。

自我实现的需要是个体的才能和潜能在适宜的社会环境中得到充分发挥，从而实现个人的理想和抱负的需要，表现为人会充分发挥自己的能力和潜能。

马斯洛认为，在个体的发展过程中，各层次需要的发展与个体发育紧密相连。婴儿期有生理需要和安全需要，但在青少年期和青年初期，归属与爱的需要和尊重的需要占优势，青年中、晚期之后，自我实现的需要则占主导地位。马斯洛需要层次理论能够解释人的基本需要，例如，温饱问题都不能解决的人不会对观赏花草鸟鱼产生兴趣。尽管马斯洛的需要层次理论还存在着很多问题，但不可否认的是，它对人类的需要进行了比较系统的解释。

三、动机与需要

动机是在需要的基础上产生的。需要是个体行为和心理活动的内部动力，是个性心理倾向性的基础，个性心理倾向性中的动机、理想、信念、价值观等都是需要的表现形式。通常人们感到缺少的，往往是自己想得到的。所以，需要状态对产生动机具有推动作用。不过，需要并不总会促成行动。例如，某个人想拥有一套住房，但由于自己还没存够钱，故这种需要仅是想想而已，还不能付诸实际行动。因此，需要和动机具有一定的区别。当一种需要促使个体开展行动并去获取满足时，这种需要就转化为了动机。可以说，需要是动机形成的基础，动机是需要的表现形式。

第三节　生理性动机

生理动机与个体的心理、需要及行为之间存在着重要的关系。生理需要是个体行为和动机产生的内在原因，饿、性、渴、睡眠等都是人的基本的生理动机，它们对所有有机体都至关重要，是个体存在与发展的基础。生理动机与生俱来，不学而能。

一、饥饿动机概述

(一) 饥饿动机的含义

饥饿动机是指个体因缺乏食物或营养引起的不愉快肌体感觉和不平衡状态。饥饿感外在表现为一定程度的紧张与不安,甚至是一种饿的折磨和痛苦,进而形成个体内在的心理压力,驱使个体去寻找食物。饥饿动机是由饥饿感引起而促使个体产生摄食行为,补充营养物质以维持正常生命的内在动力。

(二) 饥饿产生的原因

引起饥饿的原因,除了胃部收缩以及血糖含量水平等外部因素外,中枢神经系统某些部位的功能也起着重要作用。临床证据表明,大脑基底部损伤会影响摄食及体重。近年来已经形成这样的观点:摄食行为是由两个相互影响的中枢控制的,一个是位于下丘脑外侧部的摄食中枢,一个是位于下丘脑腹内侧区的饱食中枢。

除了以上条件外,社会文化因素,个人生活习惯,食物的色、香、味等对个人的求食活动也有着不容忽视的影响。

二、渴动机概述

(一) 渴动机的含义

渴动机是指当个体缺水时,由参与调节有机体水分的神经组织兴奋所引起的与饮水要求相联系的不平衡状态。渴驱使个体从事饮水活动。

渴比饥饿对个体行为具有更大的驱动力,人可以几天不吃食物,但不能几天不饮水,体内严重缺水会导致死亡。在通常情况下,成年人平均每天消耗 2540 毫升水,正常人在有水喝而无食物的情况下,可以存活 4—6 周;但在没有水的情况下,只能存活 3—5 天。

(二) 渴动机的假设

研究表明,有机体细胞内、外液体间室的液体缺乏会诱发饮水行为。细胞脱水是渴刺激,大脑视前区及附近区域的细胞收缩表明细胞脱水。细胞外液体缺乏也是一种渴刺激,它由有机体肾血管收缩系统的激活及来自心脏静脉壁低压循环中的柱状感受器信号显示。

满足渴的需要的强度以及方式等都与人类社会文化生活条件有关。例如,丰盛的食物、咸的食品、高温干燥条件,乃至一天中某个时刻等。对人来说,可导致体内水缺乏的信号还可以是某些很不寻常的因素,如具有诱惑力的饮料、茶、咖啡等。这些行为都与人的后天习得强化作用有关。

三、性动机概述

(一) 性动机的含义

性是人和动物比较强有力的动机或驱力,它的产生以性的需要为基础。性行为是生物适应性的结果,如果没有性动机,人类以及其他依靠性繁殖的动物就会很快灭绝。

性既是生理本能,也受心理活动的影响。除了受性激素影响外,人类性动机还与环境感觉刺激,尤其与跟性有关的刺激信息密切联系。人类性动机和性行为还受到社会文化的影响,在不同的制度和道德规范下,不同的个体对待性具有不同的态度,这使人类性行为呈现出社会差异和个体差异。

(二) 性动机产生的条件

性驱力由性激素的刺激引起,当男性达到性成熟的年龄时,位于大脑基底部的垂体腺刺激睾丸分泌雄性激素进入血液。雄性激素的作用,使得男性性驱力提高,并使男子产生第二性征。在男性达到性成熟年龄后的一个短时期内,雄性激素的浓度达到最高,以后就保持在相对恒定的水平上,中年期后逐渐衰退。女性在达到性成熟的年龄时,脑垂体腺刺激卵巢分泌雌性激素,从而提高女性的性驱力,并使女子产生第二性征。中年期后女性雌性激素的分泌功能衰退。由于雌性激素的分泌具有某种生物周期,所以,女性性驱力有一定的周期性。

同饥饿动机和渴动机一样,性动机也受下丘脑的控制。下丘脑的中心部位以及与之相关的大脑结构激发了性动机和性行为。如果下丘脑受到破坏,即使存在着性诱发的刺激,个体也不会产生性行为。下丘脑的第二个作用是抑制性行为,如果损坏实验室动物的这个抑制部位,动物会变得性欲极强。这两个中心部位共同作用调节着性动机的平衡。

性动机在很大程度上受到人的情绪的影响。由于压力、焦虑和抑郁伴随着交感神经自主唤醒作用的增长,并且由于性唤醒受到副交感神经唤醒的调节,而副交感神经唤醒和交感神经活动是相互颉颃的,所以,这些情绪一般会导致性动机降低。除了以上这些典型的影响因素外,外界环境刺激信息和学习对人类性驱力的影响也很重要,外界刺激信息的变换以及不同社会、不同文化习俗对性的不同态度都会对人的性动机产生一定的影响。

由于人生活在社会中,由性驱力推动的人的性行为常常是个体之间的行为,所以,人类性驱力带有社会性质,这与动物的性驱力有着本质的不同。例如,现在的青年性成熟年龄总体上要比30年前的人提前好几年,这和社会物质生活水平提高对躯体成长及发育的影响具有一定的关系。总之,人是有理性的动物,人的性动机不可避免地要受到社会风俗及个人道德水准、责任感以及人格等因素的影响。

第四节　社会性动机

与人的社会性需要相联系的是社会性动机。好奇动机、成就动机、交往动机、利他动机等都是典型的社会性动机。

一、好奇动机概述

(一) 好奇动机的含义

好奇动机是指引起个体对新奇事物注意、探索与操弄等行为的内在动力,简称好奇。

引起好奇动机的刺激要具备新奇性或复杂性,刺激越新奇或越复杂,个体对它就越感到好奇。

好奇动机的产生本质上是因为人类及其他动物天生所具有的那种寻求新异刺激的特性,它以追求感知变化及感受性多样化为特点。如果对个体施加的刺激不充分或刺激不变换,个体就很容易感到乏味,就会主动去寻求变化。例如,当一个人独自回到寂静的房间后,可能会马上打开电视机或音响以消除这种沉寂。

在幼儿身上,好奇心和探究行为非常明显。皮亚杰(J. Piaget)曾对婴儿的探究反应进行了大量的观察研究,婴儿在出生后数月就会拉绳子以振动小铃;在5—7个月之间,婴儿会移去盖在脸上的手巾玩"躲猫猫"游戏;8—10个月的婴儿,会查看一个物体后面或下面是否还有其他物体;到11个月大时,婴儿就开始用物件"做实验"了,这儿摆摆,那儿放放,看看物件有什么不同。所有这些活动都是在婴儿吃饱睡足后才做出来的,这些行为并没有给婴儿带来生理需要的满足,而是婴儿自己创设的一种精神生活。

(二)好奇动机的表现方式

个体具有各种好奇动机,一般以三种方式表现出来:第一,感官探索。主要指对新奇事物进行的视、听、嗅、味等感官探索。第二,动作操弄。在感官探索基础上,做出推、拖、拍、抓、摸等动作,形成一种触觉经验。第三,好问与质疑。当感官的探索和动作操弄不能满足好奇动机时,需要不断询问、好问和质疑。好奇心与父母的教养态度、榜样和强化密切相关。

人类个体具有探究的兴趣和潜能,如果没有过度的压抑和挫折,好奇心和质疑等会引起人的积极探究。科学研究中的好奇、探索和操弄动机,是使艰难探究工作得以展开并持续下去的心理基础。

好奇心更为深刻的表现行为是求知、审美、创造性活动等,正是好奇心动机推动了社会的进步与发展。鼓励儿童发生与发展好奇心,对于其成长和社会发展都很重要。由于个体的好奇心难免受到社会的制约,因此,在实施好奇行为时需要受到理性指导和道德约束。

二、成就动机概述

(一)成就动机的含义

成就动机是指个体努力追求卓越,以期达成更高目标的内在动力和心理倾向。成就动机是高级社会心理动机,它激励着人们努力向上,不断获得成就。

美国心理学家麦克莱兰(D. C. McClelland)认为,成就动机和个人的抱负水平存在着密切的关系。抱负水平是一个人在追求成就或从事某项工作时为自己所设立的目标,抱负水平高低与其基本人格特质、群体中的相对地位、成功或失败的经历,以及生活环境和接受教育的程度等紧密相关。

麦克莱兰认为,社会成员成就动机水平的高低关系到社会经济与科技的发展速度,成就动机高的社会,往往比成就动机低的社会具有更高的生产力。他指出,成就动机是在一定社会氛围下形成的,个体的成就动机与早期的独立性训练有关。他认为,成就动机可以通过训练而得到提高,但同时应注重提高个体的自信心、独立性、自我实现需要等。成就动机取决于本人自愿的程度,强迫式的训练是无效的。

阿特金森(J. W. Atkinson)认为成就动机是一种期望价值观,动机水平依赖于个人对目标的评价,以及对达到目标可能性的估计。阿特金森认为,与成就动机有关的目标倾向(T_s)是由三个因素共同作用的结果。用关系式表达为:

$$T_s = M_s \times P_s \times I_s$$

M_s:追求成功的相对稳定或持久的特质,即成功动机。

P_s:成功的可能性,即对认知目标的期望或对达到目标的工具行为的预期。

I_s:成功的诱因值。

阿特金森假定,I_s 和 P_s 是相反的关系,人在竞争时会产生两种心理倾向:追求成功的动机和回避失败的动机。这两种心理倾向的相对强度在每个人身上是不同的,有的人力求成功,有的人尽量避免失败。成就动机强的人倾向于选择完成中等难度的工作,因为中等难度的工作既存在着成功的可能性,又存在着足够的挑战性,能够满足个人的成就动机。回避失败动机强的人,则倾向于选择极端的任务,要么挑选成功可能性极小的困难任务,因为大家都不能完成任务,因此即便他不能完成也并非是真正的失败;要么挑选比较容易的任务,因为这些任务更有可能获得成功,这样就可以减少因失败带来的恐惧心理(如图 1-10-3 所示)。

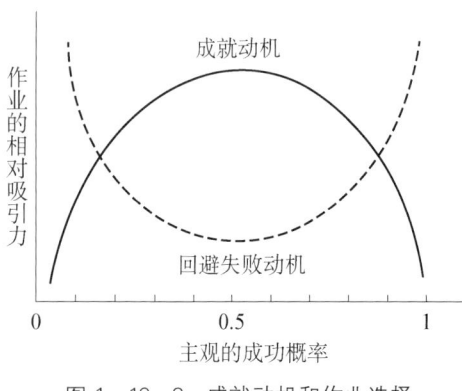

图 1-10-3 成就动机和作业选择

(二)影响成就动机的因素

成就动机存在着个体差异性,其形成与年龄、性别、能力、成败经验等主体因素,以及社会经济文化背景、宗教信仰、家庭教养和任务难度等客观因素都有关系。影响成就动机的因素主要有以下几个方面。

1. 自然环境和社会经济文化条件对人的成就动机水平高低具有一定影响

生活在城市里的人们竞争激烈,生活节奏紧张,无论是学生对学业,还是成人对事业与工作,其成就动机水平一般比偏僻乡村的人要高些。家庭所处的社会经济地位在很大程度上会影响儿童的成就动机。社会经济地位直接决定着家庭和儿童所生活的文化环境,它所反映的家庭经济收入、职业威望、受教育水平等显然都与家庭成员的成就动机密切相关。

2. 成就动机高低与童年期所受家庭教育关系密切

父母的价值观、成就动机的水平以及父母对子女的要求和教育方式等,都影响着儿童的成就动机。一般来说,父母要求子女独立自主而同时又能以身作则,就容易培养儿童的成就动机。严格而民主的教育方式对孩子的成长更为有利。

3. 教师的言行影响学生成就动机的强弱

教师是学生学习的榜样,成就动机较强的教师的言行,有助于激发学生的学习动机。教师给学生的评语是有效激发学生成就动机的主要因素。

4. 经常参加竞争和竞赛活动的人要比一般人的成就动机强

竞争和竞赛活动可以让个体及时感受与理解自己活动的结果,既有助于纠正错误,又能起到激励的作用。

5. 学生的学习成绩与其成就动机呈正相关

学生如拥有良好的学习成绩,能极大地提高自己的成就动机水平。成就动机强的学生,更有可能借助于各种途径去实现目标,因而学习成绩往往也比较好。

6. 个人的成败经验对成就动机具有一定影响

成败经验会影响人的抱负水平的高低。抱负水平反映了人在从事活动或解决某问题前对自己所能达到目标的估计。研究表明,成功的经验会提高个人的抱负水平,失败的经验会降低个人的抱负水平。如果一个学生估计自己数学考试能够得 90 分,但结果成绩低于 90 分,那么,他下次估计的成绩可能会低于 90 分,反之,则会高于 90 分。

7. 个人对学习或工作难度的看法会影响成就动机

当个体认为所面临的学习或工作任务过难或过易时,都不会产生强烈的成就动机。当个体认为学习或工作难度适中,即成功与失败的可能性各占一半左右时,其成就动机最强烈。

三、交往动机概述

(一) 交往动机的含义

交往动机又称亲和动机,指促使个体与他人亲近的内在动力。例如,个体需要别人的关心与帮助、支持与合作、友谊与爱情、承认与接纳、认同与赞赏等。这些需要使得人与人之间出现了社会行为,如结交朋友、依恋亲人、加入某个群体并参加群体活动等。人类的交往动机反映了劳动和社会生活的要求。人需要劳动,需要参加社会活动,就必须与他人接近、合作并保持友谊关系。人际交往是个体心理正常发展的必要条件,只有在社会生活过程中参与人际交往,个体心理才能得到正常的发展。

(二) 交往动机的特征

正常成年人有交往需要,交往动机水平在不同人之间存在着个体差异。交往动机高的人,会宁愿选择与别人在一起而不去满足其他的动机。研究发现,当要求被试和一个同伴去完成某项任务时,具有高交往需要及低成就需要的人会选择和朋友一起工作,而不会在意这个朋友的能力如何。对比来说,那些具有低交往需要及高成就需要的人,则会选择一个他认为最有能力的同伴一起工作。

人类的交往活动也与忧虑有关。相关研究曾把被试分成四个组：高度恐惧组、低度恐惧组、高度忧虑组和低度忧虑组，然后进行合群倾向测验。实验时，实验者使两个忧虑组都没有任何恐惧感受。结果发现，恐惧与忧虑对合群倾向强度表现出相反的效应。高度忧虑的人较低忧虑的人更倾向于不合群，他们和别人在一起会使忧虑增加，故而倾向于回避他人。由此可得出：恐惧使合群倾向增加，忧虑使合群倾向减少（如图 1-10-4 所示）。

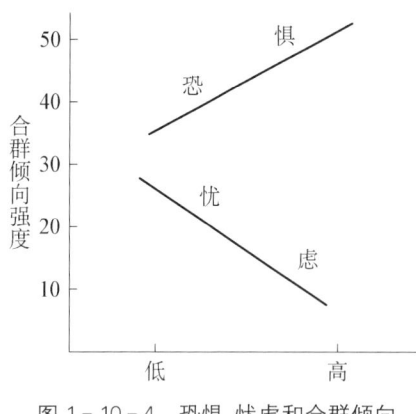

图 1-10-4　恐惧、忧虑和合群倾向

四、利他动机

（一）利他动机的含义

利他动机又称助人动机，是使个体出于自觉，做出有利于他人的举动而不期望获得任何报酬或奖赏的内在动力。助人动机会引发个体有助于他人的亲社会行为，而利他行为一般要满足三个条件：一是助人者的行为是以有利于他人为目的的。二是助人行为是自觉自愿，而不是被迫的或是不情愿的。三是助人者以自己行为本身作为结果，而不期待外界的奖赏。在助人行为发生之后，助人者会在内心产生自我满足感，诸如满意、愉悦、高兴和快乐等自我体验。

利他动机是由各种动机引发的，例如：对某事感到自己必须负起责任；对某个人的请求，必须给予关注并努力满足其需求；由于曾经接受了某人的帮助，现在觉得要回报自己所受到过的恩惠；等等。因此，要真正了解一个人的利他动机，以及由此动机所表现出的助人行为，就必须把握对其行为起支配作用的内部动机，只有具体分析引发个体利他行为的认知因素，才能够了解与判断个体的助人行为的性质。

（二）利他动机的发展阶段

利他行为动机的认知过程存在六个发展阶段。

第一个阶段，遵从权威的要求或命令，但需要伴随明确具体的强化物。第二个阶段，遵从权威的要求或命令，但并不需要具体的强化物。第三个阶段，个体的行为是由内部所引发的，并伴随着一定的具体奖赏。第四个阶段，个体的行为是由内部所引发的，但伴随着一定的社会性奖赏。第五个阶段，个体观念上的无私感。第六个阶段，个体利他行为的出现。

考察个体的助人行为还必须考察其利他动机。因为除了助人者的利他动机与行为外，还需要估量接受帮助者是否需要帮助以及其有什么需求。这是因为助人行为总是一种双向活动，它涉及助人者和被帮助者双方的心理活动。助人者应该要设身处地、推己及人地满足被帮助者的心理需求，故助人者利他动机及其利他行为的认知选择能力是一个重要因素。

影响利他动机及助人行为的因素有：社会文化的价值观和社会行为规范，不同的社会文化会有不同的社会价值观和行为规范,从而会引发个体不同的利他动机,并使其表现出不同的助人行为。另外,社会上是否存在利他或助人的榜样人物也会影响个体的利他动机及其助人行为,社会环境中涌现出很多助人行为榜样,就会促使他人去模仿或受到暗示去进行仿效。一般来说,利他动机及助人行为还与个体道德发展水平、稳定与深厚的情绪情感以及优良的人格特质紧密联系。

第十一章 能力

第一节 能力概述

一、能力的内涵

(一) 能力的含义

能力是一个人能够顺利完成某种活动并直接影响活动效率的个性心理特征。能力与活动紧密联系，人的能力是在活动中形成、发展和表现出来的。同时，也是从事某种活动必备的前提。能力包括两个含义：一是指实际能力，即目前表现出来的能力。例如，跑完400米需要多少时间、能讲几种外语等。二是潜在能力，即目前尚未表现出来，但通过学习或训练后可能发展的能力或可能达到的某种熟练程度。这两种能力之间存在着紧密联系，潜在能力是实际能力形成与发展的基础和条件，实际能力是潜在能力的结果与表现。

(二) 才能与天才

人要顺利完成某种活动，必须综合多种能力才能实现。多种相关能力的有机结合或完备结合称为才能。教师要完成教学活动，必须具备以下基本能力：组织教材的能力、记忆力、逻辑思维能力、口头表达能力、观察力、注意分配能力、板书能力以及课堂管理能力。

天才是才能的高度发展，是多种能力最完备的结合，表现为某人能够独立地、创造性地完成某些活动。天才是在良好素质的基础上，通过后天环境和教育的影响，加上人在生活实践中艰苦努力发展起来的。

需要指出的是，某种单一能力即使达到很高的发展水平，也不能称为天才，而是"偏才"。天才不是先天素质的结果，先天素质只是天才形成的基础，多种才能的培养离不开后天的环境、教育和训练等因素，同时还需要个体自身的主观努力以及社会进步、时代发展的要求。

二、能力与知识、技能的关系

能力的发展是在知识获得、技能掌握与运用的过程中逐渐完善的。知识的获得依赖学习，技能的掌握依赖练习，离开学习与练习，能力就不会得到发展。因此，能力在一定程度上决定着人在知识获得和技能掌握上取得的成就。

能力、知识和技能三者之间虽紧密联系，但也存在着重要区别。

(一) 能力与知识、技能的区别

1. 能力、知识、技能属于不同范畴

能力是个体顺利完成某种活动所必需的个性心理特征，是经常、稳定地表现出来的，属于个性心理特征范畴。知识是人类社会历史经验的总结与概括，是人对客观事物和现象的特征、联系与关系的反映。技能是在获得知识的基础上，所运用的某种活动方式，如动作方式或智力活动方式。要理解数学公式和定理，就要掌握与数学有关的原理，这属于知识范围。运用并推导公式与原理可归为技能范围，在推导过程中的思维分析以及概括等，则属于能力范围。

2. 能力、知识、技能具有不同概括水平

能力是对人的认知活动与行为方式较高水平的概括；知识是对客观事物或现象的本质属性、内在联系与相互关系的抽象概括和体系化；技能是对动作方式或操作程序的具体概括。能力、知识和技能三者虽然都可以单独作为一种概括体系，但水平上存在明显差异。知识和技能虽具有概括性，但对某些知识或某种具体技能来说，仍比较具体。能力是对人心理活动过程、活动方式和知识获得的概括，相对来说比较抽象。

3. 能力、知识、技能的发展水平不同步

相对来说，知识获得要快些，技能需要有练习过程，能力的形成与发展比知识和技能的掌握要晚。知识在人的一生中可随年龄增长而不断积累，但能力却会随着年龄增长，经历发展、停滞和衰退的过程。另外，不同的人可能具备相同水平的知识、技能，但却不一定有相同的能力。一般来说，学习成绩好的学生，智力水平可能较高，但两个学习成绩同样优异的学生，一个可能是才能出众，另一个则可能是由勤奋所致。

(二) 能力与知识、技能的相互联系

尽管能力与知识、技能之间存在着区别，但它们也是相辅相成的。能力是在知识获得和技能掌握的过程中形成与发展起来的，只有具备一定的能力，才能顺利地获得和掌握知识和技能。能力既表现在获得和掌握知识与技能的过程中，也体现在获得和掌握知识与技能的速度和质量上。因此，能力既是获得和掌握知识与技能的前提，又是获得和掌握知识与技能的结果。技能是知识转化为能力的中间环节；知识掌握要以能力为前提，能力是掌握知识的内在条件和可能性；同时，知识和能力又是掌握技能的前提，它们制约着技能形成与掌握的快慢、深浅、难易、灵活性和巩固程度。

正确理解能力与知识、技能的区别和联系，有利于鉴别与培养人才。既然能力有别于知识、技能，而且能力的提高，既可以通过现有的知识、技能反映出来，也可以作为潜在可能性蕴含而不表现出来。因此，不能仅仅依据对知识和技能的掌握的现状来评价某人的能力或选拔人才，因为这样容易做出错误判断。同样，也不能仅以知识、技能的传授来代替对能力的形成与发展的培养，因为这样将出现"高知低能"或"高分低能"的情况。因此，要发展能力，就应从掌握知识、技能入手。当然，在掌握知识、技能的同时，更应关注能力的培养。只

有这样,能力才会随着知识与技能的增长而不断发展。

三、能力的种类

能力是在人的遗传素质的基础上,通过实践活动逐渐形成与发展起来的。人类能力的种类多样,根据不同标准可对能力进行以下分类。

(一) 一般能力和特殊能力

按照能力的活动领域的不同,可把能力分为一般能力和特殊能力。

1. 一般能力

一般能力又称智力,指人在从事各种活动时共同需要的能力,它适用于广泛的活动范围,并符合多种活动要求,保证了个体能有效地获得知识并掌握技能。观察力、注意力、记忆力、想象力、推理力等都属于一般能力,它们在人们进行各种活动时参与其间。

2. 特殊能力

特殊能力又称专门能力,指人为完成某种专门活动所必需的能力,它是在特殊专门领域内表现出来的能力。数学能力、音乐能力、绘画能力和体育能力等都属于特殊能力。一个人可以同时具有多种特殊能力,但只有其中某种特殊能力占优势。研究表明,同一种特殊能力中包含着多种成分,它们对个体所从事的活动起到的作用是不同的。例如,数学能力中包含了对数字的感知能力、数字记忆能力、算术和推理能力,或者空间想象能力等,这些能力可使个体顺利完成数学计算或几何推理题。但有人可能在推理能力上占优势,有人可能在空间想象力上占优势,这些成分因素的不同组合,构成了人与人之间不同的数学才能。

一般能力和特殊能力紧密联系。一般能力是特殊能力形成和发展的基础,特殊能力的发展会促进一般能力的提高。要顺利完成某项任务,既需要具备一般能力,又需要具备与完成该任务相关的特殊能力。一般能力和特殊能力在人所从事的具体活动中共同发挥作用,并表现出一个人独特的能力特征。

(二) 认知能力、操作能力和社交能力

按照能力表现形态的不同,可以把能力分为认知能力、操作能力和社交能力。

1. 认知能力

认知能力是指人接收、加工、存储和应用信息的能力,是人得以顺利完成各项活动任务的最重要的心理条件。对客观事物的观察、记忆、注意、思维和想象的能力都属于认知能力。美国心理学家加涅(R. M. Gagne)认为,认知能力分成三类:第一类是言语信息能力,主要指用于回答"世界是什么"的问题的能力;第二类是智慧技能,主要指用于回答"为什么""怎么办"的问题的能力;第三类是认知策略的能力,主要指个体有意识地调节与监控自己在认知加工过程中的各项操作的能力。

2. 操作能力

操作能力是指器械操纵、工具制作、身体运动等方面的能力。劳动、艺术表现、体育运动

和仪器操作等都属于操作能力。这些都是人有意识地调节动作以适应外部环境要求的能力。操作能力和认知能力紧密联系,认知能力离不开操作能力,操作能力中也一定具有认知能力。

3. 社交能力

社交能力是指人运用适当交往技巧增进与他人心理关系的能力。社交能力是在交往活动中表现出来的,言语感染能力、沟通能力以及交际能力等都是社交能力。

社交能力主要包括观察技能、执行技能和认知技能。社交中的观察技能,包括获得信息和准确了解他人使用非言语方式传达的意思的能力;执行技能包括倾听、说话、契合、适当的非言语沟通、打招呼、告别、引发对话、酬谢与申辩等的能力;认知技能包括交际计划、在交往过程中解决问题以及与他人和睦相处等的能力。

社交能力、认知能力和操作能力紧密联系,它们共同发挥作用,为各项活动的顺利进行提供基础与条件。

(三) 模仿能力和创造能力

根据活动中能力参与的活动性质的不同,可以把能力分为模仿能力和创造能力。

1. 模仿能力

模仿能力是指通过观察别人的行为和活动来仿效他人的言行举止,然后以相同方式作出言行的能力。儿童模仿父母说话、学习某些生活技能、习字时的临摹等都属于模仿能力。模仿是人与人之间彼此影响的社会行为方式,是实现人的社会化的基本过程。通过模仿,人原有的行为得到了巩固或改变,并使潜在行为表现出来,从而习得新的行为动作。模仿能力表现出的创造性程度尽管比较低,但它是人早期获得知识经验的重要途径和手段。

2. 创造能力

创造能力是指人不受成规的束缚而能够灵活运用知识经验,产生、发现或创造出具有社会价值的独特新思想和新事物的能力。科学家、作家、教育家的活动就表现出较强的创造能力。创造能力是成功完成某种创造活动所必需的心理品质,在创造能力中,创造性思维和创造想象起着重要作用。

创造力具有三个基本特征:一是独特性,即对客观事物有不同寻常的独特见解,不循常规、标新立异;二是变通性,即能随机应变,不容易受心理定式的约束与干扰,能举一反三、触类旁通、构思新奇;三是流畅性,即心智活动畅通无阻,能够在较短时间里产生大量想法,表达较多的观念并提出多种答案。

模仿能力和创造能力两者相互联系。模仿能力中一般都含有创造性因素,而创造能力的发展又需要一定的模仿能力作为基础。模仿能力和创造能力相互渗透,一般总是先模仿后创造,模仿是创造的前提和基础,创造是模仿的发展与结果,因此,对能力所做的这种划分也是相对的。

第二节 智力理论

智力理论对智力内涵的诠释,有两种基本研究取向:智力的因素结构研究取向和智力的信息加工研究取向。

一、智力的因素结构研究取向

(一) 智力独立因素说

智力独立因素说又称智力单因素理论,该理论认为智力虽有高低之分,但仅有一种能力因素,那就是智力,智力是一种总能力。法国心理学家比纳(A. Binet)和美国心理学家推孟(L. M. Terman)等人认为,智力是单个因素,智力测验量表只测量一种智力水平,即智商。他们认为,智力是抽象思维能力,善于判断、善于理解、善于推理是智力的三个要素,人的智力与其抽象思维能力成正比。瑞士心理学家皮亚杰认为智力是适应环境的能力,智力的本质就是适应,儿童认识的发展就是人逐步适应环境的过程。

(二) 智力两因素说

英国心理学家斯皮尔曼(C. E. Spearman)在因素分析的基础上提出了智力两因素理论。他将智力分为两个因素:一般(普遍)因素(称为 G 因素)和特殊因素(称为 S 因素)。G 因素是人的基本能力,是一切智力活动共同的基础。S 因素是人完成某种特殊活动必备的能力,成功完成某种作业任务必须同时具备 G 因素和 S 因素。由于每种作业都包含各不相同的 S 因素,而 G 因素则始终不变,因此 G 因素是智力结构的基础和关键。

(三) 智力三因素理论

美国心理学家桑代克(E. L. Thorndike)认为智力是由多种特殊因素构成的。他以多因素来解释智力,认为虽然在不同活动中这些因素的作用不同,但它们之间具有共性。他认为,主要存在着三种智力:抽象智力,即运用语言、数学符号等完成抽象思维推理的能力;具体智力,即处理具体问题、具体事务的能力;社会智力,即在社会活动中促进人与人的相互交往的能力。

(四) 智力群因素理论

美国心理学家瑟斯顿(L. L. Thurstone)提出了智力结构的群因素理论。瑟斯顿认为,智力由七种彼此独立的心理能力构成:言语流畅性(W)、语词理解力(V)、空间能力(S)、知觉速度(P)、计算能力(N)、推理能力(R)和记忆能力(M)。为此,他提出智力是由以上七种基本心理能力构成的,各基本能力之间彼此独立,它们之间的不同搭配构成了每个人独特的智力。

瑟斯顿设计了智力测验来测量七种因素,结果表明,各种智力因素之间彼此存在着正相关。例如,计算能力与言语流畅性相关为 0.46;与语词理解力相关为 0.38;与记忆能力相关为 0.18 等。事实说明，七种基本心理能力之间都有不同程度的正相关，它们是相互关联的一般因素。

(五) 智力三维结构理论

美国心理学家吉尔福特(J. P. Guilford)认为，智力具有三个维度：内容、操作和产物，这三个维度的各种成分组成了三维智力结构模型(如图 1-11-1 所示)。

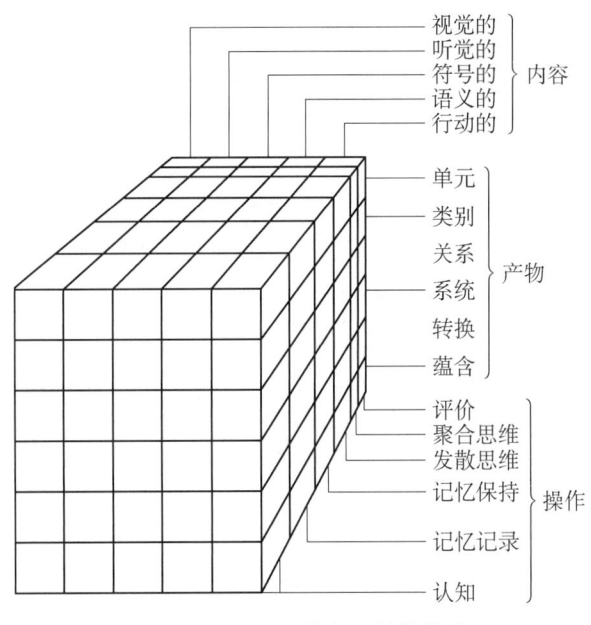

图 1-11-1 三维智力结构模型

第一个维度：智力活动的内容，即信息材料的类型。包括视觉的，即通过视觉器官看到的具体信息；听觉的，指通过听觉器官获得的具体信息；符号的，指字母、数字及其他符号；语义的，即语词的意义和观念；行为的，指本人及其他人的行为等。

第二个维度：智力或操作，是智力的加工活动，即对信息内容进行处理的过程，包括认知(理解或再认)、记忆记录、记忆保持、发散思维(为一个问题寻求多种答案或观念、思想)、聚合思维(为一个问题寻求最佳答案或最普遍答案)、评价(对人的思维品质或事物性质做出某种鉴别)。

第三个维度：智力活动的产物，即运用智力操作信息后得到的结果。这些产物包含：单元(一个单词、数字或概念)，类别(一系列有关的单元)，关系(单元与单元之间的关系)，系统(运用逻辑方法组成的概念)，转换(对安排、组织和意义的修改)，以及蕴含(从已知信息中观察某些结果)。

吉尔福特提出的智力三维结构模型中包含有 120 种智力因素。后来，他将组成智力结构的不同因素，由 120 种修改为 150 种($5\times5\times6=150$)。此后，他又将记忆区分为"记忆记录"和"记忆保持"，得到了 180 种($5\times6\times6=180$)不同的智力因素。

吉尔福特的智力三维结构模型把智力活动的内容、操作和产物有机结合起来，促进了智力测验研究的深入开展，特别在教育实践中，它使教师能够有效区分学生智力的优势与欠缺，为因材施教提供了理论依据。

（六）智力结构理论

英国心理学家艾森克（H. J. Eysenck）提出了智力三维结构模型和层次结构模型。他认为，G因素是存在的，是第一层次的一般智力，也是人类一切活动所必需的基本能力，如感觉能力、知觉能力、记忆能力、想象能力和思维能力；第二层次是特殊能力，是人在进行各种专业活动时所需要的能力；第三层次是与各种测验所测内容相应的特殊能力的具体表现，例如，在解决几何问题时涉及理解数学符号关系的能力、概括能力、推理能力等，这些都是几何计算能力的具体表现。

（七）流体智力和晶体智力型态理论

美国心理学家卡特尔（R. B. Cattell）认为，一般智力或G因素不是一种，而是两种，即流体智力和晶体智力。流体智力是指在新的情境中能够随机应变、解决目前无固定答案问题的能力，主要基于先天禀赋和大脑的神经解剖机能，较少受后天文化教育的影响。流体智力还与人的基本心理能力有关，它几乎参与到人的一切活动之中，如知觉、记忆、运算速度和推理能力等。晶体智力是指解决有固定答案问题的能力，即可以依靠自己对资料信息的记忆、辨认和理解来解决问题的能力，主要依赖后天文化教育的影响，是人知识经验的结晶。晶体智力是过去对流体智力运用的结果，大部分属于在学校中获得与掌握的能力，例如，词汇理解和计算方面的能力都是晶体智力。但是，通常这两种智力总是包含在任何一种智力活动中，很难分开。

流体智力是晶体智力的基础。在人的一生中，流体智力和晶体智力有着不同的发展趋势。流体智力随个体的生理机能的衰退而下降，即随生理成长而发生变化，一般在青年期达到顶峰，以后逐渐下降。晶体智力达到最高点的时间要比流体智力晚，同时下降很慢。根据卡特尔的研究，流体智力在个体进入中年期后开始有所下降。但晶体智力不仅能够随着年龄的增加而保持，而且还能有所增长（如图1-11-2所示）。

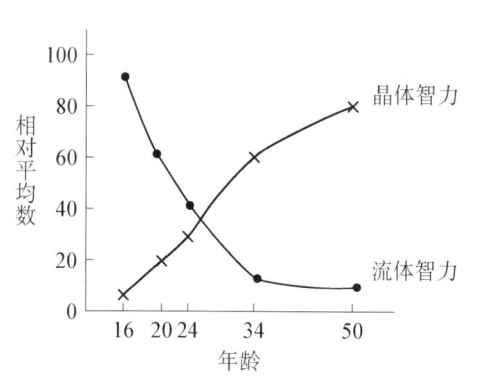

图1-11-2 流体智力和晶体智力的发展

二、智力的信息加工研究取向

从认知心理学角度理解智力的代表性理论有斯滕伯格（R. J. Sternberg）的智力三元理论、戴斯（J. P. Das）的智力的PASS模型和加德纳（H. Gardner）的多元智力理论。

（一）智力三元理论

智力三元理论认为，智力由成分性智力、经验性智力和情境性智力构成。

1. 成分性智力（componential intelligence）

成分性智力阐明人的智力与其内在活动的关系，主要处理内部心理关系，表现为元认知成分、具体操作成分和知识—获取成分的认知活动，是人对客体事物或符号的内部表征进行操作的基本信息加工过程。元认知成分主要用于计划、控制和决策等高级认知加工过程。具体操作成分主要用于在任务操作时执行不同的策略，包括信息的编码、信息的组合和信息之间的比较以及反应等。知识—获取成分主要用于获得信息和新知识的过程。

2. 经验性智力（experiential intelligence）

经验性智力阐明人的智力与其经验之间的关系，主要指个体解决新问题及随经验增加而将认知活动自动化的能力。从经验角度上讲，当人的行为开始适应新异性的情境或在操作上变得自动化时，就表现为一种智慧行为，它在一定程度上反映了个体处理新任务和新情境的能力，以及个体对信息的自动化加工能力。

3. 情境性智力（contextual intelligence）

情境性智力阐明人的智力与环境之间的关系，主要处理与外部环境之间的关系，含有适应、选择以及改变环境的能力。为此，斯滕伯格从周围情境角度出发，把智力看作是指向于有目的地适应、选择、改变与生活有关的现实环境的心理活动。适应、选择、改变环境的三种能力之间基本上是一种层级关系（如图 1-11-3 所示）。

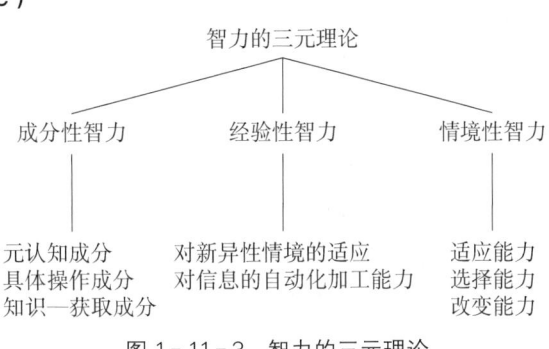

图 1-11-3　智力的三元理论

（二）智力的 PASS 模型

加拿大心理学家戴斯提出了智力的 PASS 模型，并在此基础上编制出了认知评估系统。PASS 模型是指"计划—注意—同时性加工—继时性加工"模型（Planning-Attention-Simultaneous-Successive Processing Model）。戴斯认为，智力活动存在三种认知功能系统：注意—唤醒系统、编码—加工系统、计划系统。

1. 注意—唤醒系统

注意—唤醒系统是心理活动的基础，只有达到适宜的觉醒状态，人才能够接受并加工信息。个体维持合适的唤醒水平，对于有效获得并加工信息的活动尤其重要，若唤醒水平过高或过低，就会干扰对信息的编码和计划，适当的唤醒水平同时也为人们提供了注意的特定方向。

2. 编码—加工系统

编码—加工系统与接受、加工、维持来自外界环境的信息有关。人脑整合活动可区分两种基本活动形式：同时性加工过程，即同步整合刺激信息，主要是空间整合；继时性加工过程,即将刺激信息整合成暂时的系列组合。

3. 计划系统

计划系统是处于智力最高层次的认知功能系统,主要从事智力活动的计划,其功能具有元认知成分。戴斯认为,计划是人类智力的本质所在,它涉及提出新问题、解决问题和自我监控,以及运用信息进行编码加工的能力。计划过程使人通过使用与知识相关联的注意、同时性加工、继时性加工过程,找到并运用有效方法解决新的问题。

智力的 PASS 模型各过程之间的三种认知功能系统彼此存在着动态联系,这种动态联系对人的经验做出反应,服从于智力的发展变化,并形成相互联系的系统。三种认知功能系统相互联系,同时又有自己不同的机能,各自保持相对独立。智力的 PASS 模型,凸显了计划在智力活动中的重要性,为揭示智力本质提供了新的途径。

(三) 多元智力理论

美国心理学家加德纳提出了多元智力理论。他认为,智力是多元的,主要由八种相对独立的智力构成,它们相互作用并产生外显行为。

1. 语言智力(语言表达和使用的能力)

语言智力是个体运用语言思维、表达和欣赏语言深层内涵的能力,主要渗透在个体的口头语言和书面语言的表达、沟通与理解的过程中。

2. 数学逻辑智力(解决问题和科学思考的能力)

数学逻辑智力是个体计算、量化、思考命题和假设,并进行复杂数学运算的能力,尤其表现在判断与推理和解决各种问题的过程中。

3. 空间智力(运用空间形态的能力)

空间智力是个体在脑中形成外部空间世界模式,并运用和操作该模式的能力。这种智力主要在环境中的物体移动、识别地图或绘画等活动中表现出来。

4. 音乐智力(音乐活动的能力)

音乐智力是个体感知音调、旋律、节奏和音色等的能力,通常在演奏乐曲、唱歌和欣赏音乐等活动中显示出来。

5. 身体运动智力(运用整个身体或身体各个部分解决问题的能力或生产制作产品和艺术品的能力)

身体运动智力是个体运用整个身体或身体的一部分解决问题或制造产品的能力,其中包括操纵精细肌肉与肢体的身体运动,如舞蹈、各种体育运动或操纵工具等。

6. 人际关系智力(与他人交流和感知他人心情、动机和意图的能力)

人际关系智力是个体有效理解别人或与他人进行交往及合作的能力,尤其表现在善于洞察他人,在与人交往中能够善解人意等方面。

7. 自我认知智力(了解自身信息以及评估自己情绪和情感的能力)

自我认知智力是一个人深入自己的内心世界,建立正确而真实的自我模式,并且在实际生活中有效地运用这种模式的能力,突出地表现在个体敏锐地感知自己内部状态等方面。

8. 自然观察者智力(辨别和区分自然界各种事物的能力)

自然观察者智力是个体观察自然界中各种事物的形态,对物体进行辨认和分类,洞察天然、自然或人造"自然"系统的能力。

加德纳认为,每种智力在人类认识世界和改造世界的过程中发挥着巨大的作用,都同等重要,并且在现实生活中,存在着拥有各种智力的创造性人才。加德纳后来继续改善多元智力理论,并提出了第九种智力因素,叫作生存智力,它涉及精神领域和思考生命意义的能力。

加德纳的多元智力理论在教育领域引起了广泛关注。学校教育若能从多元智力角度分析每位学生可能拥有的智力元素,进行有的放矢的培养,将有助于激发学生的积极性,使其潜能得到充分发挥。同时,这也将有助于发掘和展现学生各自的智力优势,增强其在学习上的成功体验。

第三节 智力测验

能力测验是以某种方式测量能力,并以量化方式表示的测验的总称。按能力种类,可将测验分为一般智力测验、特殊能力测验和创造力测验。按测验方式,可将测验分为个人测验和团体测验。按能力内容表达形式分,可将其分为文字测验和非文字测验等。一般智力测验可用于测定智力水平,也可用于专业人员的选拔。

1905年世界上第一个智力测验量表(比纳—西蒙智力量表)问世,它主要用于区分发育迟滞儿童与正常学龄儿童,至今已有100多年的历史。100多年来,智力测验已有很大的发展。当前国际上常用的智力测验有两种:斯坦福—比纳智力测验和韦克斯勒智力测验。

一、一般智力测验

(一)斯坦福—比纳智力测验

1905年,法国心理学家比纳和助手西蒙编制了一套可用于测量智力的题目,称为比纳—西蒙智力量表(Binet-Simon Scale),该量表很快被欧美等国采用。1916年,美国心理学家、斯坦福大学教授推孟,对比纳—西蒙智力量表进行了修订,修订后的量表称为斯坦福—比纳智力量表,它直到目前仍被采用。在这个量表中,每个年龄组有6道题目,每道题目代表人的2个月的智力,被称为心理年龄。例如,一个4岁儿童通过4岁组的全部题目(即心理年龄是4岁),又通过5岁组的3道题目,则该儿童的心理年龄为4岁半。心理年龄是用智龄来表示智力水平,而不管生理年龄有多大。

后来心理学用智力商数,即智商(intelligence quotient,IQ)或其概念来对智力进行标准化的测量,它以智力年龄(mental age,简称MA)与实际年龄(chronological age,简称CA)的比率来表示智力测量的结果。计算智商的公式为:

$$智商(IQ) = 智力年龄(MA) \div 实际年龄(CA) \times 100$$

智力测验的结果是智商,智商是智力年龄与实际年龄的比率,即"比率智商",为避免出现小数,故将商数乘以 100,从而让智商是整数而不是小数。例如,一个 8 岁儿童测得的心理年龄为 10 岁,那么,他的 IQ 值为 $125(10 \div 8 \times 100 = 125)$。若一个 8 岁的儿童只完成了 6 岁儿童的题目。那么,他的 IQ 值为 $75(6 \div 8 \times 100 = 75)$。心理年龄与生理年龄相当的人的 IQ 值为 100,因此,IQ 值为 100 是"平均值",即 50% 的同年龄人比你的分数低。IQ 值在 90—110 之间为"智力正常",IQ 值大于 120 为"智力优秀"。当 18 岁以下的人的有效 IQ 为 70—75 或更低时,则可判定其为心理发育迟滞。

比率智商是以假定心理年龄同实际年龄平行增长为基础的,但实际情况却并非如此。首先,智力并不会随年龄增长而上升。其次,用同一个量表测量在不同环境与教育条件下成长的具有不同实践经验的人,不可能得出比较一致的结果,容易产生偏见。最后,单凭比率智商无法正确反映人的智力水平。因此,斯坦福—比纳智力测验具有很大的局限性。

(二) 韦克斯勒智力测验

美国著名心理学家韦克斯勒(D. Wechsler)创制了新的智力测验量表。当前该量表分三种:韦氏学前儿童智力量表(The Wechsler Preschool and Primary Scale for Intelligence - Ⅲ,WPPSI - Ⅲ),适用于 4—6.5 岁的儿童。韦氏儿童智力量表(The Wechsler Intelligence Scale for Children - Ⅲ,WISC - Ⅲ),适用于 6—16 岁儿童。韦氏成人智力量表(The Wechsler Adult Intelligence Scale - Ⅳ,WAIS - Ⅳ),适用于 16 岁以上的成人。WAIS - Ⅳ 由 15 个分量表组成,其中 10 个必须让所有受试者完成,另外 5 个是可选的。这些分量表中的 5 个组成了言语理解指数,用以测量言语技能,例如词汇。其余 10 个测验要求非言语思维,例如排列故事图片和向测验者倒背数字。这些非言语测验分属于知觉推理指数、加工速度指数和工作记忆指数。这些指数测量了不同类型的非言语智力并生成自身的 IQ 分数。韦克斯勒智力测验是一套比较完整的、具有各年龄代表性的智力量表。

韦氏量表不用智力年龄的概念,但保留了智商的概念,但它不是比率智商,而是以同年龄组被试的总体平均数为标准,经统计处理得出的智商,称离差智商。离差智商假定,同年龄组的智商总体平均数为 100,呈正态分布。用个人智力测验的实得分数与总体平均数比较,确定他在同年龄组内所处的相对位置,以此判定他的智力水平。智力测验与统计结果表明,人与人之间的智力差异服从正态分布规律。

韦克斯勒假设,人们的智商平均数为 100、标准差为 15,且呈正态分布,这样离差智商的计算公式为:

$$IQ = 100 + 1(X - \overline{X})/S$$
$$= 100 + 15Z$$

其中 Z 是标准分数,即测验分数与团体平均分之差除以标准差之后的结果。例如,一个儿童智力测验得分是 90 分,他所在年龄组平均分为 80 分,标准差为 10 分,标准分是 1,则其离差智商为 100+15×(+1)=115。根据韦克斯勒对智商分布的假设，可以看到只有少数人的智商会达到 130 以上或 70 以下，大约 50% 的人的智商在 90—110。韦克斯勒智力量表的各个分测验，是从各个方面测量智力，而不是测量不同类型的智力。

二、特殊能力测验和创造力测验

（一）特殊能力测验

特殊能力测验是对特殊职业活动能力的测量，例如，对音乐能力的测量会测验音高、音强、时间、节奏、记忆、和谐等方面的内容。特殊能力测量需要先对特殊活动进行分析，找出它所要求的心理特征，列出测验项目，再进行预测并制定出测验量表。这类测验主要用于职业定向指导、职业人员选拔与安置、儿童特殊能力的早期诊断与培养等。

（二）创造力测验

创造力测验是用于测量人的创造能力的测验，是能力测验的一种，通常是以发散思维为指标。创造力测验一般分为语言式和绘画式两种类型，常从思维的流畅性、灵活性、变通性、独创性、精致性等方面进行评定。美国心理学家吉尔福特在分析众多智力测验后认为，智力测验主要测量的是认知能力和聚合思维能力，而创造性活动虽需要聚合思维，但更需要发散思维的参与。因此，要评定个体创造力的高低应测量其发散思维水平。根据吉尔福特的观点，相关研究人员制定出了由五个分测验组成的创造力量表。

(1) 语词联想测验。要求人对"螺钉"或"口袋"之类的普通单词尽可能多地下定义，根据定义的数目、定义种类和定义的新颖性进行评分。

(2) 物品用途测验。要求人对"砖块"或"牙签"之类的普通物品说出尽可能多的用途。根据说出用途的数目、类别和首创性进行评分。

(3) 隐蔽图形测验。给人观看印有各种隐蔽图形的卡片，要求找出其中隐藏着的图形。根据所找出图形的复杂性及隐蔽性进行评分。

(4) 寓言理解测验。给人呈现短的寓言，要求对缺少结尾的寓言加上三个不同结尾："有道德教育意义的""诙谐幽默的"和"悲伤困惑的"。根据结尾的数目、恰当性及独创性进行评分。

(5) 组成问题测验。给人呈现几节复杂短文，每篇短文中包含一些数字说明，要求按照已知材料尽可能多地编写各种数学问题。根据问题的数目、恰当性、复杂性及独创性进行评分。

第十二章
气质

第一节 气质概述

一、气质的内涵

(一) 气质的含义

气质与我们通常所说的脾气意思相近。心理学把气质定义为一个人典型和稳定的心理活动的动力特征,它不以人的活动目的和内容为转移。在日常生活中,人们所讲的气质经常指人的言谈举止的风格或方式,带有高雅粗俗等社会评价色彩。心理学上的气质则是与人的行为模式相联系,是人格形成与发展的基础和内因,具有生理素质或身体特点等人格特征,是构成人格结构的重要部分之一。气质对社会环境的依赖性小,并不具有道德价值和社会评价意义。

在心理学史上,气质是一个古老的概念。古希腊学者恩培多克勒(Empedokles)提出的"四根说"就是气质和神经类型关系的萌芽。恩培多克勒认为,人体是由火、水、土和空气四根构成的:血液部分是火根,体液部分是水根,固体部分是土根,维持生命的呼吸是空气根。火根离开了身体,血液就会变冷些,那么,人就会入眠。火根全部离开身体,血液就会全变冷,那么,人就会死亡。四根配合、协调得当,身体就健康,反之,人就会罹患疾病。人的心理特征依赖于身体的特殊结构,每个人在心理上的差异是由于个体身体结构配合比例的不同造成的。

气质是由神经结构及机能决定的心理活动的动力特征。气质的心理活动的动力特征表现在心理活动发生的强度(如情绪的强弱、意志努力的程度等)、心理活动的速度和稳定性(如知觉的速度、思维的灵活程度、注意集中时间的长短等),以及心理活动的指向性(例如,心理活动指向于外部,还是指向于内部)等方面。气质的这些动力特点,并不是推动人进行活动的心理原因,也不以人活动的内容、目的和动机为转移,更不决定其活动的具体方向,而是一种稳定的心理活动特征。但它总是在人的心理活动和行为活动中表现出来,并在一切活动行为上表现出个人色彩。例如,某种气质类型的人,经常会在内容不同的活动中显示出同样的动力特点;脾气急躁的人,在上课时爱抢先回答问题,在等车时就会表现出不耐烦。

不同气质类型的人会在情绪过程、意志过程和认知过程中表现出不同特征。例如,一个具有温和安静气质的人一般不会经常出现激烈的情绪反应,其注意力集中时间也会较长,但在思维的灵活性方面就会显得不够灵活;而活泼好动的人则会经常出现较为激烈的情绪反应,其注意力集中时间也比较短,但是,其思维活动会显得比较灵活。

气质是具有先天禀赋的人格特征，但其特点是在后天环境中表现出来的。例如，婴儿出生后不久就会在心理活动和动作上表现出差异：有的婴儿多动、哭声响亮；有的宁静、声微安详，这些特征必定会影响其父母或哺育者与婴儿的互动关系，从而影响其人格的形成。心理学的研究表明，气质是婴幼儿期在心理动力反应上的基本形式，是其能力、性格形成与发展的最初心理基础。

气质具有极大的稳定性，它不受人的活动目的、动机和内容的制约。但气质也具有一定的可塑性。一个人的气质，在环境与教育的影响下，在某种程度上会有所改变。人在实践活动中形成和发展起来的其他心理特征也会对气质加以掩盖及改造。

（二）气质的特性

气质由许多心理活动的特性交织而成，反映了人在心理活动及行为上的心理动力性特征。

1. 感受性

气质的感受性是指人对外界最小刺激量的感觉能力，通常用绝对感觉阈限和差别感觉阈限进行定量分析。气质的感受性是高级神经活动过程强度特性的表现，不同的人对刺激强度的感受性是不同的。

2. 耐受性

气质的耐受性是指人接受各种刺激作用的能力，通常从个体耐受刺激的时间和强度两方面进行衡量。气质的耐受性是高级神经活动过程强度特性的反映，主要表现在长时间从事某项活动时注意力集中的持续状态，包括对强烈或微弱刺激的耐受性，以及持久的思维活动等方面。

3. 反应敏捷性

气质的反应敏捷性包括两类特性：一类是指随意反应和心理过程进行的速度，例如，动作速度、言语速度、记忆速度、思维敏捷程度和注意转移的灵活程度等；另一类指不随意反应的指向性，例如，不随意注意的指向性、不随意运动反应的指向性等。

4. 可塑性

气质的可塑性是指根据外界事物的变化而随之改变与调整自己行为以适应外界环境的难易程度。气质的可塑性是高级神经系统灵活性的表现。一般来说，能够根据外界环境的变化及时调整自己的思想和行为的人的可塑性较高，反之则较低。高级神经活动过程的灵活性与行为的可塑性关系非常密切。

5. 情绪兴奋性

气质的情绪兴奋性是指以不同速度对微弱刺激产生情绪反应的特性。气质的情绪兴奋性不仅指情绪兴奋的强度，还指对情绪抑制能力的强弱。情绪兴奋性与高级神经活动过程的强度特性有关，也与高级神经活动过程的平衡性有关。

6. 内向性与外向性

气质的内向性与外向性是指人的心理活动、言语与行为反应表现于内部还是外部的特性,倾向于外部的称为外向性,倾向于内部的称为内向性。气质的外向性和内向性与高级神经活动的兴奋和抑制过程的强度有关。

第二节 气质类型

根据气质的特性和外部表现,可以把气质逐渐简化,归纳为四种典型的气质类型:胆汁质、多血质、黏液质和抑郁质。这四种典型气质类型的人在情绪和行为方式以及智力活动方面具有不同的特点和表现(如图1-12-1所示)。

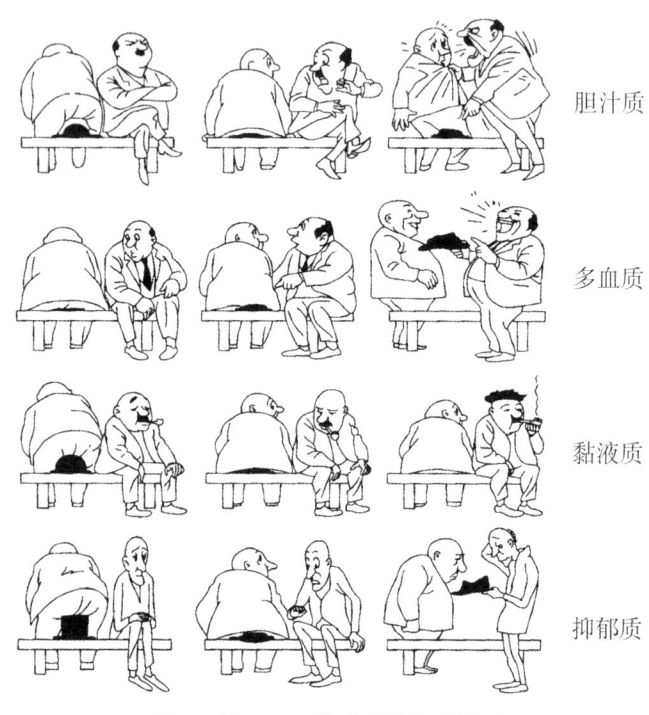

图1-12-1 四种典型的气质类型

一、胆汁质

胆汁质气质类型的人表现为:精力旺盛,反应迅速,情感体验强烈,情绪发生快而强,易冲动,但平息也快。他们直率爽快,开朗热情,外向,但急躁易怒;有顽强拼劲且果敢,但往往缺乏自制力和耐心;思维具有灵活性,但经常粗枝大叶、不求甚解;意志坚强、勇敢果断,但注意力难以转移。

二、多血质

多血质气质类型的人活泼好动,反应迅速,思维敏捷、灵活而易动感情,富有朝气,情绪发生快而多变,表情丰富,但情感体验不深。他们外向,喜欢与人交往,容易适应新环境;兴趣广泛但易变化,注意力不易集中,缺乏耐力。

三、黏液质

黏液质气质类型的人安静、沉着、稳重、反应较慢;思维、言语及行动迟缓、不灵活;注意比较稳定且不易转移。他们内向,态度持重,自我控制能力和持久性较强,不易冲动;办事谨慎细致,但对新环境、新工作适应较慢;行为表现坚韧、执着,但感情比较淡漠。

四、抑郁质

抑郁质气质类型的人感受性高,观察仔细,对刺激敏感,善于观察别人不易察觉的细微小事,反应缓慢,动作迟钝;多愁善感,体验深刻和持久,但外表很少流露。他们内向,谨慎,遇到困难或挫折时易畏缩,但对力所能及且枯燥乏味的工作能够忍耐,不善于交往,比较孤僻。

需要指出的是,在现实生活中,具有典型单一的气质类型的人是很少的,绝大多数人属于中间型或混合型,即较多地具有某种气质类型的特征,但同时又兼具其他气质类型的一些特征,这是由于环境、教育以及个人生活实践不同等诸多因素与个人先天禀赋相互作用的结果。

第三节 气质理论

一、主要的气质理论

(一)气质的体液说

在公元前5世纪,古希腊医生希波克拉特斯(Hippocrates),以及后来的罗马医生盖仑(C. Galen)分别提出了气质体液学说。他们认为人体内有四种液体,即血液、黏液、黄胆汁和黑胆汁。其中黏液生于脑,黄胆汁生于肝,黑胆汁生于胃,血液生于心脏,四种液体在人体内以不同比例相结合便形成了不同的气质类型。例如,人体内黄胆汁占优势,则其属于胆汁质类型;人体内黏液质占优势,则其属于黏液质类型;人体内黑胆汁占优势,则其属于抑郁质类型;人体内血液占优势,则其属于多血质类型。

以上学者对气质类型的生成原因的解释是缺乏科学根据的,但他们根据长期的观察与临床经验,把人的气质划分为不同类型具有一定意义,尤其概括出的这四种典型气质类型则更具代表性。后来的心理学基本沿用了以上四种气质类型的名称,但内涵已完全不同。

(二)气质的体型说

德国精神病学家克瑞奇米尔(E. Kretschmer)在对精神病患者进行临床观察与研究后认为,人的体型与气质特征,以及当这种体型的人患精神病时,其精神病的种类与其体型具有一定的相关性。为此他把人的体型分为三种类型:瘦长型、矮胖型、强壮型。他认为不同体型的人的气质以及行为倾向不同(如表1-12-1所示)。后来美国心理学家谢尔顿(W. H.

Sheldon)也发表了类似见解。但大多数心理学家认为,气质的体型说将人体体型作为划分不同气质类型的依据是不科学的。

表 1-12-1 体型与气质及行为倾向的关系

体 型	气质特征	行为倾向
瘦长型	分裂气质	不善交际、孤僻、神经质、多思虑
矮胖型	躁狂气质	善交际、表情活泼、热情
强壮型	黏着气质	迷恋、一丝不苟、理解缓慢

(三) 气质的血型说

人体血液有O型、A型、B型、AB型四种血型,它们在输血时具有重要的生命意义。日本学者古川竹二为此提出了人体内的血型与气质类型存在相关性的观点。他认为不同血型的人,其气质特征是不同的。其中:A型血型的人老实稳重、温顺多疑、怕羞孤僻、依赖他人;B型血型的人感知灵敏、善于社交、好管闲事、不羞怯;AB型血型的人以A型气质为主,含有B型气质成分;O型血型的人意志坚强、好胜霸道、爱指使别人、有胆有识。气质血型学说并没有充分的科学根据。其实在现实生活中,同一种血型的人也可能具有不同的气质特征,而不同血型的人则可能具有相似的气质特征。

(四) 气质的激素说

在解释气质的生理机制方面,柏尔曼(L. Berman)的气质激素理论影响很大。柏尔曼认为,人体内分泌腺分泌的不同激素会激活身体的不同机能,内分泌腺素的缺乏或过剩,对人的情绪与行为具有一定的影响。例如,肾上腺素特别发达的人,情绪易激动,而且表现出神经质特征;而甲状腺素分泌过多的人,则会表现出感觉灵敏、意志力强的气质特征。因此,他认为激素分泌的差异,是人的气质互不相同的主要原因。为此,他根据人的某种腺体特别发达,而把人分为甲状腺型、脑下垂体型、肾上腺型、副甲状腺型、性腺型和胸腺型。

根据现代生理学的研究表明,内分泌腺体分泌的激素确实会激活身体的不同机能,内分泌腺的缺乏或过剩都会对人的情绪和行为产生影响。但不能孤立地、片面地强调激素对气质的影响,因为内分泌腺体的活动、激素的合成与分泌,都直接或间接地受到高级神经系统的调节与控制,而内分泌腺体的活动也会影响高级神经系统的活动及其功能。所以人体内有两种调节机制影响气质,它们是高级神经系统活动的调节和体液的调节,但高级神经系统的活动特性对气质的影响更为重要。

二、气质的高级神经活动类型理论

高级神经活动类型理论是由巴甫洛夫(I. Pavlov)提出的,他在研究高等动物的条件反射时,发现并阐述了大脑两半球皮质活动的一般规律,并对高级神经活动的差异性及其特点进行了探讨。他认为,高级神经活动的基本过程——兴奋过程和抑制过程是个体差异及其特点的基础,有机体的所有活动都是在兴奋和抑制两种神经过程协同活动的支配下进行的。

高级神经活动的基本过程有三种特性,即高级神经活动过程的强度、高级神经活动过程的平衡性和高级神经活动过程的灵活性。

(1) 高级神经活动过程的强度,是指大脑皮质细胞和整个神经系统所经受强烈刺激或持久工作的能力。在一般情况下,强的刺激引起神经细胞和神经系统强的兴奋,弱的刺激引起弱的兴奋。但有时当较强刺激作用于个体的神经系统时,并不是所有人都能以相应强度的兴奋来应对并做出反应的。有的能够忍受,表明其兴奋程度较强;而有的则忍受不了这种刺激,表明其兴奋程度较弱。高级神经过程的强度是高级神经活动类型的最重要标志。

(2) 高级神经活动过程的平衡性,是指个体的兴奋和抑制两种神经过程之间的相对关系。如果兴奋与抑制两种神经过程的强度是均衡的,表示它们之间是平衡的;如果其中一种神经过程占优势,则是不平衡的,即表现出兴奋过程占优势,其抑制过程较弱;或者抑制过程占优势,其兴奋过程较弱。

(3) 高级神经活动过程的灵活性,是指个体对刺激的反应速度以及兴奋过程与抑制过程相互替代、相互转换的速度特性。个体之间在兴奋和抑制过程的灵活性上存在着差异。实验表明,当个体的兴奋与抑制两种神经过程的转换速度迅速、容易时,其高级神经活动过程的灵活性高,反之则灵活性低。

根据高级神经活动过程三个基本特性的独特组合,可以把动物的高级神经活动分为四种基本类型,并以此来解释人的四种气质类型。

(一) 强而不平衡型

这种气质类型的特点是,高级神经活动的兴奋过程强于抑制过程,即以极易兴奋且难以抑制为特点,又称为"兴奋型"。

(二) 强、平衡而灵活型

这种气质类型的特点是,高级神经活动的兴奋过程和抑制过程都比较强,而且容易转换,能够较快地适应环境。该类型以反应敏捷、活泼好动为特点,又称为"活泼型"。

(三) 强、平衡而不灵活型

这种气质类型的特点是,高级神经活动的兴奋过程和抑制过程都比较强,但是二者不容易转换。它以安静、沉着和反应迟缓为其特点,又称为"安静型"。

(四) 弱型

这种气质类型的特点是,高级神经活动的兴奋过程和抑制过程都比较弱,当有过强刺激作用时,容易引起个体的疲劳,有时甚至会导致个体神经衰弱或患上神经官能症。它以胆小畏缩、消极防御和反应缓慢为特点,又称为"抑制型"。

巴甫洛夫将高级神经活动类型的特点与气质类型的特点进行了对照,认为两者具有相似性。为此他把高级神经活动兴奋型与胆汁质气质类型相对应;把高级神经活动活泼型与多血质气质类型相对应;把高级神经活动安静型与黏液质气质类型相对应,把高级神经活动抑制型与抑郁质气质类型相对应(如表1-12-2所示)。

表1-12-2 高级神经活动类型与气质类型的对应关系

高级神经活动类型	高级神经活动过程的基本特性			气质类型	心 理 表 现
	强度	平衡性	灵活性		
兴奋型	强	不平衡		胆汁质	急躁、直率、热情、情绪兴奋性高、容易冲动、心境变化剧烈、具有外向性
活泼型	强	平衡	灵活	多血质	活泼、好动、反应迅速、喜欢与人交往。注意力容易转移、兴趣容易变换、具有外向性
安静型	强	平衡	不灵活	黏液质	稳重、安静、反应缓慢、沉默寡言、情绪不外露。注意稳定不易转移、善于忍耐、具有内向性
抑制型	弱			抑郁质	行动迟缓而不强烈、孤僻、情绪体验深刻、感受性很高、善于觉察别人不易觉察的细节、具有内向性

巴甫洛夫在提出高级神经活动类型与气质类型关系的学说以后,又进行了大量类似的研究,结果都证实高级神经活动类型是气质类型的生理基础,气质类型是高级神经活动类型的心理表现。巴甫洛夫的高级神经活动类型学说为气质类型的划分提供了生理依据,但影响气质的因素不应只有高级神经系统的活动特性,还应该包括整个身体组织,以及社会环境和性格等因素,它们都会对人的气质类型产生重要影响。

第十三章
性格

第一节　性格概述

一、性格的含义

性格是指一个人在对现实的稳定态度及习惯化的行为方式中所表现出来的心理特征，它是人格结构中的重要组成部分，是个人在社会规范、伦理道德方面的各种习性的总称。例如，诚实或虚伪、勇敢或怯懦、谦虚或骄傲、勤劳或懒惰、果断或优柔寡断等都是人的性格特征，它是一个人许多性格特征组成的综合整体。

性格特征主要表现在两个方面："做什么"和"怎样做"。"做什么"反映了个体对现实的态度，表明个体追求什么、喜欢什么、拒绝什么；"怎样做"反映了个体的行为方式和特点，表明其如何追求自己想要的东西，以及如何拒绝自己所不需要的东西。因此，人对现实的稳定态度决定着他的行为方式，而习惯化的行为方式体现了个体对现实的态度，两者有机地统一在个体的心理特征之中。

性格是一个人后天形成的道德行为特征，具有稳定性。但性格也具有一定的可塑性。它是在人的社会实践活动中，在与社会环境相互作用的过程中形成与发展起来的。客观事物的各种影响通过个体的心理活动在其性格结构中保存和固定下来，从而构成了一定的态度体系，并以一定形式在自己的行为活动中表现而形成个体特有的行为方式。

性格的英语是"character"，意思是"雕刻""印记"等，后来又被理解为由社会环境影响造成的深层次的、固定的人格特质。在许多心理学文献中，它也常与"personality"（人格）一词混用。但在我国心理学文献中，"性格"和"人格"被加以区别，性格的内涵包含在人格概念中，是人格结构中具有核心意义的心理品质，体现了人的本质属性，且最能表现一个人的道德行为特征。

二、性格的结构

性格结构具有以下四个方面的基本特征。

（一）性格的态度特征

性格的态度特征是指人在对社会环境的稳定态度方面所表现出来的个别差异，是性格特征中最重要的组成部分。性格的态度特征由以下三个方面的内容构成。

（1）对社会、集体、他人的态度特征。对社会、集体和他人的态度特征包括积极的和消极的两个方面。积极的态度特征表现为爱祖国、爱集体、具有社会责任心、富有同情心、正直诚信、礼貌真诚等。消极的态度特征表现为个人主义、对他人漠不关心、冷酷无情、极端自私自利、圆滑狡诈等。

(2) 对劳动、工作和学习的态度特征。对劳动、工作和学习的态度特征包括积极的和消极的两个方面。积极的态度特征表现为勤奋刻苦、认真负责、细心忍耐、精益求精、敢于创新、勤俭节约和严守纪律等。消极的态度特征表现为懒惰、马虎、粗心、墨守成规、挥霍浪费和自由散漫等。

(3) 对自己的态度特征。对自己的态度特征包括积极的和消极的两个方面。积极的态度特征表现为谦虚、谨慎、自尊、自信和朴实无华等。消极的态度特征表现为骄傲、自负、自贱、自卑、拘谨、虚荣和轻浮等。

性格的态度特征在性格结构的诸多成分中具有核心意义,是性格结构中的"灵魂",其他性格特征在不同程度上都受到它的影响。

(二) 性格的意志特征

性格的意志特征是指人在自觉调节行为的方式与控制水平、目标明确程度等方面以及在处理紧急情况时表现出来的性格差异。性格的意志特征主要表现在以下三个方面。

(1) 行动是否具有明确目的,是否受社会规范约束。例如,个体在明确行动目的时是否具有独立性或主见;是否具有依赖性与易受暗示性;是否具有组织性与纪律性,如自由散漫与无视组织纪律等。

(2) 对行为的自觉控制能力。例如,自制力强或弱,持之以恒或半途而废,一心一意或见异思迁,等等。

(3) 在紧急或困难条件下处理问题的特点。例如,是勇敢与顽强,还是怯懦与脆弱;是沉着与镇定,还是慌张与冲动;是坚决果断,还是优柔寡断;等等。

对性格意志特征的评价要与对个体的思想道德品质,以及其所从事的活动或工作的社会意义与社会价值的评价相结合。

(三) 性格的情绪特征

性格的情绪特征是指人在情绪活动中表现出来的强度、稳定性、持久性以及主导心境等方面的特征。

(1) 在情绪的强度方面,表现为情绪的感染力、支配性和受意志控制的程度。有人情绪活动强烈,性格受情绪支配;有人情绪活动微弱,性格的情绪色彩不浓。

(2) 在情绪的稳定性方面,表现为情绪起伏和波动。例如,有人容易激动,有人比较稳定;有人非常急躁,有人比较沉稳。

(3) 在情绪的持久性方面,表现为情绪对个体身心方面影响的时间长短,有人在情绪发生后,很难较快平息;有人的情绪在发生时来势汹汹,但也会很快平息。

(4) 在情绪的主导心境方面,表现为不同主导心境反映了个体不同的性格特征。例如,有人愉快并乐观向上,而有人总郁郁寡欢、悲观失望等。

(四)性格的理智特征

性格的理智特征是指人在感知、记忆和思维等认知活动过程中表现出来的性格特征,又称性格的认知特征。例如,在感知方面存在着主动观察型和被动观察型、分析罗列型和概括型、严谨型和草率型等。在记忆方面存在着主动记忆型和被动记忆型、信心记忆型和无信心记忆型等。在想象方面存在着主动想象型和被动想象型、大胆想象型和抑制想象型、广阔想象型和狭窄想象型等。在思维方面存在着独创型和守旧型、深思型和粗浅型、灵活型和呆板型等。

性格结构的四个特征彼此相互联系、相互协调地组合成统一的整体,并表现出独特的风格。例如,具有勇敢和顽强性格特征的人,其主导心境一定是振奋的,情绪是强烈的,其认知特征是积极主动的,意志特征是独立和坚强的。由于性格的四个特征之间存在着内在联系,并协调组合成整体,因此若要全面理解个体的性格特征,可以通过先了解其某些特征来推测他其他的性格特征。例如,知道某人是正直与坚强的,就可以推测他具有诚恳真挚、敢于与不良行为做斗争、原则性强等性格特征。

性格是一个统一的整体,但它的表现多样,具有复杂性。有时,一个人会在某个场合表现出某种性格特征,却会在另外的场合表现出其他一些特征。究其原因,从客观上看是由于社会环境在不同方面对个体产生了影响,并对个体提出了不同要求。例如,有的学生在学校里尊敬师长、团结同学、劳动积极,但在家里却不尊敬长辈,对兄弟姐妹不友好,饭来张口、衣来伸手,不愿做家务,等等。从主观上分析,性格具有复杂性是因为人的行为方式和其对事物的态度之间并不总是完全一致的。如有人外表看起来和善热情,但骨子里却心狠手辣;有人外表看起来言行粗暴,但心地善良等。

三、性格与气质的关系

性格与气质相互制约、相互影响,在现实生活中,人们经常把两者混淆,有时把气质视为性格,有时又把性格看作气质。例如,我们经常可以听到对某人的性格特征的描述是活泼好动,或者说某人的性子很慢或很急,其实他们说的这些都是气质特征。性格与气质既有区别又有联系。

(一)性格与气质的区别

气质具有先天性特点,它更多地受到人的高级神经活动类型的影响,主要是在人的情绪与行为活动中表现出来的动力特征。性格是指个体行为的内容,是在后天形成的,更多地受到社会生活条件的影响与制约,是人的态度体系和行为方式结合后表现出来的、具有核心意义的心理特征。

气质无好坏之分,而性格有优劣之别。气质表现的范围狭窄,局限于心理活动的强度、速度、指向性等,因此,可塑性极小,变化慢。而性格表现的范围广泛,几乎囊括了人的社会生活的各个方面,具有社会道德含义,可塑性大。

(二)性格与气质的联系

不同气质类型的人,可以形成某些相同的性格特征,只是不同气质类型的人,在行为表现上会带有不同的个人色彩。例如,同样具有乐于助人的性格特征,胆汁质气质类型的人,在行为上会带有满腔热情的特点;抑郁质气质类型的人,在行为上则会表现出某种怜悯的特点。

气质可以影响性格形成与发展的速度。例如,对于胆汁质气质类型的人来说,他们需要经过极大的克制和努力才能形成自制力性格特征;但对于抑郁质气质类型的人来说,自制力的形成相对来说比较容易些。

性格对气质具有明显影响。在一定程度上,性格可以掩盖和改造气质,由于个体的社会角色的要求,性格会对他身上某些气质特征产生持续影响。例如,医生的职业要求会使胆汁质气质类型的人逐渐形成冷静而沉着的性格特征,从而掩盖或改造其容易冲动与急躁的气质特点。

第二节 性格类型

性格类型是指某类人身上共同具有的性格特征的独特结合。按照一定标准和原则对性格进行分类有助于揭示性格的本质。

一、根据知、情、意的优势划分

英国哲学家、心理学家培因(A. Bain)等人根据知、情、意何者占优势,把性格类型划分为理智型、情绪型和意志型。

理智型的人,一般以理智来评价发生在周围环境中的一切事物,以理智来支配、调节、控制自己的行动,行为表现稳定且谨慎。情绪型的人,一般不善于思考,言谈举止容易受到自己情绪的左右,但情绪体验深刻。意志型的人,行为目标一般比较明确,主动积极,果敢、坚韧,具有自制力。在日常生活中,很少有人的性格只属于某种单一类型,绝大多数是中间类型,例如理智—意志型、情绪—理智型等。

二、根据个人心理活动的倾向性划分

瑞士心理学家荣格(C. G. Jang)根据人的心理活动倾向于外还是内,把性格分为外向型和内向型两大类。外向型的人,其心理活动倾向于外部,特点是活泼开朗、喜欢交际;内向型的人,其心理活动倾向于内部,特点是谨慎小心、交际狭窄。在现实生活中,极端的内、外向类型的人很少见,一般人都属于中间型,即一个人的行为在某些情境中表现为外向,而在另外的情境中则表现为内向。

三、根据个人独立性程度划分

美国心理学家威特金(H. A. Witkin)根据认知方式的场依存性(主要是视觉线索)和场

独立性(主要是身体线索)的特点,把性格分为顺从型和独立型。

独立型的人善于独立思考,不容易受到周围环境因素的干扰,能够独立地发现问题和解决问题,但有时会把自己的意见强加于别人。顺从型的人容易受到周围环境因素的影响与干扰,经常没有主见,有时会不加分析地接受他人的意见盲目行动,应变能力较差。

四、根据人的社会生活方式及价值观划分

德国哲学家、心理学家斯普兰格(E. Spranger)根据人的社会生活方式,以及由此形成的某一种价值在个人生活目标和行为方式上所占的优势,把性格分为理论型、经济型、审美型、社会型、权力型和宗教型六类。

理论型的人能自制、好钻研、求知欲强,善于把自己的知识系统化、条理化,但往往脱离实际生活。经济型的人认为一切工作或活动都要从实际情况和需要出发,不然则应当抛弃,他们重视财力、物力、人力和效能,讲求实惠。审美型的人重视形象美与心灵美的和谐,善于欣赏好的情景和追求多种情趣,认为美的价值高于其他一切事物,以优美、对称、整齐、合宜等标准来衡量一切,对任何事物都从艺术的视角加以评论,对实际生活不很关心。社会型的人以关心他人、服务社会为职责,一般都热衷于社会活动,其行为表现为随和、善良、宽容,喜欢人际交往。权力型的人对权力具有极大的兴趣,获取权力是其行为的基本动机,一般都有领导他人和支配他人的欲望和才能,他们善于自我肯定,有活力,有信心,对人对己要求严格,讲原则,守秩序,但有时则固执己见、自负专横。宗教型的人相信命运和超自然的力量,把宗教信仰作为生活的最高价值,这类人一般有坚定的信仰,富有同情心,但容易从现实生活中退却。斯普兰格认为,在现实生活中,纯粹属于上述某种类型的人是很少的,绝大多数人的性格都是各种类型的混合,即混合型。

五、根据人际关系划分

日本心理学家矢田部达郎等人根据人际关系,把性格划分为 A、B、C、D、E 五种典型的性格类型。

A 型性格类型的人情绪稳定,社会适应性及内、外向性均衡,但主观能动性不够,交际能力较弱。B 型性格类型的人外向,情绪不稳定,社会适应性较差,遇事急躁,人际关系融洽。C 型性格类型的人内向,情绪稳定,社会适应性良好,但行为表现被动,不能胜任领导工作。D 型性格类型的人外向,社会适应性良好,人际关系较好,有组织领导能力。E 型性格类型的人内向,情绪不稳定,社会适应性一般或较差,不善于交际,但善于独立思考,有钻研性。

六、根据个人的性格与兴趣和职业的关系划分

美国学者霍兰德(J. L. Holland)提出了人格—职业匹配理论,认为一个人的性格与兴趣和职业密切相关。人们在不断寻求能够发展兴趣、获得技能的职业。经过长期的研究,他把人的性格划分为六种类型:实际型、调查型、艺术型、社会型、企业型和传统型。

实际型的人具有重实践、直率、随和、不爱社交、节俭、稳定、坚定等特征。调查型的人具

有分析、好奇、思想内向、聪明、精确和富有理解力等特征。艺术型的人具有感情丰富、爱想象、富有创造性等特征。社会型的人具有爱社交、友好、慷慨、乐于助人、活跃、合作等特征。企业型的人具有爱冒风险、外向、乐观、爱社交、健谈、喜欢领导他人等特征。传统型的人具有条理性、随和、能自我约束、友好、务实、拘谨和保守等特征。

对性格类型进行分类是从不同角度出发的，都是用对选择出来的相关特征加以概括的方式来揭示人的性格的典型特征，因此，在实际生活中，按照具体的标准把人的性格归类为某种类型具有一定的理论意义和实践意义。然而我们也应看到，性格的分类还不够完善，存在着某种片面性和主观性，尤其是比较容易忽视中间型类型，这是在分析与归类某人的性格类型时需要特别注意的。

第三节　性格测量

对性格的测量比对能力或其他心理现象的测定要困难。由于环境因素和人的行为表现相当复杂，因此，要鉴定一个人的性格就需要对其进行系统的观察与研究，要从其多种多样的行为方式中选择出典型的行为方式，并要区分出他的行为中哪些是偶然行为、哪些是体现性格主要特征的行为表现。

测量性格的方法有很多，但需要把多种方法结合起来交叉应用、互相补充、互相印证才能达到目的。目前一般采用综合评定法、问卷测验法、投射测验法等。

一、综合评定法

综合评定法是指把观察、谈话、作品分析等多种方法结合起来加以运用来评定性格的方法。运用这种方法，可以通过多种途径来了解某个人在活动中对各种事件与现实环境的态度和行为，并系统地对其进行分析整理，归纳或找出能概括其态度与行为倾向的性格特征和形成原因。

二、问卷测验法

问卷测验法是指对被试进行询问的标准化方法，是目前性格测验中常用的研究方法。问卷测验法一般是让被试按一定要求依次回答问卷中的测验题目，然后根据标准答案和测验分数来推知其性格类型和性格特征。目前国内外较为常用的性格测验问卷量表有：明尼苏达多相人格测验（MMPI）、卡尔特16种人格因素测验（16PF）和艾森克人格问卷（EPQ）等。

（一）明尼苏达多相人格测验

明尼苏达多相人格测验（Minnesota Multiphasic Personality Inventory，简称MMPI）是由美国明尼苏达大学教授哈瑟韦（S. R. Hathaway）和麦金力（J. C. Mckinley）于20世纪40年代研制的，是迄今应用极广、颇具权威的一种纸—笔式人格测验。该问卷的制定方法是分别对正常人和精神病人进行预测，以确定在哪些项目上不同的人具有显著的不同反应模式，因此该量表常用于鉴别个体是否患有精神疾病,也被用来评定正常人格特征。

明尼苏达多相人格测验内容包括健康状态、情绪反映、社会态度、心身性症状、家庭婚姻问题等 26 类题目,可鉴别强迫症、偏执症、精神分裂症和抑郁性精神病等。

(二) 卡特尔 16 种人格因素测验

卡特尔 16 种人格因素测验(Sixteen Personality Factor Questionnaire,简称 16PF)与明尼苏达多相人格测验完全不同,它是以正常人为对象而建立起来的测验量表。卡特尔和他的同事们首先找出 4500 多个用于描述人类行为的形容词,然后将之简化为 170 个涵盖原始词表主要含义的形容词。再用这 170 个词要求大学生来描述他们的熟人,最后用因素分析的统计技术区分出这些条目的项目归类,即主因素,由此提出鉴别人格的 16 个根源特质因素,它们能够反映人格的关键特征和本质。与明尼苏达多相人格测验比起来,卡特尔 16 种人格因素测验规模较小,但可从中获得的信息十分丰富。该测验问卷共有 187 道题,每道题都让被试从"是的""不一定""不是的"三个答案中选择其中一个回答。每题答案分别得 0 分、1 分和 2 分。根据被试的回答运用统计方法,把每种人格特征所得分数加起来,换算成标准分并填在表格中,就能够比较直观地了解被试的人格轮廓了。目前,普遍认为卡特尔 16 种人格因素测验是迄今为止比较完善的人格特质评鉴方法。

(三) 艾森克人格问卷

艾森克人格问卷(Eysenck Personality Questionnaire,简称 EPQ)是英国学者艾森克于 20 世纪四五十年代研制的自陈量表,分为成人和青少年两种。问卷由 4 个分量表 E、N、P、L 组成,分别测量人的内倾与外倾、神经质(情绪性)、精神质(倔强性)、掩饰性(指被试是否真实地反映了自己的感受)。与明尼苏达多相人格测验和卡特尔 16 种人格因素测验相比,艾森克人格问卷的题目较少,只有八九十个问题,测验时间也较短,实施较为容易,但由于该问卷所得到的结果相对简单,故其提供的信息量也比较有限。

三、投射测验法

投射测验法是指运用具有多种含意模糊的刺激物,如墨迹、有暧昧含义的图片等,让被试在不受任何限制的情况下自由地对其做出解释或给出相应的反应,即让被试在对刺激物没有知觉的情况下,表露其内在的态度、动机、需要、感情及性格特点,然后对其反应进行分析,进而推知若干种人格特征的方法。投射测验法在西方心理学界应用较广,著名的投射测验有罗夏墨迹测验和主题统觉测验。

(一) 罗夏墨迹测验

罗夏墨迹测验由瑞士精神病学家罗夏(H. Rorschach)于 1921 年编制。他用带有墨迹的图片作为刺激呈现给被试,让他们给出解释,然后根据被试的反应来推知其性格特点。

(二) 主题统觉测验

主题统觉测验(Thematic Apperception Test,简称 TAT)由美国心理学家默里(H. A.

Murray)于1935年编制。这种测验与看图说话的形式比较相似。全套测验由30张含义模糊的图片和1张空白卡片构成。图片内容多为人物，兼有部分景物。测验时每次给被试一张图片，让他根据所看到的内容说话或编故事。主题统觉测验的目的主要是唤起被试对自己生活中最重要事件的联想。当要求被试猜想与解释某些模棱两可、含糊不清的情节时，他们的内在倾向和欲望就容易表露出来，这为探索其性格特征提供了条件。

投射测验法必须由受过专门训练的专业人员来操作，由于其中一些反应结果很难评定，计分又有一定的主观臆测性，会影响测量的信度，因此，它一般只为鉴定某种类型的性格特征提供参考。

第四节　人格理论

心理学有关人格的理论很多，其中影响较大的是人格特质理论和精神分析人格理论。"人格"一词在某种含义上与"个性"同义，其核心都是性格。

如果让你描述一个人，你可能会像你的朋友那样，列出那个人的一系列人格品质。但你如何确定哪种品质才是解释那个人日常行为最重要的人格品质呢？人格心理学家为了回答这一问题提出了人格特质理论。人格特质理论致力于解释人的行为的一贯性。人格特质是指个体在不同情境下，展现出的连贯一致的人格特征和行为举止。

一、奥尔波特的人格特质理论

美国哈佛大学著名心理学家奥尔波特（G. W. Allport）是人格特质理论的始创者，他认为人格是由特质构成的。特质是指个人的神经心理结构，是个人的遗传因素与环境相互作用后形成的对刺激信息进行反应的内在倾向，可由个体的外显行为来推知。特质除了能通过反应刺激信息使个体产生行为与思想外，还能主动地引发个体自身的行为，使许多刺激信息在机能上等值，在反应上一致，即不同刺激信息导致了个体的相似行为。例如，具有很强"攻击性"特质的人，在不同情境中都会做出类似的反应，即在与他人共同工作时，表现出专横霸道和盛气凌人的特征；在体育竞赛时，表现出逞强好胜的特征；在对待弱者时，表现出力图制服的特征；等等。

奥尔波特认为人有两种特质：共同特质和个人特质。共同特质是指在同样的文化形态下人们所具有的一般特质，是在人们共同生活的社会环境和生活方式下形成的，并普遍地存在于每个人身上，它是一种概括化了的行为倾向。个人特质是个人所独有的特质，代表个人的行为倾向。奥尔波特认为，世界上没有哪两个人的个人特质是相同的，因此个人特质是表现个人性格的重要因素，心理学应该把重点放在对个人特质的研究上。

奥尔波特又按照个人特质对个人行为影响程度和意义的不同，把它划分为三个重叠交叉的层次，即首要特质、主要特质和次要特质。首要特质又称根源特质，是个人最重要的特质，主导了整个人格特征，渗透于人的一切活动之中，在人格结构中处于支配地位，影响人的全部行为。例如，吝啬被认为是自私、小气的人的首要特质。主要特质是人格的重要组成部分，人格是由彼此相联系的某些主要特质组成的，主要特质虽然不像首要特质那样对个体的行为起支配作用，但它们是影响行为的重要因素，只是其渗透性稍逊于首要特质。次要特质是个人在偶然情况下或者是在某种特定场合下表现出来的，很容易随环境的变化而变化。

二、卡特尔的人格特质理论

出生于英国的美国心理学家卡特尔是美国伊利诺伊大学的心理学教授、人格和团体分析实验室主任，是运用因素分析法研究人格特质的著名代表人物之一。卡特尔认为，人格是使我们能对某人在某种情境中的行为做出预测的东西，根据一个人的人格特点，加上对情境因素的考虑，就可以预测一个人的行为反应的性质，甚至是人格的数量值。

卡特尔赞同奥尔波特把人格特质划分为共同特质和个人特质的论点，但与奥尔波特不同的是，卡特尔并不过分强调个人特质的作用，而是考虑了环境因素对人格的影响。为此，卡特尔把特质分为表面特质和根源特质。

卡特尔认为，表面特质反映了一个人的外在表现，是直接与环境接触的，常常随环境的变化而变化，是可从外部行为观察到的特质，但它们不是人格特质的本质。根源特质反映的是一个人整体人格的根本特性，是深藏于人格结构内层、具有动力性作用的特质，同时又是制约表面特质的潜在的、基础的基本因素，是建造人格大厦的基石。卡特尔认为，根源特质必须通过表面特质的中介，一种根源特质可以影响多种表面特质，但需要运用因素分析的测量方法才能发现。例如，"高傲""自信"和"主观"都是特质，通过因素分析，可以发现这些特质之间具有高相关性，因此可以用"支配性"这个根源特质对其加以解释。根源特质还可分为体质特质和环境特质两类。体质特质是由先天的生理因素所决定的，如兴奋性等，环境特质则是由后天环境因素决定的，如焦虑、有恒性等。

卡特尔经过多年研究，采用因素分析的方法确定了16种具有独立要素的根源特质（如表1-13-1所示），并据此编制了卡特尔16种人格因素问卷，以便通过测量来解释一个人的行为表现。

表 1-13-1 卡特尔的 16 种人格特质

因素	特质名称	低分者特征	高分者特征
A	乐群性	缄默孤独	乐群外向
B	智慧性	迟钝、学识浅薄	聪慧、富有才识
C	稳定性	情绪激动	情绪稳定
E	支配性	谦逊、顺从	好强、固执
F	兴奋性	严肃、谨慎	轻松、兴奋
G	有恒性	权宜、敷衍	有恒、负责

续　表

因素	特质名称	低分者特征	高分者特征
H	敢为性	畏怯、退缩	冒险、敢为
I	敏感性	理智、着重实际	敏感、感情用事
L	怀疑性	依赖、随和	怀疑、刚愎
M	幻想性	现实、合乎成规	幻想、狂妄不羁
N	世故性	坦白直率、天真	精明能干、世故
O	忧虑性	安详沉着，有自信心	忧虑抑郁
Q1	实验性	保守	勇于尝试实验
Q2	独立性	依赖、附和	自立、当机立断
Q3	自律性	矛盾冲突、不明大体	自律严谨
Q4	紧张性	心平气和	紧张、困扰

三、艾森克的人格特质理论

英国心理学家艾森克把人格特质理论与人格类型理论、因素分析方法和实验心理学方法有机地结合起来研究人格。他认为人格特质有时可能会含混不清，只有人格维度才是清楚的，维度表示的是一个连续尺度，每个人或多或少都在这个连续尺度上占有一个特定的位置。经过长期的研究，他提出了人格的基本维度及人格结构层次理论。

艾森克把人格结构分为类型水平、特质水平、习惯反应水平和特殊反应水平四级。在人格层次模型中，特殊反应水平是人对实验或日常生活经验的反应，可能是人的特征，也可能不是。习惯反应水平是指在相同情境中产生相同的特定反应，而特质水平则可以通过观察一些不同习惯反应所共有的联系得出。类型水平是联系各种不同特质的共同基础，如模型中的持续性、可塑性、主观性、羞耻性和易感性的共同基础是内倾性。同一类型的人具有相同的人格特质，且有自己的行为模式。

艾森克认为，人格的基本维度是外向与内向、神经质与稳定性以及精神质与超我机能，其中前两个维度最为重要，这两个维度构成了人格维度。

（一）外向与内向维度

外向与内向维度是人格特质的基本维度。艾森克认为，外向的人不容易受周围环境的影响，难以形成条件反射，具有情绪易冲动、难以控制、好交际、善社交、渴望刺激、向往冒险、粗心大意、易发脾气等人格特点。内向的人容易受周围环境的影响，较易形成条件反射，具有情绪稳定、好静、不爱社交、冷漠、不喜欢刺激、深思熟虑、喜欢有秩序的工作和生活，极少发脾气等人格特点。

（二）神经质与稳定性维度

神经质又称为情绪性，反映的是情绪稳定和不稳定的程度。艾森克指出，情绪不稳定的人表现出高焦虑，容易激动，并且喜怒无常等人格特点；情绪稳定的人，其情绪反应缓慢而微弱，并且容易恢复平静，这种人具有稳定、温和、善于克制和不易焦虑等人格特点。

（三）精神质与超我机能维度

精神质与超我机能是反映人格异常或正常的连续维度。高分精神质者具有倔强、固执、凶残、强横和铁石心肠等人格特点。低分精神质者具有温柔心肠的人格特点。所有精神质者在思维活动及行为表现方面都具有非常迟缓这一共性特征。

艾森克分别以外向与内向、神经质与稳定性（即情绪稳定性）这两个相关因素为横轴和纵轴，构建了一个平面直角坐标系，将人格划分为四种组合类型：稳定外向型、稳定内向型、不稳定外向型和不稳定内向型。

艾森克的人格维度模型得到了许多心理学家的赞同，这四种人格组合类型与传统的四种气质类型相对应，两者的关系如表1-13-2所示，它们在理论上相互支持、相互印证。

表1-13-2 人格类型、气质类型和人格特质三者之间的对应关系

人格类型	气质类型	人格特质
稳定外向型	多血质	善交际、开朗、健谈、易共鸣、活泼、随和、无忧无虑、爱表现
稳定内向型	黏液质	被动、谨慎、深思、平静、有节制、可信赖、性情平和、镇静
不稳定外向型	胆汁质	敏感、不安、攻击、兴奋、多变、冲动、乐观、活跃
不稳定内向型	抑郁质	忧郁、焦虑、刻板、严肃、悲观、缄默、不善交际、安静

四、人格大五结构模型

美国心理学家麦克雷（R. McCrae）和科斯塔（P. Costa）在对多个人格特质理论进行分析研究的基础上，通过"神经质、外向性和开放性人格调查表"（NEO-Personality Inventory，简称NEO-PI），完成了因素分析，发现在人格特质中存在着五对相对稳定的核心特质与因素，并提出了著名的"人格大五结构模型"。

人格大五结构模型中的五个因素分别是：(1)开放性（openness），此类个体具有想象、情感丰富、求异、创造、审美和智能等特质；(2)责任心（conscientiousness），此类个体具有胜任、公正、有条理、克制、谨慎、自律、成就、尽责等特质；(3)外倾性（extraversion），此类个体具有热情、社交、果断、活跃、冒险和乐观等特质；(4)宜人性（agreeableness），此类个体具有利他、信任、依从、直率、谦虚、移情等特质；(5)情绪稳定性（neuroticism），此类个体具有焦虑、敌对、压抑、自我意识、冲动和脆弱等特质。这五个特质的首字母构成了"OCEAN"一词，代表人格的海洋。目前已经有"人格大五因素测验量表"用于人格特质测量。

人格特质理论的相关测验量表已经广泛运用。研究结果表明，心理健康是与一个人的外向性、神经质和随和性特质密切相关的；职业心理的重要因素是外向性和开放性特质；责任心特质是在人事选拔工作中的重要参考依据。有的研究还发现，高开放性和高责任心的学生，一般都具有优良的学习成绩；而低责任心与低宜人性的学生，一般就会出现较多的违法行为或成为问题少年。研究结果还表明，那些具有高外向性、低宜人性、低责任心特质的青少年，经常会与他人发生尖锐冲突；而那些高神经质、低责任心的青少年，则容易出现内心冲突。

五、弗洛伊德的精神分析人格理论

奥地利精神病学家弗洛伊德认为，推动人格发展的动力来自本能（instinct），而人的本能可以归结为两种：生的本能和死的本能。生的本能（life instinct）又称为"爱洛斯"（希腊神话中的爱神），是指一切与保全生命有关的本能，表现为一种生存的、发展的、爱欲的力量，并代表潜伏在生命自身中的一种进取性、建设性和创造性的动机性内容，是具有建设性和创造性的积极的内在力量。与生的本能有关的心理能量称为力比多，弗洛伊德认为，它是人类行为的真正动机，在人的行为中具有重要作用。死的本能（death instinct）又称为"塞纳托斯"，是指驱使人回到有生命之前的无机物状态（即走向死亡）的本能，其中包含着由此冲动促发的攻击与破坏两种能量。

（一）人格结构

在弗洛伊德精神分析理论中，人格结构包括本我、自我和超我。

本我处于人格中最原始的潜意识结构层次中，并蕴涵着人性中最接近兽性的本能行为，具有强大的非理性心理能量。本我遵循快乐原则，一味地追求满足，是人格结构深层的基础和一切活动的内驱力，其目标是立即减少压力，获得最大化满足。

自我代表理智，介于本我和超我之间，在个体出生后很快就出现了，是人格结构中的管理和执行部分，也是人行为的"决定者"。自我遵循现实原则，但是受到超我的观察、评判和监督，如果自我违背了超我就会受到惩罚，从而使人产生自卑感或罪恶感。自我的主要功能是保持人心理的完整性，并协调人格结构中各个部分之间的关系以及人与环境的关系，对本我的冲动具有缓冲与调节的作用。

在现实原则中，为了维持个体的安全，帮助个体融入社会，本能力量会受到自我的抑制。所以，在某种意义上，自我是人格中的"执行官"，它做决策、控制行为、准许个体在比本我更高级的命令下思考和解决问题。

超我是个体童年阶段人格发展过程中最后出现的一种人格结构，它代表着由个体的父母、老师和其他重要人物赋予并示范的社会规范。超我包括意识，即当一个人做错事时，意识会用让他感到内疚的方式来阻止他的不道德行为。超我帮助一个人控制来自本我的冲动，使得其行为不那么自私而是更加高尚。

超我代表良心和自我理想的道德部分，良心规定自己的行为要遵循规则；自我理想则要求自己的行为符合理想的标准。超我的内容主要来自父母的管教、监护人所传递的文化伦理规范，是人在幼儿发展期间父母的管教和社会化的结果。超我遵循道德原则，其功能是观察、监视自我或奖赏、惩罚自我，其中良心是衡量自我为"恶"的尺度，指出自我不该做什么；自我理想则是衡量自我为"善"的尺度，指引自我应该做什么。

超我和本我都是不切实际的，因为它们都没有考虑到人在社会中的实际状况。如果对超我不加限制，就会产生完美主义者，他们不懂在面对生活时有时必须做出妥协；而若不限制本我，又会产生原始的、追求快乐的、自私的个体，他们会毫不迟疑地满足自己的每个欲望。因此，自我必须调节来自超我和本我的各种需求。

弗洛伊德认为，只有本我、自我和超我之间动态平衡，整个人格才能健康发展。

（二）人格动力

人格动力是指驱使人进行特征性行为活动的内在原因。弗洛伊德认为，人格结构中本我、自我和超我之间产生的冲突会导致人的焦虑，并使其产生一些相应的行为，由于这些行为并不受人的意识调控，而是出自潜意识层面，因此，这类行为又被称为潜意识防御机制或心理防御机制。

心理防御机制是指人在应对各种紧张性刺激信息时，为减轻或防止焦虑、愧疚的精神压力而做出的维护自己心理安宁的潜意识心理反应。焦虑是个人预料某种不良后果或模糊性威胁即将出现时产生的一种不愉快的情绪。弗洛伊德把焦虑分为以下三种。

（1）客观性焦虑。由现实环境中确实存在的、真实的原因，包括已经发生的和将要发生的事所引起的情绪反应。

（2）神经质焦虑。人担心自我无法控制本我的冲动而导致的焦虑。

（3）道德性焦虑。个人因在良心上感到自己的行为和思想违背了道德标准而产生的焦虑。一般是因超我受到了约束而产生的不安、羞愧和羞耻感。

焦虑是一种相当痛苦的负性情绪，为降低和消除焦虑，人会潜意识地采取心理防御机制。心理防御机制是保护自我免受冲突、内疚或焦虑等潜意识反应的自我心理保护机制。主要的心理防御机制有以下几种。

（1）压抑。指人将意识不能接受的欲念、情感、冲动经验和记忆从意识层面放逐到潜意识中，使意识无所觉知，以避免产生焦虑、恐惧和愧疚等体验。

（2）投射。指把自己内心不能接受的冲动、欲望和思想在潜意识中转移到他人或周围事物上，使之脱离自我，以减轻焦虑，避免痛苦，并求得内心的慰藉。例如，对父亲生气的人虽然在表面上表现出很爱父亲的样子，内心则抱怨着父亲。

（3）转移（移情移置）。指将一种引起焦虑的冲动投注改换为另一种不引起焦虑的冲动投注，即当自己的需要（某人或某物）无法直接获得满足时，将这一冲动投注于另外的对象（某人或某物）上以获得间接的满足。

（4）自居（认同）。指人潜意识地模仿某个对象，以使自己在心理上产生一种归属感的过程。

(5) 升华。指人将不为社会所许可的本能冲动或欲望,如性欲冲动、攻击冲动等转化为符合社会标准的或为社会所许可的目标、对象、行为,如有很强侵犯冲动的人最后成为了军人。

(6) 文饰(合理化)。指用一种自我能接受、超我能宽恕的理由来代替自己行为的真实动机或理由,用于为自己的错误或失败寻找托词,而不承认自己的理性不能容忍该行为的真正动机、需要和欲望,从而免除自己精神上的痛苦。文饰作用分为两种:一是酸葡萄文饰作用,即当自己希望达到的某种目的未能达到时,就否认这个目的所具有的价值和意义。二是甜柠檬文饰作用,即因未达到预定的目的,便抬高自己现状的价值和意义。

(7) 反向作用。指在人的潜意识中,把某些不被允许的内心冲动、欲望转化为某种相反的行为,以加强超我的力量,减轻和消除不断增强的自我焦虑。如吝啬的人会故意表现出大方的举动;喜欢某人却以拒绝,甚至攻击的方式表现出来。这些行为表现往往是潜意识的,人并不知道自己正在利用心理防御机制来减轻自己的焦虑,维持自己的心理状态。

(8) 固着。指人行为方式的发展停滞和反应方式的刻板化。如一个成年人的心理和行为没有随着年龄的增长而渐趋成熟,仍停留在儿童或少年阶段。

(9) 退化。指个人遇到挫折时,以较不符合其实际年龄的幼稚的行为来应对现实的困境。

(10) 否认。指个人有意识地否认某种痛苦的现实或重新解释令其感到痛苦的事实,以减轻自己内心的焦虑和痛苦。如当面临的痛苦难以应对时,人会选择不去注意情境所具有的威胁性方面,或试图去改变情境的某些地方,或选择将情境感知为不具有危险的,以逃避现实、减轻自己内心的焦虑。

第二部分

发展心理学

第一章　绪论

第二章　心理发展的主要理论

第三章　身体的发展与发育

第四章　认知的发展

第五章　情绪的发展

第六章　人格的发展

第七章　道德的发展

第八章　同伴关系的发展

第九章　学习心理的发展

第十章　性别发展与性别差异

第一章
绪论

第一节 发展心理学的研究对象与任务

发展心理学(developmental psychology)是心理学的重要分支领域之一,是研究人类心理系统发生发展的过程和个体心理与行为发生发展的规律的科学。

发展心理学有广义和狭义之分。从系统研究的角度看,发展心理学通过对种系或动物演化过程的研究,考察动物心理如何演化到人类心理,以及人的心理又如何从原始、低级的心理状态演化到现代、高级的心理状态,这是广义的发展心理学。从个体研究的角度看,发展心理学探究人类个体在从胚胎期开始一直到衰老死亡的全过程中,其心理是如何从低级水平向复杂高级水平变化发展的,这是狭义的发展心理学。通常我们所指的发展心理学取狭义的界定,着重于揭示个体在各个年龄阶段的心理特征,并探讨个体心理从一个年龄阶段发展到另一个年龄阶段的规律,具体包括婴幼儿心理学、儿童心理学、少年心理学、青年心理学、中年心理学和老年心理学等。

就人类个体心理的发展而言,从出生到成熟这一段时期是个体生长发育最旺盛、变化最快,同时,也是可塑性最强的时期,因而备受心理学家的关注。成熟意味着身心发育过程的完成,尽管从不同的评价指标来看,判断个体成熟与否的年龄标准存在差异,但总体而言,人类个体发育成熟的年龄大约为十七八岁。在发展心理学家眼里,个体从出生到成熟被视为广义的儿童期,也正因为儿童期在个体成长发展过程中所处的特殊地位,事实上许多发展心理学课题往往就是以儿童(0—18岁)为主要研究对象的。

发展心理学的研究可以突出地以"www"来表示,即:"what"(是什么),揭示或描述心理发展过程的共同特征与模式;"when"(什么时间),梳理这些特征与模式发展变化的时间顺序;"why"(什么原因),对这些发展变化的过程进行解释,分析发展的影响因素,揭示发展的内在机制。

如果更具体些,我们可以将发展心理学的主要研究内容概括为以下几个方面。

一、描述发展的普遍行为模式

发展心理学学科的创立,最根本的目的是要揭示发展的普遍行为模式。行为模式是指个体在解决问题的活动过程中所表现出来的现实的心理发展水平,它既包括外显的行为特质,也包含内隐的心理特征。儿童的行为模式是知、情、意等领域整合而成的现实的心理组织系统,因此,儿童的身体动作是怎样发展变化的、认知的发展变化如何、语言是怎样发展的、情绪的发展变化特点是怎样的、个性是怎么形成与变化的等,都是发展心理学主要研究框架的有机组成部分。普遍行为模式的建立，为我们认识儿童提供了有意义的参照。真正的心理发展模式应该具有普遍意义，即要能反映生活在各种社会文化背景下的儿童所共同经历的发展过程。儿童的动作发展模式、语言获得模式、皮亚杰所描述的儿童思维发展阶段等，都是儿童心理发展的普遍模式。

例如，从儿童说出的语句的结构完整性和复杂性看，句子或语法结构的发展体现出其语言从单词句到双词句，再到简单句、复合句的发展趋势。儿童在 1—1.5 岁左右开始说出有意义的单词，他用一个单词来表达比该词意义更为丰富的意思。使用单词句时通常是单音重叠，如"球球"，并随不同的情境可能表示几种不同的意思。约从 1.5—2 岁时，儿童开始说由双词或三词组合在一起的语句，如"车车开开"等，其表现形式是简略、断续的，且结构不完整，类似于成人发电报时用的语句，故又称电报句。此时，儿童说单词句的现象基本消失。到 2 岁左右时，儿童开始出现结构完整的简单句从而取代双词句，此后复合句也逐步出现。尽管复合句出现后，4—5 岁的儿童会表现出喜欢反复尝试用复合句的倾向，但对于简单句和复合句也保持着同样的发展趋势。由此可见，句子和语法的发展体现出句子结构从混沌一体到逐步分化、从不完整到逐步完整、从松散到严谨的趋势。

二、解释和测量个别差异

对心理发展普遍模式的描述，为我们提供了儿童心理成长的基本框架。但就每个个体而言，尽管其心理发展遵循相同的模式，但我们必须注意到发展的个体差异是巨大的：不仅发展的速度、最终达到的水平各不相同，个体的各种心理过程和个性心理特征也不相同。刚刚出生的婴儿，就有明显的个体差异。心理学家认为，儿童是带着先天气质特征降临于世的，这些先天气质特征更多地受儿童神经系统活动类型的影响，也部分地反映了个体在胎儿期受到的环境刺激状况。在儿童的智力发展领域，个体差异以不同的方式体现：有的儿童早慧，有的儿童天生有智力缺陷；有的儿童在语言方面具有优势，有的儿童则在操作、推理方面具有优势。同时，儿童更是会表现出多种多样的性格特征：有的活泼、外向、热情、喜爱交往；有的内敛、内向、不太合群。儿童个体间的差异是如何产生的？这些差异怎样才能得到准确的评估？如何科学地解释儿童彼此之间的个体差异？发展心理学会对这些问题做出合理的解答。

三、揭示心理发展的原因和机制

我们不仅要了解儿童心理发展的普遍模式和存在的个体差异，从本质上说，更需要去揭示儿童心理发展的原因和机制，从而构建有关心理发展的理论体系。皮亚杰对儿童思维发展机制的揭示就大大丰富了我们对儿童思维本质的认识，而他划分儿童思维发展阶段的依据是不同年龄阶段的儿童其思维的机制在本质上是有差别的。例如：处于感知运动阶段的儿童，其思维离不开动作的参与，动作是思维的来源与过程；处于前运算阶段的儿童，其思维从动作思维向具体形象思维转化；处于具体运算阶段的儿童，获得了守恒概念，其思维具备了运算的性质，但运算的对象只能是具体的事物；处于形式运算阶段的儿童，其思维机制就是可摆脱具体的事物而进行抽象的运算。而"内化与外化的双向建构"（同化与顺应）则是贯穿于儿童整个思维发展过程，并使思维发展水平出现量变与质变的内在原因和机制。对儿童语言获得而言，争论的焦点在于：为什么儿童在出生后的短短三四年内，就能基本上掌握并运用本民族的语言？虽然母语不同、语言环境不同，为什么儿童语言发展会经历如此相似的历程？围绕这些焦点问题，有人提出了个体存在先天的语言获得机制的观点，也有人提出了模仿在儿童语言获得中有巨大作用的观点。可以说，对心理发展原因和机制的揭示，不仅能帮助我们在教育过程中更好地遵循儿童心理发展的规律，也使我们对儿童心理发展的培养与干预有了科学的依据。

四、探究不同的外在环境对心理发展的影响

决定心理发展的因素主要是遗传与环境。遗传的作用在儿童出生时就已经充分体现出来了，环境则在儿童成长过程中不断地对其自身产生影响。儿童生活的环境各不相同，这些环境因素也被视为儿童行为的生态圈。在这些生态环境中，儿童接触时间最长、产生的影响最大的几个因素分别是家庭、学校和社区。在儿童成长的不同阶段，这些不同的生态环境对他产生的影响是不同的。就家庭而言，父母的养育方式、文化水平与职业状况、个性、亲子关系的质量、家庭类型（完整家庭还是单亲家庭）、家庭的物质生活条件等都是对儿童发展产生影响的主要因素。学校中的师生关系、同伴关系、班级凝聚力、教师的教学与管理方式等，对儿童也会产生不同程度的影响。在社区环境方面，邻里关系、社区文化娱乐设施、社区社会支持体系等是较为重要的环境变量。就目前而言，大家普遍关心的环境因素通常涉及家庭的影响、寄宿制对儿童心理成长的影响、网络化社会对不同年龄个体心理发展的影响等。了解不同的生态环境对儿童发展的影响，既有助于揭示心理发展的原因和机制，也可以为营造儿童健康发展的生态环境提供科学的指导。

五、提出帮助与指导儿童发展的具体方法

总体而言，发展心理学是一门理论密切联系实际的学科。理论的构建不仅仅是为了解释种种心理现象发生发展的过程与原因，更是为了结合社会实际和儿童的需要来指导他们健康地发展。前一类研究可以称为基础理论研究，后一类研究可以称为应用性研究。随着发展心理学学科的发展，应用发展心理学越来越受到研究者和实际工作者的关注。因此，描述儿童心理发展的模式，测量和解释儿童发展的个别差异，揭示儿童心理发展的原因和机制，以及探究不同的外在环境对儿童心理发展的影响，其最终目的是帮助儿童顺利地度过每个发展阶段，帮助儿童解决发展中遇到的困难或暂时的障碍。例如：通过对儿童早期依恋现象的探讨，可以提出有助于儿童形成安全依恋的有效方法；通过对学龄初期儿童认知与行为特点的探讨，可以提出使儿童集中注意力、进行行为自我控制的有效手段，从而减少儿童的多动行为。

从发展心理学的主要研究内容上来分析，不难看出它处于基础研究与应用研究的交叉面上，其研究的结果既能深化我们对心理发展相关问题的认识，也有助于我们解决儿童心理

成长过程中的实际问题。

第二节 心理发展的基本问题

发展是指个体随年龄的增长,在相应环境的作用下,整个反应活动不断得到改造,日趋完善、复杂化的过程,是一种体现在个体内部的连续而又稳定的变化。发展变化从开始到成熟大致表现为:反应活动从混沌未分化向分化、专门化演变;反应活动从不随意性、被动性向随意性、主动性演变;从认识客体的外部现象向认识事物的内部本质演变;对周围事物的态度从不稳定向稳定演变。

发展首先是一系列的变化,但并非所有的变化都可称为发展。例如,暂时的情绪波动以及思想和行为的短暂变化就不能算是发展。只有那些有顺序的、不可逆的,且能保持相当长时间的变化才属于发展。发展通常使个体产生更有适应性、更具组织性、更高效和更为复杂的行为。概括起来,发展具有以下一些鲜明的特点。

一、连续性与阶段性

心理的发展变化是连续的,还是分阶段的?发展心理学家们在这一问题上看法不一。强调发展是由外部环境所决定的发展心理学家,认定发展只有量的累积,即是一小步、一小步渐进的,不存在什么阶段;强调发展主要由内部成熟或遗传所决定的发展心理学家,更倾向于认为发展是有阶段的,是跳跃式地以产生新的行为模式的形式展开的。目前较为综合的看法是,心理发展既体现出量的积累,又表现出质的飞跃。当某些代表新质要素的量积累到一定程度时,就会导致质的飞跃,也即表现为发展的阶段性。

二、方向性和不可逆性

在正常情况下,心理发展具有一定的方向性和先后顺序,既不能逾越,也不会逆向发展。例如,个体动作的发展,就遵循自上而下、由躯体中心向外围、从粗大动作到精细动作的发展规律,这些规律可概括为动作发展的头尾律、近远律和大小律,这在每个儿童身上都是如此。此外,儿童体内各大系统成熟的顺序是:神经系统、运动系统、生殖系统;大脑各区成熟的顺序是:枕叶、颞叶、顶叶、额叶;脑细胞发育的顺序是:轴突、树突、轴突的髓鞘化。这种方向性和不可逆性在某种程度上体现了基因型在环境的影响下不断把遗传程序编制显现出来的过程。

三、不平衡性

个体从出生到成熟其成长并不总是按相同的速度直线发展的,而是以多元化的模式发展的,表现为:不同系统在发展速度、起始时间、达到的成熟水平上存在差异;同一机能系统的特性在发展的不同时期(年龄阶段)有不同的发展速率。从总体来看,个体的发展在幼儿期出现第一个加速期,然后是儿童期的平稳发展,到了青春发育期又出现第二个加速期,然后再是平稳发展,到了老年期发展速度开始下降。

四、个别差异

尽管正常儿童的发展总是要经历一些共同的基本阶段,但发展的个体差异仍然非常明显,每个人的发展优势(方向)、发展的速度和高度(达到的水平)往往是千差万别的。例如:有的人观察能力强,有的人记性好;有的人爱动,有的人喜静;有的人善于理性思维,有的人长于形象思维;有的人早慧,有的人则开窍较晚。正是由于这些差别,人类世界才能多姿多彩。

五、发展的关键期

奥地利动物行为学家劳伦兹(K. Z. Lorenz)在研究小鸭和小鹅的习性时发现,它们通常将出生后第一眼看到的对象当作自己的母亲,并对其产生偏好和追随反应,这种现象叫"母亲印刻"(imprinting)。心理学家将"母亲印刻"发生的时期称为动物辨认母亲的关键期(critical period)。关键期的最基本特征是,它只发生在生命中一个固定的短暂时期。例如,小鸭的追随行为典型地出现在出生后的 24 小时内,超过这一时间,印刻现象就不再明显。

心理学家运用关键期概念,旨在说明:人或动物的某些行为与能力的发展有一定的时间,如果在此时给予其适当的良性刺激,会促使其行为与能力得到更好的发展;反之,则会阻碍个体发展甚至导致其行为与能力的缺失。印度发现的"狼孩",是关键期缺失的典型事例。狼孩卡玛拉(Kamala)由于从小就离开人类社会,在狼群中生活了 8 年,被深深地打上了狼性的烙印。因此,她后来虽然回到人类社会并经过教育与训练,但到 17 岁时她的智力才达到 3 岁儿童的水平,仅知道一些简单的数字概念,能讲简单的话。

需要注意的是,关于人类心理发展的关键期问题,目前还存在着一些争论。争论的焦点不在于是否存在关键期,而在于如何看待关键期,或者说如何科学认识关键期。

一般而言,运用关键期这一概念,通常意味着缺失了关键期内的有效刺激,这往往会导致个体的认知能力、语言能力、社会交往能力低下,且难以通过教育与训练得到改进。有研究者认为,关键期的缺失对人类发展所造成的负面影响,通常只在极端的情况下才难以弥补,对人类大部分心理功能而言,也许用敏感期(sensitive period)这样的概念更为合适:各种心理功能成长与发展的敏感期不同,在敏感期内,个体比较容易接受某些刺激的影响,比较容易进行某些形式的学习,而在这个时期以后,这种心理功能产生和发展的可能性依然存在,只是可能性比较小,形成和发展比较困难。例如,运动技能的学习敏感期在个体 10 岁左右的时候结束,如果一个人在此之前学习一种乐器,那么他经过较少的练习就能够演奏这种乐器,并且很容易保持这种技能。然而,如果一个人在 10 岁以后学习乐器,他仍然可能成为出色的演奏家,只是他必须进行更多的练习,付出更大的代价。

六、发展的年龄特征

不同的个体在生理、心理和社会化发展方面都存在个别差异,同一个人其自身的生理、心理和社会化发展程度也不同步。对于儿童来说,年龄越小,生理发育对其心理发展的影响就越大,随着儿童年龄的增长,社会化的发展对心理发展的影响则会逐渐加强。

个体的心理年龄特征是指在发展的各个阶段中形成的一般的(具有普遍性)、本质的(具有一定的性质)、典型的(具有代表性)心理特征。毫无疑问,一切发展都是和时间相联系的,心理年龄特征和个体的实际年龄、生理年龄有关。但与此同时,心理年龄特征并不意味着每个年龄段都有相应的年龄特征。在一定的条件下,发展的心理年龄特征具有相对稳定性;随着社会生活和教育条件等环境的改变,也有一定程度的可变性。例如,"成熟期前倾"就是指由于物质生活条件的改善,使得青少年生理发育普遍提前,而与此相应的心理年龄特征也提早出现。

我们可以依据心理发展的年龄特征对发展阶段进行划分。研究者根据不同的发展维度来看待人生的发展阶段。例如,皮亚杰以智慧发展的不同类型来区分个体发展的阶段,弗洛伊德、埃里克森以个性特征作为划分发展阶段的依据,等等。不论以何种标准来进行划分,发展的心理年龄特征总有相当的整体结构性,主要体现在个体成长过程中起主导作用的生活事件和活动形式,以及智力与人格发展等方面的特点上,它不是一些无关特征的并列和混合。

第三节　遗传对心理发展的影响

俗话说:"种瓜得瓜,种豆得豆。""龙生龙,凤生凤。"遗传是指遗传物质由上代传给下代,脱氧核糖核酸(DNA)是遗传的物质基础。遗传因素在个体身上体现为遗传素质,主要包括机体的构造、形态、感官和神经系统的特征等通过基因传递的生物特性,而其中最主要的是大脑和神经系统的解剖特点。遗传素质在精子和卵子结合的一刹那就已经决定了,它是心理发展的生物前提和自然条件。

一、动物的行为遗传

对动物进行选择性繁殖,可以看到一些遗传效应。屈赖恩(R. C. Tryon)依据走迷津能力的高低对一群最初未加挑选的白鼠进行了分类,选择其中聪明的公鼠与聪明的母鼠配对、繁殖,迟钝的公鼠与迟钝的母鼠配对、繁殖,再对子代白鼠走迷津的能力进行考察。这样重复到第七代,聪明组(B)与迟钝组(D)的表现相差极为明显:聪明组白鼠进入盲路的次数要大大低于迟钝组白鼠(如图2-1-1所示)。这说明,动物的某些行为能力具有明显的遗传效应,不同遗传素质的白鼠具有截然不同的学习能力。

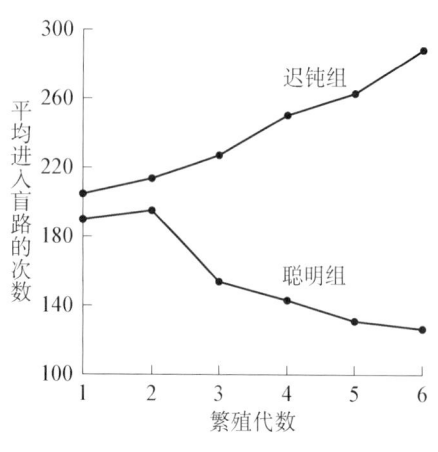

图2-1-1　选择性繁殖与白鼠走迷津错误次数之间的关系

动物的行为遗传实验所得的结果虽不能简单地推论到人类身上,但可以用来说明学习能力的遗传是存在的。

二、家谱与血缘分析

(一) 家谱分析

家谱分析是通过对某个"标志对象"(即具有某一特征或某种异常行为的典型个案)的家庭历史、亲属关系进行调查,来分析某种特征在该家系中出现的频率。

英国遗传学家高尔顿(F. Galton)坚持以遗传的观点来解释个体差异。他认为遗传在发展中起决定作用,儿童的心理与品性在生殖细胞的基因中就已经决定了,发展只是这些内在因素的自然展开,环境和教育只起引发作用。高尔顿运用名人家谱调查法,从英国的政治家、法官、军官、文学家、科学家和艺术家等名人中选出 977 人,调查他们的亲属中有多少人曾经成名。结果发现,名人的亲属中有 332 人也同样出名。而对照组中是人数相等的普通人,他们的亲属中只有 1 个名人。高尔顿认为,两组群体中名人比率如此悬殊,证明能力受遗传决定。在随后进行的对名人的孩子与教皇的养子进行的比较调查中,高尔顿还发现,教皇养子成名的比率不如名人之子高,高尔顿认为,教皇养子的成长环境与名人之子相仿,因此名人之子成名更多的原因在于遗传而不在于环境。

(二) 血缘关系研究

血缘关系研究是通过探查家族中不同亲密关系的亲属之间的基因遗传相似程度(即血缘关系的远近)以及他们的某些心理特征之间的相似程度,来推测遗传对心理发展的作用。研究表明,智商之间的相似性与遗传基因之间的相似性的确存在相关关系。图 2-1-2 反映的是来自 8 个国家的智慧测验相关系数,可见遗传特性越接近,智慧的相关程度就越高。

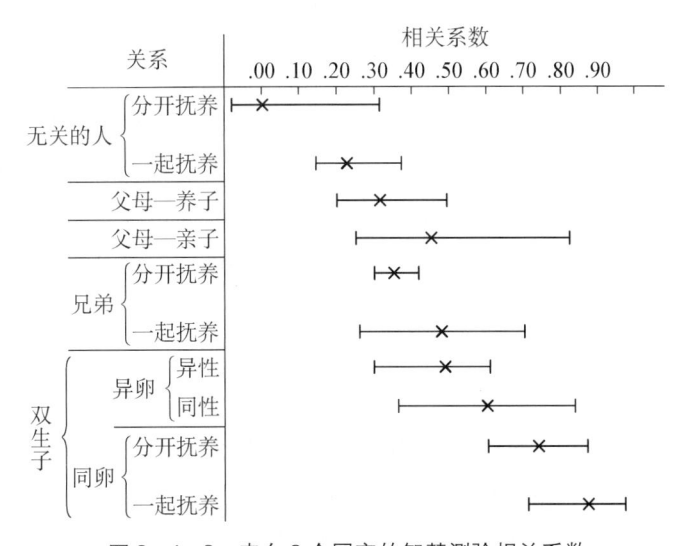

图 2-1-2 来自 8 个国家的智慧测验相关系数

家谱、血缘分析虽有一定的价值,但由于家族往往不仅在遗传上有联系,而且相当长时期是共处于相似环境中的,因而由此得出遗传对某个特征起到了决定性作用的结论似乎过于绝对。

三、双生子对比研究

对同卵双生子（identical 或 monozygotic twins）与异卵双生子（fraternal 或 dizygotic twins）或普通兄弟姐妹进行比较，是研究遗传对心理发展作用的最有效途径。同卵双生子是由同一个受精卵分裂而成的两个胚胎各自发育成的两个个体，两者具有几乎完全相同的遗传特性。因此，同卵双生子所表现出来的心理与行为上的相似性，可以被看成是遗传对发展所起的作用；同时可以把同卵双生子心理与行为发展的差异归因于环境因素。而异卵双生子之间与普通兄弟姐妹之间一样，皆只有50%的共同基因，因此，异卵双生子之间的发展差异与普通兄弟姐妹之间的发展差异应无太大区别。这样，我们可以通过对比同卵双生子与异卵双生子对偶内的行为差异，来分析某种行为的遗传效应。

巴斯（Buss）和普洛闵（Plomin）选取了139对同卵双生子和异卵双生子，并对其情绪稳定性、活动性（爱动或好静）和社会性（活泼或羞怯）三种人格特质进行了评定。结果发现，在这三种人格特质上，同卵双生子之间的相似程度均显著高于异卵双生子之间的相似程度（如表2-1-1所示）。

表2-1-1 双生子之间人格特质的相似程度

人格特质	男孩间的相似程度		女孩间的相似程度	
	同卵双生子	异卵双生子	同卵双生子	异卵双生子
情绪稳定性	0.68	0.00	0.60	0.05
活动性（爱动或好静）	0.73	0.18	0.50	0.00
社会性（活泼或羞怯）	0.63	0.20	0.58	0.06

通过双生子对比研究可以发现，人的体征的遗传制约性比行为能力的遗传制约性要大，其中发色、眼色的遗传最为明显；不同的心理行为受遗传的制约程度不同，例如，语言、空间、数等能力的遗传一般要大于记忆、推理方面的遗传；人格方面也存在着遗传效应，例如，美国和以色列的研究人员发现，个性中的好奇心与第11对染色体上的基因有联系，而在第17对染色体上则存在与焦虑相关的基因。

四、遗传疾病

我们知道遗传物质的载体是染色体，遗传的物质基础是DNA（或基因）。它们的病变往往会使人类患上遗传疾病。遗传疾病一般由基因突变和染色体异常造成，其数量大得惊人，现已查明的有上千种。

基因突变是指细胞内遗传物质的化学成分、DNA链上某一小段由于某种原因所引起的分子结构的变化。突变发生后会按照各种遗传方式传递给后代。基因遗传病传代规律复杂，可分为常染色体显性遗传、常染色体隐性遗传、性连锁显性遗传、性连锁隐性遗传等。

染色体异常是由于细胞核内染色体数目减少或增加,染色体某一节段的短缺或易位引起的,通常能从光学显微镜中看到。由于每一染色体内包含有近千个基因,因此染色体异常往往表现为多种缺陷的综合征,病情比较严重。

唐氏综合征(Down's syndrome)是最常见的由于染色体先天缺陷而引起人类智力低下的例子,它又被称为先天愚型、伸舌样痴呆。它是以身体和智力的迟钝为特征的,并且会呈现出相当独特的外貌。患者一般脸型圆满,两眼旁开,塌鼻梁,口小舌大,伸舌流涎,耳朵畸形,另外还有一些不正常的特征,例如,蹼指或蹼足,即俗称的"通关手",牙齿异常,用笨拙的扁平脚行走,等等。他们较易患白血病和心脏病,常因呼吸道感染而早夭。由于医学技术的进步以及对唐氏综合征患者的及时治疗,他们的生命期已经得以大大延长。与其他类型的(如多动的、任性的、不能控制行为的)儿童相比,大多数唐氏综合征儿童充满感情、安静、性格较开朗,因而更有可能被关在家里待很长一段时间。这种由遗传所导致的智力缺陷,目前尚没有有效的途径来克服它,处理方法是使儿童的潜能尽可能得到充分的发展。

1959年,有人证实了唐氏综合征是由于第21号常染色体产生偏差所引起的。这是遗传学上的重要突破,也是首先得到证明的由常染色体引起人类疾病的病例,它归因于第21号常染色体的易位或没有分离。在易位时,21号染色体的一部分附加到了另外的染色体上,通常会易位到第13、14、15或22号染色体上,这样,虽然人体中仍然有46条染色体,但是它们的排列顺序遭到了破坏。更常见的是染色体没有分离,患病的个体在第21号常染色体上有三条染色体,所以这种病也被称作21-三体综合征,这多余的染色体可能是在生殖细胞减数分裂的过程中出现的,是减数分裂失败的一种结果。

唐氏综合征可以在出生前通过羊膜穿刺来加以检测。在进行羊膜穿刺时,医生会将一根穿刺针插入羊膜囊,囊包围着胎儿,羊水被移动,这种液体含有胎儿身上脱落的细胞,因为每个细胞含有个体的遗传信息,所以检查这些细胞就可以知道某种染色体和新陈代谢是否存在异常。怀孕的第16周前后是进行羊膜穿刺的最好时间,在这个时候,有足够的胎儿细胞落在羊水中,而且这时胎儿还小,不会因穿刺而受到伤害;另外,如在此时发现有异常,选择人工流产是足够及时和安全的。

第四节 环境对心理发展的影响

一、胎内环境的影响

环境因素对一个人的影响从受精卵形成的那一刻起就开始了。子宫是影响个人成长的最早的环境,该环境又称为胎内环境。一个胎儿与另一个胎儿所受到的胎内环境有很大的不同。孕妇的身体健康状况,接触烟酒、毒品及其他药物的情况,怀孕时的年龄,情绪状态,以及分娩状况(如早产或难产)等都可能直接或间接地影响胎儿心理的发展。这里我们分析几个主要的胎内环境因素。

（一）母亲的年龄

一般说来，随着发育成熟，女性从18岁开始，约有30年左右的生殖期。母亲在生育时所处的年龄阶段会对下一代产生或多或少的影响。

会对胎儿产生影响的母亲年龄主要指：母亲年龄偏小与母亲年龄偏大。若年龄太小（18岁以下）生育，则会导致胎儿体重过轻、神经缺陷的可能性增加，这是婴儿死亡的主要原因。年轻母亲分娩困难的概率要高于正常孕妇，也较可能得并发症，如贫血等。而母亲年龄偏大，尤其是35岁以上生育，则易出现分娩困难和死胎增多的情况，另外胎儿患上唐氏综合征的可能性也会大大增加。因此，20—35岁应该是生育的最佳年龄。

（二）母亲服药

药物对成长中的胚胎或胎儿会有潜在的影响，其作用的大小往往视使用的剂量、时间、次数及药物本身的性质而定。

20世纪60年代初，联邦德国的一家医药公司推出了反应停（Thalidomide）——该药可以减轻孕妇的恶心、呕吐、无名状的难受等常见的早孕反应，还有镇痛、定神、改善睡眠等作用，当时许多孕妇都服用了该药物，结果诞生了近万名畸形婴儿：孩子或是耳鼻发育不完全，或是心脏功能出现问题，最典型的是四肢特别短，上肢表现为桡骨、尺骨完全不存在，手好像直接从肩部长出。

除了反应停以外，某些口服避孕药因含有雌激素，也会伤及胎儿。麻醉剂、抗生素等同样都会对胎儿的发展产生影响。母亲吸烟、酗酒对胎儿的危害也类似于药物对胎儿的影响。孕期吸烟会影响胎儿的健康。大量资料表明，吸烟的孕妇或连续暴露在充满烟雾的环境中的孕妇，其胎儿早产的发生率、新生儿的发病率及死亡率比一般孕妇高。香烟中的尼古丁可引起周围血管的收缩，直接影响胎儿的血氧供给，同时妨碍了胎儿利用维生素C的能力，过量吸烟可致胎儿宫内发育迟缓。孕妇大量饮酒，会引发胎儿酒精综合征，表现为婴儿生长迟缓、早产、智力落后、身体畸形、患上先天性心脏病等。

药物作用于胎儿的方式一般有两种：一种是透过胎盘，对胎儿和母亲产生同样的效果；另一种是药物改变了母亲的生理状况，从而也改变了子宫内的环境。给孕妇用一种脊髓麻醉药物能使她的血压大大下降，但同时供给胎儿的氧气量也会严重减少。因此，怀孕或可能已怀孕的妇女应避免使用任何药物，如果确有服药的必要，应在医生的指导下进行。在怀孕的早期几个月，这些因素对胎儿造成的不利影响往往最大。一般妊娠7个月后，胎儿发育已较为完善，药物对他们的作用便大大降低。

人类胎儿的胚胎期（2—8周）是机体各系统与器官迅速发育成长的时期（也就是系统与器官发育的关键期），若受到外界不良刺激的影响，相比于个体成长的任何其他时期，这一时期是最易造成先天缺陷的时期。

（三）母亲的情绪

尽管母亲和胎儿的神经系统之间没有直接的联系，但母亲的情绪状态确实能够影响胎儿的反应和发展。一般而言,母亲短暂的不良情绪对胎儿的身体和精神不会造成大的危害。但是,如果母亲在怀孕期间遭受了直接的、重大的精神刺激,或者是长时间处于紧张不安、焦虑、夫妻关系不和等的状态,则这些负面情绪状态会导致孕妇体内的血管收缩,以致对胎儿的供血量也相应减少,长此以往,会对胎儿大脑发育造成严重影响,并导致新生儿身体瘦小、体质差等问题的发生,其在心理上则表现为易神经过敏及变得偏执。孕妇过于激烈的情绪,还有可能导致流产。

母亲在受到精神的极度刺激或长时间刺激时,这些刺激会作用于大脑,并传递到下丘脑使母亲产生消极的情绪体验;同时,它们也会使母体释放出一种叫儿茶酚胺的激素,这种激素会通过胎盘进入胎儿的血液,同样使胎儿体内发生化学变化,并通过自主神经系统与内分泌系统,使胎儿产生与母亲类似的情绪反应。

母亲的情绪与胎儿的情绪并不存在一一对应的关系。但母亲种种激烈的情绪反应,或长时间的消极情绪,会在胎儿身上产生累积效应,从而使孩子一出生就带有不良的心理状态。

二、早期经验的作用

相对于人类而言,在动物身上进行有关早期经验的剥夺与早期环境条件的丰富性研究更具有现实可行性。动物繁殖与成长的周期短,因此能较快地看到研究的结果,且此类研究也不受人类道德原则的制约。研究者可以把动物实验的结果在一定程度上类推到人类身上。

(一) 动物早期经验剥夺的研究

罗森兹韦格(M. R. Rosenzweig)等人在加利福尼亚大学进行了小鼠生存环境对大脑发育影响的比较研究。一组小鼠被饲养在丰富的环境条件下,这些丰富的环境条件包括:大的笼子,有小梯、轮子、小箱、平台等"玩具"。另一组小鼠则被置于单调的环境条件下,每天除了定时有食物供应外,没有丰富的环境刺激。4—10周以后,研究人员对两组白鼠分别进行了解剖。解剖的结果是:成长于丰富环境中的白鼠的大脑皮质更厚、更重,神经递质的活性更强,神经胶质细胞更丰富,细胞体与细胞核更大,突触联系更丰富。该研究充分说明早期丰富的环境刺激有助于动物大脑神经系统的发育。

哈洛(H. F. Harlow)和他的同事把刚出生的恒河猴隔离在特制的房间里,猴子成长所需的物质条件都能得到满足,例如,食物与水均自动供应,但不许它们与人和其他猴子接触。研究发现,隔离时间长的恒河猴,会出现心理失调的问题。这些猴子与其他处于正常环境中的小猴相比,显示出了许多异常的行为模式,例如,自己咬自己,做出表示害怕的怪相,走路时身子摇晃,喜欢独自蜷缩在角落里,还有许多刻板的动作,等等。幼猴行为失常的严重性与隔离时间的长短、隔离开始的时间有关。

(二) 早期生活经验对儿童心理发展的影响

对孤儿院儿童的研究,在某种程度上可以说明环境的作用。在孤儿院里,由于一个照料者往往要照看许多孩子,而且照料者经常被更换,因此,生活在孤儿院里的儿童很少受到社会刺激,也很少有机会与其他儿童建立关系。在有的孤儿院里,小孩子的婴儿床之间用布帘隔开,儿童没有机会看到外面,很少接收到知觉—认知信息。久而久之,这些儿童因为长时期躺在婴儿床上,逐渐变得忧郁,因此,当他们到了可以自己环视四周、探索世界的年龄时,就会表现出许多适应方面的缺陷。

墨森(P. H. Mussen)等心理学家总结了早期进孤儿院的孩子的发展状况,认为这些孩子与一般孩子相比存在三方面的差异。孤儿院的孩子明显地比其他孩子更爱闹事(如脾气暴躁,有欺诈偷窃、毁坏财物、踢打他人等行为);更依赖大人(需要别人留意,要求不必要的帮助);更散漫和多动。研究者认为,与成长于正常家庭环境的孩子相比,生活在孤儿院的孩子往往既缺乏认知与社会性刺激,也缺乏应答性的反应,因而他们往往有情绪与社会性方面的缺陷,并且这种缺陷会一直持续到成年期。

研究发现,环境对于那些有危险遗传因素的个体影响更大。环境的影响通常还与关键期、早期经验等密切相关。在某些特定的时期,儿童的确会显著地从某种经历或环境因素中获益,或者是受到伤害。依据现有的对关键期的认识,这些经验是无法被替代或是被治愈的。不过同样有研究表明,儿童具有相当的恢复能力,他们能够克服绝大多数由于经验不足或操作不当所造成的负面效应。

三、家庭

就影响力和影响广度而言,任何环境因素都比不上家庭。在家庭里,儿童在游戏和探索客体的过程中,开始认识物质世界。家庭也将人与人联系在了一起,而且这种联系是独一无二的。个体对父母的依恋通常会持续一生,并成为其在更广阔的社会空间,如社区、学校和社会中建立人际关系的原型。在家庭中,儿童学会了本民族的语言、技能、社会价值观和道德价值观。

家庭环境的质量是影响孩子心理发展的重要因素。萨默洛夫(Sameroff)等人对一个儿童样本从4岁追踪到14岁,并在儿童成长到这两个年龄时,用表2-1-2中所列的危险因子项目对儿童的家庭环境进行测量。结果发现,儿童的智商与危险因子数目之间存在着负相关,即家庭环境危险因子愈多,儿童的平均智商愈低。研究还发现,没有哪一个危险因子能单独起关键作用,通常都是若干个因子在联合起作用。儿童4岁所经历的家庭危险因子,对14岁时的智商仍有预测作用,早期经历困难环境的儿童不但会存在智力发展问题,而且还会有其他方面的适应问题。

表2-1-2 萨默洛夫在家庭环境和智商关系的研究中用到的危险因子项目

危险因子	基本描述
少数民族地位	家庭是非裔美国人家庭
职业	一家之主没有工作或从事技术含量很低的工作
母亲的受教育水平	母亲未完成高中学业

续 表

危险因子	基本描述
家庭规模	有4个或多于4个孩子
父亲缺失	父亲不在家里
压力大的生活事件	在儿童成长的前4年里家庭至少经历了20件压力大的事件
养育观念	父母养育孩子的观念较为顽固和绝对化
母亲的焦虑	母亲的焦虑超乎寻常
母亲的心理健康状况	母亲的心理健康状况较差
母亲与孩子的互动	母亲与孩子没有良好的交流与沟通

在工业化国家,人们往往根据个体从事什么工作以及收入多少来给他们划分阶层,这些因素决定了他们的社会经济地位。研究人员以社会经济地位(socioeconomic status,简称SES)为指标,评价家庭在这一连续体上的位次。

社会经济地位与做父母的时机选择、家庭规模相联系。从事熟练工种、半熟练工种等体力劳动的人(如机械师、卡车司机、保管员),与白领及专业人士相比,往往结婚更早,生孩子也更早,生的孩子也更多。在抚养孩子的价值观和期望上,这两类人也有差异。例如,在问到他们希望孩子具有什么样的个人品质时,SES低的父母更注重像顺从、礼貌、整齐、干净这样的外在特征,而SES高的父母则更注重像好奇心、幸福、自我导向、认知和社会成熟这样的心理品质。

这些差异在家庭互动中也会被反映出来。社会经济地位高的父母会更多地和孩子说话,给予他们更多的刺激和更大的自由探索空间。孩子长大后,SES高的父母会给孩子更多的温暖、解释和语言鼓励,并设置更高的发展目标。而SES低的家庭常出现诸如"你必须做,因为我告诉你了"的命令,以及批评和体罚。

随着社会的飞速发展,电视、手机、网络等成为了个体成长过程中不可或缺的环境因素。曾经有心理学家称电视为"家庭的成员",因为它的存在已影响了不少家庭成员在一起度过的时间及选择从事的活动。一方面,电视及网络等大大拓宽了儿童的视野,另一方面,儿童常常会从各种媒体工具中学到各种各样的行为。有研究发现,看暴力视频较多的儿童会变得更加具有攻击性,而最初就具有攻击性的儿童看了暴力视频后会形成看类似视频的瘾。而网络的丰富性、虚拟性和互动性,非常适合儿童的心理特点,因此,它深入儿童的生活是必然的。

时代的发展也导致家庭系统的不断变化。最近几十年来,人口出生率下降、离婚率升高、女性扮演的角色越来越多样、生育时间推迟等因素已经导致家庭变小,更多的单身父母、再婚父母、雇佣妈妈和双职工家庭的出现使家庭变得比以往任何时期都更加多样化,其对儿童心理发展的影响也变得更加复杂。

四、学校

学校是一个正式机构，在这里，教师有目的地向学生传授他们需要的知识和技能，使他们成为对社会有益的人。学校教育作为特殊的环境和特殊的活动，是影响个体发展的环境因素的重要组成部分。

学校是复杂的社会系统，影响着个体多方面的发展。学校教育是否对个体的发展起主导作用，不仅取决于它本身的水平，而且取决于它和其他环境、活动影响之间的协调。不同的学校在物理环境上是不同的：学生们的体格不同、每个班级的学生数量不等、每个学生得到的学习和游戏空间不同。学校间的教育理念也有所不同：有的教师认为学生是消极的、可以被教育塑造的学习者；有的教师认为学生是积极的、充满好奇心的、能自主学习的学习者。此外，学校的社会生活也在许多方面存在不同，如学生的合作与竞争的程度；具有不同的能力、社会经济地位、种族背景的学生一起参与学习的程度；教室、过道、操场是安全的、人性化的，还是有不安全隐患的、缺乏人性化设计的，等等。

学校在促进儿童认知发展方面起着重要的作用。跨文化研究发现，儿童多方面的认知发展受到学校的深远影响，比起其他方面的影响，学校的影响更为有力且更为连贯、一致。研究表明，及时入学接受教育的儿童与那些没有接受正式学校教育的儿童相比，其认知发展明显更好。儿童在学校里学会了记忆技巧，能对所学的材料进行精致化加工，掌握了记忆术；儿童逐渐掌握了归纳推理能力，掌握了对具体概念进行抽象的能力，掌握了分析与综合的能力；儿童能够更准确地理解语言所表达的更为抽象的关系，能够运用语言进行更为复杂、准确的交流；最为重要的是，儿童通过在校学习，还学会了对自己的认知过程进行全面与合理的监控，即元认知。

为什么学校具有这么大的影响力呢？罗高夫(B. Rogoff)认为可能有以下四个方面的原因：第一，学校教育直接教会了在校儿童必须掌握的技能；第二，学校重视教给儿童抽象的能力，让他们学会找一般规律，触类旁通；第三，学校教育强调"校内"与"校外"的区别，"校内"所教的内容以语言传授为主，这种教育方式促进了儿童以语言为基础的抽象思维的发展；第四，所有学校的共同目标是为了提高受教育者的文化水平，儿童不但习得了抽象思维等能力，而且掌握了阅读技能，这无疑为他们了解世界打开了方便之门。

五、社会文化背景

只有把儿童放在大的社会文化背景中加以考察，才能完整地揭示其发展规律。面对"谁应该负责养育小孩"这样的问题，不同社会文化背景中的人们会给出不同的回答。比如，在西方文化背景下，人们大多数会回答"如果父母决定要小孩，那么他们就应该做好照料小孩的准备""基本上都会自己抚养孩子，而不愿意别人来打扰他们的家庭生活"。这些回答反映了在西方文化背景下公众所持的一个观点：照料和养育孩子是父母的责任。但与此同时，在我国的部分地区还保留着大家庭(extended family)的传统，在这样的家庭中，父母和孩子往往与其他成年亲属共同生活。在这样的大家庭中，祖父母对年轻一辈起有益的指导作用。

当碰到了工作、婚姻或育儿问题时,家庭成员间能相互帮助并提供情感上的支持,这使儿童的养育质量也得到了提高。

除此以外,不同的文化背景对集体主义(collectivism)和个人主义(individualism)的强调程度也大不相同。在集体主义社会中,人们把自己看作群体的一部分,强调集体目标高于个人目标。在个人主义社会中,人们认为自己是独立的存在,故而在日常生活中会主要关心他们自己的个人需求。西方文化比较推崇个人主义,东方文化则比较推崇集体主义。集体主义与个人主义的价值观强烈地影响着一个国家的儿童的发展方式。

六、遗传与环境的辩证关系

尽管我们分别探讨了遗传与环境因素对个体心理发展所起的作用,但应该注意的是,遗传与环境因素对心理发展的作用并不是孤立的,而是相互依存、相互渗透的。单纯由遗传决定或由环境决定的心理发展几乎是不存在的。

首先,正常的心理活动必须具备正常的生理基础和遗传素质。遗传是儿童心理发展的必要物质前提,并奠定了个体心理发展差异的先天基础,规定了发展的高低限度,但它不能限定发展的过程以及其所能达到的程度。个体总是在各种各样的环境中成长与发展的,其发展的方向、过程、所达到的水平等,更多地受环境与教育因素的制约。因此,可以这样认为:遗传与生理成熟为个体的心理发展提供了可能性,而环境将这种可能性变成了现实性。

其次,环境对某种心理特性或行为的发生发展所起的作用,往往有赖于这种特性或行为的遗传基础。由于个体心理发展的内部条件(如遗传基础、成熟水平等)不同,环境所起的作用也就不同。

最后,遗传和环境对心理发展的相对作用在个体发展的不同阶段以及不同领域所起到的作用都不一样。在发展的低级阶段以及一些较简单的初级心理机能(如感知、动作、基本语言等)方面,遗传与成熟的制约性较大;而在发展的高级阶段以及一些较复杂的高级心理机能(如抽象思维能力、道德、情感等)方面,则环境和教育因素的制约性更大。

第二章
心理发展的主要理论

理论是一组可以用来描述、解释和预测行为的有序、完整的陈述。例如,一个用于解释婴儿和抚养者之间依恋关系的好的理论应当:(1)描述婴儿在试图从他们熟悉的成人那里获取关爱和安抚时做出的行为;(2)解释婴儿是如何以及为何会发展出这样一种渴望与抚养者建立起联系的强烈愿望的;(3)预测这种情感联结对婴儿未来人际关系的影响。

可以说,理论为我们观察儿童提供了有效的构架,能为我们所见到的问题提供指导和说明。为研究所证实的理论,常常会成为实际行动的可靠根据。在发展心理学领域,若某种理论有助于我们理解个体发展,我们就能依据该理论更好地改善儿童的家庭养育环境、学校教育政策和社会福利制度,从而促进儿童的成长与发展。

第一节 成熟势力说

成熟势力说简称成熟论,其代表人物是美国心理学家格塞尔(A. Gesell)。在研究过程中,格塞尔和同事们不仅重视临床观察,还通过向家长发放调查表的方式,收集了大量婴幼儿发展状况的资料。

格塞尔认为,个体的生理和心理发展,都是按基因规定的顺序有规则、有次序地进行的,发展是由机体成熟预先决定与表现的。例如,人类生命是从单细胞开始的,受精卵通过分裂形成胚胎,胚胎分化逐渐形成机体的不同器官和系统,然后演变为胎儿,胎儿的发展同样主要受到基因的控制。格塞尔把通过基因来指导发展过程的机制定义为成熟。个体出生以后,成熟继续指导着其发展。因此,成熟是推动个体发展的主要动力。当然,这时除成熟以外,支配心理发展的因素还有学习,但两者所起的作用是不同的。成熟是一个内部因素,决定着心理发展的方向和模式,而学习是一个外部因素,对个体的发展不起决定作用。没有足够的成熟,就没有真正的发展与变化;脱离了成熟的条件,学习本身并不能推动发展。

格塞尔的观点源于他的双生子爬楼梯研究。1929年,他首先对双生子T和C进行了行为基线的观察,确认他们发展水平相当。在他们出生第48周时,格塞尔对T进行了爬楼梯、搭积木、肌肉协调和运用词汇等训练,而对C则不做训练。训练持续了6周,其间T比C更早地掌握了某些技能。到了第53周,当C达到爬楼梯的成熟水平时,格塞尔开始对他进行集中训练,然后发现只要少量训练,C就赶上了T的熟练水平。通过进一步的观察,格塞尔还发现,55周时T和C的能力已经没有差别。据此,格塞尔断言,儿童的学习取决于生理上的成熟,成熟之前的学习与训练难有显著的效果。

在成熟势力说看来,发展取决于成熟,而成熟的顺序取决于基因决定的时间表,因此年龄便成为了心理发展的主要参照物。格塞尔收集整理了数以万计的儿童发展行为模式，于1925年编制了格塞尔发展测验(Gesell Deuelopmental Test)。该量表后经多次修订，并被翻译成多种语言文字。其中，1974年修订版本的各年龄测试内容包括幼儿行为的五个方面：适应、大运动、精细运动、语言与个人—社会行为。每个儿童可以通过与同龄人的行为发育常模进行比较，来判断自己的心智发展水平。该量表在临床实践中运用十分广泛，成为当今儿科临床和儿童心理发展研究的一个重要参照。

格塞尔认为，成熟是通过从一种发展水平向另一种发展水平突然转变而实现的，发展的本质是结构性的。只有结构的变化才是行为发展变化的基础，生理结构的变化按生物的规律逐步成熟，而心理结构的变化表现为心理形态的演变，其外显的特征是行为差异，而内在的机制仍是生物因素的控制。

如果说卢梭(Rousseau)当年提出的儿童的发展有一套进度表的说法还只是哲人的推理，那么，格塞尔则已经通过长期的、大量的观察和归纳，以科学的方式向我们展示了成熟机制的作用。格塞尔强调成熟并不是说人类行为完全取决于遗传因素，而只是表明身体成长为心理发展和个性形成提供了天然的物质基础。但不可否认的是，成熟论过于注重遗传因素，对外在环境与教育的作用关注不足。

第二节 行为主义观

一、早期行为主义的基本观点

美国心理学家华生是行为主义心理学的创始人。华生认为，心理的本质就是行为，心理学研究的对象就是可观察到的行为，而不是意识。华生否认遗传在个体成长中的作用，认为一切行为都是刺激(S)—反应(R)的学习过程，通过刺激可以预测反应，通过反应可以推测刺激。

华生对儿童心理发展的基本观点源于洛克的"白板说"，他认为儿童生来的心理类似一块"白板"，日后心理的发展就是在这块"白板"上学习建立起刺激—反应联结的过程。发展是行为模式和习惯的逐渐建立和复杂化，是一个量变的过程，因而不体现出阶段性。

在华生看来，心理学研究的目标是为了"预测人的行为，并控制人的行为"。从刺激—反应的公式出发，华生认为遗传得来的是数量甚微的简单反射，它们对个体日后的心理发展没有多少作用，而环境与教育是行为发展的唯一条件。他曾说："给我一打健康的、发育良好的婴儿和符合我要求的抚育他们的环境，我保证能把他们随便哪一个都训练成为我想要的任何类型的专家——医生、律师、巨商，甚至乞丐和小偷，不论他的才智、嗜好、倾向、能力、秉性，以及他的宗族如何。"

华生运用条件反射理论所做的婴儿害怕实验，为心理发展的行为决定论提供了最有力的证明。男孩艾伯特11个月时与白鼠玩了3天，后来，当艾伯特开始伸手去触摸白鼠时，其脑后突然响起了钢条的敲击声，艾伯特受到了惊吓，但没有哭。第二次，当他的手刚触摸到白鼠时，钢条又被敲响，他猛然跳起，向前摔倒，开始哭泣。如此反复多次，以后当白鼠单独出现时，艾伯特会表现出极度恐惧，转过身去，躲避白鼠。在这个实验里，白鼠成为剧烈声响的替代刺激，引发了艾伯特的条件反应。华生据此解释说，任何行为（包括情绪），不论是积极的还是消极的，都可以通过条件反射习得。华生进而说明，艾伯特虽然起初形成的条件反应是对白鼠的恐惧，但后来，这种恐惧则泛化到多种毛皮动物，再后来他甚至对毛皮上衣和圣诞老人的胡子也产生了恐惧。

华生认为，许多成年人的厌恶情绪、恐怖症、畏惧和焦虑，虽然其本人做不出什么合理的解释，但很可能就是多年前由某一条件反射过程引起的。应该看到，这样的实验本身是有违道德的，但不可否认，它为行为的习得与消除提供了事实依据。

早期行为主义心理学的建立对当时心理学的发展是有益的，因为它强调客观与实证，把研究重点从过多地关注意识转向行为研究的广阔天地，注重刺激与反应间的可预测关系，这有助于促进我们对儿童行为发展进程的了解。但由于华生排斥对中间心理过程的研究，因此早期行为主义发展观难以解释个体高级心理过程的发展机制；此外，他还过分强调环境和教育的作用，虽然这在行为矫治方面有独到的实际意义，但也否定了儿童自身在发展中的主动性和能动性，忽视了心理发展的阶段性和年龄特征。

二、操作性条件反射对行为获得的解释

美国心理学家斯金纳传承了华生的行为主义观。但与华生不同的是，斯金纳用操作性条件反射来解释行为的获得。他认为，行为分为两类，一类是应答性行为，另一类是操作性行为。

应答性行为是经典条件反射中由特定的、可观察的刺激引发的反应行为，例如，在巴甫洛夫实验室里，狗看见食物或灯光就分泌唾液，食物或灯光是引起分泌唾液反应的明确的刺激。

操作性行为是指在没有任何能观察到的外部刺激的情境下发生的有机体行为，它似乎是自发的。在一个操作性行为出现之后，如果有一个作为强化物的事件紧随其后发生（即"强化依随"），那么该操作性行为发生的概率就会大大增加。斯金纳设计了一种被后人称为"斯金纳箱"的实验装置，并通过观察记录白鼠、鸽子等动物在"斯金纳箱"中的行为表现，来说明操作性条件反射的形成。斯金纳认为，应答性行为比较被动，由刺激控制；操作性行为代表着有机体对环境的主动适应，由行为的结果控制。

斯金纳认为，人的行为大部分是操作性的，如游泳、写字等，行为的习得与及时强化有关。因此，可以通过强化来塑造儿童的行为。个体偶尔做出的动作得到了强化，这个动作后来出现的概率就会大于其他动作。行为是一点一滴被塑造出来的，每一个塑造出来的行为可以组合成统一完整的反应链，从而使个体的发展越来越接近人们的预期。

按照斯金纳的观点，人类语言的获得就是通过操作性条件反射形成的：父母强化了孩子发音中有意义的部分，从而使孩子进一步发出这些音节，最终掌握这门语言。斯金纳同时也认为，得不到强化的行为就会逐渐消退。因此，这一理论不仅适用于儿童新行为的获得与塑

造，对不良行为的矫正也同样具有指导意义：最常用的方法就是"忽视"儿童的不良行为，即不予强化。

斯金纳的行为发展观在行为矫正和教学实践中产生了巨大的影响。成人对儿童有意义行为的及时强化、对不良行为的淡然处置、程序教学过程中的小步子信息呈现、及时反馈与主动参与等，至今仍是强化与控制个体行为发展的有效途径。事实上，斯金纳的努力使人们对行为的认识更接近于现实。但是，不可否认的是，斯金纳的操作性条件反射观点仍然具有明显的机械主义色彩。

总体而言，行为主义发展观的最基本要旨，便是主张心理发展只是量的不断积累过程，是由环境和教育塑造起来的。

第三节 社会学习论

以华生和斯金纳为代表的行为主义学派主要通过对动物（如白鼠、鸽子等）的实验来建构理论，并用这些理论来解释人类的行为。这些理论受到抨击的一个重要原因是它们忽视了行为的社会因素。美国心理学家班杜拉（A. Bandura）的社会学习理论在某种程度上弥补了这种不足。

在班杜拉看来，儿童总是"张着眼睛和耳朵"观察、模仿、学习那些有意的和无意的行为反应，因此，他强调观察学习在行为发展中的作用，并且用实验法研究了儿童的观察学习过程。观察学习是一种普遍的、有效的学习，班杜拉将它定义为：个体经由对他人的行为及其强化性结果的观察，获得某些新的反应，或使现存的反应特点得到矫正的过程，同时，在这一过程中，观察者并没有外显性的操作示范反应。与斯金纳将学习与行为发展视为操作性条件反射的结果不同，班杜拉认为，并非所有的学习都依赖直接强化，在很多情况下，学习者输入的信息是榜样所接收到的刺激和与其相对应的反应，即刺激—反应的结合作为信息被学习者所接受。在这种情况下，榜样所受到的强化对于学习者来说是一种"替代强化"，在替代强化基础上发生的学习就是观察学习。通过观察他人（榜样）所表现出的行为及其结果，儿童既不需要直接做出反应，也不需要亲自体验强化，就可以完成学习，故这种学习也可称为"无尝试学习"。

班杜拉认为，人类许多复杂的行为都是通过观察学习获得的。学习不是被动的外部因素直接强化的结果，而是一个主动的过程，正如班杜拉所言："人是在观察的结果和自己形成的结果的支配下，引导自己的行为的。"儿童在游戏中的行为，都是通过观察或模仿完成的。通过对攻击行为、亲社会行为的研究，班杜拉坚定了"榜样的力量是无穷的"这一看法。

除了观察学习过程中的替代强化，个体还存在着自我强化。自我强化是指当自身的行为达到自己所设定的标准时，个体以自己能支配的报酬方式来增强、维持行为的过程。儿童用自我肯定或自我否定的方法来对自己的行为做出反应，而自我肯定或自我否定的标准则来自儿童周围的范型（即榜样），儿童往往以自己的行为是否比得上范型来确立个人标准。成人在儿童的个人标准形成过程中起这样的作用：当儿童的行为达到或超过范型的榜样行为时,成人会表示喜悦、鼓励或奖赏;当儿童的行为未达到范型的榜样行为时,成人会表示失望。儿童据此建立起一套自我评价的标准,并以此来调整自己的行为,从而获得发展。

观察学习或许更接近于儿童的真实学习过程。尽管班杜拉的研究也以行为为主要对象,但社会学习理论开始注意到人、人的行为和环境的相互影响。班杜拉主张儿童可以通过行为作用于他们的环境,并经常通过有效的方式改变他们的环境,这是社会学习理论对传统行为主义的重要突破。

第四节 精神分析论

一、弗洛伊德的主要理论观点

(一)人格的结构

精神分析论的创立者是奥地利心理学家弗洛伊德,他关注人格的结构与发展,并将人格划分为三个部分:本我、自我和超我。

本我是人格中最原始的部分,由一些与生俱来的冲动、欲望或能量构成,"仿佛像一锅沸腾的兴奋物"。本我不知善恶、好坏,不管应该不应该、合适不合适,只求立即得到满足,是无意识的、非道德的,它受快乐原则的支配,是人格中的生物成分。快乐原则使个体将紧张降低到能够忍受的程度,如性欲的满足、饥饿的消除都能使个体产生快乐。

自我是个体出生以后,在外部环境的作用下形成的。个体需要的满足依赖于外界是否能提供相应的条件,有时需要能及时得到满足,但很多时候需要不能及时得到满足。在这种个体与环境的关系中,个体逐步形成了自我这种心理组织。自我遵循现实原则,是人格的心理成分,它一方面使本我适应现实的条件,从而调节、控制或延迟本我欲望的满足,另一方面还要协调本我和超我的关系。弗洛伊德形象地将自我与本我比喻为骑手与马之间的关系:马提供能量,而骑手则指导马朝着他想去的方向前进。但有时候,骑手也不得不沿着马想走的方向行进。

超我是人格的最高部分,是个体在社会道德规范的影响下,特别是在父母的管教下将社会道德观念内化而成的。超我包括自我理想和良心:自我理想是一套引导儿童努力发展的理想标准;良心则由父母的禁令(如"你不应该")构成。儿童由于畏惧父母或成人的惩罚,不得不接受他们的规则并自觉地遵守它们,进而把它们转变为自己行为的内部规则,形成"良心"。如果自己的行为符合自我理想,个体就会感到骄傲;如果自己的行为违反了良心,个体就会感到焦虑。因此,超我遵循的是至善至美原则,是人格的社会成分。

人格中的三个部分分别代表着三种不同的力量,本我追求快乐,自我面对现实,超我则追求完美,所以冲突是不可避免的。

(二)心理性欲的发展

行为主义观强调对外在行为的研究,而精神分析论则注重对无意识的探究。在弗洛伊德看来,存在于潜意识中的性本能是心理的基本动力,心理的发展就是"性"的发展,或称心理性欲的发展。弗洛伊德所指的"性",不仅包括两性关系,还包括儿童由吮吸、排泄产生的快感、身体的舒适、快乐的情感等。人在不同的年龄,其性的能量——力比多会投向身体的不同部位,弗洛伊德称这些部位为性感区(erogenous zone)。在儿童的成长过程中,口腔、肛门、生殖器相继成为快乐与兴奋的中心。早期力比多的发展变化决定了心理发展状况。以此为依据,弗洛伊德将儿童的心理发展分为五个阶段。

(1) 口唇期(oral stage,0—1岁)。婴儿的吸吮动作既使他们获得了食物和营养,也是他们快感的来源。因此,口唇是这一时期产生快感最集中的区域,婴儿也会把手指或其他能抓到的东西塞到嘴里去吸吮。弗洛伊德认为,寻求口唇快感的性欲倾向一直会延续到成人阶段,接吻、咬东西、抽烟或饮酒带来的快乐,都是口唇快感的发展。

(2) 肛门期(anal stage,1—3岁)。此时,儿童的性兴趣集中到肛门区域。排泄时产生的轻松的快感,使儿童体验到了操纵与控制的乐趣。

(3) 性器期(phallic stage,3—6岁)。在这个阶段,儿童开始关注身体的性别差异,开始对生殖器产生兴趣,性欲主要表现为"俄狄浦斯情结"(Oedipus complex)和厄勒克特拉情结(Electra complex)。前者为男孩依恋母亲而仇视父亲(又可称恋母情结),后者则为女孩过分迷恋自己的父亲而仇视母亲(又可称恋父情结)。恋父(母)情结最终要受到压抑,因为男孩惧怕父亲的惩罚,女孩惧怕母亲的惩罚。

(4) 潜伏期(latency stage,6—11岁)。进入潜伏期的儿童,其性欲的发展会呈现出一种停滞或退化的状态。早年的一些"性欲"由于与道德、文化等不相容而被压抑到潜意识中,并一直延续到青春期。由于排除了"性欲"的冲动与幻想,儿童可将精力集中到游戏、学习、交往等社会允许的活动之中。

(5) 生殖期(genital stage,11—12岁开始)。在青春期,性的能量大量涌现,个体容易产生性的冲动。青少年的性需求开始朝向年龄接近的异性,并希望建立两性关系。弗洛伊德的女儿安娜·弗洛伊德(Anna Freud)认为,青少年竭力想要摆脱父母的束缚时,容易与父母产生冲突。青少年通常会采用剧烈运动来消耗体力,从而达到排解性的压力或宣泄内心焦虑与不安的目的。

二、埃里克森的主要理论观点

美国著名的精神分析医生埃里克森是新精神分析学派最为重要的代表人物之一。他在接受弗洛伊德心理性欲理论基本框架的基础上,对人格发展的每一阶段都进行了较大的扩展。在心理社会发展理论中,埃里克森沿着安娜·弗洛伊德所强调的自我适应性功能的路线,更加强调自我的作用,认为自我的作用不仅仅是调和本我与超我,它本身也是一种发展的积极力量。

埃里克森把个体从出生到临终所经历的时期称为生命周期。他关心个体发展中的人格结构,认为个体在发展中逐渐形成的人格,是生物的、心理的和社会的三方面因素构成的统一体。人格的发展过程中,要经历顺序不变又相互联系的八个阶段,而每个阶段都有一个普遍的发展任务,这些任务都是由个体成熟与社会文化环境、社会期望间不断产生的冲突或矛盾所规定的。在任何一个阶段,如果个体解决了冲突,完成了该阶段所要求的任务,就能形成积极的人格品质,相反则会形成消极的人格品质。个体就是在这样不断地解决冲突、克服心理社会危机、完成发展任务的过程中从一个阶段向下一个阶段发展的。当然,埃里克森也强调,如果个体在某一阶段未能很好地解决发展任务,他还可以通过教育等措施在下一阶段得到补偿。

埃里克森所指的心理社会发展阶段包括以下几个阶段。

(1) 基本的信任对不信任(basic trust versus mistrust,0—1岁)。此阶段的发展任务是获得信任感,克服不信任感。婴儿出生后就有种种生物性需求,要吃、要抱、要睡、要有人逗他,等等,一旦这些需求得到满足,他们就会产生对周围的人及其所处世界的信任感。而当婴儿必须要等待很长时间他们的需求才能得到满足,或者他们受到苛刻的对待时,就会产生不信任感。这种对人和环境的基本信任感是以后各阶段发展的基础,尤其是青年期形成的同一感(又称同一性)的基础。

(2) 自主对羞耻和疑virtual(autonomy versus shame and doubt,1—3岁)。此阶段的发展任务是获得自主感,克服怀疑与羞怯感。这一阶段,儿童的动作能力发展很快,必要的认知和语言能力也已具备,还多多少少形成了与父母、同伴社会交往的经验,他们开始喜欢独立探索周围世界,藐视外部世界的控制,显示自己的力量,"我来""我不"成为一些孩子的口头禅。要使孩子获得自主感,父母要给孩子一定的自由,并鼓励他们做力所能及的事。如果对儿童限制过多、批评过多、惩罚过多,就会使儿童对自身的能力产生怀疑与羞怯感。

(3) 主动对内疚(initiative versus guilt,3—6岁)。此阶段的发展任务是获得主动感,克服内疚感。儿童可以在语言和行动上更广泛地探索和扩充他们所处的环境,主动性大大增加。在主动探索的同时,如果父母过多地要求儿童进行自我控制,或者是儿童的自主性与别人的自主性发生冲突,他们就会产生内疚感。

(4) 勤奋对自卑(industry versus inferiority,6—11岁)。此阶段的发展任务是获得勤奋感,克服自卑感。儿童进入学校,意味着进入了真正意义上的社会。为了努力完成学习任务、与他人共处,儿童必须勤奋努力。当儿童在家庭、学校或与同伴共处时的消极经历使他们产生无能感时,他们就会感到自卑。

(5) 同一性对同一性混乱(identity versus identity confusion,12—18岁)。此阶段的发展任务是建立自我同一性,防止同一性混乱。所谓自我同一性是一种关于自己是谁,在社会上应占什么样的地位,将来准备成为什么样的人以及怎样努力成为理想中的人等的一系列的感觉。跨入青春期的个体,由于身体的迅速发展和性的成熟,以及所面临的种种社会义务与选择,会对过去产生怀疑,对将来感到迷茫,使得现实的自我与理想的自我难以统一,这就是同一性危机。如果个体在进入青春期之前,有较强的信任感、自主感、主动感和勤奋感,就容易实现自我同一性。

(6) 亲密对孤独(intimacy versus isolation,成年早期)。恋爱与婚姻是这一阶段的主要特征,所以发展任务是获得亲密感,避免孤独感,表现为爱情的实现,其积极的成果是亲密。

由于早期受挫,一些个体不能建立亲密关系并长期保持孤独。

(7) 繁殖对停滞(generativity versus stagnation,成年中期)。此阶段主要通过生儿育女、照料下一代,以及在工作和生活上有所创造来获得生殖感而克服停滞感。在这些方面表现欠佳的人会感到自己缺乏成就感。

(8) 自我完善对绝望(integrity versus despair,成年晚期)。在体验了人生的众多喜怒哀乐后,这一阶段的发展任务主要为获得综合的完善感,避免对自己的失望和厌恶感,表现为智慧的实现,其积极的成果是体验完成人生的使命感。与此相反,那些对过去的生活感到不满意的老人会惧怕死亡。

精神分析论强调性本能、潜意识与情感在发展中的重要作用。心理的发展是有阶段的,生命的最初几年具有十分重要的意义,任何个体在成人阶段表现出来的行为都能在其早期经验中找到根源。因此,对儿童早期经验的关注尤显重要。在个体的发展过程中,来自各方面的因素都可能导致心理性欲的发展偏离常态。

第五节 相互作用论

瑞士心理学家皮亚杰创立了发生认识论的理论体系,把生物学与认识论以及逻辑学相贯通,以揭示认知增长的机制。

人们普遍认为,皮亚杰的事实是儿童心理学最可靠的事实。在比纳实验室担任研究助理的这段时间里,皮亚杰对儿童在智力测验中的回答产生了浓厚的兴趣。在他看来,儿童的回答只是一种表象,而儿童这样回答或那样回答的原因,才是揭示不同年龄儿童认识(或智慧)本质的关键。

皮亚杰认为,认识的获得必须用一个将结构主义和建构主义紧密联系起来的理论来说明,也就是说,每一个结构都是心理发生的结果,而心理发生就是从一个较初级的结构过渡到一个较复杂的结构的过程。皮亚杰既反对先验论,也反对经验论。他认为儿童心理的发生发展不是先天结构的展开,也不完全取决于环境的影响。在他看来,发展受四个因素的共同影响,这四个因素是:成熟、自然经验、社会经验以及平衡,其中,平衡是决定性因素。

1. 成熟

成熟主要指机体的成长,特别是大脑和神经系统的成熟。皮亚杰曾引用生理学的研究成果指出,一些行为依赖生理结构和神经通路的作用。他认为,生理成熟是心理发展的必要条件但不是充分条件。借助成熟,个体可以获得发展的可能性,但要使这种可能性变成现实,必须通过机能的练习和经验的习得,并且,随着儿童年龄的渐长,自然和社会环境对其的影响的重要性将逐渐增加。

2. 自然经验

自然经验主要是指个体通过与外界物理环境的接触而获得的知识,它可分为两类。一类是物理经验,它是主体的个别动作作用于客体所产生的有关客体位置、运动和性质的经验,这些知识经验是有关客体本身的,如物体大小、轻重、软硬、颜色等。物理经验的本质特征起源于物体本身,即使主体不去作用它,它的性质也依然存在。二是数理逻辑经验,它是主体通过对一系列作用于客观事物的动作的协调获得的经验,是在反复的主客体相互作用的基础上建立起来的。这类经验本质上不是客体的,如果没有主体对客体的反复动作,数理逻辑经验也就不存在。例如,儿童从玩鹅卵石的过程中发现,无论石子如何排列,其总数保持不变。这一经验并不是石子本身具有的物理特性,而是个体通过自己的计数动作与排列动作之间关系的协调而获得的。皮亚杰特别强调数理逻辑经验对儿童认知发展的作用。

3. 社会经验

社会经验主要指社会环境中人与人之间的相互作用和社会文化的传递,主要有语言、教育和社会生活等。皮亚杰认为,社会经验对人的影响比自然环境对人的影响要大得多。在他看来,教育作为社会经验的一个方面,对儿童心理发展具有重要影响,良好的教育在一定程度上能加速儿童认知的发展。但教育并不能使儿童逾越某一认知发展的阶段,不能改变发展的阶段顺序,因而教育对发展的影响也是有条件的。可见,皮亚杰并没有把社会经验视为发展的决定因素。

4. 平衡

皮亚杰认为,认识或者说思维既不是单纯来自客体,也不是单纯来自主体,而是来自主体对客体的动作,是主体与客体相互作用的结果。思维的本质是适应,可以用图式、同化、顺应、平衡来说明适应过程。

思维起源于动作,动作(最初是先天的无条件反射)在相同或类似环境中由于不断重复而得到迁移或概括,即形成图式。图式的复杂水平直接决定了思维水平的高低。图式类似于其他学者所认为的认知结构。同化是指将环境刺激纳入机体已有的图式,以加强和丰富机体的动作,引起图式的量的变化;当机体的图式不能同化客体时,需建立新的图式或调整原有图式,引起图式质的变化以适应环境,也就是顺应。同化与顺应既相互对立,又彼此联系。

举例来说,年幼儿童刚学会个位数加法,当遇到"3+4=?"这样的问题时,他们可以借助已有的图式(即个位数加法规则),得出"7"的结论,这基本上就是同化作用。当遇到"3+8=?"这样的问题时,原有的个位数加法规则已无法解决类似的问题,儿童需要借助新的加法进位规则(也就是建立新的图式),才能得出正确的结论,这便是顺应过程。而一旦儿童已经学习加法进位规则,那么在遇到类似问题时,求解过程也就只需同化过程便可实现。当然我们应该注意到,后一种同化过程的认知水平已高于前面一种同化过程。

个体在成长发展的过程中,会不停地遇到外来刺激,通过同化与顺应机制,机体的图式会从相对较低水平的平衡,到该平衡被打破,发展到相对较高水平平衡的建立,个体的心理水平也相应到达了一个新的台阶。可以说,某一水平的平衡是另一较高水平平衡运动的开始。不断发展着的平衡状态,就是整个心理的发展过程。尽管在解释影响发展的因素时,皮亚杰也肯定了成熟、自然经验、社会经验的作用,但显然他更突出地强调了平衡的地位。他提出,平衡是发展的基本因素,并不是一种夸张;平衡甚至是协调其他三种因素的必要因素。平衡不是一种静止的、固定的状态,而是一个持续地追求更好状态的连续的过程。

皮亚杰认为,认知(或智慧)的发展是整个心理发展的核心,通过对认知发展阶段的描述,能展示心理发展的基本特征。他认为发展进程是一个具有质的差异的连续阶段,心理发展阶段出现的先后顺序固定不变,每一阶段都有其独特的图式或认知结构。前一阶段的结构是后一阶段的基础,发展阶段具有一定程度的重叠和交叉,各个阶段与个体特定的年龄相联系。他把个体认知发展的过程划分为四个阶段,我们将在第四章"认知的发展"中进行详细介绍。

第六节 社会文化理论

一、人的高级心理机能

维果茨基(L. Vygotsky)领导的"社会文化历史学派"(又称维列鲁学派,"维列鲁"指维果茨基、列昂节夫和鲁利亚等学者)通过大量的实验研究证实:社会文化历史条件作用于高级心理机能可能产生的物质基础——人脑,成为人所特有的高级心理机能起源。该学派还研究了这种高级心理机能起源的发生模式。

维果茨基认为,人类在适应自然和改造自然的过程中,首先出现了物质生产工具,这种物质生产工具凝结着人类的间接经验,即社会文化知识经验,这就使人类的心理发展规律不再受生物进化规律所制约,而受社会历史发展的规律所制约。更进一步,由于这种间接的物质生产工具使人类在心理上获得了精神生产工具,即人类社会所特有的语言和符号。生产工具和语言、符号的类似性就在于它们都能使间接的心理活动得以产生和发展。其不同之处在于,生产工具指向于外部,它引起外在客体的变化;语言、符号指向于内部,它影响人的行为。控制自然和控制行为是相互联系的,因为人在改造自然时也改变着自身的性质。

维果茨基认为,人的心理之所以不同于动物,就是因为人具有一切动物所没有的高级心理机能,因此,有必要将低级心理机能与高级心理机能进行区分。所谓低级心理机能,是指依靠生物进化而获得的心理机能,它是在种族发展的过程中出现的,如感知觉、无意记忆、形象思维、情绪等心理过程均属于低级心理机能。高级心理机能是社会历史发展的结果,它以人类社会特有的语言和符号为中介,受社会历史发展规律的制约,思维、有意注意、高级情感、逻辑记忆等心理过程均属于高级心理机能。维果茨基认为,高级心理机能具备以下特点:(1)高级心理机能是有意的、主动的;(2)高级心理机能的反映水平是概括的、抽象的;(3)就实现过程的结构而言,它们是间接的,是以语言或符号为中介的;(4)在起源上,它们是社会文化历史的产物,受社会规律的制约;(5)从个体发展来看,它们是在人际交往过程中产生并不断发展起来的。

二、心理发展的内化说

在皮亚杰看来,发展大部分是"由内向外"的,环境所起的作用只是鼓励或阻止发展。维果茨基则刚好完全相反,他强调环境和社会因素在儿童发展中的作用。维果茨基提出,心理发展的实质是在环境和教育的影响下，个体的心理在低级心理机能的基础上逐渐向高级心理机能转化的过程。他认为，人类的精神生产工具或"心理工具"，如上所述，就是各种符号。人运用符号就能使心理活动得到根本的改造，这种改造转化不仅在人类发展中，而且也在个体的发展中进行着。儿童早期还不能使用语言这个工具来组织自己的心理活动，他们当时的心理活动形式是直接的和无意的、低级的、自然的。只有他们掌握语言这个工具，他们的心理活动形式才能转化为间接的、有意的、高级的、社会历史的。新的、高级的、社会历史的心理活动形式，首先是作为外部形式的活动而形成的，只有当其转化为内部活动后才能"默默地在头脑中进行"。

维果茨基认为，发展大部分是由外向内的，即个体通过内化从情境中吸取知识，获得发展。儿童的许多学习发生在与环境的相互作用中，这个环境决定了大部分儿童内化的内容。当成人和更有经验的同伴帮助儿童掌握具有文化意义的活动时，他们与儿童之间的交流就会变成儿童思考的一部分。当儿童内化了他们与成人及同伴的对话的特点时，他们就能使用内部语言来引导自己的思考、行为，并习得新技能。内化说是维果茨基心理发展观的核心思想之一。

三、最近发展区

维果茨基对儿童心理学做出的另一个突出贡献是提出了最近发展区（zone of proximal development，简称 ZPD）的概念。维果茨基认为，至少要确定两种发展的水平：第一种是现有发展水平，指儿童业已达成的某种心理机能发展水平（现实能力）；第二种是指在有指导的情况下，儿童通过他人的帮助可达到的解决问题的水平（潜在能力）。最近发展区是一种介于儿童看得见的现实能力（表现）和并不是显而易见的潜在能力（表现）之间的潜能范围。换句话说，最近发展区是指一种儿童无法依靠自己来完成，但可在成人和能力更高的同伴的帮助下完成的任务范围。发展变化本质上是不同时期一系列最近发展区的获得。

最近发展区是一个动态的概念，处于某一年龄阶段的儿童，其最近发展区在一定条件下会转变为下一个年龄阶段的现实发展水平，而下一个阶段又有自己的最近发展区。最近发展区概念在教学领域受到了极为广泛的重视。在维果茨基看来，教学的可能性是由学生的最近发展区决定的，"教学应走在发展的前面"。教学应走在发展的前面有两层含义：一是教学在发展中起主导作用，它决定着儿童的发展，决定着发展的内容、水平、速度，以及智力活动的特点；二是教学创造着最近发展区，教学一方面要适应学生的现有水平，但更重要的是发挥教学对发展的主导作用。

在维果茨基的理论指导下，许多研究开始关注成人能给儿童什么样的支持和刺激。有研究者提出了脚手架（scaffolding）概念。当成人根据儿童表现水平调整相关的指导后，有效的脚手架便出现了。例如，当儿童是一个新手时，成人提供直接的手把手的指导；当儿童的能力提高后，成人的帮助随儿童成就的增加而减少。

第七节 人本主义观

人本主义于20世纪五六十年代在美国兴起，七八十年代迅速发展。人本主义心理学作为一种运动，是由许多持类似观点的心理学家共同发起的。人本主义心理学家强调人的尊严、价值、创造力和自我实现，既反对行为主义把人等同于动物，只研究人的行为，忽略人的内在本性；又批评弗洛伊德的精神分析把意识经验还原为基本驱力或防御机制，只研究神经症和精神病人，不考察正常人的心理，因而人本主义心理学也被称为心理学的第三种势力。

一、人本主义的基本特征

人本主义注重研究人性，其理论主要具有以下四个方面的特征。

（1）强调人的责任。人本主义心理学家认为，人具有主动选择行为并为所选择的行为负责的能力。我们可以选择被动地接受也可以选择主动地争取，可以选择消极地承受也可以选择积极地面对，可以选择痛苦地回忆过去也可以选择快乐地计划未来。但是，不管是怎样的选择，所有的后果都将由个体自己承担。与精神分析论和行为主义观把人说成是无法自我控制的个人不同，人本主义观把人看作是自身生活的主动建构者。

（2）强调此时此地。根据人本主义的观点，个体只有按照生活的本来面貌去生活，充分感受当下的生活，才能成为真正完善的人。儿时经历固然重要，但未必主宰人的一生；对过去和将来的思考虽然有益，但是多数人花费过多的时间去反省过去、计划未来，其实是浪费时间。因此，只有生活在此时此地，方能充分享受生活。

（3）主张个体现象学观点。人本主义心理学家认为，每个人都有自己的主观世界，所以他们认为应从个体自身的主观角度而不是分析者的客观角度去进行观察，强调全神贯注地倾听，理解对方的主观世界。

（4）强调人在过程中不断成长。根据人本主义的观点，让所有的需要立即得到满足并不是生活的全部。人本主义心理学家认为，健康的人是自我完善的，当眼前需要得到满足之后，他们会积极地寻求新的发展。成长在某种意义上是痛苦的蜕变，所有的成长都要付出代价，但是不能因为有痛苦和代价就放弃成长，只有克服困难之后才能享受到真正的幸福，正所谓"不经历风雨，怎能见彩虹"。

二、马斯洛：缺失性需要与成长性需要

马斯洛是人本主义心理学的重要代表。按马斯洛的理论，个体成长发展的内在力量是动机。而动机是由多种不同性质的需要组成的，各种需要之间有先后顺序与高低层次之分；每一层次的需要与满足，将决定个体人格发展的境界或程度。马斯洛提出了著名的需要层次理论，他认为个体的需要包括生理需要、安全需要、归属与爱的需要、尊重需要、自我实现的需要，后来又补充了认知需要、审美需要和超越的需要。

在此基础上，马斯洛认为，每个人在其内部都有两种力量：一种力量出于畏惧而坚持安

全和防御,紧紧依附于过去,害怕承担机遇的风险,害怕损害已有的东西,害怕独立、自由和分离;另一种力量推动他向前,建立自我的完整性和独特性,充分发挥自己的能力,建立面对外部世界的信心。健康的成长过程相当于永无止境的对一系列情境的自由选择——在安全和成长、从属和独立、倒退和前进、不成熟和成熟这两类情境间选择。不仅安全具有焦虑和快乐两方面,而且成长也具有焦虑和快乐两方面。当成长的快乐和安全的焦虑比成长的焦虑和安全的快乐更多的时候,个体就向前成长。

马斯洛具体分析了人的两类需要:一是沿生物进化过程逐渐变弱的本能需求,又称低级需要或缺失性需要;二是随生物进化过程逐渐显现出来的潜能,又称高级需要或成长性需要。缺失性需要的满足避免了疾病,成长性需要的满足会带来积极的健康。当缺失性需要未得到满足时,人会通过某种行为去满足这些需要,一旦需要得到满足,紧张得到缓解,这些需要的动机作用就会下降;如果需要不能得到满足,人就会屈从于缺失性需要,从而引发身心的问题。与缺失性需要相反,成长性需要是没有极点或终止状态的,满足这种需要,不是降低而是提高了兴奋,会使需要变得越来越多。因此,成长性需要是发展的内在动力,驱使人朝向未来,不断超越自我。缺失性需要带来的是贫乏、低层的至多算是宽慰的愉快;而成长性需要带来的则是丰富的、高层的且具有更大的稳定性、持久性和不变性的愉快。

缺失性需要是物种的需要,为人类全体成员所共有,它通常应该在真正的个性充分发展之前得到相当充分的满足。成长性需要则是特异的。受缺失性动机激励的人往往把注意力集中于自我,是自我中心的;而受成长性动机激发的人则会将注意力集中于世界,能以问题为中心,因而他们能超越自我,成为最充实、最整合、最纯洁的人。

三、罗杰斯:无条件积极关注

罗杰斯是人本主义心理学的另一个重要代表人物。罗杰斯的突出贡献在于创立了一种人本主义心理治疗体系,其流行程度仅次于弗洛伊德的精神分析法。而其所有学说中对儿童发展最有启示的,则是其提出的无条件积极关注(unconditional positive regard)观点。

刚出生的婴儿会根据在自身有机体上产生的满足感来评价经验:那些能引起有机体满足感的则化为积极的经验,凡有利于或能用来维持、助长其成长的,就是好的;反之就是坏的。

伴随着自我意识的萌芽,儿童开始出现积极关注的需要,即需要别人对自己的肯定、重视、认可和喜爱。积极关注需要的满足,有赖于能提供这种关注的重要他人——首先就是父母。父母在控制儿童行为上有一个极为有利的条件:他们握有是否给予儿童积极关注的支配权,可以有选择地对待儿童的行为。父母总是根据儿童的行为是否符合一定的价值标准、行为标准来决定是否给予其关怀和尊重,所以说父母的关怀与尊重是有条件的,体现了父母与社会的价值观,因此,罗杰斯称这种条件为价值条件。很多时候,父母总是有条件地给予儿童积极关注(表现好才给予关注)。儿童在社会化过程中,通过这种有条件的积极关注,渐渐懂得了什么事应该做,什么事不该做。多次经历价值条件后,儿童就会将它们内化为自我结构中的一部分。在罗杰斯看来,价值条件的形成乃是个体心理发展中一件不幸的事,因为它为当事人日后可能发展出心理障碍埋下了隐患。

为避免儿童在日后出现心理障碍，父母应给予儿童无条件的积极关注。罗杰斯把积极关注分为两种：一种是有条件的积极关注，另一种是无条件的积极关注。无条件积极关注的核心要点是：不以孩子的行为表现是否符合父母的价值标准来评判孩子。只要儿童的行为本身具有价值，父母就应给予其积极关注，而不论儿童做了什么、成败如何、收获多少。唯有这样，儿童才会有更多的精力和机会去体会自己的内在感受，倾听自己内部的声音，形成自我价值感。例如，如果孩子做了一件错事，父母采取诚恳的态度，一方面适当地指出孩子行为的错误，表明父母对此采取批评的态度，另一方面要让孩子感觉到父母并不会为此而贬低他，不再爱他，让孩子体会到是他的行为不可爱，而不是他自身不可爱，这样儿童既能克服自己的不良行为，又能保持他的自我一致性和协调性。

罗杰斯觉得父母与教师等如果想成为儿童人格发展的"促进者"，必须具备四种特质：信任儿童的潜能；诚实；尊重、重视儿童的经验、情感和意见；共情——洞察儿童的内心世界，设身处地为儿童着想，给儿童以无条件积极关注。在这样的"促进者"的指导下，儿童就会感到安全和自信，从而充分显露自己的潜能，走向自我实现。

个体总是在得到无条件积极关注和积极自我肯定的基础上发展自我意识。在个体自我成长和发展领域，人本主义理论无疑拓展了一种新的视野。人本主义最大的贡献是看到了人的心理与人的本质的一致性，主张心理学必须从人的本性出发研究人的心理，注重研究人的价值和人格发展。

第八节　生态系统理论

对于"人类和他所处的环境"这样的问题，在布朗芬布伦纳（U. Bronfenbrenner）之前，发展心理学家研究儿童，社会学家研究家庭，人类学家研究社会，彼此间关联不大。布朗芬布伦纳从生物和生态的角度来看待人类发展，在社会科学各个学科之间建立起桥梁，力图发现哪些因素对于人类发展是最为重要的。

一、生态化运动与生态发展观

生态发展观是在一系列强调环境作用的理论观点和实证研究的基础上逐渐形成、发展起来的。受"生态化运动"（the ecological movement）的影响，研究者将目光更多地聚焦于现实环境中活生生的个体。

生态发展观的一条重要理论前提是：行为或心理是人与环境的函数，心理学研究应将自然环境作为必不可少的研究单元。不同的研究者对"生态"或"环境"的定位有所不同：有的侧重于关注环境的主观或心理特征，有的侧重于关注环境的客观或社会物理特征。这种差异反映了研究者在看待真实环境和知觉到的环境时存在着的差异。在这个差异的大框架内，还存在着采用个体解释模型（individual explanatory models）和群体解释模型（group explanatory models）的差异。由此，可以将行为或心理视为从四个维度进行了不同程度整合的结果，即：知觉到的环境、真实的环境、个体、群体。模型 $B = f[$（真实环境＋知觉到的环境),(个体＋群体)]代表了生态发展观对心理和行为发展的解释,该模型可以说是对早期"场心理学"所主张的"行为是环境与个体的函数[B＝f(E,P)]"的修正和补充。

按照生态发展观,儿童的发展是一个渐成过程——在发展过程中,遗传和非遗传因素一起选择性地控制着使心理行为表现出复杂性的基因表达,儿童的心理发展变化不过是儿童发展的生态环境系统适应性调节的必然结果。生态发展观的基本思想体现为:(1)个体处于一个复杂关联的系统网络之中,既不能孤立存在也不能孤立行动;(2)所有个体均受到来自内部和外部动因的影响;(3)个体主动塑造着环境,同时环境也在塑造着个体,个体力求达到并保持与环境的动态平衡以适应环境。

因此,生态发展观强调,心理发展的研究应在家庭、学校、社会等自然与社会生态环境中进行,以揭示真实自然条件下的心理发展规律;关注儿童发展,更应关注儿童发展的生态环境系统。

二、生态系统理论

布朗芬布伦纳建立的有关发展的生态系统理论(ecological systems theory)是生态发展观的代表,它对情境影响儿童发展进行了细致、彻底的解释。他提出了四种环境系统,由小到大(也是由内到外)分别是:微观系统、中间系统、外系统,以及宏观系统。从微观系统到宏观系统,其对儿童的影响也是从直接到间接变化的(如图2-2-1所示)。

微观系统是指对儿童产生最直接影响的环境,主要有家庭、学校、同伴及居住地和游乐场所等。微观系统是处于特定环境中的个体的活动方式、角色模式和人际关系模式,环境所具有的特殊的物理、社会及符号特征能够容许、促进或者抑制个体在该环境中的活动方式,以及个体与该环境之间持续进行的相互作用方式。在这一层次上理解儿童的发展,应当谨记所有的关系都是双向的。这就是说,不光成人会影响儿童的行为,而且儿童也会影响成人的行为。例如,一个友善、专心的儿童可能会博得成人积极、耐心的反应,而一个易分心的儿童更可能受到约束和惩罚。当这些彼此交

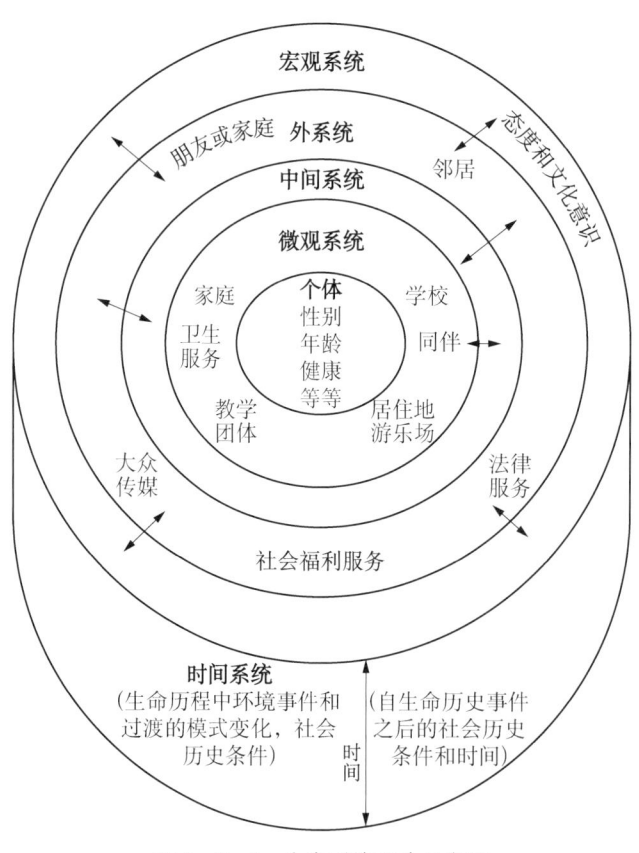

图 2-2-1 生态系统理论示意图

互的作用随时间的流逝而反复发生时,它们就对儿童的发展产生了持久性的影响。微观系统能最为直接地传递社会文化。

中间系统是指个体与其所处的微观系统及各微观系统之间的联系。例如,儿童的学业进步不仅取决于其在班级中的活动,而且还受家校合作、儿童自己在家中继续学习的程度的影响。

外系统是指那些个体并未直接参与但却对个人有影响的环境,如大众传媒、社会福利服务等。这些社会环境可以是正式的组织,如父母的工作场所、社区的健康和福利机构。灵活的工作日程安排、父母双方照料孩子的带薪假期等,这些都是工作环境在协助父母抚育儿童、间接促进孩子发展的方式。外系统的支持也可以是非正式的,如家长的人际网络(能为他们提供友情,甚至是经济支持的那些朋友和延伸家庭)。

宏观系统。宏观系统是一个文化系统,涵盖社会的宏观层面,如价值取向、生产实践、风俗习惯、发展状况等。宏观系统包容着微观系统、中间系统及外系统。

除了上述环境系统以外,还存在着一个时间系统,用于解释成长的时间维度。

生态发展观关注人在成长过程中自然环境(即生态环境)的作用,但并不否认个体的作用。生活事件的变化可能是源于儿童外界环境的作用,同时,也可能是源于儿童自身,因为在成长的过程中,儿童会选择、修正和创造他们自己的环境和经验。而儿童选择、修正和创造环境以及经验的方式又取决于他们自身的身体、智力、人格特点和环境机遇。因此,在生态系统理论之中,发展既不是由外界环境所控制的,也不是由个体的内部倾向性所决定的。而应当说,儿童既是环境的产物又是环境的缔造者,即儿童与环境共同建构起了一个相互依赖、共同作用的网络。人与环境之间达到最佳拟合有利于心理发展,如果拟合不理想,人就会通过适应、塑造或更换环境来提高拟合度。关注人与环境的拟合度,为研究现实状态下个体的心理发展提供了新思路。相对于精确的实验室实验结果,自然生态条件下的行为观察能更真实地把握个体发展的整个图景,参考价值或许也更大。

第九节 毕生发展观

从20世纪60年代后期开始,受系统科学方法论以及现代社会逐步向老龄化过渡的影响,加上发展心理学本身研究范围的拓展,越来越多的心理学家开始将人的毕生发展作为研究对象,毕生发展观(life-span development perspective)也逐步成为发展心理学中的主流趋势。德国柏林的马克斯-普朗克人类发展研究所(Max-Plank-Institute for Human Development)的巴尔特斯(P. B. Baltes)是毕生发展心理学研究的倡导者和代表人物。

毕生发展的核心假设是:个体心理和行为的发展并没有到成年期就结束,而是扩展到了整个生命过程,它是动态、多维度、多功能和非线性的,心理结构与功能会在一生中获得、保持、转换和衰退。

毕生发展观的基本思想主要包括以下几个方面。

一、个体发展是整个生命发展的过程

人的一生都处在不断的发展变化中,从生命的孕育到生命的晚期,其中的任何一个时期都可能存在发展的起点和终点。传统的心理发展观主张心理发展从生命之初开始,儿童青少年是发展的主要年龄阶段,发展到了成年期趋于稳定,到了老年阶段,心理衰退则成为其主要特征。因此,传统的心理发展观强调早期发展经验对以后发展的重要性,认为后继的发展直接取决于先前的经验。而毕生发展观则主张心理发展不仅取决于先前的经验,而且也与当时特定的社会背景等因素有关,因此,一生中任何阶段的经验对发展均有重要的意义,没有哪一个年龄阶段对于发展的本质来说特别重要。

二、个体的发展是多方面、多层次的

心理和行为发展的各个方面,甚至同一方面的不同成分和特性的发展进程与速率是不相同的。在个体身上,有些方面的发展变化可以表现为一条不断平稳上升的直线,有些方面则可能表现为一条波动的曲线;有的方面先慢后快地发展,有的方面则先快后慢地发展,也有的方面是终身保持不变或是终身都在不断地改变的。例如,在智力发展领域,巴尔特斯将智力分成认知机械(mechanics of cognition)和认知实用(pragmatics of cognition)两种成分,或称流体机械和晶体实用,这基本对应于卡特尔所提出的流体智力和晶体智力。

认知机械反映了认知的神经生理结构特性,它随生物进化而发展,在操作水平上以信息加工基本过程的速率和准确性为指标。目前的研究重点主要集中在信息加工的速率、工作记忆和对无关信息的抑制这三方面,其中又以对工作记忆的研究为核心。认知实用主要与知识体系的获得和文化的作用密切相关,在操作上,它多以言语知识、专业特长等为指标,其中以才智为典型指标。认知机械与认知实用有着不同的发展轨迹,前者在成年早期就开始衰退,呈较明显的倒"U"形发展趋势,后者在成年期后仍不断增长,只是增长的速度明显变慢,并在老年后期开始衰退(如图2-2-2所示)。

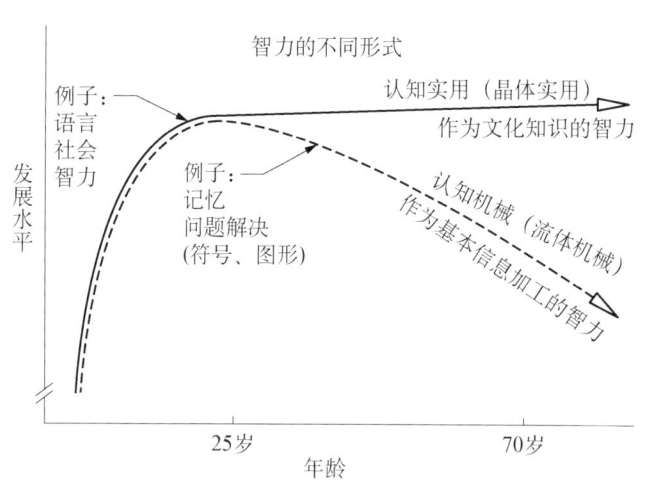

图 2-2-2 认知机械和认知实用的发展

毕生发展观以一种更为全面的眼光来审视发展。它认为发展并不简单地意味着功能上的增加,生命历程中任何时候的发展都是获得与丧失、成长与衰退的整合,任何发展都是新适应能力的获得,同时也包含已有能力的丧失,只是其得与失的强度与速率随年龄的变化而有所不同。相对于人生发展的其他阶段,儿童期是获得最大、丧失最小的阶段。以语言的发展为例,儿童在快速获得本民族语言的同时,对其他语言的发音能力就会明显降低。

三、个体的发展是由多种因素共同决定的

毕生发展观认为,主要有三类影响系统决定个体的发展:一是年龄阶段的影响,主要指生物性上的成熟和与年龄有关的社会文化事件,包括接受教育的年龄(如 7 岁入学、18 岁高考等)、职业事件(如退休)等,而青少年的发育是最典型的年龄阶段的影响。二是历史阶段的影响,指与历史时期有关的生物和环境因素,如战争、经济状况等。当今的儿童都在网络世界里成长,称其为"网络一代"就是历史阶段的影响。三是非规范事件的影响,指对某些特定个体发生作用的生物与环境因素,包括疾病、离异、职业变化等,对个人而言,每个人遇到的非规范事件都不一样,其受影响的效果也截然不同。可以说,这三类影响系统共同决定了个体一生发展的性质、规律和个体间的差异。

借助于毕生发展观,我们可以更全面、更深刻地理解人的发展过程,以及不同发展阶段在生命历程中的意义与价值。

第三章
身体的发展与发育

第一节 身体发展的一般规律

从出生到青春发育期完成，身体的发展有快有慢，不同的身体机能系统也呈现出不同的发展模式。图 2-3-1 描述了身材、神经系统、淋巴系统、生殖系统随年龄增长而发展的状况。

（1）身材。人体除身高、体重的生长外，全身的肌肉、骨骼、心脏、血管、肾脏、肝脾、呼吸器官、消化器官及血液量等也要生长。它们的生长与身高、体重呈同样的生长模式。它们在个体出生后第一年增长最快，以后逐渐减慢；到青春期出现第二次生长突增，其后的生长又缓慢下来，直到成熟。以身高、体重为例，身高的第一个增长最快的阶段，是在胎儿中期（16—24 周）；体重的第一个增长最快的阶段，是在胎儿后期（28—40 周）。出生后，个体身高与体重的增长速度便开始减慢，但在第一年内身高、体重增长的速度也相对较快，到了 2 岁以后，生长发育速度急剧下降，并保持相对的稳定，平均每年，个体的身高大约会增长 4—5 厘米，体重平均会增加约 1.5—2 千克。到了青春期开始（女生约 10 岁、男生约 12 岁），个体会进入第二次生长发育的突增期。在出生后的整个生长发育过程中，身体各部分的增长幅度也有所不同，一般认为，头颅增 1 倍，躯干增 2 倍，上肢增 3 倍，下肢增 4 倍。

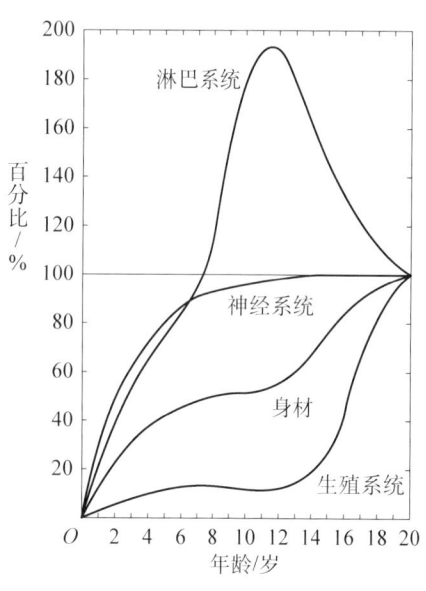

图 2-3-1 四种生长系统发展的不同模式

（2）神经系统。人的神经系统发育最早，脑、脊髓、视觉器官以及反映脑大小的头围、头径等，只有一个生长突增期，而没有青春期的第二次生长突增。

（3）淋巴系统。胸腺、淋巴结、间质性淋巴组织等在个体 10 岁前生长非常迅速，在 12 岁左右时，约达到成人的 200%，但在个体 10—20 岁期间，随着其他系统的逐渐成熟和免疫功能的完善，淋巴系统会逐渐萎缩。

（4）生殖系统。在个体出生后第一个 10 年内，几乎没有太大的发展，在全身第二次生长突增期后才开始迅速生长发育，并逐渐出现男女不同的第二性征变化。人的生殖系统的发育较之其他系统而言是最晚的。

虽然机体各系统的发育有快有慢，并不平衡，但却是协调统一的，是互相影响和互相适应的。所以，任何一种对机体作用的因素，都可能影响多个系统。例如，进行适当的体育锻炼，不仅能促进个体肌肉和骨骼系统的发育，而且也能促进其呼吸系统、心血管系统、神经系统的发育等。

第二节　大脑和神经系统的发展

一、大脑和神经系统的发育

大脑和神经系统是儿童心理发展的物质基础。在母亲怀孕的第 4 周，胚胎中第一个形成起来的就是神经系统。最先发展的是神经系统的低级部位，此时受精卵中出现第一根神经管，能对外界刺激做出反应。到第 8 周时，胎儿的大脑皮质已粗略分化，对母体信息比较敏感。到了第 28 周，胎儿大脑皮质已经基本上具有和成人大脑一样的沟回以及皮质结构，这是大脑在形态上的初步发展。胎儿的大脑皮质的细胞主要是在母亲怀孕的第 15—18 周形成的，到出生 2 年后，脑细胞会不断分裂，数目增加，大脑体积继续增大。个体 2 岁以后脑细胞停止增殖，但发育仍在进行。

新生儿出生时的脑重量约 400 克，已达到成人脑重的 25%，而同时期新生儿的体重仅为成人体重的 5% 左右（新生儿体重约 3 千克，成人体重平均为 60 千克）。出生后，儿童脑重量随年龄的增加而增长，增长的速度表现为先快后慢，到六七岁时儿童的脑重接近成人水平，约 1280 克，相当于成人脑重的 90%。以后的增加就很缓慢，到 20 岁左右停止增长。

个体出生后其脑的发展主要在于大脑皮质结构的复杂化和脑机能的完善化。研究发现，儿童大脑重量的增加并不是神经元大量增殖的结果，而主要是神经元结构的复杂化和神经纤维伸长的结果。新生儿的大脑皮质表面较光滑，沟回很浅，构造十分简单，之后，神经细胞突触数量和长度增加、分支增多，神经纤维开始从不同的方向越来越多地深入到皮质，神经元之间的联系也越来越丰富，这都会引起大脑重量的迅速增加（如图 2-3-2 所示）。

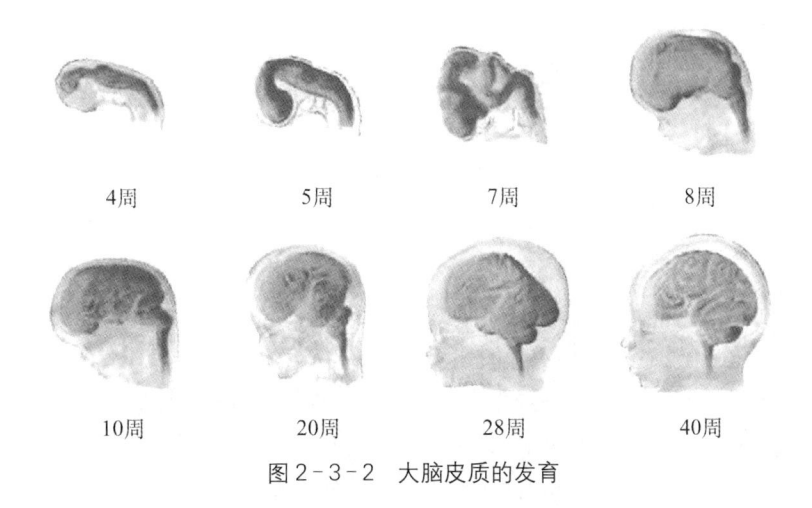

图 2-3-2　大脑皮质的发育

到7岁左右,儿童的大脑两半球皮质已发展得相当成熟。除额叶区尚不够成熟外,皮质细胞结构分化基本结束。此后,神经元之间的联系进一步加强,大脑两半球皮质的机能开始完善。到12岁左右,额叶区内神经元之间的联系以及该皮质区与大脑其他皮质区之间的联系已经成熟,这标志着脑结构在形态上的发育已基本完成。

综合国内外有关大脑结构发育的研究结果可以发现,儿童的大脑发育呈现以下趋势:总体积随年龄增长基本没有显著变化;皮质灰质体积随年龄增长呈倒"U"形趋势,具体表现为在青春期前随年龄增长而增加,在青春期后随年龄增长而减少;而全部白质体积随年龄增长线性增加,灰质/白质体积比率随年龄增长线性下降。

大脑有左、右两个半球,它们的功能有所不同。左半球仅接受来自身体右侧的感觉信息,并控制右侧身体的行动;右半球则正好相反。此外,某些任务主要由其中一个半球完成,还有一些任务则主要由另一个半球完成。例如,对多数人来说,语言能力(如口头和书面语言)及积极情绪(如高兴)主要由左半球负责;右半球管理空间能力(如判断距离、阅读地图和识别几何形状)并负责消极情绪(如悲伤)。

两半球的专门化也称为单侧化或偏侧化(lateralization)。为什么会出现单侧化?一种观点认为,左半球更擅长以顺序的和分析的(逐个的)方式对信息进行加工,这种方式在处理沟通信息时是一种好的途径——不管是言语(语言)信息还是情绪信息(如高兴的微笑)。相反,右半球以整体的、综合的方式对信息进行加工,这种方式适合于弄清空间信息的含义和调节消极情绪。可见,单侧化使大脑的加工更为精细化,且更为高效。

二、三大机能系统

苏联神经心理学家鲁利亚认为,脑是一个动态的结构,是一个复杂的机能系统。大脑皮质的机能定位也是动态的和系统的,可以分为三个相互紧密联系的机能系统。

第一机能系统为调节激活与维持觉醒状态的机能系统,也称动力系统,由脑干的网状结构和边缘系统等组成。其基本功能是使大脑皮质处于一般觉醒状态,提高大脑的兴奋性和感受性,并实现对行为的自我调节。

第二机能系统是信息接收、加工、存储的系统。它位于大脑皮质的后部,包括枕叶、颞叶和顶叶以及相应的皮质下组织。它的基本作用是接收来自机体内外的各种刺激,并对它们进行分析、加工及保存。第二机能系统由许多脑区组成,如视觉区、听觉区、躯体感觉区等。

第三机能系统又称行为调节系统,负责计划、调节、控制行为,其组成部分包括额叶的广大脑区。该系统分为三个不同的等级:一级区是皮质运动区,位于前中央回内,大脑发出的动作指令会通过该区域直接调节身体各部位的动作反应。二级区为运动前区,位于运动区的前方,主要功能是实现对行为的组织以及制定运动程序。三级区位于额叶的前面,主要作用是产生活动的意图,并实现对复杂行为形式的调节与控制。

鲁利亚认为,人的各种行为与心理活动是三个机能系统彼此作用、协同活动的结果,而每个机能系统又发挥着各自不同的作用。从发展的角度看,大脑皮质的机能成熟是沿着第一机能系统、第二机能系统、第三机能系统这样的顺序先后成熟起来的,与大脑结构的发育顺序相对应。

大脑皮质机能的发展,不仅表现在兴奋过程中,而且还表现在抑制过程中。儿童年龄越小,兴奋过程的优势就越明显,兴奋也特别容易扩散。随着大脑机能的发展,皮质抑制机能也得到了相应的发展。皮质抑制机能发展的前提之一便是大脑神经纤维髓鞘化。到 6 岁末,儿童基本完成所有皮质传导通路的髓鞘化。大脑皮质抑制机能的发展是大脑机能发展的重要标志之一。

第三节　青春期身体发育与性发育

在青春发育期的短短几年内,儿童的身体快速转变为发育完全的成人体型。受基因影响的激素变化调节着个体的青春期发育。女孩身体成熟的时间一般要比男孩早 2 年。

一、激素变化

为青春期奠定基础的激素变化是逐渐展现出来的,它通常开始于个体八九岁时(如图 2-3-3 所示)。届时,位于脑底部的脑垂体会释放生长激素(growth hormone,简称 GH)并刺激其他腺体分泌作用于身体各组织的激素,从而促使有机体成熟。而生长激素与甲状腺素的增加,又会引起身体尺寸的剧增和骨骼的成熟。

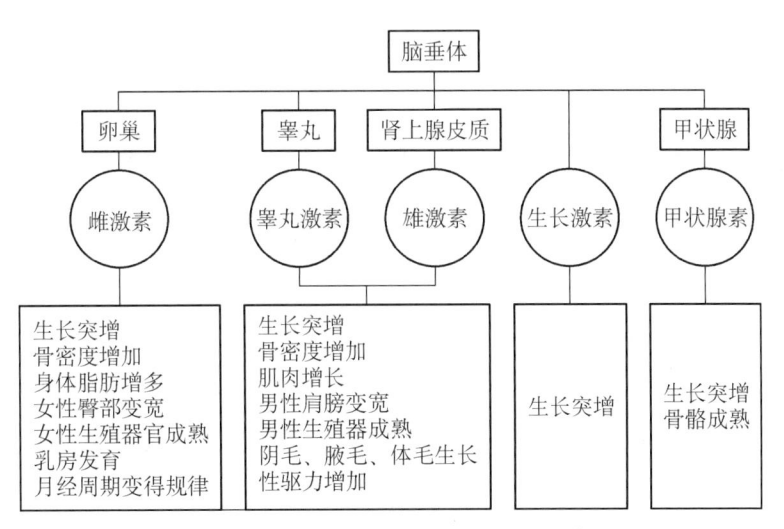

图 2-3-3　激素对青春期身体的影响

性成熟是由性激素控制的。尽管雌激素被视为女性激素,雄激素被视为男性激素,但实际上这两种激素在两性中都同时存在,只是数量上有所差异而已。男孩的睾丸会释放出大量的雄性睾丸激素,这些激素能够促使肌肉生长,使身体和面部的毛发增多,并使个体表现出其他的男性性特征。雄激素(特别是男孩的睾丸激素)发挥着增强生长激素的效用,极大地促进了个体体型的增长。睾丸同样也会分泌少量的雌激素,与雄激素一同促进个体骨密度的增加。

卵巢释放雌激素,促进了乳房、子宫、阴道的发育成熟,使女孩的身体表现出女性性特征,同时也使她们变得更加丰满。雌激素还调控着月经周期。由肾顶部的肾上腺分泌的肾上腺雄激素会影响女孩的身高突增,并促进腋毛和阴毛的生长。而该激素对男孩的影响却较小,因为男孩的生理特征主要是由睾丸分泌的雄激素决定的。

二、身体发育

个体进入青春期最初显现出的外部迹象是身高和体重的快速增长,即生长突增。在这个时期,个体的身高年增长值一般为 5—7 厘米,个别人可高达 10—12 厘米;体重年增长值一般为 4—5 千克,个别可达 8—10 千克。大约 3 年以后,生长速度又开始减慢,直到女性约 17 岁、男性约 20 岁时,身高才基本停止增长。由于雌激素能够更早地引发继而又限制生长激素的分泌,因而在青少年早期,女孩通常比男孩长得更高些、更重些,不过这种优势十分短暂,到 14 岁时,男孩会在身高与体重方面超过女孩。

(一)身体比例特点

青春期的发展趋势与婴儿期和儿童期的首尾发展律恰好相反。在婴儿期,个体的手、腿、脚首先会变长,然后是躯干进一步增长,而青少年身高的增加则大多是源于躯干长度的增加。这种发展模式有助于我们理解为什么青少年早期常常会看起来身体笨拙并且长得不合比例——腿很长,手脚很大。由于性激素对骨骼的作用,青少年在身体比例上也会表现出巨大的性别差异。男孩的肩膀会宽于臀部,而女孩的臀部则会宽于肩膀和腰部。

(二)肌肉—脂肪构成

大约 8 岁时,女孩手臂、腿部和躯干部位的脂肪开始多于男孩,并且这种趋势在 11—16 岁之间会进一步加强。相比之下,男性青少年手臂和腿部的脂肪则减少了。尽管两性的肌肉都有所增加,不过男孩肌肉的增加量为 150%,他们比女孩的肌肉力量更强,这种差异使男性青少年表现出更佳的运动成绩。

三、第一性征和第二性征

在青少年身体发育快速增加的同时,与性功能有关的生理特征也发生了改变。这些生理特征,有些被称为第一性征(primary sexual characteristics),主要是指生殖器官本身(即女性的卵巢、子宫、阴道,男性的阴茎、阴囊、睾丸)的特征。而另一些则被称为第二性征(secondary sexual characteristics),即身体外部可见的、充当附加的性成熟标志特征(如女性乳房发育和两性腋毛、阴毛的出现等)。如表 2-3-1 所示,虽然这些特征在每个个体身上出现和结束的年龄具有很大的差异,但其出现的顺序基本一致。通常来说,青春期发育需要 4 年的时间,不过有些青少年只需要 2 年就完成了,还有一些青少年则需要 5—6 年的发育时间。

表 2-3-1　男孩与女孩出现青春期主要变化的平均年龄及年龄范围

女孩	平均年龄（岁）	年龄范围（岁）	男孩	平均年龄（岁）	年龄范围（岁）
乳房开始发育	10	(8—13)	睾丸开始增大	11.5	(9.5—13.5)
身高突增开始	10	(8—13)	阴毛出现	12	(10—15)
阴毛出现	10.5	(8—14)	阴茎开始增大	12	(10.5—14.5)
力量突增达到顶峰	11.6	(9.5—14)	身高突增开始	12.5	(10.5—16)
身高突增达到顶峰	11.7	(10—13.5)	遗精（首次射精）出现	13.5	(12—16)
初潮（首次月经）出现	12.5	(10.5—14)	身高突增达到顶峰	14	(12.5—15.5)
体重突增达到顶峰	12.7	(10—14)	体重突增达到顶峰	14	(12.5—15.5)
形成成人的身材	13	(10—16)	面部毛发开始生长	14	(12.5—15.5)
乳房发育完成	14	(10—16)	声音开始变得低沉	14	(12.5—15.5)
阴毛生长结束	14.5	(14—15)	阴茎和睾丸发育完全	14.5	(12.5—16)
			力量突增达到顶峰	15.3	(13—17)
			形成成人的身材	15.5	(13.5—17.5)
			阴毛生长结束	15.5	(14—17)

四、女孩的性成熟

乳房是女性哺乳器官，也是女性最鲜明的标志之一。当青春发育迅速到来的时候，卵巢分泌大量的雌激素，雌激素通过全身的血液循环被输送到乳房，直接影响着乳房的发育。乳房从开始发育到接近成熟，大约需要 3—4 年的时间。

由希腊文字"arche"而来的初潮（menarche）一词，本义是"开始"的意思，它是对首次月经的科学命名。尽管多数人都将初潮视为女孩进入青春期的主要标志，然而实际上，在众多的青春期事件中，初潮出现的时间却相对较晚，通常平均发生于个体 12.5 岁前后。对于不同的个体来说，初潮发生的年龄跨度很大，早的个体约 9 岁时就来初潮了，晚的会到 16 岁时才来。随着初潮的到来，乳房和阴毛的发育会彻底完成，紧接着腋毛开始出现。

此外，青春发育后期的女性，其脂肪会开始分布到臀、胸、肩等部位，骨盆也开始变宽。此时，女性形成规律性的排卵，具有了生育能力。

五、男孩的性成熟

男孩进入青春期的最初迹象是睾丸（制造精子的腺体）增大，阴囊的外表与颜色开始发生变化。不久以后，阴毛便开始出现，与此同时，阴茎也开始增大。

在一系列的青春期事件中,男孩出现生长突增的时间要晚于女孩。并且,男孩的身高增长更为剧烈、耗时更长。大约到了 14 岁左右,男孩睾丸和阴茎的增大就已基本完成,此后不久腋毛便会出现。在身体发育达到高峰后,男孩面部和身体的毛发开始生长,并在日后的几年内逐渐增加。男性成熟的另外一个标志是,随着喉结的扩大和声带的变长,其嗓音会变得更加低沉。声音的改变通常发生在男性生长突增达到顶峰的时候,而且往往要到青春期结束时才完成。

当阴茎增大的时候,前列腺和精囊也同时增大。接着,在大约 13.5 岁时,男孩会出现遗精或首次射精的现象。从此时起,男孩已具备了生育能力。

六、身体发育带来的心理影响

青春发育期的身体变化,会直接导致心理变化。例如,有研究发现,月经周期的第 22 天,随着雌激素和黄体酮的水平大大增加,大约有 40% 的女性会体验到较平时更为强烈的抑郁、焦虑、烦躁、疲倦、头痛等感受及自尊心下降等自我感觉。虽然这些情绪和自我感觉在平时也会体验到,但是强度要弱些。月经周期的心境变化与激素水平的变化有关,这是身体变化直接影响心理活动的体现。

青春发育期的身体变化也会对心理发展产生间接的影响。间接的影响主要是指身体变化通过个人因素或社会文化因素对个体的心理发展产生影响。身体变化通过以下中介因素对心理发展产生影响：思维态度、对身体变化的感受、性观念的获得、与父母或同伴的冲突、社会关于身体发育与美感的标准、发育速度的社会常模等。也就是说,身体变化对青少年的影响还取决于青少年对这些变化的意义及重要性的解释,取决于青少年对他人所做反应的解释,以及取决于青少年对这些变化是否符合社会常模所做出的解释。

第四节 青春期性心理

在青春期,个体要应对来自性发展方面的四个挑战：首先,青少年需要能接纳自身处于变化中的身体;其次,个体需要接纳自身体验到的性唤起的感受;再次,理解性行为是一种自愿的活动,能自主地决定参与到何种程度,并尊重对方所做出的决定;最后,健康的性发展。

一、性心理的发展阶段

青春期性心理的发展大体上经历以下三个阶段。

(一) 异性疏远期

在青春期开始时,少男少女对性的差别特别敏感。第二性征的出现,使他们内心深处产生了朦胧的情愫,把异性的秘密和男女之间的关系都看得很神秘,这就使得他们在与异性接触或交往的过程中往往会产生一种羞涩、忸怩或不自然的感觉。在传统思想的影响下,青少年担忧与异性的接触会引起别人的议论,因而常常出现"心有相互吸引之力,而行又互相疏远"的现象,如走路不同行、学习不同桌、开会各占一边、活动各自结伴等。这是一种好奇与无知并存的现象。

（二）异性接近期

在完全进入青春期之后，随着生理机能的进一步发展，以及生活阅历的日趋增加，青少年对两性之间的关系有了进一步的理解和认识，对性意识的情感体验也开始有了新的变化。他们在面对异性时的羞涩心理较之前期已经大大减少，已不满足于对异性的那种朦胧的、隐蔽的、泛泛的好感和爱慕了。他们希望通过与异性的交往，有选择地寻找自己倾心的对象。在这种心态下，个体与异性间的相互吸引显著增强，开始乐意与异性一起参加活动，喜欢和异性相处，力求成为对异性有吸引力的人。

（三）异性爱恋期

进入青春期中后期后，随着年龄的增长、生理机能的进一步发展与完善、知识面的日益拓宽、生活视野的日趋扩大、个性发展的不断成熟，青年人对性爱意识的理解和认识越来越全面深刻，对两性之间的关系也有了正确的态度，开始各自扮演社会赋予的特定性别角色。一旦一对男女建立了爱情关系，爱情的力量也会对他们各自的性格、兴趣、爱好等个性心理特征产生巨大的影响，并成为激励他们前进的巨大力量。

二、青春期性心理特点

随着性意识的萌动与发展，大多数青少年会表现出一系列性心理与性行为，如对性知识的兴趣、对异性的好感、性欲望、性冲动、性幻想等。青少年性心理的发展，一方面受到性生理发育的制约，另一方面又受到性文化的影响。帮助青少年发展正常的性心理，对于完善他们的人格，使其具有正常的感情和理性有着十分重要的意义。概括起来看，青春期性心理特点主要表现为以下几点。

（一）朦胧性和神秘感

青少年的性心理起初缺乏深刻的社会内容，基本上是一种因生理急剧变化带来的本能反应，他们会鬼使神差般地对异性产生兴趣、好感与爱慕。由于不少男女青少年对性知识的了解还比较有限，因此这种性爱的萌动似乎披着一层朦胧的薄纱，充满了较浓厚的神秘感。

（二）强烈性和文饰性

一方面男女青少年十分重视自己在异性心目中的印象与评价，另一方面他们又竭力掩饰，表现得拘谨、羞涩和冷淡。他们内心对某异性很感兴趣，但表面上却又有意无意地表现得好像无动于衷，不屑一顾，或做出回避的样子；他们有时表现得十分讨厌那种男女间亲昵的动作，但有时又很希望自己能亲身体验一下。这些矛盾的心理，往往会使他们内心产生种种冲突与苦恼。

（三）动荡性和压抑性

青春期是人一生中性能量最旺盛的时期，但由于这时不少青少年的心理不够成熟，还没有形成稳固的性道德观和恋爱观,加上自我控制的能力弱,因而很容易受到外界因素的影响而使自己内心变得动荡不安。现实生活丰富多彩,五花八门的性信息,不良的影视镜头等,极易使一部分青少年因受到错误的性意识强化而沉醉于谈情说爱之中,甚至发生性过失与性犯罪。还有一部分青少年由于性的能量得不到合理的疏导、升华而导致过分的压抑,进而可能以扭曲的方式、变态的行为表现出来,如窥视或恋物等。

(四) 男女性心理的差异性

男女性心理发展有明显的差异。一般而言,在对异性感情的流露上,男性表现得较为明显和热烈,女性表现得含蓄和深沉;在内心体验上,男性体验到的更多的是新奇、喜悦和神秘,女性则常常体验到惊慌、羞涩和不知所措;在表达方式上,男性一般较主动,女性往往采取暗示的方式。随着时代的变迁,女性的主动性和热烈程度有很大的提升。

据姚佩宽等人对上海市中学生希望了解的性知识问题所做的调查,每一个被调查者都提出了若干希望了解的问题,归纳起来有:

(1) 男女生殖系统的结构和功能的具体情况是怎样的?

(2) 月经是什么?为什么女孩子有月经?

(3) 来月经时为什么肚子会痛?怎样才能不痛?

(4) 月经来潮会影响智力吗?

(5) 遗精是怎么回事,为什么会遗精?

(6) 遗精次数多会影响健康吗?隔多少时间遗精才算正常?怎样才能使自己保持正常遗精?

(7) 阴茎包皮过长怎么办?

(8) 性欲是怎么回事?有了性欲怎么办?

(9) 过早性交有害处吗?怎样才是正当的两性关系?

(10) 怀孕是怎么回事?

(11) 过早怀孕有什么害处?

(12) 怎样防止怀孕?

(13) 怀孕了,有什么简便方法可以解决这个问题?

(14) 什么叫手淫?手淫是怎么产生的?手淫有什么坏处?怎么克服手淫?

(15) 人类社会中除了男性、女性,有没有第三种人?

(16) 中学生应不应该谈恋爱?什么年龄谈恋爱最适宜?

(17) 已经恋爱了该怎么办?

由此可见,中学生渴望了解的性知识内容是极其广泛的:既有生理方面的问题,也有心理方面的问题;既有关于同性的问题,也有关于异性的问题;既有关于婚姻恋爱的问题,也有关于生育的问题。

性欲望是青春期性心理的突出表现之一,它是随着性意识的觉醒而产生的。青春期性欲望强烈是自然规律,一味压抑或放任自流都是欠妥的。青少年的某些性欲望,如与异性正常交往的欲望应该予以满足,而不应设男女之大防。而另一些性欲望,如性尝试的欲望,则应该加以约束。通过青春期教育,要使青少年认识到哪些性欲望是可以满足的,哪些是应该延缓满足的,从而引导他们进行自我调适。

三、青春期性健康

当青少年在偷偷享受恋爱的甜蜜时,他们的父母却往往对此忧心不已。父母一方面担心孩子因为恋情的缘故耽误学习,另一方面也担心孩子会因不谙世事而上当受骗,与对方发生不安全的性行为。同时,随着网络的普及,似乎现实也印证了父母们的担忧——微信等聊天工具可以让少男少女们随时跟陌生人展开浪漫恋情;少男、少女们在网上以"老公""老婆"亲昵互称,如果感兴趣,还可以直接进行"网婚";各种交友网站触手可及;少女因网恋离家出走甚至自杀的消息时时见诸报端;在网络上结识、聊出感觉后见面、发生性行为,成为少女意外怀孕的常见缘由……在众多媒体的渲染下,似乎青少年们尝试早恋、性行为的现象已相当普遍。尽管如此,研究却发现,72.9%的男生和83.4%的女生在有特别喜欢的异性时依然倾向于不表达,14.7%的男生和9.1%的女生会与爱慕对象展开约会,只有7.6%的男生和4.2%的女生会进入"三垒",尝试"本垒打"的男生仅占2.7%,而女生则只有1.6%。总体上,大部分青少年对性的认识仍较传统,对于与异性的交往也比较理智,对恋爱持正面评价的比例有所上升。研究显示,大部分青少年的性心理发育仍然相对滞后于性生理发育,他们迫切期待更适合他们的青春期性教育(如表2-3-2所示)。虽然学校教育仍是青少年获得性知识的第一渠道,但现在青少年通过网络和非正常渠道获取新知识的比例在增大,同伴群体上升成为影响青少年性意识、性行为的最大因素。新近的调查研究发现,约90%的青少年是通过网络途径了解青春期性知识的[①]。

表2-3-2 青少年对青春期性教育内容的期待(单位:%)

青春期性教育内容	男生	女生	青春期性教育内容	男生	女生
心理发展知识	49.4	67.2	性对人生的意义	27.2	21.7
与异性交往时的礼仪	38.0	41.2	性交知识	23.3	10.9
性生理知识	41.4	26.6	避孕知识	23.3	10.9
什么是爱情	32.7	32.5	人类和动物的区别	14.4	11.3
处理性欲的知识和方法	26.6	13.8	性病知识	18.7	8.7

然而与青少年的迫切渴望相比,学校的青春期性教育却仍欠完整,家庭的性教育情况也比较滞后。杨雄就父母对青少年性知识问题的回应状况进行了调查,发现大部分青少年无法从父母那里得到想要了解的性知识。父母们不仅很少正视青少年在成长道路上遇到的性

---

① 龙翠芳,谯旭佳,聂建平.青少年性教育困境与应对机制研究——以贵州省××市××中学为例[J].遵义师范学院学报,2022(03):151—155.

苦恼和性困惑,经常以消极姿态应对孩子的性教育,有的甚至还为此训斥孩子,以为这样就可以让孩子不再胡思乱想。而事实上,如果父母向青少年传递了自己对性的态度和价值观,那么青少年受同龄人的态度和价值观影响的可能性就会大大降低。

美国国家青春期性健康调查团曾发布一项有关青春期性健康的民意调查报告。根据这个报告,性健康包括以下这些内容:(1)形成和保持一种有意义的人际关系;(2)欣赏自己的身体;(3)以有礼貌和恰当的方式与同性或异性进行交往;(4)用与自己价值观念一致的方式来表达自己感情、爱和亲密行为。个体要达到性健康,需要整合心理的、生理的、社会的、文化的、教育的、经济的和精神上的各个因素。

国内有研究者认为,青春期性心理健康包括三个部分:性认知,即有关性的各种认知,主要包括性生理、性病等知识;性价值观,即有关性问题的较为稳定的看法和态度评价,主要包括性观念和性态度;性适应,即有关性征变化、性别角色、性欲望和性行为的适应,主要包括对自身性别的认同、对社会道德文化规范的适应以及对性行为、性活动的调节和控制。

如何更好地帮助青少年们实现性健康呢?有人担心如果跟青少年谈论有关性的话题,会更加刺激他们去参加性活动。对此问题,世界卫生组织曾在对不同国家进行的35项研究进行评述后得出结论:恰当的性教育不仅不会导致青少年较早地发生性关系,它还可以为青少年提供一些基本的信息,营造良好的氛围与青少年开放地探讨与性有关的情绪问题和生理问题,能促进青少年对性发育、人类生殖及健康性行为的了解和理解,帮助青少年采取负责任的性行为。大多数专家认为,进行性教育最重要的时期在两个年龄段:5岁前和进入青春发育期后。人在这两个时期所接受的有关性的正确教育,不但将决定其一生有关性的方方面面,而且也对其健全人格的培养具有促进作用。

第四章
认知的发展

第一节 认知发展的阶段

皮亚杰提出了最具代表性、最有影响力的关于儿童认知发展的理论框架。在他的理论中,认知、思维、智慧这些词是经常交替使用的。他认为,认知的发展是整个心理发展的核心,其发展阶段最主要的特点是:阶段出现的先后顺序固定不变,每一阶段都有其独特的图式或认知结构,图式或认知结构的发展是一个连续建构的过程。皮亚杰把个体认知发展的过程划分为四个阶段。

一、感知运动阶段(sensorimotor stage,0—2 岁)

这个阶段的主要特点是儿童依靠感知运动来适应外部世界,构筑运动图式,即思维与动作密切相连。在儿童 10 个月时,其获得了客体永久性概念,即当客体在他的视野中消失时,他仍然认为该客体是客观存在的。这一概念的获得是由于儿童通过运动协调形成新的经验结构的缘故,是其今后思维活动发展的基础。此后,儿童可以将自我与外界客体区分开来。在感知运动阶段的后期,儿童建立了初步的因果关系概念,开始认识到主体既是活动的来源,也是认识的来源。

二、前运算阶段(preoperational stage,2—7 岁)

由于符号功能与象征功能的出现,思维得以从具体动作中摆脱出来,表象思维与直观形象思维成为该阶段的主导。皮亚杰认为,大约在 18 个月到 2 岁期间,儿童在诸如延迟模仿和符号游戏等现象中表现出越来越突出的心理表征迹象。儿童可以将未出现在当前情境中的客体和事件表征为心理图片、声音、表象、单词或其他形式。这种变化标志着前运算阶段的开始。

前运算阶段儿童尽管获得了这种符号思维,但是他们尚未掌握一些重要的逻辑认识形式。最突出的一点是,他们的思维和语言常常是自我中心的,儿童并没有认识到其他人具有不同的视角,或具有某种不同的观点。皮亚杰用"三山实验"证实了儿童思维的自我中心主义:研究者向儿童呈现由不同形状构成的三座山的三维模型,然后问儿童,另一个坐在桌子周围其他位置上的人看到的模型是什么样的。幼儿(6 岁之前)会说,其他人看到的山的样子同他看到的是一模一样的。他们显然没有认识到,处于不同位置、不同视角的人,看到的情形是不同的(如图 2-4-1 所示)。

除了认为处于前运算阶段的儿童其思维具有自我中心的特点外,皮亚杰还认为他们的

图 2-4-1 皮亚杰的"三山实验"图示

思维表现出其他三个特征：缺乏可逆性或灵活性，受知觉外表的支配（直觉性），以及在同一时刻只关注或将注意集中于某一情境的一个方面（中心化）。

此外，由于儿童不能很好地区分心理和物理的现象，思维还具有"泛灵论"的特点——即倾向于将活动着的任何物体都视为有生命的。在儿童的绘画作品及创作的故事中，"泛灵论"都有充分的体现。

三、具体运算阶段（concrete operational stage，7—11 岁）

皮亚杰认为，大约在 6—8 岁之间，儿童进入一个新的发展阶段，即具体运算阶段。运算是皮亚杰认知发展阶段理论中一个极为重要的概念：运算是某种用于转换信息的基本认知结构，是一种可逆转的观念上的操作。因此，具体运算阶段的首要认知成就是具备了可逆性操作的心理运算能力。例如，儿童认识到从一堆珠子中减去几个，可以通过加入同样数量的珠子而实现逆转。其次，拥有具体运算思维的儿童能够去中心化，也就是他们能够同时将注意集中于某客体或事件的几个属性，并认识到这些属性之间的关系。他们认识到客体不只有一个属性，如重量和体积，并且这些维度是可分离的。其三，该阶段儿童对事物的判断与推理从依赖知觉信息转向了使用逻辑原则。其中一个重要的逻辑原则是同一性原则，即一个客体的基本属性不变。另一个与同一性原则密切相关的逻辑原则是等价原则，即如果 A 的某种属性等于 B，B 等于 C，则 A 必然等于 C。

（一）守恒

皮亚杰著名的守恒实验（如图 2-4-2 所示）阐明了前面提到的具体运算思维的三个特征：可逆性、去中心化、从知觉判断转向逻辑判断。守恒是指个体能认识到当物体的外形发生改变时，其固有的本质属性不随其外在形态的变化而发生改变。皮亚杰设计的守恒实验包括液体守恒、物质守恒、数量守恒等。以液体守恒实验为例，研究者向儿童呈现两个一模一样的杯子，两个杯子中装有相同体积的液体。在儿童认为两个杯子装有相同体积的液体后，研究者将其中一个杯子中的液体倒入另一个比较高但比较狭小的容器里，并问"这个容器（较高的一个）里的液体与这个杯子（比较矮的杯子）里的液体是一样多

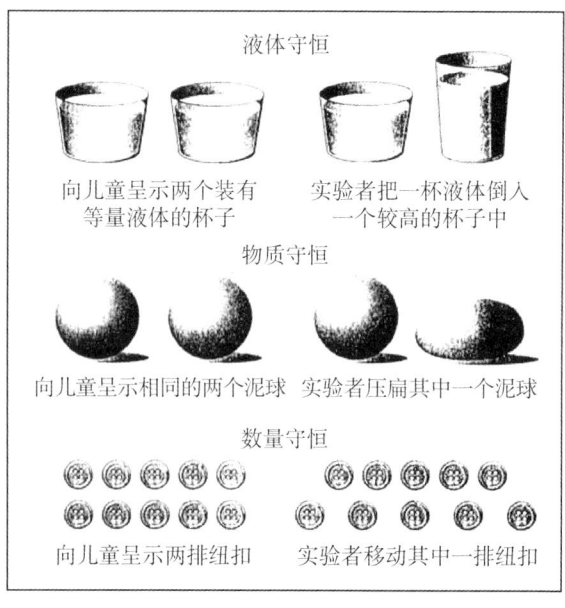

图 2-4-2 守恒实验举例

还是不一样多(较少或较多)?"处于前运算阶段的儿童经常说较高的容器里的液体比较多，而处于具体运算阶段的儿童能认识到液体的体积没有发生变化，尽管知觉外表发生了变化。

该实验的一个关键部分在于问儿童为什么液体一样多或不一样多。处于具体运算阶段的儿童可能会说"如果你将液体倒回原来的杯子，它们看起来还会一样"(可逆性)，或者"第二个容器比较高，但它也比较小(窄)"(去中心化，考虑到了高度与宽度这两个属性间的关系)，或者"你没有拿走任何东西，所以它必然是一样的"(逻辑同一性原则)。而处于前运算阶段的儿童即使偶然猜对，也不能解释为什么该答案是正确的，并且很容易因实验者的劝说而改变主意。

(二) 序列化和传递推理

具体运算阶段的另一个特征是儿童在该阶段具有一种按照诸如重量或大小等某种定量的属性排列客体的能力，这种能力叫作序列化。序列化是理解数目彼此之间相互关系的关键，因此在算术学习中起着重要作用。

序列化也是儿童掌握另一种逻辑原则——传递性原则的基础。传递性原则表明客体之间在本质属性上存在固定的关系，例如，如果 A 长于 B，B 长于 C，则 A 必然长于 C。处于具体运算阶段的儿童能认识到这一规则的有效性，即使他们从未看过 A、B 和 C。

(三) 类包含

如果向 8 岁儿童呈示 8 个黄色的糖果和 4 个棕色的糖果，并问："是黄色的糖果多，还是糖果多?"他们通常会回答糖果多。但是当向 5 岁儿童提出同样的问题时，他们很可能会说黄色糖果多，即使他们能够计数所有糖果的数量，而且知道什么是黄色的糖果和所有的糖果。

处于具体运算阶段的儿童已经认识到，一些范畴是彼此嵌套的。例如，所有的苹果属于水果范畴，所有的水果属于较大的事物范畴。而且，儿童能够进行某种运算，在心理上拆开和组织每一个客体所属的范畴。因此，食物是由所有水果和所有不是水果的食品组成的。其次，他们已经认识到，同一客体可能属于多个范畴，在任何时候均可能有多个关系，这就是所谓的多重类属或关系的原则。

尽管处于具体运算阶段的儿童在推理、问题解决和逻辑方面优于处于前运算阶段的儿童，但是按照皮亚杰的看法，他们的思维大多数时候仍限制于此时此地的具体客体和关系。这一阶段的儿童已经形成了量和数的守恒概念，并且能够对实物加以排序和分类，但是他们不能对抽象的、假设的命题或虚构的事件进行推理。这种推理要到最后一个阶段——形式运算阶段才出现。

可以说，具体运算阶段的儿童形成了完整的分类系统，能依据某种可定量的属性排列客体(序列概念)，能认识事物的关系而不仅仅是事物的绝对特征(关系思维)，能同时思考客体的整体与部分(类包含概念)。

四、形式运算阶段(formal operational stage，11 岁以后)

形式运算阶段的重要特征主要表现为，儿童开始不受真实情境的束缚，能将心理运算运用于可能性和假设性情境。他们既能考虑当前情境,也能够考虑过去和将来的情境;并且能够基于单纯的言语或逻辑陈述,进行假设—演绎推理及命题间推理。

(一) 现实与可能之间的逆转

皮亚杰认为,在思考问题时,处于具体运算阶段的儿童往往是从现实开始,以一种具体的注重实际的态度,采用各种具体运算技能,纯粹根据可觉察到的现实(具体问题情境)去解决问题。因此,他们的思考离不开可觉察的经验事实。相反,形式运算阶段的儿童则更倾向于从可能性开始,然后进展到现实。在面临问题时,他们可能仔细考察问题情境,并试图确定事件的所有可能的解决办法或状态,然后在当前条件下系统地检验哪一种解决方法才是现实的。

(二) 经验归纳与假设—演绎

处于形式运算阶段的儿童在解决问题时,往往通过考察问题材料,假设某种理论或解释可能是正确的,并由此推论某一经验现象在逻辑上是否应该出现,然后通过检查现实情况下这些所预测的现象是否发生来检验自己的理论。由于在这种问题解决过程中,儿童会充分利用假设和来自假设的逻辑演绎,因此这种解决问题的方式也被称为假设—演绎推理,这种推理完全不同于具体运算阶段的经验归纳推理。

(三) 命题内与命题间

具体运算阶段的儿童能够建构关于具体现实的心理表征,他们能够产生、理解和验证命题,但是在处理命题的方式上,只能个别地考虑命题,只能根据相关的经验材料逐个地检验命题。由于在每一命题的检验过程中,具体运算阶段所证实或推测的只是关于外部世界的个别论断,因此皮亚杰将具体运算思维称为命题内思维,即限制在某个单一命题内的思维。

形式运算阶段的儿童也基于现实检验个别命题,但他们还能够推论两个或更多命题之间的逻辑关系,因此,皮亚杰称之为"命题间推理",即更精细、更抽象的推理。更为重要的是,形式运算思维在进行逻辑论辩时,至少在原则上,可以不受现实和情感因素的影响。

皮亚杰提出的认知发展阶段理论,精确地揭示了不同年龄儿童认识发展的本质特征。此外,该理论对绝大多数国家的学制设立产生了巨大的影响:大多数国家往往依据儿童认知发展的阶段与特征,让处于前运算阶段的 3—6 岁儿童接受学前教育,处于具体运算阶段的 7—12 岁儿童接受小学教育,处于形式运算阶段的 12—18 岁儿童接受中学教育。

第二节 智力的发展与智力测验

一、发展的一般趋势

智力发展过程呈何种趋势?其发展是匀速的还是加速的?什么时候智力发展达到高峰?人们对这些问题的看法并不一致。

推孟认为智力发展在10岁之前呈一条直线,10岁以后开始减慢,到18岁停止生长。

贝利(N. Barley)用贝利婴儿智力量表、斯坦福—比纳量表、韦克斯勒成人智力量表对同一组被试进行了长达36年的纵向研究,结果发现,测验分数在13岁以前直线上升,以后逐渐缓慢,到25岁时达到最高峰,26—36岁变化不大,属于保持水平的高原期,随后有所下降(如图2-4-3所示)。

韦克斯勒等心理学家认为:(1)一般人的智力发展自三四岁起至十二三岁呈匀速上升的趋势,之后变为负加速,即随年龄增加而递减;(2)早期的研究都认为智力发展约在15—20岁之间停止,但新近的研究发现,智力发展约在25岁时达到顶峰;(3)智力发展速度与停止年龄虽然存在个体差异,但与人的智力高低有密切关系,智力低的人发展速度慢,停止年龄亦较早,而智力高的人,其发展速度较快,停止的年龄亦较晚;(4)各种能力的发展速率并不相同,一般来说,感知能力特别是反应速度达到高峰和开始下降的时间比较早,而较复杂的推理能力发展较慢且下降亦较缓慢。

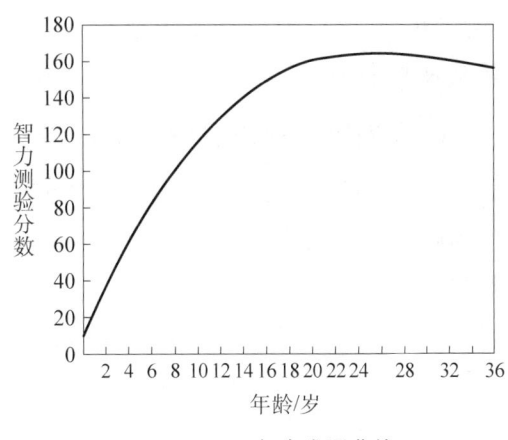

图2-4-3 智力发展曲线

二、智力测验及其特点

智力测验在心理测验中影响最大,亦称普通能力测验。这里简要介绍一些最有代表性的智力测验及其特点。

(一)比纳—西蒙量表:智力年龄

1905年,法国心理学家比纳及其助手西蒙联名发表了《诊断异常儿童智力的新方法》一文,由此,第一个智力量表比纳—西蒙量表(Binet-Simon Intelligence Scale,简称B-S量表)问世。这套测验由30个从易到难的题目组成,以完成题目的数量来确定儿童的智力高低。

1905年量表的主要特点是:项目种类繁多,可以测量智力的多方面表现;项目的排列由易至难,可以测量智力的高低;用通过多少项目作为分辨智力的标准,比如低能的成人可通过7—15项。

1908年,比纳和西蒙根据量表的使用情况,发表了《儿童智力的发展》一文,并对量表进行了修订。修订后量表的测验项目增加至59个;同时,他们按年龄对测验项目进行了分组,3—13岁,每1岁为1组,每个年龄组的儿童中有一半能完成的题目即被认为是属于这个年龄组的题目;以智力年龄(mental age)来确定儿童的智力发展水平。从操作上讲,智力年龄是以儿童能通过哪一年龄组的测验项目来计算的。例如,一个儿童通过了一套7岁组的全部项目,其智力年龄就是7岁。如果他还通过了8岁组的2个项目(代表4个月),那么其智力年龄便是7岁4个月。该量表是第一个年龄量表,其采用的"智力年龄"概念解决了难以对测验结果进行评定解释的难题,对心理测验起到了相当大的推动作用。

(二) 斯坦福—比纳量表: 比率智商

比纳—西蒙量表发表后,引起了人们的兴趣,许多国家纷纷对之进行引介。该量表引入美国后,许多人都尝试对其进行修订,最成功的是斯坦福大学的推孟教授于1916年发表的斯坦福—比纳量表(Stanford-Binet Intelligence Scale,简称S－B量表)。该量表共有90个项目,其中三分之一以上的项目(39个)是新增的。斯坦福—比纳量表经历了1937年、1960年、1972年、1982年、1986年和2003年的修订,成为极具影响力的智力测验。该量表适用的范围为2—14岁,另有普通成人组和优秀成人组。

推孟的主要贡献是:(1)力求取得广泛代表性的常模,对施测和记分提供了详细的指导语和说明书,将测验编制标准化,从而提高了量表的信度;(2)将量表所适用的年龄范围扩充到成人,可以测出个体自2岁到成人的智力水平;(3)采用了智商概念作为比较智力水平的相对指标。从此,智力测验均以智商作为衡量智力水平的标准(1960年以前用比率智商,1960年以后用离差智商)。比率智商的求法如下:

$$智商 = \frac{智力年龄}{实际年龄} \times 100$$

比如,一个实际年龄为8岁的儿童,若他的智力年龄为9.5岁,那么他的智商就是9.5÷8×100＝119(通常小数可以不计)。

该公式表明,一个儿童无论他的实际年龄多大,只要其智力年龄等于实际年龄,则其智商总是100,说明该儿童的智力处于平均水平;若其智商大于100,说明其智力水平比该年龄段儿童的平均水平高,反之则低。

(三) 韦克斯勒儿童智力量表(WISC): 离差智商

1939年,韦克斯勒在美国贝勒维精神病院编制了一套韦克斯勒—贝勒维智力量表,用以测量16—60岁成人的智力,而后他分别编制了韦克斯勒儿童智力量表(WISC,1949)、韦克斯勒成人智力量表(WAIS,1955)、韦克斯勒学龄前儿童和学龄初期儿童智力量表(WPPSI,1967)。1974年,他发表了韦克斯勒儿童智力量表修订版(WISC-R),1991年,韦克斯勒又对该量表进行了修订,发表了第三版(WISC-Ⅲ),2003年发表了第四版(WISC-Ⅳ)。

韦克斯勒智力量表主要具有以下特点。

第一,从整体智力观点出发把智力分成言语智力和操作智力两部分。言语量表和操作量表分别又有分测验,比如,在WISC-R中,言语量表包括常识、类同、算术、词汇、理解、数字广度六个分测验;操作量表包括图画补缺、图片排列、积木图案、物体拼组、译码、迷津六个分测验。因此,该量表除了可以计算智商外,还可分别计算言语智商和操作智商。

第二,采用离差智商作为估计智力的相对聪明程度。某一被试的离差智商是视此人的测验分数与其同龄被试测验分数分布曲线上的平均数的离差大小而定的,即根据被试的分数处于同龄标准化样本平均数之上或之下有多远而定。离差大，且为正数，则智商高；而离差大且为负数，则智商低。

相对于比率智商而言，离差智商有其独特的优越性。比率智商是智力年龄与实际年龄的比值，但随着年龄的增长，智力与年龄的增长不是同步的，不是所有的智力都是终身增长的，智力的增长亦不是线性的（匀速的）。因此，比率智商尤其不适用于成人和老年人。而离差智商则克服了这个缺陷，它以某人在同龄群体中的相对位置来代表此人的智力水平，既简洁明了，又客观科学。由于离差智商的突出优点，加之韦克斯勒的大力推荐，因此，自他开始，离差智商的概念在智力测验中被广为应用。

三、智力发展的个体差异

在智力测验中，一个常见的现象是，相同年龄的儿童其智商并不一定相等。比如，两名9岁的儿童，甲的智商是130，而乙的智商则只有95，这反映了智力发展水平存在个体差异。

图2-4-4是推孟根据斯坦福—比纳智力量表的一个常模群体的智商分布情况而绘制的，其平均数为100，标准差为16，横轴为智商值，纵轴为分布的百分比。可以看出，这是一个近似于正态分布的曲线，这一智商正态分布的结论得到了其他研究结果的支持：在一般人群中，智力极高者（智商在140以上）与极低者（智商在70以下）均占少数，智力中等或接近中等者（智商在80—120之间）占大多数（约占总人口的80%）。实际上，智力分布曲线的两侧并不完全对称，智力低的

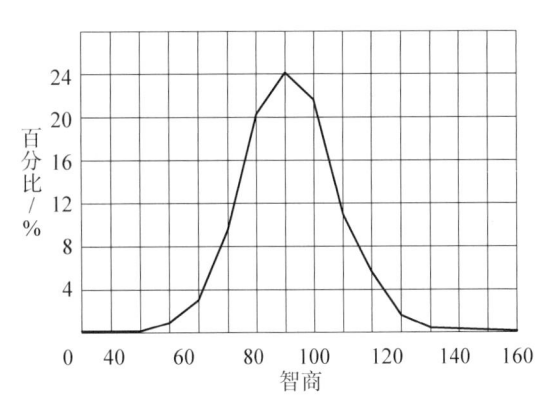

图2-4-4 智商的分布（据1937年斯坦福—比纳智力量表测验结果）

一端人数相对较多，这是因为除了遗传会引起个体智力落后外，疾病、脑伤及其他意外事件也可造成个体智力落后。

研究者根据智商的正态分布对智力进行了分类。推孟和韦克斯勒对智力做出的分类十分一致，只是在某些智商区间的划分上有一些不同（主要是两端）（如表2-4-1所示）。

表2-4-1 不同量表对智力的划分标准

划分标准	韦克斯勒成人智力量表（第四版）	韦克斯勒儿童智力量表（第五版）	斯坦福—比纳智力量表（第五版）
极有天赋	—	—	145—160
极优秀	≥130	≥130	130—144
优秀	120—129	120—129	120—129
中上水平	110—119	110—119	110—119

续 表

划分标准	韦克斯勒成人智力量表（第四版）	韦克斯勒儿童智力量表（第五版）	斯坦福—比纳智力量表（第五版）
平均水平	90—109	90—109	90—109
中下水平	80—89	80—89	80—89
边缘受损	70—79	70—79	70—79
轻微受损或延迟	≤69	≤69	55—69
中度受损或延迟	—	—	40—54

由上可知,在同龄整群中,按智力发展的水平,可以将儿童划分为智力超常、智力常态和智力低常三类。尽管智力常态儿童占大多数,但分布于两端的儿童却更需要特殊的教育和咨询,因而更令人关注。

(一) 智力超常儿童

智力超常儿童是指智商在 140 以上的儿童,推孟称之为"天才",我国古代称之为"神童"。对智力超常儿童的研究以推孟所领导的长期纵向研究最为著名。自 1912 年前后,他们对选取出来的 1500 名智商超过 140(平均智商近 150,其中有 80 人智商为 170)的儿童进行了长达 40 年的追踪。该研究的一个重要方面是分析了智力超常儿童的行为特征,这些特征有：(1)他们的身体和心理发展均较一般儿童好。(2)他们在校的学业成绩比一般儿童好,学习兴趣也更广。(3)他们的社会能力比一般儿童强,他们喜欢与年纪大的儿童一起玩,比同年龄儿童更具有丰富的游戏方法与知识,情绪也较一般儿童成熟稳定(推孟发现,智商在 110—120 的儿童,当团体领袖的较多,而智商超过 160 的儿童,则因为兴趣与众不同而不受拥护,当首领的就少了)。(4)父母的社会经济地位、文化教育水平较高的儿童智力超常的较多,智力超常儿童的男女比例是 120∶100,其中 2/3 为老大或独生子女。

我国的研究人员编制并运用鉴别超常儿童认知能力测验对 2700 余名 3—14 岁超常与常态儿童的感知觉、记忆、思维等进行了较系统的比较研究,结果发现：(1)超常儿童与常态儿童在认知不同方面的差异程度明显不同,超常儿童的创造性思维和数类比推理的成绩与同龄常态儿童的差异最为明显,语词类比推理次之,图形类比推理及观察力的差异较小。而且差异不仅表现在测验的结果上,还明显表现在反应的过程、水平和特点上。(2)超常儿童与常态儿童在认知模式的构成上有明显不同的特点。不同年龄及同年龄不同时期的研究结果都表明,超常儿童是以创造性思维较发达为特征构成了不同于同龄常态儿童的认知模式。(3)超常儿童与常态儿童认知发展的年龄趋势不完全相同。

(二) 智力低常儿童

智力低常儿童,是指智商低下(一般低于 70),即智力发展水平明显低于同龄儿童或在智力发展上存在严重障碍的儿童。心理学家大都从"智力程度"和"社会适应行为"这两个角度对智力低常进行进一步的区分。

(1) 智力程度。根据个别智力测验所测得的智商是以标准差为单位进行分类的。应指出的是，由于不同智力测验的标准差不同，故根据不同测验结果进行的分类就会略有差别。比如，韦克斯勒智力测验的标准差是15，而斯坦福—比纳智力量表的标准差则是16。具体分类如表2-4-2所示。

表2-4-2 根据智力程度对智力低常进行的分类

等级	类别	标准差（SD）	韦克斯勒智力量表（SD = 15）	斯坦福—比纳智力量表（SD = 16）
五	边缘	-1—-2	84—70	83—68
四	轻度	-2—-3	69—55	67—52
三	中度	-3—-4	54—40	51—36
二	重度	-4—-5	39—25	35—20
一	极重度	-5以下	25以下	20以下

(2) 社会适应行为。智力低常的人通常比一般人的社会适应能力差，可以通过威尼兰德社会成熟度量表（Vineland Social Maturity Scale）测得个人社会成熟商数（SQ），再按标准差将其分为五个等级（如表2-4-3所示）。

表2-4-3 根据社会成熟商数对智力低常进行的分类

等级	类别	标准差（SD）
五	无负偏差（适应不发生困难）	-1.00以上
四	轻度负偏差（轻度适应不良）	-1.00—-2.25
三	中度负偏差（中度适应不良）	-2.25—-3.50
二	重度负偏差（重度适应不良）	-3.50—-4.75
一	极重负偏差（完全不能参加社会生活）	-4.75以下

四、智商的稳定性与可变性

儿童的智商是稳定不变的吗？假设一名儿童4岁时的智商为100，那么到了8岁或12岁的时候，智商还是100吗？智力测验有预测的功能，人们在用智力测验进行预测时，一般都假定智力是相当稳定的。但实际上，智商有其稳定性，亦有一定的可变性，表2-4-4描述了不同年龄智商的相关情况。

表 2-4-4　不同年龄智商的相关情况

年龄/岁	年龄/岁				
	3	6	9	12	18
3	—	0.57	0.53	0.36	0.35
6	—	—	0.80	0.74	0.61
9	—	—	—	0.90	0.76
12	—	—	—	—	0.78

从表 2-4-4 可以得出以下结论。

(1) 婴儿时期的智力测验结果不能很好地预测以后的智力发展水平(智商)。比如,3 岁时的智商与 6 岁时的智商的相关系数为 0.57,而到 18 岁时则减少到 0.35 了。更有研究者证明,贝利婴儿智力量表的测验结果与婴儿长大后的智力测验结果之间的相关系数接近为 0。婴儿时期的智力测验结果为何不能很好地预测以后的智力发展水平呢? 一般认为,这是由于婴幼儿时期的智力测验内容与儿童时期的智力测验内容之间存在着很大程度的不同而导致的。前者注重对婴儿手的灵活性、视觉与听觉的敏感性等情况的测查,而后者比如斯坦福—比纳智力量表和韦克斯勒儿童智力量表则强调对言语、抽象、问题解决和推理等能力的测查。但是也有例外,那些婴儿时期智力测验得分很低的儿童,其婴幼儿时的智力测验分数就能较好地预测他们以后的智力发展水平。

(2) 过了婴儿期,不同年龄儿童的智商之间存在着显著正相关。可以从表中看出两条规律:①两次测验之间的时距越短,两个结果间的相关就越大,即相似程度越高;智商的稳定程度随年龄间隔的增加而降低。比如,3 岁与 6 岁之间的智商相关系数要远大于 3 岁与 12 岁之间的智商相关系数。②随着儿童年龄的增长,相同年龄间隔间的智商相关系数呈增加趋势。比如,3 岁至 6 岁与 9 岁到 12 岁均相差 3 岁,但后两个年龄之间的智商相关系数要远大于前两个年龄之间的智商相关系数。这表明,随着年龄的增长,儿童的智力趋于稳定。

(3) 就同一名儿童来说,随着年龄的增长,其智商不是一成不变的,绝大多数儿童的智商在其成长过程中均出现了一定程度的变动。但研究发现,大的智商变动并不常见,比如,很少有人的智商会从 70 升到 130,或从 130 降到 70。

总之,智商有其稳定性,且随着儿童年龄的增加,智商趋于更加稳定;但智商也是可变的,有时甚至会发生剧烈的变动。造成智商变动的原因可能是:①智力发展的速率存在着个体差异,比如,有的先快后慢,有的则是先慢后快,这样的情况会导致多次测验分数的起伏;②一些测验题目可能过分地强调了某方面的知识或某种技能,这样有无机会习得这些知识或技能也会造成智商偏高或偏低。前者是智力本身的变化,后者则是测验本身的效度问题。至于智商的稳定性,则会受遗传、环境、学习的连续性等因素的影响。智商的稳定性随年龄增长而增强,似乎可以这样解释:智力的发展具有累加性,个体在每一个年龄段获得的知识和技能包括了其以前习得的所有的知识和技能,因而显得更加稳定。

五、科学运用智力测验

由于智力测验可以帮助人们更好地了解儿童的现状与未来的发展趋势,因此就目前而言,智力测验俨然已成为心理学应用中最富有成效、最令研究者向往的领域之一。然而,一种上佳的工具要确实发挥其实效,关键往往在于使用者。对于测验使用者和被测儿童的父母而言,既需要科学运用智力测验,也需要理性看待智力测验的结果。

第一,已有许多心理学家指出,传统的智力测验在内容上是不全面的,它们对于智力的实践性因素、现实性因素及社会文化因素对智力的制约作用重视不够。一个在智力测验上得分优秀的人,在实际生活情景中未必能表现出比他人更佳的才能;同样,一个在某些方面表现优异的人,其智商可能并不高(当然也不至于低下)。

第二,在学校里针对每位学生进行的大规模智力筛查测验与在专业机构中针对个人进行的智力诊断测验是有一定区别的。前者为了取得规模效应,所使用的工具和实施过程通常要粗糙些;而后者为了求得智商的精确值和结构模式,通常对测验工具和实施过程的要求更高。因此,前者筛查出有智力低常的学生,往往需接受进一步诊断,并结合受测者的日常表现方可确定其智力水平。

第三,需要强调的一点是,智力测验的根本目的绝不是用智商给受测者贴上一个"聪明""一般"或"愚笨"的标签,而是应着重于分析受测者的智力特点、智力的优势与不足,并给出合理有效的建议,为他们的发展提供科学的指导与帮助。

第三节　创造力的发展

聪明的人,是否创造力就高? 高智商的孩子,长大后就是具有高创造力的创造性人才吗? 这些问题常常困扰着我们。

吉尔福特认为发散思维是创造力的主导成分,发散思维表现为:流畅性、独特性和变通性。林崇德认为创造力是根据一定目的,运用一切已知信息,在独特地、新颖地、有价值地(或恰当地)产生某种产品的过程中表现出来的智能品质或能力。

创造力是一种极其复杂的综合能力,一般认为其由认知和个性两方面构成,也有人把创造力看作是认知、动机与个性特征三者的集合。在认知方面,创造性思维和创造性想象是两大主要成分。例如,著名的托兰斯创造性思维测验(Torrance Tests of Creative Thinking,简称TTCT),主要就是用来测量发散思维的流畅性、灵活性、独特性和精致性的,它常作为鉴别超常儿童的工具。就儿童的创造性来说,重要特点之一是创造性想象。例如,英国的全国创造性教育和文化教育咨询委员会把儿童创造性定义为"以产生新颖的和有价值的产品为标志的想象活动"。

在个性方面,许多研究者发现创造者的某些个性因素与其创造才能息息相关。而后,托兰斯等人提出,有创造性的儿童具有富有责任感、感情丰富、有决心、勤奋、富于想象、依赖性小、好冒险等特点。

一、创造力与智力的关系

在很多人看来,智力水平高的人,其创造力水平必然也高。而相关研究表明,智力与创造力有一定关系,但两者的关系并不十分密切。例如,吉尔福特的观点非常有代表性,如图 2-4-5 所示,整个三角形表示创造力与智力之间有正相关趋势。智力越高的人,其智力与创造力的相关越低;智商高于 130 的人,其智力与创造力无关联;创造力高的人必定具备中等以上的智力。这些关系表明,智力高并不一定创造力高,智力是创造力的必要而非充分条件。

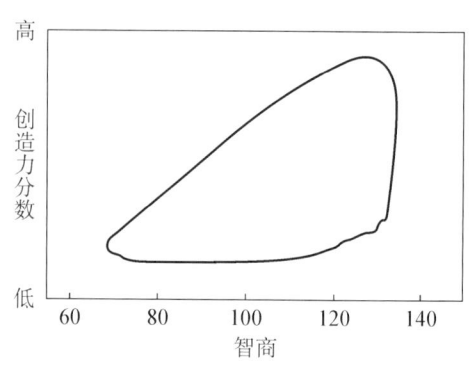

图 2-4-5 创造力与智力的关系

二、创造力的表现

谁是有创造力的人?那些对人类发展或者在某个领域产生了不朽影响的人,自然是具有伟大创造力的典范,如米开朗琪罗、牛顿、爱因斯坦、爱迪生、乔布斯、袁隆平等。而在日常生活中进行小发明的人,算不算有创造力呢?再细微一些,小孩子对一个习以为常的现象做了不同寻常的发问与解释,算不算有创造力呢?按照一般定义,这些影响力不同的个体表现似乎都符合创造力的核心特征,如新颖、独特等,但显然这些表现又不在同一个层面上。因此,有研究者提出了一个可以涵盖多层次创造力行为表现的模型——4C 模型(如表 2-4-5 所示)。

表 2-4-5 创造力行为表现的 4C 模型

4种创造力	定义	举例	测量方法
微创造力	对经历、活动和事件进行的新颖的或具有个人意义的解释	在一般的科学研究中,学生利用学过的数学知识悟出了数据分析的新方法	自我评估,微观遗传学方法
小创造力	新颖的日常表现以及适用于任务的行为、观念或成果	将剩下的意式和泰式食品进行组合,做出家人爱吃的新的混合口味	等级评定(教师、同伴、父母);心理测验(例如托兰斯创造性思维测验);一致性评估
专家创造力	专家表现出的新颖的、有意义的行为、观念或成果(超过了日常领域但没有达到名垂青史的程度)	心理学家的研究获得了职业心理学协会的褒奖	一致性评估;同行评议;奖励/荣誉
大创造力	载入史册的新颖而有意义的成就,常常给某个领域带来革命性变化	牛顿的科学理论;马丁·路德·金在社会公正方面的创举	重要的奖励/荣誉;历史的衡量

这一模型的提出为儿童教育和创造力的培养提供了有益的理论基础。基于4C模型,我们可以把日常生活中细微的创造力与专业的具有伟大成就的创造力看成是创造力表现的连续体。

三、创造力测验

目前应用最广泛的创造力测验是美国明尼苏达大学心理学教授托兰斯编制的托兰斯创造性思维测验。该测验适用于从幼儿园到研究生水平的个体,但对四年级以下的儿童需要进行个别口头施测。主要考查个体的发散思维,涵盖发散思维能力、好奇心、假设性思维、想象力、情感表现力、幽默感、打破常规的能力等方面。自20世纪60年代以来,托兰斯创造性思维测验经历了数次修订,被业界认为是检测发散思维最可靠的测验。

该测验由3套创造力量表构成。

(一)言语创造性思维测验

言语创造性思维测验包括7个分测验:

(1)提问题——要求被试列出看到图画内容时所想到的一切问题。
(2)猜原因——要求被试列出引起图画事件的可能原因。
(3)猜后果——要求被试列出图画中所发生的事情的各种可能后果。
(4)产品改造——要求被试对一个玩具图形提出尽可能多的改进方法。
(5)非常用途测验——要求被试说出尽可能多的普通物体的特殊用途。
(6)非常问题——要求被试对同一物体提出尽可能多的不同寻常的问题。
(7)假想——要求被试推断一件不可能发生的事件将出现的各种可能后果。

(二)图画创造性思维测验

图画创造性思维测验由3个分测验组成:

(1)图画构造——呈现一个蛋形彩图,让被试以此为基础去创作富有想象力的图画。
(2)未完成图画——向被试提供10个由简单线条勾出的抽象图形,让他们完成这些图形并加以命名。
(3)圆圈(或平行线)测验——共包括30个圆圈(或30对平行线),要求被试据此尽可能多地画出互不相同的图画。

(三)声音和词的创造性思维测验

声音和词的创造性思维测验由2个分测验组成:

(1)音响想象——采用4个被试熟悉和不熟悉的音响系列,各呈现3次,让被试分别写出联想到的物体或活动。
(2)象声词想象——采用10个模仿自然声响的象声词,各呈现3次,让被试分别写出联想到的事物。

3套量表的记分标准是不同的。言语测验从流畅性、变通性、独特性3个方面记分;图画测验除从以上三方面记分外,还对精致性记分;声音和词的测验只记独特性得分。

托兰斯创造性思维测验的特色在于其操作过程的游戏性,即用游戏的形式将各项测验组织起来,显得轻松愉快,适合儿童的身心特点(如图 2-4-6 所示)。

图 2-4-6　一个 8 岁儿童的发散思维表现

四、创造力的发展

对于智力而言,儿童和青少年期的智力随年龄增长而提高,相比之下,创造力与年龄的关系就不那么简单了。托兰斯描绘了提问测验中儿童提问问题的个数随年龄增长的发展曲线(如图 2-4-7 所示)。儿童和青少年的创造力随年龄增长呈波浪形上升趋势,其中在 4 年级、7 年级、12 年级有比较明显的下降。同时,从 4 年级以后直到 12 年级,女生的提问能力高于男生。

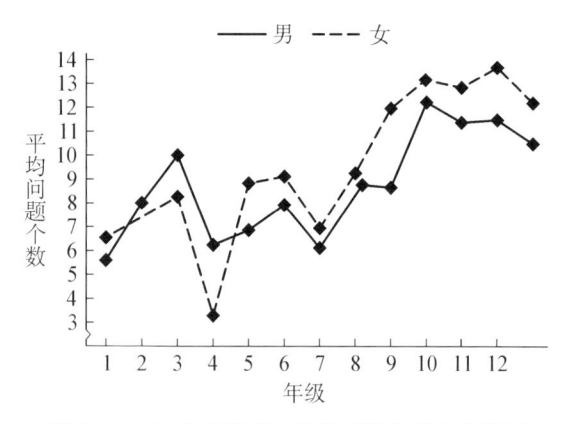

图 2-4-7　儿童和青少年问题提出能力的发展

五、创造力的培养

我国著名教育家陶行知先生坚信"处处是创造之地,天天是创造之时,人人是创造之人"。根据创造力的 4C 模型,儿童的创造力更多地表现在微创造力或小创造力层面,如果培养得当,很可能转变为将来的专家创造力和大创造力。

在家庭层面，创造性家庭环境的创设主要有三个方面：一是表达尊重，二是鼓励独立，三是提供丰富的刺激。尊重儿童就是要把他们当作一个独立的平等的主体来看待。提倡独立精神则必须先给孩子一种自由以及心理的安全感，例如，允许儿童自由抒发情绪，鼓励他们去尝试新异活动等。此外，家长还应该多提供富有创意和灵活性的活动材料，从而有效激发儿童的创造性思维。国内学者往往把保护儿童的好奇心、培养儿童的观察力、想象力和动手能力这四方面作为家庭培养的重点。

哈林顿（Harrington）等人测验了个体在儿童期的父母教养经历与其成人期所显示的创造潜能之间的关系。在长达12年的过程中，他们定期评估一个大型纵向样本中的儿童个体。该研究中的儿童抚养行为报告来自父母和观察者两方面对儿童创造力行为的描述。其中的一些项目，如父母的描述提到了"我尊重孩子的想法，并鼓励他表达出来""我让孩子做出决策""我们时常在一起度过愉快而亲密的时光"等。研究结果显示，儿童3—5岁时在父母教养过程中显示出的创造性水平与儿童11—14岁时教师和实验者对其创造潜能的评价水平呈显著的正相关，即融洽的、支持孩子自我管理的父母教养方式将有助于个体青少年期创造力水平的发挥。

有研究者认为，当向儿童提供明确的、依据条件而设定的奖励时，他们最有可能显示出创造行为，因而父母们可以通过鉴别具体的创造力行为、指导儿童的行为结果以及提供视情况而定的奖励等方式，极大地提高儿童的创造力。

在学校层面，调查发现，教师、学生和专家提出的影响创造力发展的学校环境因素涉及教师态度、教学策略、班级气氛、校园活动和学校教育体系五个核心维度。开放的课堂气氛、培养学生的好奇心和冒险精神、鼓励学生进行发现学习和合作学习、提高儿童的合作意识、鼓励儿童参与创造性的娱乐、游戏或体育活动，以及恰当的教学评估方式，都有利于培养儿童的创造力。

环境因素对创造力的影响已经引起了人们广泛的关注。哈林顿认为支持性的环境对创造力而言，既非充分条件，又非必要条件。因为有事实表明，即使处于优越的环境中，个体也可能遭遇创造性表现的失败。但是从某种意义上讲，优越的环境确实能够增加创造力的产生和最终发挥成效的可能性。环境本身就是创造力的一个必要组成部分，适宜的学习环境有助于儿童创造力的提高，教师的任务是"播种"，即为儿童最大限度地发挥潜能提供尽可能多的机会。

第五章
情绪的发展

第一节　早期情绪发展

一、最初的情绪表现

在生命的头几个月里,婴儿用微笑、唧唧咕咕、视线接触对人做出反应,且在情绪上未对不同的人显示出明显的差别。但是,许多研究证实,儿童具有先天的情绪机制。愉快、感兴趣、惊奇、厌恶、痛苦、愤怒、惧怕和悲伤等八种基本情绪,都是个体在进化过程中获得的,并在外部刺激的诱发下发生、展现。

行为主义心理学创始人华生指出,新生儿有三种非习得性情绪:爱、怒和怕。他还详细地描述了这些情绪的表现:爱——新生儿对柔和的轻拍或抚摸会产生一种广泛的松弛反应,如展开手指或脚并做咕咕和咯咯声那样的一些反应;怒——如果限制新生儿的运动,新生儿就会产生身体僵直、屏息、尖叫之类的反应;怕——听到突然发出的声音时,新生儿会产生吃惊反应,当突然失去身体支持时会产生发抖、号叫、屏息、啜泣等反应。随着行为主义的兴起,关于新生儿有三大基本情绪的推论也跟着流行起来。但是其后的一些研究都未能证实华生的这一观点。

加拿大心理学家布里奇斯(K. M. Bridges)在1932年提出了一个新的观点:新生儿的情绪只是一种弥散性的兴奋或激动,是一种杂乱无章的未分化的反应。它包括一些由强烈的刺激所引起的不协调的内脏和肌肉反应。通过成熟与学习,各种不同性质的情绪才渐渐分化出来。新生儿在3个月时,其初生时的原始激动分化为两种矛盾的情绪状态,即痛苦和快乐;到6个月时,痛苦进一步分化为怕、厌恶和愤怒;到12个月时,快乐分化出高兴与喜爱;到18个月时,可看出爱成人与爱儿童的区别,与此同时,痛苦中又分化出妒忌;到24个月时,可以在快乐的热情中区分出较稳定的欢乐来。随着儿童年龄的增长,以羞愧情绪的发展为例,它先是分化为指向自己的羞愧和指向他人的羞愧,指向自己的羞愧又可分化为害怕丢面子,以及丢面子和内疚,而指向他人的羞愧可以分化为耻辱、不知羞耻以及困窘。

学习理论和精神分析理论都强调了婴儿期的喂食在其情绪和社会性发展中的作用,认为照料者总是与满足儿童的食物需要相联系,减少饥饿这一基本生物内驱力,会使照料者成为二级强化物(学习理论的观点),或者使婴儿将生物能量集中在照料者身上(精神分析理论的观点)。这两种理论观点给我们这样一个强烈的印象:谁给婴儿喂奶,婴儿就依恋谁。这不就是有奶便是娘吗? 那么,事实又是怎样的呢?

哈洛(Harlow)及其同事的实验对该观点进行了有力的反驳。他们将刚出生的幼猴放在隔离的笼子里养育,用两个假母猴代替真母猴(如图2-5-1所示),其中一个假母猴是金属丝做的"金属母猴",幼猴可以通过吸吮这个"母亲"胸前隆起的橡皮奶头吃到奶;另一个假母猴是用绒布做的"绒布母猴",它无法给幼猴"喂奶"。如果按照学习理论和精神分析理论的预测,幼猴应该与"金属母猴"待在一起,因为"绒布母猴"不能提供食物。但事实上,幼猴只有在饿的时候才到"金属母猴"那里去,其他的时间则与"绒布母猴"待在一起,甚至"粘"在"绒布母猴"身上。幼猴在受到不熟悉的物体(如一个木制的大蜘蛛)的威胁时,会跑到"绒布母猴"身边,抱住"绒布母猴",似乎"绒布母猴"能给它更多的安全感。

二、情绪的社会性参照作用

婴儿是从他所看到的面部表情中分离出意义,还是仅仅对这些表情的个别特征(如微笑时嘴角朝上)做出反应的呢?从儿童知觉发展的水平来说,2—3个月的婴儿

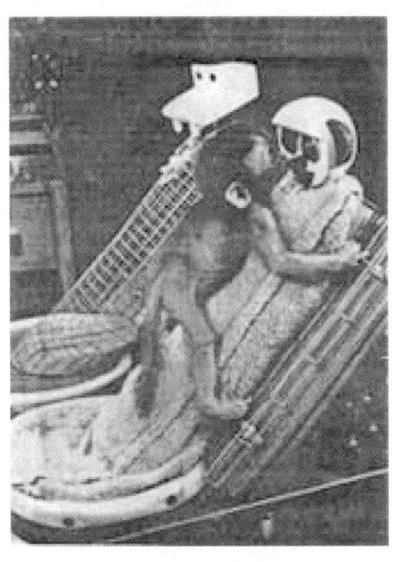

图 2-5-1 哈洛及其同事用于实验的"金属母猴"和"绒布母猴"

还不能系统地扫描人的完整面孔,不太可能将任何表情当成一个整体来对其做出反应。实际上,直到半岁以后,婴儿才能理解面部表情的意义,才可能利用情绪进行信息交流。

心理学家将婴儿理解或解释他人面部表情的能力,称为社会性参照(social reference)。如果一个刚学会爬行的6—7个月的婴儿在遇到不熟悉的情景或陌生的物体时,不能做出确定的反应,就会主动从母亲或照料者的面孔中寻找线索或信息,以决定自己的行动。此时,母亲或照料者的面部表情就影响着婴儿的情绪和相应的行为。由此可见,情绪的社会性参照是儿童情绪社会化、显示情绪的信号功能,以及实现情绪的信息交流作用的一种现象,发生在婴儿期(6个月以后),并贯穿人的一生。社会性参照是一种在特定情景中发生的特定情绪交流模式,而非一般的情绪信号传递。通过社会性参照,我们可以将情绪信号作为独立变量来研究儿童的行为调节,并在教育中应用社会性参照。

"视崖"实验可说明情绪的社会性参照的作用(如图2-5-2所示)。将12个月的婴儿置于实验装置的"浅滩"一端,让母亲站在"悬崖"一端,用玩具吸引孩子爬过来。实验中,将母亲分为两组,一组母亲面带微笑,另一组母亲面露怯色。结果,母亲面带微笑组的孩子中有74%爬

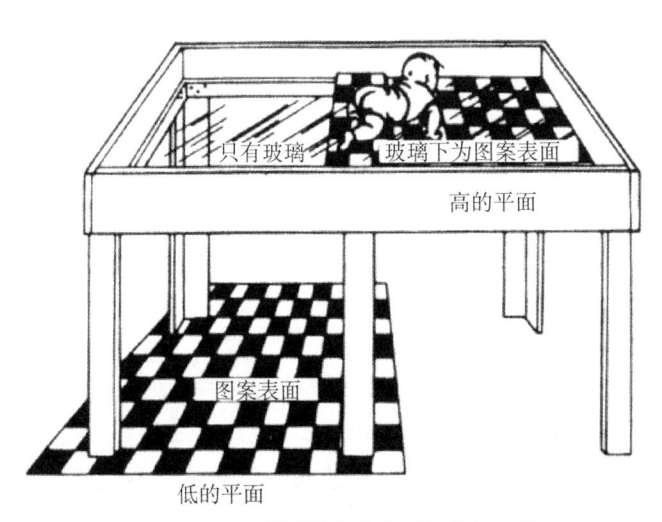

图 2-5-2 "视崖"实验装置结构示意图
(左边为"悬崖",右边为"浅滩")

过了"悬崖";而另一组儿童无一爬过"悬崖",且露出了害怕的表情。可见,婴儿不仅"读出"了母亲的面部表情,而且正确地解释了其意义。

情绪的社会性参照是一种复杂的心理技能,婴儿不是轻而易举获得这一能力的。这一心理技能至少包括以下几部分:(1)朝向情绪信息源;(2)对信息源的情绪进行筛选;(3)整合信息源的面部综合模式;(4)鉴别这一情绪模式的意义;(5)做出采取行动的决定。社会性参照行为的发展是婴儿情绪社会化发展的一个标志,对以下两方面的发展具有重要的意义。

第一,促进自我觉知的发展。社会性参照行为发生之后,出现了儿童与成人在同一件事情上联系起来的结果,产生了所谓"意义分享"(meaning sharing)的现象。意义分享包括:分享对当前事物的理解;分享共同的期望;分享共同的感情;使成人和儿童在注意、意向、感情等方面的心理功能处于同一境遇中。

第二,促进道德感和道德行为的发展。一方面,儿童随活动能力的发展需要扩展对外部世界的探究;另一方面,照料者为安全起见往往会阻止儿童的某些行为。通过情绪(表情和语声)的社会性参照作用,特别是对儿童行为的阻止和矫正,在儿童原有意向和外来阻止之间的变化可以被内化为一种自我体验的变换与转化。被鼓励的行为会引起儿童的快乐、成功感、满足感;被斥责的行为会引起儿童的悲伤、害羞、沮丧和内疚。

三、怯生

婴幼儿对不熟悉的人所表现出的害怕反应通常被称为怯生。7—12个月的儿童会表现出几种明显的害怕,其中最典型的就是对陌生人的害怕。在这个年龄阶段,一种中等强度的陌生事件可以引发儿童的兴趣,有时,儿童还会发出牙牙语和微笑。但是,更加陌生的事件可能会使儿童产生不确定感和害怕的情绪。例如,当一个婴儿看到妈妈换了一套不熟悉的装束,或第一次听到录音机里传出陌生人的声音时,他可能会哭起来。有研究发现,一种不可预期的事件比可预期的事件更可能使婴儿产生害怕情绪。4个月的婴儿对陌生人也笑,只是比对母亲笑得要少,不过并不害怕陌生人。他们对新奇的对象包括陌生人显示出了极大的兴趣。四五个月的婴儿注视陌生人的时间要多于注视熟悉人的时间,有一个来回注视比较陌生人的脸和熟悉者的脸的比较期。约到5—7个月时,婴儿见到陌生人往往会露出一种严肃的表情,7—9个月的婴儿见到陌生人就感到苦恼了。

婴儿并非见到陌生人就一定会害怕。研究表明,怯生既不是不可避免的,也不是普遍存在的。对陌生人的害怕取决于诸多因素,包括陌生人的特点、儿童所在的环境、儿童的发展状况等。

(1) 父母是否在场。如果婴儿坐在母亲膝盖上,或由母亲抱着,那么陌生人过来几乎不会对其产生什么影响;如果母亲与婴儿有一定距离,则婴儿就可能感到害怕。

(2) 对环境的熟悉程度。据一些心理学家报告,若在家里测定10个月的婴儿对陌生人的害怕反应,可以发现婴儿很少会表现出怯生;但若在婴儿不熟悉的实验室进行测定,就有近50%的婴儿怯生;如果给婴儿一段熟悉环境的时间,那么害怕的人数则相应减少。

(3) 陌生人的特点。婴儿并不是对所有的陌生人都感到害怕的。刘易士等人为了了解婴儿害怕什么样的陌生人,对7—19个月的婴幼儿进行了实验。他们观察了这些孩子对陌生的成年男子、成年女子、陌生儿童(4岁的女孩)和自己的母亲的反应,还观察了婴儿对自己(在镜子里的像)的反应。实验显示,陌生人在场不一定引起婴幼儿的害怕,这要看儿童与陌生人的距离。距离越近,消极情绪越大。反过来,儿童与自己的母亲或自己的镜像越是接近,积极情绪越大。最为有趣的是婴儿对陌生儿童的反应与对陌生成人的反应完全不同,他们对陌生儿童显示了积极的、温和的反应。这表明婴儿并不是对所有的陌生人都感到害怕,而只是对陌生的成人感到害怕。那么,是成人的什么特点引起婴幼儿的害怕呢?是成人的身高,还是脸部特征呢?研究者的进一步实验让7—24个月的婴幼儿与陌生成人、侏儒、儿童在一起,结果发现婴儿对陌生成人、侏儒的害怕多于对陌生儿童的害怕。于是实验者认为,身材的高矮大小不能作为婴幼儿害怕陌生人的线索,脸部特征倒是重要的线索。

(4)照料者的多少。婴儿接触到的成人的多少会影响其怯生程度。如果一个婴儿由少数几个成人抚养,他怯生的可能性比由许多成人抚养的婴儿来得大。一般说来,放在托儿所抚养的婴儿与放在家里抚养的婴儿相比,前者较不容易产生怯生情绪。

(5)婴儿与母亲的亲密程度。婴儿与照料者(主要是母亲)的关系越密切,见到陌生人时就越容易感到害怕。

四、依恋

一般意义上的依恋(attachment),指的是个体对另一特定个体的长久持续的情感联结。发展心理学中的依恋,指的是婴儿寻求并企图保持与另一个人的亲密的躯体联系的一种倾向。依恋具有三个特点:一是寻求与依恋对象身体上的亲近,例如,幼儿倾向于在母亲身上或附近活动。二是可以从依恋者那里获得慰藉、安全感和丰富的刺激。它既是依恋行为的必然报偿,同时也是巩固和加强这种依恋关系的情感基础与内在动力。三是依恋遭到破坏后,会造成依恋者情感上的痛苦。

(一)依恋的发展

习性学的依恋理论是当今最具影响力的依恋理论。习性学的主要观点为,人类的许多行为都来自种系生存和延续行为的进化。英国心理学家鲍尔比(J. Bowlby)首先将这种观点应用于依恋研究,并在此理论观点的基础上对依恋进行了长期的研究。鲍尔比认为,人类婴儿和其他动物一样,都有一种先天遗传的行为,这种行为帮助婴儿留在父母的身旁,从而降低危险,增加生存的机会。与精神分析理论对喂养(feeding)的重视不同,鲍尔比认为喂养并不是形成依恋的基础,依恋有着深刻的生物根源,从生物进化和种系生存的角度能更好地理解依恋现象。同时,鲍尔比也继承了精神分析理论对早期抚养质量的重视,认为依恋的质量对于儿童日后形成人际关系的能力有深刻和长远的影响。

依恋形成于婴儿出生后的6—8个月之间,分离焦虑(separation anxiety)和怯生(wariness of strangers)的出现是依恋形成的标志。

情绪的发展和认知机能的提高是依恋形成的基础,随着情绪的发展,儿童出现了害怕的情绪,害怕逐渐成为儿童生活中的主导情绪之一;记忆能力和客体永久性的形成是儿童认知机能提高的重要标志,这使得儿童能够意识到什么是不熟悉的、陌生的,能够认识到母亲或其他依恋对象的持续存在,从而为形成稳定的依恋奠定认知基础。

按照鲍尔比的观点,依恋的发展经历四个阶段。

第一阶段:前依恋期(无差别的反应期,0—6周)。这时,儿童还没有实现物我的分化,认知能力存在缺陷,对任何人都表现出相似的行为。不过,婴儿具有一些先天的能力,如以哭、笑等来唤起照料者的感情,获得照料。哭是一种要求抚慰的信号,当父母给予反应时,婴儿会通过安静下来或笑的方式强化父母的这种行为,并给作为抚慰者的父母带来情感上的满足。

第二阶段:依恋关系建立期(有差别的社交期,6周到6—8个月)。幼儿对父母等照料者表现出更多的积极情绪,如更多的微笑,这是随着识别记忆、再认能力的发展,以及反复出现的、类似条件反射的情感联结的建立而出现的,即照料者的出现总是与紧张的消除或降低、需要的满足相伴随。因此,在父母面前儿童表现出更多的微笑等积极情绪,这给照料者带来了更大的报偿和满足感。但是由于认知能力的限制,婴儿仍不会在父母要离开时表现出反抗行为。

第三个阶段:依恋关系明确期(积极寻求与专门照料者的接近,6—8个月到18个月)。这一时期的标志性事件是分离焦虑和怯生的出现。在这一时期,当婴儿的依恋对象要离开时,他们会表现出明显的反抗、哭叫等行为。分离焦虑的出现具有跨文化的普遍意义,即在全世界范围内,6个月左右的婴儿都开始出现反抗分离的行为,其强度持续增加,一直到大约15个月的时候。分离焦虑的出现,意味着婴儿已经能够理解到父母的消失是暂时的,即使看不见他们时,他们也是存在的,即他们具有了皮亚杰所说的客体永久性。与这种观点相一致的是,当不具备客体永久性的孩子与母亲分开时,他们极少出现反抗行为。除了反抗分离的行为外,稍大一点的孩子还会出现有意地寻求与父母亲近、获得父母的情感支持等行为。当父母在时,他们可以将父母当作安全基地进行游戏、对环境进行探索,即出现了对照料者持续稳定的情感。

第四阶段:交互关系形成期(18个月—2岁)。到2岁左右,随着语言与表征能力的快速发展,儿童能够更好地理解父母的目标,理解影响父母离开和出现的因素。因此,分离焦虑水平逐渐下降。

(二) 依恋的测量

虽然几乎所有的孩子都会形成与照料者的依恋,但是依恋的质量具有很大的个体差异。一些婴儿在依恋对象身边特别放松,具有很强的安全感,他们确信依恋对象会在他们需要的时候给予及时的帮助和保护。而有的孩子则没有这样强烈的预期,他们在依恋对象身边时也会表现得很不安。

目前,最为著名、应用最为广泛的依恋测量方法是安斯沃斯(M. D. Ainsworth)等人在1969年提出的陌生情境测验(strange situation procedure)。安斯沃斯等人设计该方法的基本假设是：儿童被置于由亲子分离和陌生人出现所导致的压力情境中，以凸显其寻求安全的需求和努力，此时，依恋能最好地被观察到。

该方法由 8 个情节组成，每个情节持续时间约 3 分钟，其中情节 3、4、5、7 是测量依恋的关键场景，一般都由母亲作为照料者出现，在特殊情况下，可以由其他照料者代替。这 8 个情节如表 2-5-1 所示。

表 2-5-1 陌生情境测验的情节

情节	事件	要观察的依恋行为
1	实验者、母亲和儿童进入房间，然后实验者离开	
2	母亲在旁边看孩子游戏	将母亲作为安全基地
3	陌生人进入房间，并坐下来和母亲说话	对陌生人的反应
4	母亲离开房间，陌生人进行抚慰	分离焦虑
5	母亲返回，并提供必要的抚慰，陌生人离开房间	对重聚的反应
6	母亲再次离开	分离焦虑
7	陌生人回来，并提供抚慰	被陌生人抚慰的可能性
8	母亲再次返回，并提供必要的抚慰，陌生人离开	对重聚的反应

陌生情境测验包括 3 个主体（儿童、母亲、陌生人）；2 种人际关系（儿童与母亲、儿童与陌生人）；4 种主要情境（亲子分离、团聚、陌生人在场、陌生人退场）；其压力是逐次升级的。重点是观察儿童在压力渐次增强的情况下，母亲在场与否时他们的行为表现，尤其是他们对待分离之后的团聚的方式。

（三）依恋类型

基于陌生情境测验，安斯沃斯提出了 3 种主要的依恋类型。其中，后两种为非安全型依恋。

A 型为安全型依恋。在陌生情境中，母亲在场时，儿童可以自由地探索，即能够以母亲为自由探索的安全基地；母亲离开时表现出一定的忧伤，可能会哭泣；与母亲团聚时很兴奋，立即寻求与母亲的接近，哭泣也会立即减弱或停止；对陌生人表现出积极的兴趣，但对父母有更明显的偏好。大约有 65% 的美国儿童属于这种类型。

B 型为回避型依恋。在与母亲分离时基本上没有表现出什么焦虑；当与母亲团聚时，也倾向于回避；面对陌生人也没有太多的焦虑、不安。这种儿童没有形成真正的依恋。大约有 20% 的美国儿童属于这种类型。

C 型为矛盾型依恋。在整个陌生情境中，都表现得比较苦恼，尤其是在与母亲分离时。但是在与母亲重聚时，表现出一种矛盾的反应。一方面是看到母亲时苦恼减少，另一方面是对母亲很生气，甚至有时会推开母亲或打母亲；此外，这类儿童不容易被抚慰，母亲抱他们时他们会继续哭泣。大约10%—15%的美国儿童属于这种类型。

陌生情境测验极大地推动了依恋的研究,被视为研究幼儿社会情感发展的最有力的、最有效的方法。这种方法统一了依恋研究的范式,使众多研究之间具有了可比性。但是,陌生情境测验中的场景毕竟不同于真实的情境,幼儿的表现与真实情境中的表现还是有差异的。陌生情境测验也不具有文化的普适性,不同的文化对幼儿行为的期望与要求是不同的,因此,如果采用同一标准对不同文化中的幼儿进行评价,则有可能出现偏差。此外,陌生情境测验适用的年龄也有限制,主要适用于1—2岁的幼儿,最适用于1—1.5岁的幼儿。

(四) 影响依恋的因素

1. 抚养质量——母亲的敏感性和反应性(maternal responsiveness)

敏感性指母亲能否敏锐地觉察到孩子发出的需求信号,而反应性指母亲根据儿童所发出的需求信息,能否恰当、及时、一致地予以满足。根据儿童需求的性质,可以将敏感性和反应性分为两大类:对儿童的饮食、睡眠、躯体健康等基本生理需要的敏感性与反应性;对儿童寻求注意、感情、爱抚等心理需要的敏感性与反应性。

国内有研究发现,我国父母对儿童生理需要的敏感性和反应性与其对儿童心理需要的敏感性和反应性有中度正相关。另外,两者间也存在显著差异:对儿童生理需要的敏感性水平,要明显高于对儿童心理需要的敏感性水平。这是因为儿童的生理需要比较外显、明确和强烈,容易得到父母的重视和正确判断,并且生理需要同儿童的生存直接联系,因而父母对儿童生理需要的敏感性容易达到并维持较高的水平。相反,儿童的心理需要相对内在和隐蔽,其表达信号又受儿童思维和语言水平的局限而较为模糊不清,同时,心理需要的满足对个体生存的影响是间接的,这些因素可能导致父母对满足儿童心理需要的重要性认识相对不够,并且在识别儿童心理需要信号以及选择满足其心理需要的方式等方面做得相对较差。

此外,随着儿童年龄的增长,父母对孩子心理需要的敏感性与反应性逐步降低。这一方面是由于儿童年龄越大,父母越有可能倾向于把儿童寻求注意、要求父母抚慰、陪伴等心理需要的信号视为"撒娇"或"缠人",从而减少了对儿童这些心理需要的关注;另一方面,随着年龄的增长,儿童的独立性增强,他们独立应对和处理日常问题的能力渐渐提高,向父母发出寻求注意、情感抚慰等心理需要信号的频率与强度可能也逐步降低了。

亲子交往不应单纯考虑量的多寡,更应关注质的优劣。也就是说,并非是越敏感对孩子的发展越有利,关键在于"度"。如果父母对孩子过分关心,例如,不停地对孩子说话,不管孩子是不是在听或是在睡觉,这样孩子很容易出现回避型依恋,即通过对父母的回避使自己免受过度刺激的干扰。而矛盾型依恋的儿童,则常常是因为体验到了不一致的抚养行为。这类儿童的父母只给孩子最基本的照料,对孩子的各种信号不敏感或不做反应。然而,当孩子开始探索时,父母会打断他们,使他们的注意力重新回到父母身上。

2. 儿童的特点

依恋作为孩子与父母之间的双向关系,必然受到孩子本身特点的影响。这种影响主要来自三个方面：外在的体貌特征、身体的健康情况和内在的气质特点。

早产儿、难产儿、出生时就有先天疾病的孩子需要父母更多的照料。在贫困家庭中，这样的孩子出现非安全型依恋的比例较高。但是当父母对于这些有特殊需要的孩子付出足够的耐心，且这些孩子的身体状况也不是特别差时，他们同样可以形成安全型依恋。

托马斯（A. Thomas）等人对新生儿气质的研究表明，不同气质的儿童容易照料的程度不同。但是，关于气质对依恋的影响这一问题存在着很大的争论。一些研究者认为，困难型气质的儿童在与母亲分离时往往表现出更多的苦恼、反抗等反应，尽管他们的父母对他们的需要和反应也很敏感。

也有其他一些证据表明，气质对依恋的影响是相当有限的。儿童的特点对于依恋的影响受到父母抚养行为的调节。如果父母的抚养行为能够根据孩子的需要、气质等做相应的调整，付出更多的耐心和细心，那么不管儿童具有什么样的特点，大都能形成安全型依恋。但是，如果父母的能力有限，或由于生活条件的原因，父母没有那样做，则困难型气质的儿童和体质较弱的儿童更容易出现依恋问题。

3. 文化因素

安斯沃斯的研究主要基于美国文化背景，所获得的依恋类型及各类型儿童的百分比也是对美国儿童进行研究的结果。事实上，依恋类型存在着很大的文化差异，各种类型在人群中的比例也存在着文化上的差异。在德国等西欧国家中，回避型依恋的儿童比美国多很多。德国父母鼓励儿童独立，鼓励他们的非依附行为，因此这种回避型依恋是文化信仰和抚养实践的结果，并不意味着这是非安全型依恋。而在日本及以色列等国，矛盾型依恋的儿童比美国多，同样这种依恋也不必然是非安全型依恋。日本父母很少将孩子交由陌生人照看，因此在陌生情境测验中，日本儿童所体验到的压力远远大于美国儿童所承受的压力，他们出现更多的反抗行为也在情理之中。

（五）依恋对后期心理发展的影响

早期形成的心理模式，如果后期要改变的话，需要个体心理变得非常成熟和理性，或环境出现重大变化才有可能。依恋是幼儿最早出现的心理模式之一，对未来心理的发展具有重要的影响。

1. 依恋是幼儿出生后最早形成的人际关系，是未来人际关系的缩影

鲍尔比提出，儿童在经历依恋的四个阶段的同时，会建立起一种与照料者相关的持久的情感联结，这种情感联结使他们能在任何时间或地点都将依恋的对象作为一个安全基地。这种内部表征可称为内部工作模型（internal working model），指儿童对依恋对象的可获得性所产生的一系列期望，当儿童面临困难时依恋对象提供支持的可能性，以及儿童与依恋对象的互动等。简单地讲，内部工作模型就是重建的记忆。这种表征会成为未来所有亲密关系的范型，并贯穿个体的儿童期、青少年期以及成人期。

2. 依恋影响未来的心理健康

大多数纵向研究发现，形成非安全型依恋的幼儿出现内化或外化的情绪、行为问题的概率远远超过了形成安全型依恋的幼儿。在婴儿期形成安全型依恋的孩子，在幼儿时期探索的热情较高，在进行扮演类游戏时想象力更丰富，在解决问题时更有耐心、灵活性也较高；进入幼儿园后，他们的自尊水平、社会能力、与其他小朋友的合作性、受其他小朋友的欢迎程度、同情心等都较高。相比较来看，回避型依恋的孩子则比较孤立，不喜与人合作；矛盾型依恋的儿童则表现出较多的攻击行为，对幼儿园适应困难。但是，在得出依恋与儿童以后发展的关系的结论时，必须特别小心，因为，同样也有一些研究表明，安全型依恋的儿童在之后的成长过程中并没有比非安全型依恋的儿童发展得更好。

3. 依恋关系具有传递性，会影响到儿童成人后与自己孩子的抚养关系

研究发现，依恋具有传递性，如果幼儿早期与父母形成安全型依恋，则当幼儿长大并为人父母时，也更容易与自己的孩子形成安全型依恋，反之则不然。

第二节　儿童期的情绪发展

一、情绪发展的一般特点

儿童语言能力和认知能力的发展，对情绪发展、表达、调控产生了重要的影响。儿童期的情绪发展体现出以下一些特点。

（一）情绪的内容不断丰富

儿童2岁时已经能初步表达如内疚、害羞、妒忌和自豪感等复杂的情绪了。在拥有了语言交流能力以后，儿童不但具备了理解自己和他人的情绪及其前因后果的能力，还可以用语言来交流情感体验，而不仅仅只限于用皱眉、笑、哭等面部表情来表达情绪。例如，两三岁的儿童已经开始能用语言简单地表述自己和他人的情绪体验。到了三四岁时，儿童可以熟练地用语言描述产生情绪的因果关系，可以对情绪做出更复杂的理解。例如，他们知道情绪可以随时间的流逝而消退，还知道思想的变化可以引起情绪变化——思考快乐的事情可能会使人变得愉快。儿童在理解人际关系和他人情绪的时候，不仅能表达复杂情绪，而且能够以更为多变和可控的方式表达基本情绪。六七岁的儿童开始具备掩饰自己真实情绪状态的能力，他们已经知道如何根据社会文化规则表达情绪。

将高兴、惊讶、恐惧、愤怒、厌恶、轻蔑六种面部表情的彩色照片作为实验材料，让儿童进行辨认，结果发现，儿童和青少年对不同情绪的面部认知的速度是不同的，最早趋于成熟稳定的是对高兴、愤怒的认知，其次是对轻蔑，然后是对惊讶、恐惧和厌恶的认知。

进入小学的儿童，其情绪已基本具有人类所有的各种情绪的表现形式了。儿童的主要活动形式从游戏转向学习，在学习活动中经常产生各种情绪体验：学习活动的成败会带来强烈的情绪体验，掌握某方面的知识时会产生满足感，考试获得好分数时会感到喜悦。相反，

考试失败则可能产生挫折感,体会到痛苦、悔恨、羞愧等种种负面情绪。此外,儿童的各种社会性情绪也在不断地发展,通过集体活动,儿童的集体观念得到增强,产生了集体荣誉感;同伴交往的增加、同伴关系的深入,使儿童产生了友谊感。在小学生的各种情绪中,令人瞩目的是小学生的各种高级情感开始迅速发展,并在其生活中明显地表现出来,例如,他们在掌握一定道德原则和形成一定道德行为习惯的基础上,产生了道德感。

(二) 情绪的深刻性不断增加

一般来说,儿童的情绪表现是比较外露的、易激动的。研究发现,随着儿童年龄的增长,儿童的归因能力不断加强,情绪体验逐渐深刻,愤怒的情绪开始逐渐减少,并更加现实化。5岁儿童会因为下雨、父母取消了野餐计划而感到愤怒,小学生则更可能因了解实际原因而产生失望感;学前儿童常因父母的各种规定(吃饭、睡觉、洗澡)而感到愤怒,小学生则更可能因在与同伴的交往过程中,或在学校情境中受到戏弄、讽刺、遭遇不平等而愤怒;学前儿童常用哭泣等直接的方式来表示自己的不满,小学生则逐渐学会用语言来表达自己的心情。

(三) 情绪更富有稳定性

虽然小学生的情绪仍然有很大的冲动性,他们不善于掩饰,不善于控制自己的情绪,但与学前儿童相比,他们的情绪已逐渐内化,小学高年级学生已逐渐能意识到自己的情绪表现以及可能随之产生的后果,同时,他们控制和调节自己情绪的能力也在逐步加强。随着儿童对学校生活的适应,他们的基本情绪状态一般是平静而愉快的。

二、情绪调节能力的发展

情绪调节是个体灵活地对一系列情绪(包括积极的和消极的)发展要求做出反应,以及在需要的时候延缓反应的能力。情绪调节不是简单地或被动地适应社会情境活动,个体是否进行情绪调节及如何进行调节,与个体对情境的主观意义的理解及应对能力有关。

情绪调节能力在儿童期时得到了快速的发展。研究表明,情绪调节能力的发展存在以下这些普遍的趋势。

(1) 儿童情绪调节的方式随自身运动能力的发展而发展。婴儿生活中最早的情绪调节方式是吸吮手指之类的身体自慰行为;2—3个月的婴儿能够采用控制视觉注意的方法来调节情绪;当婴儿能够爬行或走路时,则多采用接近或回避的方式来调节情绪。

(2) 儿童的情绪调节能力随其社会认知能力的提高而发展。有许多研究表明,儿童的情绪调节能力与他们对刺激源的社会认知,以及对自己和他人情绪反应的理解或推测能力有关。还有研究发现,年幼儿童难以准确理解他人的悲痛、不幸,以致不能恰当地调节自己对这些情境的情绪反应,例如,他们在看到他人承受消极情绪时,自己却体验到了积极的情绪。

(3) 随着年龄的增长,儿童能更多地利用认知策略,以建设性的方式来调节自己的情绪。例如,在导致愤怒的情境中,2—3岁的儿童倾向于以避开该情境来调节自己的愤怒体验,而4—5岁的儿童则倾向于通过担负更多的社交责任和表现出更积极的情绪来应对该情境。也就是说,年龄较大的儿童致力于通过一种指向他人的建设性方式来调节情绪,并有一个解决社交问题的目标。这说明,情绪调节与社会认知和社交能力的发展密切相连。

随着儿童年龄的增长,他们能更好地区分真正的情绪与假装的情绪,能更好地掩藏自己的情绪,更多地表现出为社会所接受的情绪。这些变化都建立在儿童对不同情绪与社会交往之间的关系的理解,以及儿童的情绪调节能力不断发展的基础上。

第三节 青少年的情绪发展

除了情绪的平静状态外,青少年的情绪模式可分为愉快的(或积极的)情绪和不愉快的(或消极的)情绪。愉快的情绪主要表现为高兴、亲爱、乐趣、好奇等,不愉快的情绪以愤怒、惧怕、嫉妒、焦虑等为主。但总体而言,愉快情绪出现的次数与强度,一般不如不愉快情绪出现的次数多、强度大。可见,青少年已处于典型的烦恼增加期,在情绪体验与情绪表现上带有明显的年龄特征。

在情绪体验方面,青少年情绪爆发的频率降低,加之情绪控制能力的提高,情绪体验的时限延长、稳定度提高。青少年正处在多梦的年龄阶段,几乎人类所具有的情绪种类都可在青少年身上体现出来,并且各类情绪的强度不一,层次各异,例如,与哀伤有关的情绪有遗憾、失望、难过、悲伤、哀痛、绝望之分,青少年或许会体验到其中许多不同的层次。此外,他们情绪体验的内容更为丰富,他们的焦虑、惧怕多与社会文化等因素相联,如怕考试、怕惩罚、怕寂寞等。此外,青少年自我意识的迅速发展,为他们的情绪体验增添了一圈独特的"光晕",使情绪体验更具有独特性。

青少年在情绪表现上有两大特点:一是内隐文饰性,二是两极波动性。尽管青少年的自控能力提高了,但由于生理方面、学业方面以及心理的发展还未完全成熟等种种原因,他们情绪表现的两极性较明显。青少年的心境往往处于低沉状态,如果负性情绪长期得不到排解,抑郁、焦虑症状持续存在,烦恼与孤独不能释怀,则他们容易产生诸如自杀等的极端意念并做出相应行为。

美国心理学家阿奈特(J. J. Arnett)总结了有关青春期风暴的众多研究,这些研究无一例外地支持一定程度上的青春期风暴的论述,即青春期是一个比其他时期容易产生各种各样问题的时期。青春期风暴的典型表现可以概括为三个方面:与父母冲突、情绪激荡(mood disruption)和冒险行为。

为了考证青少年的情绪变化过程,相关研究人员在一项研究中让青少年整天带着传呼机,而研究人员则随机给青少年打传呼并要求他们记录下此刻的思想、行为和情绪。研究结果表明,青少年认为他们的情绪高峰体验远比他们父母所说的要高(包括积极和消极的,而且更多的是消极的)。他们所说的"自我反省"和"难堪状态"的发生率比其父母报告的高出2—3倍,青少年也更容易感到"笨拙""孤独""紧张""被忽视",他们还说现在的情绪波动幅度比以往大得多。通过对小学五年级和初中三年级学生的对比分析,研究人员发现,个体从儿童期到青春期是一个情绪"滑坡"阶段,以"非常高兴"为要素的指标降低了50%,"成就感""自豪感""平静"等情感体验也出现了类似的变化。也就是说,随着青春期的到来,个体的幸福感锐减。

　　研究者认为,这种变化更多的是由环境和认知因素引起的,而不是由随青春期到来的生理变化导致的。他们对所得数据进行分析后发现,青春期生理变化与情绪波动关系不大,倒是青少年期飞速发展的抽象思维能力对此起了主要作用,他们开始能由表及里地思考威胁自己将来生存与发展的长远性问题。青少年经历的某一事件本身会对他们造成压力,而他们如何体验和看待这些压力则导致了情绪波动。有时候,即使面对同样的或类似的事件,青少年也会比儿童或成人表现出更多的极端或消极情绪。

　　邓欣媚等人借助体验取样法,从青少年日常情绪生活出发,探讨了中国青少年在不同情绪事件发生时的情绪调节策略使用倾向,以及使用不同调节策略对其所感受到的情绪体验带来的累积和滞后影响。研究发现,在日常生活中,中国青少年更倾向于使用那些降低其情绪体验的调节策略,如转移注意力、重新对问题做出思考、压抑情绪带来的影响等。使用减弱调节频率较高的青少年,比使用增强调节频率较高的青少年在日常生活中能体验到更多的正性体验。另外,对积极情绪进行有意识的压抑与降低虽然减少了青少年在短时间内的积极情绪体验,但更符合中国文化的调节需求,后续会使青少年获得长期的积极体验。

　　桑标等人使用纵向研究法,从青少年长期的发展趋势出发,探讨中国青少年在成长的过程中情绪调节策略的使用习惯是否产生了变化,并重点探讨使用不同的调节策略是否会对其日常情绪体验状况产生影响。研究发现,在发展过程中青少年越来越倾向于使用减弱调节策略来应对自己的情绪。在遇到带来积极情绪体验的事件时,那些能够有意识地对其积极情绪进行减弱调节的青少年,能够在日常生活中体验到更为积极的情绪。从对消极情绪的调节和应对来说,消极情绪的减弱调节习惯与青少年日常消极情绪体验的减少密切相关。这反映了在青少年情绪调节发展过程中减弱调节对个体情绪具有适应价值。

　　与青少年的情绪体验和情绪表现密切相关的另一个重要方面是他们的学业。学习是青少年主要的发展性任务,目前由于学业压力所导致的紧张与考试焦虑是不容忽视的青少年常见情绪表现。处于相同压力情境中的青少年,可以产生不同的压力体验。一般来说,当知觉到的学习任务难度与知觉到的自身学习能力相当时,个体的压力体验最大。因为就难度很大的学习任务情境而言,有的人自认为学习能力差,根本就没有完成任务的打算,或者从一开始就企图逃离任务情境,这样的任务情境对这类人不会产生过大的学习压力;有的人自认为学习能力很强,完成此类任务易如反掌,这样的任务情境也不会对这些人产生过大的学习压力。因此当知觉到的学习任务难度与知觉到的学习能力大体相当时,能否完成学习任务的不确定性最大,这就会激发个体较高的唤醒水平,其主观体验到的紧张水平也较高,从而产生过大的学习压力。

　　由学业压力所导致的紧张与焦虑是一种情绪体验,往往有以下三类特征:以担心为特征的、由消极的自我评价所形成的意识体验,这是紧张与焦虑的认知特征;与自主神经系统活动增强相联系的特定的反应,如心慌、心率加快、呼吸加快、肠胃不适、多汗尿频等,这是紧张与焦虑的生理特征;表现出一定的防御或逃避的行为,如多余动作增加、躲避学习与考试等,这是紧张与焦虑的行为特征。

第四节　发展性情绪问题

情绪问题是很多心理健康问题的核心。从现实中儿童成长的状况来看,发展性情绪问题是困扰众多儿童及其家庭的主要心理问题之一。

为了解我国小学生不良情绪状况的年龄特点,研究者采用自编的小学生不良情绪量表,从全国三个不同的省市选取 3315 名小学三年级到六年级的学生作为被试,测评其焦虑、抑郁、孤独、敌对、恐惧情绪,发现小学生不良情绪的总体状况如表 2-5-2 所示。

表 2-5-2　小学生不良情绪的总体状况(人数,%)

	焦虑		抑郁		孤独	
	中度	严重	中度	严重	中度	严重
北京	85（14.4）	65（11.0）	132（22.3）	52（8.8）	61（10.3）	20（3.4）
重庆	497（37.7）	121（9.2）	257（19.5）	20（1.5）	638（48.4）	296（22.4）
浙江	172（12.3）	106（7.5）	460（32.8）	145（10.3）	176（12.5）	49（3.5）
总体	754（22.8）	292（8.8）	849（25.6）	217（6.5）	875（26.4）	365（11.0）

	敌对		恐惧	
	中度	严重	中度	严重
北京	154（26.0）	72（12.2）	108（18.2）	43（7.3）
重庆	284（21.5）	25（1.9）	407（30.9）	134（10.2）
浙江	374（26.6）	195（13.9）	238（17.0）	95（6.8）
总体	812（24.5）	292（8.8）	753（22.7）	272（8.2）

从儿童发展性情绪问题出现的频率出发,我们着重分析了低龄儿童的害怕与恐惧、中小学生的焦虑特别是考试焦虑,以及青少年的抑郁等情绪状况。

一、害怕与恐惧

儿童除了在幼年时害怕陌生人以外,还害怕其他一些客体和情境。随着年龄的增长,儿童的害怕情绪也在变化。学走路的孩子怕痛,怕带给他们疼痛体验的人(如打针的医生);幼儿期间的儿童害怕具体的东西,如狮子、老虎,但并不会把它们与以前的疼痛体验联系起来;学龄儿童害怕学业失败、身体伤害、死亡的可能性和同伴拒绝。总体而言,随着年龄的变化,儿童对想象中的生物、黑暗、嘲笑、有伤害性的威胁等有潜在危险的情境的害怕增加了;对一些过去不害怕的人、物与事件,渐渐变得害怕起来,而对过去曾经害怕过的人、物与事件反倒变得不那么害怕了。

儿童的恐惧部分受到环境与文化的影响。他们接触到的负面信息,尤其是电视和网络上的信息,是他们恐惧最常见的来源,其次是他们直接接触到的令人恐惧的事件。在我国,由于人们普遍崇尚自我克制和遵守社会标准,因此比起澳大利亚或美国的儿童,更多的中国儿童在提到失败和成人批评时会表现出更显著的恐惧。多数儿童会积极对待恐惧,如通过对父母、教师、同伴进行讲述以及依靠有效的处理策略等方式来予以克服。因此,10岁以后,儿童的恐惧会慢慢减少。

学龄儿童有可能患上学校恐怖症,即对上学感到十分恐惧,常伴有如眩晕、恶心、胃痛、呕吐等症状,但一旦允许他们留在家中,这些症状就会消失。多数学校恐怖症发生在个体11—13岁时,即从开始进入青春期时。引起学校恐怖症的主要原因在于儿童通常发现学校生活的某个方面——过于严格的教师、学校欺负、父母对学业成功的过高期望——令人感到十分恐惧,只有设法回避方能感到心安。

二、焦虑

焦虑实质上就是由外在的模糊的危险的刺激(包括人和事)所引起的一种强烈的、持久的、消极的情绪体验,它能引起相应的生理和行为的变化。焦虑涉及轻重不等的一系列情绪,最轻的是不安和担心,其次是心里害怕和惊慌,最重的是极端恐慌。在表现形式上,它至少包括紧张不安的体验、局促不安的行为以及自主神经唤起症状。

如果焦虑的程度恰当并主要针对某种特定的情境,则其可被视为一种正常的反应,若已泛化且强度过大,则成为一种异常或病理的状态。也就是说,适度的焦虑是人们处于应激状态时的正常反应,且有助于问题解决与工作、学习效率的提高;过度焦虑则会影响正常的学习和生活,不利于身心健康。

对上海市中学生的调查表明,中学生焦虑的特点是:总焦虑程度为中等偏下水平,具体表现为中等水平的广泛性焦虑、学习焦虑、对人焦虑和自责。女生的焦虑程度普遍高于男生,焦虑程度(尤其男生的焦虑程度)会随年龄增长呈现降低趋势。随着年龄增长,青少年对焦虑的承受能力、其社会交往和行为控制的能力会普遍增强,在这一点上男生突出,女生较平稳,但女生更敏感,容易有广泛焦虑的症状。与焦虑程度相关的不利环境因素有:父母文化程度过低、父母个性焦虑忧郁、主要照料者的养育态度专断或冷漠、父母双方的养育态度经常或完全矛盾、父母经常吵架、较长时间不与父母一起生活、被打骂的经历较多和遇到困难时较少受到其他人的关心等。

(一)考试焦虑的相关因素

考试焦虑是在一定的应试情境下激发的,是在家庭、学校的压力,以及考生自身的生理、心理等主客观因素的共同作用下形成的,以对考试结果担忧为特征,以防御或逃避为行为方式的复杂情绪反应。考试焦虑者往往具有自我怀疑、无能感、自我非难等特征,严重的考试焦虑会影响智力活动的正常发挥和认知任务的顺利操作,是儿童和青少年发展性情绪问题中最普遍的一种形式。

采用认知评价问卷所进行的研究表明,引起中学生考试焦虑的相关评价主要来自六个方面,即:"证明自己""担忧心情""过度引申""抵触心理""考试准备""考试效能"。

(1)"证明自己"。中学生将考试作为证明自己能力的一个事件,但若过分地集中于这个方面则会表现为患得患失,从而引起焦虑。

(2)"担忧心情"。该因子体现了中学生对考试预期的评价,高分者对考试过程和结果抱有一种无根据的悲观态度,如"我考前准备得再充分,也无法取得好成绩",这可能是由于多次的考试挫折和其他生活挫折所导致的一种"负性自动想法"(negative automatic thoughts)。

(3)"过度引申"。该因子反映了中学生非理性的思维模式,高分者往往仅根据一两次考试的失败,便得出了否定自己整个前途的结论。

(4)"抵触心理"。该因子上的高分者,对考试存在比较严重的抵触心理,将考试当成一种完全的负性事件。

(5)"考试准备"。该因子上的高分者,总是担心考试准备不充分,或者担心会出现各种意外情况,如考前突然生病、考前没有睡好等。这种心理特征与贝克认知疗法理论中的潜在的功能失调性假设(underlying dysfunctional assumptions)相吻合。这类学生往往倾向于过多地采用消极的评价和解释事件的方式,因此除了焦虑反应外,往往还会有抑郁的情绪体验,同时会伴有各种躯体症状,如烦躁不安、失眠、食欲下降等。

(6)"考试效能"。该因子主要考察的是学生对考试的自我效能感,即其对自身学习状况、身心准备状况、考试难易预测等多方面信息进行整合后得到的对顺利通过考试、达到自己内心标准的信念,该因子对考试成绩有较好的预测。

考试焦虑与个体对考试情境(考试的难度、机会因素等)的认知有关。当环境向个体做出要求后,这些要求会被知觉为一种机遇或是一种威胁。当个体认为一件事情是具有机遇性质的,他就会采用一些行为手段来解决问题,而且在解决问题的过程中会伴随着创造性的动机。当一件事情被知觉为是具有威胁性的,它就会引起焦虑,而且对伤害或者丧失的估计将会引起个体的愤怒、悲伤或无助感。将事件看作威胁的学生,会更多地考虑他的学习成绩,他会预期到失败,体验到竞争,以及更多的不安全感。

考试焦虑与能力自我知觉有着密切的关系。能力自我觉知越高,考试焦虑越低;能力自我觉知越低,考试焦虑越高。此外,考试焦虑的学生通常会感到无助和无法影响考试情境,所以他们在认知层面上相信在考试上的任何努力都是无用的。当考试中出现障碍时,认为努力是无效的,有考试焦虑的学生将会立刻放弃努力。学习焦虑对成败归因有着直接的影响,不同学习焦虑水平的学生,对于成功或失败的学习结果有着不同的归因,在成功情境中,低焦虑者更倾向于进行能力归因,而在失败情境中,高焦虑者更倾向于进行非能力归因。这些不同的归因倾向有着与学生焦虑水平相关联的激励后效。

(二)考试焦虑的干预

国外对考试焦虑已做了大量的干预研究。对475个研究进行的统计分析证明,心理分析、格式塔心理学、来访者中心疗法、系统脱敏疗法、行为榜样疗法、认知行为疗法都具有明显效果。图2-5-3列举了部分矫治考试焦虑的方法。

在此,我们对常用的方法略做介绍。

(1) 放松训练。放松训练的主要目的在于改变考试焦虑者在考试期间的情绪反应。放松训练比较容易学习和掌握,并且在大多数引起焦虑的评价情境中应用起来较为便捷,因而是一种经常被使用的技术。常见的放松训练形式主要有:深呼吸法、渐进性肌肉放松法、暗示控制放松法、自我控制放松法等。

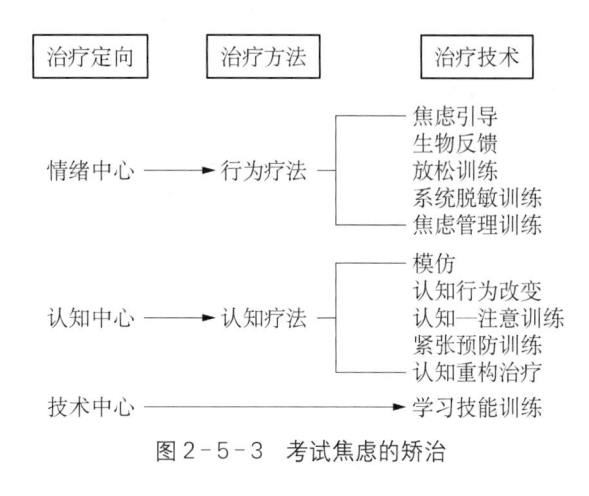

```
治疗定向        治疗方法        治疗技术

情绪中心  ──→  行为疗法  ┬─ 焦虑引导
                        ├─ 生物反馈
                        ├─ 放松训练
                        ├─ 系统脱敏训练
                        └─ 焦虑管理训练

认知中心  ──→  认知疗法  ┬─ 模仿
                        ├─ 认知行为改变
                        ├─ 认知—注意训练
                        ├─ 紧张预防训练
                        └─ 认知重构治疗

技术中心  ─────────────→ 学习技能训练
```

图2-5-3 考试焦虑的矫治

(2) 系统脱敏训练。系统脱敏最初被用于控制身体的过度反应和面对厌恶性刺激时所诱发焦虑的想象。系统脱敏训练的核心理念是,通过具体的反条件化程序来避免个体对考试情境产生焦虑反应。系统脱敏有不同的形式,如替代性脱敏、表象脱敏、集中脱敏、快速集中脱敏等,这些不同脱敏形式的治疗原理和效果相差不大。

(3) 认知—注意训练。认知—注意训练的基本假设是,训练高考试焦虑者致力于与任务相关的刺激,减少其自我报告的担忧和紧张,最终的目的是提高他们的认知成绩。研究证明,认知—注意训练对克服考试焦虑有比较好的效果。

(4) 认知重构治疗。这种治疗的理论前提是,认为焦虑或情绪困扰是不合逻辑、不合理性思维的结果。这种疗法的两种最主要的形式是理性情绪疗法和系统理性重构法。

(5) 学习技能训练。一些研究认为,考生未掌握一定的考试技能和相应策略是导致其考试焦虑的一个重要原因。根据这种理论,研究人员提出了学习技能训练的方法来缓解和治疗考试焦虑。近年来的研究表明,拥有较少学习和考试技能的高考试焦虑者,最可能从学习技能训练中获益。学习技能训练的目的在于帮助学生在考试情境下更有效地规划学习时间、更富有成效地实现对信息的编码、组织、存储、提取和清晰的交流。

三、抑郁

(一) 青少年期的抑郁

抑郁是一种复杂的复合情绪,它以痛苦体验为主,并视不同情况合并诱发愤怒、悲伤、忧愁、自罪感、羞愧等情绪。抑郁的个体常常感到悲哀、受挫、无助,对多数活动丧失兴致,睡眠、食欲、注意力和精力都受到搅扰。抑郁比任何一种单一的消极情绪体验都更强烈和持久。处于青春期的个体较易体验到抑郁,而且女性比男性更容易体验到抑郁。

现实情况是,教师和父母往往对青少年的抑郁问题认识不足。由于人们普遍对青少年期怀有成见,认为这是一个"暴风骤雨"的时期,所以许多成人都将青少年期的抑郁仅仅解释为一种短暂的状态。同时,青少年期的抑郁也常因表现形式多样而难以鉴别。有些青少年抑郁者会垂头丧气、担心健康、难以安宁、缺乏方向；还有一些人则会逃避现实，或桀骜不驯、做出反抗行为。

抑郁有正常与异常之分。抑郁者开始的忧郁被称为抑郁状态。一般来说，抑郁者如果对自身处境与身体状况有恰当的认识，对自身行为的控制与调节符合社会常规，并有足够的自信和自尊，则其抑郁是属于正常的，它不会导致极端行为和人格解体，也不会导致严重的思维障碍。但当个体处在某种不适宜情境下，长期地经受负性情绪的折磨时，其抑郁就可能向病态抑郁转化。例如，个体由于压力过大而情绪低落或绝望，对生活失去兴趣而不能进行正常的学习、工作，甚至产生自杀企图等，就可能患上了抑郁症。从叙述的内容和关注的重点看，抑郁状态倾向于叙述事件，而抑郁症倾向于叙述自己的抑郁体验。

心理学家贝克（A. Beck）从认知角度对抑郁进行了解释。他认为抑郁主要是由三组消极认知导致的：(1)对自我的消极看法，认为自己是有缺陷的、不足的、毫无价值的。(2)对世界的消极看法，对当前的生活状况不满，认为这个世界对他们有不合理的要求。(3)对未来的消极看法，认为未来前景一片黑暗。这些消极认知会导致悲观情绪，继而引发抑郁。

冯正直和张大均以贝克抑郁自评问卷为抑郁的评价指标，对中学生抑郁症状的发展进行调查研究，结果发现：中学生抑郁症状发展水平的关键年龄是13岁，关键年级为初一，因为这个时间段正好是他们向青少年期过渡的时期，其心理和行为均会发生显著的变化（如图2-5-4所示）。

生物和环境因素会结合在一起导致抑郁的发生；而两者结合的方式因个体的不同而有所差异。对血缘关系的调查显示，遗传因素对抑郁有重要影响。基因能够通过影响大脑神经递质的平衡、改变抑制负面情绪脑区的发展，或者调节身体在应对压力时的荷尔蒙反应等多种方式来引发抑郁。

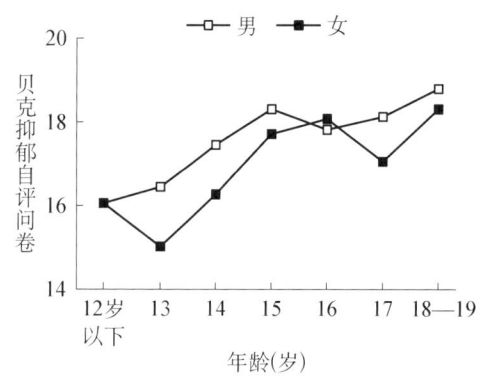

图2-5-4 不同年龄中学生抑郁症状的发展状况

此外，儿童青少年焦虑和抑郁障碍常常出现共病（comorbidity）状况。焦虑障碍和抑郁障碍同属于内化性（internalizing）障碍，或称情绪障碍，研究发现，焦虑、抑郁问题在儿童这一群体中普遍存在，焦虑、抑郁共存比例较高。而少年儿童焦虑和抑郁障碍通常与其遇到的应激事件有关。有研究者也提出，儿童的认识和社会化过程以及环境是随年龄增长而变化的，环境因素改变的时间决定了障碍表现的形式：如果应激事件或环境改变发生在童年早期，个体就会产生焦虑；如果发生在青少年期，个体就会抑郁。而焦虑和抑郁的青少年，往往都具有信息加工的消极偏差（negative bias）。

（二）青少年期的自杀问题

严重的抑郁有可能会导致自杀。有两类人容易出现自杀倾向，一类是智商虽高却孤独、内向者，他们会因无法达到自己或生活中那些重要他人所设定的标准，对自己感到失望而选择自杀;另一类则是表现出强烈的反社会倾向的人,他们不是通过欺负他人、打斗、偷窃、日益增多的冒险行为,以及药物滥用来表达自己的失望,就是把愤怒和失望发泄到自己身上。

生物和环境因素共同导致了自杀行为的出现。过分内向或者过于冲动鲁莽的人格特质是诱发自杀的因素之一。情绪紊乱、反社会行为以及自杀家庭史,还有青少年的心理疾病等,也是常见的诱发自杀的因素。另外,自杀的年轻人往往会经历高水平的生活压力事件,包括经济损失、父母分居或离异、缺乏家庭温暖、高频率的亲子冲突、重要的同伴关系破裂、因反社会行为被发现而蒙羞,以及遭受虐待和忽视等。

为什么自杀行为会在青少年期有所增加呢？这可能与青少年预先计划能力的改善有关。虽然有一些年轻人行事冲动,然而青少年还是会通过设定计划,有目的地完成每个步骤来实现自杀。另外,认知的变化也导致了自杀行为在青少年期的增加。"个人神话"是指青少年以某种幻想的方式,表述自己的某些观点与看法。"个人神话"的典型特点是,个体感到自己是特殊的、独一无二的,感到自己无比强大,甚至刀枪不入。"个人神话"使抑郁的青少年相信没有人可以理解他们强烈的悲痛,由此,他们的绝望、无助和孤独又进一步深化了。

预防自杀的首要一步是发现问题青少年所表现出的自杀信号。父母和教师都应当接受培训,识别以下这些自杀的征兆。

(1) 努力将个人事务安顿妥当,并把自己珍爱的物品送人;

(2) 跟家庭成员和朋友告别,直接或间接地提到自杀("我将不用再为这些问题感到担忧了""我希望自己死掉");

(3) 感觉悲伤、失望、什么也不在乎;

(4) 极度脆弱,缺乏精力,对生活感觉厌烦;

(5) 不愿意社交,不与朋友交往;

(6) 容易受挫;

(7) 情绪爆发,一会儿哭、一会儿笑;

(8) 无法集中精力,容易分心;

(9) 成绩下降,缺课,出现纪律问题;

(10) 不在乎个人形象;

(11) 睡眠变化——无法入眠或嗜睡不醒;

(12) 食欲变化——与往常相比,吃得过多或过少;

(13) 身体疾病——肚子疼、背疼、头疼等。

一旦发现青少年试图自杀,当务之急就是要在其获得专业的帮助治疗前与之待在一起,倾听他们的内心想法,并向他们表示同情和关心。具体的策略如下。

(1) 为青少年提供身心上的支持:给他们足够的关心;告诉他们在何时何地能够找到你,并且向他们强调你随时愿意和他们交流。

(2) 以关爱、胜任的态度交流:以"我关心你,我在乎你"等语言鼓励青少年讲出绝望的感受。向他们传达一种你有能力帮助他们走出个人迷惘、重获心灵和谐的信息。

(3) 评估自杀的直接危险:通过一些问题来逐渐查明青少年自杀的目的性,如:"你希望伤害自己吗？你想死或自杀吗？"如果答案是肯定的，那么就再询问一下他们的计划。如果计划也是具体的（包括方法和时间），那么其自杀的可能性就很高。

（4）同情理解青少年的感受：通过一些语言，如"我理解你的混乱和痛苦"，来表达自己的同情与共感，以增加说服力并缓解青少年的负面情绪。

（5）反对自杀的意图：敏感、坚定地与之交流，告诉青少年自杀是不可取的问题解决之道，并告诉他们你愿意帮助他们探索其他可能的选择。

（6）提供帮助计划：给青少年以援助，为其寻找专业的治疗帮助，并将他们的情况告诉应当了解这一问题的人，例如，告知其父母和学校领导等。

（7）获得承诺：请青少年允许援助计划的实施。如果他拒绝了，那么就与之商量一下，请他答应在其自杀念头出现时就与你或另一位能帮助其走出困境的人联系。

第六章
人格的发展

第一节 生物学因素与人格发展

影响人格形成与发展的因素主要来自三个方面，生物的、社会的和个体的自我意识。生物方面主要包括先天气质、体貌与体格、成熟速率等，社会因素主要包括家庭、社会经济地位、学校、同伴等。

一、儿童的先天气质

我们常说的气质，指的是在情绪反应、活动水平、注意和情绪控制等方面所表现出来的稳定的质与量方面的个体差异。迄今为止最有影响的气质研究是托马斯和切斯（S. Chess）在1956年发起的持续30多年的纽约纵向研究（New York Longitudinal Study，简称NYLS）。这也是迄今持续时间最长、研究内容最全面的气质研究。该研究选取了141名儿童，从他们出生后几个月起就对他们进行追踪：出生后第一年每3个月一次，1—5岁每半年一次，5岁后每年一次，一直持续到他们长大成人。研究发现，被试在出生后的几周就表现出明显的个体差异。例如，有的孩子很容易哭泣，而有的孩子则比较安静；有的孩子很容易抚慰，有的孩子则需要好久才会安静下来；有的孩子生活很有规律，而有的孩子则没有什么规律。也就是说，婴儿在出生之后很快就表现了明显的气质差异。研究结果也表明，气质是影响儿童日后心理健康的重要因素。然而，托马斯等人还发现，气质并不是恒定不变的，父母的教养方式能在相当程度上改变儿童的气质特点。这些发现激起了气质研究的热潮，大量关于气质的稳定性、测量、组成成分等方面的研究涌现了出来。

表2-6-1 气质的评价维度

维度	含义和例子
活动水平	活动的时间与不活动的时间之比。有的婴儿总喜欢动来动去，而有的婴儿则很少动
节律性	身体功能的规律性。一些婴儿睡眠、进食等都相当有规律，而有的则没有什么规律，不可预测
分心	外部刺激改变行为的程度。有的婴儿很容易被抚慰，给他一个玩具他就能很快停止哭泣，而有的婴儿则很难改变
探究和退缩	对新事物和陌生人的反应。有的婴儿容易接受新事物，能够对陌生人微笑，做出友好和接受的表示；而有的婴儿在接触新事物或陌生人时会表现出退缩并且哭闹

续 表

维度	含义和例子
适应性	儿童适应环境变化的容易性。虽然有的婴儿在新事物面前表现出退缩,但是他们适应得很快。新的食物或陌生人再次出现时他们就会接受。但是有的婴儿则仍旧会大哭,表现出退缩
注意广度和持久性	专心于一项活动的时间。有的婴儿对于新玩具会玩很长时间,但是有的婴儿几分钟后就失去了兴趣
反应的强度	反应的能量水平或剧烈程度。有的婴儿笑或哭的声音很大,而有的婴儿则表现适度或弱
反应性阈限	唤起一个反应所需要的刺激强度。有些婴儿对于光线和声音上的微小变化会产生较大的反应,而有的婴儿对这些小变化只是稍稍注意了一下
心境的性质	与不高兴、不友好的行为相比,友好、愉快的行为数量。有的婴儿在玩耍时或与他人互动时经常微笑,而有的婴儿则动不动就大惊小怪或哭泣

托马斯和切斯从九个维度来研究婴儿最初的气质结构(如表2-6-1所示),他们通过与父母进行访谈得到婴儿在这九个维度上的信息,然后用聚类分析的方法,将大部分婴儿归为以下三种类型。

(1) 容易型(the easy child)。这类婴儿饮食、大小便、睡眠都很有规律;心境、情绪比较愉快、积极;乐于探究新事物,在新事物与陌生人面前表现出适度的紧张,容易适应环境的变化。这一类婴儿约占被试总数的40%。

(2) 困难型(the difficult child)。这类婴儿与容易型的婴儿正相反,活动没有什么节律,不容易预测和把握;对新环境或陌生人很敏感、很难适应、反应强烈,往往很紧张,如哭闹不止等。困难型婴儿约占被试总数的10%。

(3) 慢热型(the slow-to-warm-up child)。这类婴儿的行为表现居于上述两种类型之间,属于慢性子的人。他们对环境的变化不易适应,在陌生的人与物面前反应也很退缩;不容易兴奋,反应的强度比较低;对环境刺激的反应比较温和、抑制;心境比较消极。慢热型约占被试总数的15%。

需要注意的是,这三种气质类型只能包括托马斯等人研究中65%的婴儿,还有35%的婴儿不能归属于这三种类型中的任何一类,即他们兼有这三种气质类型中的两种或三种特点,可归为交叉型。

虽然气质是先天遗传的,但并不是一成不变。事实上,个体在一个年龄段与另一个年龄段之间其气质只有较低或中等程度的相关。虽然有一些儿童的气质并没有随着年龄增长而变化多少,但是当对更多的儿童再次进行气质测评时,就会发现他们已经与以前大大不同了。尤其是某些气质特征,如害羞和乐群性,只有极端的情况下——如非常害羞或极其外向——稳定性才比较强。

托马斯认为,气质并不直接决定儿童的人格发展,婴儿的气质类型与他的社会环境之间的拟合性(goodness of fit),才是真正决定儿童人格发展的因素,即气质类型的好坏,关键在于父母的教养方式是否和儿童的气质特点相符合。对于一个退缩、害羞的儿童来说,父母提供丰富刺激的行为(如提问、教导、用手指引导孩子观察等),有目的性地促进儿童的探索行为,将有利于帮助孩子克服气质的不利之处;但是对于生性好动、活动水平较高的孩子来说,过多的成人干预则可能会抑制儿童自发的探索行为。

气质与环境的拟合性理论提示我们,每一个婴儿都是带着独一无二的气质特点来到这个世界上的,天性无好坏之分。父母所要做的就是提供适合儿童气质特点的成长环境,给他们以成长的力量,帮助他们迎接成长的挑战,从而形成良好的人格特征。

二、体貌与体格

体貌、体格指的是一个人的面部特征、身高、体重及身体各部分的比例。体貌与体格是影响人格的间接因素,因为体貌与体格会影响到他人对自己的反应,例如,漂亮的小孩子会得到更多人的关注,所以体貌与体格就具有了社会价值与意义,成为影响人格发展的因素之一。而那些在儿童心目中有权威的人,如父母、老师等,他们对儿童外貌的看法在很大程度上将决定体貌与体格对儿童人格产生影响的程度和方向。

这种现象有三种可能的解释:(1)体格可能反映了潜在的精力与气质上的差异;(2)父母及周围的人对不同体格的人有不同的反应,从而造成了个体人格发展结果的差异;(3)父母对不同体格的孩子的期望不同,这影响了不同体格的孩子的人格发展结果。

三、成熟速率

在青春期,男孩和女孩都会经历巨大的生理和心理的变化,但是青少年达到身体成熟的年龄却存在惊人的个体差异,而这种差异——即成熟的早晚——对心理适应也有重要的影响。身体成熟程度的差异会使同年龄的儿童进入不同的社会心理环境,进而影响其情绪、兴趣、能力和社会交往。研究表明,身体成熟的早晚对于男女青少年的影响是不完全相同的,有时甚至是完全相反的。一般来说,早熟的男孩和晚熟的女孩在情感和社会适应上处于一个相对有利的位置,其人格发展较为积极。

早熟的男孩显得更加独立、自信、阳光,在同伴中比较受欢迎,多数还是同学中的领袖人物,具有一定的权威,有不少还是运动健将。而晚熟的男孩在成人和同伴看来,他们往往显得弱小、缺乏自信,还会有许多寻求注意的行为。

女孩的情况与男孩的情况正好相反,早熟的女孩会经历许多社会困难。她们遇事容易退缩且缺乏自信,心理也比较压抑。此外,这些女孩更容易产生问题行为,如打架、酗酒等,并且在学校中的成绩也不是很好。相比较来说,晚熟的女孩适应则较好,她们往往被认为社会性发展较强。

瑞典心理学家马格纳森考察了女孩生理成熟对其社会性发展的影响。女孩生理发展的差异与她们在家里(如出走)、学校(如旷课)、业余生活(如喝酒)中的问题行为之间是否有什么联系？纵向研究发现，15岁的早熟女孩与晚熟女孩在这些问题行为上存在明显的差异，表现为早熟女孩比晚熟女孩有更多的问题：早熟女孩饮酒行为比例更高、与成人有更多的冲突、对学校和未来职业的兴趣较少。早熟女孩也比晚熟女孩更关注社会关系。不过，尽管15岁时这些差别很大，但到青少年晚期和成年早期时，许多差别明显消失了。到成年时，早熟和晚熟的女孩在问题行为和社会关系方面几乎没有差别，也就是说，早熟女孩的问题行为（或发展不利）存在于一个特定的时期。

第二节 家庭因素与人格发展

家庭是儿童出生后首先接触到的环境，是对儿童影响最早、影响时间最长的环境。在人格形成的关键时期，即人格最具可塑性的时候，儿童主要是在家庭中度过的。因此，家庭环境对于儿童的发展具有特别重要的意义。

家庭对于儿童的影响来自多个方面，包括父母本身的人格特点、父母的教养观念和教养方式、亲子之间形成的依恋、家庭的完整性，以及家庭的社会经济地位、所处的社区氛围、家庭空间的大小、家庭环境的布置等。

一、家庭系统

家庭系统观认为，家庭是一个复杂的互动的社会系统，各个系统之间具有双向调节作用，任何一个子系统的变化都会对其他子系统发生影响。从培养儿童良好人格和行为的角度看，家庭系统主要有这样几个特点。

（1）儿童不是被动的受影响者，抚养行为和儿童行为之间并不是单向的关系，它们之间的关系是相互的。儿童本身的特点影响着父母的教养行为，并且影响着父母的成长。

（2）家庭是一个复杂的社会系统，儿童的人格不是由单一因素决定的。从大体上看，影响儿童人格的家庭因素可以分为直接因素和间接因素。所谓直接因素指的是直接和儿童发生互动的因素，主要指的是父母的教养方式。间接因素指的是不直接与孩子发生互动的因素，这些因素主要有家庭关系、家庭结构（即家庭成员的组成、祖辈是否同住等）、家庭的经济状况、父母的受教育程度等。

（3）家庭系统是社会大系统的一部分，并受到社会系统的影响。家庭系统观认为家庭是存在于更大的社会系统中的子系统，概括地讲，存在于家庭之外的系统有两个：一个是社区，一个是家庭及社区所处的文化系统。

（4）家庭系统具有调节功能，随着儿童年龄的增长，父母的教养方式会发生相应的变化。

二、父母的教养方式

在家庭系统中，父母的一言一行对孩子的行为和人格发展都有着直接的影响，他们教育孩子的观念和方式对孩子社会化的进程有着最为重要的影响。

美国加利福尼亚大学教授鲍姆令德(D. Baumrind)曾对父母的教养行为与儿童人格发展的关系进行了长达10年的研究,这一研究已经成为发展心理学史上具有里程碑意义的经典研究之一。

在第一次研究中,鲍姆令德将学前儿童按人格成熟水平分为最成熟、中等成熟和最不成熟三组,然后从控制、对孩子成熟的要求、与儿童的交往、教养这四个方面评定三组儿童父母的教养水平。结果发现,第一组儿童的父母的教养水平得分最高,第二组次之,第三组得分最低。鲍姆令德将这些父母分别称为权威型、专制型和娇宠型。

第二、第三次研究的程序与第一次相反,且鲍姆令德采用了长期纵向研究的实验设计。他首先对这些儿童(同样的被试,包括三种类型的儿童及父母)的人格进行评定,等到这些儿童长到9岁时对他们再次进行人格评定。结果发现,权威型父母的孩子在认知能力和社会能力发展方面都胜过其他两组儿童;专制型父母的孩子发展水平一般;娇宠型父母的孩子中女孩在认知和社会能力方面的得分都低于平均值,男孩的认知能力则尤其低。之后的研究表明,这些认知和社会能力上的差别会一直持续到被试的青少年期。

鲍姆令德最后将这些研究信息进行了整合,并提出了教养方式的两个维度:要求(demandingness)和反应性(responsiveness)。要求指的是父母是否对孩子的行为建立适当的标准并坚持要求孩子去达到这些标准;反应性指的是对孩子接受和爱的程度及对孩子需求的敏感程度。根据这两个维度,可以将父母的教养方式分为四类。

1. 权威型(authoritative)

在多数情况下,权威型是最有利于儿童成长的抚养方式。这种类型的父母对孩子提出合理的要求,对孩子的行为做出适当的限制,设立恰当的目标,并坚持要求其服从和达到这些目标。同时,他们表现出对孩子成长的关注和爱,会耐心地倾听孩子的观点,并鼓励孩子参与家庭决策。简而言之,这种抚养方式的特点就是理性、严格、民主、耐心和爱。

鲍姆令德发现,在这种抚养方式下成长的儿童,其社会能力和认知能力都比较出色。在掌握新事物和与同龄儿童交往的过程中也表现出很强的自信,具有较好的自我控制能力,并且比较乐观、积极。他们这种发展上的优势在青春期时仍然可以被观察到,即这类青少年具有较高的自信,社会成熟度更高,学习上更勤奋,学业成绩也较好。

2. 专制型(authoritarian)

专制型的父母对孩子的要求很严厉,他们会提出很高的行为标准,这些标准和要求甚至不近情理,孩子没有丝毫讨价还价的权利。这种抚养方式的特点可以用一句话来概括,即"因为我说了,所以你必须这样做"。如果孩子表现出稍许的抵触,父母就会采取体罚或其他惩罚措施。从本质上看,这种抚养方式只考虑到了成人的需要,而忽视和抑制了儿童自己的想法和独立性。

鲍姆令德发现,在这种抚养方式下成长的学前儿童会表现出较多的焦虑、退缩等负面情绪和行为。在青少年期,他们的适应状况也不如在权威型抚养方式下成长起来的儿童。但是,这类儿童在学校中却有较好的表现,出现反社会行为的比例并不高。

3. 溺爱型（permissive）

溺爱型的父母对孩子充满了爱与期望，但是却忘记了孩子社会化的任务，他们很少对孩子提出什么要求，也不加任何控制。

鲍姆令德发现，在这种抚养方式下成长起来的儿童表现得很不成熟，自我控制能力尤其差。当要求他们做的事情和他们的愿望相悖时，他们几乎根本不能控制自己的冲动，会以哭闹等方式寻求即时的满足。对于父母，他们表现出很强的依赖和无尽的需求，而在任务面前则缺乏恒心和毅力。这种情况在男孩身上表现得尤为明显。

4. 忽视型（indifferent）

忽视型的父母对孩子的成长表现出漠不关心的态度，他们既不会对孩子提出什么要求和行为标准，也不会表现出对孩子的关心。他们对孩子的成长所做的最多的只是提供食品和衣物，或他们很容易就可以做到的事情，而不会去付出什么努力为孩子提供更好的生活和成长条件。父母之所以用这样的方式来对待孩子，可能是因为父母自己的生活中充满了生存的压力，或者他们自己遭遇了重大的挫折或不幸，如家庭关系出现重大问题等，这使他们没有时间和精力来照顾孩子。

不管出于何种原因，这种极端的忽略也可以视为对儿童的一种虐待，这是对儿童情感生活和物质生活的剥夺。由于和父母之间的互动很少，在这种环境中成长起来的儿童的社交能力不良，自控和独立能力都较差。而且，他们的自尊水平较低，不成熟，与家庭成员的关系疏远。

总体来说，在各种文化背景中，权威型教养方式是最有利于儿童发展良好个性品质的教养方式。权威型教养方式可以通过以下方式创造一种积极的情绪环境：温暖的、参与性的父母对儿童提出的要求是安全的，为儿童提供了关心、自信和自我控制行为的榜样；权威型父母会采用公平合理的方式对儿童进行控制，这会让儿童更加服从，并内化相关的行为准则和标准；权威型父母对儿童的要求符合儿童的能力，使得儿童有能力为自己的行为负责，由此培养高自尊和高认知与社会成熟性的特点；权威型教养方式中的支持性是儿童心理弹性的强有力来源，它可以保护儿童免受家庭压力和贫穷所带来的负面影响。

三、家庭结构

家庭结构主要包括核心家庭、大家庭和破裂家庭。

核心家庭是指父母与未成年或未婚子女组成的家庭。在一段时期内，我国的核心家庭多指独生子女家庭。实际上，我国的独生子女与非独生子女在社会交往能力和同龄认可方面没有多少差异。综合我国多年来关于这方面的研究所得出的主要结论及共识是：在认知方面独生子女具有优势；在个性特征方面，独生子女内部差异很明显；在合群性方面，入托入园的独生子女比未入托入园的独生子女的合群性强得多，且独生子女和非独生子女之间的差异随着年龄的增长而逐渐减少甚至消失；在农村，独生子女，特别是男童，他们任性、依赖、怯懦等不良品质更为严重；此外，独生子女个性特征与父母的生育意识有很大关系。

大家庭即几代同堂的家庭。这类家庭的优点是孩子受成人教育和爱抚的时间较多,可能比一般孩子有更好的社会适应;不过,这种家庭中容易出现隔代溺爱,以及在教育孩子的观念和方法上容易因出现代际不一致而使孩子无所适从,形成焦虑不安、恐惧等不良的特征。

破裂家庭即只有父亲或母亲一方和孩子所组成的家庭。依据出现的原因,又可分为离异家庭和单亲家庭。离异家庭由于长期以来家庭关系不和,易使孩子常生活在充满敌意的、没有安全感的环境中,故此类家庭中的儿童比单亲家庭儿童更容易出现情绪和行为障碍。长期以来,人们普遍认为,母亲对于孩子的成长是不可或缺的,但最近有研究发现,相对于和父亲一起长大的孩子,与母亲一起长大的孩子在人格方面出现的问题更多。

第三节　自我与人格

自我(或自我意识)是人格的主要组成部分,是衡量人格成熟水平的标志,是整合、统一人格各个部分的核心力量,也是推动人格发展的内部动因。

自我具有两个基本特征:一是区别于他人的"分离感",即个体意识到自己作为一个独立的个体,在生理、认知和情感方面都具有自身的独特性;二是跨时间、跨空间的"稳定的同一感",即个体知道自己是长期且持续地存在着的,不会随着环境及自身的变化而否认自己是同一个人。

自我意识是一个动力系统,由知、情、意三方面构成。"知"即自我认知,包括自我概念和自我评价等;"情"即自我体验,包括自我感受、自尊、自卑等;"意"即自我调控,包括自我控制和自我监督等。其中,自我概念、自尊和自我控制是个体自我系统中最主要的三个方面。

一、自我认识及其发展

自我认识(self cognition)是自我意识的认知成分,指个体对生理自我、心理自我、社会自我的认识,主要涉及"我是谁""我为什么是这样的人"等内容。自我概念是自我认识中最主要的方面,集中反映了个体自我认识乃至自我意识的发展水平,也是自我体验和自我调控的前提。自我认识可以形象地用图2-6-1呈现出来。

图2-6-1　从六个主要问题看自我认识

(一) 婴儿的自我认识

婴儿无法用语言表达他们的观点,也不能理解复杂的指导语。研究者通过呈现婴儿自身形象的方式测量他们的视觉自我辨认(visual self-recognition)。母亲在婴儿的鼻子上点一个红点,观察者观察婴儿隔多久会触碰自己鼻子一次。然后,将婴儿放在一面镜子前面,观察婴儿触碰鼻子的次数是否会增加。这个实验的思路是,如果婴儿照镜子后试图触碰或擦掉红点,那么就说明该婴儿能意识到镜子里的像是他自己,但事情又有点不对劲,因为鼻子上多了个红点。研究发现,1岁以下的婴儿不能认出镜子里的自己。到15—18个月左右,出现自我辨别的婴儿比例有所增加。到2岁时,大部分儿童都能辨认出自己,表明此时个体在自我认识的发展上出现了质的飞跃。

(二) 学前儿童的自我认识

由于学前儿童能够运用语言进行交流,因此对儿童期自我认识的探究就可以采用更灵活多样的方法,而不必局限于视觉自我辨认了。研究者主要通过访谈的方式,探索了儿童自我认识的许多方面,归纳出学前儿童自我认识的五个主要特点。

(1) 自我、心理和身体的混淆。学前儿童通常把自我、心理和身体相混淆。大部分学前儿童认为自我是身体的一部分,常常是头部。对他们来说,可以从许多物理维度来描述自我,如大小、形状和颜色。

(2) 具体的描述。学前儿童会用具体的词语来思考和定义自己。当你让一个5岁的孩子描绘他们自己时,他很可能回答道:"我叫小明,今年5岁。我有很多很多的玩具,我能够自己刷牙了……"从这些描述中,我们可以看到学前儿童用以描述自我的主要是可以观察到的具体特征,如名字、年龄,以及日常行为等。

(3) 物理性的描述。学前儿童也通过许多身体和物理上的属性描述来区分自己和他人。4岁的炜炜说:"我和林林不一样,因为我比较高;我和我姐姐不一样,因为我有辆自行车。"

(4) 动态的描述。动态维度(active dimension)是儿童早期自我的一个核心成分。例如,学前儿童通常会使用与活动相关的词描述自己,如玩耍。

(5) 不现实的积极高估。儿童早期的自我评价通常是不现实的积极评价,代表了其对个人特质的高估。学前儿童会说,"我知道自己的一切",但事实上他们并不真正知道;或者他们会说"我从不害怕",但实际上并非真的如此。之所以会出现这种对自己的不现实的积极高估,是因为学前儿童很难区分他们想要拥有的能力和实际的能力,不能够区分现实自我和理想自我,以及很少进行社会比较——与别人相比自己是怎样的。这种不现实的积极高估对学前儿童而言具有极为重要的意义,它促使能力水平低的学前儿童更愿意主动积极地进行尝试与探索,而不像成人那样会在对自己能力做出评价后更多地基于现实状况放弃一些尝试与探索。

(三) 小学儿童的自我认识

在小学阶段,自我评价变得更加复杂。随着儿童的成长,他们能够逐渐地将自己的内心世界与外部行为、短期行为与长期行为整合起来,从而能够认识到自己身上一些稳定的特点。有五个主要的变化标志着复杂性的增加。

(1) 内在特质。在小学阶段,儿童转而使用描述内在特质的词汇定义自己。这一阶段的儿童已可以区分内部特质与外部状态(state),因此在定义自我时,他们会更多地使用包含主观内部特质的词汇。例如,一项研究显示,比起学前儿童,二年级的小学生会更多地在自我定义时使用描述心理特质(如偏好或人格特质)的词汇,而较少使用表示物理性特征(如眼睛的颜色或所有物)的词汇。

(2) 社会性描述。儿童开始在自我描述时涉及社会层面的内容,如提到社会组织等。例如,儿童会把自己描述为少先队员或有两个亲密朋友的人。

(3) 社会比较。这一阶段儿童的自我认识更多地涉及社会比较,他们更喜欢用比较的而不是绝对化的词语来区分自己和他人。也就是说,小学生更多地以"和别人比我能做什么"的方式来考虑自己能做的事。

(4) 真实自我和理想自我。儿童开始区分真实的自我和理想的自我,表明他们认识到了自己已经拥有的能力与渴望拥有的能力、自己已经拥有的能力与他们认为最为重要的能力是不同的。

(5) 现实性。在这一阶段,儿童的自我评价变得更加现实。这也许是因为他们的社会比较和观点采择能力(所谓观点采择指的是个体把自己的观点和他人的观点区分开来并加以协调的能力)有所发展。

(四) 青少年(青春期时)的自我认识

该阶段是自我认识发展的一个重要时期,在这一阶段,自我认识会实现由"客观化期"到"主观化期"的过渡。自我认识在青春期的发展是复杂的,包括自我的许多方面。随着自我水平的不断提高,青少年进行自我评价的需要越来越强烈,且带有强烈的社会比较倾向。将自己的状态与他人的状态进行对比,从而获得比较明确的自我评价,是促使青少年心理发展的一条重要途径。青少年的自我认识具有以下一些特点。

(1) 抽象化与理想化。根据皮亚杰的认知发展阶段理论,青少年的思考方式已变得更加抽象化和理想化。因此,在描述自己的时候,青少年更倾向于使用抽象化和理想化的标签。例如,14岁的小明对自己的描述是:"我是个普通人。我优柔寡断。我不知道我是谁。"

(2) 自我关注。青少年比儿童有更多的自我关注,这种自我关注反映了青少年的自我中心主义。在青少年早期,随着个体性的成熟、逻辑思维的发展,他们开始把关注的重点转向自身,开始关心自己的形象,去发现、体验自己的内心世界。该阶段是自我发展的一个重要时期,个体逐步确立自己的心理特质,包括智力、人格、态度、信念、理想和行为等的统合。

(3) 自我内部的矛盾。随着青少年开始在不同的关系背景下将自我的概念区分成不同的角色,他们开始感到在不同自我之间存在显著的矛盾。青少年可能会这样描述自己:"我虽情绪波动较大但也善解人意,虽长得不好看却很有吸引力,很无趣也很好奇,关心别人也不总那么在乎,内向但喜欢热闹。"在青春期早期,青少年倾向于把这些相反的特质看作是互相矛盾的,这可能会导致一定的内部冲突。青少年在不同的社会情境中,例如,在父母面前、在老师面前、在一般同学面前、在好朋友面前,面临着不同的社会压力和要求。他们在不同的社会情境中对自我有不同的要求,会表现出自我的不同侧面。而在青少年早期,他们还不能将这些特征有机地联系起来,尚没有认识到它们之间的内在一致性。因此,他们经常会出现"哪一个是真正的我"这样的困惑。到了青春期中、晚期，青少年开始理解为什么一个人会有相反的特质，更能将这种矛盾看作是一种适应性，并把这些相反的自我标签整合进逐渐形成的同一性中。

（4）波动的自我。青少年的自我认识在不同情境下和不同时间段中会发生波动。通常直到青春期晚期甚至成年早期，在青少年建立起一个更为完善的自我理论之前，青少年的自我都表现出持续变化的特点。

（5）真实自我和理想自我。作为对真实自我的补充，青少年逐渐发展起了建构理想自我的能力。一种观点认为，理想自我或想象自我的一个重要方面就是可能自我——个体可能会成为的、希望成为的以及害怕成为的自我。因此，青少年的可能自我既包括他们希望成为的样子，也包括他们害怕自己会变成的样子。未来的积极自我特征（进入好的大学、得到赞赏、拥有成功的职业生涯）能够对未来的积极状态起引导作用。

（五）四种同一性状态

与青春期自我认识密不可分的，是青少年自我同一性的发展。按照埃里克森的观点，青少年阶段的核心任务是发展自我同一性。如果先前各阶段的发展任务完成得比较顺利，自我同一性的建立也就比较容易。

在埃里克森之后仍有不少的心理学家对同一性的问题感兴趣，并对此开展了一系列的研究。最有代表性的是玛西亚（J. Marcia）等人对同一性状态（identity status）的研究。玛西亚根据探索（exploration）和投入（commitment）这两个维度将同一性分为四种类型，也可以称为四种同一性状态（如图2-6-2所示）。

图2-6-2 同一性的两个维度与四种状态

这四种状态的含义分别为：

（1）同一性实现（identity achievement）。经过对多种选择的探索，同一性实现的个体已经确立了一套清晰的价值观和目标，他们有一种心理上的幸福感、时间上的同一感，知道自己正在做什么。

（2）同一性延迟（同一性探索）（identity moratorium）。延迟达成意味着迟滞。这类青少年尚未确定明确的目标，他们还处在探索—收集信息和尝试各种活动的过程之中，期望在这一过程中确定自己的价值观和目标，并以此来指引自己未来的生活。

（3）同一性拒斥（identity foreclosure）。这种类型的个体已经有了自己的价值取向和目标，但那是尚未经过探索的。他们仅仅是接受了权威人物（通常是父母，但有时也会是老师、恋爱对象等）已经为他们选择好了的方向。

（4）同一性混乱（identity diffusion）。这类个体缺乏清晰的方向，他们既没有致力于确立某种价值观和目标，也不去努力追求它们。他们可能从来没有探索过，也可能曾经试图这样做，但是发现太过困难而选择了放弃。

需要指出的是,这四种类型不仅仅是一种分类,还代表着一个建构的过程,是动态的。首先,它们没有必然的好与坏之分。例如,虽然同一性实现一般来说是较好的状态,但是如果同一性实现得过早,也可能限制了个体的发展,使个体失去尝试多种目标和新体验的机会。第二,对于每个个体而言,都会经历这四种状态。只有经历过探索,才能进入同一性实现的状态,尽管在实现之前也可能出现一段时间的同一性混乱。第三,这四种状态是可以相互转化的。同一性延迟会转化为同一性实现,同一性实现之后也可能由于新的环境与刺激而使个体陷入新的同一性混乱,即使同一性拒斥状态也可能因为环境的改变而转化到同一性延迟的状态中。

二、自我体验及其发展

自我体验是自我意识的情感成分,反映个体对自己所持的态度,主要涉及"我是否满意自己或悦纳自我"等问题,包括自我感受、自尊、自卑等方面。其中,自尊是自我体验中最主要的方面。

自尊(self esteem)指的是自我所做出的对自己的价值判断,以及由这种判断所引起的情感。对自我的价值评判或称自我价值感,影响着个体的情绪体验、行为表现及长期的心理适应。这种影响可以称为自我预言的实现,即一旦个体认为自己是一个什么样的人,那么不管这一判断是积极的还是消极的,自我都会向着这个预言的方向发展,并最终实现这个预言。

用因素分析的方法可以对自尊的结构进行探索。如哈特(S. Harter)让儿童对自我的许多方面做出等级判断,如"我喜欢上学""同学们都很喜欢我"等。他的研究发现,学前儿童至少可以区分出两个方面的自尊:社会接受(自己受欢迎的程度)和能力(自己擅长做什么,不擅长做什么)。到6—7岁的时候,儿童至少形成了三个方面的自尊:学业自尊、社会自尊、身体自尊。随着儿童的成长,这三个方面又会不断地细化,形成一个层级结构(如图2-6-3所示)。

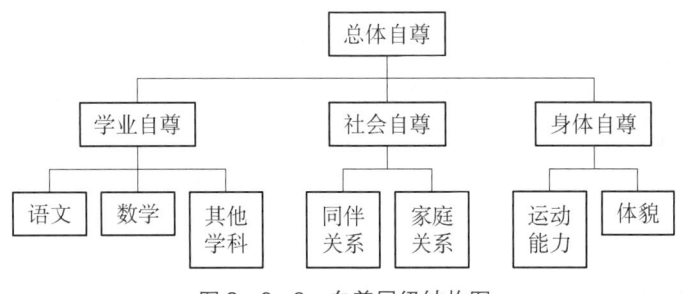

图2-6-3 自尊层级结构图

层级结构中不同方面的评判对于总体自尊而言并不具有同等重要的意义。某些个体比较重视的方面,对于总体自尊有更大的影响,例如,有的儿童重视在学校里的成绩,有的则重视父母对自己的评价。虽然每个儿童所重视的方面存在着很大的个体差异,但是在各个年龄段,自我对自己体貌的评价与总体自尊都有较高程度的相关,即体貌对自我满意度在各个年龄段都有较大的影响。出现这种现象或许同社会与媒体对外表的过分宣传与强调有很大的关系。

学业自尊预示着儿童认为学校课程的重要、有用且有趣，还预示着他们努力的愿望，以及他们在这些课程上的成绩。有着较高社会自尊的儿童通常受到同学们的喜爱。此外，不论年龄、性别、社会经济地位、种族群体如何，有着较高自尊的个体倾向于更好地实现自我调节，他们善于交际且尽心尽责。相反，在各个方面都表现出低自尊的个体，则会表现出焦虑、抑郁，甚至伴随有反社会行为。

研究发现，自尊与学业成绩之间只存在中等程度的相关，而且这种相关也并不意味着高自尊会带来较好的成绩。因此，增强学生的自尊，未必能提高他们的学业成绩。

自尊与人的情绪及情感密切相关，随后又影响人的动机。具有较高自尊水平的小学儿童最快乐，而那些对自己没有很高评价的儿童，最可能感到悲哀和情绪低落。快乐的儿童喜欢尝试做各种各样的事情，而感到悲哀的儿童，则往往会在各种情境中采取逃避策略，不去寻求解决问题的办法。

儿童的自尊从整体来看具有较高的稳定性，重测信度系数都为 0.70—0.90，但也会有一些波动。儿童在由幼儿园升小学、由小学升初中、由初中升高中时自尊水平都有较大程度的降低，出现这种现象的原因可能是：一方面儿童到新环境中会面临新的要求和挑战，会出现一段时间的适应困难期，这影响了儿童对自我的真实认知能力的评价；另一方面，在新的环境中儿童要面临新的社会比较对象，这也会使儿童的自我意象出现一段时间的不稳定，从而造成自尊水平的下降。个体自尊从儿童期到青春期变得越来越稳定。

三、自我调控及其发展

自我调控是自我意识的意志成分，指个体对自己行为与心理活动的自我作用过程。它包括自主、自律、自我监督、自我控制等方面。其中，自我控制（self control）是自我调控中最主要的方面。

自我控制指的是对优势反应的抑制和对劣势反应的唤起的能力。所谓优势反应指的是由对儿童具有直接、即时吸引力的事物或活动所引起的想要获得该事物或参加某活动的冲动趋向，劣势反应则正好与此相反。例如，8岁的小明想要看动画片，但是作业还没有做完。这时如果他能够压制自己想看动画片的冲动趋向，而坚持将作业做完，那么他就是使用了自我控制。

（一）自我控制的早期发展

大多数研究者认为，自我控制最早发生于个体出生后 12—18 个月，此时儿童开始意识到照料者的希望与期望，并愿意遵守照料者的简单命令与要求，即服从（compliance）父母的指示。也有一些研究者认为，自我控制可能出现得更早些，是伴随着注意机制的成熟而出现的。注意机制的成熟是自我控制发生与进一步发展的重要基础，婴儿 12 个月时维持注意的能力可以预测其 24 个月时的自我控制水平。另外，儿童自我控制的发生必须具有一定的认知基础。首先,儿童必须具有将自己视为独立的、具备自主性的个体的能力,这是儿童控制自己行动的基础;其次,儿童必须具备一定的表征与记忆能力,能够将照料者的指示与要求内化到自己的行为中。

大约到2岁时,随着儿童认知能力的提高,尤其是心理表征能力的发展,儿童的自我控制能力也逐渐发展起来。这时儿童能够在没有外界监控的情况下服从父母的要求,并根据他人的要求延缓自己的行为。大约从3岁开始,儿童逐渐获得了自我连续性和自我统一性的认识,开始把自己的行为与父母的要求联系起来。儿童能意识到,当他们在家里、操场上或亲戚家时,可以在哪里玩,不能在哪里玩;可以碰哪些东西,不能碰哪些东西。由于这些能力的发展,这一阶段的儿童有可能根据自己的动机进行自我调节。

(二) 延迟满足

在对儿童早期自我控制的研究中,延迟满足(delay of gratification)已成为最经典的研究范式。研究者通常设计一些典型的实验情境,并对儿童在实验情境中的行为表现进行评价,借以测定儿童的自我控制水平。

米歇尔(W. Mischel)将"延迟满足"解释为一种甘愿为更有价值的长远目标而放弃即时满足的抉择取向,以及在等待期中展示的自制能力。米歇尔等人经过大量的实证研究逐渐奠定了延迟满足两阶段结构的实验范式,也称自我延迟满足范式(self-imposed delay,简称SID)。

该研究范式的一般程序是:首先,实验者与儿童在实验室内进行一些热身游戏。随后,实验者会给儿童出示两种奖赏物,如一块软糖和两块软糖,或者是一块椒盐饼干和两块椒盐饼干,让儿童在数量不等的两个奖赏物之间做出偏好选择(第一阶段——延迟选择)。然后实验者告诉儿童,他现在有事情要做,需要离开房间一会儿,并接着说:"要是你能够等到我回来,你就可以吃这个(指向儿童选择的奖赏物);要是你不想等了,你可以按铃随时把我叫回来,但是如果你按了铃,那么你就不能吃这个了(指向儿童选择的奖赏物),只能吃这个(指向儿童没有选择的奖赏物)。"确信儿童理解要求之后,实验者离开房间,并通过单向玻璃观察记录儿童的延迟时间和延迟等待策略(第二阶段——延迟维持)。实验者在15分钟后回来,或在儿童按铃(或违规)后回来。

在此情境中,儿童面对的是令人难过的两难选择:一方面要想获得自己偏爱的奖赏,就不得不面对诱惑、干扰而执行艰难的等待任务;另一方面,面前无需等待即刻可得的奖赏偏偏却又不是自己的最爱。延迟任务包含这种复杂的、相互冲突的列联结构可谓是实验范式的主要特点。

(三) 延迟满足及对后期行为的预测

米歇尔等人采用自我延迟满足范式,对斯坦福大学附属幼儿园的653名4—5岁儿童进行了延迟满足的实验。10年后,他们对其中仍能找到地址的儿童家庭发放问卷,进行跟踪调查。调查结果发现,在延迟满足情境中能等待较长时间的儿童,到青少年期时,父母评价他们有较高的学业与社会能力、语言流畅、理性而又专注、有计划,且更有能力面对挫折与压力,在学业能力倾向测试(Scholastic Assessment test,简称 SAT)中得分也比同伴更高。

针对青少年的自我调节研究显示:一方面,青春期认知技能的进步(如逻辑思维)、自我反省的增加、更高的独立性会使自我控制增强,同时,认知能力的发展也使青少年能更好地理解为了渴望的东西(如在班级里得到好名次)而延迟满足的重要性,从而不去寻求即时满足(如听摇滚乐或上网游戏)。另一方面,"我不可战胜"感的增强(可能会导致冒险行为)和社会比较又可能会导致青少年较少的自我控制。

(四) 自我控制的意义

自我控制对于儿童的发展具有重要的意义。一些研究发现,具有较高自控能力的儿童具有较高的成就动机。另外,自我控制能力的缺乏还是儿童注意缺陷与多动障碍(attention deficit hyperact ivity disorder,简称 ADHD)出现的重要原因之一。巴克利(R. A. Barkley)根据其多年来的研究指出,儿童注意缺陷与多动障碍本身并不是如我们长期所认为的那样,是一个注意失调的问题,它起因于调节抑制及自我控制功能的脑功能损失,而这种自我控制上的损失又反过来损伤了其他对维持注意起关键作用的脑功能。这一研究结论已得到了大多数儿童临床心理学家的认同。

自我控制有一个适宜的度。儿童自我控制过低,就容易分心,无法延缓满足,易冲动,攻击性强;自我控制过强,儿童就会表现出很强的抑制性(抑制个体的需要和情绪表达)和一致性(与成人的要求保持同一)。后者平时很少在班级和家里惹麻烦,容易被成人忽视,这样的儿童容易焦虑、抑郁、不合群。最适宜的自我控制是有弹性的自我控制,具有此类控制能力的儿童的特点是"管得住,放得开",他们能随着环境的变化改变自控的程度,具有很强的灵活性。

第七章
道德的发展

第一节 道德发展的理论

儿童的道德认知主要是指儿童对是非、善恶行为准则及其执行意义的认识。认知发展心理学家认为儿童道德(道德推理)的发展在很大程度上依赖认知发展,并遵循一定的阶段次序。这一理论的代表人物有皮亚杰和柯尔伯格,而班杜拉则从社会学习视角进一步拓展了相关理论。

一、皮亚杰的道德认知发展理论

(一) 皮亚杰的研究方法

皮亚杰认为道德的成熟包括两方面的内容:一是对社会规则的理解和认识;二是对人类关系中平等、互惠的关心,这是公道的基础。他和同事关于儿童道德发展的探讨主要基于以下几个方面的研究:(1)儿童对游戏规则的理解和使用;(2)儿童对撒谎和说真话的认识;(3)儿童对权威的认识。

皮亚杰认为,要研究儿童道德判断的性质,不能采用直接的提问法或把儿童放在实验室里进行剖析,只有在观察儿童对特定行为的评价中才能分析出他们对问题的真实认识。因此,他和同事创立了两种研究方法:临床法(谈话法)和对偶故事法。

1. 临床法(谈话法)

该方法主要用于研究儿童对游戏规则的意识和执行的发展情况。皮亚杰和同事分别同4—13岁的儿童一起玩弹子游戏,或观察儿童玩弹子游戏,从中记录儿童是如何创立和强化游戏规则的。在玩的过程中,皮亚杰向儿童提问一些事先设计好的问题,如:这些规则是哪儿来的?每个人都必须要遵守规则吗?这些规则可以改变吗?然后再分析儿童的回答,从中归纳出儿童有关规则认识和使用的阶段性特征。

2. 对偶故事法

皮亚杰和同事设计了包含许多道德价值内容的对偶故事,来研究儿童对过失行为、说谎和社会公正的道德推理的发展。例如,在研究儿童对过失行为的判断时,研究者向儿童讲述下面的故事,然后要求儿童说出评定的理由。

  A. 有个男孩叫约翰,他听到有人叫他去吃饭,就去开饭厅的门。门外有1张椅子,椅子上放着1个盘子,盘内有15个茶杯。约翰不知道这些,结果撞倒了盘子,打碎了15

个茶杯。

B. 另一个男孩叫亨利,有一天他妈妈外出,他想拿碗柜里的果酱吃。果酱放得太高,他的手够不着,在够的过程中,他碰翻了1个杯子,杯子掉在地上摔碎了。

在儿童听完故事后,实验者会问他们一些问题,让他们判断哪个孩子的过失更严重。

(二) 儿童道德发展的阶段

根据以上考察和研究,皮亚杰将儿童道德的发展划分为四个阶段。

(1) 前道德阶段(2—4岁)。这一阶段的儿童没有真正的道德概念,也不能把自己从他人中分化出来。他们在游戏行为中可能会制定一些限制(如,红色的积木必须放在一起),但大多数时候在玩耍和想象性游戏中没有正式的规则。

(2) 道德实在论阶段(5—7岁),也称为道德的他律阶段、权威阶段。这一阶段儿童的道德判断有以下几个特征:

① 认为道德规则是由权威制定的,权威通常包括父母、老师和警察等。这些规则是绝对的,不可以改变。例如,因为医疗急救而超速行驶,6岁儿童会认为该行为是不对的,违反了警察制定的交通规则,理应受到惩罚。

② 判断行为的好坏只依据行为的客观后果,即客观责任(objective responsibility),而不是行为者的意图或动机。

③ 非此即彼。判断别人的行为时,不是认为其好就是认为其坏,而且认为别人也会这样判断。

④ 内在的公正(immanent justice),认为惩罚是天意,违反规则就一定会受到惩罚,而不管是否有人发现。例如,认为一个孩子偷了糖果但是没人看见,第二天他摔伤了膝盖,就是对其偷窃行为的一种惩罚。

⑤ 单方面遵守权威,有一种遵守成人标准和服从成人规则的义务感。

(3) 道德相对论阶段(8—11岁),也称为道德的自律阶段。这一阶段儿童的道德判断有如下特征。

① 认为规则不是绝对的,可以怀疑,可以改变。在某些情境下规则可以违反。如前面提到的因急救而超速行驶,不应视为过失行为。

② 判断行为时,不只考虑行为的后果,还考虑行为的动机和意图。

③ 能把自己置于别人的位置,判断不再绝对化,看到可能存在的几种观点。

④ 惩罚较温和,带有补偿性,以帮助犯错误者认识和改正自己的错误。也不再相信内在的公正,认识到越轨行为可以隐蔽起来从而不被觉察或惩罚。

(4) 公正阶段(11、12岁以后),也称为公正道德阶段。这一阶段的儿童能够想象游戏过程中可能存在的假设情境,并创造出新的规则。同时,他们的道德推理开始超越个人的水平,关注社会和政治问题,如保护环境或援助无家可归者。

(三) 从他律道德向自律道德转化

皮亚杰认为,同认知发展一样,儿童道德推理的发展也受到内在因素与环境因素的影响。在内在因素方面,随着认知能力的发展,儿童逐渐脱离自我中心思维,在评价道德情境时会考虑更多的信息,能够理解到他人和自己有不同的观点,这促进了道德判断从他律到自律的转化。在环境因素方面,皮亚杰认为社会经验有重要作用。个体在儿童早期,能认识到父母通常会给出行为命令并强化规则。为了取悦父母,儿童接受了"规则必须服从"的信念。这种单向的规则系统使儿童无法表达自己的看法,且无法理解不同的人在看待道德问题时会有不同的观点。随着年龄的增长,儿童与同伴的相互作用成为重要的社会化因素。在与同伴的交往中,儿童会把自己的观点同他人的观点进行比较,从而认识到自己的观点有别于他人的观点,他们也可以对他人的观点提出疑问和更改意见。同时,同伴交往能使儿童认识到同样的行为可能会被他人以不同的方式进行解读,从而得到不同的结果。正是在与同伴的交往过程中,儿童开始摆脱权威的束缚,学会互相尊重,共同协作,使公正感得到发展。

二、柯尔伯格的道德认知发展模型

(一) 柯尔伯格的研究方法

柯尔伯格主要采用两难故事来评估儿童的道德推理水平。其中最典型的是"海因茨偷药"的故事:

> 海因茨的妻子患了绝症,生命垂危。医生认为只有一种药才能救她,就是城里一位药剂师新发明的镭。药剂师开价2000元,尽管药的成本只有200元。海因茨到处向人借钱,一共借到1000元。海因茨无奈请求药剂师便宜一点卖给他,或者允许他赊欠。但药剂师坚决不同意。海因茨走投无路,不得已撬开药店的门,为妻子偷来了药。

讲完故事后,主试向儿童提出一系列的问题:"海因茨应该这样做吗?为什么说应该?为什么说不应该?法官该不该判他的刑?为什么?"柯尔伯格关心儿童回答中的推理,也就是"为什么"。

(二) 柯尔伯格道德认知发展的阶段

根据横向研究中不同年龄儿童对这些两难问题的反应,柯尔伯格认为儿童道德认知的发展分为三个可预测的水平,即前习俗水平(preconventional)、习俗水平(conventional)和后习俗水平(postconventional)。在前习俗水平,道德推理的前提是个体必须服务于自己的需要;在习俗水平,道德推理的基础是社会系统必须基于法律和规章;在后习俗水平,道德推理所基于的假设是:每个人的价值、尊严和权利必须维护。每个水平包括两个阶段,每个阶段又可划分为两个成分:社会观点和道德内容,具体如表2-7-1所示。

表2-7-1 柯尔伯格道德认知发展的阶段模型

水平和阶段	社 会 观 点	道 德 内 容
水平1 前习俗水平		
阶段1 他律道德（道德来自权力和权威）	儿童不能考虑他人的观点；倾向于自我中心，认为别人的想法和自己的一样	相当于皮亚杰的道德实在论阶段。对道德的评价绝对化，只集中于情境的物理或客观特征。认为道德规则只能由权威来定义，而且必须遵守
阶段2 个人主义，工具性目的和交换（道德意味着寻求自身利益）	儿童理解他人有不同的需要和观点，但还不能设身处地地站在他人的立场上看问题。认为他人都是为了自身的利益	当道德符合自身利益时才是有价值的。儿童遵守规则或与同伴合作，要视能否得到回报而定。社会交往被视为是含有具体收益的事情
水平2 习俗水平		
阶段3 人际遵从（道德能使自己为他人悦纳）	可以站在他人的角度上看问题。认为达成共识比个人利益重要	集中于遵从大多数人认为正确的行为；遵守规则是为了让你在意的人赞赏你；人际关系的基础是金科玉律
阶段4 法律和秩序（合法的就是正确的）	从维持社会系统的角度来理解道德。个人需要没有维持社会秩序重要	道德的基础是严守法律和履行责任；规则适用于每个人，规则也是解决人际冲突的正确途径
水平3 后习俗水平		
阶段5 社会契约（人的权利要先于法律）	人们可以采择社会系统内所有个体的观点，认识到并非每个人的观点或价值取向都与自己的一致，所有人都有平等的生存权利	道德的基础是保护每个人的人权。关键在于维持一个完成此任务的社会系统。法律应被用来保护而不是限制人们的自由，因此可适时加以改变。有害社会的行为即便不是非法的，也是不对的
阶段6 普遍的伦理原则（道德是关乎个人良心的事）	从个人原则公道性的角度来理解道德决策。每个人都有其个人价值，理应受到尊重。从前一阶段的社会导向发展为内在导向	在法律之上有普遍的道德原则，例如有关人类尊严的公正和尊敬。生命的意义高于一切

柯尔伯格的模型强调角色扮演和认知冲突。角色扮演是指儿童在道德问题的决策情境中，与他人交流观点，了解他人的感情和动机，站在他人的角度思考问题。柯尔伯格认为儿童角色扮演的技能与其道德水平有直接的联系。对立的观点会导致认知冲突，儿童对此采取的解决办法就是最终重组自己的思维，进入一个更高阶段的道德推理。角色扮演和认知冲突法是道德教育常用的方法。

三、道德发展的社会学习理论

社会学习理论认为儿童的道德发展和其他行为一样，都是社会学习的产物，可以通过模仿榜样和观察模式习得。这一理论的拥护者也认为道德习得的过程会受到认知发展的影响，但他们更强调诸如强化、惩罚和观察学习等环境机制，认为道德发展主要取决于个体所处的社会环境和个人经验,而不是普遍的内在的时间次序。社会学习理论的大多数研究都关注道德行为,包括利他行为和攻击行为。

社会学习理论研究者通过对儿童和成人的大量研究发现,儿童的许多行为并未直接受到强化,而是在观察别人行为时,别人所受到的强化影响着儿童去学习和抑制这种行为。这个过程被称为间接强化和替代强化。如果儿童看到他人的违规行为受到了老师的斥责,就可能会去避免犯类似的错误。反过来,如果看到他人的反社会行为受到了赞赏,儿童就有可能去尝试这种行为,在道德不良群体中这种现象尤其突出。在这两种情况下,儿童本人没有行动,也没有受到直接的惩罚或强化,但榜样所受到的惩罚或强化会影响儿童以后的道德行为,这就是替代强化的表现。

自我强化是指儿童已经建立了自己内部的行为准则,当儿童的行为符合这个准则时,就奖励自己;违反了这个准则时,就惩罚自己。这种自我调节的模式无须依靠外界的强化。

班杜拉有一个经典实验,研究儿童对攻击行为的观察和模仿。研究者将幼儿园的孩子随机分成三组,让他们观看录像。录像中一个成年人K(榜样)会攻击一个成人大小的充气塑料人,他的攻击行为有四种:

(1) 把充气塑料人放倒在地,然后坐在它身上打它的鼻子,边打边叫:"哈!打中啦!咚!"

(2) 把充气塑料人又拉起来,用一个木槌连续击打它的头,一边打一边叫:"哈!趴下!"

(3) 用木槌打完后,又把充气塑料人踢来踢去,高兴地叫着:"飞喽!"

(4) 用一个橡皮球猛砸充气塑料人,砸一下就大叫一声:"咚!"

在三组儿童中,研究者对攻击行为的处理各不相同:第一组孩子看到另一个成年人用饮料或糖果等奖励了K,并对他大加表扬(奖赏);第二组孩子看到K被人用卷起来的杂志打了一下,并且被严厉警告说下不为例(惩罚);第三组孩子则看到,K的攻击行为没有任何结果,既没受到表扬,也没有受到责备(无强化)。接下来,研究者将儿童带到与录像中情境相同的房间中,让他们自由活动10分钟。研究者则通过单向玻璃来观察孩子是不是通过观看录像学会了攻击行为。

结果发现,三组儿童都表现出了一定的攻击行为。不过,如班杜拉所预料的那样,儿童自由活动时是否会表现出攻击行为取决于他们对结果的预期。尽管所有的儿童都学会了攻击,但那些看到榜样K被表扬的儿童比那些看到K被责备的儿童表现出了更明显的攻击行为。此外,即使榜样的攻击行为没有受到强化,儿童也会习得攻击行为,这就是观察学习的结果。替代强化可以阻止新行为的表现,但不能阻碍新行为的习得。

这个研究以及随后的许多重复研究具有一定的实践意义。儿童平时对电视、电影、杂志中的打斗情境虽然未能直接地加以模仿,但即使是对这些反社会行为给予惩罚也不能阻止他们对这类行为的无意识学习。只要遇到与影片或小说中类似的情境,这些行为就很可能在儿童的实际生活中再现。

班杜拉认为,有两种观察学习:(1)直接的模仿和反模仿,儿童受到榜样影响,在当时或之后、在环境有利的条件下复制榜样的行为,这是直接的模仿;或儿童观察到榜样的行为与结果,将之作为一种教训接受下来,知道自己不准做这类事,这是直接的反模仿。模仿或者反模仿并不限于某个具体行为,也可以是一类行为。(2)抑制和抑制解除。例如,某儿童看了暴力行为的影片后,对兄弟姐妹不再友好了,常常大发脾气。这个儿童虽然没有刻意模仿电影里的行为,但恢复了以前习得的同类行为。在这种情况下,原先受到抑制的攻击行为被解除了抑制。同样,他人的行为后果可以抑制儿童产生同类行为。

第二节 亲社会行为及其发展

亲社会行为是在现实社会中经常能见到的一种道德行为,例如,对灾区人民的捐赠,搀扶过马路的老人,等等。所谓亲社会行为,即倾向于对他人有利的自愿行为,包括对陌生人的人道主义援助和捐助,以及对身边亲人的抚慰和关心等。

一、亲社会行为的动机

亲社会行为是有益于他人和社会的行为,目的在于帮助某些个体或群体减轻或解除痛苦,使他们从无助的状态中解脱出来,是一种值得赞赏的行为。但亲社会行为背后的动机各不相同。有人可能是因为害怕不帮助他人而受到惩罚,迫不得已地帮助别人;有人可能是因为无法容忍受害者痛苦的表情而伸出援手;有人可能是为了展现自身的道德水平,情不自禁地帮助他人;还有人可能是因为有能力让别人幸福,自觉自愿地帮助他人,从而获得自我奖赏。

亲社会行为的动机可分为以下四类:

(1)功利性动机。具有功利性动机的个体往往预期在特定情境中实施亲社会行为将获得社会奖赏(表扬、物质报酬、名声等),或避免受到社会惩罚。

(2)规范性动机。具有规范性动机的个体熟知社会规范、准则的特点,他们可能因为对规范的内化而心甘情愿施助,也可能出于尊重社会要求而勉强施助。

(3)自我价值的动机。个体能够察觉他人的需要,愿意维持与受助对象的关系。施助者往往会因为自己的助人能力而产生自我价值感。

(4)他人需要的动机。个体认为对象的需要与自己关系密切,受助对象之所以有价值,是因为施助者对他的幸福美满感兴趣。

二、婴儿期的亲社会行为

很多研究者提出,观点采择能力和移情能力的发展是儿童亲社会行为出现的前提条件。如果确实如此,那么由于婴儿的这两种能力还没有得到较好的发展,所以他们几乎不会表现出什么亲社会行为。但是有大量研究发现,亲社会行为起源于个体婴儿时期。例如,婴儿听到其他婴儿的哭声会跟着哭,但听到自己哭声的录音却没有此反应,这表明婴儿已经具备了基本的移情能力。很多研究也证明,年龄不足2岁的婴儿会有分享和安慰他人的行为出现。

但是对婴儿的亲社会行为做出定义并非易事。由于婴儿的语言能力非常有限,因此研究者必须借助其外显的行为来理解他们。一系列的实验室研究将婴儿与父母玩耍时的分享行为定义为以下三种：(1)指向玩具或举起玩具以吸引父母的注意；(2)将玩具递给父母；(3)将玩具递给父母并与父母一起玩。结果发现，所有被试均有分享行为，在年龄稍大的婴儿身上以上三种行为都会出现。另有研究发现，1岁多的儿童很乐于帮助父母做家务活，如叠衣服或擦拭家具等。

自然情境下的观察也表明亲社会行为在个体婴儿期时就已经出现。在一项历经数月的研究中，研究者要求母亲记录婴儿看到他人痛苦或烦恼时的行为反应，研究中的很多诱发情境是由母亲装出受伤的样子或表现出强烈的负性情绪。结果发现，大部分婴儿对此类情境的反应都是亲社会的。此类反应大致有两种：年龄较小的婴儿只表现出基本的移情反应，如哭泣；年龄较大的婴儿则试图去帮助"受害者"，尽管他们的帮助行为并不总是那么恰当（如婴儿给苦恼中的母亲饼干吃）。

学步期婴儿的分享行为具有一定的人际功能，如发起或维持与成人或同伴的社会交往。在因玩具数量不足而发生冲突时，分享也是婴儿之间解决冲突的一种途径。

三、儿童亲社会行为的年龄差异

如果儿童的亲社会行为会受到认知和情感发展水平的影响，那么就可以假设利他行为会随着年龄增长而增加。许多实验室研究也表明，年长的儿童确实比年幼的儿童表现出更多的分享和助人行为。但实际情况要复杂得多，且无法给出定论。

2岁以后，儿童随着移情能力的发展，开始学会提供适宜的亲社会行为。2.5—3.5岁的儿童总是乐于表现出对他人的友善行为；3—5岁的儿童在实验者的提示下做出帮助行为的比例占绝大多数，这种帮助行为更多是对成人权威的一种顺从；而4—6岁的儿童则表现出更多真实的帮助行为。

在珀尔(R. Pearl)所做的实验中，研究者让4岁和9岁的儿童看一套连环画，故事中的主人公需要一定的帮助（例如，小男孩费尽力气想打开一桶饼干），而反映主人公苦恼情绪的社会线索从很细微到非常明显。研究者要求儿童在看完之后判断主人公是否遇到了麻烦，并提出相应的解决办法。结果发现，当社会线索很明显时，两组儿童都能判断出主人公遇到了麻烦，能提出帮助他的方法；当社会线索很细微时，4岁儿童的亲社会表现就会少于9岁儿童。据此，珀尔认为年幼的儿童亲社会行为少是因为他们无法注意到相关的社会信息。其他一些研究则证明，年长的儿童更有责任心，而且更有能力去帮助他人。

在一般物品的分享上，中国儿童自5岁起已能表现出一定程度的"慷慨"，9岁儿童对他人的同情和对他人需要的重视占支配地位；在荣誉物品的分享上，5—7岁组的大多数儿童认为有较多贡献的人应该分得荣誉物品，而从9岁开始，多数儿童倾向于让在这方面有更迫切需要的人分享荣誉物品。不同年龄段的儿童采取的助人方式不一样，年幼儿童关注问题的表面现象，倾向于捐物、捐款等亲力亲为的方式；而年长儿童关注问题的本质以及解决方法，例如，如何能够让贫困孩子摆脱贫穷。

年龄较大的儿童较年幼者有更多的合作倾向，这种差异也是基于认知能力发展程度的不同而产生的。当参与一个游戏或任务时，年龄较大的儿童更容易确定对其他大多数参与者有益的策略，年幼的儿童则更容易识别对自己有益的策略。此外，在行为与目标的匹配上，年龄大的儿童比年幼者更为灵活。例如，年龄大的儿童可以在竞争性策略与合作性策略之间灵活地进行调整（竞争性策略能使该儿童在游戏中获得最多的点数，合作性策略能使儿童及其搭档共同获得更高的点数），而年幼的儿童只能维持最初的策略，不能灵活调整。

青少年在分享或捐献中的亲社会行为水平均高于小学生。此外，青少年参与到志愿者服务这一特定亲社会行为中的情况比低龄儿童更普遍。志愿者服务有助于青少年自尊和自我接纳的增长，也能使他们更关心社会问题，了解未来的职业意向。

四、影响儿童亲社会行为发展的因素

（一）认知情感因素

在儿童中期（6—12岁），一方面儿童的慷慨和助人等亲社会行为显著增加；另一方面儿童的自我中心思维减少了，观点采择能力和亲社会道德推理能力得到了相当的发展。亲社会行为的认知理论将两者联系起来，认为这时儿童亲社会行为的增加与观点采择能力、亲社会道德推理能力的发展密切相关。此外，儿童移情能力和自我概念的发展也是重要的影响因素。

有研究者提出，"高明"的观点采择者比低水平的观点采择者更倾向于表现出利他行为，因为较高的观点采择能力有助于识别和领会到引起他人苦恼或不幸的因素。在哈德森（Hudson）等人的研究中，如果需要帮助的幼儿明显地表达出求助意愿，二年级的儿童均乐于提供帮助，不管他们的观点采择能力水平如何；如果需要帮助的幼儿的求助意愿不易察觉或是间接的，观点采择水平高的儿童就能识别出这些线索并提供帮助，观点采择水平低的儿童则会无动于衷。

与儿童亲社会行为相关的观点采择形式有两种：社会观点采择（识别他人的想法、意图和目的）以及情感观点采择（识别他人的情感体验）。在这两种形式上有较高水平的儿童的亲社会倾向更明显，而且这种相关会随着年龄的增长而增大。

虽然大量的研究只揭示了观点采择能力与儿童利他行为的发展密切相关，但有些实验也尝试验证两者之间可能的因果联系。研究者对实验组的儿童和青少年进行训练，使之成为"高明"的社会与情感观点采择者，结果他们在跟踪测验的几个维度上的得分都高于对照组的儿童，如同情心、合作性以及对他人需要的关注等。

移情是指体验他人情绪情感的能力。根据霍夫曼（M. Hoffman）的观点，移情是一种人类共有的反应，具有神经学基础，环境的影响会鼓励或压制移情的发展。霍夫曼认为移情性唤起是调节个体利他行为的重要因素。

具体来说，移情和利他行为的关系要视测量移情的方式以及被试的年龄而定。有些研究向儿童讲述某人遭遇不幸的故事，然后要求他们报告自己的感受，以此作为移情能力的指标。研究者发现，儿童的移情能力和利他行为之间的相关是微乎其微的。如果由教师评定儿童对他人不幸的移情敏感性表现及面部表情，则能够较好地预测其利他行为。此外，移情能力与利他行为的相关会随着年龄的增长而增大。

(二) 社会文化因素

对于利他性的认可和鼓励存在明显的文化差异。一项研究对六种文化背景下 3—10 岁儿童的利他性进行了调查,结果发现,在工业化程度低的社会中,儿童的利他性较高,如肯尼亚和墨西哥;工业化程度最高的社会中儿童的利他性最低,如美国。对此,研究者认为,在工业化程度低的文化中,儿童往往生活在大家庭里,需要承担重要的责任,如从事生产、制造食物或照看年幼的弟妹等,在这种情境中,儿童在很小的时候就会发展其合作和利他倾向。

那么工业化国家中的儿童为什么利他性较低呢?一种可能的原因是很多发达的西方社会强调竞争,认为个人主义要高于集体目标;而很多非工业化的社会则教导儿童去压制个人主义、与他人合作,并避免人际冲突。这两种对立的文化教养方式,对儿童的利他性有很大的影响。很多研究发现,来自非工业化国家的儿童在工业化情境中生活了几年后,会变得自我中心,利他性会降低;在要求合作的实验游戏中,发展中国家儿童的合作意识要明显高于工业化社会中的同龄人。在西方国家里,儿童在很小的时候就会习得竞争倾向,这会制约儿童的分享等亲社会活动。

虽然对利他性的强调程度具有文化差异,但大多数文化都认可社会责任感的规范,鼓励儿童在别人需要帮助的时候为其提供援助。

强化能否促进儿童的利他性呢?持积极观点的研究者认为,不论是来自外部的强化(实验室、教师、同伴和父母),还是来自内部的强化(看到被帮助者的喜悦、分享被帮助者解脱痛苦的舒畅),都会在一定程度上促进儿童的利他性。

有些研究者则进一步指出,强化对儿童利他行为的促进作用要视强化的形式而定。用切实的奖赏物来强化儿童的慷慨或助人行为,可能并不会促进儿童的利他性;用玩具和糖果来奖励儿童的利他行为在短期内可能会增加儿童同类行为的发生频率,但如果奖励停止,被奖励的儿童比那些没有获得奖励的儿童更不愿意去为别人做出牺牲。用真实的奖励物来"贿赂"儿童令其表现出亲社会行为,会使他们将自己的好行为归因于奖品而不是被帮助者的需要或他们自己的助人倾向,其结果是儿童的利他动机被削弱了。大多数父母都知道通过"贿赂"来培养孩子对他人的关心并非易事,例如,4—7 岁儿童的母亲说他们很少用实际的奖励物来促进孩子的利他行为;而有些母亲经常采取此种做法,她们孩子的亲社会倾向往往是最弱的。

语言强化相对有较好的促进效果,前提是语言赞赏的发出者和蔼仁慈,并且是儿童所尊敬和崇拜的人,原因可能在于儿童乐意去达到他们喜欢和尊重之人所设定的标准。但如果提供语言表扬的人本身不具有利他倾向,则其效果会和给予实际奖励物一样不尽如人意。

社会学习理论认为成人对儿童利他性的影响主要通过两种方式:对利他性的倡导和对利他行为的身体力行。一方面,成人的利他行为会成为儿童学习的榜样,引发儿童相似的利他行为;另一方面,儿童经常受到榜样的利他性训导,更有可能内化利他性原则,从而有助于他们利他倾向的发展。

很多实验室研究均表明,榜样的利他性会增加儿童利他行为的发生频率,即使脱离了实验室情境并经过一段时间,榜样对儿童的利他倾向仍具有一定的影响。简而言之,观察榜样的利他性表现会促进儿童利他习惯和利他价值观的发展。

对利他性的训导则一定要和相应的利他实践配合起来。在日常生活中,很多父母在教育孩子要具有爱心、要乐于助人时,并没有以身作则。曾有学者针对这种不一致性进行了研究,实验采用了四种条件:(1)榜样行为上乐善好施,口头上说教要富有爱心。(2)榜样行为上乐善好施,口头上说教不必那么大方。(3)榜样行为上很自私,口头上说教要富有爱心。(4)榜样行为上很自私,口头上说教不必那么大方。结果发现,影响儿童以后助人行为的因素是榜样的行为而不是说教:不管榜样在口头上倡导无私还是自私,只要他在行为上拒绝助人,儿童以后的利他性水平都会较低;反之,只要榜样的行为是慷慨助人的,不管他口头上是无私还是自私,儿童以后的利他性水平都会较高。由此,建议家长和教育者在培养儿童利他性倾向时一定要言行并用,尤其要注意以身作则。

有效的榜样一般比较强大、有能力,或者是儿童身边的重要人物,为儿童所敬佩和仰慕。除了现实生活中的成人榜样,有关利他行为的电视节目、动画片、漫画等,也是儿童习得利他行为的重要途径。

第三节 攻击行为及其发展

一、攻击的含义与分类

攻击行为可以有不同的界定。攻击行为的后果定义,强调以个体的行为所造成的伤害性结果作为攻击的界定标准:攻击是指导致另一个体受到伤害的行为。该定义的优点在于可以对行为的结果进行客观的观察,而不需要对行为的意图或动机等做主观的推断;缺点在于会使攻击概念的外延扩大化,导致一些非攻击行为也被标定为攻击行为,例如,牙医给病人拔牙。

还有一种定义方式强调攻击行为的社会判断。班杜拉等人认为,攻击是我们给特定行为贴上的社会标签,依据是我们对行为意义的判断。我们的判断依赖不同的社会、个人和情境因素,如我们对攻击的观念(会因性别、社会阶层和先前经验的不同而产生差异)、行为的具体情境、反应强度和所涉及个体的特点等。例如,用右手拍别人的脸,有时会被认为是一种攻击行为,但在有些文化中则是亲昵的表示。

对攻击的分类有许多不同的维度,例如,洛伦兹(K. Z. Lovenz)将攻击分为情感性攻击和工具性攻击;哈特普(W. Hartup)将攻击分为敌意性攻击和攻击性攻击(前者指向人,根本目的是打击或伤害他人;后者指向物品,目的是获得某个物品,攻击只是一种手段或工具,并不是为了给被攻击者造成身心伤害)。其他分类还有:个人推动的攻击和社会推动的攻击;身体攻击和语言攻击;内隐攻击和外显攻击;反应性攻击(愤怒、发脾气、失去控制)和主动性攻击(夺取物品、欺侮或控制同伴)。

欺侮(bullying)是儿童之间,尤其是中小学生之间经常发生的一种特殊类型的攻击行为。欺侮对儿童的身心健康具有很大的伤害性。经常受欺侮通常会导致儿童情绪抑郁、注意力分散、孤独、逃学、学习成绩下降和失眠,严重的甚至会导致自杀。而对欺侮者来说,此类行为可能会导致其以后的暴力犯罪或行为失调。

仔细观察中小学中的欺侮行为,会发现受欺侮者群体是相当稳定的。也就是说,欺侮者总是选择同伴中的某一小部分人作为欺侮的对象。是什么原因导致受欺侮者群体的长期受欺侮呢?奥维斯(D. Olweus)在一项研究中让瑞典的学校教师对男性学生中的受欺侮者与适应良好者分别进行提名,然后从教师、父母、同伴以及这些男孩自己那里获得两个群体的特征信息。对比发现,受欺侮者在学校和家里有慢性焦虑的情况,自尊比较低,受同伴排斥,身体比较弱小,并且不敢反抗。这些发现表明,受欺侮者受到更多的攻击是因为他们被认为是弱小的,可能给欺侮者提供"奖赏",并且他们不会反击,这些表现强化了欺侮者的攻击行为。同时,这些受欺侮者在早期往往都是反抗型依恋的孩子,这也导致了他们的焦虑倾向。

受欺侮现象一般稳定性较强,但攻击和受欺侮并不是完全相反的两极。一些研究发现,部分最极端的受欺侮者同样也是最极端的攻击者。他们常常挑起事端,找别人的麻烦,并且很容易被激怒。或许这些孩子激怒了"不好惹"的对象,因此又变成了受欺侮者。

近年来,有研究者试图从儿童"心理理论"的角度来探讨儿童欺侮发生的原因。从这一角度出发,相关研究者发现,欺侮他人的儿童在欺侮情境中知道如何去伤害对方,如何选择逃跑的时机,也就是说这些儿童对对方的心理有较好的把握。一些欺侮他人的儿童首领在"心理理论"上得分较高,他们能较好地认识到自己行为的后果,但喜欢给别人造成痛苦,即缺乏移情能力。儿童这种具有较高的认知能力但缺乏移情的现象被称为"冷认知"(cold cognition)。该理论在一定程度上揭示了儿童欺侮产生的原因,但是并不能解释为什么有些儿童虽然能够把握对方的心理却往往缺乏移情这个问题。

暴力电视节目对儿童的攻击行为具有短期或长期的影响。跟踪调查发现,高攻击性儿童对暴力电视节目似乎有特别高的偏爱。而且他们看得越多,就越会选择使用暴力方式来解决问题。大范围跟踪调查研究发现,男孩在几岁时就大量观看暴力电视节目,则其在19岁的时候更有可能被同伴认为是具有高攻击性的,在30岁时更有可能因为严重的罪行而被起诉。当控制了其他可能的相关因素,如智商、家庭经济地位、学习成绩、家庭教养方式之后,电视暴力与儿童的攻击行为之间的相关性仍然保持相同的水平。

二、攻击行为的理论解释

洛伦兹从习性学的角度出发,认为攻击是人类和动物的一种本能,与喂食、逃跑、生殖一起构成了人类和动物的四大本能系统。人和动物攻击的驱力来自内部,与外界刺激无关。随着攻击能量的不断积累,个体必须借助攻击行为或暴力活动对其进行周期性的释放。

根据社会学习理论,儿童的攻击行为是一种可习得的社会行为。此学习过程包括四个机制:(1)获得机制,包括观察学习和直接学习(直接参与打架斗殴等冲突行为等)。(2)启动机制,包括消极事件启动(如身体攻击或语言侮辱等)、诱发性启动(能预料通过攻击手段可能达到的结果,如抢夺物品)和榜样性启动。另外,内隐的攻击性意图也可以通过启动效应而引发。(3)保持机制,主要有外部强化(直接的奖赏和社会认可)、不恰当的惩罚(如家教太严厉的青少年,在离家后攻击性变得更强)和替代性强化。(4)自我调节机制,包括自我观察、自我判断和自我反应。

我们着重介绍一下攻击行为的社会信息加工模型。这一模型是由道奇(K. Dodge)及其同事提出的。道奇认为,儿童受到挫折和挑衅后的反应不仅受情境中社会线索的影响,还受儿童对这种信息的加工和解释的影响。儿童从面临某一社会线索到做出攻击反应的整个信息加工过程包括五个方面的内容(如图2-7-1所示)。

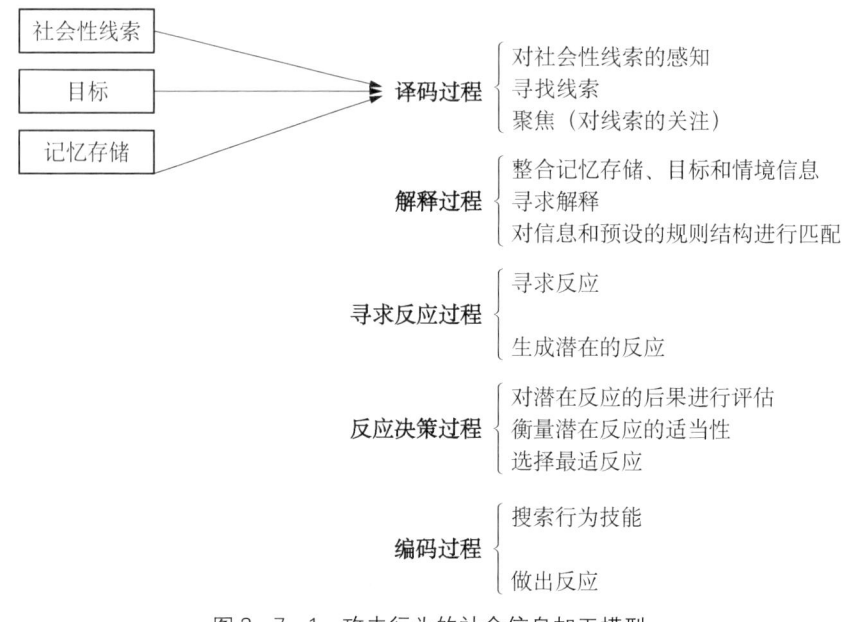

```
社会性线索 ┐
目标     ─→ 译码过程 ┤ 对社会性线索的感知
记忆存储 ┘            寻找线索
                      聚焦(对线索的关注)

            解释过程 ┤ 整合记忆存储、目标和情境信息
                      寻求解释
                      对信息和预设的规则结构进行匹配

            寻求反应过程 ┤ 寻求反应
                          生成潜在的反应

            反应决策过程 ┤ 对潜在反应的后果进行评估
                          衡量潜在反应的适当性
                          选择最适反应

            编码过程 ┤ 搜索行为技能
                      做出反应
```

图2-7-1 攻击行为的社会信息加工模型

(1)译码过程(decoding process)。儿童从环境中收集与激惹性事件有关的信息。这种收集线索的能力会影响儿童的应对反应。

(2)解释过程(interpretation process)。儿童随后会根据以往的相似经验来整合收集到的情境线索,考虑自己在此情境中的最终目标是什么,以及对方的行为是偶然的还是故意的。

(3)寻求反应过程(response search process)。对情境进行解释之后,儿童会考虑可选择的应对反应。

(4)反应决策过程(response decision process)。儿童权衡各种应对反应的利弊,然后选择他认为在该情境中最恰当的反应方式。

(5)编码过程(encoding process)。最后儿童将执行他所选择的反应方式。道奇指出,儿童也许会缺乏实施自己选择的反应的能力;也就是说,儿童本来会考虑通过警告对方来避免进一步的敌对反应,但很可能因为缺乏相应的语言表达能力而以打一架告终。

按照上述社会信息加工理论,儿童较强的攻击性与他们记忆中存储的"同伴对我有敌意"的观念有关。他们往往会把不明情况的伤害归结为对方的敌意,于是行为便会有攻击性倾向,而他们发出攻击行为后又会激起别人的反击,这强化了他们原有的"同伴有敌意"的观念,使他们再次选择攻击的反应方式,从而形成恶性循环。

在提出该模型以后,道奇和同事又做了大量的实证研究。近年来的一些研究则分别探究了不同加工阶段上与儿童攻击行为相关的认知缺陷:(1)攻击性儿童对敌意性线索表现出偏向的注意;(2)攻击性儿童对他人行为的解释存在归因偏见;(3)攻击性儿童的行为反应和问题解决策略存在缺陷;(4)攻击性儿童对攻击行为的后果往往抱有乐观的期待。

三、儿童攻击行为的发展趋势

古迪纳夫(Goodenough)曾经让2—5岁儿童的母亲每天记录孩子发脾气的过程,包括其明显的原因和后果;卡明斯(M. Cummings)和同事进行了一项纵向研究,他们在儿童2岁和5岁时分别记录了他们在成对游戏中的争吵;另一项较有影响的研究是哈特普在5星期内对4—5岁和6—7岁儿童所做的观察,包括对攻击行为产生的原因和后果的分析。综合上述研究结果,可知学前儿童攻击行为的年龄变化特征有:

(1)学前期无缘无故发脾气的现象会不断减少,4岁之后就比较少见了。

(2)对攻击和挫折的报复性反应在儿童3岁后急剧增加。

(3)攻击行为的缘起随年龄增长而变化。2—3岁的儿童攻击行为多在家长用权威方式反对他们的活动之后出现;而年长儿童的攻击行为多出现在与同伴或兄弟姐妹的冲突之后。

(4)攻击行为的形式也随年龄增长而变化。2—3岁的儿童会踢打对手,发生争执的原因是玩具或其他物品;年长的儿童较少动手,多为逗弄对方、说闲话或嘲笑、给对方起外号等;年龄越大,攻击行为越具有敌意。

(5)攻击行为的发生频率会随年龄增长而减少。例如,卡明斯的研究表明,5岁儿童在成对游戏中表现出的攻击行为要少于他们在2岁时的表现。这可能是因为4—5岁的儿童要适应幼儿园的结构化情境,因此父母和教师不再容忍儿童的攻击行为,并开始强化他们的亲社会行为。同时,4—5岁的孩子可能也从自己以往的经验中习得了一些无损于同伴关系的解决冲突的行为方式,如协商和交流。

四、儿童攻击行为的控制

家庭系统疗法是控制儿童攻击行为的一种比较有效的方法,但需要有专业的心理咨询师进行指导和组织。近年来其他一些比较易行的方法也正在得到广泛的使用,包括宣泄法、消除强化源、创造非攻击性的环境与认知训练等。

(一)宣泄法

弗洛伊德认为,人的攻击性欲望累积到一定程度时就会引发暴力性宣泄,所以应该通过对他人没有伤害的方式不时地释放这种欲望。根据这种宣泄假设,如果鼓励儿童将他们的愤怒等负性情绪在适当的对象身上宣泄出来(如玩偶),他们的攻击性能量就会得到排解,从而消除攻击性倾向。然而这种方法并非总是有效的,有时还会火上浇油。有研究表明,鼓励儿童在玩偶身上宣泄怒气很可能使儿童在和同伴的交往中变得更具有攻击性,因为这种宣泄法会使儿童认为踢打别人是可行的。

(二) 消除强化源

消除攻击行为的强化源可以减少儿童的攻击行为。但这种方法的难点在于攻击行为的强化源往往不易判断,例如,男孩抢夺妹妹的玩具,如果男孩的动机只是拥有该玩具,那么成人只要拿走玩具,男孩的攻击行为就会消失。但是男孩的动机也可能是妹妹的屈从行为,或者是因为缺乏安全感而想通过欺侮行为来吸引父母的注意。在后一种情况中,如果只是消除强化源(成人的注意),儿童很可能将成人的不干预理解为他们的攻击行为是被默许的。比较有效的做法是:(1)不相容反应技术(incompatible-response technique)。成人几乎不去理睬儿童最严重的攻击行为,使儿童得不到他们想要的"关注";同时强化儿童与攻击行为不相容的其他行为,如合作与分享。研究表明,不相容反应技术确实可以抑制儿童的攻击行为。这种技术最大的优点在于它不是惩罚性的,也不能让那些想通过攻击行为来获取成人注意的儿童得逞,儿童也不会产生怨恨情绪,同时也避免了给儿童树立惩罚或攻击性的榜样。(2)暂时隔离法("time-out" procedure)。当儿童的攻击行为发生时,马上将他从强化性的情境中移到乏味无趣的地方,进行暂时隔离,直到定时器响过之后才可以离开。暂时隔离意味着奖励、强化、关注、好玩的活动的暂停。当孩子有不良行为出现时,应马上将孩子从具有强化性、令人愉快的情境中移至无趣的地方。这是一种非强化的方法,也是一种较为温和的惩罚,可以防止儿童在攻击行为之后得到奖励或者他想要的关注。使用暂时隔离法有两个目的:短期目的是立刻阻止问题行为;长期目的是帮助孩子实现自我约束。

(三) 创造非攻击性的环境

另一种减少儿童攻击行为的方法是创造非攻击性的游戏场景,以降低人际冲突的可能性。例如,提供足够大的游戏空间来减少可能诱发攻击性事件的身体碰撞,或者提供足够多的玩具来避免因争玩具而起的冲突。此外,有些玩具所引发的游戏主题多是攻击性的,如玩具枪、匕首等,对于攻击性较强的儿童,家长和老师在长时间内应该尽量不让他们接触此类玩具。

(四) 认知训练

控制儿童的攻击行为也可以通过认知层面的方法来实现。一种途径是关注伴随行为的情绪。有关成人的实验室研究表明,如果攻击所伴随的愤怒为某种不相容的情绪(移情)所替代,则攻击行为就能得到有效防止或减少。有关儿童的实验也表明,攻击性高的儿童往往移情能力比较差。据此,可以通过移情训练来提高儿童对他人情绪的敏感性和观点采择能力,从而减少其攻击行为。另一种认知途径是对儿童进行问题解决技能的训练。例如,让儿童在实验室情境中听故事或看录像,当故事中的主人公遇到潜在的冲突时,训练儿童分析问题并制定建设性的解决方案。训练一段时间后再鼓励儿童将这些新技巧运用到实际的生活情景中。这种训练将会减少儿童面临潜在冲突时的攻击性表现。

第八章
同伴关系的发展

同伴是指儿童与之相处的、具有和儿童相同或相近社会认知能力的人。年龄相同或相近的儿童,在某种共同活动中体现出相互协作的关系,就构成了儿童的同伴关系。同伴关系为儿童学习技能、交流经验、宣泄情绪、习得社会规则、完善人格提供了充分的机会。

同伴作为一种重要的安全感来源,对于儿童的健康发展具有重要的意义。从社会学习的观点来看,同伴是强化物。同伴间的互动,往往强化或惩罚了某种行为,从而影响了该行为出现的可能性。此外,同伴还提供了行为的榜样和社会模式。在还没有足够的能力来评价自己行为的效果之前,同伴的行为可以作为衡量自己行为的标尺。另外,同伴之间的竞争还是个体自我效能感的重要来源。

儿童与同伴的互动首先表现出一种量上的增加,这也是儿童与同伴之间关系最明显的变化。这一量的变化是质变的基础。

第一节 同伴关系的发展与特点

一、婴儿期(2岁之前)

一般来说,儿童很早就会对同伴产生兴趣。最初的行为是注视和触摸(touch),这大约出现在婴儿三四个月的时候。在6个月的时候,婴儿就会对同伴微笑,向同伴发出"呀呀"的声音。1岁时,婴儿的同伴关系中出现了较多的交流行为,如微笑、打手势、模仿等相互影响、相互交流的行为。1岁以后,同伴间相互协调的互动行为出现的频率明显增加,其中最主要的形式是在游戏中的模仿行为。在2岁左右,他们开始使用语言来影响和谈论同伴的行为。

虽然同伴对婴儿来说是一种有趣的、可以为其带来快乐的社会对象,但是,对这一时期的婴儿来说,最为重要的社会关系还是依恋,即与父母建立的情感联结,尤其重要的是母子关系。同时,依恋关系对于同伴关系也发挥着重要的影响。婴儿与同伴最初的互动方式,是在和母亲早期建立的互动方式的基础上发展起来的。同时,婴儿与母亲的依恋质量也是影响他们与同伴互动的一个重要因素。安全型依恋的婴儿,在与同伴互动的过程中,更容易表现得自如与大胆。

二、学前期(2—6岁)

这一时期,随着运动能力和交流技能的发展,学前儿童的社会领域比婴儿期扩大了许多。儿童在这一时期已经能够较好地表达自己的想法,理解他人的想法,并可以对不同的社会对象采取不同的行为，从而形成不同的同伴关系。

游戏是学前儿童与同伴互动的主要方式，在其生活中占据重要的地位。在对学前儿童同伴关系的研究中，许多研究者都将注意力集中于儿童的游戏上。帕滕（M. Parten）通过长期对学前儿童的观察，发现学前期儿童的游戏经历了三个发展阶段，这三个阶段又可以被称为三种游戏类型。

第一阶段：非社会化的活动阶段。这一阶段儿童的主要行为包括旁观（onlooker）他人游戏、单独游戏（自己一个人玩，根本不关注别人在做什么）等。

第二阶段：平行游戏阶段。在其他儿童附近，用相近的方式来进行游戏，但他们并不试图去影响对方，彼此之间也没有真正的互动或合作。这是一种有限的社会活动。

第三阶段：联合（associative）游戏和合作（cooperative）游戏阶段。这一时期，儿童开始参与两类真正的社会互动——联合游戏和合作游戏。联合游戏指的是儿童在一起玩同样的游戏，但彼此之间没有明确的分工或没有一个共同的目的。他们的互动行为主要是交换玩具和评价同伴的行为。合作游戏的特征是幼儿为了共同的目标而组织起来，各游戏者的行为都服从于共同的团体目标。

需要说明的是，这三个阶段是随着儿童年龄的增长而依次出现的，但并不意味着后者的发展要替代前者。在学前期，这三个阶段的游戏行为是共存的。虽然非社会性的行为随着儿童的年龄增加而递减，但是对于三四岁的儿童来说，这仍是他们最常见的活动方式。甚至于在幼儿园，这种行为也占据了他们自由活动时间的三分之一。同样，尽管3—6岁的儿童出现了更高社会化水平的游戏行为，但是单独游戏和平行游戏仍然占据着重要的地位。

另外，我们也可以依据游戏所需要的认知努力，将儿童的游戏行为分为四类。

（1）功能性游戏。简单重复性地操作物体或不操作物体的肌肉运动。如摇拨浪鼓、跳跃类游戏。

（2）构造性游戏（或称创造性游戏）。带有一定目的，为了制作某个东西而操纵物体的游戏。如积木游戏、剪纸、画画。

（3）假装游戏（或称象征性游戏）。使用某一物体或让某人来代替真实的但不在身边的对象。如过家家、将一排首尾相接的凳子当作火车、警察抓小偷等游戏。

（4）规则性游戏。按照事先制定的规则和限制进行游戏。如棋类游戏。

可以看出，从简单的功能性游戏到规则性游戏，认知的复杂性逐渐增加。可以想象，不同年龄儿童主导的游戏类型是不同的，一般来说，年龄越大，主导游戏的认知复杂性就越高。功能性游戏主要出现于婴幼儿时期，并在这一时期占据主导的地位；假装游戏对学前儿童而言具有特殊的吸引力，在学前期居主导地位；规则性游戏则要到儿童将要进入小学的时候才出现。研究发现，假装游戏对于儿童的认知发展和同伴关系的发展具有重要的意义。

三、学龄期（6岁以后）

儿童进入小学后，他们接触的同伴在数量上和广泛性上都有了很大的拓展。小学阶段儿童与同伴交往的时间超过了日常活动时间的40%。同伴互动的增加,儿童认知能力的自然发展,使儿童的观点采择或角色采择(role-taking)能力得到了飞速提高。观点采择是与自我中心相对而言的,它要求个人在对他人做出判断或对自己的行为进行计划时把他人的观点或视角考虑在内。学龄阶段的儿童逐渐意识到他人观点与自己的观点存在差异,并能够更为准确地理解他人的情绪体验和意图,分享、帮助和亲社会行为在这一阶段有了明显的增长。

青少年与同伴相处的时间已经超越了其与家庭成员相处的时间,此时的同伴关系也超越了其他一切社会关系。这一阶段最为重要的一个变化是,集体作为同伴互动的社会背景,其重要性日益增加。集体是由经常发生相互作用的人组成的,成员之间以一致的、结构化的方式相互影响,并且分享共同的价值观,对集体有归属感。集体的出现,使得同伴对青少年行为和价值观的影响有可能超过父母对其的影响,同伴成为青少年价值观的重要来源。这一阶段同伴影响有以下特点。

(1) 随着年龄的变化而变化。同伴影响在青少年早期达到顶峰,之后开始下降。

(2) 同伴的影响程度存在着很大的个体差异。这种个体差异的产生和父母的教养方式有很大的关系。在民主型教养方式下成长起来的孩子会更多地与父母交流自己的想法,受父母的影响较大。而父母对孩子缺乏明确要求的家庭,孩子更容易受到同伴群体的影响。

(3) 同伴的影响及同伴与父母的相对重要性,会随着生活领域的不同而变化。例如,在服饰、音乐、朋友的选择等领域,同伴的影响超过了父母,特别是在青少年时期。而在职业、学习等方面,父母对儿童具有支配性的影响。

除了一般而言的同伴集体,在青少年阶段,年轻人会形成小群体(clique)——由5—7名好朋友组成的小团体,他们往往具有类似的家庭背景、态度和价值观。小群体在青少年早期只局限于同性成员,小群体的成员关系对于女孩来说更为重要,因为她们可以时常亲密地交流情感并在小群体中获得支持。到青少年中期,混合性别的小群体开始逐渐普遍。

许多有相似价值观的小群体常常会结成一个规模更大的、组织更松散的团体,这种团体也称为同类(crowd)。同类中的成员不像小群体那样亲密,其关系多是以声誉和刻板印象为基础而建立起来的。同类在学校这一社会结构中赋予了青少年某种同一性。在高中阶段,比较典型的同类往往有:"智慧一族",即喜欢学习而疏于运动的人;"运动健将",即积极地从事体育锻炼,且在某种运动项目上有一技之长的人;"受欢迎人物",即那些社交频繁,并有较好人缘的班级领袖;"社交常客",即注重社交但不关注学业的人;"不合习俗者",即喜欢非传统服饰和音乐,或喜好标新立异的人;"惹麻烦者",即那些经常逃课并制造麻烦的人;"中规中矩者",即与大部分同伴都处得来的一般的好学生。

哪些因素会影响青少年进入某一小群体或同类呢?由于青少年的同伴团体隶属感与自我概念的强度有关,所以青少年的兴趣和能力会影响他们对群体的选择。此外,家庭因素也很重要。一项对8000名9—12年级青少年的调查表明,将父母描述为权威型的青少年,往往属于"智慧一族""运动健将""中规中矩者"等受到成人和同伴褒奖的同类。相反,拥有宽容型父母的男孩更重视人际关系,他们会加盟到"社交常客"这一同类之中。而那些认为父母的教养属于放纵型的青少年，更容易加入"社交常客"和"惹麻烦者"等同类中，这表明他们对成人的奖赏系统缺乏认同。

这些研究发现表明，许多同伴群体的价值观是对青少年在家庭中获取的价值观的一种延伸。然而，一旦青少年加入了一个小群体或同类后，他们的信念和行为又会发生改变。一项关于团体联系和健康威胁行为之间关系的研究指出，"智慧一族"的冒险行为最少，"受欢迎人物"和"运动健将"的冒险行为次之，而"不合习俗者"和"惹麻烦者"的冒险行为最多，并且自认为"敢做任何事情"。

小群体和同类都具有极其重要的功能。小群体为个体提供了获取社会技能和尝试各种价值观与角色的情境。而同类则使青少年在离开家庭、建立一致的自我感时拥有了安全感，即形成了暂时的同一性。

四、不良同伴关系的消极影响

良性的同伴关系有利于儿童青少年个体社会化及社会交往能力的形成，有利于他们更好地适应社会环境，并能使个体的学习成绩和身心健康朝着正常的轨道发展。良好的同伴关系有利于个体获得学业成就并产生亲社会行为，受同伴欢迎的儿童青少年往往拥有亲近的朋友、对人友好、具有幽默感和智慧等诸多良好品质。但不良的同伴关系往往更能引起人们的关注，因为它是儿童青少年情绪及社会化问题的主要诱因。不良同伴关系会使个体产生种种行为问题，如抽烟、喝酒、行为不良等，同时也会深层次地影响青少年的自我发展，其主要通过以下几种途径引发青少年的行为问题。

（一）同伴欺骗

同伴欺骗会导致个体自我概念发展出现障碍。当个体把自己当成认识对象时，就会对自己的外表、能力、特长和社会接受性等产生知觉并形成关于自己的一般概念。同伴对个体的评价是个体在人际交往过程中形成自我概念的重要影响因素，同伴的合适评价有利于青少年正确地看待自我，使自我概念朝着健康的方向发展。同伴的欺骗性评价会导致青少年自我认知的偏差，致使其过高或过低地看待自己，变得非自负即自卑，从而影响个体的身心健康，严重的还会引起青少年的行为问题。

（二）同伴过度竞争

过度的同伴竞争会导致个体的就学就业压力增大。压力增大直接导致的是紧张体验。在长期的紧张体验下，青少年很少有时间从事自己所喜爱的活动，这就使他们减少甚至丧失了自我发展的兴趣。过度的同伴竞争还可能导致青少年个体间在同伴认同上的困难，即面对别人的优点，个体不能正确看待，往往会认为社会待自己不公，在产生嫉妒心理的同时导致自卑情绪，进而引起孤独、焦虑、抑郁、缺乏自信、害羞、退缩、消极自我评价等内化的行为问题。

（三）同伴排斥

同伴对攻击性青少年和缺乏社会技能的青少年的排斥，会促使他们结交与自己类似的同伴。人们已经发现,个体结交越轨同伴与其缺乏社会技能有密切关系,也与青少年早期的同伴排斥和学业失败有关系。在学校中受到同伴排斥的儿童更具有攻击性和破坏性,受到排斥的儿童和攻击性儿童在以后更有可能产生适应性上的问题。既具攻击性又被排斥的儿童更易走上犯罪道路。纵向研究表明,儿童期的攻击和同伴排斥是引起个体青春前期外化行为(如攻击行为和反社会行为)的原因之一。可见,同伴排斥在一定程度上迫使攻击性青少年寻求邻里或社会上的其他攻击性个体作为其交往的对象,这就使他们在互动的过程中进一步强化了攻击行为。

(四) 同伴支持

不管青少年对学校的态度如何,同伴支持都是导致青少年行为问题的决定性因素。大量研究表明,导致青少年犯罪的最有力因素之一,就是亲密朋友的协同犯罪。青少年犯罪行为通常都是群体性的。在犯罪团伙中,反社会行为是传递越轨信息的自我表现,这种表现会受到具有类似问题的同伴的奖赏和支持。

(五) 从众或同伴压力

在同伴团体中,随着对伙伴关系依赖程度的加强,同伴之间会建立起各种利害关系。为了保护这种关系,个体倾向于使自己的行为朝着与团体一致的方向发展,如明星、音乐等的一致性爱好等。由于青少年个体思维的片面性和表面性依然存在,对一些问题行为缺乏正确判断,这就使他们容易在同伴压力下朝着偏离社会常规的方向发展。

第二节 同伴关系的评定与类型

一、同伴关系的评定

研究者经常采用社会测量技术(sociometric techniques)来评定同伴关系。社会测量技术是一种自我报告式的同伴关系评价技术,要求儿童自己来评价对他人(同伴)的喜欢程度。主要包括两种方法。

(一) 同伴提名(peer nomination)

在一个社会群体中(如学校中的一个班),让每个儿童根据所给定的同学名单或照片进行限定提名,即让每个孩子说出自己最喜欢与最不喜欢的同伴,如"你最喜欢和谁玩""你最不喜欢和谁玩"。然后根据每个孩子所获得的正向提名、负向提名的多少,来对儿童的同伴关系特点进行分类。

这种方法可以测出同伴地位的重要差异,但是由于有些儿童会突然遗忘了自己最喜欢的或最不喜欢的人的名字,因此结果可能有欠准确。另外,这种测量不能给出喜欢与不喜欢之间——即处于中间段儿童的信息。

(二) 同伴评定(peer rating)

同伴评定法与同伴提名法不同的是,它要求儿童根据具体化的量表对同伴群体内其他成员逐一进行评定。例如,针对"你喜欢不喜欢和×××玩"的问题,可以让儿童在很喜欢、喜欢、一般、不喜欢等几个级别中做出选择。

这种方法相对比较可靠,而且利用此方法获得的结果与实际同伴交往情况,以及通过同伴观察获得的数据有较高的相关性。但是这种方法可能涉及一些个人隐私等道德问题,即让被试评价自己身边的人,被试可能会感到不舒服。

二、同伴关系的五种类型

根据上述方法对儿童的同伴关系(或称社会接纳性)进行描述,一般可以将儿童分为五类。

一是受同伴欢迎的儿童(popular children),即受到同伴正向提名较多的儿童。这类儿童具有较高的、积极的社会技能,往往比较敏感、友好、合作、有自己的观点。

二是被拒斥儿童(rejected children),即受到同伴负向提名较多的儿童。被拒斥儿童与受同伴欢迎的儿童完全相反,他们表现出许多消极的社会行为。被拒斥儿童又分为被拒斥攻击性儿童和被拒斥退缩儿童,这两个子类型的儿童也有不同的社会行为表现。大部分被拒斥儿童属于被拒斥攻击性儿童。

被拒斥攻击性儿童有严重的行为问题,对他人充满敌意,经常与同伴发生冲突。他们的自控能力较差,行为比较冲动,不能很好地控制自己的情绪。另外,这类儿童的观点采择能力较差,往往误解同伴的行为,经常将同伴的普通行为视为敌意的表示。被拒斥退缩儿童较少,他们的行为比较消极,具有明显的社会退缩倾向。由于这类儿童性格软弱,朋友较少,因此很容易成为同伴欺侮的对象。

三是矛盾的儿童(controversial children),又被称为有争议的儿童,他们的正向提名和负向提名都较多。有争议儿童的社会行为表现是积极与消极的混合物。他们可能有被拒斥儿童的攻击行为,也可能有受同伴欢迎的积极的亲社会行为。这类儿童的社会身份会随着时间和环境的变化而发生较大的变化。

四是被忽视的儿童(neglected children),这类儿童不管在正向提名还是负向提名中都很少被提及。被忽视的儿童由于和同伴的互动较少,常常被认为比较害羞。但是与被拒斥儿童不同,这类儿童并没有太多的社会焦虑,也不会因自己没有朋友而感到不开心。相反,当他们需要朋友时,他们会较快地投入到同伴活动中,建立起良好的社会关系。

五是一般的儿童(average children)。在幼儿园和小学中,大约有三分之二的儿童可以被划分到上述四种典型的类型中,剩余的约有三分之一的儿童则属于一般的儿童。

以上五类儿童中,研究者对受同伴欢迎的儿童、被拒斥的儿童以及被忽视的儿童研究得最多。同伴接纳可以有效地预测个体当前和未来的心理适应。被拒斥儿童一般情绪都比较低落、有较强的孤独感,并且自尊水平较低。在老师和同学眼中,被拒斥儿童往往被认为具有较多的社会和情感问题。被拒斥儿童入学后,学业成绩往往比较差,青少年期出现反社会行为和犯罪倾向的概率较高。这些儿童的人格与行为特点总结如表2-8-1所示。

表 2-8-1　受欢迎的儿童、被拒斥的儿童和被忽视的儿童的特征

受欢迎的儿童	被拒斥的儿童	被忽视的儿童
外表吸引人	许多破坏行为	害羞
积极快乐的性情	好争论、反社会	表现退缩
许多双向交往	说话过多	不敢于表现自我
愿意分享	极度活跃	过于循规蹈矩
高水平的合作游戏	不愿分享	许多单独活动
有领导才能	许多单独活动	逃避双向交往
攻击性小		

到底是儿童的行为与人格特征造成了不同的同伴地位（如受欢迎或是被拒斥），还是不同的同伴地位导致了儿童不同的行为与人格特征呢？心理学家目前尚难以对此做出明确的回答。而最有可能的解释是，两者之间存在着互为因果的循环关系。

虽然同伴关系可以有效地预测儿童的未来社会适应状况，但是必须认识到，同伴关系并不是造成这些发展结果的根本因素。儿童自己的特征、儿童所经历的抚养实践，以及这两者之间的相互作用，才是导致这些结果的真正原因，也是决定同伴关系质量的根本因素。因此，要对被拒斥儿童进行干预，就不能仅仅针对儿童本身的行为，还应该对他们的家庭进行辅导，只有这样，才能收到良好且持久的效果。

第三节　青少年的网络交往

我们身处网络与信息化的时代，网络在某种程度上改变了信息的传播方式，也改变了人们的交往方式、教育方式、消费方式、闲暇方式、社会组织方式，因此，我们不得不对其影响力作一番审慎的分析。

作为一种新型人际互动方式，网络人际交往给青少年的生活方式、价值观念带来的挑战和改变是前所未有的。聊天、交友、游戏、娱乐等多种形式为青少年缓解现实生活的压力，寻求解脱或满足好奇心，寻求一种角色转换，提供了一个巨大的空间。

一、网络人际交往的特点

简单地说，网络人际交往具有以下主要特点。

一是交往角色的虚拟性。用户只要注册或者登记一下，就可以获得一个相应的身份，并以这个身份在网上进行人际交往。这种虚拟的角色，使交往双方都没有任何心理负担，因而也容易使人产生一种为所欲为、肆无忌惮的心理。

二是交往主体的平等性。网络是一个"自由、平等"的世界，无论在现实生活中的身份是何

等不利,但到了网上,只不过是一个网民而已,同别人一样无任何不良记录,大家都是平等的。

三是交往心理的隐秘性。网络人际交往虽然可以通过文字来传情达意,但这种文字交流大多是经过刻意加工的信息,交往的心理也是经过包装的,网友之间也很难明白对方的"真心真意"。

四是交往过程的弱社会性和弱规范性。在现实人际交往中往往十分看重的身份、职业、金钱、容貌、家世等交际主体的社会特征和社会地位,在网络人际交往中可能不那么为人所看重;在现实交往中要遵守的一些社会规范,在网络交往中也不必遵守,只要按照网络技术要求去操作,就可顺利完成网络人际交往。这种弱社会性、弱规范性的网络人际交往,容易使一些人暂时摆脱现实社会中诸多人伦关系的束缚和行为的约束,甚至放纵自己的道德行为规范,从而产生非人性化的倾向。

五是交往动机多样性。异性间的情感交往是青少年网上交往的"主旋律"。异性效应在网上交往中不仅存在,而且表现得很明显。不少人上网聊天、浏览的潜在动机在于寻找异性伙伴,在追求休闲娱乐和心理享受的同时,也有很多人抱着相机觅友的目的。

二、青少年的网络成瘾

(一) 网络成瘾的界定

最早提出"网络成瘾障碍"(internet addiction disorder,简称 IAD)概念的是纽约精神病学家高登伯格(Goldberg)。网络成瘾障碍是指由重复地使用网络所引发的一种慢性或周期性的着迷状态,成瘾者往往会产生难以抗拒的再度使用网络的欲望,同时,他们会产生想要增加上网时间的强烈愿望,并伴随耐受性降低、克制使用网络后意志消沉、冲动控制障碍等症状,对于上网所带来的快感一直有心理与生理上的依赖。有研究证实了这一现象的存在:在研究的 496 例网络用户中,有 396 例是依赖型网络用户。成瘾者的主要特征包括以下几个方面。

(1) 网络成瘾者的思维、情感和行为都被上网这一活动控制,内心始终有强烈的上网渴望。

(2) 成瘾者如果停止使用网络可能会产生激惹、焦躁和紧张等情绪体验。

(3) 成瘾者必须逐渐增加上网时间和投入程度,才能获得以前曾获得过的满足感。

(4) 网络成瘾行为会导致成瘾者的上网活动与自己其他活动产生冲突,如影响学习、工作、社会活动和其他爱好等,以及与周围环境产生冲突,如与家庭、朋友关系淡漠等;同时成瘾者内心也是矛盾的,他们能意识到过度上网的危害又不愿放弃上网带来的各种精神满足。

阿姆斯特朗(Armstrong)对网络成瘾的概念做了较全面的描述,认为网络成瘾是一个很广泛的概念,成瘾者有大量行为和冲动控制上的问题,例如,(1)网络性成瘾(cyber-sexual addiction),指沉迷于成人话题的聊天室和网络色情文学;(2)网络关系成瘾(cyber-relational addiction),指沉迷于通过网上聊天或网站结识朋友;(3)网络强迫行为(net compulsions),指以一种难以抵抗的冲动,沉迷于在线赌博,网上贸易或者拍卖、购物等;(4)信息收集成瘾(information overload),指强迫性地浏览网页以查找和收集信息;(5)电脑成瘾(computer addiction),指强迫性地沉迷于电脑游戏或编写程序。

(二) 网络成瘾的理论模型

成瘾通常要经历一个"尝试与试验"—"初尝甜头"—"将成瘾行为作为处理困境的手段"—"用成瘾行为维持正常生活"的过程。对网络成瘾所做的解释中,最具代表性的是 ACE 模型以及认知—行为模型。

1. ACE 模型

ACE 模型中的 A、C、E 分别指 anonymity(匿名性)、convenience(便利性)和 escape(逃避现实),这是网络导致用户成瘾的三个重要原因。匿名性是指人们在网络里可以隐藏自己的真实身份,因此,用户在网络里便可以做任何自己想做的事、说自己想说的话,不用担心谁会对自己造成伤害。便利性是指网络使用户足不出户,动动手就可以做自己想做的事情,如网络游戏、网上购物、网上交友等,都非常方便。逃避现实是指当碰到某一天诸事不顺时,网络使用者可能通过上网找到不同种类的安慰。因为在网上,他们可以做任何事,可以是任何人,这种自由而无限的心理感觉引诱个体逃避现实生活而进入网络的世界。

2. 认知—行为模型

戴维斯(R. A. Davis)提出了认知—行为模型来解释病态网络使用(pathological internet use,简称 PIU)的发展和维持。

如图 2-8-1 所示,该模型中靠近病因链近端的因素,是病理性网络使用(pathological internet use,简称 PIU)发生的充分条件,靠近远端的因素则是必要条件。模型的中心因素是非适应性认知(maladaptive cognition),它位于 PIU 病因链近端,是 PIU 发生的充分条件。戴维斯认为 PIU 的认知症状先于情感或行为症状出现,并且导致了后两者。有 PIU 症状的个体在某些特定方面有主要的认知障碍,从而加剧了个体网络成瘾的症状。该模型认为病态行为(PIU)受到不良倾向(个体的精神病理学因素)和生活事件(压力源)的影响,它们位于 PIU 病因链远端,是 PIU 形成的必要条件。个体的精神病理学因素指如果个体具有抑郁、社会焦虑和物质依赖等,则更容易发展出病理性网络使用的行为。压力源指互联网的引进或个体在互联网上发现的新技术。该模型还对特殊性 PIU 和一般性 PIU 做了界定。特殊性 PIU 是指个体为了某种特殊目的病理性地使用互联网,如网上拍卖、网上股票交易、网上赌博等,并假设这种依赖在内容上具有特殊性,即使在没有网络的情况下也会存在。一般性 PIU 是指一般性地过度使用互联网,包括没有明确目的的上网行为,如网上聊天、对电子邮

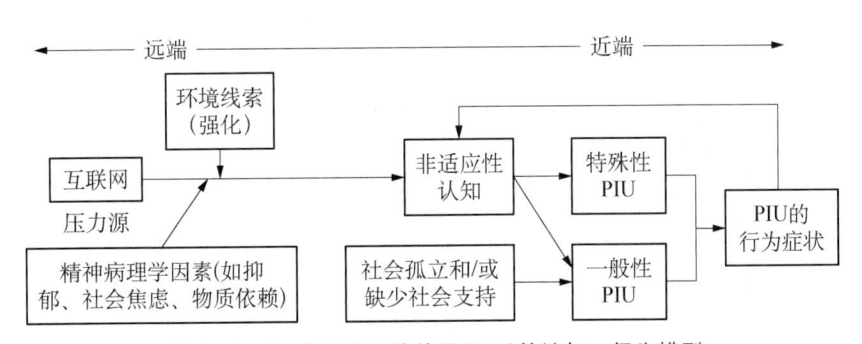

图 2-8-1 病理性网络使用(PIU)的认知—行为模型

件的依赖等，并假定它与互联网的社会功能相联系，社会联系的需要和在网上获得的强化导致了成瘾者上网行为的增加。

（三）网络使用的影响因素

互联网的迅速发展使人们的生活方式发生了巨大的变革，网络在给我们的生活带来愉快、便捷的同时，也因为一些人的无限制使用而危害了人们的身心健康。

青少年正处于青春发展期，普遍具有好奇心强、易于接受新事物、感情用事、自我监控力弱等特点。如果青少年长时间与网络接触，容易形成对网络的眷恋情结，滋生多种心理疾患，阻碍认知、情感、道德、价值观的发展和人际交往。例如，因盲目穿梭于各种论坛、虚拟图书馆和电子咖啡屋之间，在聊天时应对不同的聊天者，麻木地接受资讯刺激，青少年出现认知惰性、情感淡漠等问题。研究发现，过度使用网络的学生与正常使用网络的学生相比，在情绪症状、行为问题、过度活动、同伴关系、总的困难及亲社会行为等六方面均有极其显著的差异，他们在情绪症状、行为问题、过度活动、同伴关系方面存在问题，且相对缺乏亲社会行为。

国际上已有很多关于青少年网络成瘾的研究。如有研究发现，过度的网络使用对用户的损害是多方面的：损害身体健康、引发人际关系障碍、导致学业成绩下降及影响正常工作。过多的网络使用会导致用户同家人的交流减少，社交圈子缩小，同时，抑郁和孤独感增加；过多的网络使用会对性格外向者或有较多社会支持的人产生积极影响，而对性格内向者或缺乏社会支持的人产生消极影响。

国内也开展了不少这方面的研究。桑标等人的研究发现，无网络依赖的个体，从网络上得到便利，而轻度网络依赖和严重网络依赖的个体，从网络中获得的多为刺激和解脱；随着个体网络依赖程度的加深，网络对心理健康的消极影响也呈逐渐递增的趋势。

青少年所面临的两项主要发展性任务是自我同一性的形成和亲密关系的建立。很多研究表明，家庭在个体成长过程中起到了重要作用，父母作为孩子的启蒙老师，在他们成长过程中起到的作用至关重要。父母以溺爱、忽视、粗暴、过于严厉等方式对待孩子，会导致亲子沟通出现危机。当青少年心烦的时候，可以自由自在地在网上倾诉，会有大量的人开导并劝慰他们；网络游戏的可操作性发挥了他们的主观能动性，增强了他们对周围环境的控制感；在网络中，个体似乎更能体会到自我实现，这是他们日常在父母的控制下所不能拥有的。

处于同一性形成时期的青少年，急于想知道别人眼中的自己，渴望找到一种认同，但这些在学校与老师、同伴的交流中往往很难得到满足。网络的匿名性能使在生活中对与老师、同伴进行面对面交流感到困难的人减轻焦虑。在网上，他们可以隐匿自己的真实身份，甚至包括性别，这样就可以不受现实生活中道德准则和价值规范的约束，这使青少年觉得陌生人之间的交往反而比现实生活中更容易，从中得到的对自己的评价也更准确。

现今的青少年是"触屏"一代，他们将互联网视为朋友，但对许多人来说，互联网其实是一面巨型哈哈镜。在镜中的世界，"完美的"人过着"完美的"生活。而青少年则有可能把这些人作为标准，从而对自己做出苛刻的评判，导致压力增大，进而产生进食障碍以及自残行为等。这是需要青少年工作者们予以关注的。

第九章
学习心理的发展

　　儿童成长过程中的一项重要"任务"就是学习,儿童学习的特点和学业成绩的优劣也直接影响到个体的成长与发展。美国著名心理学家斯滕伯格等人认为一个优秀的学生应该具备以下特点。

　　(1) 优秀学生能运用有效的学习策略。一个优秀的学生能够在学习、记忆和利用各方信息时采用一定的策略,包括各种记忆策略与学习策略,如复述策略、精加工策略、组织策略等;评价策略,如元认知策略等。这些策略可能来自老师的指导,也可能是同伴、家长及其他人提供的,还可能是学生自己创造的。一个优秀的学生能在恰当的时候运用恰当的学习策略。

　　(2) 优秀的学生拥有智力增长观,而不是智力实体观。拥有智力增长观的学生和拥有智力实体观的学生在面临挑战和面对失败时的表现会迥然不同,前者会寻求挑战以增长经验,把失败看作是自己要更加努力以改善缺陷的信号;而后者会躲避挑战,失败是他们无能的进一步证明。

　　(3) 优秀的学生有高成就动机,他们相信自己的人生能获得高成就,并且竭尽全力去实现,他们相信只要自己努力,就会获得成功。

　　(4) 优秀的学生具有高自我效能感,相信自己能够在学业上取得成功,这些学生更愿意尝试挑战性的活动,并且学习成绩更好。

　　(5) 优秀的学生能坚持完成任务,他们把任务看成是一个整体,从不半途而废。有时,学生在开始一项任务时会信誓旦旦,但在完成任务的过程中却会因为种种原因而失去干劲。优秀学生则会想方设法帮助自己渡过难关,直至完成任务。

　　(6) 优秀的学生还会对自己和自己的行为负责,无论是成功还是失败。优秀的学生在成功时会为自己的优良表现而感到自豪,而在失败时则会进行自我批评。相反,另一些学生则往往从外部寻找原因,认为无论成功还是失败都不是自己造成的。

　　优秀的学生还拥有延迟满足的能力,即使在没有回报的情况下他们也能坚持为一项任务做长期努力。他们不求自己的努力有即时的回报,深谙最好的回报总是出现在最后。

　　上述特点,既涵盖了与学习有关的认知要素,也涉及众多与学习有关的非认知因素。本章就着重分析与学习有关的心理发展问题。

第一节　非智力因素与学习

　　众所周知,智力是学业成绩的一个预测因子,但智力因素并不是学习、工作及其他生活情境中取得成功的唯一决定因素,它只解释了学业成绩个体变异的一部分。有研究发现,如果采用学生的智商作为预测学业成就的指标,其预测效度只能达到 0.50 左右;若用学生的智商预测其未来职业成就,则其预测效度只能达到 0.20。这种结果可能是由学生其他心理因素的差异造成的,这些心理因素超越了诸如观察能力、想象能力、记忆能力、思维能力等智力因素,研究者将它们统称为非智力因素。

一、非智力因素的含义与作用

非智力因素(nonintelligence factors)又称非认知因素(noncognitive factors),主要是指那些不直接参与认知过程,但对认知过程起着始动、定向、引导、维持、强化作用的心理因素。非智力因素与智力因素有以下区别。

(1) 非智力因素与智力因素在组成上不同,它们分别包含了不同的心理因素,非智力因素包括动机、兴趣、意志、态度、性格、气质等因素;而智力因素则由感知能力、想象能力、记忆能力、思维能力等因素组成。

(2) 两者在结构的完整性上不同,构成智力因素的诸因素以抽象思维能力为核心形成了一个完整的结构;非智力因素则没有完整的、统一的结构。

(3) 两者在智力活动中的作用不同,智力因素承担信息的接收、加工、处理任务,属认知活动范畴,起认识作用;而非智力因素则一般不直接参与智力活动的操作,但对智力操作有动力和调节的作用,是认知活动中的心理倾向性,起意向作用。

(4) 智力因素在很大程度上由遗传决定,遗传决定着智力发展的潜力(如脑细胞的数量、神经系统的反应传导速度等);非智力因素则主要由后天"习得",优化非智力因素主要依靠后天的培养。

(5) 智力因素的水平越高越好;而非智力因素的水平则要适当,过低或过高的非智力因素水平都可能不利于相关活动的开展。

目前,比较一致的观点是,非智力因素对于智力活动的结果具有重要影响,智力活动的成功(或者说一个人的成就)主要不取决于智力因素,而是取决于非智力因素。成就的大小取决于两个方面:智力因素和非智力因素,智力因素受遗传和环境的影响,而非智力因素则主要受环境特别是文化和教育的影响,遗传对非智力因素的影响相对微弱,只在气质等方面有所表现(图 2-9-1 中用虚线表示)。可见,个体在发展过程中,由于非智力因素的参与,其智力活动的结果表现出了智力品质(quality)上的差异,而对于成就而言,智力品质比单纯的智力更为重要。

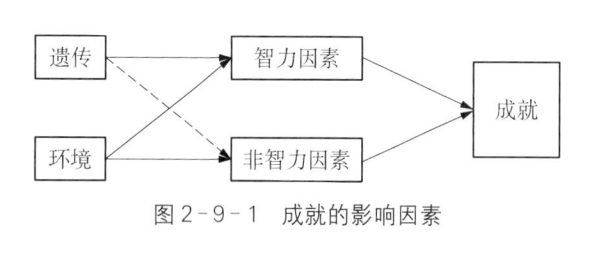

图 2-9-1 成就的影响因素

沈德立等人编制了《中小学生非智力因素调查问卷》,分别从成就动机(AM)、交往动机(IM)、认识兴趣(CI)、学习热情(LA)、学习焦虑(AX)、学习责任心(LR)、学习毅力(LS)、注意稳定性(AS)、情绪稳定性(ES)、好胜心(WI)、支配性(DO)等 11 个方面对中小学生的非智力因素进行了测查,比较系统、全面地研究了中小学生非智力因素与中小学生学业成就的关系。

国外有研究表明,仅就非智力因素之一的成就动机来讲,其对学业成就的预测效度就达0.34,仅次于智商(0.50)。王晓柳等人研究了智力因素、非智力因素对学生学习成绩的定量影响,发现对于学习成绩较好的学生来说,智力因素对学习成绩有明显的直接影响,非智力因素对学习成绩的直接影响很微弱,主要通过其对智力因素的影响而对学习成绩产生间接效应;对于学习成绩较差者来说,智力因素和非智力因素对其学习成绩都有直接影响,但智力因素的影响远低于非智力因素的直接影响,而且非智力因素也不能通过其对智力因素的影响对学习成绩产生间接的促进作用。这表明,学习成绩较差的学生,其学习成绩差主要不是由智力因素水平的差异导致的,而是因为他们的非智力因素水平通常都比较低。非智力因素对学习成绩较差学生的影响程度要甚于成绩较好者;而智力因素对学习成绩较好学生的影响程度要大于成绩较差者。

非智力因素对于智力活动的结果以及智力活动本身均有重要影响。与学生学业成就关系较为密切的非智力因素主要有成就动机、成就目标、能力观、成败归因等。

二、成就动机

动机是引起和维持个体活动,并使该活动朝着某一目标进行,以满足个体需要的内部动力。耶克斯—多德森定律表明,通常情况下,动机水平适中时,无论是学习还是工作,效率都是最高的。

动机种类有多种,我们这里主要讨论成就动机(achievement motivation)对学业成绩和个人成就的影响。所谓成就动机,是指一个人用优秀的标准来对自己的成绩进行评估、努力取得成功、体验由成功带来的喜悦的内部推动力量。就学业成就来说,儿童的动机水平会因学科的不同和时期的不同而存在差异。

学生的学业成就动机受目标价值的影响。目标价值是指个体认为达到某特定领域目标的价值有多大。一般而言,人们会更多去从事那种目标价值高、实现可能性大的行为,而不去做那种目标价值低、实现可能性小的行为。可以通过如下的问题来对一个人的目标价值进行评估,如"你认为数学在你将来的工作中有多重要"等。目标价值影响着儿童对成就活动的选择。埃克尔斯(Eccles)等人研究了5—12年级学生对高级数学课程的选修情况与他们数学成绩之间的关系。结果发现,对数学的目标价值感是学生选修高级数学的一个最好预测因子。那些认为数学重要、对自己的将来有用的学生,倾向于选修高级数学,而认为数学不那么重要和有用的学生,则不会去选修高级数学。

成就动机的另一个重要影响因素是依据某标准对行为进行评定,这种比较的标准就是成绩标准。一个人可以基于过去的成绩,对自己做的某事进行绩效评估(例如,"我解方程式的时间比过去花的时间少了");也可以用所选择的某个目标进行评估(例如,"我计划暑假要实现读6本书的目标,我做到了");也可以通过与别人比较进行评估(例如,"我在语文考试中位居全班第5名")。一个人采用的成绩标准不同,其成就动机的水平通常会有差异。实际上,人们通常并不单独采用某一类成绩标准,而会综合考虑多种成绩标准,成就动机水平是这些成绩标准的函数,区别仅在于这些成绩标准对于函数的贡献大小。

三、成就目标

成就目标(achievement goal)是任务目标和能力目标的总称。德韦克(C. S. Dweck)将其称为学习目标和成绩目标、掌握目标和成绩目标。具体而言,任务目标是指个体把任务作为学习的目标,考虑的是自己是否掌握了任务,重视学习过程和个人努力的作用,把完成任务的过程作为提高能力的手段,对自己能力的评价不受外界环境的影响;能力目标是指个人把胜过他人、证明自己的才能,或是回避对能力的负性评价作为目标,把完成任务作为表现能力的手段,重视社会比较。

成就目标影响教师的教学实践和学生的学习行为。教师与学生持能力目标定向,则通常会强调能力高低、社会比较和竞争。一般情况下,社会比较和竞争中的优胜者总是少数,因此,大部分学生在强调相对能力的班级氛围中得不到认同,学生更可能运用低水平的策略来学习、经历更多的焦虑和消极的情感,并且投入更多的注意资源来使他们看起来比其他学生更聪明或避免显得迟钝,而不是将精力投入到掌握学习材料中去。在关注能力的环境里,学习失败后的习得性无助、逃课、消极的情绪反应更可能困扰那些能力相对较弱的学生。强调能力的学校可能会疏远大量表现不是最好的学生,使他们焦虑、失望;相反,强调努力与任务目标的学校,能在学习过程中给予学生更大的自主性,降低他们在学习环境中产生的沮丧和焦虑。

国内有研究表明,任务目标通过内部动机对中学生的学业成就产生积极的影响,能力目标通过外部动机对中学生的学业成就产生消极的影响。

四、能力观

学生的能力观是随学生经验增长而逐渐发展起来的、学生对其自身能力和智力所持有的一种无意识的信念,它常常以一种"隐喻"的形式对学生的学习行为和学习表现产生重要的影响。德韦克等最先明确提出了两种不同的能力观:即能力的实体观和能力的增长观。持能力实体观者认为,能力是一种固定的、与生俱来的特质,个人是无法控制的,而且能力作为一种一般的特质会影响个体在各个领域内的学习和成绩;持能力增长观者则认为,能力由不断增长的知识和技能构成,个体可以通过努力来改变自身的能力;此外,能力与特殊的任务有关,个体某一领域的能力不一定与另一领域的能力相关。

(一)能力观的个体差异

这方面的差异主要表现为积极的能力观随学生年龄的增长而逐渐下降。许多研究发现,幼儿园和小学低年级的学生一般都对自己能力持有积极的信念,在学习上具有很强的能力感和自信心。一旦学生进入小学高年级以后,这种积极的信念就开始下降,到了初中阶段积极的能力观继续下降,进入高中以后达到最低点,随后开始回升。

之所以出现这样的年龄特点,研究者认为,主要有以下几方面的原因。

(1) 学生的能力概念内涵由宽泛变为狭窄。幼儿园和小学低年级学生的能力概念比较宽泛,涵盖了社会行为、学习习惯、努力等多个方面,甚至对能力与努力不能做出很好的区分。比如,幼儿园及一年级的儿童认为谁更努力谁就更好,而不管失败与否。直到10—13岁时,儿童才能完全区分努力和能力之间的不同,并认识到努力、能力与成绩之间的关系。进入初中、高中阶段,学生的能力概念出现了明显的分化,更多地与具体学科的学业成绩联系在一起,这大大影响了不同年龄学生对具体活动或自身具体学科能力的评价。

(2) 学生对自我能力进行评价时所采用的标准随年龄的增长逐渐变化,具有相对意义的社会比较信息在能力评价中逐渐占据了主导地位。幼儿园和小学低年级的学生一般不会用社会比较的信息来评价自己的能力,到3—4年级时,学生开始用社会比较来判断自己的能力了,但此时这种比较仅仅停留在班级内部甚至是学习小组内部。进入初中、高中以后,学生继续运用社会比较信息进行评价,但比较的参照范围变得更宽泛,由班级内的比较变为班级间、学校内的比较,甚至可能发展为校际间的比较。

(二) 能力观对学习的影响

众多研究表明,能力观对学生的学习行为有着重要的作用,并且进一步对学生的学习成绩产生影响,主要的影响包括以下几个方面。

(1) 影响具体学习情境中的目标设置。德韦克认为,持有能力实体观的学生,一般会设立成绩目标,即学生以获得好成绩、博得他人对自己能力的肯定为学习目标。这类目标倾向于使学生回避困难和挑战,以避免因失败而毁坏自身的形象。持有能力增长观的学生,一般会设立任务目标,即以掌握学习的内容和增长自身能力为学习目标。为实现这种目标,学生敢于寻求挑战,不怕失败。

(2) 影响成就情境下任务的选择。研究表明,具有能力实体观的学生,在学业情境中不愿接受挑战性的任务,他们一般会选择那些没有失败危险的、不会体现他们能力不足的任务,或者是那些非常困难的任务,因为那样即使失败了也不会归因于自己能力低。具有能力增长观的学生,一般会选择中等难度的任务,因为他们认为与那些不需要努力就能完成的简单任务和那些根本不可能完成的困难任务相比,中等难度的任务既有挑战性,又能使人学到更多的东西。

(3) 影响对努力的看法。那些持有能力实体观但又对自身能力缺乏自信的学生,在遇到困难时宁愿选择主动逃避也不愿付出自己的努力。因为他们认为,能力是与生俱来的东西,自己即使付出努力,也不会使能力有所增长,更不用奢谈有所收获了;而且在某些情境下,付出努力却得不到成功,反而是能力低下的一种标志。在他们看来,努力与能力是一种倒置关系,高努力就意味着低能力。因此,这样的学生在学习时一般不愿意付出过多的努力。而持有能力增长观的学生则认为通过努力可以提高自己的能力。因此,在遇到困难时,他们会变得更加努力,以争取取得成功。

五、成败归因

处于相同成绩水平的儿童,对自己能力的看法及对将来成功的期望常常并不相同。在众多成就领域,男孩常常比女孩有更高的期望,即使这些男孩以往的平均成绩与女孩相同或更低。之所以会出现这种情况,是因为儿童对成功和失败的解释存在差异,即,他们对自己成功或失败的归因是不同的。

归因是指对自己或他人行为结果的可能原因推断。归因普遍地存在着,无论我们意识到与否,归因随时可见、随处可见,有对他人的归因,也有对自己的归因。

(一)与成败归因有关的因素

韦纳(B. Weiner)认为,能力、努力、任务难度和运气是个体对成功或失败的结果所认定的最普遍原因。这四种原因可以从原因部位(内部的和外部的)、稳定性(稳定的和不稳定的)、控制性(可控的和不可控的)三个维度加以区分。其中,能力、习惯是内部的稳定的不可控因素,持久的努力是内部的稳定的可控因素,任务难度、学习条件是外部的稳定的不可控因素,运气是外部的不稳定的不可控因素。此外,还有一些原因,诸如他人帮助、疲劳、情绪、心境、疾病、同伴关系、学习条件等也会影响个体对成功或失败的归因(如表2-9-1所示)。

表2-9-1 学生的不同归因状况

控制性	内部的		外部的	
控制性	稳定的	不稳定的	稳定的	不稳定的
可控的	持久的努力	即刻的努力	同伴关系	他人帮助
不可控的	能力、习惯	心境、情绪、疲劳、疾病	任务难度、学习条件	运气

韦纳指出,对成功和失败的归因,会对个体的学业态度和学业行为产生积极或消极的影响。他认为,就学生而言,如果将学业上的成功归因于一个或多个稳定的因素,如很强的能力、持久的努力、任务难度适中和老师的积极关心,比归因于不稳定的因素如心境、即刻的努力、好的机遇和他人的帮助更能增强动机;而将失败归因为一些稳定的因素,同伴关系,会削弱个体进一步行动的动机。

(二)习得性无助

从归因风格上来说,归因有良性与不良之分。把好成绩归于能力,而把成绩不佳归于努力不够,这是一种良性归因;而认为成绩好是因为侥幸,认为成绩不好是因为自己实力不够,就是一种不良归因。在不良归因中存在着这样的情况,即,认为成功并不反映自己的能力,而失败对于自己来说是无法逆转的,心理学上把这种不良归因叫作习得性无助(learned helplessness)。

赛利格曼(Seligman)对习得性无助的分析最为系统、也最具影响力。他在1967年用狗进行实验，证实了习得性无助现象的存在。在实验中，赛利格曼把狗分为两组，将其中一组放进一个设有电击装置但又无法逃脱的笼子里，然后给狗施加电击，电击的强度足以引起狗的痛苦体验。赛利格曼发现，这些狗最初被电击时会拼命挣扎，想要逃脱这个笼子，但发觉经过再三努力仍无法逃脱后，它们挣扎的程度会逐渐降低。随后，他又把这些狗放进另一个用隔板隔开的笼子里，隔板的高度是狗可以轻易跳过去的。隔板的一边有电击，而另一边则没有电击。实验者发现，经过前面实验的狗被放进这个笼子并受到电击时，它们除了惊恐一阵子以外，就一直卧倒在地上承受电击的痛苦，面对容易逃脱的环境，它们根本就没有想到重新去做尝试。相比之下，实验者把另一组没有经过前面实验的狗直接放进有隔板的笼子里，发现它们全部都能轻而易举地从有电击的一边跳到安全的另一边。这一实验充分说明，动物处于无法避开的有害的或不愉快的情境时所获得的失败经验，会对其以后应对特定事件的能力起破坏效应：它们会消极地接受预设的命运，不做任何尝试和努力。赛利格曼称这一现象为习得性无助。

心理学家在随后的研究中发现，这种现象在人类身上同样也会发生。如果一个人觉察到自己的行为不可能达到预定的目标，或不论多么努力，也没有成功的可能时，就会产生一种无能为力或自暴自弃的心理状态。习得性无助是主体觉得自己的行为不能控制结果的一种感受，是人们对负性事件的一种过度反应。一个处在习得性无助状态下的人认为失败是不可改变的、非偶然的，事件是不可控的。这样的信念使他处在被动的、缺少动机的、失望的状态中。

学生在学习过程中，如果经过努力学习却仍没有体验到良好的学习效果与积极强化，通常就会出现无能感与无助感，而这种感受主要是在后天的学习生活中逐渐产生的。处在习得性无助状态下的学生会在认识上自我评价过低，情绪上过分敏感、脆弱，行为上消极被动、缺少动力。一旦学生认为失败是因为自己能力不行、任务太难或自己运气太差等这些个人所不能控制的因素所导致的，他们就容易觉得无助，而在面临失败时，就会轻易放弃。这些学生也许并没有比其他人经历更多的失败或成功，但他们的解释却与其他人的迥然相异，这对其今后的成就行为影响甚大。

(三) 归因训练

现实情境中，可以合理运用归因训练，鼓励习得性无助儿童相信自己能通过付出更多努力来克服失败。最常见的做法是，给儿童有相当难度的任务，让他们体验到一些失败。接着给儿童重复反馈，以修正他们的归因，例如"如果你更努力的话你就行"，并且教育儿童，将成功视作能力和努力的结果，而不是由运气和机会所促成的。在他们取得成功后，给予额外的肯定与反馈，例如，"你真的很擅长做……"。另一种方法是鼓励努力少的儿童较少关注分数，而更多地关注掌握任务本身。研究表明，如果课堂强调获取新知识的内在价值，可以有效地使处于失败状态的学生获得自尊和动机。归因训练不但可以使学生的归因发生变化，还会提高他们对所涉及任务领域的成功期望值，提高自我效能感，使他们学会坚持，进而相应地提高成绩。

为了达到良好的效果,归因训练最好在儿童对自我的观念变得难以改变之前开始。表2-9-2总结了促进学习的任务目标导向,从而有效防止习得性无助的相关策略。

表2-9-2 促进学习任务目标导向的若干策略

任务提供	选择的任务要有意义,能引起儿童的各种兴趣并且与儿童当前的能力相匹配,这样儿童既能得到挑战,又不至于被击败
父母和教师的鼓励	将热情、对能力的自信、成功的价值、努力的重要性传递给儿童 以身作则努力克服失败 (对教师来说)经常与父母交流,提出建议和方法促进儿童的努力和进步;(对父母来说)监督学校作业,提供支持帮助促进儿童有效策略和自我调适方面的知识
表现评价	私下里进行评价;避免通过海报、星星等将成功或失败公开化,避免给"聪明"的儿童特权 强调个体的进步和自我促进
学校环境	提供小规模的班级,使教师能为学业掌握提供个性化支持 提供合作式学习和同伴辅导,让儿童相互帮助;避免能力分组,因为这样会使对儿童进步的评价公开化 在学习方式中调和个体和文化差异 创造重视学习价值的氛围,并且传递所有儿童都能学好的信息

当然,归因训练也需要小心谨慎,以避免更糟的结果。第一,若儿童缺乏处置某任务的合适技能,教会这些儿童把失败归因于努力不够可能有害。在这种情况下,教会他们解决问题的策略可能更有用。比如,教给儿童合理归因方式的同时,还教给他们解决问题的策略,才能使儿童的自我效能、成就努力和成绩得到最大程度的提高。最为有效的方法是示范和练习:首先,让儿童观看成人是如何解决问题的,然后让儿童进行练习,在练习中引导他们不断提醒自己该怎样做。

第二,可能存在儿童的确在某一领域基础不够的情况。并非所有人都具有数学、音乐或语言天赋。在这种情况下,重要的是帮助儿童设定切实可行的目标,以与他们的需要或所要取得的成绩相一致为最佳,特别还要让他们认识到,他们可能会在另一个领域里取得更大的成功。

第二节 学习策略与学习风格

一、学习策略

学习策略是指学习者为了提高学习的效果与效率,用以调节个人学习行为和认知活动的一种抽象的、一般的方法。学习策略不等同于具体的学习方法,它是对学习方法的选择、组织和加工;但学习策略又不能与具体的学习方法截然分开,它要借助具体的学习方法表现出来。

迈克卡将学习策略概括为认知策略、元认知策略、资源管理策略。

（一）认知策略

认知策略在学习策略中起着核心的作用，主要包括了复述策略、精致化策略和组织策略。

复述策略是为了在工作记忆中保持信息而对信息进行反复识记的策略。复述策略是对具体复述方法的选择、运用和调整，可根据记忆的"遗忘规律"来组织复述，从而使新学材料保持在长时记忆中。学生常用的复述策略有重复、抄写、记录、画线等。

精致化策略是个体为了更好地记忆正在学习的材料而做充实意义的添加与构建。精致化策略作为一种深加工策略，是将新学习材料与头脑中已有知识联系起来的策略，可以有效地提升记忆效果。精致化策略有两个要素：一是精致必须是学生自己产生的，二是精致必须与教学内容相关联。学生常用的精致加工策略有想象、总结、类比、口述、答疑等。

组织策略的目的在于建构新知识点之间的内在联系，是将分散的、孤立的知识集合成一个整体并表示出他们之间关系的一种策略。学生常用的组织策略有组块、选择要点、列提纲、画关系图等。

（二）元认知策略

元认知是个体对自己认知过程与结果的意识与调控。元认知由三种成分组成，即元认知知识、元认知体验和元认知监控。在学习过程中，元认知对整个学习活动起控制和协调的作用，调节着策略的选用和使用过程。对一个学习者来说，如果只拥有众多的策略性知识，而缺乏元认知策略来帮助自己决定在哪种情况下使用哪种策略，以及何时应该改变策略，那么他就不可能成为一个成功的学习者。

元认知策略的运用建立在良好的自我监控基础上。自我监控是指学生对其所从事的学习活动进行自我调节与控制的能力。它包括学习过程中的确定目标、制定计划、选择方法、管理时间、调节努力程度、执行计划、反馈与分析效果、采取补救措施等能力。就某种具体的学习过程而言，它既包括学习活动前根据学习任务的要求和自己认知活动的状况制定切实可行的计划；又包括学习过程中，随时监控、调节以保证学习活动过程的顺利进行；还包括学习活动结束后对学习结果的了解与评价，检查自己的学习行为是否达到了预定的目的，从而做出正确的归因，以便提出补救措施。

随着年龄的增长，学生的元认知策略快速发展。通过增强学生对他人及自己认识过程的意识，指导学生进行自我质疑，引导学生监控与评估自己的学习能力，向学生提供练习与反馈的机会等，可以帮助学生在学习中正确运用元认知策略。

（三）资源管理策略

资源管理策略涉及学习者的时间管理（例如，建立每天的学习时间表等）、学习环境管理（例如，寻找固定的地方与安静的地方学习等）、努力管理（例如，归因于努力，调整心境，自我强化等）、其他人支持（例如，寻求老师和同伴的帮助、获得个别指导）等方面。

二、学习风格

学习风格的概念源于认知风格。作为一个操作性定义,认知风格被理解为个体组织和表征信息的一种偏好性的、习惯化的方式。学习,从某种程度上而言,就是对信息进行判断、加工、存储与输出。因此,学生的认知风格会对其学习产生举足轻重的影响。

按照不同的维度,认知风格可以有以下一些分类。

(1) 场独立性—场依存性:个体在分析作为场的一部分的某个结构或格式时,依赖知觉场的程度。

(2) 粗放型—敏锐型:是倾向于迅速同化和放弃细节,还是强调细节并把它转换成新信息。

(3) 冲动型—反思型:是倾向于迅速做出反应,还是深思熟虑、认真思考所有可能的选择后再做出反应。

(4) 聚合思维—发散思维:是采用狭窄的、聚敛的、逻辑性的、归纳式的思维方式,还是采用宽泛的、开放的、联想性的思维方式来解决问题。

(5) 整体思维—序列思维:是倾向于以整体方式还是以逐步递进的方式来完成学习任务、解决问题、同化细节。

(6) 同化者—探索者:在问题解决过程中,个体是偏好于追求熟悉的内容,还是偏好于追求新颖的内容和创造性。

(7) 适应者—革新者:在解决问题的过程中,适应者偏好于采取保守的、固定的程序,革新者偏好于重新组织结构,生成新的观点。

(8) 语言型—视觉型:在表征知识和思维过程中应用语言或视觉策略的程度。

在认知风格概念的基础上,美国学者泰伦提出了"学习风格"这一概念。学习风格作为直接参与学习过程的学生个别差异之一,一经提出便很快引起了人们的普遍重视。

谭顶良根据我国文化制度、教育制度的特点,在借鉴国外研究者对学习风格要素划分的基础上,从生理的、心理的和社会的三个层面对学习风格的构成要素进行了如下划分。

(1) 认知要素:知觉风格(场依存性与场独立性),信息加工风格(同时加工与继时加工),记忆风格(趋同与趋异),思维风格(分析与综合、发散与集中),解决问题风格(沉思与冲动)等。

(2) 情感要素:理性水平,成就动机,控制点,抱负水准,焦虑水平等。

(3) 意志行动要素:学习坚持性,语言表达积极性,动脑与动手,谨慎与冒险等。

(4) 生理性要素:对学习时间节律的偏爱(百灵鸟型与猫头鹰型),对视、听、动感知通道的偏爱,对学习环境安静程度的偏爱等。

(5) 社会性要素:独立学习与结伴学习、竞争与合作。这部分为学习风格的社会层面。

不同的学习风格,需要运用不同的教学策略,才能取得理想的效果。表 2-9-3 是不同学习风格的学习者需要借助不同教学策略的一个例子。

表 2-9-3 视、听、动三种类型学习者的学习特征及适合的教学策略

特征与策略	类型	视觉型	听觉型	动觉型
学习特征	长处	长于快速浏览，接受视觉批示效果好，易看懂图表，书面测验得分高	长于语音辨析，接受口头指导效果好，口头表达能力强，日常表现优于考试结果	运动节律感、平衡感好，书写整洁，易操作装配事物
	短处	接受口头指导难，不易分辨听觉刺激	书面作业与抄录困难，运动技能差	通过视觉、听觉接受信息的能力欠佳，书面测验分数欠佳
教学策略	匹配策略	阅读、幻灯（电视、电影）放映、实验演示、榜样示范、语言讲授时用视觉性词汇引导学生在脑中产生画面	讲授、讨论、谈话、播音	做笔记、实验、实习练习、角色扮演
	有意失配策略	做笔记、把学习内容录下来反复播放	做笔记、阅读、幻灯片放映	讲授、阅读、放映、播音

第三节 学习不良及其干预

一、学习不良的界定

学习不良是学龄儿童身上普遍存在的发展性问题。与学习不良类似的表述，还有学习困难、学习障碍或学习技能发育障碍等。

至 20 世纪 60 年代中期，人们普遍支持一种医学模式，即将学习不良理解为脑或中枢神经系统的功能障碍，以致"轻微脑功能障碍"成了学习不良的同义词，这种情况在医学界尤为突出。1963 年，美国成立了学习不良儿童协会（Association for Children With Learning Disabilities，简称 ACLD），由柯克（Kirk）等人倡导使用的"学习不良"概念迅速普及，从此，学习不良成为了一个独立的研究领域。在柯克的定义中，学习不良指口语、阅读、写作、数学以及其他科目上的落后、障碍或发展迟滞，这可能是由脑功能障碍或感情、行为失调造成的，而不是智力落后、感觉剥夺或文化教育因素的结果。

20 世纪 60 年代中期以后，人们普遍承认学习不良主要是基本心理过程障碍，这种障碍是由脑损伤、轻微脑功能障碍等多种因素造成的。美国教育办公室（the U. S. Office of Education，简称 USOE）1977 年推荐的定义指出，学习不良是在理解、使用口头或书面语言方面的一种或多种基本心理过程障碍，表现为听、说、读、写、思考、数学计算等方面的一种或多种能力缺陷。这一术语包括由感知整合障碍、脑损伤、轻微脑功能障碍、失读症、发展性失语症等因素造成的学习问题，但不包括主要由视觉障碍、听觉障碍、动机障碍、智力落后、情

感障碍，以及由环境、文化、经济因素导致的学习问题。从该定义可以看出，在学习不良研究中，生物医学模式正逐渐为教育、心理学模式所取代。

美国学习不良全国联合委员会(the National Joint Committee on Learning Disabilities，简称 NJCLD)1988 年修订的定义进一步指出：学习不良这一术语指一个异质群体在听、说、读、写、推理和数学能力的获得与运用上有明显的困难或障碍。这些个体内在的障碍可能是由中枢神经系统失能(即功能障碍)造成的，并且可能贯穿其一生。自我调节行为、社会知觉和社会交往方面的问题可能与学习不良共存，但其本身不构成学习不良。尽管学习不良可能伴随有其他障碍(如感觉损伤、智力落后、严重情绪困扰)或受外在条件影响(如文化差异、不充足或不合适的教育)，但学习不良不是由这些因素造成的。

目前，研究者对"学习不良"进行了如下限定。

(1) 学习不良是一个集合性概念，包括学业、心理发展等诸方面的落后和困难，这一状况是多种消极因素相互作用的结果。

(2) 学习不良儿童属于一个异质群体。这里的"异质"是指与普通儿童相比，学习不良儿童的学业成绩明显落后，有着独特的心理特点，需要特定的教育和治疗。这并不是说普通儿童可以作为一个正确的评判标准，而是说将普通儿童作为一个参照系，用以说明学习不良儿童存在特殊性。

(3) 学习不良是可逆的，依靠恰当的教育训练可以加以改变，因为其与由智力落后、感官损伤造成的学习问题具有本质上的差异。

(4) 学习不良可以贯穿于毕生发展过程中。不仅儿童存在学习不良的问题，成人也可能存在学习不良的问题。因为对学习不良的诊断是从其结果——学业成绩与其智力潜能的差异入手的，这种差异可能在许多人的一生中存在，当差异达到一定程度时，个体就会被推断为学习不良。

大量针对学习不良学生的研究显示，学习成绩不良除与智力因素有关外，还与家庭环境、父母教养方式等因素密切相关。学习不良的学生，其父母的严厉惩罚、拒绝、否认及过分干涉等行为明显多于学习优秀学生的父母，而情感温暖和理解则较少。对小学学习不良儿童家庭功能的研究发现，一般儿童家庭的行为方式多属灵活型，即在合理规范的基础上，随环境变化灵活调整行为规则，对违规行为的处理也很灵活。学习不良儿童家庭的行为控制方式常是不健康的。温暖和理解使子女产生温暖、信任和安全感，并形成良好的个性与学习习惯；惩罚、否认、拒绝和干涉则使学生产生逆反与自卑感，对学习感到厌恶、抵触且缺乏信心，进而发展为学习不良。

二、学习不良儿童的心理行为问题

研究表明，学习不良学生在运用学习策略方面存在显著困难，其学习策略的各个方面存在不同程度的缺陷，主要表现为：

(1) 学习不良学生对学习过程和学习策略的作用缺乏了解。他们既不了解学习过程以及自己在学习情境中的优势和不足，也不能认识到系统有效的学习策略能够提高自己的学习效率和学习成绩。

（2）学习不良学生缺乏运用学习策略的基本能力。他们不知道如何从学习材料中找出主要的信息，不知道哪些材料是必须掌握的。他们在学习过程中分不清主次、抓不住重点，往往将时间浪费在细枝末节上。

（3）学习不良学生缺乏记忆策略。学习不良学生在短时记忆和长时记忆两方面存在缺陷。前者与信息的比较、组织、加工和编码过程中存在的问题相关，而后者与学习不良学生缺乏记忆策略有关。他们不能像其他学生那样自发地使用记忆策略，自然无法保持对学习材料的识记，更不能在需要时及时提取和再现所获得的信息。

（4）学习不良学生缺乏元认知策略。学习不良学生缺乏获得、存储和加工信息的策略，不知道该在何时、何处使用元认知策略，不能够根据学习内容和情境选择相应的学习策略并对策略使用进行监控。

（5）学习不良学生存在学习策略迁移困难。他们不能将在一种情境中学习到的学习策略迁移到其他情境中，更无法将在某一学科中学习到的策略迁移到另一学科中。

（6）学习不良学生缺乏解决问题的技能和思维。他们概括水平比较低，不善于将知识进行分类。他们不善于在知识之间构建起联系，也不能掌握知识的连贯性和顺序性。

（7）学习不良学生缺乏资源管理策略。很多学习不良学生不能为自己制定适当的学习计划。他们在学习目标的设定、学习内容和手段的选择以及时间管理方面均存在不同程度的问题。

除了在运用学习策略方面存在显著困难外，学习不良学生还表现出较多的心理与行为问题。这些问题主要有以下几点。

第一，不良学业归因。学习不良儿童很容易对其学业进行错误归因，他们倾向于对所取得的成绩进行外部归因，即更可能把失败归因于缺乏能力，而不是缺乏努力；把成功归因于外部因素，如任务难度小等，在学习过程中缺少坚持性。

第二，违纪行为。学习不良儿童比一般儿童有更多的违纪行为，他们更可能因学业失败发展出消极的自我概念，进而导致心理行为出现问题甚至违法犯罪。大量研究表明，学习不良与攻击和课堂违纪行为具有密切的联系。

第三，焦虑、抑郁问题。学习不良儿童在学校环境中会经历更多的压力感和内部失调，他们的焦虑水平比一般儿童高。研究者认为这种焦虑与无能感、犯错误、被嘲弄、得到较低的分数、被批评有关。此外，学习不良儿童还有较突出的抑郁问题。一些研究者认为抑郁是学习不良的一个潜在因素，而另一些研究者认为抑郁是学习不良的结果。但并非所有的学习不良儿童都有抑郁表现。

第四，生活和社会适应问题。学习不良儿童存在着诸如低自尊、情绪障碍、抑郁、攻击性等社会行为问题，这些问题和障碍的根源在于缺乏社会技能。在对4—6年级儿童进行的研究中发现，学习不良儿童的孤独感明显高于一般儿童，并且学习不良儿童的同伴接受性较差。学习不良青少年更容易遭到同伴的拒绝，而根据老师的评价，他们往往缺乏社会技能，有更多的行为问题。与一般儿童相比，学习不良儿童会体验到更多的压力，较少得到同伴支持,适应性很差。此外,学习不良儿童有很多不良的个性特征,如冲动控制性差、缺乏问题解决能力、存在社会感知问题、低自尊、易受暗示性等。学习不良儿童由于遭同伴拒绝,会经常体验到社会忧虑,他们在社会偏爱维度上得分很低,同时学习不良儿童还缺少合作性。

学习不良儿童与一般儿童在社会信息加工的不同阶段存在差异。无论是模糊情景还是意义清晰情景,学习不良儿童和一般儿童在对权威社会情景进行编码时存在显著差异,学习不良儿童的编码准确性和全面性显著低于一般儿童;而在模糊同伴情景下,学习不良儿童的反应数量显著多于一般儿童,其消极或侵犯性的反应也多于一般儿童。

三、学习不良学生的干预

柯克认为,学习不良或学习障碍可划分为两种类型。一是发展性学习障碍,指一个学生对应该具有的达到学习目标的基本学习能力产生了障碍。这些基本能力是指:注意、记忆、知觉、思维和口语等。这些能力是属于先天性的,是个体本身所具备的心理能力。二是学业性学习障碍,指那些通过学校学习获得的能力出现了障碍。这些能力主要包括阅读、计算、书写、拼音和写作,此种能力是通过后天学习获得的。

儿童学习障碍的核心问题在于中枢神经发育失衡,表现为某一方面或某几个方面学习能力的落后和欠缺。针对学生学习障碍问题的干预模式有以下三种。

（1）神经系统功能干预模式。神经系统功能的训练是从心理过程障碍说的病理机制假设出发而设计的学习障碍干预方法。学习依赖神经系统的高级功能,而这些高级功能的实现是以基本的感知觉等心理过程为基础的。因此,通过对基本心理过程进行训练,就可以改善脑组织功能,进而提高学习不良学生的学习成绩。

（2）行为干预模式。行为干预模式以行为主义的基本原则为指导思想。这种模式认为个体的行为可以通过操纵环境刺激或行为后果而加以改变。运用行为干预模式首先需要对行为产生的前提与后果进行分析。其次,要有稳定的、结构化的干预环境。再次,干预规则要明确一致,尽可能以肯定的形式出现,而不要以单一的禁止形式出现。最后,对学习障碍儿童的提示和要求在一段时间内应尽量少而明确,并保证随时对其进行提醒和反馈。

（3）认知—行为干预模式。研究者认为,个体自身可以控制自己的行为,所以行为的出现并不单纯取决于环境刺激或行为后果。如果提高学生的策略使用水平,学习障碍的状况也会得到改善。因此,该模式强调对学习障碍儿童进行认知策略培训、自我控制训练或自我指导训练,以使其形成主动的、自我调控的学习风格。

具体的训练方法则包括学习能力综合训练、感觉动作能力训练、视知觉能力训练、听觉能力训练等。

有研究者采用教育自然实验和纵向研究设计对100名5—10岁学习困难儿童进行了训练。材料包括以下几方面内容:第一,认知能力训练:包括知觉能力训练(视知觉、听知觉、时间知觉、空间知觉能力的训练)、注意力训练、记忆能力训练、思维能力训练、元认知能力训练。第二,运动能力训练:包括大肌肉运动能力训练、精细运动能力训练、感觉运动整合能力训练。第三,个人与社会能力训练:包括自我认知训练、自我控制能力训练、情绪调节能力训练、交往能力训练、社会规范的掌握。在经15周、每周2次、每次2小时的训练之后,研究者发现,学生在认读与拼音、默读与理解、书写、写作、语言接受、表达、概念、运算、视觉空间等学习能力及动作、行为与情绪等维度上,都有了明显的进步。

该研究综合采用了多种手段进行干预训练,并在训练中突出了以下方面:①强调动作的重要性。强调操作结构的内化,让儿童通过自己的动作(摸、拉、推、摇、看、听等)把外部世界内化为自己的知识结构,促进知识和技能的结构内化。②强调兴趣和需要。③按儿童的认知结构组织教材进行教学。④以帮助儿童学会学习为目的。根据认知学派的教学模式,学习应该是学习者主动建构知识的过程,教学的重心应在策略教学上,因此干预训练的重点主要是一般认知策略的教学和元认知策略的教学。⑤让儿童在同伴团体中通过观察来学习。儿童同样可以通过观察同伴习得个人复杂的行为。

对儿童学习困难和不良行为的综合干预研究通过对干预组儿童的父母进行集中统一的育儿知识和儿童心理健康教育(内容包括儿童生理心理发展特点、儿童学习困难的发生原因、儿童心理障碍表现和心理健康教育、儿童非智力因素培养、提升儿童学习能力的方法、父母养育孩子应具有的自身素质等),对儿童的学习和行为进行了矫治;通过经常与矫治对象交谈,重新评价其学习和行为,使其对矫治充满信心,即重新构建认知结构;采用正强化法,对儿童的每一微小进步都及时进行表扬和鼓励,以强化其新技能和行为的获得;同时要求父母和老师不歧视这些儿童,要求老师在学校里给予他们更多的关心和帮助,同时让父母在家里为其创造良好的学习和生活环境,改善教养方式。经过矫治干预,干预组儿童的行为问题较对照组儿童有明显减少,学习成绩也明显向班级平均分靠拢。

根据策略在信息加工过程中所起作用的不同,可以将学习不良学生学习策略干预内容分为以下三类。

第一,知识获得策略,即为促进信息的学习和技能的掌握而设计的策略,包括词语学习、阅读理解、数学和使用地图的策略等。例如,数学学习策略涉及学习不良学生学习数学知识和运算时应该掌握的基本技能与方法。在设计这类策略时可以根据学生的特点,结合皮亚杰的儿童认知发展阶段理论,通过实物、图画、游戏、编排有序的学习内容和简便易行的策略来调动学生学习数学的积极性,促进学生更好地学习和理解数学问题,提高学生解决数学问题的能力。

第二,知识存储策略,即为加强信息的存储和回忆而设计的策略,包括记忆方法、听课和记笔记策略等。

第三,知识的示范和表达策略,即为增进对所理解的信息的示范和表达所设计的策略,包括造句、改错、完成作业、应试等策略。例如,完成作业策略能够教会学生如何按照教师的要求保质保量地完成作业。学生通过记录作业、分析作业、分配做作业的时间、分解作业量、做作业和交作业等一系列具体的行动,逐步掌握有效完成作业的技能。应试策略则是针对学生在考试中遇到的具体问题,例如,如何合理安排答题时间,仔细审题,检查错误等,给予的指导,以及据此提出的相应的应对措施。

第十章
性别发展与性别差异

对于刚出生的婴儿,周围的成人首先关注的就是,是"男孩"还是"女孩",并很快将他们归入由社会划分好的"男""女"两个性别范畴内。很多人认为,婴儿出生在一个性别决定孩子用什么样的家具、穿什么样的衣服、有什么样的玩具的环境中:父母经常为女儿选择洋娃娃和粉红色的床单、衣服,而为儿子选择运动装置、汽车和蓝色衣服。成人常把男孩认定为坚强和勇敢的,而把女孩认定为敏感和可爱的。在成年人的世界里,在社会交往中,我们都会不由自主地用性别的眼光去看待周围的人。

生理、社会和心理因素导致了个体的性别差异。生理因素包括基因,会影响引起内、外性别特征发展的荷尔蒙水平和行为。社会及其亚文化会向人们传输关于男孩和女孩该是怎样的等观念。在成长过程中,儿童逐渐获得了其生活的那个社会所认为的适合男性或女性的价值观、动机、情绪反应、性格特征、言行举止等。

第一节 性别的形成与发展

有关性别形成与发展的研究主要集中在以下几个方面:(1)性别概念的形成与发展;(2)性别角色的形成与发展;(3)性别刻板印象的形成与发展;(4)心理双性化。

一、性别概念

对性别的认识和理解,一般可以分为两个层次:一是生理性别,二是心理性别。在中文中,性别既可以指生理性别,也可以指心理性别;而在英文中,生理性别和心理性别则分别由 sex 和 gender 两个词来指代。生理性别(sex)主要指生物意义上的特征,如性激素、生殖器官、解剖学上的差异及特征;心理性别(gender)主要指心理社会意义上与性别紧密相关的行为和态度等,它主要受到后天社会性因素的影响。在心理学研究领域,研究者主要关注的是心理性别。

儿童对性别的认知发展中的核心问题是性别概念的发展,即儿童能否分清自己是男孩还是女孩。

性别概念发展的第一步是区分男性和女性。柯尔伯格认为性别概念会随着个体认知能力的不断提升而发展,要形成较为稳固的性别概念,真正理解成为一个男性或一个女性的内涵,个体往往要经历以下三个阶段。

第一阶段:基本性别认同(basic gender identity)。基本性别认同是指个体对自己及他人性别的标识。柯尔伯格认为,一般到 3 岁时,个体才能获得基本的性别认同,确定自己是男孩还是女孩。费格特(Fagot)等人的研究发现,在1岁末时,婴儿已经能够区分照片上的男性和女性,并且当男性或者女性的声音与相应的男性或者女性的脸匹配起来的时候,婴儿注视他们的时间要比注视那些不匹配的个体的时间更长一些。汤普逊(Thompson)的研究发现,当向儿童呈现印有典型的男性形象和女性形象的图片时,24个月的婴儿中有76%可以正确辨别性别图片,当他们成长到30个月时正确比例上升至83%,而到36个月时则为90%,这说明大部分婴儿可以准确地识别自己和他人的性别,即获得了基本的性别认同。

第二阶段:性别稳定性(gender stability)。大约到4岁时,儿童对性别稳定性有了一个大概的把握。但是这种稳定性还不够牢固,在有些情况下,儿童仍然会认为改变发型、衣服等行为将会使一个人转换性别。

第三阶段:性别恒常性(gender consistency)。大约到6岁左右,儿童对性别的认识更趋成熟,他们对于性别的认识不再停留于表面现象,如不再根据头发的长短、衣服的样式等外部特征来判断性别。

二、性别角色

(一)性别角色标准

性别角色标准(gender-role standard)是指那些更适合某一性别成员的价值观、动机或者行为。在很多社会中,女孩一般被鼓励担当表现型角色(expressive role),即拥有仁慈、照顾人、合作、更能体会别人的需要等特质。相反,男孩被鼓励担当一种工具型角色(instrument role),即人们希望他们成长为具有支配性、果断、独立且勇于竞争的人,长大后能胜任养育家庭、保护家人免受伤害的职责。

(二)性别角色发展

性别角色发展(gender-role development)是指个体不断理解和获得性别角色标准的过程。儿童的性别角色会在社会和成人的要求与期望下逐渐发展起来,具体包括三个阶段。

1. 性别角色的萌芽及其基本形成

当儿童获得了一定的性别概念与性别认同之后,就开始表现出不同的性别角色行为。研究发现,2岁的男孩就更喜欢卡车和小轿车,女孩则更喜欢玩布娃娃和其他柔软的玩具,他们还会拒绝玩一些看起来是给异性玩的玩具。

3—4岁的儿童能进行性别角色的选择,理解符合自己性别的行为特征;约6岁的儿童已基本形成性别角色的概念,主要表现为他们能选择符合自己性别的玩具、衣服、游戏和其他物品。

在婴儿时期,儿童就表现出喜欢与同性伙伴交往,而将异性伙伴看作是圈外人的特点。2岁的女孩就喜欢与其他女孩玩耍,3岁时,男孩会稳定地选择男孩而不是女孩作为自己的玩伴,6岁时,儿童与同性别同伴相处的时间超过与异性同伴相处时间的10倍以上。

2. 性别角色的扩大和发展

这一发展主要表现在儿童期。儿童的性别角色向行为方向、性格特征方向分化和发展,儿童的行为更加符合社会规定的性别化行为标准。

性别隔离（gender segregation）是小学阶段同伴关系中最突出的特征，这种现象在许多社会文化中都存在。男孩和女孩玩的游戏类型差别很大，一旦违反性别规范或不遵循性别隔离规则，无论是男孩还是女孩，都会遭到同性同伴的拒绝；那些坚守性别界限并回避与"敌人（异性）"接触或交往的个体，往往更受同性同伴的欢迎。孩子的性别角色很不灵活，同伴压力导致大家都遵循性别角色行为，而同伴则类似于"性别警察"。在这一阶段，孩子都表现出强烈的自我服务偏向，且对同性别同伴有较强偏好。小学阶段若男女生同桌，往往以一条"三八线"相隔离，就是最好的例证。

3. 性别角色的重新形成

这一发展主要表现在青春期。青少年出现第二性征，形成如下性别角色特点：能正确掌握社会期待的性别角色内容；与女性性别角色特征相比，男性的性别角色特征更明确。

在经历了小学阶段的性别分化以后，到了青春期，男孩和女孩之间由性别分化逐渐转变为异性之间的相互吸引，这可能主要是性驱力的作用使然。在青春期，随着男孩和女孩之间相互接触、互有好感、相互爱慕，他们会以更符合性别角色预期的方式行事，而那些没有充分表现出男性化特征的男孩和没有充分表现出女性化特征的女孩可能会不太受欢迎，也难以得到他们同性及异性同伴的认同。

随着个人的成长和认知的发展，进入青春期的个体对性别角色的认知不仅仅只停留在以性别特征作为划分标准的水平上，他们开始更加关注个体的内在信息，如兴趣、能力、特质等其他因素，并将其纳入自身的性别角色中。他们对跨性别的风格和行为表现得更加不能容忍，这与青少年的性别强化（gender intensification）有关。

性别强化是指青春早期性别差异的增大现象。性别强化的产生，主要是由父母和同伴对青春期个体的影响造成的。在这个时期，男孩子开始认为自己应更具有男子气，女孩子则更强调自身的女性化特征，试图以此获得异性的认可和青睐。

与此同时，相对于其他年龄阶段，男、女青少年有非常强的身体意象（body-image）。身体意象是指一个人对自己身体的看法、信念和情感态度。一个人通常通过与他人或社会榜样进行比较，从而产生对自己外表的感觉，并在此基础上塑造自己的身体形象。一个人对自身外貌的认知，可与别人的认知不同；男性和女性对自身外貌的认知，也有性别差异。研究发现，女性较男性更担心自己的身材；身体意象低的人会尝试以某种方式改变自己的身体，例如，节食或进行整容手术。有些时候，过分节食会导致神经性厌食症等问题，从而影响个体的身体健康。

三、性别刻板印象

性别刻板印象是指人们对男性或女性在行为、人格特征等方面的期望、要求和一般看法的固定印象，即个体获得了男孩和女孩、男性和女性应该是什么样、应该如何行为等观念。在众多性别刻板印象之中，有一些是不合时宜的，比如，大男子主义就是一种典型的性别刻板印象;有一些则属于性别偏见和歧视;用"头发长,见识短"来描述女性,用"四肢发达,头脑简单"来描述男性。

研究表明,儿童是在明确自己性别的同时开始习得性别刻板印象的。如有研究者向2.5—3.5岁的儿童呈现一个名叫迈克的男孩布娃娃和一个名叫丽莎的女孩布娃娃,然后问这些孩子这两个布娃娃中的哪一个会进行烹饪、缝纫、玩洋娃娃等活动,哪一个会进行玩卡车、玩火车、说很多话、打架、爬树等活动。几乎所有2.5岁的孩子都具有一些与性别角色刻板印象有关的知识,如认为女孩说话比较多、从不打人等,而男孩往往喜欢玩卡车、打架等。一项以英国、爱尔兰和美国的5岁及8岁儿童为研究对象的跨文化研究发现,在上述三个国家中,无论是男孩还是女孩,大多数都认为男性比较强壮、更果断也更爱冒险、更富有攻击性,而女性则比较温柔、情绪化、软心肠、充满感情。在学前和小学低年级,儿童知道哪些玩具、活动更适宜于男孩或女孩,以及男孩和女孩各自在哪些学科中占优势。

有意思的是,性别刻板印象的发展并非直线式增强的。年幼儿童比年长儿童更刻板,往往将性别角色标准视为不容侵犯和不可改变的,对不适宜的性别角色行为的容忍度更低。

到了小学阶段,儿童的性别刻板印象会变得稍微缓和与灵活一些。到10岁左右,儿童的性别刻板印象已经接近成人了。到了青少年早期,性别刻板印象又一次变得僵化。青少年对偏离性别刻板印象的行为的容忍度再次降低,对于那些表现出异性倾向、从事异性活动、跨性别行为的个体,青少年会做出更多消极的评价。

为什么青少年的性别刻板印象表现得如此强烈?一些生理及外部社会性因素可能是使他们变得更为刻板的原因。(1)在青少年初期,性激素大量分泌,这使得第一性征和第二性征急剧变化,加强了青少年对自身性别的关注。(2)父母往往会对孩子产生符合社会标准的性别期待。(3)同伴的影响。青少年的性心理已经开始觉醒,他们逐渐发现,为了吸引异性,自己必须强化自身的传统性别角色。

性别角色刻板印象不仅只是对男性与女性特质的一种区别,它还被赋予了不同的价值,通常人们对男性的特质评价较高。当然,性别角色刻板印象并非都是恒定的,其形成受文化和家庭因素的影响。

四、心理双性化

多年来,心理学家们把男性化和女性化看成是性别特征的两极,并假设如果一个人具有高度的男性化特征,那么他必定具有很低的女性化特征,反之亦然。贝姆(S. L. Bem)对这一假设提出了不同意见,认为个体都可以用心理的双性来描述,即用典型的男性化特征和典型的女性化特征的平衡体或组合体进行描述。通常,粗犷、刚强这一类词显然是用来形容男性的,而柔弱、细腻等词语则是用来形容女性的。但是,我们发现:很多人既有刚强的一面,也有柔弱的一面;既有粗犷的一面,也有细腻的一面。也即,一个人同时具有传统意义上的两种性别的个性特征,我们称之为心理的双性化。图2-10-1便是根据男性化和女性化是人格的两个独立维度的观点,对性别角色倾向进行的分类。

贝姆等人编制了同时包含男性特征量表和女性特征量表的自我知觉问卷。在一项调查中，大约有33%的个体被测定为男性化男人或者是女性化女人，30%的个体被测定为双性化个体，其他人被测定为未分化者或者是"性别倒置"者（典型的男性化女性或典型的女性化男性）。贝姆证实，具有双性化性别特征的男性和女性比那些具有典型传统性别特征的个体更能够灵活地行事。

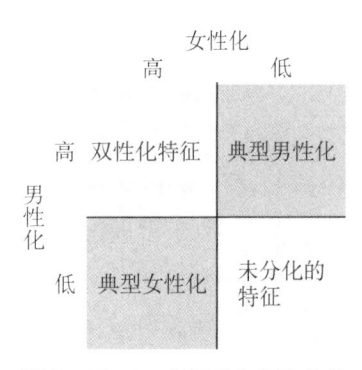

图2-10-1　性别角色倾向分类

还有一系列的研究结果似乎都表明双性化的性别特征在很多方面都表现出了优势。例如，双性化的个体具有更强的适应性，能够依据当前情境的要求调整自己的行为；双性化的儿童和青少年可能具有更高的自尊，而且比那些在性别特征上较为传统的同伴更受欢迎，适应状况更为良好。

具有双性化特征的个体在行为上所表现出的灵活性使我们相信，适当地培养女孩子具有一些男子气，以及培养男孩子具有一点女子气，或许是有利于孩子发展的。

第二节　发展中的性别差异

在许多文化背景中，存在很多有关性别差异的说法，例如，许多父母和老师往往认为：男性的数学能力更强，而女性的言语能力更胜一筹，并且她们善于同时处理多件事；男性更强壮，而女性则有忍耐性。诸如此类的说法不胜枚举。

综合各种研究发现，男女之间的确存在某些领域上的性别差异，主要体现在以下方面。

一、发展的脆弱性

一般认为，女性比男性显得脆弱。而事实上，男性比女性更为脆弱。在母亲怀孕时，男性胎儿更容易流产；在发育过程中，男孩出现发育失调症状的概率要比女孩高3—4倍。出生时，男女性的比例约为105∶100，但是，大部分感染与疾病对男性婴儿更容易造成伤害，因此到了青春期，生存下来的男性与女性的比例大致相当。

在儿童和青少年时期，在常见心理疾病上，男孩的发病率也远远高于女孩。在注意缺陷多动障碍方面，美国心理学会指出，患注意缺陷多动障碍的男女比例为2∶1—9∶1；国内有学者指出，男孩与女孩患注意缺陷多动障碍的比例为4∶1—9∶1。在孤独症方面，国外学者指出其发病率的男女比例为3∶1—4∶1。在学习障碍方面，美国1988年的统计数字显示，出现学习障碍的男生为女生的2.6倍之多；我国学者认为，男孩与女孩患学习障碍的比例可能在2∶1—6∶1之间，其中，在最为普遍的阅读障碍上，患有严重阅读障碍的男孩是女孩的3倍多。在智力障碍方面，男女发病率比例为1.5∶1—1.8∶1。

对于男孩更为脆弱的原因，有学者从进化角度进行了论述。从进化角度来看，男性的Y染色体比X染色体更脆弱，Y染色体本身比女性的X染色体更不稳定，更容易发生基因变异，其发生病变的可能性是女性染色体细胞的10—15倍。Y染色体弱小而萎缩，仅有大约

78 个基因,而 X 染色体(女性染色体)上有 1098 个基因。而且,由于 Y 染色体形单影只,它没有机会与其他任何染色体结合,不能利用有性生殖提供的机遇与其他染色体交换 DNA,Y 染色体也无法自行修复基因变异带来的损伤。

二、认知与言语能力

(一) 视觉/空间能力

有研究认为,男孩的视觉/空间能力优于女孩,男孩比较善于做出视觉/空间推断,也善于对图画信息进行心理操作,具有中等程度的优势。空间能力的性别差异在个体生命的初期就已经出现,而且贯穿整个生命全程。

有研究者曾用实验来考察空间能力的性别差异,研究对象为 3—11 岁的儿童。问题是这样的:一杯水由垂直竖立状态倾斜 50 度,杯中的水平面看起来是什么样的？当一辆货车爬一个 50 度的斜坡时,用线悬挂在车厢的灯泡会处于什么位置？该研究的结果表明,男孩成绩优于女孩。

(二) 数学能力

美国一项针对上千名 7—8 年级聪明学生的研究结果显示,在学习能力倾向测验中数学分数超过 500 分的男孩是女孩的 2 倍,700 分以上的男孩是女孩的 13 倍。从青春期开始,男孩在算术推理测验上表现出了相对于女孩的微小但持续的优势。但是,这种优势并非是全面的优势,女孩在运算技能上比男孩强,在基础数学知识方面,女孩和男孩能力相当,而在数学推理、几何等方面,女孩则落后于男孩。

在数学能力上的性别差异,似乎可以归因于视觉/空间能力与问题解决策略上的性别差异。当然,社会舆论(男孩和女孩所接收到的关于他们自身能力方面的信息)也影响着他们的数学能力表现。

(三) 言语能力

著名人类学家米德(M. Mead)的跨文化研究指出:几乎在所有文化背景下,女孩的言语能力都比男孩要强。研究者已经基本达成共识:女孩的语言能力总体优于男孩。女孩获得语言、发展言语技能的年龄较男孩早。在整个儿童期与青少年期,女孩在阅读、写作、言语表达等方面保持着不大但一贯的优势,且具有跨文化的一致性。

对动物和人类大脑的解剖证实,女性的大脑左半球皮质比男性的稍大一些,而且更为成熟。另一方面,环境因素也起到了一定的作用,例如,父母和老师往往认为女孩在语言课程上有优势。

(四) 能力观

许多研究发现,儿童的能力观也存在性别差异,且男生与女生的能力观因学科不同而有所差异。例如,男生在数学与运动上比女生具有更强的能力感,女生在英语、阅读、社会活动方面的能力感比男生强。这些差异在青春期以后会有所增加。能力观的性别差异主要是由文化因素，如性别偏见和教师、家长的态度所造成的。

三、情绪与社会性

（一）活动水平与类型

男孩在整个儿童期都保持更高频率的活动，特别是与同伴交往时。男孩表现出来的高活动水平可以帮助我们理解为什么他们比女孩更可能发起和接纳许多非攻击性的、推搡摔打的游戏。

游戏中儿童性别行为的差异主要表现在这几个方面：游戏中行为的差异以及偏爱的游戏活动类型差异等。

1. 游戏中行为的差异

男孩会更多地参与身体游戏、户外游戏和功能游戏，而女孩则会更多地参与建构游戏。在假装游戏总量的性别差异上，研究者未得到一致的结论，但是男孩和女孩在假装游戏中的角色不同，男孩会更多地参与有关物体的假装游戏。

表 2-10-1 男孩和女孩游戏行为的差异

	女孩	男孩
审美活动	艺术	积木、建构性玩具
	听音乐	沙箱
	玩橡皮泥	
假装游戏	过家家	木匠游戏
	洋娃娃	战争游戏、幻想游戏
	打电话	
大运动	跳舞	打斗追逐
		球类活动

在儿童游戏中的另一个性别差异是，男孩比女孩更喜欢富有竞争性的游戏。与女孩相比，男孩的游戏更有竞争性，持续时间较长，有较多的规则和角色，更需要伙伴间的相互依赖与合作，有更明确的目标，更有挑战性。

2. 偏爱的游戏活动类型差异

除了游戏中行为的差异之外，男孩与女孩偏爱的游戏活动也不同。表 2-10-1 列出了游戏活动的性别差异。大多数儿童在 2 岁时就开始表现出这些差异。可以看到，性别差异主要存在于三类活动中：审美活动、假装游戏和大运动。

（二）情绪表达性/敏感性

女孩的情绪比男孩更加敏感，她们也更善于表达。在 2 岁时，女孩就能比男孩使用更多的与情绪有关的词语，幼儿时期，当被要求用语言来判断其他人的情绪状态时，女孩的表现就要稍好于男孩。在学前儿童中，女孩使用"爱"这个词的频率是男孩的 6 倍，使用"伤心"一词的频率是男孩的 2 倍，使用"疯狂"一词的频率与男孩相同。

一般情况下，女孩或女性一致地认为她们自己（并且也由他人评定）比男孩或男性更善于照顾人，更富有同情心，移情能力更强。但在实验室里，让儿童体验别人的痛苦与不幸时，男孩对别人的不幸表现出来的面部痛苦、关注及生理唤醒与女孩一样。

女孩的情感敏感性可以从多个方面进行解释。一是进化层面，因为女性承担抚育者的角色，长期的进化可能使女性在基因上发生了改变，以保证她们能为养育后代做好准备。二是父母的教养,从婴幼儿时期开始,母亲就可能对女孩的情绪、情感表现给予更多的回应。女孩和女性可以比较深刻而强烈地表现出她们的情绪,可以更自在地表达她们的感受,而父母对男孩的要求往往是"男儿有泪不轻弹"。

(三) 攻击性

男孩的攻击性高于女孩,男性的攻击性也高于女性,这已成为许多研究者的共识。从 2 岁起,男孩的身体攻击和语言攻击就多于女孩,在青少年期,男孩参与反社会行为和暴力犯罪的可能性比女孩高出 10 倍。我国学者张文新等人对学前儿童攻击行为的观察研究也发现,男女儿童的攻击行为发生频率存在显著的性别差异,男孩的攻击性显著高于女孩。不过,女孩比男孩更可能表现出对别人的隐性敌意,如冷落、忽视他人,试图削弱他人的社会关系或社会地位,等等。

男孩或男性更高的攻击性水平可能有其生物性因素,高水平的雄性激素往往与攻击性紧密相联。

(四) 胆怯、冒险与顺从

从出生起,在不确定的情境中,女孩就比男孩表现出更多的恐惧和胆怯。在这些情境中,她们比男孩更小心翼翼、优柔寡断、不敢承担风险。

在学前期,当面对父母、老师和其他权威人物的要求时,女孩就比男孩表现得更顺从。当劝告别人遵从自己时,女孩主要靠技巧和提出礼貌的建议,男孩更主要凭借过分的要求或控制策略。

(五) 同伴关系与友谊

多数关于友谊性别差异的研究结果显示,女性的友谊通常以感情分享(emotional sharing)为特点,而男性的友谊则围绕着共同的活动发展(common activities),但两者对亲密的重视程度没有差别。两性在友谊方面的差异还表现在以下几个方面。

(1) 年轻女孩倾向于两两交往,而男孩则会以集体的形式一起玩。

(2) 女性的友谊是"整体的"(全面的),涵盖许多方面的经历,而男性的友谊是"有限定的",做不同的事情有不同的伙伴。

(3) 女性之间的自我表露要高于男性之间的自我表露。

(4) 女性的友谊比男性的友谊涉及更多的社会支持,特别是情感支持。

(5) 男性和女性谈论的话题不同,例如,男性会聊体育项目,而女性更可能聊人际关系或个人问题。

有心理学家用两个词简洁而准确地描述了友谊的性别差异:女性的友谊是"面对面",而男性的友谊是"肩并肩"。这种亲密性的性别差异与社会的性别角色标准是相适应的。

除了上述业已证明的性别差异外,还有一些似乎存在性别差异的观念与领域,但这些观念与领域缺乏事实依据,因而并不成立。

(1) 女孩比男孩更加具有社交性。事实上,男、女两性对社会刺激都同样感兴趣,对社会强化物的反应性相同,都善于学习社会榜样。

(2) 女孩比男孩更容易"受影响"。事实上,大多数有关儿童从众的研究都没有发现性别差异。但是,有时候男孩比女孩更容易接受与自己的价值观相冲突的同伴群体的价值观。

(3) 在简单的重复性任务中,女孩比男孩表现得好,而在需要高水平的认知过程参与的任务中,男孩表现得好。事实上,没有证据支持这一说法。如在概念学习中,不存在性别差异。

(4) 男孩比女孩更加具有"分析性"。事实上,除了在认知能力上存在中等程度的性别差异外,男孩和女孩在分析测验和逻辑推理上不存在性别差异。

(5) 女孩缺乏成就动机。事实上,这种性别差异并不存在。或许女孩缺乏成就动机这一说法只是因为女性的成就动机指向不同的目标。

总而言之,当谈及性别差异时,我们必须清楚地认识到,上述所列的性别差异都属于群体差异,我们不能根据群体差异的结论去判定个体差异。另一方面,我们也要看到,男性与女性在心理上的共性远大于差异性,因此,我们要重视性别差异的存在,但不应夸大它的作用。

第三部分

社会心理学

第一章　绪论
第二章　社会化与社会认知
第三章　社会角色与性别差异
第四章　社会态度
第五章　归因与判断
第六章　人际关系
第七章　利他与侵犯
第八章　社会影响
第九章　群体影响
第十章　社会心理学的应用

第一章
绪论

第一节　社会心理学的对象与特点

一、什么是社会心理学

从语义角度分析，社会心理学是研究社会心理现象和规律的科学，或者说社会心理现象和规律是社会心理学的研究对象。

从心理学角度分析，关于什么是社会心理学，曾出现过各种不同的看法。国外学者有的从行为主义视角进行分析，有的则基于社会认知的视角对此进行阐述。国内学者有的认为，它是研究个体或若干个体在特定的社会生活条件下心理活动之发展和变化的科学，有的认为它是研究个体和群体的社会心理、社会行为及其发展规律的科学，还有的认为它是研究特定社会生活条件下个体心理活动发生、发展及变化规律的学科。

综合各种观点和当前该领域的研究走向，可将社会心理学界定为：它是一门从社会与个体相互作用的观点出发，研究特定社会生活条件下个体、群体心理活动的事实及其规律的科学。

二、社会心理学的研究领域

具体来说，社会心理学的研究领域主要聚焦于以下四个方面。

（一）社会思维

社会思维，关涉个体如何看待自己和他人，据此可以评价个体得到的印象、形成的直觉和进行的解释之准确程度。它包括社会化与社会认知、社会角色与性别差异、社会态度、归因与判断等诸方面的内容。

（二）社会关系

社会关系，关涉人们相互之间关联的种种问题，据此可以把握人与人之间关系的形成、发展及其互动。它包括人际沟通、人际关系、冲突与和解、利他与侵犯等诸方面的内容。

（三）社会影响

社会影响，关涉人们如何影响他人与受他人影响，据此可以推测个体或群体在他人影响下可能发生的行为和心理上的变化。它包括各种大众社会心理现象和相符行为、群体对个体行为的典型影响、群体对决策的影响、群体领导等诸方面的内容。

（四）社会心理学的应用

社会心理学的原理可以被应用于众多社会生活领域，如教育、健康、临床、管理、环境、司法、政治等，以增进工作效率、提升生活品质、推动社会文明，更好地造福人类。

三、社会心理学的特点

（一）社会心理学是心理学的一个分支

一种观点认为，心理学研究的领域极为广泛，可按研究对象形成各个分支学科，社会心理学和教育心理学、管理心理学、医学心理学、运动心理学等一样，是其中的一个分支学科。诚如奥尔波特指出的：心理学的所有分支都是研究个体的科学，社会心理学当然也是心理学的一个分支。另一种观点认为，心理学是由多层次、多水平的内容组成的一个系统，如果把心理学看作一棵大树，则其根基有两条，即哲学（反映论）和生理学（反射论）；其树干有两段，即心理学史和普通心理学；之上的主干有两条，即个体心理学和社会心理学。个体心理学主干上有神经心理学、动物心理学、缺陷心理学、生理心理学等分支学科；社会心理学主干上有教育心理学、运动心理学、管理心理学、犯罪心理学、民族心理学等分支学科。

尽管存在不同观点，但社会心理学是心理学的一个分支学科是学界的共识。

（二）社会心理学有两种研究取向

社会心理学有两种研究取向，即社会学的社会心理学和心理学的社会心理学。两种取向的社会心理学研究在关注重点、理解行为途径、选用主要方法、首要目标等方面有着明显不同的倾向（如表3-1-1所示）。社会心理学的两种取向分别为社会学家、心理学家所倚重。

表3-1-1 社会心理学两种取向的研究之比较

	社会学的社会心理学	心理学的社会心理学
关注重点	群体或社会	个体
理解行为途径	分析地位、角色等社会变量	分析心理活动、状态、人格等
选用主要方法	R-R型（主要是调查、参与观察）	R-R型、S-R型（为主）
首要目标	描述行为	预测行为

（三）社会心理学与若干学科有紧密联系

社会心理学与心理学、社会学、文化人类学有着密切的联系。

同时，社会心理学也与其他心理学分支学科有紧密联系。例如，普通心理学的研究涉及主体与自然客体、社会客体的普遍性关系，社会心理学则主要研究主体与社会客体的关系，两者的发展均能从对方的研究成果中获取营养。又如，发展心理学研究个体在成长过程中的心理变化，社会心理学则主要聚焦于个体成人阶段的心理，两者的研究均把对方作为必须考量的要素之一。再如，人格心理学研究人格特质的形成、发展，涉及自然、教化的各种因素，社会心理学则主要关注当前情境的直接作用及其与个体的相互作用。

在与社会学的联系方面，在理论取向上，两者均重视从社会环境与个体的互动关系的角度来分析社会心理问题，但社会学基于对个体的心理分析来阐述社会心理问题，而社会心理学则把个体心理活动置于社会分析的基础之上；在研究方法上，两者都采用测验、实验、问卷、访谈、个案研究等手段，但社会心理学更倾向于使用测验的、实验的方法；在具体课题上，社会学的研究更为宏观和概括，会更多地从社会制度层面来进行考察，而社会心理学则倾向于从个体心理及其相互作用的层面来进行分析；在成果互补上，社会学家日益重视在研究中借用心理学概念并突出心理因素，而心理学家也日益认识到社会关系对理解人的心理特点而言极为重要和必要。

文化人类学也是社会心理学学科发展的一个源头，文化人类学的许多研究成果为社会心理学对一些问题的研究和阐述提供了有价值的素材；同时社会心理学的一些研究方法也丰富了文化人类学的研究，尤其是比较文化的研究；社会心理学揭示的一些社会心理事实和规律，如暗示、流行、从众等，对解释一些人类文化学中的现象也有帮助。

第二节　社会心理学发展简史

一、孕育阶段

该阶段从古代一直延续到19世纪上半叶，学者主要依据权威的思辨和社会准则来阐明人们的社会行为，故该阶段也被称为哲学思辨阶段。其间，哲学家提出并思考的问题中不少是社会心理学问题，这些问题与他们的心理学基本观点有紧密联系，且蕴含于相应的哲学体系之中。

在孕育阶段，有两种代表性的对立观点。一种观点以柏拉图（Plato）和苏格拉底（Socrates）为代表，认为人性虽然无法完全摆脱生物性遗传的影响，但仍然深受社会环境的影响，完全可以通过教育和社会制度来改变。这种观点后来为18世纪德国古典哲学家康德（Kant）和法国启蒙思想家卢梭等人所发展。

另一种观点以亚里士多德（Aristotle）为代表，认为人性是由生物的和本能的力量所决定与支配的，社会对人性不可能有很大的改变。这种观点后来为16世纪意大利思想家马基雅维里（Machiavelli）和17世纪英国哲学家霍布斯（Hobbes）所发展。

二、雏形阶段

1908年，英国心理学家威廉·麦独孤（W. McDougall）、美国社会学家爱德华·罗斯（E. A. Ross）同时出版了同名教科书《社会心理学》，标示了社会心理学雏形的出现。在该阶段，社会心理学在研究方法上强调根据经验来描述行为，在研究倾向上则出现了社会学和心理学两种取向。麦独孤的《社会心理学》用本能论观点来解释人类个体的社会行为时是以个体作为研究重点的，代表了心理学的研究取向；罗斯的《社会心理学》认为应该研究的是群体而不是个体的心理与行为，他从群体过程及相互影响的角度阐述了社会影响对人类行为的作用,代表了社会学的研究取向。

在雏形阶段,德国的民族心理学、法国的群众心理学和英国的本能心理学对社会心理学的发展有着重要的影响。德国的民族心理学形成于19世纪中叶,其代表人物是心理学创始人冯特。法国的群众心理学产生于19世纪后期,代表人物是法国社会学家加布里尔·塔尔德(G. Tarde)、涂尔干(E. Durkheim)和古斯塔夫·勒庞(G. Le Bon)。英国的本能心理学形成于20世纪初,其代表人物是英国心理学家麦独孤。社会心理学在发展的雏形阶段从上述三方面吸取了丰富的理论营养,故它们又被称为社会心理学的三大理论来源。

三、确立阶段

自20世纪初期起,随着科学心理学研究中各种实证手段的广泛运用,社会心理学开始进入确立及真正形成的时期。1916—1919年,奥尔波特(F. H. Allport)进行了一系列关于"社会促进"的实验研究,1924年出版的《社会心理学》一书因集中反映了其研究成果,被公认为是实验社会心理学的经典之作,也被视为是社会心理学这一学科得以确立并真正形成的标志。

奥尔波特运用实验方法对人们的社会心理和行为所做的科学心理学研究对社会心理学产生了深远的影响,主要促成了社会心理学研究的四大转变:即从仅仅进行描述研究转为强调实证研究,从侧重定性研究转为突出定量研究,从倾向于大群体探讨转为关注小群体分析,从重视理论阐述转为重视应用研究。例如,在20世纪二三十年代,瑟斯顿关于态度测量的研究,谢里夫(M. Sherif)关于社会规范形成的研究,勒温(K. Lewin)关于社会团体气氛的研究,都在一定程度上受到了奥尔波特运用实验方法进行的小群体分析的影响,这些研究极大地推动了社会心理学的发展,并已成为相关领域的经典研究。

奥尔波特的研究及其影响具有划时代的意义,因为,由他促成的四大转变至今仍然是社会心理学研究的主要特征。

四、我国社会心理学的发展

我国社会心理学的发展大体可以分为如下三个阶段。

第一阶段,1949年之前的初步发展阶段。该阶段,我国的社会心理学研究工作主要是翻译西方的相关著作,介绍西方的社会心理学研究,其中影响较大的是1931年出版的由赵演所译的奥尔波特的《社会心理学》。其间,也有若干社会心理学专著问世,例如,陆志韦于1924年出版的《社会心理学新论》,孙本文于1946年出版的《社会心理学》等。

第二阶段,1949年至1980年左右为停滞和空白阶段。该阶段,社会心理学在我国被取消,在学科之林中无一席之地。

第三阶段,1980年前后至今为重新起步和发展阶段。改革开放使我国进入了社会发展新时期。1981年,北京心理学会首次成功举办了社会心理学学术座谈会,来自全国各地的心理学工作者就社会心理学的研究对象、学科性质和研究方法等学科基本问题进行了深入探讨,强调了要以辩证唯物主义为方法论原则来建设有中国特色的社会心理学,这标志着我国的社会心理学进入了重建和发展的新阶段。

第三节　社会心理学的理论

一、心理动力学理论

这是主要基于弗洛伊德的精神分析学说而形成的一个心理学理论体系。心理动力学强调心理能动性在人的精神生活中的重要作用，认为人的心理与行为是积极的、能动的心理能量相互作用的结果，指出人的精神生活是不断发展变化的，其基本动能来自人的各种需要和内驱力，这些动力基本上是无意识操作的，故人们往往不清楚自身行为的真正动机。该理论指出，对精神病人进行干预时，要深入了解对象的动机、需要、欲望以及其童年期的经验等，在干预中尤其强调要帮助对象以一种前进的力量去对抗倒退的倾向。该理论的代表人物有弗洛伊德、荣格、阿德勒(A. Adler)、霍妮(K. Horney)、弗洛姆(E. Fromm)等。

弗洛伊德的精神分析学说在心理学界占有重要地位，而且它作为一种重要的人文社会思潮对整个20世纪西方文化都有巨大影响。弗洛伊德对"本能""超我""人格发展""群体心理学"等方面的论述，对社会心理学发展的影响尤为深远。

荣格、阿德勒、霍妮、弗洛姆是弗洛伊德的追随者，但他们各自按照自己的观点发展了精神分析理论。荣格在其理论中提出了"集体无意识"学说，对群体心理的本质做出了独到的阐述。后面三位的理论，如阿德勒的追求卓越与社会兴趣学说、霍妮的基本焦虑学说、弗洛姆的社会潜意识学说，被称为精神分析中的"社会文化学派"，被人们看作精神分析中的社会心理学理论。

二、社会学习理论

社会学习理论是在行为主义刺激反应理论的基础上发展起来的，该理论把新老行为主义的学习原则应用于社会心理学研究领域，强调研究人的可观察的外显行为，认为人的行为是通过学习而获得和改变的，阐明了人是怎样在社会环境中学习并做出一定的反应的。

华生于1913年发表的《行为主义者心目中的心理学》一文宣告了行为主义的诞生。华生的行为主义观点与桑代克的联结律以及巴甫洛夫的经典条件反射原理密切相连，他们认为人类的行为尤其是早期的行为完全来自学习，决定因素是外部刺激，而外部刺激可以通过条件反射机制加以控制。

新行为主义者发展了相关理论。例如，斯金纳提出了操作条件作用理论，极其突出强化的地位和作用，并指出操作性行为在人类现实生活的学习情境中更具有代表性。又如，米勒(C. N. E. Miller)和道拉德(J. Dollard)以社会刺激(他人的行为)代替物理刺激，并用由刺激—动因—线索—反应—报偿组成的模式来说明模仿现象。

以班杜拉为代表的社会学习理论学者主张把依靠直接经验的学习(传统的学习理论)与依靠间接经验的学习(观察学习)综合起来说明人类的学习，认为人的思想、情感同时受到直接经验和间接经验的影响。他们强调,人、行为、环境三者的交互作用是说明心理与行为的关键,同时,他们也重视观察学习、认知过程和自我调节的重要性。

三、社会认知理论

这其实不是一种具体学说,它只是表示社会心理学家的一种研究取向,泛指从社会认知角度切入对人类心理与行为进行探究的各种理论观点。

如格式塔心理学的场论,代表人物是勒温。他认为,场包含了个人的主观因素、心理环境和行为,行为是前两者相互作用的结果;个体的需要使其与环境之间的张力得以产生,张力在需要得到满足后才会消除。其后的各种认知协调或不协调的理论都深受这些观点的影响。

又如,认知一致性理论,代表人物有海德(F. Heider)、纽科姆(T. N. Newcomb)、费斯廷格(L. Festinger)等。海德首先提出了认知一致性的概念,并以此为核心阐发了认知结构平衡理论。纽科姆发展了海德的平衡理论,将平衡从个体的认知系统推延到了群体的认知和沟通系统中。费斯廷格则提出了著名的"认知失调理论",该理论是20世纪50年代社会心理学研究中最重要的成就之一。

再如,社会认知的归因理论,代表人物是琼斯(E. A. Jones)、戴维斯(K. E. Davis)、凯利(H. H. Kelley)等。归因研究的出现缘于社会心理学家不满足于对社会认知过程的笼统研究,缘于他们不再执着于试图建立一种能阐明社会认知整体过程的理论模型。在归因研究方面,琼斯和戴维斯聚焦于认知主体的归因过程,凯利则将归因现象分为两类,强调了三种信息在归因中的重要性并组合抽象出了一个归因的过程模式。

还如,在信息加工观点指导下的社会心理学研究。一些社会心理学家试图用计算机信息加工的术语和原理来解释人的一些社会心理与行为,意在回答为何人会表现出特定的社会心理和行为的问题,并在对自我、态度改变、刻板印象等的研究中取得了一定的进展。

四、符号互动理论

符号互动理论是社会心理学的一个学派,是一种美国土生土长的理论,集中代表了社会学取向的社会心理学。米德(G. H. Mead)是这一理论的奠基者,其学生布鲁默(H. Blumer)在米德逝世后又做了大量传播工作。

该学派的理论渊源深受詹姆斯、库利(C. H. Cooley)、托马斯(W. I. Thomas)等人的影响。比如,詹姆斯把自我划分为"主我"和"客我",客我又被细分为"物质我""精神我"和"社会我"。又如,库利对自我与社会之关系的阐述,他还提出了"镜中我"的观点。再如,托马斯认为影响人类行为存在着"主观定义"的过程和"情境定义"的阶段。

在该理论中,符号主要指语言、意义。语言使人能认识自己的行为和他人的行为,使这些行为成为意义的客体。这个学派的理论依据三个主要假设:一是,人对社会客体的作用大小取决于该客体对他的意义;二是,社会客体的意义来自社会相互作用;三是,意义是在解释过程中获得和改变的。该学派用符号交换、直接沟通来解释社会相互作用,认为人能够设想他人或群体是如何看待自己的、能够扮演他人或群体（概括化他人）的角色，进而对情境做出相应的解释并决定自己的行动。

五、社会交换理论

社会交换理论主要阐述人们在社会交换过程中的基本心理过程及其与交换行为之间的关系。该理论属于社会学取向的社会心理学理论，经典经济学和行为主义的有关理论观是其两个重要思想来源，霍曼斯（G. C. Homans）、布劳（P. M. Blau）是该理论的两位代表人物。

经典经济学认为，人的行为遵循"快乐原则"，追求最大利益，把交换视为满足个人欲求的主要手段。社会交换理论基本接受这样的观点，但对其进行了修正，使其变得并不是如此绝对。斯金纳的新行为主义认为，形成和改变行为的关键是强化即提供报酬，他还提出了一系列心理学命题。社会交换理论对此几乎全盘接受，并将之视为其基本观点的主要组成部分。

社会交换理论把人际相互作用类比为经济交易，认为人在交往中会致力于最大限度地扩大收益并减少损失，它采用了强化心理学中的学习餍足原则，即相当于经济学中的边际效用递减原则。例如，一个受到许多社会赞许的人不像一个缺乏社会赞许的人那么重视他人的好感。对社会交换理论的研究更多地集中在社会承认、社会表扬和批评以及个体因此获得的满意感等方面。

六、简评与趋势

（一）简评

上述理论是近百年社会心理学研究之理论成果的结晶，引导着人们对社会心理现象的阐述以及对社会心理学问题的研究。

毋庸讳言，任何理论都会存在某种不足甚至问题，上述各种社会心理学理论也不例外。心理动力学理论过于聚焦于潜意识、矛盾冲突等，无视了个体心理和社会心理之外理性的东西。社会学习理论明确了与学习情境有关的许多规律、原则，但并不能有力地解释人类的一切行为；过于强调环境对行为的影响，回避了对改造性活动的分析；对社会阶层或角色对个体行为的影响、文化规范与行为的关系等更深层次的问题缺乏深入研究。社会认知理论的研究远离个体生活实践，仅抽象地研究人的认知过程；研究聚焦于个体的认知过程，忽视了对群体社会心理现象的关注和探究。符号互动理论把社会关系简单归结为人际关系、直接沟通，又脱离活动内容和社会历史制约性来考察人际关系，同时对相互作用的情感方面不够重视。社会交换理论仅在一定范围内说明了人际相互作用的现象，却无法说明人类社会中存在着的大公无私、贪得无厌的现象。

人类社会生活丰富多彩，社会心理现象纷繁复杂。对人类社会之心理与行为做出说明和解释时，我们应选择合适的理论；在对人类社会心理与行为问题进行探究时，也应该选择合适的理论;同时,社会心理学理论本身也需要发展,包括对原有理论观点的深化认识和及时修正、开拓研究领域、拓展研究思路并提出新的理论观点等。

(二) 趋势:后现代社会心理学思潮

1. 背景

20世纪80年代后期,随着后现代心理学的提出,后现代社会心理学的思潮开始涌现。其出现既受外部背景即后现代社会环境以及后现代哲学的影响,也有学科背景即社会心理学学科自身内部面临种种困境等原因。例如,社会心理学在发展进程中倾向于以方法为中心,而不是以问题为中心,强调定量分析的实证研究而忽视定性分析的使用,偏爱严格控制的实验室微观研究而忽视对宏观现象进行社会心理学解释等。

2. 基本观点

后现代社会心理学思潮提倡经验论和相对主义。该思潮认为,机械论和实证论等自然科学的方法不宜用于社会心理研究,任何理论都只适用于特定的文化和历史背景。

后现代社会心理学思潮重视高级心理研究。该思潮认为,心理学和社会心理学已经对低级心理过程有大量研究,但说明不了人与人之间的本质差异以及社会文化的发展,社会心理学应该重视对人的思维、创造性、人际关系、自我发展等的研究,并尽快与伦理学、艺术和社会学的研究接轨,使之能联系现实生活并解决社会问题。

后现代社会心理学思潮提倡从整体论和文化的角度来研究人的心理。该思潮反对把心理学的研究还原为研究一系列生理活动的倾向,质疑比较心理学和动物实验的研究结果并反对据此简单地推测人的心理,认为不能通过实证、归纳和推理之类的自然科学方法,而应用历史文化学的研究方法来研究人的社会心理与行为。

3. 研究重点

后现代社会心理学思潮探讨人的社会性。该思潮研究的注意点从个体转向社会,关注生活在商品和信息社会中的人的价值观、责任感、历史感是如何产生和变化的。

后现代社会心理学思潮注重语言研究。该思潮认为语言不仅能表达思维,而且规定了思维,并能为认识世界服务,因此相关学者注重研究语言的建构性,而非其反映性。

后现代社会心理学思潮提倡超个体主义研究。该思潮认为后现代社会竞争激烈,要真正保持人的尊严、发挥其潜能,就要重视让人回归大众和平凡的研究,重视让信仰的坦然来消除自我奋斗之焦虑的研究,即研究超个体主义。

后现代社会心理学思潮尚未被认为是一种系统的理论或学派。但是,该思潮强调以人为本,提出要根据社会发展和时代变化来调整社会心理学的研究方向,推动了社会心理学学科的发展。

第四节 社会心理学的研究方法与潜在问题

一、社会心理学的研究目的、过程

(一) 社会心理学的研究目的

1. 描述

对人们的社会心理和行为进行尽可能详尽而系统的描述,有助于对处在特定社会生活条件下的人们的心理和行为做出较为有效与可信的推测。例如,从描述男、女行为的不同表现可以推测两者在社会认知或社会行为方面的差异。

2. 原因分析

探究人们的社会心理和行为产生的原因,有助于找出其中可能蕴含的因果关系。例如,研究影响人的态度转变的各种因素有助于揭示有关态度改变的若干因果关系。

3. 建立理论

提出并完善有关社会心理和行为的理论或观点,有助于更好地理解人们的社会心理和行为。例如,基于对利他或侵犯行为的研究,提出有关这些行为为何会发生、受哪些因素影响的理论观点。

4. 应用

运用社会心理学的原理来解决现实生活中的实际问题。例如,把握了人际关系的影响因素可以更有效地进行良性的人际互动。

(二) 社会心理学的研究过程

1. 提出问题

该过程要求研究者提出研究什么的问题。问题或者源于已有的理论,即对相关观点进行检验或修正;或者来自实践,即探讨如何解决生活领域中的实际问题。

2. 选择研究方法

该过程要求研究者针对研究的问题,结合主客观条件,选择合适的具体研究方法。

3. 设计并实施研究

该过程要求研究者思考并明确研究中对自变量的安排、对因变量的记录、对无关变量的控制。

4. 撰写论文

该阶段要求研究者在获得研究结果、分析相关资料、得出有关结论的基础上撰写研究报告或论文。

二、社会心理学的研究方法

(一) 研究的哲学指导思想

科学方法论的认识论指出,世界在本质上具有有序性和因果性。有序性,即世界上万事万物组成了一个有条不紊的整体,不应受其混沌无序的表象所迷惑;因果性,即现实的种种现象或出现的事件都具有因果联系,总存在着先前的原因以及后继的结果。社会心理学的科学研究一定能够透过纷繁复杂的社会心理现象揭示相关规律,造福人类社会。

(二) 研究方法的原则

社会心理学研究方法的原则主要有:(1)客观性原则,即研究必须实事求是,尊重事实,不能主观臆断;(2)联系性原则,即研究要从整体出发,要综合考虑各种主客观因素;(3)发展性原则,即研究要有动态和宽广的视角,要看到对象的发展和环境的变化;(4)继承与批判辩证统一的原则,即应该吸收已有的国内外研究成果,同时要做到"去粗取精、去伪存真";(5)定量研究与定性研究有机统一的原则,即把定量、定性两类研究有机结合起来,以更好地揭示社会心理的现象和规律;(6)研究的科学性与研究的生态效度要兼顾的原则,即研究应符合科学性的要求,同时也要重视研究成果在社会生活中的有效应用。

(三) 具体的研究方法

社会心理学的具体研究方法很多,有相关研究法、实验研究法、心理测验法、调查研究法、个案研究法、现场研究法、文献研究法、档案研究法、模拟研究法等。其中,使用得较为普遍的有以下两种方法。

1. 相关研究法

这是探究两个或更多的变量(因素)之间相互关系的一种研究方法。其实质是对有关变量可能存在的关系进行探究。通过相关研究,可以确定变量 x 与变量 y(乃至更多变量)是否以某种方式一起出现或一起变化。

通过相关研究法所获得的数据、资料经统计处理后,其结果用相关系数 r 来表示,r 值的分布范围为 $-1—1$,正、负值分别表示有关变量变化的方向是一致的还是相反的,同时绝对值大小分别表示了相关的紧密程度。

相关研究法揭示的关系具有一定的科学意义和价值。假如两个变量之间存在相关,就可以用一个变量的信息来预测另一个变量的变化,两者相关度越高,则其预测就会越准。在研究条件无法控制时,相关研究法常常是优先考虑选用的一种研究方法。例如,有项研究收集了美国几十个城市的气温资料和当时的犯罪记录,通过相关研究发现了两者存在相关关系,即在一定的温度范围内犯罪率会随着气温升高而增加。

需要指出的是,通过相关研究法进行的研究揭示的关系尚不能确定为因果关系,因为两个变量之间的相关可能是由随机变量引起的,也可能与第三个变量的变化有关;运用相关研究法进行研究时,既要重视对相关系数数值的大小和正负方向的分析,也要考虑到心理现象的复杂性,以其他方法所得的资料与之进行对照。

2. 实验研究法

社会心理学研究常常采用实验研究法来探究变量之间的因果关系。实验研究法是按照特定研究目的的、有计划地严格控制有关变量以考察被试心理活动的一种科学研究方法。在这里,有计划地严格控制有关变量,即在系统地改变一个或多个自变量的同时观察记录相应的因变量,并尽可能控制所有无关变量不变。严格地安排自变量,控制无关变量,记录因变量,使实验研究法具有可以重复和可被验证的本质特征。

实验研究法有实验室实验和现场实验两种。前者借助各种仪器设备、严格控制各种条件、在实验室进行;后者通过在日常生活条件下对某些条件加以控制或改变来进行。

三、社会心理学研究中潜在的问题

(一)伦理问题

关注科学研究中的伦理问题源于对二战期间纳粹暴行的揭发。同时,研究者在现实研究中也发现存在着严重的伦理问题。例如,一项意在了解性病进程的长达数十年的纵向研究的研究者,告知患者他们正在接受治疗,但其实他们并未给患者安排任何药物治疗,甚至在有效药物问世并被证明有显著疗效后,患者依然得不到治疗。

在社会心理学研究中,伦理问题主要表现为对被试的"欺瞒",即欺骗和隐瞒研究的真实意图目的。一方面,为了严格控制有关的因素和尽力避免心理效应的污染,研究者会对被试有时连同陪试甚至主试隐瞒真实的研究目的和意图,这有助于提升研究成果的质量。另一方面,这样做会带来伦理问题。例如,在对服从行为的研究中,要求被试对另一个人(陪试)施加电击,尽管电击是虚假的,但仍然会使被试因自己伤害了他人而深感内疚。如果实验后告诉被试电击是假的,则又会使被试产生受摆布和被愚弄的感觉。这些都会被质疑"是否道德"。

对此,大多数社会心理学家认为,为了获得有效的研究结果,暂时的欺瞒通常是必要的;同时,研究中必须坚持无损于参与者身心健康的原则。为此,研究者要做到以下几点。

(1)知情同意。任何人参与任何社会心理学的研究都必须是自愿的,不能强迫或勉强;同时,应尽可能让参与者了解研究的有关信息,包括告知其研究目的和步骤、可能的风险和收获、有权拒绝或退出研究等。

(2)事后说明。研究结束后,被试有权得到事后说明,即被告知研究的真正目的、对具体做法和步骤的解释,被试可以提出各种问题,表达自己的情感和想法。

(3)风险最小。这主要涉及:尊重和保护被试的隐私权,对被试就敏感话题的反应严格保密;控制可能的应激,有些研究可能会使人感到疲倦、焦虑或恐惧,也可能使一个人的自尊受到威胁,这样被试可能会处于应激状态。必须在坚持知情同意的同时让被试获得足够的信息并做出自我决定,尽量降低可能由此引发的应激反应;关注研究结束时被试的身心状态,确保被试在研究结束时处于与开始时几乎完全相同的身心状态。

(二)"价值中立"问题

价值中立的问题与研究的科学性要求相联系。科学性,既是对所有研究的基本要求,也是所有研究追求的境界。就社会心理学研究而言,必须力求客观性,避免主观性。"价值中立"的要求由此而提出。

但是，价值中立很难做到，社会心理学研究如同其他社会科学研究一样，很容易陷入"自然主义谬误"(naturalistic fallacy)中，即把对"这是什么"的问题转换为"这应该是什么"，比如，将某些个体归为成熟或不成熟的、适应良好或不良的、心理健康或不健康的等，在使用这样的形容词时似乎在陈述事实，事实上已经做出了判断。其实，在对人类任何行为进行考察后简单地称之为"正确"或"错误"是不恰当的，是把对事实应有的客观描述变成了基于个人价值观的"应该如此"的阐述。

价值观会从方方面面影响社会心理学的研究，例如，影响一个人的学科兴趣和研究指向，影响研究课题的选择，影响对结果的解释和有关观点的形成，等等。总之，科学研究包括社会心理学研究很难是完全客观的，难免会带有一定的主观性，因此，任何研究者都应该包容持有各种不同观点的研究，重视他们的分析和见解，同时以科学的研究态度不断地将观念与事实进行相互印证，不断地检验和修正有关认识。

（三）与常识的关系问题

社会心理学研究与生活常识有着紧密的联系。我们时时、处处都在观察着人们如何看待他人和自己、如何相互联系并相互影响，社会心理学就在我们周围。与其他社会科学一样，社会心理学在一定程度上可以用常识说明，其研究揭示的社会心理现象和规律与社会生活中的常识有着惊人的相似之处，有时似乎就等同于常识。

社会心理学研究得出的许多结论尽管看起来似乎是常识，但只有在人们知道了结论之后才是如此。其实，常识总是事后才被证明是正确的，不符合科学规律的常识是事后聪明式的偏见。例如，让两组被试分别对意义相反而又相互对应的命题做出评价，一组阅读"恐惧比爱更为强大""堕落的人不能帮助另一个堕落的人""办事须抓紧机遇"等，另一组阅读"爱比恐惧更为强大""堕落的人能够帮助另一个堕落的人""办事须三思而后行"等，结果显示，两组命题都得到了很高的评价。显然，这些常识性的看法看似正确，但其实它们仅仅符合生活中已经发生的这样或那样的某些现象，缺乏普遍适用性。而此类"事后聪明式偏见"却会使人过高地估计自己对生活的解释能力，而贬低了对生活真相和事物因果关系的科学探究。

更重要的是，常识未必正确，米尔格拉姆(S. Milgram)的服从研究即是证明，实验前询问被试在实验情境下是否会表现出服从行为，他们的回答大多是否定的，然而实验结果表明事实正与此相反。这是常识未必正确的典型例子。要区分常识中哪些是正确的、哪些是不正确的，就要确定常识在何种条件下才成立，因此也就要进行科学的研究。

人类的社会心理与社会行为极为复杂，生活经验和常识尽管有意义，但只能作为了解社会心理和行为的参照。社会心理学不是生活常识的翻版或各种常识的拼盘。只有通过社会心理学的科学研究，才能把握人们社会心理和行为的现象及规律，才能摆脱常识的牵绊，透过行为现象抓住心理本质，进而使生活经验和常识升华为科学知识与理论。

第二章
社会化与社会认知

第一节　社会化

一、社会化的含义

社会化,是个体在特定的环境中通过与社会的交互作用,学习和掌握社会行为规范与价值观念,形成适应于该社会与文化的人格,从而成为一个合格的社会成员的过程。

通过社会化,个体获得了社会中正常活动所必需的品质、价值观、信念以及社会所赞许的行为方式,从而适应了生活和环境的要求;通过社会化,人们学会了共同生活和彼此有效地相互作用,从而促使社会得以延续和发展。

二、社会化的内容

(一) 基本社会生活技能社会化

这方面包括了生活自理技能和谋生技能两项。生活自理技能,是社会化最基本的内容,包括初生婴儿凭借哭声表示饥饿等需求,之后的穿衣吃饭、咿呀学语、形成事物的简单概念,以及能够逐步调节情绪、合理安排生活、协调人际关系等。谋生技能,是个体社会生活的又一项基本社会能力,包括子承父业式的家庭传授的技能、接受系统的学校和社会教育后掌握的专业技能。

(二) 行为规范社会化

社会规范是社会向全体成员提出的要求人们遵循的行为准则,它们体现在法律、道德、习俗等方面。法律规范社会化和道德规范社会化,是行为规范社会化的两个基本方面。前者,使人们能按照法律法规来约束自己的行为,具有明显的强制性,同时也能使人们更好地保护自身的合法权益。后者,是将特定社会所肯定的道德准则和道德规范加以内化,形成合乎社会要求的道德品质。一般来说,行为规范的社会化要经过服从、认同和内化三个阶段。所以,习得行为规范只是社会化的一个方面,行为规范的内化和用行为规范来指导并约束自己的行为才更为重要。

(三) 社会角色社会化

社会角色社会化有三个方面:第一,对社会角色的认知,包括对目前和未来的角色的认知,它决定了个体能否有良好的社会适应;第二,确定社会角色的期望,清楚个人在社会中的地位及其应有的期望,期望过高或过低都会引起角色差距或混乱;第三,角色变化的适应能力,即根据环境变化和社会发展的要求能承担相应的多重角色,并有较强的适应能力。

(四) 政治社会化

政治社会化,是个体逐步接受现有政治制度,形成相应的政治态度和政治信念的过程。它能使个体成为一名服从国家法律、遵守政府规定、行使正当权利、承担应尽义务的合格公民。政治社会化事关一个国家的稳定、巩固与发展,任何国家都十分注重其公民的政治社会化。同时,这一过程是双向的,一方面个体接受社会的政治改造,另一方面个体也会对社会政治及其发展产生影响。

(五) 民族社会化

民族社会化,是使自然人成为具有民族意识的人的过程。每个民族都有自己的习俗与传统,民族社会化的结果是使每个人都能尊重自己民族的习惯、风俗与传统,热爱自己的民族,具有民族自豪感。中华民族历来有极强的民族观念,即使是长期侨居海外的华人,也仍然热爱自己的民族,乐于发扬中华民族的优良传统。

三、社会化的种类

个体的社会化是一个持续终生的过程,在这个过程中,个体经历的社会化主要有以下几种。

(一) 早期社会化

这是发生在生命早期的一种基本的社会化,主要使个体掌握语言,学习生活技能,内化社会规范和价值观,与周围人建立感情,了解他人的思想和观点,与周围的环境保持平衡。

(二) 预期社会化

这主要是引导个体学习今后将要扮演的社会角色,如学校进行的教育、设置的课程、开展的活动等,都是在为个体将来走上工作岗位做准备。

(三) 继续社会化

这是在已有社会化的基础上,个体为了适应社会发展和环境变化,继续学习社会知识和技能、价值观念和行为规范的一种社会化。例如,无论是结婚还是转岗,个体都得再学习,掌握新的知识和技能。

(四) 再社会化

这是个体在成年期后一种较为特殊的社会化形式。当生活环境或社会角色发生急剧变化时,个体需要对生活做出重大调整,进行新的学习以适应环境。比如,到异国他乡工作、生活就需要学习当地的语言、风俗和习惯等。

再社会化有两种基本形式:一是主动的再社会化,即个体自觉主动地适应新的生活环境,如移居他乡生活;二是强制的再社会化,即个体被动地接受再社会化,如罪犯接受教育改造。

（五）反向社会化

反向社会化又被称为"文化反哺"，指年轻一代将文化知识传递给年长的一代。比如，当下许多中老年人为掌握电脑和网络技术而向年轻人学习，移民家庭中的年轻成员向他们的长辈解释周围的文化，传递当地社会的各种信息和要求等。

四、社会化的特点

由于社会化内容的多样性以及每一个个体的特殊性，个体的社会化表现出以下几个方面的特点。

（一）以遗传素质为基础

社会化，离不开一定的物质基础，即人特有的遗传素质。

动物，即使是较为高等的猿类，尽管掌握了某些类似人类的行为方式，但最终还是动物，就因为其遗传素质不同于人。反之，狼孩从小在狼群环境中长大，尽管已有狼的习性，但一旦回到人类社会，便能够在一定程度上恢复人的行为。究其原因，除了周围环境的影响，主要还是因为狼孩仍携带着人类的基因信息，有着人的生物学结构与功能。

（二）具有普遍共性

社会化，是一个文化传承的过程，同一社会文化背景下的成员都具有一些共同的心理特征，不同社会文化中的人的特性则会有所不同。例如，中国人的传统是勤劳刻苦，家庭观念较重；美国人富有冒险进取精神，倡导个体独立。

社会心理学家勒温认为，同一个国家的国民具有相同的人格特征，可称其为国民性。他本人是犹太裔的德国人，在美国度过了晚年，对美国人和德国人都比较熟悉，曾对两国国民的人格特征做了比较研究，指出了两国各自的国民性，即各自所具有的共性特征。

（三）具有独特个性

社会化，是依据个体所具备的条件形成的，即使在相同的环境中，人们的社会化过程与内容也会不一样。例如，生长在同一家庭中的同卵双胞胎，他们的遗传素质完全一样，但出生顺序的不同决定了他们得到的期望会有差别，这就会造成他们的社会化也有所不同。此外，每个人的社会化都有自己的特定环境和任务，其社会化也必有其自身的特点。

针对社会化具有普遍共性和独特个性的特点，社会既应该有完善的社会化机构体系（如教育体系）、社会化诱导机制（如奖惩制度与法制体系），又应该为个性发展提供宽广的发展空间；同时，个体既要适应社会要求，又要展示个人风格。

（四）贯穿终生

社会化是贯穿个体整个生命历程的持续过程。在人生的每一时期，社会化的内容以及过程都是不同的。从个体的身心发展来看，社会化到青年期或青年期以后基本达到了顶点，以后会有所下降。但成年期以后，个体仍然会面临各种生活和社会问题，依然会有社会化的任务。

（五）具有能动性

社会化并不是个体机械被动地接受社会施加的各种影响。个体在接受外界影响的同时，也在能动地与环境相互作用，并对社会产生影响。例如，婴幼儿的活动水平、情绪反应、节律特点、趋避性、适应性等会使父母有不同的感受，使他们调整教养态度和方式，这就体现了婴幼儿对父母及环境的反作用。随着年龄的增长和自我意识的增强，个体的这种能动作用会表现得愈加突出。同一种社会环境中的人，有的情操高尚，有的道德败坏；有的大公无私，有的自私自利；有的愈挫愈勇，有的遇挫消沉；这些都是社会化过程中个体能动性特点的反映。

（六）具有强制性

在社会化过程中，人的学习和成为社会人的过程带有"强制性"特点，如被要求遵守法律、规范、道德、习俗等。这种强制性有一个从有形到无形的过程。诚如一位著名学者所说：成熟的我们觉得做事能够应对自如、左右逢源，这其实是多年来我们经历了种种不自由的结果，最后我们只是熟习了社会的桎梏而已。

五、影响社会化的因素

（一）社会文化

文化，广义上讲，不仅包括文学、艺术、教育、科学等精神财富，而且包括社会、政治、经济、宗教、风俗、习惯、传统及生产力水平等。文化能陶冶每一个社会成员，使他们的思想、观念、心理、行为及生活实践符合它的要求，并世代相传。

在社会化的早期，个体就被打上了文化的烙印，且其一生都会受到文化的影响。例如，对在新德里上小学的印、美两国儿童的研究发现，印度儿童善于模仿顺从的榜样，认为听话是一种好孩子的标准，美国儿童对顺从的榜样很反感，似乎觉得一个孩子公开地表示服从成人的命令是不可思议的，且会激起他们的逆反心理。

（二）家庭

家庭是个体社会化的起点，是其童年期极为重要的社会化影响因素。原因有三：首先，童年期是个体社会化的关键期，个体在童年期的智力水平、个性特征对其后的社会化都有着举足轻重的影响。其次，童年期是个体对家庭依赖在一生中最强的时期，个体绝大部分时间都是在家庭中度过的，受父母支配。最后，家庭是社会的细胞，各种社会关系会通过家庭对个体产生影响。

在影响社会化的家庭因素中，父母的教养方式和家庭气氛尤为重要。研究表明，家长不同的教养方式，如宠爱型、放任型、专制型、民主型，会对个体的社会化产生不同的影响。此外，家庭的变故、子女的出生顺序等也会影响个体的社会化。

（三）同辈群体

同辈群体是一个由地位、年龄、兴趣、爱好、价值观等大体相同或相近的人组成的关系亲密的非正式群体。同辈群体是一个独特的、极其重要的社会化影响因素。个体进入青春期后，同辈群体的影响会日趋重要，在某些方面甚至会超过家庭和老师的影响，这是由同辈群体和这一时期个体身心变化的特点所决定的。

同辈群体有以下特点：第一，它是一种非正式群体，个体可以自由组合和自由选择，并在平等的基础上与同伴交往，成员具有较高的心理认同感。第二，其成员之间在兴趣、爱好上相近，能自主安排活动，强制性活动较少。第三，它有自己的一套行为规范、价值准则，成员有自己心目中的英雄、榜样，甚至在服饰打扮上都有一致或相近的要求。第四，成员地位往往较为平等，有共同语言，他们相互倾诉不愿向成年人暴露的思想、看法、情感，并因为能充分自由地表达而获得心理上的极大满足。

同辈群体的特点与个体青春期的身心发展特点相契合，为青春期个体提供了一个符合其心理需求及发展的小环境，故在社会化中发挥着特殊的影响作用。当然，对同辈群体的价值取向要给予关注并加以引导，以使其影响具有正能量的性质。

（四）学校

学校是有计划、有组织、有目的地向学生传授知识、技能、价值标准、社会规范的专门机构。当儿童进入学龄期以后，学校对他们的影响逐渐上升到首要地位，成为最重要的社会化影响因素。

学校是一个重要的社会化机构，其系统教育不仅传授知识和技能，还提供信息和组织活动来培养学生的政治意识、政治态度。学校具有独特的结构，类似一个小社会，有独立的地位、亚文化、价值标准、规范等，要求学生承担、扮演各种社会角色，为他们未来进入社会奠定基础。学校中还有大量"隐性课程"，对个体的自我发展以及社会行为模式的塑造起着潜移默化的作用。

（五）大众传媒

大众传媒有报刊、图书、电影、广播、电视、网络等，它们在提供信息的同时还给出了各种不同的角色模式、角色评价、价值标准、行为规范等，这些对个体社会化都起着潜移默化的作用。

在某种意义上，今天的大众传媒已成为全体社会成员包括儿童青少年的"第二学校"，是一种十分重要的教育途径。其中，电视对个体的社会化影响极大。有调查表明，美国人在3—16岁期间坐在电视机前的时间超过了在学校的时间，美国学生在高中毕业前看电视的时间总计可达2.4万个小时，而上课的时间只有1.2万个小时。

社会心理学家也指出了大众传媒在社会化中的消极作用。例如，媒体播放的暴力内容会直接影响观众，尤其是青少年儿童的侵犯行为和侵犯倾向，大众传媒的过度娱乐化倾向使公众生活趋于低俗、庸俗等。

(六) 网络

网络是高度信息化时代的一种特殊的大众传播媒介，它以特有的方式和丰富的内容向人们展示出一个全新的虚拟世界。网络所具有的广泛性、开放性、即时性对人们的教育、生活方式及价值观念产生了持久而深刻的影响，也极大地拓展了个体社会化的时空环境。

网络对个体社会化的积极影响主要有：个体通过网络学习文化知识，掌握生活技能，拓宽了知识技能的学习空间；网络创设的虚拟世界为青少年提供了扮演多种社会角色的实践空间，有助于他们对不同社会角色的领悟与理解；网络的匿名性提高了个体接受社会化的自主性，有助于个体个性的培养以及独立自主意识的提高。

网络对个体社会化的消极影响主要有：网络中如果充斥着暴力和色情的垃圾信息，会对青少年社会化构成极大威胁；网络世界的非现实性会引发青少年对现实社会的认同危机；网络传播信息的异质性容易导致青少年的认知偏差。

上述各个方面的因素共同作用于个体，影响着个体社会化的进程。

第二节 社会认知

一、社会认知的含义与特点

(一) 社会认知的含义

社会认知，最初被称为社会知觉，指个体在其兴趣、需要、动机、价值观等因素的影响下对他人的知觉，认知心理学兴起后，它被社会认知一词所取代。社会认知，是个体对他人的心理状态、行为动机和意向做出推测、判断的过程。

社会认知始于个体对他人的知觉，进而会使个体形成某种印象并做出相应的判断和评价，它通过人际交往、信息沟通和社会互动得以形成，是认知者、认知对象和情境因素交互作用的结果，是人们的社会行为和人际互动的基础。

(二) 社会认知的特点

1. 选择性

在进行社会认知时，人们会按照刺激物的社会意义的性质及其价值大小有选择地进行社会认知。选择性使人们在面对同一社会刺激时，可能选择去认知，也可能选择不去认知，并使后继行为受到相应的影响。例如，在面对家访时，学生会结合过去的经验推测老师是来交流沟通的，还是来"告状"的，然后他可能配合家访，也可能逃之夭夭。

2. 反应显著性

当特定社会刺激与个人有很大利害关系时，人的认知反应会变得十分显著，并伴有较强的情绪体验；反之，当对象"与己无关"或"关系不大"时，则其认知反应会明显降低，内心会"波澜不惊"。例如，求职时遇到感兴趣或心仪的职业信息，一个人会特别敏感，会更容易形成对相关行业和组织的印象，并对其做出分析和评价。

3. 自我控制

在进行社会认知时，人的自我意识会发挥其自我控制的功能，使认知体验不被他人所觉察，从而使个体与外界环境保持平衡。例如，面对高大的歹徒时，一个人尽管内心害怕，但表面会尽力显得镇定平静。人们看望重症病人时，通常会以宽慰的表情和语言掩饰其内心真实的感受。

4. 形成完形

在进行社会认知时，人们会倾向于把认知对象的种种信息和特征组合起来形成完整的印象，即遵循格式塔的原则。一般来说，人们无法容忍自相矛盾的社会认知和判断，一旦发生，则会努力寻求更多的信息来形成对认知对象的完整印象。当然，这同时也使社会认知带上了一定的主观色彩。

二、社会认知的影响

（一）对人的社会行为、人际互动的影响

人是通过社会认知来推断他人行为的。通过社会认知，人们能对他人的心理和行为做出判断，这些判断会进一步影响其后继的社会行为和人际交往。所以，社会认知是人们社会行为的基础。例如，某人平时对同事热情诚恳、乐于助人，那么人们就会据此推断他会用同样态度对待朋友，进而就会乐于与他交朋友。同时，人们往往根据自身经验来进行社会认知，即通常所谓的"以己度人"，故社会认知有时也会发生偏差，造成误解或偏见。

（二）对人的心理及健康的影响

1. 对心理状态的影响

例如，在进行社会认知时如果只注意生活的消极方面，一个人就会体验到更多的寂寞，而陷于长期寂寞的人就会自我贬低，会以消极态度看待社会。又如，社会认知会影响人的焦虑状态，研究表明，让人们不再认为自己是害羞的、缺乏交往技能的之后，他们的社交焦虑水平就会大大下降。

2. 对生理状况的影响

人类的行为和社会认知对自身健康有重要影响。乐观的社会认知、对疾病的乐观解释，是人们身体健康的一个主要条件。一项有关健康状况的调查表明，那些社会认知积极、生活态度乐观者的身体状况远远好于那些悲观者。

三、社会认知的范围

（一）对他人情感的认知

人们主要通过下述途径来认知他人的情感。

1. 面部表情

表情是一个人心理状态的客观反映。面部表情是人们对他人情感认知的重要依据。面

部表情与相关肌肉的控制有关,眼部肌肉和口部肌肉在表情表达中起着重要作用。

面部表情是人类为了生存和适应环境而形成的一种非言语交往手段,具有跨文化的普遍性,并会世代遗传。通过暗示和训练,人们对于面部表情的判断能力可以有所提高。

2. 视线联系和体态姿势

视线联系是非言语交流的一种形式,是判断他人情感的线索之一。视线会传递各种信息,进而影响人的行为。研究发现,被实验者盯着走过大街的人要比一般人走得更匆忙,司机被实验者盯着时会以比平时更快的车速驶过街口。

体态姿势也表达着各种信息,个体在进行社会认知时可以据此做出推测和判断。例如,点头往往表示赞同、许可,摇头往往表示否定、反对,说谎时可能会忍不住地眨眼或出现无关动作。

总之,对他人情感的认知需要认知者准确把握认知对象的面部表情、视线联系和体态姿势。如果认知者与被认知者彼此熟悉,则据此做出的判断会更加准确和贴切。

(二) 对他人性格的认知

对他人性格的认知,是对一个人进行深度认知的反映。

一个人的相貌、照片是个体在进行性格认知时常用的线索。已有研究表明,尽管都知道"人不可貌相",但人们往往还是会依据相貌推测一个人的性格。

人们的行为方式和习惯、言语、笔迹等也常是性格认知的重要依据。例如,从待人接物等行为方式、饮食起居等生活习惯、讲话语速的快慢和语调的强弱、书写时笔形笔势和流畅程度及其变化等方面入手,都可以对一个人的性格做出推测和判断。

一个人在兄弟姐妹中的排行,有时也是对其进行性格认知的一种依据。通常,长子、长女的性格更为独立,最幼小者则较为娇气和胆小。

社会文化对性格认知也有影响。就很多社会的文化而言,一般认为女性较为温柔,男性较为刚强。

在进行性格认知时,固然需要收集丰富的信息和资料,但是与认知对象进行实际交往会更加有利于对其性格的认知。可以说,长期、认真的交往,才是确保性格认知全面而正确的基本条件。

在进行性格认知时,人们对同一个人会做出不同的评价。首先,这与个体性格的复杂性有关,研究表明,一个人的性格越复杂,人们对他的社会认知的分歧就越大。其次,这与认知者的经验背景有关,例如,在评价一位善谈、外向、阳光的年轻女子时,有的人可能认为她热情、有魅力,而有的人则可能认为她幼稚、浅薄。

在进行性格认知时,存在着如何考察自身对他人性格的判断是否正确的问题。对此,尚无科学、客观的标准,社会心理学常从以下两个角度进行考察。一是考察人们对他人性格是否形成一致性评价。二是考察认知者的评价与对象的自我觉知是否一致。研究表明,人们对那些可观察的性格特征,如外向行为特点常较易形成一致性评价,但是对忠诚与否等难以观察的性格特征则不易形成一致性评价;后者的这种一致性一般有赖于双方的熟悉程度,双方越是熟悉则认知一致性的程度就越高,越是不熟悉则越低。

(三) 对人际关系的认知

对人际关系的认知,也是社会认知的一项重要内容。这包括认知自己与他人的关系、他人与他人的关系。生活中,认知者往往根据他人的意见、态度、表情来推测人与人之间的关系,同时认知者本人的主观感受也会参与其中。

对他人与他人之间关系的认知,可采用"参照测量法""社会关系测量法",以及小团体的"关系分析法"等。

对自我与他人关系的认知,与一个人的自我意识有关。人们会像观察他人那样来观察自己,从而实现对自己以及自己与他人关系的认知。人们还会通过反省来关注自我在他人心中的印象。对自我的认知会影响自我与他人的关系及相关认知。

(四) 第一印象

第一印象是对人进行认知时最初形成的印象。它往往是在交往之初从对方的身材、仪表、年龄、表情、服饰等方面获得的印象。

"先入为主"在第一印象中作用甚大,这已为有关研究所证实。第一印象尽管只是获得表面特征,但影响着人们的后继交往,这一点在婚介、求职、求医、从教等方面表现得尤为突出。

当然,第一印象不是不变的。随着交往的增多和深入,人们逐渐了解彼此的情况尤其是人格特征,初次交往留下的第一印象也会随之改变。

四、影响社会认知的因素

(一) 认知对象的特点

1. 对象的价值及社会意义

认知对象具有的价值及其社会意义会影响社会认知。有这样一项实验:刺激材料一是1、5、10、25、50 分的一套硬币,二是与硬币的形状和大小完全相同的一套硬纸片,两套材料被先后投射到银幕上,被试是 30 名 10 岁儿童。在他们依次观看投影后,实验者要求他们画出看到的硬币和圆形纸片,结果,所画圆形纸片与实际圆形纸片比较一致,而所画硬币圆形的大小远大于看到的,这是钱的价值和意义对儿童的认知产生了影响的缘故。

2. 对象的魅力

认知对象的魅力或吸引力会影响社会认知。研究表明,有魅力者能得到较高的评价,魅力包括了外貌、言谈举止、穿着打扮、身份角色,以及婚姻、职业、幸福等状况。同时,人的态度会影响个体对魅力的感受,通常人们会觉得喜欢自己、对自己有利的人更有魅力。

需要指出的是,在交往中,若认知对象是陌生人,则其外表特征会是决定其魅力的主要因素,若是位熟人,则其外部特点的影响就会变小,而其智慧、人品等内部特征会起到决定性作用。还有,魅力往往会导致光环作用,即晕轮作用或光环效应,认为"美的就是好的",对于这点，我们需要加以防范。

（二）认知者的特点

1. 原有经验

一个人原有的知识经验在社会认知中起着举足轻重的作用。不同的人过去获得的经验不同，他们对特定对象形成的认知也会不同。年幼者对人只按"好人坏人"来进行认知，年长者则能看到人的多样、多变和复杂性，这些都是经验影响使然。

2. 性格特点

在进行社会认知时，认知者的性格常会为其认知打上其特有的烙印。例如，自信者的社会认知会表现得独立、果断，欠自信者会易受暗示、服从权威，好怀疑者更多从猜疑角度判断对方，内向者常会以内倾性格投射性地看待对方。

3. 情感和需要状态

人的情感体验会直接影响社会认知。一个人情绪低落、心烦意乱时，看什么都不顺眼；情绪高涨、兴高采烈时，往往把世界看得格外美好。情感状态还会影响社会认知时的信息加工。一个人处于消极情感状态时，因感受到情境的消极性，其社会认知就会对细节特别关注，身心也十分投入。处于积极情感状态时，由于对情境感到满意，其社会认知往往只是沿用已有的认知结构和加工策略。

不同的需要状态也会影响人们的社会认知。有这样一项实验：被试是一批饥饿程度不同的人，让他们观看图片，图片中仅有几张画的是食物，其他都是胡乱涂鸦，实验者在这些图片前面都蒙上薄纱，使人无法看清图片内容，在每一个被试从图片面前走过后，实验者要求他们回忆图片内容，结果表明，回忆时越是饥饿者，越倾向于认为图片上画的是食物。

（三）当前情境的特点

1. 人际距离

一般来说，交往多且关系密切则人际距离就小，交往少且关系紧张则人际距离就大。人际距离大，容易使人产生疏离感，社会认知时会倾向于进行消极的信息加工；人际距离小，容易使人感到亲切、温暖，社会认知时会倾向于进行积极的信息加工。

2. 背景参考

在进行社会认知时，对象所处的具体背景是重要的参考。通常，我们是依据特定的生活背景来判断人们的行为的，尽管有时也会出错，但若没有这样的背景提供参照，我们往往难以形成正确的社会认知。例如，看到有人流泪，若不知道背景就难以判断他究竟是伤心痛哭还是喜极而泣。

（四）刻板印象的作用

社会认知会受社会刻板印象的影响。刻板印象指人们对于某一类事物会产生一种比较固定的看法，这种看法通常概括而笼统。例如，一般认为中年人有责任感、勤奋刻苦、生活俭朴,有些地方的人特别豪爽和仗义等。

刻板印象是一种肤浅表面的认知。人与人之间必须坚持持续深入的交往和沟通,才能避免刻板印象的作用,才能形成正确的社会认知。

(五) 思维定式的作用

心理学研究指出,人的认知活动事先都有某种假设,人们会根据这样的假设对当前事物形成看法,做出判断。社会认知也会受形成的假设的思维定式的影响。例如,"甲特点常常伴随着乙特点"的假设,会造成人们看到某人友善就认为他也一定懦弱,看到某人易怒就认为他也一定固执。

在进行社会认知时,如果资料不足,缺乏线索,人们就只能根据有限的信息进行思维加工,通过逻辑推理来认识事物。如,人们容易根据人的气色肤色、服饰打扮来推测其身份地位、阅历素养乃至性格特点。如,看到胖而发福者就推断其是"养尊处优"的,看到穿着入时、饮食讲究者就推断其是"不求上进"的。社会认知要努力避免受上述思维定式的影响。

五、印象形成

印象形成是社会认知的一种结果,已有的印象又会影响后继的社会认知。

(一) 形成印象所需的信息

1. 外表

人的外表常常是我们最先获得的信息,也是我们对他人产生第一印象时能利用的首要线索。外表会明显给人留下一定的印象。例如,当觉得一个人外表美丽时,人们就会对他形成诸如热情友好、善解人意等积极印象。

2. 语言

语言是思维的反映,是形成印象的重要信息。人们往往通过语言尤其是彼此的对话来形成对他人的印象。需要指出的是,这里还包括了肢体语言。

3. 辅助语言和类语言

辅助语言包括交谈的音调、音量、节奏等,类语言则指人们发出的无固定意义的声音,如呻吟、叹息、附加的干咳等。两者能强化交流信息的语义分量,具有强调突出的功能,能极大地丰富个体所要表达的感情和意义。需要注意的是,利用上述信息形成印象时要进行整合,同时必须参照特定的情境。

(二) 印象形成的特点

1. 整体一致性

与对物形成的印象不同,对人形成印象时我们会倾向于把对象的各种特性组织起来形成具有一致性的整体印象。例如,人们一般不会把某人看成既真诚又虚伪,或既热情又冷淡的,当形成印象的信息出现矛盾时,人们会力图消除这种矛盾。

2. 以评价为中心

语义分析研究表明，形成印象时人们是从评价"好—坏"，力量"强—弱"和活动"积极—消极"三个维度来进行描述的。其中，评价最为重要，决定了对一个人的印象的基调。这一评价维度又可分成社会特性和智慧特性两个方面。前者，如助人、真诚、宽容等，或抑郁、自负、易怒等，会影响个体对对象的喜爱程度；后者，如科学、聪明、智慧等，或愚蠢、轻浮、粗疏等，会影响个体对对象的尊重程度。

3. 核心特征

在形成印象的各种信息中，有的起着决定性作用，左右着整个印象。人具有的各种特征对印象形成的作用不尽相同，已有研究表明，"热情""冷淡"是影响印象形成的核心特征。

（三）印象形成的信息加工模型

心理学家提出了若干信息加工处理的模型来说明印象形成的过程。

1. 加法模式

心理学家费希本(M. Fishbein)认为，印象形成遵循了加法模式，一个人获得肯定性评价的特征越多、越强，则给人的总体印象就越好，也越易被人们接纳。相反，消极性评价的特征愈多、愈强，总体印象就越差，也越难被人接纳。

2. 平均模式

心理学家安德森(N. Anderson)认为，形成印象不是各个特征之评价值的简单累加，需要对评价分值加以平均，根据平均值来形成对一个人的总体印象。

3. 加权平均模式

安德森进而认为，形成印象时一些特征往往比其他特征更为重要。由此，他提出了加权平均模式，即赋予那些重要特征较大的权重。

（四）印象形成中的认知偏差

在印象形成的过程中会发生认知偏差，除了前面提到的刻板印象、晕轮作用或光环效应外，认知偏差还有如下几种。

1. 仁慈效应

这是指在对他人形成印象时，人们的积极评价具有超过消极评价的倾向。对此，一种解释是心理学家马特林(Matlin)提出的"主观善意原理"(pollyanna principle)，即与不愉快情况相比，愉快的事情总是更容易让人回忆，也更令人愉悦和向往，在缺少其他信息的情况下认知者自然会对人形成较为积极的印象。另一种解释是心理学家西尔斯(Sears)提出的"相似感"，即形成印象时人们会产生一种相似感，人们总希望自己能够获得好的评价，所以对他人就倾向于做出较好的评价。

2. 首因效应与近因效应

个体与他人接触交往时，与后继获得的信息相比，首先获得的信息会给认知者留下强烈的印象,这些印象会影响个体对对象的判断和印象的形成,这就是首因效应,相当于前面提到的第一印象。

近因效应,它与首因效应相对应,指形成总体印象时,新近获得的信息比先前持有的信息具有更大的影响。近因效应的产生,与随着时间推移人们头脑中关于对象的已有信息变得模糊有关。

首因效应与近因效应两者并不矛盾,它们在不同条件下发挥作用。如果关于某人的两种信息先后连续被人感知,则前一种信息给人的印象较深,即首因效应发生作用;如果感知第一种信息后隔了一段时间才获知第二种信息,则近因效应会发生作用。

3. 投射效应

投射效应又称投射作用,指个体在认知他人形成印象时会把自己的特点归属到他人身上,即"以己度人",因为个体总是假定他人与自己是相同的。例如,自己喜欢热闹往往会认为别人也喜欢热闹。当认知者与对象的民族、国籍、年龄、性别、文化背景、社会经济地位等特征相同或相近时,投射作用更容易影响印象的形成。

第三章
社会角色与性别差异

第一节　社会角色

一、社会角色的含义

社会角色(social role)或角色(role)是现代社会心理学中广为使用的一个重要概念。人有了角色,便表明其成为了社会人。所以,角色的提出及对其的分析体现了社会心理学从个体水平的分析过渡到了群体及更高水平的分析。

何谓社会角色,许多社会心理学家和社会学家给出过众多的定义。整合已有的探讨,可将角色定义为:由人的社会地位决定的符合社会期望的一套行为模式。它指出了角色蕴含的三项要素或特征:角色是一套社会行为模式;角色决定了人的社会地位和身份;角色是符合社会(规范、责任、义务等方面的)期望的。凡符合上述三项的即为角色。

二、角色分类

将角色分类有助于人们对社会生活中多种多样、千变万化的角色进行观察和分析。

(一) 按角色存在之形态分类

1. 理想角色

这是指社会或团体对某一特定社会角色设定的理想的规范和行为模式。它追求完美,体现的是"应该如何"的社会观念,如救死扶伤的医生。

2. 领悟角色

这是指个体对其所扮演的角色之行为模式的理解。它常因人而异,反映的是个体观念,如民主型的领导。

3. 实践角色

这是指个体根据自己对角色的理解在执行角色规范的过程中表现出的实际行为。它以领悟角色为基础,反映的是客观现实,如专制型的领导。

(二) 按角色扮演者获得角色之方式分类

1. 先赋角色

这是指个人与生俱来或成长过程中自然获得的角色。它通常基于遗传、血缘等先天或生物因素,如王储、侯爵。

2. 自致角色

这是指个人通过自身努力和活动而获得的角色。它通常离不开个体的自主选择和相应的努力，如熟练技工、模范丈夫。

(三) 按角色扮演者受角色规范之制约分类

1. 规定性角色

这是指个人的行为方式和规范都必须遵循明确的规定，也称正式角色。它对行为该怎样、不该怎样都有明确规定，如法官、外交官等。

2. 开放性角色

这是指个人可以按自己对自身地位和社会期望的理解来履行角色行为，也称非正式角色，如父亲、朋友、校友等。

(四) 按角色扮演者之目的意图分类

1. 功利性角色

这是指角色行为是计算成本、讲究报酬、关注效益的，如经济领域中的大量行为具有功利性角色的特征。

2. 表现性角色

这是指角色行为是不计报酬或不以获得报酬为目的的，如公演的演员、义诊的医生。

(五) 按角色之间的权力地位之关系分类

1. 支配角色

这是指在群体或社会中拥有支配他人的权力。支配角色总是会极力维护其既得的权力。

2. 被支配角色

这是指在群体或社会中是受他人支配的。被支配角色总是会设法改善受人约束和限制的现状。

此外，萨宾(T. Sarbin)和艾伦(V. I. Allen)还根据角色参与的程度，将角色分为以下七种类型："零度参与"(如街上行人、电影院观众)；"漫不经心参与"(如浏览商品的顾客)；"传统仪式性参与"(如参与婚丧仪式中的亲友)；"生物性参与"(如母亲对子女)；"神经质型深度参与"(如嗜赌的人)；"情迷意乱参与"(如深恋的情侣)；"精神与外物合一参与"(如宗教活动中的精神投射者)。

三、角色理论

角色理论试图从人的社会角色属性解释社会心理和行为的产生及变化。

(一) 结构角色论

结构角色论是持有结构性观点的一种角色理论，林顿(R. Linton)是该理论的代表人物。

该理论认为,社会是由各种各样的相互联系的位置或地位所组成的网络,个体在这样的系统中扮演着各自的角色,角色与社会结构以及个体所处的地位有关,由此还会生发出个体对自己、对他人之角色及其行为的期望和理解。

(二) 过程角色论

过程角色论是持有过程性观点的一种角色理论,特纳(J. Turner)是该理论的代表人物。该理论认为,社会互动是角色及其行为的基础,角色扮演、角色期望、角色冲突、角色紧张等都是围绕着社会互动过程获得或展开的,互动中的角色行为源于"角色领会"或"角色建构",人们据此通过话语、体态等承担社会角色,并与他人发生社会互动。

近期,许多学者努力融合结构角色论和过程角色论,以期建立一个统一的角色理论。

四、角色的活动模式

(一) 角色学习

角色学习是角色扮演的必要基础和前提,涉及形成角色观念、学习角色技能两个方面。

角色观念指个体对特定社会关系中自身扮演的角色的认识、态度和情感的总和,它包括角色地位观念、角色义务观念、角色行为观念和角色形象观念四个方面。

角色技能,即能够顺利完成角色扮演的任务、履行角色应尽义务和享受应有权利、塑造良好角色形象所必备的技能。如果一个人不具有自身角色所应有的技能,会给人留下角色错位的印象。

需要指出的是,角色学习是综合性的,是在互动中进行的,会随情况而变化。

(二) 角色期待

角色期待指社会或他人对某一角色的心理与行为特征的期望。社会生活中的各种规定、守则都反映了对特定角色的期待。例如,父母抚养子女,子女赡养老人。

角色期待会影响角色的实现。例如,研究表明:家长期待子女上大学,即期待子女成为大学生角色,与其子女入学率呈正相关,未被家长寄予上大学期望的子女,其入大学率就较低。又如,美国心理学家罗森塔尔(R. Rosenthal)和雅科布森(L. Jacobson)进行的一项研究表明:教师对学生寄予厚望会产生明显的积极效果,这一效应后被称为"期待效应"或"罗森塔尔效应""皮格马利翁效应"。

(三) 角色扮演

角色扮演指人们按照其特定的地位及所处环境表现出相应的行为。

从社会学角度分析,角色扮演是一种互动与表演。人际之间能够互动,就是因为人们能辨认和理解他人使用符号的意义,并通过角色预知对方的反应。这种扮演他人角色的能力使人能洞悉他人的态度和行为意向,以形成相应的自我形象和自我观念,进而还能影响社会结构本身。正是通过扮演他人的角色,个体可以实现对自己反应的控制,并顺利地进行社会互动。经典的"斯坦福监狱实验"说明了这一点:随机安排学生分别充当"囚犯"和"看守"的角色,六天的互动观察记录表明,两种角色彻底影响了参与者的行为,"囚犯"开始被动抵抗,而"看守"则变得专横、想支配一切且充满敌意。

从心理学角度分析,角色扮演是一种技术与手段。角色扮演把人暂时置于他人的社会位置,并让他们按照该位置所要求的方式和态度行事,这增进了人们对他人社会角色和自身原有角色的理解,使他们能更有效地履行自己的角色。这样的技术可以作为心理治疗的干预手段以达到特定的目的。角色扮演技术在发展人们的社会理解能力、改善人际关系方面能发挥非常重要的作用。

(四)角色偏差

角色偏差指一个人的行为和心理准备长期偏离了社会期望,形成了不符合自己社会身份的行为和心态。

心理学研究表明,角色偏差的现象是复杂的,行为偏离社会期望只是表面现象,其实角色偏差与一个人行为的整个动力系统的各部分都有联系,其自我概念体系、动机机制、对行为模式和行为后果的考量以及所受到的外部评价等,都偏离了特定的社会身份要求。

(五)角色冲突

1. 四种角色冲突

个体在扮演不同要求的若干角色时,内心会发生以下冲突:一是同一角色的内心冲突,例如,职员要按制度办事,但领导要求他对不合要求之处"高抬贵手"。二是新旧角色之间的冲突,例如,刚退休后一时不适应。三是身兼不同角色的冲突,例如,有必须要做的工作,但自己的孩子患病需要陪伴。四是规定角色与真实角色的矛盾,例如,要求从业者有极强的工作能力,但实际情况与此要求仍有差距。

2. 缓解角色冲突的三种方法

一是角色规范化。对社会体系中角色的权利、义务做出明确区分即规范化,这是避免角色冲突的有效手段。二是角色层次法。角色持有者可以对相互冲突的诸角色之"价值"按其重要性进行排列,然后据此做出抉择。三是角色合并法。角色持有者可以合并考虑彼此矛盾的角色,进而发展出一个具有新观念的新角色。

第二节 性别角色

一、性别角色的含义与特点

(一)性别角色的含义

性别角色指属于一定性别的个体,即男、女在特定社会生活中占有适当的位置,并按该社会规定的行为方式行事的行为模式。

性别角色有两重含义:一指男性和女性的生物学特性,它由个体的染色体和激素决定;另一重含义指社会性,它由个体成长过程中的社会文化环境决定。

性别角色是以性别为标准对个体加以区分的社会角色，它影响着个体社会化的方向，即男的应该或者就像男的、女的应该或者就像女的。

性别角色能对个体的行为进行性别标定，这取决于社会群体对男女所规定的一套相应的行为规范。

（二）性别角色的特点

1. 具有多样性

男、女性别角色中各自包含着各种各样的亚角色。例如，人类学家米德曾列举了11种她所研究过的性别角色，其中包括生育过孩子的已婚妇女，生育并供养过子女的成年男子，不打算结婚和生育的包括独身、禁欲、节制生育的成年男子，扮演女性角色的成年男子，利用性关系维持经济来源的成年女子，扮演男性角色或有异性模仿癖的女子，等等。在我国的传统男性文化中，男性角色也至少包含了儿子、丈夫、父亲、职业男子等角色。

性别角色的多样性，会导致个体的性别角色冲突，也会给人带来更大的压力，使人经常处于应激状态。例如，休完产假回归工作岗位的女性会感到时间不够和睡眠不足。

性别角色的多样性会使角色要求随情境变化而变化。例如，在女性具有较高地位的情境中，男性角色被要求成为驯服的被支配者。

2. 具有相对稳定性

在一定的社会、历史、文化条件下，性别角色形成后会具有相对稳定性，这是角色的社会规范具有稳定性的缘故，也是社会结构稳定的基础。例如，人们的体力随社会发展在生活中的相对重要性大为下降，但建立在体力决定性别角色这一基础上的角色分化依然存在。其原因在于：(1)世代相传的性别角色使人们习惯了这种角色分化，轻易改变会造成人们心理上的失衡；(2)男女的生物学因素与性别的社会角色之间的直接联系尽管在今天大为削弱，但建立在生物学意义基础上的男女性别分化依然并将长期存在，这有利于在复杂生活中保持一种性别长久区分的秩序。

需要指出的是，这种相对稳定性也会产生不良的效果，例如，可能是造成性别角色刻板印象甚至导致性别歧视的一个因素。

3. 受文化制约

性别角色受文化制约，也就是受社会历史条件的制约。性别角色的发展形成过程，其实就是接受特定社会之影响的过程。在不同文化的影响下，性别角色的具体表现会有很大的差别。例如，我国少数民族中的云南泸沽湖畔的摩梭人，在其母系氏族社会形态的背景下，他们的性别角色是别具特色的。那里母为尊、女为贵，女性掌握经济大权，享有家庭继承权和子女监护权，女性角色与独立、权力相联系并享有较高的评价，男性则是依附性的角色。所以，性别角色并不完全由生理特征或生物学因素决定，它更是一种文化现象。同一性别在不同文化背景下，会获得迥然不同的性别角色。

二、影响性别角色的因素

(一) 生物学因素

1. 遗传

因研究基因突变而获得诺贝尔奖的一位科学家指出，人的行为受到文化和环境的影响，但有一些根本性的东西还是由基因决定的。例如，男女的不同性格在很大程度上受各自产生的激素影响，而这是由基因编码而非文化所决定的。所以，基因决定着人类的部分行为，包括与性别角色相对应的行为。例如，男女之不同性状的出现就由第23对染色体所决定，男性的空间知觉优于女性也与其染色体存在这方面的隐性基因有关。

2. 性激素

性激素是指由与性相关的腺体分泌的激素。在第23对染色体决定了一个人在生理上的性别之后，两性的进一步分化是在性激素的不断作用下实现的。青春期是性激素对性分化明显起重要作用的一个时期，它使个体发育成为具有全部性特征的男性与女性。青春期开始后，男性会有规律而且持续不断地分泌更多的雄性激素，而女性则周期性地分泌雌激素和黄体酮，这促使两性的第二性特征获得发展。在青春期，男性出现一系列雄性特征，如声带增厚、喉结出现、长出胡须等，女性则出现胸部发育、脂肪丰厚以及月经周期开始规律等雌性特征。男女两性的生物性特征在这一时期得到充分发展，他们开始在生理上发育成熟。

3. 大脑

性别角色及差异还与两性的大脑组织及功能有关，主要是在下丘脑和大脑两半球的特点上男女性存在着不同。下丘脑是间脑的一部分，体积只占脑的0.5%，但却控制着机体的多种重要功能，包括性激素的分泌。在青春期时，两性的生理和心理的活动受脑垂体分泌激素的影响，而脑垂体激素的分泌是下丘脑发挥功能的结果。大脑两半球具有功能不对称性或功能的单侧化，即言语功能主要定位在左半球，左半球负责言语、阅读、书写、数学运算和逻辑推理等，右半球则主要负责空间关系、情绪、音乐和艺术等。不同性别的个体，其大脑两半球功能单侧化存在明显不同。一般来说，男性发挥大脑右半球功能即空间信息处理能力较强，而女性发挥大脑左半球功能即言语能力更佳。

(二) 社会环境因素

1. 文化

文化对性别角色的影响主要体现在性别刻板印象上。性别刻板印象反映了特定时空条件下人们心目中不同性别者应有的特点。性别刻板印象的形成可追溯到数千年前的神话、传说，在这些神话、传说中，男性常是正义、勇敢、坚强的化身，而女性则被视为男性的附庸或万恶之源，与胆小、柔弱或灾祸、邪恶相联系。心理学调查研究发现：从古至今，世界各国都普遍存在着性别角色的刻板印象；通常，男性受到更高的评价，男性具有坚强、自信、能干、理智、成就动机高等品质，女性具有敏感、柔弱、重感情、被动、顺从等品质。我国学者对中国当代大学生的性别刻板印象进行了调查,结果表明:在当代大学生中也存在着明显的性别刻板印象,即男性在思维、能力、工作上都超过女性,且成就动机高、坚强能干;女性善解人意、重感情、被动、顺从,这些与中国传统的性别刻板印象颇为一致。

2. 家庭

家庭是角色社会化的一个重要场所。父母是性别角色的第一任老师。家庭对个体性别角色的影响是多方面的、潜移默化的。例如,为子女取名,为男孩取名一般带有"勇""刚""强""杰"等男性化字眼,为女孩取名会用"花""丽""淑""霞""洁""娟"等女性化字眼。又如,选择服装时会为女孩挑选颜色鲜艳、靓丽的服装,而为男孩挑选时则会选择耐脏、结实、颜色偏素的服装。还如,为女孩挑选玩具时会以毛绒玩具等生活型玩具为主,为男孩挑选玩具时则会以汽车、飞机等机械型玩具为主。再如,在相处交往的过程中,父母亲对女孩会有较多的爱抚和关心,属于保护型,对男孩则注重要求其取得成功,属于期望型。

3. 大众传媒

电影、电视、网络、广播和报刊等大众传播媒介是传播性别角色信息的有效渠道。研究发现,许多文艺作品中女性的典型形象都是贤妻良母,偏重于感情取向而非事业取向;而男性大多刚毅、果决,有着强烈的事业心和成就动机。这些都会影响性别角色。还有,广告常常把男性置于专家地位,向女性消费者介绍产品,反过来女性是专家,男性是消费者的设定则比较少见。需要指出的是,一些大众传媒节目中还存在着性别偏见或性别歧视的倾向。例如,没有客观地反映现代社会中女性对人类社会的贡献。

(三)学校教育因素

学校教育是有目的、有组织、有计划进行的,是一种特殊的社会环境影响。

1. 课程和教材

性别角色会受学校设置的课程的影响。例如,旧时女子学校的课程设置重视和强调家政、交往类的课程,以使学生具有符合社会对女性的性别角色要求。又如,体育院校的课程设置突出和强调体能、技能以及对抗性的训练,以使学生更具阳刚气质,即使是女生也比一般学校的女生在气质和行为上更有男性特点。

性别角色会受学校使用的教材的影响。国内外对教材中性别角色的研究表明:无论哪个年级的教材,无论是图画还是故事,男性主角都要多于女性主角,男性的职业范围也明显比女性宽泛,男性的社会角色地位还普遍高于女性,且男性的性格特征比女性更为积极、向上。这些反映了社会文化对两性角色的主流看法,反过来也对学生的性别角色产生了一定的影响。

2. 教师

教师对学生性别角色的形成具有至关重要的影响,他们能促进学生性别角色的分化。例如,儿童最初入学,女教师比男教师更为体贴,故能替代"母亲"形象,有助于儿童顺利适应学校的新生活。但如果教师队伍中女性比例过高,可能就会带来一定的消极影响。

同时,教师会根据男、女学生不同的特点给予他们不同的刺激和期望,这也将影响他们的性别角色。

性别角色是上述生物学、社会环境、学校教育等多种因素共同作用的结果。

第三节 性别差异

一、性别差异的理论

(一) 生物学理论

生物学理论认为,男、女的性别角色和心理差异主要是由两性在遗传及生物因素方面的特点决定的。弗洛伊德最早对性别角色持有生物决定论的观点。但许多心理学家指出,这一观点忽视了社会文化的重要作用,不甚科学,而且还会为性别歧视提供依据。其后,生物社会模型理论把生物和社会两方面的因素加以融合,一方面指出生物、进化仍然是直接导致性别差异的因素,另一方面也承认社会文化对性别差异解释的合理性。今天,生理差异对社会分工的决定性作用已经减弱,但影响依然存在。男、女在生理结构、生物因素上的差异是客观事实,它们是性别角色和差异的基础,在这一基础上社会因素发挥着重要作用。近期,有研究者指出,不宜笼统地谈论是否是生物学因素决定了性别差异,可以探讨某个特定的性别差异是否由生物学因素决定。可以从四方面对此进行考察:是否在个体生长早期就已经存在;是否具有跨文化的普遍性;是否具有跨种族的一致性;是否与激素分泌成正比。

(二) 社会学习理论

社会学习理论的代表人物是班杜拉。他认为,个体通过社会学习及获得的各种强化形成男、女不同的性别角色和行为,直接强化、模仿和观察学习是重要途径。例如,家长对男孩、女孩的性别行为会进行有区别的强化,当女孩表现出符合女性的行为时就给予其奖励,当她表现出男性行为时就给予其惩罚。又如,在学校里男生从事运动、数学、科学等方面的活动会受到鼓励,女生发展语言、手工、艺术等方面的能力会受到鼓励,学校伙伴也会通过自己的赞成或否定传递对性别角色的要求。再如,日常生活中观察、模仿同性别者也是个体获得性别角色的重要来源。尽管儿童会模仿与自己同性别的父亲或母亲,但尚无足够证据表明男孩像父亲、女孩像母亲。研究发现,男孩、女孩都倾向于模仿双亲在家庭生活中占主导地位的那个人的个性特征。

(三) 认知发展理论

认知发展理论主要由柯尔伯格(L. Kohlberg)提出。他认为,性别角色是儿童对社会的一种认知组织,性别认知结构对性别角色发展至关重要,决定着个体性别角色行为的形成。个体性别认知结构中的性别恒常性起着组织、调节的作用。获得性别恒常性后,个体才会有模仿行为,才会表现出一贯的性别化行为。个体的性别角色和行为随着性别恒常性的发展而发展。

性别恒常性由性别的同一性、稳定性和一致性组成，三者反映了个体对性别的理解的不同成熟程度。性别同一性是儿童获得性别角色的第一步，是对性别的初步理解，这一阶段个体能够分清自己和他人的性别。接着，随着对性别的理解日趋成熟，个体获得了性别稳定性，即知道性别不会随时间的推移而变化，人的性别在过去、现在和将来都是一样的。之后，个体逐渐懂得性别也不会随着人的外表、服饰和活动的改变而改变，即获得了性别一致性。

（四）群体社会化理论

这是较为晚近的一种理论观点。哈里斯（Harris）认为，在个体性别角色发展过程中起重要作用的并非家庭，而是同伴群体。有研究发现，父母对待儿子、女儿的态度并没有显著的差异，"双性化"的教养方式并没有使子女的性别特征行为有明显减少。这说明家庭并不决定性别角色。

群体社会化理论认为，儿童很小就能进行性别分类，就能表现出对"像我"的人的喜爱。例如，2岁儿童会表现出对同性别孩子的偏爱。童年中期后，个体有"自我分类"倾向，男、女的性别差异会加大，男、女会形成对比鲜明的性别类型和相应的同伴文化。研究发现，当只观察一个人时，男、女行为差异很小；当以性别分组进行游戏时，就能清楚地看到男、女的性别差异；当全是女孩在玩球时，她们也会表现出强烈的竞争性，但当男孩加入后她们就会显得比较害羞，较少具有竞争性。这些都说明了群体社会化对性别角色的影响。

（五）文化人类学理论

文化人类学理论的代表人物是米德。该理论认为，性别差异也受社会文化的影响，每个社会都会选择某些基于生物学性别的男、女心理特点并予以肯定和褒扬，同时选择另一些予以否定和贬斥。男、女性的心理特点是各自学习了社会文化传承的行为模式的结果，于是男、女性分别成为了社会认可的男人、女人。

二、性别差异的表现

（一）认知活动方面

1. 数学与空间能力

在童年早期及小学阶段，男、女性在数概念获得及数学能力上差异不明显，随着年龄的增长，约从12岁起，男性数学能力总体上优于女性。在空间能力上，一般认为男性的空间定向能力较好。

2. 言语能力

许多研究表明，女性在言语能力上占优势，特别是在词汇、阅读理解和创造性等方面。在言语能力测验中，女性得分通常高于男性。学习第二语言时，男性比女性会有更大的困难。

3. 分析能力

从幼儿时期开始，男、女儿童的思维特点就表现出差别，特别是在分析能力的发展方面。

（二）人格特点方面

1. 兴趣爱好

在玩具偏好上，幼儿时期的男孩大多喜欢刀、剑、枪、汽车、坦克等，女孩则大多喜欢布娃娃、小动物，这种倾向延续至成人期；在游戏选择上，男孩大多更喜欢活动性强、运动量大的，如追逐、爬树等游戏，女孩则大多喜欢相对较为安静、活动量不大的，如过家家等游戏；在兴趣广度上，女性大多比男性窄，但持久，男性兴趣广泛，但大多易变。

2. 侵犯行为

在侵犯的倾向性上，男性显著高于女性，这一点具有社会和文化的普遍性；在侵犯的行为方式上，男性使用肢体的情况多于女性，女性使用言语的情况多于男性；在侵犯的抑制性上，女性高于男性，侵犯后女性更容易有罪疚感并产生抑制作用；在对引起侵犯之情境的认知上，男性认为侵犯源于对方的身体或语言攻击，女性认为侵犯来自对方的傲慢；在目睹侵犯后的反应上，接触暴力影视后男性比女性更容易发生侵犯行为。但是，在面对挑衅情境时，男、女性后继的侵犯反应几乎没有差异；在一些"小打小闹"的情境中，如殴打家庭成员、摔东西、谩骂等情境中，女性的侵犯行为与男性相比差不多。

3. 自我满意感

各年龄段女性的自我满意感一般都低于男性；在自信、自我评价方面，女性的自信水平、自我评价一般低于男性，女性往往表现出胆小、怯懦、多虑等特质，男性则表现出自负、勇敢、富有竞争力等特质；在抚育性上，女性对待婴儿的反应性显著高于男性，对婴儿往往有较高兴趣，更乐于帮助婴儿，表达较多情感；在支配性上，男性明显高于女性，有较多的支配性行为；在依赖性上，女性高于男性。

（三）人际交往、人际关系方面

交往时，男性会成群结队，女性则三三两两；发生纠纷时，对朋友关系感到不安的女性多于男性；在对友谊的需求方面，女性早于男性；交往时，女性比男性有更多情绪色彩，也更容易焦虑、紧张、妒忌；择友时，女性愿与年长异性建立友谊的比例远超过男性，男性比女性更愿意与年轻异性建立关系，这反映了男、女性在依赖需求和独立自尊上的差异。

在言语交往中，女性使用附加疑问句的次数明显多于男性，这反映了她们对人际关系的敏感程度。与同性交谈时，男、女性打断谈话的次数没有差异，但与异性谈话时男性打断对方的次数远多于女性，这反映了男性的主动和支配意识；在词汇使用上，男性会更多地使用有敌意的词汇。在非言语交往中，男性倾向于保持稍远的人际距离，女性倾向于靠得近些，这反映出她们有较强的情感需求；在理解非言语表达方面，女性比男性更擅长，女性善于解读脸部表情，捕捉身体线索，品味声音腔调；在用笑传递自己要表达的意思时，女性主要用笑来表示愉悦或处事态度，男性主要用笑来表示自信和大度。

(四)成就动机方面

1. 年龄发展

一般来说,小学阶段女孩的成就动机水平稍高于男孩,从初中阶段开始这一情况会出现反转。近期,有调查显示,女大学生也有较高的成功期望,对失败的顾虑和担忧较少,她们的成就动机的自我取向显著高于社会取向,这反映了当今宽松、良好的社会心理环境和女大学生自身素质的提高。

2. 动机取向

男性以作业取向为主,取得成就时以着眼于工作本身为主,女性以人际取向为主,取得成就时以着眼于和谐人际关系为主、工作本身为次;女性容易为了得到社会的赞许而去努力获得成就,男性则往往基于竞争而去努力获得成就。

3. 意志努力

面对追求成就过程中的困难,女性多以回避来应对;克服困难给男性带来的是满足感,而给女性带来的往往还有焦虑感,即所谓"成就恐惧"。

需要指出的是,男、女角色有性别差异,但人是可以双性化的。双性化即在一个人身上既有男性特征又具有女性特征,它是一种综合的人格类型。心理学家贝姆论证过:双性化的个体会优于性别类型化的个体。此外,对男性、女性之间的种种性别差异不可简单地进行价值判断,应将之视为各有长处,是对人类社会多姿多彩的反映。诚如德国哲学家费尔巴哈(L. A. Feuerbach)所指出的,自然界的美全都集中于而且个性化于两性的差异上。

第四章
社会态度

第一节 态度概述

一、态度的含义与心理成分

态度是个体对特定社会刺激如事物、观念或他人所持有的，具有一定结构、相对稳定和内化了的心理反应倾向。生活中，态度决定着人们注意的对象，决定着人们对有关对象信息的加工，决定着人们对该对象的体验，也决定着人们对有关对象的反应倾向。

从心理学角度分析，态度由认知、情感和行为意向三个成分构成。

态度的认知成分指人们对态度对象的心理印象，包括有关的事实、知识和信念。认知成分是态度的基础性成分，有了它才会产生相应的内心体验和行为倾向。

态度的情感成分指人们对态度对象持有肯定或否定的评价后引发的情绪和情感，如敬畏或轻蔑、喜欢或厌恶等。情感成分是态度的核心或关键性成分，它作用于认知成分和行为意向成分，从而影响人们后继的认知活动和行为表现。

态度的行为意向成分指人们对态度对象所持有的将会采取的反应倾向。这一成分具有使人的行为处于准备状态的性质。

二、态度的指征与功能

（一）态度的指征

态度具有某些指标性的特征，可以据此分析和考察各种具体态度。

1. 指向

指向主要指态度在性质上的方向，事关对态度对象是持肯定还是否定的态度。许多典型态度量表中的项目列出"是与否""赞同与反对""接受与拒绝""喜欢与厌恶"等语词供选择，就是在测查态度之指向的性质。

2. 强度

强度主要指某特定态度具有某一指向的程度，是指向这一特征的延伸。在态度量表中，此指征常用项目后等级量表的位置来表示，一般在非此即彼的二分量表中用指向相同项目的选择数量来表示。

3. 深度

深度主要指态度主体在某特定态度对象上的卷入水平。它是态度之情感成分的充分体现，通常以某特定态度得不到支持时所产生的挫折感之强弱来衡量。

注意不要混淆态度的深度与强度。态度的强度，反映了指向的程度，与人的价值观及其取向密切相关；态度的深度，反映了个人身心投入的程度，是态度得以或未得以满足、实现后产生的内心感受和情感体验。

4. 向中度

向中度又称向中性，指特定态度在个人价值观系统中接近核心价值观的程度。它考察的是特定态度与个体核心价值观念的关联水平或程度，两者关联越密切，则态度的向中度也越高。

5. 外显度

外显度又称明显度，指态度主体在特定态度上所表现的外露程度。它反映在行为方向和行为方式上。由于态度与行为之间关系复杂，从外显度不能简单地推测人的特定态度。

（二）态度的功能

1. 调适功能

特定的态度能帮助个体适应其所处的群体或组织环境，帮助人们形成与环境要求相一致的认知取向、内心体验和行为意向，获得相应的酬赏与赞许，避免与环境不一致的态度。

2. 知识功能

认知事物，了解世界，理解和支配自己的生活环境，是人的基本心理活动和基本心理需要。特定的态度能帮助人们汇聚各种信息，系统组织与特定对象有关的知识，进而形成完整的知识体系，为有效把握环境和获得新经验奠定认知基础。

3. 自我保护功能

每个人都有管理好自我形象、维护好个人自尊的需要。特定的态度能帮助人们完善对自我的认知和评价，使人们更好地应对情绪冲突，消除紧张，降低焦虑，更好地发挥人的心理自我防卫机制，维护自我形象，提升自尊自信。

4. 价值表达功能

人人都有自己的价值观、核心价值观和价值观体系。特定的态度能帮助人们表达自己拥有的核心价值观，并与他人交流和分享。

态度的上述功能可以单独发挥作用，但通常是共同发挥作用的。

三、态度与行为的关系

（一）态度与行为一致的依据

通常，一个人有什么样的态度就会表现出相应的行为，两者较为一致。

1936年，美国数学家盖洛普（G. Gallup）运用抽样调查的方法，成功预言了罗斯福总统的当选，预测投票数与实际投票结果相差不到1%。这一成功预测，使民意测验成为一项引人注目的事业，同时证明了只要方法正确，就能够了解人们的真实态度及其可能的行为。其后,1972 年、1976 年、1980 年美国的一些民意测验都成功地预言了谁将当选总统,这为态度与行为的一致性提供了依据。

此外,一些本质上与态度测量有关的个性测验、成就动机测验等,也从不同角度证明了态度与行为之间具有某种程度的一致性。

(二) 态度与行为不一致的依据

有时,出于种种原因,人们的态度与行为之间并不一致。

社会心理学家拉皮尔(R. T. LaPiere)的一项关于种族歧视的态度与行为之间关系的研究表明,态度与行为之间并不一致。在该研究中,他观察了一对中国留学生夫妇周游美国的经历,他们的行程总长1万多英里,先后在184个饭店和66个旅馆用餐或留宿。当时美国特别歧视东方人,但事实上除一家旅店之外,所有旅馆和饭店都未拒绝这对东方夫妇。6个月后,拉皮尔给所有这对夫妇逗留过的地方都寄去了一份问卷,问卷中的一道基本问题是:"你愿意接待中国游客吗?"那些饭店中有81家做出了回答,其中75家回答不愿意,另外6家回答视情况而定;那些旅馆中有47家做出回答,其中42家回答不愿意,4家说看情况,只有1家回答愿意。而实际上,中国留学生夫妇在旅途中并未遇到什么麻烦。拉皮尔由此认为,态度与行为之间并没有什么联系。

(三) 影响态度与行为是否一致的因素

态度并不是决定行为的唯一因素,态度只是反映了人的行为的倾向性,表达的是一种可能性而非必然性。例如,在拥挤的车厢内,我们不小心被他人踩了一脚,便会产生一种指向对方的消极态度,但如果对方马上说声"对不起",我们可能就会以礼相待,说声"没关系",这时态度与行为的不一致,是由一个人内心的道德感造成的。

个体具有丰富的心理活动和独特的个性特征,生活环境也具有丰富且复杂多变的特点。在特定情境中,一个人的具体行为同时取决于个人内在的心理因素和外部的环境因素,正是这两种因素的相互作用,使我们的态度与行为之间有时一致,有时又不一致。

(四) 态度与行为的基本关系

社会心理学家佩因罗德(S. Penrod)提出了有关态度与行为之间关系的三条基本原则。

1. 总的态度预测总的行为

总的态度即基本态度,它与人的核心价值观有关。总的行为即一般的行为取向和表现,它也与一个人的核心价值观有关。所以,根据人的基本态度是可以预测其一般行为表现的。例如,社会态度积极者必定亲社会行为较多,反社会行为较少。

2. 具体态度预测具体行为

具体态度针对的是具体对象,具体行为也与具体对象有关。故两者有紧密联系是合乎逻辑的。换言之,如果把针对此一对象的态度与针对彼一对象的行为联系起来考察,是难以找到其内在联系的。

3. 对态度与行为的测量时间间隔愈短，态度与行为的一致性越高

对态度、行为的测量时间间隔短，则它们在此期间可能受到的影响小、干扰少，两者容易显得较为一致。反之，两者则易受各种因素的影响和干扰，使一致性程度降低。

第二节　社会态度的形成

态度形成有一个过程并受各种因素的影响。态度一旦形成既具有一定的稳定性，又会因情况和需要的变化而发生改变。态度的改变需要一定的方法并会受到特定因素的影响。

一、态度的形成过程

态度，是在后天生活环境中形成的。凯尔曼（Kelman）指出了态度形成需要经历的阶段。

（一）模仿、顺从或服从阶段

这是态度形成的初始阶段。年幼时，当心理发展尚未成熟，或在陌生环境接触新事物时，人们为减少焦虑、避免惩罚、获得肯定和奖励，往往会仿效他人的表现，或顺从他人的要求，或服从权威人物的指令，并形成相应的态度。此阶段，态度源于外部的要求和压力，仅展示在外显行为上，无深刻的认识和强烈的体验，较为表面，且可能还是暂时的。

（二）认同阶段

在该阶段，态度主体努力使自己的认知判断、情感体验和行为意向与榜样人物一致、与外部要求吻合。此种努力是自愿的、发自内心的，表现为喜欢某人、某事、某环境，且乐于采取相应的行为。此阶段，个体有较强的情感体验和行为意向，但相应的认识仍然未必深刻，也没有融合到其原有的态度体系之中。

上述两阶段的区别在于：前阶段的态度基本上是强制的、被迫的，主要体现在外显的行为表现上；后阶段的态度基本上是自愿的、主动的，还有了较强的情感体验。

（三）内化阶段

这是态度形成的最后阶段。内化，指一个人对态度对象自觉地形成了特定的信念，并以此指导自己的行动和产生相应的情感体验，表现为认知上有坚定的信念、情感上有强烈的体验、行动上坚定且执着。

态度进入内化阶段就不再依赖于外部要求、也不受与他人之关系和外界之压力的影响。内化了的态度是自主的、坚定的，并与个体原有态度体系相整合，成为个体人格的组成部分，对个体后继的心理活动、心理状态及行为表现起着导向性作用。

二、影响态度形成的因素

态度是态度主体的一种心理倾向或心理准备状态。其形成会受到生活环境中各种因素的影响。

（一）社会环境

人生离不开特定的社会环境。个体形成任何态度都会自觉不自觉地受着社会大环境的影响。这种影响主要是通过社会的规范、准则和要求的制约发生作用的。此外，社会上主流价值观的宣传和教育、各种思潮以及观念的冲击、风俗习惯的潜移默化等都会影响特定态度的形成。

（二）家庭的影响

在个体最初的态度形成过程中，其父母给予的影响极为重要。这种影响与家庭的生活方式有关，如果家庭是民主、平等的，则个体容易形成良好的与人相处的态度，会善于运用平等的方式与人相处，用民主的方式解决问题。这种影响也与家庭成员的人际关系有关，人际关系和谐的家庭中，成员情感融洽，成员互相影响也就较大，这容易使个体形成趋同的态度。

（三）同伴的影响

随着个体年龄的增长，家庭及父母的影响逐渐减弱，同时，同伴对个体态度形成的影响逐渐增强。这与青少年倾向于把同伴作为个体的重要参照有关。青春期以后，个体开始经常把自己所持的观点与周围同伴的态度、观点进行比较，并以同伴的观点为依据来调整自己原有态度，力求使自己的态度与同伴保持一致。

（四）群体的影响

群体总是通过特定的规范和准则来约束其成员、维护其统一并维持其运作的。个体在形成特定态度的过程中必然受所属群体的规范和准则的影响。其影响大小则与群体的凝聚力和吸引力有关，群体的凝聚力和吸引力愈强，则其对个体的影响愈大。

（五）大众传媒的影响

报刊、图书、电影、广播、电视、网络等大众传媒是当今社会中人们获取信息的主要途径，也是人们沟通信息、分享观念、交流感情的重要载体。任何大众传媒每时每刻都在向受众传递着特定的社会规范、文化传统和价值标准。这些都会对一个人的态度形成产生影响。

第三节　社会态度的改变、影响因素及理论

一、社会态度改变的方法

态度改变有两种情况：一致性的改变，即态度指向不变而仅仅改变原有态度的强度，即量变；不一致的改变，即以性质相反的新态度取代原有态度，方向性有了改变，即质变。

通过说服宣传可以改变人的特定态度，但要讲究方法才会更有成效。心理学研究表明，如下方法值得重视。

(一)提供的信息必须真实

进行说服宣传时,提供的信息必须真实,真实才会可信。通常,对那些言过其实、被夸大的信息,人们会怀疑;对那些刻意简略、过分缩小的信息,人们不会关注。例如,对某款汽车有两则广告,一则说的全是优点,另一则说此车"车门的内把手太偏右了一点,用起来不顺手,其他方面都很好"。结果表明,人们更容易接受后一则广告的宣传,认为后一则显得更真实可信。这说明说服宣传要让人觉得信息是真实的,这样才能有效改变人们的态度。

(二)灵活运用单方面或双方面的宣传

说服宣传要根据对象特点有针对性地进行。例如,当人们对态度对象知之甚少、缺乏相关背景经验时,单方面宣传说服即正面阐述应有态度的意义和价值,会有助于态度的改变;当人们对态度对象已有一定了解、具有较充分的相应知识经验时,双方面说服宣传会有助于态度的改变,即既要正面阐述具有相应态度的意义,又要指出不具有应有态度的危害。又如,对受教育水平较低、思维单纯的态度主体,单方面宣传更为有效;对受教育水平较高、思维水平较高的态度主体,则双方面说服宣传才会有效。再如,态度主体已经习惯了与宣传说服者保持一致,则使用单方面宣传就能收到效果;否则双方面说服宣传会更加有效。

(三)适度晓以利害

说服宣传应该使态度主体感受到适当的压力,认识到只有听从说服宣传才能消除这种心理负担。对此,需要注意:由说服宣传引发的态度主体感受到的压力通常应该把握在中等程度,过低或过强都不会达到理想效果;如果需要立即改变态度,则要引发其较强烈的恐惧心理,使之成为动机力量促使态度的迅速改变;如果允许过一段时间改变态度,则当前的说服宣传不宜过度引发恐惧心理,因为恐惧心理会随时间的推移而消失。

(四)逐步提出要求

进行说服宣传时切不可急于求成,尤其在要求偏高时,通常逐步提出有关要求更为有效。当然,这需要对态度主体原来持有的态度有真切的了解,对当前要求与原有状态的差距有充分的认识。当两者差距较为悬殊时,不宜操之过急,应该逐步提出要求,这样才比较容易为态度主体所接受。

(五)引导参加活动

引导人们积极参加实践活动有助于改变一个人原来的态度。例如,有一项研究以大学生为被试,在明确他们在三个家庭问题上都持有否定态度后,研究人员把他们分为三人一组进行活动,活动要求每组中的一人向其他两人进行说服宣传工作,目的是把否定态度转变为肯定态度。说服宣传根据提供的提纲和内容进行,在说服宣传时,说服者对提供的内容必须表现得深信不疑,让人觉得真心诚意。活动结束后再次测定这些大学生在三个家庭问题上的态度,结果发现,每位学生的态度都有一定的转变,而小组中承担说服宣传角色的学生转变最为明显。

(六)群体明确规定

群体的规定是影响态度形成的一个重要因素,也是促使态度发生改变的一个重要因素。通过群体制定明确的规定,可以达到改变人们态度的预期目的。例如,二战时期有这样一项研究,因食物短缺要改变家庭主妇不喜欢购买动物内脏作为食品的态度,研究者在进行说服宣传时采用两种方法,一是围绕要求进行讲解和劝说,二是把要求作为群体规定予以宣布。被试为每组13—17人的六组主妇,其中三个组用讲解和劝说的方法,即讲解了这些动物内脏营养丰富、味道可口,食用它们能为国家做出贡献等;另三个组用宣布群体规定的方法,即仅简单规定大家今后要改用动物内脏做菜。一周后的结果表明,听讲解的三个组仅有3%的主妇改变了原来的态度,而宣布群体规定的三个组则有32%的主妇改变了原来的态度。研究者认为,这一结果是由个人对所属群体都有认同感和归属感,具有接受群体规范的心理倾向造成的,因此,有时通过群体规定可以改变人们的态度。

(七)安排强迫接触

如果对态度对象不甚了解、平时又不接触或只有表面的接触,那么通过安排强制性的接触可以有效地改变主体原来的态度。20世纪30年代,美国种族歧视问题十分严重,许多白人对黑人持有否定态度,他们往往不愿意、或不屑于、或不敢与黑人交往。有位研究员做过如下实验:利用两周时间组织了自己研究所的46名白人学生,要求他们必须到附近的黑人居住区活动,活动包括必须与著名的黑人编辑、外科医生、诗人、画家见面,听黑人小说家的演说,参加黑人学生的茶会、黑人企业家的午餐会等。两周后的结果显示,与实验前相比,有44名学生对黑人的态度明显变得友善了,且一年后的随访表明他们仍然保持着这种友善的态度。这说明,通过相互接触,哪怕是带有强制性的,也可以增进个体对态度对象的了解,促进其态度的改变。

二、影响态度改变的因素

(一)说服者方面

1. 对人的态度

说服者要让人感觉到说服宣传是出于善意好心,为的是公众利益,而无个人意图,要给人以公正、友善、真诚、恳切的印象,要让人感受到自身的人格魅力。

2. 专家资质

如果专家在态度对象方面是学识渊博、或训练有素、或经验丰富、或有一技之长的,则专家说服会比较有效。对药物滥用的研究发现,20世纪六七十年代,相对于大量滥用大麻会导致严重后果的信息,那些生物学、心理学领域关于长期使用大麻会带来负面影响的科学报告对高中生减少药物滥用能起到更有效的作用,原因是后者的信息具有专家资质。

当然,说服者在改变他人态度时还要注意语言得体、语调坚定、精力充沛、充满自信。

（二）态度主体方面

1. 自尊心

一般来说，自尊心强的人自我评价较高，不易被他人说服；而自尊心不强的人对自己的评价较低，较容易被他人说服。

2. 权威主义倾向

这一倾向指人们对权威的过分尊敬和服从。权威主义倾向越强，对权威和群体的规定、要求越听从，这样的人较难被他人说服。

3. 智力

一般来说，与智力水平较低者相比，智力水平较高者知识经验丰富、有批判能力，不易被说服。研究表明，智力水平对态度改变的影响与说服的方法有关，如果说服的着力点是请对方注意和了解情况是这样的，而不是那样的，则对智力较高者有效；如果着力点是要求对方相信要这样做，而不要那样做，则对智力较低者有效。

4. 想象力

想象力丰富者，往往喜欢猜测说服者的意图，对可能带来的奖励或惩罚较为敏感，会对说服内容进行严密的客观评价，一般不会轻易被说服。

5. 需要

能否转变态度与一个人当前的需要有关。如果改变态度与满足当前需要，如逃避惩罚、赢得奖赏、发挥潜能等切身利益有关，则来自外部的说服宣传容易被转化为一个人的内部动机，主体的态度也容易被改变。

（三）心理抵抗

1. 心理抵抗的含义、形式

心理抵抗指说服宣传时发生的事与愿违的情况，即与预期相反，态度主体坚持原来的态度。心理抵抗会影响态度的改变。

心理抵抗有三种形式：一是贬损来源，即当无法驳倒说服者的论点时，采用贬低或损坏说服者声誉的做法，表明说服者论点的不可靠或无价值，进而拒绝改变态度。二是歪曲信息，即有意无意地对说服者的观点、论据断章取义，继而把对方的观点故意夸大到极端而加以否定，或将对方本质上不同于自己的观点说成与自己类似的，进而拒绝改变态度。三是掩盖拒绝，即对说服者的观点、论据不予理睬，或者以美化自己的看法来抗衡，进而拒绝改变态度。

2. 心理抵抗的原因

心理抵抗的原因有三：一是出于维护自我形象的需要。当认为态度改变有损于自我形象时，一个人为了"面子"往往就会对说服宣传持抵抗态度。二是心理惯性使然。在适应社会要求、应对生活事件时，遵循费力最小的原则是人的自然心理倾向。当意识到改变态度需要付出较多的身心能量时，心理惯性会使人们拒绝改变。三是出于自由的需要。每个人都需要自由，反对他人的操控，当一个人把说服宣传视为是对个人自由、自我控制的威胁时，他就会拒绝改变态度。

三、社会态度改变的相关理论

（一）平衡理论

1. 理论要点

美国社会心理学家海德是态度改变的平衡理论的代表人物。他指出，个体的态度还有认知、信念均具有趋于平衡、达到一致的倾向，如果不平衡就会导致情绪紧张、感到有压力和焦虑，此时，个体就会努力克服不平衡，努力使所有起作用的因素臻于和谐，即达到平衡和一致。个体的态度及其改变是基于平衡及一致性原则建构和运作的。

据此，海德提出了著名的P-O-X模型（平衡理论）来阐述态度的改变。在该模型中，P代表态度主体、O代表与P发生联系的另一个人、X代表与两者都发生关联的一个对象。模型中的正号（＋）、负号（－）表示主体的心理状态，即P对O、对X的态度，也表示客体之间的关联的性质，"＋"表示性质是积极的、"－"表示性质是消极的。

该模型以P为着眼点，考察P、O、X三者的关系以及相应的P的认知状态。从平衡和一致性原则看，三者之间的关系有八种，平衡的和不平衡的状况各四种（见图3-4-1）。

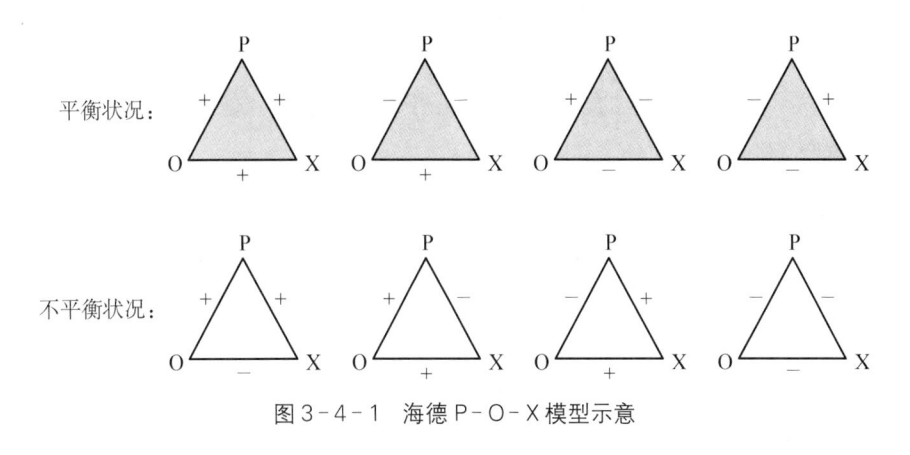

图3-4-1 海德P-O-X模型示意

按照海德的观点，针对某特定事物，如果个体与自己喜欢的人态度一致，或者与自己不喜欢的人态度不一致，那是一种平衡状态，无改变态度的需要。当处于不平衡状态时，态度的改变相对容易，改变时会遵循付出最小或费力最少的原则来达到平衡。

2. 举例

以张三（P）和他的女友（O）对一款服装（X）的态度为例。如果张三喜欢这款服装，他的女友也喜欢这款服装，两者彼此喜欢，那是一个平衡的系统，没有必要改变态度。若其他条件不变，张三的女友不喜欢这款服装，这时系统的不平衡发生了，为了恢复平衡，可以改变张三的态度使他也不喜欢这款服装，也可以改变女友的态度使她也喜欢这款服装，还可以改变张三对女友的态度使他并不真正喜欢女友（仅为便于分析），当然还可以选择换一款两人都喜欢的服装,至于采取哪条途径达到平衡,则以付出最小或费力最少原则为依据。

(二) 认知失调理论

1. 主要观点

费斯廷格是认知失调理论的代表人物。该理论从认知活动角度来阐述态度改变,认为态度改变是源于认知失调,改变的目的是恢复失调了的认知。

费斯廷格认为,人的心理空间中包含了许多认知因素,这些认知因素会随着生活内容的改变而变化,并会以各种组合方式并存于当前认知之中。

人的各种认知因素彼此间会形成三种关系:协调、失调和不相关。协调、失调是指认知因素之间在心理上是否相互矛盾。没有矛盾为协调,例如,"我帮助了朋友"与"朋友谢谢我"的认知之间是协调;存在矛盾为失调,例如,"我帮助了朋友"与"朋友不理睬我"的认知之间为失调。

认知因素失调时,会引起个体消极的内心体验,进而导致心理上的紧张和焦虑,即失调感。失调感的程度依赖两个因素:一是两个认知因素矛盾的程度,矛盾程度大则失调感强;二是两个认知因素对于个体而言的重要性,越重要则失调感越强。

失调感是令人不快、紧张和焦虑的,但它可以成为动机作用于人,使一个人努力去减弱或消除失调,这一过程其实也是一个人态度改变的过程。

减弱或消除失调的途径可以有:改变或否定认知失调关系中的某一因素;同时改变认知失调关系中各方的强度;引进新的认知因素等。当通过上述途径使失调认知变得协调时,人的态度也就改变了。

2. 举例

以减肥为例,用上述观点分析有关态度的改变。李四本人很想减肥,但当好友给他一包他喜欢吃的膨化食品时,他又把它吃完了。这时,李四的减肥态度与他吃零食的行为产生了矛盾,认知发生了失调并引起了消极体验,为此李四可以通过以下途径解决"减肥"与"吃喜欢的食品"之间的认知失调。

其一,改变态度。改变自己对减肥的想法,使之与行为一致,即我又不想真正减肥,我就喜欢吃膨化食品。

其二,增加认知。通过增加具有一致性的认知来减少失调,即吃膨化食品让我大饱口福、心情愉快,这有利于我的健康。

其三,改变认知因素的重要性。让不一致的认知变得不重要,同时让一致的认知变得重要,即大饱口福、心情愉快要比体形更为重要。

其四,减少选择感。让自己相信之所以有矛盾是因为自己没有选择的余地,即平时压力大,吃零食是我的最爱,我就靠吃零食舒缓压力、放松心情。

其五,改变行为。使自己的行为不再与态度有冲突,即我将继续实施减肥计划,再爱吃的零食我也拒绝。

第四节 偏见

偏见是一种不正确的态度。了解其特征、原因、消极影响及如何消除,有助于人们形成应有的正确态度。

一、偏见的含义、特征

(一) 偏见的含义

偏见是一个人对他人或团体持有的缺乏充分事实根据的态度。偏见可以与持有的正面态度有关,也可以与持有的负面态度有关。

如同一般的态度,偏见也含有认知、情感和行为意向这三个心理成分。例如,通过种种途径来强化社会对某类人或某个群体的偏见,往往对他们持否定的态度(认知),讨厌他们(情感),并企图摧毁他们的文化(行为意向)。

偏见起着过滤器的作用,使人以特定的眼光看待对象,并表现出相应的行为反应。

(二) 偏见的特征

1. 基于有限或不正确的信息

偏见总是以不正确的信息,或有限的信息,或既不正确又有限的信息为依据的。例如,听说某个国家或某几个国家的生活条件很好,就认为所有的外国人都衣食无忧、生活优裕。

2. 认知成分是刻板印象

偏见指个体往往以刻板印象来对人、对事、对物进行认知并形成态度。认识事物时,人们会根据事物的共同特征对其进行分类,这是人类思维的特点。但是,如果分类被固化而忽视具体事物的独有特征和性质,就会用共性去刻板地认知事物,从而导致偏见的产生。

3. 具有过度类化的倾向

偏见常常以偏概全。例如,认为某人的某个方面好,就认为此人其他所有方面都好;如果讨厌某个人,就觉得此人不存在任何优点或可取之处。这种过度类化的倾向会把对象具有的优点或缺点不恰当地无限放大,致使个体不能形成正确的态度。

4. 以先入信息为依据做判断

偏见指个体往往在只接触或获得了某一些信息的情况下就仓促地进行推测和判断,过早地得出结论。以先入信息为依据做判断的偏见者会无视或忽视其他信息和事实,不愿改正或调整原来的认知,显得固执己见,因为偏见者接受信息时有情感成分掺杂其中。

二、产生偏见的原因

上述偏见的特征也可以视为偏见产生的原因。此外,还有下列原因会导致偏见的产生。

(一) 群体间的利害冲突

基于满足物质及精神上需求的考虑和权衡,群体之间会产生竞争、冲突。群体间的利害冲突是偏见产生的最根本的一个原因。例如,谢里夫(M. Sherif)进行过这样一项研究:组织一批来自不同地区的12岁儿童参加夏令营活动,在营地把儿童分为"老鹰队""响尾蛇队"两组。开始两组成员互不认识,各自在组内活动。在每组形成"我们是一群的"意识后,让两组开展一系列竞争活动,且必须评出胜负。随着活动的开展,两组成员之间的社会距离越来越大,且互相产生了怨恨和敌对的情绪,并形成抬高自己和贬低他人的态度。可见,群体之间的利害冲突会导致偏见的产生。

(二) 社会化过程的影响

按照社会学习理论,偏见是偏见者学习的结果。不当的社会化学习是偏见产生的一个重要原因,途径有三种:直接学习,父母及成人运用奖惩强化了孩子的偏见态度,如不许孩子与成绩较差的同学玩,并灌输不友好的观念;模仿学习,通过对周围人们言谈举止的观察,个体获得了对某群体或某事物的偏颇的态度;环境氛围熏陶,特定环境氛围的影响会促成偏见的产生,例如,种族歧视严重的地方,不同肤色者分区居住、分校就读,在这种环境的影响下许多人都容易形成对有色种族的偏见。

(三) 群体间缺乏了解与沟通

缺乏了解也是产生偏见的一个重要原因。例如,前面关于态度改变的方法中提到,安排强制接触后,白人学生大多数改变了对黑人的态度,消除了对黑人的偏见。其实,这种接触就是让当事人与态度对象进行沟通和交往,原先之所以产生偏见就是对态度对象了解和沟通不够的缘故。

三、偏见的影响与消除

(一) 偏见的影响

1. 对知觉的影响

偏见会影响人们对他人的知觉。有这样一项研究:向三组被试呈现男、女性照片各一张,要求被试判断其身高,研究人员对告知组说明照片上男、女性身高一样,对激起组说明照片上男、女性身高一样,若判断准了会给奖金,而对控制组则不做任何说明。结果三组被试对男、女性身高的判断均有较大差异(如图3-4-2所示)。其中,控制组的判断差异最大,另两组被试尽管知道照片上男、女性身高一样,但仍然判断男性身高高于女性身高,这显然是性别偏见所致。

2. 对他人行为的影响

偏见会影响一个人的实际行为表现。罗森塔尔效应一般表明的是期待效应。从另一个角度分析,也可以用来说明偏见对行为的影响。该效应的实验告诉我们,如果教师对某些学生持有积极的看法,就会影响这些学生在课堂上的学习行为,这些学生的成绩会有显著进

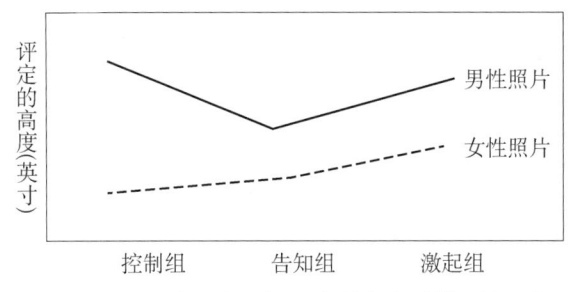

图 3-4-2　性别偏见在男、女性身高判断上的反映

步。其实，该实验中教师的看法是不符合学生真实情况的，本质上也属于偏见，只是性质是积极的而已。由此可以推断，消极的看法就会导致不良的行为和消极的效果。生活中不乏此类情况。例如，家长和教师对学生的偏见，使学生自我贬低，认为自己蠢笨而放弃努力，不仅行为消极而且会形成自卑心理。

（二）消除偏见的方法

1. 信息公开透明

对象的有关信息要尽可能公开，有关情况要尽可能透明。当人们掌握了丰富的信息和真实的情况，对对象就会有较全面、深入的了解，原有的偏见就会减少甚至消除。

2. 关注社会化

儿童青少年的偏见主要是在社会化过程中习得的，加强对这一过程的控制，重视环境因素，尤其是家长、学校及大众传媒的影响，将有利于减少和消除在这一阶段可能产生的偏见。

3. 提升教育水平

偏见更多的是由一个人的无知、狭隘或经验不足，即孤陋寡闻所导致的。所以，提高受教育水平、丰富知识和阅历，可以减少偏见的产生。

4. 平等接触

为当事人提供平等的地位，排除交往和沟通的障碍；为当事人提供与有关事物、群体直接接触的机会。对态度对象的全面了解和正确判断有助于消除偏见。

5. 重视群体规范

人们都有服从社会和群体规范的倾向，社会和群体制定若干能抗衡偏见的规范、准则、规定、要求，并辅以特定的举措和一定的压力，可以使人们不表现或少表现偏见行为，进而还可能消除偏见。

6. 自我监控

偏见与扭曲的认知有关，通过对认知过程和状态的监控可以减少偏见的产生。例如，当意识到有某种偏见行为时，人们可以通过静心思考来抑制偏见，自我批评、搜索有关情境线索、体验内疚感等都有助于偏见的消除或减少。

第五节　社会态度的测量

一、量表测量

量表是测量态度的重要工具。每一个态度量表都是针对特定的态度对象设计的，通常由一些问题项目或条目组成，要求被试对这些项目或条目做出反应，再根据反应计算得分，得分代表了被试对特定对象的态度及其程度。测量态度的主要量表有以下几种。

(一) 瑟斯顿量表(Thurstone scales)

该量表以最早提出者瑟斯顿的名字命名，是一个11点量表，属于等距测量量表。

瑟斯顿量表编制程序大体如下：首先，根据研究主题，即态度对象收集数百句有关的态度语，它们必须涵盖两个极端状态和中间状态。然后，请数十至数百名熟悉主题者担任评判者，把态度语逐一置于1—11的各个数字上，计有从"最反对"到"最赞成"11组，评判者认为每组之间的差距应该是相等的。接着，运用统计分析求出每一态度语的量表值。最后，选择评判者评分信度高、在各组内均有相应量表值的态度语数十句，这就构成了一个态度量表。

测验时，要求被试对量表中各项目表示赞成或反对，回答一般无时间限制。评分时，将被试表示赞成的项目依量表值高低排列，求出的中位数即为被试的态度分数。

该量表一般适用于主体清楚且范围不广的态度问题，如某次战争、某种犯罪、某项宗教活动等，被试用1—11来做出反应，这可以反映和比较人们对待态度对象的细微区别。

(二) 李克特量表(Likert scales)

该量表由心理学家李克特提出，是一个5点或7点量表，编制方法和使用较为便捷，是如今常用的态度量表。

李克特量表通常由20个以上的问题项目组成。组成量表的这些项目必须符合一个基本前提，即每个项目对于所要了解的态度对象而言，在价值上应该是相等的，它们所包含的意义在程度上没有本质差别。项目有正向、负向两类，要求被试认真阅读和回答。表3-4-1是对妇女生育问题态度的李克特5点量表的示意。

表3-4-1　妇女生育问题态度量表示意

请用①到⑤来表示你对下列陈述的同意或反对程度，其中①＝很反对，②＝反对，③＝一般，④＝赞成，⑤＝很赞成。你的回答没有错或对，只要是你的真实想法即可。
1. 我养不起一个孩子。　　　　　　　　　　　　　　　　　　　　　①②③④⑤
2. 我想在自己年轻的时候生孩子。　　　　　　　　　　　　　　　　①②③④⑤
3. 生孩子太痛苦。　　　　　　　　　　　　　　　　　　　　　　　①②③④⑤
4. 有个孩子会限制我的自由。　　　　　　　　　　　　　　　　　　①②③④⑤
5. 有个孩子会使婚姻更美满。　　　　　　　　　　　　　　　　　　①②③④⑤
6. 有个孩子会使家庭生活更充实。　　　　　　　　　　　　　　　　①②③④⑤
7. 有个孩子增加了我的责任感。　　　　　　　　　　　　　　　　　①②③④⑤
8. 有个孩子让我没有时间想我自己的事情。　　　　　　　　　　　　①②③④⑤

测试时,要求被试逐一认真阅读每一项目,然后在①—⑤的各个数字上做出反应,所有项目的累计得分为态度分数,即被试对特定对象之态度的状况。

(三) 语义区分量表(semantic differential scales)

由心理学家奥斯古德(C. E. Osgood)等人所发展。该量表的项目选用成对的两极形容词,如"好—坏""强—弱""爱—恨"等,分别写在有 5 或 7 个刻度的线段的两端,数字代表对特定对象的不同态度水平(如图 3-4-3 所示)。然后,就某特定的态度对象,如考试作弊、向灾区捐款、参加残奥会志愿者活动等,要求被试按自己的想法在相应的刻度上打钩。最后,将每题所得分数相加,得到被试对态度对象的肯定或否定的态度及其程度。

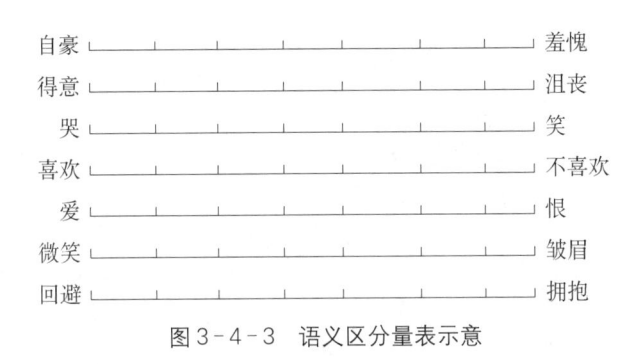

自豪 |———|———|———|———| 羞愧
得意 |———|———|———|———| 沮丧
哭 |———|———|———|———| 笑
喜欢 |———|———|———|———| 不喜欢
爱 |———|———|———|———| 恨
微笑 |———|———|———|———| 皱眉
回避 |———|———|———|———| 拥抱

图 3-4-3 语义区分量表示意

该量表简便易行,被广泛使用。不过,在语义区分量表中选编一组形容词并不简单,且每个等级的意义也难以认定。

需要指出的是,用量表测量法了解被试态度时,为避免被试容易出现的社会赞许性反应偏差,在撰写题项、编制问卷时要特别注意。

二、非量表测量

(一) 反应时测量

人们的一些态度可以使用反应时指标来进行测量。反应时,指人的反应潜伏期,即从刺激呈现到做出明显反应之间的时间间隔。这也是人对有关信息进行接收、加工、处理并最后做出反应的过程,其间会花费一些时间。反应时的长短在一定程度上也反映了反应者对刺激的态度及其程度。例如,可以用反应时来研究人们对某个候选人的态度。

(二) 投射技术

投射技术的基本假设是,个体不是被动地接受外界刺激,而是主动地有选择地给外界刺激赋予某种意义,然后做出反应。据此可以推断一个人的态度。

用投射技术来测量态度的主要有罗夏墨迹测验、主题统觉测验、绘画测验、语句完成测验等。投射测验的编制设有结构性或固定意义的测题,通常是提供一个模糊暧昧的刺激情境,让被试产生联想后进行陈述,此时被试的心理防卫会降低甚至消失,内心的真实态度得以流露。

(三) 生理指标测量

通过对生理活动的测定可以了解或推测人的态度。因为任何心理活动都有相应的生理活动基础。当人们产生或具有某种态度时,其情感成分会唤起自主神经系统的变化,如心跳加快、呼吸急促、血压升高等,它们不受人的主观意志所控制。

多参数心理测试仪或测谎仪就是典型的生理指标测量,如图3-4-4所示。测量时,先了解一个人正常状况下的各种生理指标,然后呈现特定刺激,考察其做出反应时脉搏心跳、呼吸、血压、皮肤电位、脑电波等生理指标的变化,据此推断其心理状态,包括态度的真实情况。

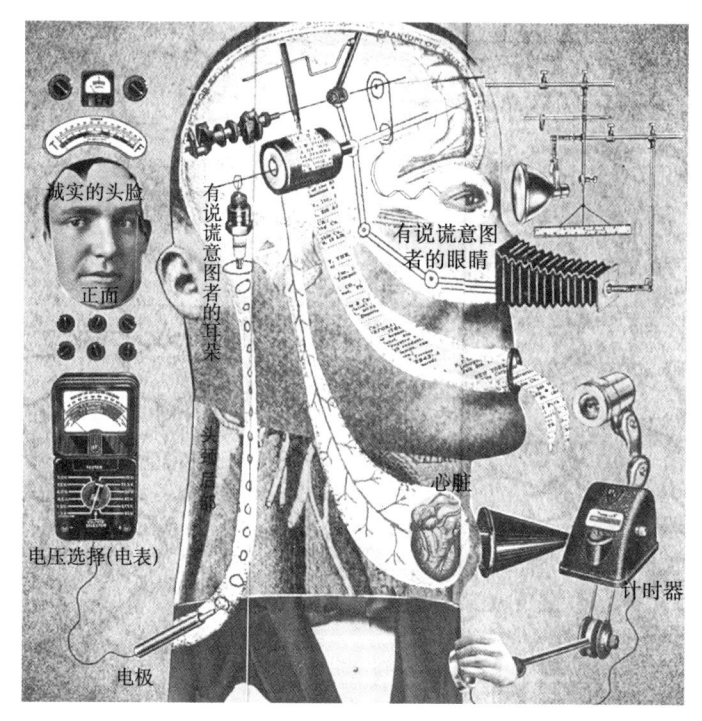

图3-4-4 生理指标测量示意

需要指出的是:态度主体、态度对象都是复杂的,无论是量表还是非量表的心理测量,其本质都是一种间接测量,因此,除了心理测量外,还要通过多种途径才能真正把握人的态度。

第五章
归因与判断

第一节 归因

一、归因的含义及发生

归因指人们对他人或自己的行为及其结果进行分析,指出其性质或推论其原因的过程。归因是人的一种自然心理倾向,主要用于了解自己或他人之行为何以发生,发生后又何以成功或失败。这种归因可以为估计他人的后继行为提供参照,也能为自己的后继行为提供依据。如图3-5-1所示,对相同的行为表现,人们会有不同的后继反应,就是由于不同的人对同一行为会做出不同归因和解释的缘故。

图 3-5-1 归因与反应①

在两种情况下,人们普遍会进行归因:一是发生了出乎意料的事情。人们通常都希望自己能够把握社会环境、生活事件,希望对未来有一定的预见性和预测力,这样自己才会感到安全。所以,当发生了不同寻常、意料之外的事件时,人们就会感到惊奇和特别不安,就会努力探究原因,以加强自己对周围世界的控制力,维护或提升自己的安全感。二是发生了令人不愉快的事情。人们都想生活得更好,都想心情永远阳光。因此,当面对不愉快的、痛苦糟

---

① [美]戴维·迈尔斯.社会心理学(第8版)[M].侯玉波,乐国安,张志勇,等译.北京:人民邮电出版社,2006:71.

糕的问题或情境时，人们就会竭力摆脱困境或努力克服难题，这就需要探究问题的真正原因。例如，当友情碰到问题时，我们就会去追究其原因，以便有效弥补存在着或可能出现的裂痕。

归因在社会生活的各个领域均有重要意义。例如，在教育领域，了解了学生成绩何以落后的真正原因，才可以采取有针对性的措施。若归因于学生不用功的个人态度，就需要对其开展思想教育工作，若归因于教学方面的不足，就需要改进相应的学习环境和条件了。

归因存在着普遍规律，但也会因人而异。归因是一个人过去经验、思想方法乃至价值观的反映，同时也能够据此预测其后继可能的行为倾向。

二、归因的理论模式

（一）海德的模式

海德在《人际关系心理学》一书中指出，自己或他人之行为的原因多种多样，不胜枚举，但概括起来无非两大类：一是内因，如能力、情绪、人格、态度等；二是外因，如时间、地点、天气、环境、外部压力等。

海德指出，归因时人们会使用两条原则：一是共变原则。它指在众多情境下，有某一特定原因就会有相应的特定结果，而当该原因不存在时则无此结果，即两者共变、联系紧密，据此人们可以把某结果归于相应的原因。例如，每遇检查考核，某人就心情沮丧、抱怨易怒、与人闹别扭，但平时一切正常，即无检查考核就绝无此类反应，据此可以推断检查考核是其发生这些反应的原因。二是排除原则。它指当内因和外因中某一或某些原因足以解释行为及其结果时，我们就可以排除其他种种原因了。例如，肯定窃贼是贪婪、懒惰之徒，就可以排除环境等外部原因。

（二）维纳的模式

维纳（B. Weiner）提出了归因的三维模式。他认为，除了按照"内部—外部"这一维度进行归因之外，人们还可以从稳定性和控制性两方面进行归因。稳定性，即行为及其结果之原因是稳定的还是不稳定的；控制性，即行为及其结果之原因是可以控制的还是不可控制的。三个维度的原因是交叉并存的，它们的不同组配可以形成多种归因。表3-5-1是使用维纳三维归因模式对考试成败之原因进行的分析。

表3-5-1 维纳三维模式对考试成败的归因

	内部		外部	
	稳定	不稳定	稳定	不稳定
可以控制	个人努力	暂时努力	老师偏见	偶然获得帮助
不可控制	个人能力	情绪及心境	任务难度	个人运气

在维纳提出三维归因模式后,归因领域掀起了研究与归因特点相应的归因指导的热潮。这在教育上尤其具有重要意义,因为了解学生的归因特点或归因倾向,可以有针对性地对其进行归因指导,从而更有效地帮助学生正确认识自己的行为及其结果,使其能树立合适的后继行为目标并采取恰当的有效行动。

(三) 凯利的归因模式

凯利(H. Kelley)的归因模式由三种信息组成:一致性信息,即其他人是否也是如此;一贯性信息,即这个人是否经常如此;独特性信息,即此人是否只对此项刺激而没有对其他事物做出反应。有了这三类信息就可以对人们的行为进行归因。表3-5-2是使用凯利模式对学生上课瞌睡行为之原因进行的分析。

表3-5-2 凯利模式对学生上课瞌睡行为的归因

情境	一致性信息	一贯性信息	独特性信息	归因
1	低:其他同学没睡	高:该生以前上课也睡	低:其他课上该生也睡	学生怠惰
2	高:其他同学都睡	高:该生以前上课也睡	高:其他课上该生没睡	教师问题
3	低:其他同学没睡	低:该生以前上课没睡	高:其他课上该生没睡	情境原因

凯利指出,在使用三类信息归因时需注意"折扣原则",即由某特定原因引起的特定结果会由于其他可能的原因而削弱。

三、归因中的几种偏误

(一) 拟人化

在社会生活中,人们有时会把不具有社会意义的自然现象进行拟人化的归因。例如,办事不顺、工作遇挫,就归因于听到了乌鸦在"哇哇"叫;碰上喜事好事,就归因于早晨树上喜鹊在"喳喳"叫。

拟人化归因无疑是一种偏见。其实,许多自然现象自有其发生、发展、变化的规律,它们与人们的自主行为及其结果之间没有必然的因果关系。说到底,人们做出拟人化归因是缺乏科学知识的缘故,这使得人们有时会把自己的行为与自然现象的偶然巧合视为是有因果关系的。

(二) 基本归因错误

这是指人们经常把他人的行为归因于人格或态度等内在特质,而无视或忽视他们所处情境带来的重要影响。这方面通常的表现是:在解释他人行为之原因时,人们往往会低估环境带来的影响。

基本归因错误的原因是:人们具有对自己行动及其结果负责的信念,且情境中的行动者常常比其他因素更为突出。在上述两者的共同作用下,人们就会倾向于从人的内因角度评价其行为而忽略外部因素的影响,就会倾向于把原因归到作为行为主体的他人身上而忽略情境的作用。

需要指出的是,当归因涉及自己的个人利益时,基本归因错误会表现得更为明显。

(三)自利偏差

这是指在进行归因时人们倾向于把自己的成就归因于内部因素,同时倾向于把自己的失败归因于外部因素。

归因的自利偏差可以用印象管理中的自利动机加以解释。即,人们总是试图创造一个独特而良好的自我形象,使他人对自己有良好的印象和评价。于是,当他人要了解一个人行为成败的原因时,此人在自利动机作用下很自然会进行自利偏差的归因。因此,这与此人的真实情况其实是有一定距离的。

第二节 判断

一、判断概述

判断能为决策提供依据,是决策过程的认知方面。判断需要对人所知觉到的信息进行认知加工。

人有两套对信息进行认知加工的系统或思维:第一系统,是指人的直觉系统,它通常是快速、自动、无须意志努力、内隐和情绪的;第二系统,与第一系统相比,它通常是指较慢的、有意识的、需要意志努力的、外显的和逻辑的推理过程。比如,观察图3-5-2:如果你和多数人一样认为左面的桌子更长更窄,右面的桌子更像正方形,那这是第一系统加工后做出的判断;如果尝试使用第二系统的加工,则应拿出直尺测量左右两张桌子的长度与宽度,加以比较后再做出判断。

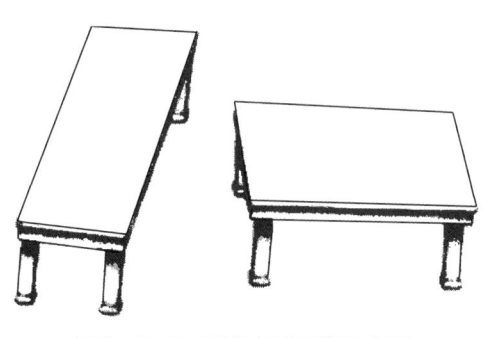

图3-5-2 哪张桌子更像正方形:
两种思维加工

面对重大问题,第二系统的加工更有利于人们做出周密的判断和正确的决策。但现实生活中,在面对许多问题情境时,人们的判断和决策大多仍依赖第一系统加工。当客观上任务繁杂,又被要求快速解决时,人们更多地会依靠第一系统的加工来做出判断,这样做通常也能够取得一定的成效。

但是,心理学研究表明,凭借直觉的认知加工,即使当事人有一定的知识经验和相当程度的自信,在加工信息时仍然会发生一定的偏差,进而影响做出的判断和相应的决策。例如,观察图3-5-2,第一系统的加工着实让人失望,发生的判断偏差会令人发出"真不能相信自己"的感慨。

下面,介绍一下这方面常见的一些判断偏差,然后提出若干避免偏差的举措。

二、若干判断偏差

(一) 代表性的影响

指代表性直觉发生的偏差。此类偏差的若干表现有以下几方面。

1. 对基本概率不敏感

即因对基本概率不够敏感而造成的判断偏差。例如,李某将从全国某知名大学完成MBA学业,他对艺术很感兴趣,曾经想成为一名音乐家。请问在"(a)艺术管理公司"与"(b)咨询公司"中,李某更可能去哪里工作?若回答为"(a)",表明判断受到了对李某个人的描述性信息的影响,忽略了基本概率提供的信息。若回答为"(b)",表明能够考虑到MBA毕业生就业的基本概率的信息,预测就更为合理。

现实生活中,资本投资、创新创业等都会有一定的风险,即存在着一定概率的失败,当事人往往有忽略或忽视这些风险的自然心理倾向,因此一旦发生,往往就会受到极大冲击,甚至难以接受最终的结果。

2. 对样本大小不敏感

即因对样本大小不够敏感而造成的判断偏差。例如,某地有大、小两家医院,大医院每年约有45个婴儿出生,小医院每年约有15个婴儿出生,通常男性婴儿约占50%,当然该比例每天不同,有时高有时低。某年两家医院都记录了出生男婴数超过60%的天数。请问哪家医院这样的天数更多些,是(a)大医院、(b)小医院,还是(c)两家医院一样?大多数人会选择"(c)",这是仅凭直觉来判断时忽略了样本大小的缘故。其实,统计学知识告诉我们,大样本更不可能偏离平均数,故小医院更可能见到多于或少于50%男婴出生的天数。

现实生活中,一些市场调查或广告宣称"百分之多少"的受众"给予了肯定和赞扬"等,如果没有说明调查对象的样本大小,这样的结果是没有多大意义的。

3. 趋均数回归

即因对一些事件尤其是极端事件未能考虑到趋均数回归的倾向而造成的判断偏差。例如,一家连锁店有九家条件都相似的分店,现已知道每家去年的营业额(第一到第九家分别是1200、1150、1100、1050、1000、950、900、850、800万元),据预测估计明年的营业额要比去年上涨10%,现在要求预测明年每家分店的营业额以便安排有关资源。由于没有其他信息,人们通常会将每家分店去年的营业额加上增长的10%来做出预测,即第一家分店将是1320万元、第二家将是1265万元……其实,这一逻辑是错的。因为,去年营业额与预测上涨比例的关系在毫不相关到完全相关之间,以第一家分店为例,毫不相关时最佳估计是1100万元,完全相关时才是1320万元,即预测值应该是由1320万元向着总体平均数1100万元的回归。

现实生活中,趋均数回归是一种普遍的现象。例如,球队在上届联赛中表现出色,本届的表现会不尽如人意;当红的影视剧之类的作品,如有续集往往会令人失望;患者的一些极端的临床体征或化验指标,未做干预的情况下在其后的连续测量中也有向正常值趋近的现象;当个体在行为训练中处于一个较低的水平时,任何尝试都会使行为获得一定的成效。因为,事物具有趋于更通常的状态的倾向。

(二) 易得性的影响

指易得性直觉发生的偏差。此类偏差的若干表现如下。

1. 易于回忆

即与不易回忆的事件相比,判断会受到易于回忆之事件的影响而造成某种偏差。例如,有项调查列出了美国在 1900—2000 年造成个体死亡的五项原因,即:(a)吸烟、(b)营养不良和缺乏锻炼、(c)车祸、(d)枪支武器、(e)滥用毒品,要求估计每一原因所导致的死亡人数。上述五项原因是按照导致死亡人数从多到少的顺序排列的,分别造成了 43.5 万人、40 万人、4.3 万人、2.9 万人、1.7 万人的死亡。结果发现,人们大多低估了导致死亡的前两种[即(a)、(b)]原因与后三种[即(c)、(d)、(e)]原因之间的差距,因为车祸、枪支、毒品造成的死亡给人们留下了更为深刻的印象。这表明生动的、经常获得的信息会影响一个人的判断。

现实生活中,为避免判断受到易得性信息的影响,人们尤其会倾向于高估可能性概率极低的事件,如在对核电站进行讨论时会更突出其潜在的风险。

2. 易于提取

即估计事件发生次数受信息搜索构成是否易于获得的影响而造成判断偏差。例如,特韦尔斯基(A. Tversky)和卡尼曼(D. Kahneman)曾调查人们对以下两题的回答:(a)从"0、1—2、3—4、5—7、8—10、11—15、16 以上"几个选项中择一打钩来表示对某小说中四页纸上有＿＿＿ing 形式的单词个数的估计;(b)从"0、1—2、3—4、5—7、8—10、11—15、16 以上"几个选项中择一打钩表示对某小说中四页纸上有＿＿＿＿n＿形式的单词个数的估计。结果是,大多数人在(a)中择一打钩的数字要大于其在(b)中的选择。但这样的判断肯定不对,以 ing 结尾的七个字母的单词中都含有一个"n"作为其第六个字母,那么以 ing 结尾的单词数就不会多于以"n"为第六个字母的单词数。如何解释发现的结果?两位学者认为,ing 是常用的后缀,以 ing 结尾的单词更容易从记忆中被提取出来,而搜索以 n 为第六个字母结尾的单词则不是件容易的事。

现实生活中,十字路口出现多个加油站、专卖店扎堆在同一商业街、几家大书店坐落在相邻街区等,都能使消费者在需要时易于提取有关信息,有助于客流量的最大化。

3. 假定的联系

即根据容易回忆起来的类似联系的程度会影响对事件发生的估计而造成判断偏差。例如,在思考吸食毒品与青少年犯罪之间是否有联系的问题时,大多数人会想起若干吸食毒品的少年犯,然后据此猜测两者之间存在着一定的关联。然而,合理的分析要求回忆四组人,即:"吸毒品的少年犯""吸食毒品但不是少年犯的青少年""不吸食毒品的少年犯""既不吸食毒品也不是少年犯的青少年"的信息。在估计上述之类的二分事件时,常常至少要考虑四种独立的情况。如果只是根据头脑中知觉到的同时发生事例的易得性来判断两件事是否存在联系、是否会同时发生,则通常会做出高估的判断。

现实生活中,除了上述问题外,还有在考虑花钱延聘家教与成绩名列前茅、服用保健品与增强体质等二分事件之间的联系时,我们至少要考虑四种独立的情况,以避免对两个事件的联系或其同时发生的概率做出高估的判断。

(三) 参照框架的影响

1. 问题陈述

有一项著名的决策研究设计了以下两个问题。

问题一:假设某国正准备应对一种罕见疾病的暴发,它可能造成 600 人丧生。人们提出两套应急预案:(A)若实施方案 A,将挽救 200 人的生命;(B)若实施方案 B,有三分之一的可能挽救 600 人的生命,有三分之二的可能无法挽救任何人。回答者大多选择方案 A,这反映了人们在面对一定的效用时会倾向于风险规避。

问题二:假设某国正准备应对一种罕见疾病的暴发,它可能造成 600 人丧生。人们提出两套应急预案:(C)若实施方案 C,400 人将丧生;(D)若实施方案 D,有三分之一的可能无人丧生,有三分之二的可能 600 人丧生。回答者大多选择了 D,这反映了人们在面对一定的损失时会倾向于风险尝试。

上述的两套选择在客观上是一样的,但由于两个问题分别是从挽救生命、失去生命的角度来陈述的,提供了不同的判断的参照框架,故人们分别做出了风险规避、风险尝试的决策。

2. 赋予效应

有一项来自美国的"杯子值多少钱"的研究,设计如下:三分之一的参与者充当"卖家",他们拥有杯子并有权选择价格出售并获利,研究者向他们呈现以 50 美分递增的从 0.50 美元到 9.50 美元的一系列售价,要求他们选择某一表示愿意卖掉杯子的价格;另三分之一的参与者充当"买家",给他们充裕的钱来购买杯子,让他们在上述一系列售价中选择愿付出多少钱购入杯子;还有三分之一的参与者充当"选择者",在问卷中让他们在杯子和上述一系列价格之间做出对应选择。结果表明:卖家卖杯子所要求的均价是 7.12 美元,买家愿出均价是 2.87 美元,选择者选择的均价是 3.12 美元,后两者的定价很接近,卖家即拥有者的定价就明显高得多。

人们对自己拥有的东西会赋予其超出本身应有的价值,即所有权的框架影响了人们对自己拥有的东西的判断。在后续类似的实验中,卖家与买家的估价比一般为 2∶1。

3. 心理分账

有一组问题是说明心理分账的一个例证。

问题 1:如果你想看一场戏剧,门票是 10 美元,当你走到剧院门口时发现自己掉了 10 美元,你还会花 10 美元看戏吗?回答此题的 183 名调查对象中,88% 表示仍然愿意花 10 美元看戏。

问题 2:如果你想看一场戏剧,并花了 10 美元买了票,当你走到剧院门口时发现自己把戏票丢了,戏票已不可能被找到且座位也没有被标记,你会再花 10 美元买一张票吗?回答此题的 200 名调查对象中只有 46% 表示愿意再买一张。

研究者指出，丢一张10美元的戏票与丢了10美元，两者的损失是等同的；在问题1中回答愿意买票的人没有把10美元的损失与购票消费联系起来，即把损失划到了一个单独的账户上；而在问题2中不愿意再花钱买票的人显然是把两次购票成本相加，使消费账户中看戏的花费翻倍达到了20美元。心理分账指出了人在行动时既要考虑行动的直接结果即简单账户，还要综合考虑此行动与先前其他行为的关系即综合账户。心理分账也是影响判断和决策的一种参考框架。

三、应对判断偏差的措施

下面介绍若干应对判断偏差的主要措施。

（一）形成若干清晰的认识

其一，认识到上述判断中发生的系统性偏差具有普遍性。决策的心理学研究表明，人们的经验是可贵的，但有难以避免的局限性。判断除了受前述代表性、易得性、参照框架的影响外，还会受动机、情感甚至道德等的影响。研究表明，即使在那些有专业背景的人身上也会发生这样的判断偏差。

其二，认识到通过训练可以使判断偏差不发生或少发生，至少能使人有心理准备并及时予以消弭。曾有人对此持悲观态度，认为干预或训练难以消弭判断偏差。当前，持这种悲观态度的人逐渐开始致力于提升干预或训练的成效，并指出当事人的经验之积累和专长之发展至为重要。

（二）必要的训练

研究表明，必要的训练有助于防止或及时纠正判断偏差。对此，有研究者提出应该把握解冻、改变、再解冻三个环节。解冻指警惕并排除自身那些阻碍行为改变的因素，包括满足现状、风险规避、对已知行为确定结果的偏好和自信等，进而质疑自己当前策略并努力形成新判断的倾向。改变即在解冻过去行为的基础上思考新的判断以促成决策的变化，这需要确定原有判断的缺陷、解释其背后的原因，比如，偏差是由代表性还是易得性启发式造成的，找到原因之后相应的改变才会水到渠成。要注意的是，不要让解冻和改变威胁自尊，要明白出现偏差并不意味着自己是差劲的决策者，因为我们都是人，每个人都会受到判断偏差的影响。再解冻，指变化发生后个体仍容易重复过去的做法，再次导致偏差，同时，变化后的新方法也需要经过实践和练习才能演变为新的直觉策略，因此，在此过程中需要不断回顾和应用。

（三）设置局外人角色

所有人做决策时会持有两种观点：局内人观点和局外人观点。持前一观点者常常是带有偏差的决策者，而持后一观点者能更好地看待不同的情况并明确其中的异同。在生活中，人们倾向于相信和接受局内人的观点，但研究表明局外人比局内人能做出更好的估计和决策。研究发现，人们通常认为完成大多数项目花费的时间和费用会比原先预计的更长与更多，这属局外人观点；而当事人会确信对项目所需的时间的估计是准确的、没有偏差的，这属局内人观点。例如,装修项目完工时间往往会超出预计的20%—50%。编写教材、完成课题等也会发生逾期的情况。所以,做重要决策时邀请一位局外人提出想法和估计是可取的。同时,当事人也可以置身事外地进行思考,设想如果有关决策是朋友做出的,自己会有什么意见建议。

　　此外,还可以通过运用类比推论、线性模型等途径来尽可能避免和减少判断偏差的发生。

第六章
人际关系

第一节　人际吸引

一、人际吸引的心理动因

从人的"需要—动机"视角来分析，人际吸引有两个心理动因。

（一）亲和动机

首先是人的亲和需要，即人总是希望亲近他人或他人亲近自己，这是人际吸引的一个重要心理动因。有两个因素与亲和需要有关：一是社会比较。通过社会比较，个体才能获得对自己和世界的认识并出现人际吸引，亲和是社会比较得以发生的基础。二是社会交换。通过社会交换，人们才能获得酬赏并出现人际吸引，亲和是社会交换得以进行的基础。

（二）克服寂寞

人类是群居性的生物体。避免或克服寂寞是人的基本心理需要，是人际吸引的又一个重要心理动因。寂寞有情绪性和社会性之分。前者指没有任何亲密的人可以依附而引起的寂寞，如远离家乡、单身独居等情境下体验到的寂寞；后者，指个体因缺乏社会整合感，或缺乏团体归属感而产生的寂寞，如个体在初出国门和新生入学等缺少与人互动的情境中体验到的寂寞。

二、人际吸引的基本原则

（一）强化原则

该原则指人际吸引中我们喜欢给予我们奖励的人，讨厌给予我们惩罚的人。例如，我们喜欢对我们做积极评价的人，而讨厌对我们做消极评价的人。

（二）社会交换原则

该原则指人际吸引是以对成本及利益所做的评价为基础的。例如，当个体认识到人际互动中所获报酬超过付出时便会喜欢对方，而当付出多于收获时则可能中断互动。

（三）联结原则

该原则指人们喜欢那些能够与美好经验联结在一起的人，而不喜欢与不愉快经验有联系的那些人。有这样一项研究，让大学生被试听他们最喜欢的或最不喜欢的音乐，同时要求他们对一陌生男子照片作评价，结果是当照片与被试最喜欢的音乐结合时，就会得到较高的评价。

三、影响人际吸引的因素

（一）接近性

接近性是增进人际吸引的重要因素。人与人在地理位置、空间距离上越接近，接触和交往机会就越多且方便，就越容易相互吸引。这在人际互动初期尤为重要。

有研究表明，在一个新的环境里，在与陌生人的第一次交往中，距离远近是人际吸引的重要因素。人际吸引的接近因素不仅取决于物理距离，也取决于"功能距离"。一项研究表明，对于大学生宿舍，较小的居住单元比较大的居住单元更有利于友谊的形成，故在建筑设计领域，已经有人提出要关注能够使人与人之间产生较高互动的功能距离。

需要指出的是，随着时间的推移，接近性因素的作用会趋弱。还有，如果交往之初就有矛盾和冲突的话，距离近反而会加剧彼此的厌恶感。

（二）相似性

影响人际吸引的另一个重要因素是相似性。人们倾向于喜欢在态度、兴趣、价值观、背景、人格等方面与自己相似的人，即"物以类聚，人以群分"。在相似性因素中，态度是最主要的因素，即所谓志同道合、情投意合。

美国心理学家纽科姆有这样一个实验，对象为17名新大学生，他们能获得4个月的免费住宿，但要求定期接受谈话和测验。进宿舍前，研究人员先测定了他们在政治、经济、审美、社会福利等方面的态度和价值观以及人格特征。然后按学生在上述方面的相似程度为他们安排房间，4个月后再测。结果表明，相处初期，空间距离的邻近性决定了人际间的吸引，到后期则态度和价值观越相似，彼此越有吸引力。

（三）互补性

当双方的需要以及彼此对对方的期望正好成为互补关系时，也会产生强烈的吸引力。例如，支配型的男性与服从型的女性能相处得很好，独立性较强的人喜欢与依赖性较强的人在一起，脾气急躁的人喜欢与脾气温和的人相处，这样的互补能够使双方个性品质和行为方式上的某些相反的特征满足相互的需要，从而引起彼此的喜欢。

研究表明，短期伴侣的彼此吸引主要靠相似的价值观念。长期伴侣的人际吸引主要靠需要的互补，如感情深厚的朋友间以及异性朋友和夫妻之间。

（四）熟悉性

熟悉性也会对人际吸引起很大作用。熟悉性引起喜欢的常见现象就是曝光效应，某个人只要经常出现在面前，就能增加人们对这个人的喜欢程度。有这样一项研究：请4名妇女作为现场实验的协助者，初测表明她们具有同等的吸引力，实验中她们以学生身份参加了讲座课程，4人的出勤情况在整个学期中分别为1、5、10、15次，期末让该课程中的所有学生参照随意拍摄的照片给4名妇女打分，结果被看到的次数越多的那名妇女得到的好感分数越高。

当然,曝光效应也有一定的局限性:对人或事物的态度开始是喜欢或至少是中性时,曝光能够有效地增强好感;如果开始就是负面的印象,则接触越多反而会越讨厌。

(五) 个人特质

心理学研究表明,个人特质中的热情、能力和外表对增进人际吸引有重要作用。

热情是给人留下良好第一印象的主要特质。热情是对对方喜欢、接纳、尊重的表示,使人感到温暖、愉快,因此,热情的人容易受到他人的喜欢。因此,许多公众人物会充分运用语言、姿态、表情等来显示自己的热情,吸引人们,赢得好感。

能力,这本身就有一种吸引力,会使他人在欣赏其才能的同时产生敬佩感,并愿意与之接近。所以,一般人都喜欢聪明能干的人,而不喜欢愚蠢无能的人。有时,能力杰出却有瑕疵或偶有失误,反而会更让人喜欢。

外表对人际交往的影响是显而易见的。人们都喜欢外表漂亮、有吸引力的人,尤其在初次见面时外表更起着重要作用。尽管人们懂得"人不可貌相",但实际上常难以摆脱外表带来的影响,诚如亚里士多德所说,"俊美的相貌是比任何介绍信都管用的推荐书"。当然,随着人际交往的深入,外貌的作用会逐渐减弱,人们的注意力将会转到人的内在品质上。

(六) 消除阻碍人际吸引的因素

社会心理学家指出,有些性格特征会阻碍人际吸引。例如,不尊重别人,自我中心主义,缺乏真诚,过分服从和取悦他人,过分依赖他人,忌妒心强,敌意和猜疑性强,偏激固执,过分自卑,苛求他人,等等。

第二节 人际沟通

一、人际沟通的含义、意义、结构要素

(一) 人际沟通的含义

人际沟通,就是运用语言等人类所特有的符号系统与他人进行信息交流、情感沟通。在人际沟通中,双方彼此交流各种思想、情感、观念、态度和意见,即发生了交往,进而建立起一定的人际关系。

人际沟通可以发生在个人与个人之间、个人与群体之间、群体与群体之间,还可以发生在大众信息的传播过程中。一般而言,人际沟通总是沟通者为了满足某种需要而展开的。在进行人际沟通时,人们会根据双方的特点选择沟通的内容、通道以及策略,以达到特定的目的。

(二) 人际沟通的意义

人际沟通除了交流信息、交流思想、交流情感外,还会对人的心理产生重要影响。

1. 协调整合作用

人们通过人际沟通能够制定群体的规范和准则,这些规范和准则也通过人际沟通发挥

应有的作用。这样的协调整合能促成群体目标的实现和凝聚力的形成。

2. 心理保健作用

人际沟通是人类最基本的社会需要之一，同时也是人们赖以同外界保持联系的重要途径。人际沟通使人获得安全感并满足自身亲和的需要、自我展露的需要。人际之间充分的情感和思想交流能使人心情舒畅，起到心理保健的作用。

3. 心理发展动力作用

人际沟通能使一个人获得大量的社会性刺激，推动个体社会意识的形成与发展。随着年龄的增长，个体人际沟通的范围日益扩展，这推动了其健全人格的形成。通过开放、诚挚、建设性的人际沟通，一个人能够获得心理发展动力，促进自我成长。

4. 社会心理构建作用

社会心理现象主要包括个人与个人、个人与群体以及群体与群体之间的相互影响。这些相互影响均以信息交流、人际沟通为前提，没有人际沟通就没有社会心理的产生，同时社会心理又会反作用于个体的心理并影响人际沟通。

（三）人际沟通的结构要素

（1）信息源。指拥有信息并试图进行沟通的人。该人基于沟通目的启动沟通过程，并选择了具体的沟通对象。

（2）信息。指沟通过程中试图传达给别人的观念和情感。观念和情感的信息要用各种可为对方所察觉的符号传递。在各种符号系统中，语词最为重要。

（3）通道。指人际沟通中信息传达的方式。人的五种感觉器官都是传递信息的通道。其中，视、听是最常用的通道。

（4）信息接收者。指接收来自信息源之信息的人。面对携带信息的各种符号，信息接收者会按自身经验将其转译成信息源试图传达的观念和情感。这涉及许多心理活动。

（5）反馈。指人际沟通过程中双方会不断地将有关信息回送给另一方。反馈能使人际沟通成为一个不断互动的过程。

（6）障碍。指沟通发生了问题。当信息源的信息不充分或不明确、信息未能有效或正确地转换、误用了沟通方式时，就会出现沟通障碍。

（7）背景。指人际沟通发生的情境。就沟通的整个过程及其每一个因素而言，背景都起着关键作用。

二、人际沟通的特点、类型

（一）人际沟通的特点

1. 每个人都是主体

人际沟通是一种积极的信息交流，能使沟通者的心理产生变化，也会对沟通者之间的关系产生影响。

2. 借助符号系统

人际沟通的互动离不开特定的符号系统。这样的符号系统是多样的,可凭借各种感觉通道进行。

3. 需要一个共同的编码体系

人际沟通只有在信息发送者和信息接收者至少共同掌握一个编码体系时才能实现。例如,使用同一种语言符号,或彼此理解的非语言符号。

4. 有可能发生障碍

沟通中信息可能会失真,例如,常常会发生"同听异闻"的现象。障碍产生的原因可能是社会文化因素,也可能是不同沟通者的心理特质存在差异。

(二)人际沟通的类型

1. 个人、团体层次的沟通

从组织层次考察,人际沟通的层次有:一是个人内省,即沟通在个体头脑中进行;二是个人与个人之间的沟通;三是团体与个人之间的沟通;四是多人与个人之间的沟通;五是团体与团体之间的沟通。

2. 单向、双向的沟通

从沟通双方地位是否变化来考察,信息发送者和信息接收者的地位不变的是单向沟通,如果双方的地位不断变换则是双向沟通。发布命令、做报告、发表演说等是常见的单向沟通,会谈、讨论等则是常见的双向沟通。两者各有特点。

3. 下行、平行和上行的沟通

从沟通各方的地位层级考察,地位较高者主动与地位较低者进行的沟通是下行沟通,身份和地位相仿者之间的沟通是平行沟通,地位较低者主动与地位较高者进行的沟通是上行沟通。

4. 团体结构的沟通

团体因其结构不同,其沟通网络有圆型、连锁型、轴型三种沟通形态。三者各有特点。

需要指出的是,实际沟通时人们往往是将多种类型错综复杂地交织在一起运用的。

三、人际沟通的方式

人际沟通的符号系统有语言符号系统和非语言符号系统两类。前者的沟通被称为言语沟通;后者的沟通被称为非言语沟通。

(一)语言符号系统的沟通

语言可分为口头语言和书面语言,即沟通的符号系统可分为语音符号系统和文字符号系统。

1. 语音符号系统

在面对面的沟通中,口头语言是最常用的,而且收效最快,它注重的是"说"和"听"的能力。例如,通过会谈、讨论、演讲及对话这些方式,人们可以直接、及时地交流信息,沟通意见。

2. 文字符号系统

间接沟通一般采用书面语言的方式。它不受时间和空间的限制,可以长时间地保存,可以远距离传递,信息发送者可以充分地考虑语词的恰当性。它要求人具有"写"和"读"的能力。文字,除了具有意义明确的外延性,还具有隐含意义的内涵性。另外,在进行书面语言沟通时往往缺乏信息提供者的背景资料,这点需要注意。

(二)非语言符号系统的沟通

人际沟通也可以使用非语言符号。研究表明,肢体语言和类语言等非语言符号在人际沟通中起着极为重要的作用。

1. 视—动符号系统

手势、面部表情、体态变化等都属于这个系统。动态无声的皱眉、微笑、抚摸,或静止无声的站立、依靠、坐态等都能在沟通中起到传递信息的作用。

2. 时—空组织系统

人际空间距离可以表现出人与人之间关系的密切程度。例如,霍尔(Hull)把人际空间距离分为四种:亲昵区、个人区、社会区和公众区。另外,在约会中做到守时,能使对方感到此人言而有信,由此可以创造良好的沟通背景。

3. 目光接触系统

这指人际互动中的视线联系。"眼睛是心灵的窗户",视线被认为是表达情感信息的重要方式,是一种广泛应用的非言语交流形式。目光接触不只能帮助说话者更好地进行沟通,还能传递丰富的情感信息。

4. 辅助语言系统

辅助语言是言语在非词语方面的各种特点,包括说话过程中的音量、声调、节奏、速度、及发声时的犹豫和颤抖等。音质、声调、言语中的停顿、语速快慢等因素,都能突出信息的某种语意分量。

需要指出的是,非语言符号系统的沟通具有较大的不确定性。这与沟通背景或情境有关,也与双方的表达、理解能力有关。所以,非语言符号系统要和语言符号系统结合使用才能取得预期的沟通效果。

第三节 人际关系

一、人际关系的含义、特点及作用

(一)人际关系的含义

人际关系是人与人之间心理上的关系,是人与人之间心理距离的反映。

不同的人际关系会引起不同的情绪体验。良好的人际关系，会使双方的心理距离接近，彼此都会感到心情舒畅、无所不谈。人际关系不和谐，会拉大双方的心理距离，使彼此都有不愉快的情绪体验，如抑郁和孤独，这会进一步影响个人的身心健康，严重的甚至会导致心理问题。

（二）人际关系的特点

1. 个体性

人际关系表现在具体个人与个人的互动过程中。例如，在上下级的人际关系中"上司""下属"的角色都会退居次要地位，彼此是否喜欢或是否愿意亲近则上升成为主要方面，这表明了人际关系具有个体性特点。

2. 直接性

人际关系是在人们直接的，常常还是面对面的交往过程中形成的，交往双方都可以切实地感受到它的存在。

3. 情感性

情感活动是人际关系的基础；情感因素是人际关系的主要成分。在交往过程中，个体的情感倾向可能是使人们互相接近或互相吸引的积极情感，也可能是使人们互相排斥或彼此反对的消极情感。

（三）人际关系的作用

1. 幸福感

研究表明，已婚的或有朋友的人会更容易感到生活幸福，这是由于他们的人际关系在发生作用，尤其是像婚姻关系这样的亲密关系，可以给人们提供更强的幸福感。

2. 心理健康

研究表明，社会支持与心理健康有联系是由于人际关系对心理健康起到了一定的作用。没有足够社会支持的人往往更容易感到孤独，而社会支持与丰富有效的人际交往密切相关。

3. 身体健康

协调而亲密的人际关系有利于身体健康。一项对美国加利福尼亚 6900 名成年人的连续 9 年的追踪调查表明，有 8% 的人在 9 年中死亡，其中，每一年龄组中人际关系最脆弱的人最容易死亡，有良好人际关系的人的死亡率要低于人际关系较脆弱的人。

二、人际关系的测量

（一）社会测量法

该法由心理学家莫雷诺（Moreno）首创。该法有两个基本步骤，一是进行社会测量问卷或访谈调查，二是对问卷或访谈的结果进行分析处理。在问卷或访谈环节中，研究者让被试从某群体活动中选出自己最（不）喜欢与之在一起的若干名（3—5）成员，并对选择的若干成员进行排序。然后研究者对排序所得资料进行处理,如使用人际关系矩阵表、人际关系图等。

社会测量法可以帮助人们了解群体内部的人际关系整体状况,如群体中最受(不受)欢迎的人,群体中有无非正式小群体等。

该法相对比较便捷省时,可广泛运用于学校、工厂、机关等团体中对人际关系的了解和人员选拔、人事推荐等方面。

(二) 参照测量法

该法由苏联心理学家彼得罗夫斯基在社会测量法的基础上提出。他认为,被人们所喜欢的人,不一定是群体中最能发挥作用和最有威信的人,用社会测量法就难以发现这种人,参照测量法则能解决这个问题。

该法的具体操作步骤如下:首先,要求群体成员进行相互评价。其次,给每位成员一个大信封,内有其他成员对该人的所有评价。由此,允许各成员了解别人是如何评价自己的,但只能从信封中选看部分人对他的评价,如 30—40 人的团体只允许看 3—4 人对他的评价,而看谁的评价是自己选择的。最后,整理统计被选择的人员名单,越多被选择者应该就是那些群体成员心目中最有威望、最可信赖、最能发挥作用的人。

参照测量法的巧妙之处在于隐去了真实目的,让人们在不知不觉中表露了内心想法。该法所揭示的不仅限于好感与恶感,还涉及人格特征、态度和行为等方面,这是它比社会测量法更为优越的地方。

(三) 社会距离测量法

社会距离测量法为美国心理学家波加杜斯(E. S. Bogardus)首创。其具体做法是:请各个成员给群体中每个人评分,例如,对自己最喜欢的人给 5 分、较喜欢的人给 4 分、既不喜欢又不讨厌的人给 3 分、不太喜欢的人给 2 分、最不喜欢的人给 1 分,最后统计每个人所得的分数。

得分越高表示此人与别人的社会距离越近,反之则越远。社会距离越近,则表示关系密切,反之则关系疏远。若在上述得分基础上对其加以平均,则可以得出该成员在人际关系上的基本倾向,进而可以将他与其他成员进行比较。故该法能把社会距离尺度数量化,以此来测量人际关系并可进行比较。

不过,该法在用于大型群体时,其统计工作量颇大,需花费较多的时间。

第四节 亲密关系

一、亲密关系的含义与特点

(一) 亲密关系的含义

如果人与人之间频繁地相互接触,且共同进行活动,还强烈地相互影响,我们就可以称他们具有亲密关系。正如心理学家所指出的,亲密关系来自这样的交往,即交往中一方的行为能够引发另一方的反应,彼此都感受到对方对自己的理解、关心和认同。

进化理论认为,人际交往中与他人包括家人、同伴在情感上的联系有助于繁衍后代。人类与其他灵长类动物一样,具有寻求情感的本能。研究也表明,亲密关系中的理解、关心、认同这些要素很重要,决定了人的亲密感、满意度。

从发展的角度看,一个人先拥有家庭中的亲密关系,随着生活领域的拓展,会逐步发展起与家庭成员之外的人的友谊及各种其他亲密关系。

(二) 亲密关系的特点

人际关系发展为亲密关系,其第一个特点是相互依赖,即双方相互依存、彼此信赖,内心感到谁也离不开谁;第二个特点是彼此影响,即各自生活能影响对方或受对方影响,具体说,任何一方的认知、情感和行为均会对另一方产生影响或者会受到另一方的影响;第三个特点是分享观点和情感,即双方在认知上彼此欣赏而变得观点趋同、情感上会因相互理解而产生共鸣;第四个特点是共同参与活动,即面对社会和环境可能提出的有关要求积极地采取一致的行动。

二、几种亲密关系

(一) 家庭中的亲密关系

个体最初的亲密关系来自家庭,来自与父母、兄弟姐妹、(外)祖父母及其他家庭成员的交往,这也是个体幼年时期社会化的重要途径。

孩子在成长过程中会受父母、(外)祖父母及其他家庭成员交往的影响。孩子的交往性质依赖于与之交往的长辈的个性特点。例如,性格外向、为人热情的母亲与畏缩、冷漠的母亲给予孩子的影响就会截然不同。家庭中所有成员的交往都会影响孩子对人际关系的认识。随着青春期的到来,亲子关系会变得复杂,但绝大多数青少年对父母仍然具有正向情感,尽管此时已不像童年时期那样依赖和亲近父母。青春期后的个体一方面已能逐步独立处事,另一方面又能感受到父母对自己的爱和自己对父母的爱。这种幸福、满意的关系能增进其同情心、自尊心和人际信任能力。

与兄弟姐妹交往也是个体学会人际交往的一条重要途径。与亲子关系相比,手足关系中常会有喜欢、敌意和竞争掺杂其中。他们相互挤对时最常用的一句话是"妈妈/爸爸总偏向你",当然父母是不会认同的。但是,当双亲在进入老年期后再被问及这一问题时,他们会承认孩子中确实至少有一位从小就更让自己喜欢。当家中每个孩子与父母都有良好的关系,并且父母也认为家庭生活幸福时,兄弟姐妹之间容易产生深厚的感情。兄弟姐妹共同分享看法和美好的回忆,一起结伴行动,相互帮助,共同克服困难,都会增进彼此的感情。兄弟姐妹的关系在青少年及青年期会趋于平淡,即使他们在童年期相当融洽。不过,当他们人到中年时大多又能再次建立起亲密关系。

家庭交往还受文化因素的影响。例如，与英裔美国人相比，墨西哥裔美国人更强调集体意识、家庭支持，他们的孩子更愿意留在家里帮父母做事而不愿出去与其他人打交道，对父母更有责任感而不会奢望从父母那里获得援助。

（二）友谊

友谊一般开始于童年期，最初基于人际吸引。许多人能与家庭成员之外的人发展亲密关系，彼此相处，在不同社交场合交往，彼此提供社会支持，彼此敞开心扉。

发展亲密的友谊，也要慎重。一般来说，有亲密朋友是好事，可以激发人的自尊心，有助于减缓压力且使人能有效应对生活事件。但是，如果结交上了反社会、退缩、冷漠、好斗或不靠谱的朋友，则会带来许多负面影响。

与一般关系相比，亲密友谊会使两个人共同活动的时间和场所都大大增多，相处时会变得更加真诚、细腻和慷慨，还会感到轻松自如并会自我表露。

两性在亲密友谊上有所差异。女性报告的亲密朋友比男性多，且认为结交亲密朋友有许多好处，但在失去亲密朋友时会感到更加痛苦。亲密朋友凑在一起时，男性更多地谈论女人、性、人际关系困境、运动和酒等，女性更多地谈论与男人的关系、服装、与室友的矛盾、赠送或接受的礼物等。

关于男女之间是否有不涉及性的友谊尚无深入研究和定论。但男女对异性友谊的期望有所不同。男性有时倾向于与有魅力的女性发展友情，并希望将之进一步发展成性关系；女性与异性建立友谊大多是为了得到人身保护，否则会疏远这种关系。

（三）恋情

恋情或爱、爱情，是亲密友谊的进一步发展，是超越了友情且有一定程度的身体亲昵的结果。心理学提出了一些分析爱情的框架。

1. 六种定义的分析

即爱情可分为罗曼蒂克的爱、占有型的爱、最好朋友的爱、实用主义的爱、游戏的爱和利他的爱六种理想化的类型。每一个体的爱情可能要综合一种以上的类型来考察。

2. 三要素的分析

要素之一是爱情思想，涉及恋情中人们会思考的四大主题，即依恋、关心、信赖和自我表露。要素之二是爱情行为，涉及表示爱情的话语、表达爱情的身体语言、语言上的自我表露、物质表示、非物质表示、接纳爱人缺点等。要素之三是爱情体验，涉及生理上的特殊体验，如身心愉悦感、难以集中注意、如同在云中漫步、想要跑跳尖叫、感到晕眩和无忧无虑等。

3. 三角形的分析

爱情由亲密、激情和承诺三部分组成，根据这三者及其不同的组合就有了喜欢的、迷恋的、空洞的、浪漫的、虚幻的、同伴的和完美的七种爱情。

三、影响亲密关系的因素

（一）依恋

良好的依恋能够促进亲密关系。诚如心理卫生专家指出的，与他人的亲密依恋关系构成了一个人生活的核心，人们能从中获得力量并享受生活。

1. 安全型依恋

安全型依恋的成人很容易与别人接近，且不会因过于依赖别人或被人拒绝而感到痛苦。这样的恋人会在安全的、忠诚的相互关系中享受性爱，且彼此之间的关系会处于持久的、更令人满意的状态。有接近七成比例的成人表现出安全型依恋。

2. 回避型依恋

约有两成的成人表现出回避型依恋。此类型的成人往往回避亲密关系，对这种关系的兴趣较少且有摆脱的倾向。有学者指出，回避型个体可能既害怕他人又排斥他人，更可能涉足没有爱情只有性的一夜情。

3. 不安全型依恋

约有一成的成人会表现出焦虑和矛盾的行为，即不安全型依恋。这样的成人对他人不够信任，会有较强的占有欲和嫉妒心，与同一个人的关系可能反复出现破裂的情况，在面对冲突时会变得情绪激动和易怒。与安全型依恋的孕妇相比，不安全型依恋的孕妇在感受到来自丈夫的怨怒或忽视时，更容易在孩子出生后六个月陷入抑郁。

（二）公平

人际交往中只追求个人需要的满足而毫不考虑对方，亲密关系和友谊就会结束。因此，社会生活教育我们彼此之间要交换馈赠，这被称为吸引的公平原则，即彼此在感情上认为所应得的与双方各自投入的大体成正比。

当然，那些处于公平的长期关系中的人并不在乎短期的公平。他们甚至会努力避免算计交换的利益。例如，幸福的夫妻不会斤斤计较自己付出多少、收获几许。

长期公平指亲密关系包括婚姻双方的"资源"往往是相当的。他们在外表吸引力、社会地位等方面往往是匹配的。如果某一方面如外表吸引力出现不匹配，那么会在另一方面如社会地位也出现不匹配，但总体上他们之间的资源是平衡的。

研究表明，处于公平关系中的双方会有更高的满意度，个体知觉到的不公平会造成亲密关系包括婚姻关系的紧张。

（三）自我表露

自我表露指一个人与另一个人分享个人感受和信息。安全依恋型的人比其他类型者有更多的自我表露；人们在沮丧时、在面对期望与之交往的人时，也会有较多的自我表露。

自我表露具有互惠效应，即一个人的自我表露会引发对方的自我表露，通常一方表露一点，另一方表露一点，但不是太多，然后一方再表露一点，另一方会继续做出相应的回应。

自我表露是个体扔掉"面具"、袒露真实自我的方式,通常人们会把他人的自我表露视为对自己的高度信任,彼此的交往就会更加愉悦。研究表明,那些经常敞开心扉的夫妇或恋人会报告更高的满意度且更容易保持长久的感情。

(四) 归因

归因对于亲密关系的维系和发展有重要影响。研究表明,幸福的、悲哀的夫妇对同一生活事件会有不同的归因。幸福的夫妇更倾向于做出增强关系的归因,即从积极的角度解释对方的行为。例如,把对方最近对性生活缺乏兴趣归因为工作面临重大压力,也就是归因为暂时的、不可控的、外部的因素。又如,把对方突然送鲜花归因为在对自己表达特殊的爱意。婚姻不幸的夫妇在进行归因时往往是消极的。如对上述两例的归因,或者归结为这是对方不爱自己的信号,或者认为那只是对方心血来潮而已。

所以,为了增进亲密关系,人们对消极事件要努力从外部的、不稳定的、非故意的方面找原因,对积极事件要努力从内部的、稳定的、有意的方面找原因。

第五节 人际冲突

一、人际冲突的引发

当一个人(群体)的行为干扰了另一个人(群体)的行为时,冲突就发生了。心理学分析了一些引发人际冲突的情况。

(一) 竞争

竞争是不同个体(群体)为了达成目标而努力促使某种只有利于自己的结果得以实现的行为或意向。因此,人们在努力获得稀缺的职位、有限的资源、诱人的荣誉时,彼此会萌生敌意,此时就容易引发人际冲突。

研究表明,竞争会引发较多的侵犯行为,尤其当人们知觉到诸如金钱、职位、权力等资源是有限的且是零和性的(一个人的获得意味着另一个人的损失)时;而当外群体将成为潜在的竞争对手时,竞争更容易引发冲突。

(二) 知觉到不公正

人们通常把公正理解为公平,即认为付出与获得要成正比。人际互动中,一方的贡献比另一方大,获得收益却没有另一方多,则付出多的一方就会感到不平和恼火;同时,另一方可能会感到有所冒犯和内疚。通常,人们不会主动要求自己或所属群体得到优待,但获得较多的好处时,大多会心安理得和欣然接受。这很容易引发冲突。

需要指出的是,当出现不公平的情况时,那些获利者中有的会通过贬低他人来缓解自己的负疚感。那些利益受损者则有三种反应,一是可能接受并认同自己较低的地位(例如,"我们穷,但我们快乐"),二是可能寻求补偿(如骚扰、为难或欺骗那些侵害了他们利益的人),三是通过报复来获得心理平衡。

(三) 误解

误解来自自我服务的偏见，即乐于肯定自己做的好事，对坏事则推卸责任，对对方同样的行为就不这样考虑。误解也来自基本归因的偏差，即一方总认为对方的行为源于敌意，是其邪恶品质使然，并据此过滤获得的信息。误解还来自群体思维，即总认为自己一方高尚强大、对方则卑劣弱小。有研究表明，冲突双方可能确实存在某些对立的目标，但对对方的误解在主观上夸大了彼此的差异。

有社会心理学家对处于冲突难解中的群体的特征进行过概括：视自己的目标为最重要；为己方感到骄傲、极度贬低对方；坚信己方利益受到了损害；强调群体的友爱、团结和忠诚。

(四) 社会困境

一些人在社会生活中会面对有利于自身却不利于整体的事件。各种群体（包括国家）也会面对因各自追逐自身利益而引发的问题，如全球气候变暖、人口过度增长、自然资源枯竭、核武器等。这些都会导致冲突，社会心理学将之称为社会困境并对其进行了研究。

在这方面，社会心理学的典型研究是"囚徒困境"和"公共地悲剧"。囚徒困境：两位被分别囚禁的嫌疑犯遭到指控，若两位同时认罪则均获中等惩罚，若两位同时不认罪则均获很轻的判决，若其中一位认罪而另一位不认罪，则认罪者获得豁免而不认罪者受严惩，嫌犯会认罪吗？公共地悲剧：限于时空条件，公共资源是有限的，若人们适度使用则消耗的资源能够因自然再生而得到补充，若都从自身利益出发，过度使用哪怕只是"一点"，如围垦、伐木、捕猎、采矿等，就会最终耗尽公共资源而造成悲剧。

二、人际冲突的应对

(一) 接触

态度决定行为，同时，行为也能影响态度。与以往相比，在一些发达国家，由种族隔离和歧视引发的冲突现在已经明显减少。研究表明，这与废除种族隔离制度、增进种族之间的接触有紧密的联系。

接触时要注意：首先，双方平等的接触才是有效的，如果接触是竞争性的，或没有权威机构支持的，或是不平等的，结果会变得更糟。其次，接触时要弱化对方的外群体身份，即认为本质上彼此是相同的，同时让"群体凸显"起作用，即把接触后交往的朋友视为是其群体的代表，这样会建立突破群体界限的相互信任的友谊，这些都会减少偏见和冲突。

(二) 合作

尽管地位平等的、友好的接触有助于改变态度，但有时也会不尽如人意。此时，超越接触的合作性行动会更有效。

进行共同活动如学习、运动等，能使人们在合作中有更多的了解。废除种族隔离制度的实践和研究都表明，那些参加混合民族学习小组活动的学生，在活动结束后会具有更好的种族态度。

可以通过树立新的更高的行动目标,即"超级目标"来促进合作。例如,二战期间为了打败德意日,原本有冲突的美国、苏联等国家在"打败共同敌人"的目标下组成了"同盟国"。

来自外部的威胁会使原先有冲突的双方面临共同的困境,这也能促成双方合作。例如,两国存在冲突,其中一国的首脑对另一国的首脑说,如果现在有外星生物入侵地球,那么我们的行动就会变得简单明了,因为我们同是生活在这地球上的人类。故有时领导人会刻意创造假想的敌人来提升群体凝聚力,使冲突淡化。

(三) 沟通

冲突可以通过三种形式的沟通予以化解。一是直接谈判。双方通过谈判解决冲突时,都需要给对方留一点面子或余地。否则,激烈的讨价还价有可能使双方失去达成一致的机会,进而使利益都受损。

二是调解。让第三方提供意见、建议,使冲突双方在各自做出让步的同时,依然保留面子。通常,调解中的让步是对第三方的,并能够同时从对方那里取得让步,此时人们一般不会把这种让步视为是对对方要求的满足。

三是仲裁。在利益分歧很大、谈判难以达成一致、调解也可能不起作用时,双方可以求助于仲裁,即由调解人或第三方组织机构来做出一个化解冲突的决定。仲裁时,双方要从对方的角度考虑问题、摆脱自私的偏见。通常,双方并不喜欢由仲裁来化解冲突,因为仲裁的结果往往是自己无法控制的。

需要指出的是,沟通时,要把"非输即赢"的思维变为"双赢"的理念,要用克制的沟通来消除误会,从而达到消弭冲突的目的。

(四) 和解

针对冲突极为激烈、沟通无效和合作失灵等情况,社会心理学家奥斯古德提出了 GRIT 的和解方法,即逐步(graduate)、互惠(reciprocal)、主动地(initiative)、减少紧张(tension reduction)。

GRIT 要求发起方在表达真诚和解的愿望后采取某种方式和一定程度的具体行动,这有利于启动互信的建立,同时也能对对方产生舆论上的压力,如果对方做出了某种方式和一定程度的回应,那么就有可能打破原来的僵局并开始良性的互动。

GRIT 是和解性的,社会事件和实验室研究都证明了这种投桃报李的策略是可以成功化解冲突的。

(五) 针对社会困境的应对

针对社会困境,除了可采用沟通的应对举措以外,还可采用以下应对方法:一是适当的管制,即为了保护有限的公共资源,建立相应的法律和规范系统并付诸实施,同时努力使执行的成本不超出其带来的好处。二是缩小群体规模,在较小规模的群体中每个人能更清晰地感受到并明确自己的影响和责任。三是改变激励机制,褒扬合作行为、贬低自私行为。四是倡导利他规范,这有赖于无私且有魅力的领导层的身体力行,也需要赋予情境合作规范的内涵。

第七章
利他与侵犯

第一节　利他行为

一、利他行为的含义与特点

(一) 利他行为的含义

利他行为指一切有利于他人和社会的行为。利他行为常常需要一个人付出相应的时间、资源和能量。

利他行为与亲社会行为大体上同义。人们在社会交往和社会行为中表现出来的谦让、慷慨、合作、分享、帮助、抚慰、营救、捐献、牺牲等行为都属于利他行为或亲社会行为。

利他行为总是自愿的,也不会有要得到任何形式回报的预期,甚至还可能要排除自己在做好事的想法。利他行为的典范是社会道德模范人物。

(二) 利他行为的特点

(1) 助人者是自主自愿的。利他行为是助人者自主的、自觉自愿的行为,不是外界要求的结果。

(2) 行为以有益于他人为目的。利他行为完全基于对他人的良好愿望,希望能为他人带来好处和帮助。

(3) 行为无获取外部酬赏的期望。利他行为没有任何功利性意图,助人者不指望外界给自己回报或好处。

(4) 利他行为者会有所付出。助人者为了实施利他行为必有一定的付出或损失,如消耗体力和精力、付出资源和时间等。

二、利他行为的分类

(一) 按情境分类

根据利他行为发生的情境,利他行为有以下两种。

一种是紧急情况下的利他行为。此类利他行为特点是:情境有危险性、存在着伤害他人生命与财物的威胁;需要助人者付出较大的代价,有时甚至是生命;情境对助人者而言是少见的,其本人无经验,缺乏应对举措;情境对于助人者而言是突发的,其本人难以预见,往往措手不及;助人者会因此产生生理上的应激反应,如血糖升高、肌肉紧张、肾上腺分泌增多等,处于应激状态。另一种是非紧急情况下的利他行为。此类利他行为特点是:情境中无危害生命、财产的威胁存在;与日常生活中经常遇到的普通事例有关;情境中会有关于有人需要帮助的明确线索与信息；利他不需要采取紧急措施，与应激状态无关；做一次或数次比较容易，长期坚持就颇为不易。

(二) 按动机分类

根据助人者的动机，利他行为分为两种。

一种是自我利他动机的利他行为，又叫内在取向的利他行为。因同情他人的困境而有利他行为，其真正动机是为了减轻助人者自己内心的紧张、不安和苦恼，它专注于自我内心焦虑。此时的利他行为具有自我报偿的性质。自我报偿包括自我满足、自我愉悦、自豪等自我体验，会产生自我价值感。

另一种是纯利他动机的利他行为，又叫外在取向的利他行为。因同情他人困境而有利他行为，其真正动机是为了减轻他人的痛苦、为了他人的幸福，它专注于他人的需求愿望和情感体验。

(三) 按目的分类

根据行为指向的目的，利他行为有以下两种。

一种是以利他为目的的利他行为。它以帮助他人、有利于他人为真正目的，即利他是基于"我为人人"。

另一种是以报答为目的的利他行为。它是基于他人曾经帮助过自己，因而自己也应该帮助他人，利他的真正目的是报答，即利他是源于"人人为我"。

三、利他行为的理论

(一) 生物学理论

本能论是说明利他行为的一种生物学理论。本能论认为，人的利他行为是由先天的基因遗传决定的，是人类本性中的天生部分，是不学而能的。在对动物习性的观察研究中可以找到这方面的依据。例如，为了护卫蜂巢安全，工蜂会毫不犹豫地去蜇任何入侵者并因此死去。为了保护幼崽，鸟类中的双亲会毫不畏惧地牺牲自己。

进化论是说明利他行为的另一种生物学理论。进化论认为，自然选择具有偏好那些促进个体生存的基因的倾向；任何有利于有机体生存和后代繁衍的基因将会代代相传；反之，那些降低有机体生存和繁衍的机会及可能性的基因，则较少可能遗传下来；进化遵循互惠原理，进化中合作互助的群体会比自私的个体有更多的生存和发展的可能，人在助人后会增加将来得到帮助的可能。

(二) 动机理论

动机理论认为，在社会化过程中，人的价值观逐渐形成，其中包括利他价值观，它是利他行为的主要动机。利他价值观越强，人的利他行为就越多。

利他价值观说明利他动机涉及三方面的问题：一是积极评价人类的利他行为，即认为利他行为对人类和社会有意义、有价值；二是关心和重视他人的状态与利益，即关注他人所处的不利状况或困境，并非常在乎他人的利益和幸福；三是具有对他人幸福的个人责任感，即认为让他人生活幸福、帮助他人获取应得的利益也是自己的责任。

在利他价值观的导引下，利他行为背后会有两种动机。一种是基于无私的、以他人为中心的动机；另一种是基于遵守道德规则、以坚持行为规范为目的的动机。

在利他价值观的导引下，利他动机需要激活才能转化为利他行为的推动力量。这一转化离不开一定的动机斗争。这一转化是否成功，即利他动机能否转化为利他行为取决于个体的三种能力：一是洞悉有关事件以及自己能否成功利他的能力，即知道发生了什么事件和自己是否具有成功助人的能力；二是按特定条件制定实施利他行动计划的能力，即根据具体的时间地点条件拟定出可行和有效的助人计划的能力；三是以某种方式落实具体行动的特定能力，即有具体落实实施计划的能力，包括能够排除内、外障碍和困难。

（三）学习理论

学习理论强调学习对于利他行为具有特别重要的意义。按照学习理论的观点，人们的利他行为是学习的结果，是一个人在成长过程中学习和掌握有关规范和行为的结果。生活中，利他行为也是我们教育的一项要求。学生在成长过程中也都有这样的经历——因帮助他人而受到表扬，而如果应该帮助而没有帮助他人则会受到谴责。

在这一学习过程中，强化极为重要。对某种行为包括利他行为的强化或惩罚会影响这种行为出现的概率。研究表明，年幼的4岁儿童，若因慷慨分享弹珠玩具而得到糖果的奖励，那么他们会更愿意和其他小朋友分享弹珠玩具，这表明了奖励强化对利他行为的促进作用。

对利他行为的强化可以采取多种形式，或物质的，或精神的。同时，要关注使用强化的方法，不同的方法会对利他行为产生不同的效果。例如，有这样一项研究：组织八九岁儿童玩游戏，如果赢了可以得到筹码换取玩具。一开始，研究者鼓励儿童与那些没有玩具的儿童分享他们的筹码，所有儿童逐渐都能做到。接着，研究者把儿童分为两组，分别用不同的方法，即一般表扬与人格表扬两种对其利他行为进行强化。人格表扬的方法，即强化时强调助人者的人格特征，如"你真是一个爱帮助人的好孩子"；一般表扬的方法，即强化时突出行为本身而非助人者的人格，如"你把自己的筹码给别人，你的行为很好"。结果表明，与一般表扬的方法相比，人格表扬方法组的儿童明显有更多的分享行为，这充分说明了不同强化方法对利他行为的影响是不同的。

模仿也是儿童学习利他行为的重要途径。通过观察来模仿榜样的示范行为，一个人可以习得利他行为。例如，有这样一项模拟实验研究，被试是六年级学生，分为实验、对照两组。研究者让他们玩有奖弹子游戏，赢一次就得一张代币，积累起来可换取礼物。他们可以将所得代币放入标有"我的钱"字样的储币罐，但在旁边还放着一个标有"给贫困孩子的钱"的储币罐，罐后墙上张贴了一张儿童基金会为贫困儿童募捐的招贴画。实验组有一榜样，即把自己赢得的代币投入写有"给贫困孩子的钱"的储币罐内，对照组则没有这样的示范行为。结果发现，对照组被试极少捐出代币，而实验组被试则大多能仿效榜样捐赠代币，当榜样增加表情(报以微笑)和语言(说"你们这样太好了")强化时,被试的捐赠行为更多。可见,提供示范性榜样有助于利他行为的发生。

(四) 决策理论

利他行为的决策理论认为,一个人从面对他人的困境到做出利他行为,要经历一个复杂的社会认知、理性抉择的决策过程。这个过程大体可分为以下四个阶段。

1. 觉知到需要

首先,要注意到有关事件的发生,觉知到他人是否需要帮助。生活中,这种需要有时很明确,例如,邻座者倒下了,助人者会立刻拨打120急救电话。但有时情境则会较为模糊,例如,有人躺在街头,助人者一时难以判断他是醉倒了还是晕倒了。

有关研究指出,需要帮助的紧急情境所具有的五个重要特征,为人们判断他人是否需要帮助提供了参考。这五个特征是:事情意外地突然发生;当事人有明显受到伤害的表现;若无人干预,当事人受到的伤害会加重;当事人孤立无助需要别人的帮助;做出某种有效干预具有可行性。

2. 明确责任

接着,要判断提供帮助是否在自己的责任范围内。有一现场实验说明了明确责任对利他行为的影响。实验中,研究人员让一位女士在海边晒太阳,并安排被试充当陌生人坐在其旁边。女士铺开小毯子,把携带的收音机放在旁边的岩石上。过了几分钟,女士把收音机放在毯子上就去游泳了。过了一会儿,研究人员安排另一个男子走过来,看到收音机后迅速拿起来走开。在以下两种条件下进行的实验有不同的结果:一是女士在游泳前与她旁边的陌生人(被试)无接触,结果仅有20%的被试会阻止另一男子拿走收音机并要求其做出解释;二是女子离开前请旁边的陌生人(被试)帮忙照看她的东西,结果有95%的被试会阻止另一男子拿走收音机。该实验说明,当人们感觉自己负有责任时就更可能为他人提供帮助。

3. 权衡利弊

然后,要评估帮助与否的利弊。决策理论认为,当面对特定行为(包括助人行为)时,人们会考虑到其潜在的付出和收获,如果利他行为的获益,即"收入"减去"付出"大于没有利他行为的获益,一个人就会表现出利他行为。这种权衡是人的自然心理倾向,常常是无意识的。

4. 采取行动

最后,决定所要采取的具体行动,即提供怎样的帮助以及怎样提供帮助。最后一步与具体的实际的利他行动有关。例如,你看见某户人家着火,有人在窗口呼救,最后的实际行动可能是直接冲进去,也可能是拨打119火警电话。在高速公路上目睹一场车祸,伤者垂危,最后的实际行动可能是直接帮助他,也可能是打120急救电话。紧急的情况下,仓促采取行动直接干预有时并不一定是最有效和最理想的。

四、影响利他行为的因素

(一) 助人者方面的因素

1. 认知因素

其一,责任归因。面对需要帮助的人或情境,人们是否会给予帮助取决于认知归因。当认为他人的困难并非不可控制,或认为他人的困境是因自我松懈而造成的时,一个人的助人行为会被抑制;反之,人们会倾向于进行帮助。其二,社会责任感。若深刻认识到施以援手让人摆脱困境是自己社会的和道德的责任,一个人就会义无反顾地为他人提供力所能及的帮助。

2. 情绪状态

研究表明,良好的情绪、积极的心境有助于利他行为的发生。好心情使我们能以积极的心态看待生活,并更愿意通过帮助他人来延续自己积极的情绪状态。不良情绪状态的影响较为复杂,大体而言有如下倾向:消极情绪下儿童的助人行为会减少,而心智成熟者仍会有助人行为。分析认为,不良情绪状态下成人的助人行为有助于其改善消极心境,而对于儿童来说,此时助人行为并不能起到自我满足的作用。

3. 移情能力、内疚感

移情是人与人之间情感上的相互作用。助人情境下,移情能力强的人能够敏锐地知觉到他人的困境,深刻地体验到他人的痛苦,能够有更多的助人行为。例如,有这样一项研究,研究者告知被试有位叫卡罗的学生在车祸中双腿骨折,落下了许多功课,在让被试听了一段研究者与卡罗的谈话录音后询问被试是否愿意帮助卡罗。在录音中用不同的指导语会导向不同的结果,移情组听到的录音中,卡罗被要求谈论受伤后的感受以及车祸对未来生活的重大影响,而非移情组听到的录音只是客观报告事实。结果,移情组有71%的被试表示自愿去帮助卡罗,而非移情组只有33%的被试表达了这一意愿。

内疚或内疚感是一个人在没有做自己应该做的符合社会要求和道德规范的事情后产生的情感体验。内疚感会引发一个人的赎罪感以及相应的行动。面对他人困境,感到内疚的人比没有这种感受的人更有可能产生助人行为。

4. 社会身份

在性别上,一般情境下女性的利他行为多于男性,但是在需要较强体力或令人尴尬的情境中,女性的助人行为会减少。在年龄上,一般随着年龄的增长,利他行为也会增多,但这还需要结合其他因素综合考察。在宗教信仰上,宗教通常都宣传"与人为善",这能促进人的利他行为。盖洛普的调查表明,具有虔诚的信仰的人自愿到需要帮助的地方去工作的可能性最大。

(二) 情境方面的因素

1. 他人的存在

一方面,情境中的其他人如果表现出利他或助人的行为,则对人们会起到榜样和示范作用,会激发人们也表现出相应的助人行为。另一方面,研究表明,情境中其他人的存在会对人们的冷漠行为产生影响,会使人们不再表现出利他或助人的行为,这从另一面说明了他人的存在对利他或助人行为有一定影响。

2. 生活环境

居住城市的规模会影响人的助人行为。研究表明,生活在大都市与小城镇里的人的助人行为存在差异。有这样一项现场实验,研究者让一名男子一瘸一拐地走来,然后突然跌倒并痛苦地叫喊,他卷起的裤腿能让人看到裹着绷带的小腿在流血。当此场景发生在小城镇时,约50%的目睹路人会停下来给予其帮助,但在大都市这一比例仅为15%。对此,有人提出"城市过载"的假设来进行解释,即大城市居民遭受了大量信息的轰炸,这会使他们对信息感到麻木,甚至竭力回避信息。

3. 时间压力

时间太紧、生活匆忙,常常使人难以顾及他人。有这样一项研究,研究者要求40名大学生前往另一座楼参加实验,并把他们按照"实验是否重要""时间是否紧迫"两个因素分为四组。被试在去另一座楼的途中会遇到一男生摔倒在楼梯上,且痛苦地呻吟。结果是,停下来给予帮助的被试在"实验无关紧要+时间充裕"组占80%,在"实验重要+时间紧迫"组仅占10%,这说明了时间压力会对利他行为产生影响,也说明了权衡利弊的影响。具体实验结果如表3-7-1所示。

表3-7-1 时间压力下被试助人百分比

	时间紧迫(A)	时间充裕(a)
实验重要(B)	10%(AB)	65%(aB)
实验无关紧要(b)	70%(Ab)	80%(ab)

4. 情境清晰度

情境清晰、线索明确,有助于当事人对信息进行恰当的加工分析,并做出相应的行为,包括利他或助人的行为。

(三)受助者方面的因素

1. 喜欢和亲近程度

对朋友或自己喜欢的人,人们总是会尽力给予帮助。有这样一项现场研究,研究者把填好的入学申请表放在机场的公用电话亭里,上面贴好了邮票只待投寄。申请表上的照片有形象令人喜欢和令人讨厌两种,然后研究者观察走进电话亭里的人是否会帮助投寄。结果表明,贴有令人喜欢的照片的申请表被寄出的百分比更高,且无性别差异。

2. 值得帮助程度

对那些值得帮助的人,人们总是会慷慨提供帮助。观察研究表明,对同学求助他人借用笔记一事,如果助人者认为求助者借笔记是由不可控因素,如由于教师讲课不清楚造成的,他们往往乐意提供帮助,如果认为借笔记是由可控原因,如由于逃课去玩、睡懒觉造成的,则往往不愿意提供帮助。

3. 其他因素

在性别和年龄上,与男性相比,女性的获助机会较多,与年轻人相比,老人和孩子的获助机会较多,这可能与他(她)们被视为相对弱势有关。在相貌和穿着仪表上,漂亮女性的求助会获得较高概率的回应,穿着怪异者会难以获得外界帮助,这可能与人们追求美感、回避异常的心理有关。

五、冷漠行为

(一)冷漠行为的含义

冷漠行为指在紧急、危险的情况下,人们明知他人受到生命和财产的威胁需要得到帮助,却坐视不理、袖手旁观。

冷漠行为是一种与助人行为相对应的行为。许多关于助人行为的深入探讨都始于对冷漠行为发生的研究。

最早研究冷漠行为的社会心理学家达利(J. M. Darley)和拉塔内(B. Latané)指出,出现冷漠行为,是由于毫无关系的旁观者介入到突发的紧急事态的过程中而发生了"旁观者效应"的缘故。

(二)冷漠行为中旁观者的作用

1. 社会抑制作用

当有其他人作为观众在场时,特别当不清楚其他人将如何评价自己的行动时,一个人在行动前会产生更多的顾虑。人们也不会愿意在众人面前处于尴尬的地位,万一并未发生紧急事态而自己却采取了紧急行动,就会显得可笑和尴尬。

2. 榜样作用

当情境模糊难以判断时,当犹豫不定难以做出决定时,一个人会想到观察他人,以他人为榜样来采取一致的行动。如果其他人无动于衷,或不采取行动,那这个人可能会认为没有必要站出来提供帮助。即使面对紧急事态并意识到有责任上前相助,但在其他人都没有行动的情况下,这个人也会因从众心理而表现出"坐视不理"。

3. 责任扩散作用

在紧急事态中,若只有一人在场,此人会感到助人是责无旁贷的。当他人在场时,责任就会分散,人们会觉得在场者人人有责,自己不介入也不会受到责备。此时,见危不救所产生的罪恶感、羞耻感、内疚感和责任感会大大降低。拉塔内的研究表明,在场的人数越多,发生助人行为的可能性越少。

4. 多数忽略作用

根据社会知觉理论,他人的在场和出现会影响一个人对整个情境的知觉、解释与判断。

如果其他人都坦然旁观,一个人就会忽略事态的严重性,减少助人的紧迫感。

(三) 产生冷漠行为的主观原因

1. 对付出代价的权衡

面对他人困境时,个人在行动前会掂量自己需要付出的代价。代价越大,冷漠行为的可能性越大。这里,付出的代价除了资源、时间、精力外,在紧急危难时还涉及人身安全问题。

2. 对受害者状况的认识

救助行为与个体对他人受伤害严重性的认识有关。这种认识首先需要对受害者的求助线索有所知觉。这种线索可以是显而易见、直截了当的言语表达,也可以是目光注视或肢体动作。有些助人者总是在受害者明确求助的情况下才会提供救助。

第二节 侵犯行为

一、侵犯行为的含义、特点及分类

(一) 侵犯行为的含义

侵犯行为指有意伤害他人,造成他人身体和心理痛苦,且违背社会规范的任何行为。侵犯行为也称攻击行为。

当今社会经济长足发展、科学技术突飞猛进,人们过上了优裕的生活,也有机会接受好的教育。但是,至今仍有许多关于抢劫、绑架、暴力攻击、恐怖袭击以及战争杀戮等侵犯行为的报道。侵犯行为是社会心理学领域的一个重大研究课题。

(二) 侵犯行为的特点

1. 有意图的行为

侵犯行为是事先有预谋的行为,它强调行为者的意向而非实际造成的伤害。例如,张某拿椅子砸人,那人躲开了没被砸到,张某的行为仍然是侵犯行为。

2. 外显的行为

侵犯是一个人外部表现出来的行为,而不是感情、动机、态度等内在的心理状态,尽管两者有着密切的联系。

3. 造成他人痛苦的行为

侵犯行为不仅指对他人直接施以暴力伤害其身体的行为,也指造谣、诽谤、詈骂等造成他人心理上痛苦的行为。

需要指出的是,生活中,有些行为可能表现出类似上述特点的情况,如牙科医生拔牙、警察抓捕犯罪嫌疑人等,但这些不属于侵犯行为。侵犯行为需要结合社会和职业要求来进行考察。

（三）侵犯行为的分类

根据侵犯方式，侵犯行为可分为语言侵犯、动作侵犯两种。前者通过言语过程伤害他人，通常造成他人心理上的痛苦。运用的语言可以是口头的，也可以是书面的。后者，通过肢体动作包括使用各种器具伤害他人，通常造成他人身心两方面的痛苦。

根据侵犯动机，侵犯行为可分为敌意性侵犯、工具性侵犯两种。前者由愤怒引发，以伤害为最终目的，大多数的谋害行动等当属此类。后者以侵犯即伤害他人为工具或途径，以求达到另一个真正的最终目的。例如，恐怖事件中的绑架、人体炸弹等当属此类。

二、侵犯行为的理论

（一）生物学理论

弗洛伊德和洛伦茨（K. Lorenz）是本能论的典型代表。弗洛伊德的精神分析理论认为，如同具有饮食、性之类的本能一样，人还具有侵犯本能。人类天生就遗传了一种侵犯性能量，它又非宣泄不可，否则就会使人产生焦虑，甚至导致疾病。这种侵犯性能量的宣泄若是指向内部，则表现为自我折磨甚至自杀；若是指向外部，则表现为故意伤害他人，即侵犯行为。

以洛伦茨为代表的习性学认为，侵犯行为是动物的天生本能，其作用是使该种族能保持一定的数量，占有一定的地盘和食物来源，使其中最适宜生存的个体存活下来并繁殖后代。他认为人类也具有侵犯本能，它使人类得以生存下来，他强调侵犯本能具有自发性。

进化心理学家用进化理论来解释人类的侵犯行为。他们认为，在远古时代，侵犯行为对我们祖先具有适应功能。对于获得资源、抵御攻击、对抗威吓乃至干掉情敌、防止配偶不忠等情境而言，侵犯都是可取的策略。在某些前工业化时代的社会里，优秀的战士有较高的社会地位并有更多的繁衍机会。还有，人类历史上侵犯行为大多发生在男性之间，这也与侵犯行为具有适应和进化价值有关，它是男性从成功的祖先那里继承下来的一种心理机制，携带侵犯行为基因的男性能够更好地适应生存。

生物学观点得到了一些研究的支持。例如，在分开询问的条件下，对"脾气很大""经常打架"之类问题的回答，同卵双胞胎比异卵双胞胎的回答更为一致。又如，同卵双胞胎中一个被判有罪，另一个有一半可能也有犯罪记录，而在异卵双胞胎中出现这一情况的比例仅为五分之一。

（二）动机理论

该理论又叫挫折—侵犯理论，多拉德（J. Dollard）是其代表人物。他指出，正是挫折引起了侵犯，挫折是侵犯行为的真正动因。

该理论认为：挫折可以激发各种反应，其中之一就是侵犯行为，总体来说，挫折往往与侵犯行为有关。但是，不能认为挫折总会引起侵犯行为。例如，当挫折感指向自我，则引起的是退缩而不是侵犯。挫折是否会导致侵犯行为，取决于个体对挫折原因的认识与解释。当个体遇到挫折时，如果认为是他人故意造成的，则挫折感就很可能引起侵犯行为，如果认为是偶然因素所致，则挫折感引起侵犯行为的可能性就不大。总之，在挫折与侵犯之间，认知因素起着很大作用。

此外，挫折引起侵犯行为还受到另一些条件的制约：第一，追求的目标越重要，越是富有吸引力，则个体受挫后所产生的不满情绪就越强烈，越容易做出侵犯行为；第二，越是在目标快要实现的时候遇到挫折，越会使人不满，也越容易导致侵犯行为；第三，遇到挫折后越是被人们看成是无理的、是不公平不合理的，就越能加强个体的挫折感，越能激起侵犯行为。

（三）社会学习理论

班杜拉是社会学习理论的代表人物。该理论从起因、习得两个方面对侵犯行为做了阐述，并通过一系列实验对其进行了论证。

关于侵犯行为的起因，班杜拉指出：不是挫折导致了侵犯，而是令人反感的情绪体验导致了情绪的唤醒，而情绪的唤醒才是诱发侵犯行为的重要因素；当个体通过其他途径不能实现向往的目标时，即当个体别无选择而只有侵犯这一条出路时，他就会采用侵犯行为以求达到目的；总之，侵犯行为起因于个体自己的预期及其结果。

关于侵犯行为的习得，班杜拉指出：大多数侵犯行为都是通过有意或无意的观察而获得的；正是看到了他人的侵犯行为，个体才获得了关于这种行为的观念和表象；以后遇到类似场合，个体记忆中侵犯行为的模式就会成为其侵犯行为的指导。

三、影响侵犯行为的因素

（一）受挫折挑动的影响

外界的"可恶"刺激会引起个体的挫折感和消极情绪，并进而导致个体的侵犯行为。挫折挑动的因素很多，包括身体遭受疼痛刺激、遭到辱骂、天气炎热、气候临时剧变、持久拥挤、潮湿、恶臭和异味等。有资料显示，当棒球联赛在30多摄氏度的气温下进行时，击球手被球击中的概率要比在26摄氏度以下的气温下进行比赛时多出2/3。1967—1971年发生在美国79个城市的暴动更多地发生在炎热的夏天。

（二）侵犯线索的引发

侵犯线索的概念为布科维茨（Berkowitz）所提出。侵犯线索指的是一个与侵犯反应有关的物体，如枪支、匕首等。布科维茨等人做过这样一项实验，先让实验助手故意制造挫折情境去激怒被试，然后提供机会让被试对激怒自己的实验助手实施电击。电击时有两种情境，或被试看到了桌子上放了一把枪，或被试看到桌子上放了羽毛球拍。结果显示，看到枪支的被试会实施更强烈的电击。后来，这一现象被称为"武器（器械）效应"。

引发侵犯行为的线索除了器械，还可以是第三者。第三者的挑拨往往会火上浇油，使侵犯行为一触即发。即使第三者持中立态度，其在场这件事本身往往也会成为线索影响人们的侵犯行为。

（三）酒精的影响

在暴力犯罪中，酒精往往是一个重要因素。生活中，酗酒导致寻衅闹事、侵犯攻击的事例有很多。

有研究表明：醉酒者会对人施加更加强烈的电击，在回忆人际冲突时会感受到更为强烈的愤怒；在强奸罪犯中，约有超过半数的人在犯罪前酗酒了；在 65% 的杀人案件和 55% 的家庭暴力案件中，侵犯者和（或）受害者喝过酒；虐待配偶的酗酒者，如果能在治疗后终止自己的饮酒行为问题，则他们的暴力行为通常也会停止。

分析认为，酒精之所以能引发侵犯行为，可能是因为酒精会降低人们的社会抑制力，使人的行为变得鲁莽，也可能是因为酒精影响了信息加工方式，使人们只对最早的和最突出的情境信息做出反应，而无视了很多重要细节。

（四）不良传媒的影响

媒体从多方面对侵犯行为产生着影响。例如，色情文学会明显导致性侵犯行为的增加。又如，暴力影视作品也会使侵犯行为增多。纵向研究表明，个体在儿童时期观看的暴力影视作品越多，其在青少年期表现出的暴力行为也会越多。令人担忧的是，人们对影视作品中的暴力行为常常不予抨击，反而将其描绘成勇敢的行为。再如，电子游戏的影响也很明显，侵犯行为在影视作品中仅是被看到，但在电子游戏中它则可以在虚拟的时空中被个体亲自实施，这对侵犯行为的影响会更大。

（五）个人特点的影响

关于侵犯行为的个人特点因素，研究较多集中在性别方面。研究表明，男性比女性更容易进行身体攻击。此外，个人的认知水平、道德品质以及气质、情绪等都会影响一个人的侵犯行为。

四、侵犯行为的控制

（一）提倡社会公正

社会公正能够从根本上减弱甚至是消除个体的挫折感，一旦挫折感被减弱或消除，与之相应的侵犯行为自然也就得到了控制。相关信息、程序、结果的公开和透明是社会公正的重要指征，能够消除人们心中可能有的不公正或不公平的感受。其实，社会公正在控制了侵犯行为的同时，也在建设和谐社会。

（二）惩罚侵犯行为

惩罚是控制侵犯行为的重要手段。需要注意的是，对人的有效惩罚要具备一个前提条件，即惩罚者与被惩罚者有较好的感情，要让惩罚建立在"恨铁不成钢"的感受基础之上。

需要指出的是，一方面，惩罚侵犯行为能够减少其发生率（强化理论），另一方面，惩罚本身在某种意义上也是一种侵犯形式，这就有可能导致被惩罚者未来的模仿（社会学习理论）。所以，使用惩罚来控制侵犯行为时需要慎重。

（三）说服教育

说服教育是抑制侵犯行为的一种常用手段。通过说服教育，人们能提高对侵犯行为严重危害性的认识。有效说服教育的注意点是：必须及早进行；同时要提供痛苦的线索；还要帮助行为者学会自我克制。

（四）恰当地宣泄

按照本能论的观点，侵犯行为是先天的一种破坏性本能，尽管个体都有这样的本能，但也是能够加以疏导的。弗洛伊德认为，社会要发挥作用去控制人的侵犯性冲动，而宣泄可以把它们转化为社会能接受的行为。洛伦茨也认为，先天遗传的侵犯行为可以被引导到社会可接受的方向。还有，动机理论也把宣泄作为控制侵犯行为的一种手段。

研究者提出，释放侵犯性冲动或能量可以有以下方法：第一，参加体育活动来消耗侵犯性能量；第二，进行一些没有破坏性的、幻想的侵犯行为；第三，做一些虚拟或模拟的直接侵犯行为，比如，在设置的情境中侵犯模拟人物。

（五）控制暴力传媒

今天，大众传媒尤其是影视作品和网络，是人们尤其是广大青少年社会化的重要途径。暴力传媒尤其是影视作品和网络必须得到净化，绝不能让它们成为人们尤其是青少年儿童仿效侵犯行为的平台。

（六）培养对他人的良好感情

一般而言，故意给别人带来痛苦会引起个体的内疚。通常，令自己有感情的人遭受到自己的侵犯，会使行为者受到良心的谴责。而对那些自己认为是不好的人，个体往往会觉得侵犯他们是应该的。所以，要关注培养对他人的良好感情，树立尊重他人、同情他人的价值观念，这样才能减少对他人的侵犯行为。

（七）学会控制愤怒

愤怒常常是侵犯行为的前兆。学会控制愤怒可以使人从冲动状态转入理性思考的状态，从而使一个人用理智的而非侵犯的行为来对情境做出反应。

控制愤怒的方法有很多，如躲避刺激、刺激转移、释放、意志控制、升华等。

第八章
社会影响

第一节　大众社会心理

一、流行概述

(一) 流行的含义

流行,又称时尚,指在较短时间内、社会上相当多的人追求同一种行为方式,相互之间发生了连锁性的感染。

流行作为一种大众或群体性的社会心理现象,涉及社会生活的方方面面。流行在社会生活的诸多方面都存在,如服装、建筑、汽车、发型、饰品、厨房设计甚至休闲方式等方面。多年前,牛仔服在美国仅是一种劳动服装,在校学生一般不会穿它,甚至蓝领阶层外出时也很少穿它。后来,人们逐渐在一些非劳动场合穿牛仔服了。现在,牛仔服已经成为了广大学生喜欢穿着的服装,也成为了普通人在非正式场合喜欢选择的一种服装。这种变化就是流行的结果。

(二) 流行发展的三种情况

1. 阵热

这是一种在短时期内流行起来,然后又迅速平息下去的生活方式或行为表现。阵热一般持续时间短暂、无计划性,很难对人产生深刻影响。通常来说,阵热涉及的对象是与人们生活关系不太密切的事物,如文学作品。20 世纪 80 年代,小说《红楼梦》首次被拍成电视连续剧后,引起了当时社会上男女老少的热议。

2. 时髦

这是流行的一种典型表现。它指人们已经倾向于接受当时新颖入时的生活方式,同时明显偏离以往的习惯和传统。时髦,其特点是首先表现在少数人身上,然后逐渐受到其他人的注意并成为他们的生活方式。时髦存在的时间不长,但对人有明显的刺激作用,通常发生在与个人有直接关系的事物上,如服装、箱包、饰品。

与阵热相比,时髦显得较为极端。所以,某种时髦刚开始时,可能会引起人们赞赏,同时更可能引发争论乃至遭到反对。例如,少女穿超短裙,青年人穿紧身裤等,就经历过这样的遭遇。

3. 时狂

这是流行的极端情况。它指人们为迎合时尚而表现出来的一种狂热的行为现象。时狂可能源于个人对社会潮流的盲目追随,也可能是在社会的强大压力下造成的心理上的屈从。时狂持续时间较短,来时猛烈,去时匆匆,但冲击力颇大。

时狂作为流行的一种极端行为,其实已经达到了丧失理智的程度。它一般发生在与个体自身有利害关系的事物上。例如,17世纪荷兰流行郁金香,一度到了谁家没有就会被瞧不起的地步,于是家家都买,在人们发现这种花其实无甚特别后,郁金香的时狂很快就结束了。

(三)流行的特征

1. 时效性

流行,有很强的时效性。它突然迅速地扩展和蔓延,但又在较短的时间内消失。当然,流行的事项不同,它们的时效性会有差异。例如,流行的歌曲、电影、玩具等兴衰的速度就较快,现代大众传媒使人们能够更及时迅速地了解到其他地方流行的东西,这大大加快了流行的兴衰。服饰的流行,相对来说会持续较长时间,具有一定的延续性。

2. 循环性

流行会出现周期性的循环反复。一段时间之后,时下流行的事物由于人们已经习惯而不再感到新奇,会显得陈旧;同时,那些今天已经不时兴的事物,过了若干时间后却可能重新成为流行的事物。有研究表明,以往妇女时装流行的变化大约每5—25年会出现一个循环,今天这方面循环的速度加快了。

3. 年龄和性别差异

流行存在着年龄、性别和性格上的差异。性别上女性与男性相比、年龄上年轻者与年长者相比、个性特征上脾气易变和好奇好胜者与一般人相比,都会更加关注流行的事物,更具有追随流行的倾向和行为表现。

4. 权威带动性

流行受权威或偶像人物的影响甚大。社会上的权威人物、人们心目中的偶像人物的生活习惯、行为方式、兴趣爱好等会更容易引起一般人的仿效和追随,进而发展为流行。

(四)流行的渠道

1. 自上而下的纵向渠道

由社会经济地位处于较高层次的领袖式人物的倡导而发生,如宫廷菜肴的流行。

2. 同一层面的横向渠道

由地位相同或接近的社会阶层或群体成员之间的相互作用而发生,常由某一阶层或群体中的部分成员兴起,经社会互动后广泛传播给其他成员,如醋蛋治病的流行。

3. 自下而上的纵向渠道

先由社会上的普通成员开始,然后向社会经济地位较高层次扩散,如牛仔服的流行。

(五)影响流行的因素

1. 社会条件方面的因素

具备一定的物质经济基础,是流行的社会条件之一。流行离不开必要的物质条件,例如,某种服装的流行需要特定的布匹衣料,某种饮食的流行需要特定的食品粮食,某种建筑的流行需要特定的建筑材料。

社会认可和人们的支持,是流行的又一社会条件。流行只有对社会起到积极有益的作用时,才会被人们认可、接受和支持。如果某一事物是消极的、有害的,则其会受到社会的抵制和人们的反对,这样的事物是不可能或难以真正流行起来的。

2. 个体心理方面的因素

从众和模仿是流行的一个重要心理因素。避免孤独、不被孤立是人的一种自然心理倾向。为此,人们会选择从众或服从,自然地加入时尚追求者的行列。模仿既是人的一种本能,也是人后天学习的能力。通过模仿,人们在心理上会产生某种程度的安全感,比如,人们相信如果某件事很多人都在做,那么这事一定更合乎时宜,跟着做是错不了的。在某种意义上,流行是由从众的和模仿的心理引起的。

满足求新欲是流行的另一重要心理因素。渴望新鲜事物,厌弃陈旧事物,这也是人的自然心理倾向。生活长期没有任何变化,会使人感到厌倦,求新的自然心理倾向会日益增强。这时,流行一种有变化、有新意的生活方式可以满足人们的求新欲和好奇心。

自我防御是流行的又一重要心理因素。有的人感到自己的社会地位不高,为摆脱压抑感和免受心理伤害,他们往往会不由自主地追求某种时尚,以获取心理平衡。社会上的一些群体特别喜欢并流行奇特华丽的服装,学校里成绩后进者更加喜欢追随社会上流行的语言和行为,这些都是心理的自我防御使然。

还有一个心理因素是自我显示。有的人喜欢"标新立异",有意无意地显示自己的与众不同,追随流行可以满足这种自我显示的心理需求,因为流行可以突出一个人的地位、个性、喜好、品位,提升个人的魅力。比如,社会上某种服饰、用品、谈吐方式等在上层社会流行,就是他们竭力表明自己不同于下层社会的自我显示的心理使然。

二、流言概述

(一)流言的含义与种类

1. 流言的含义

流言是在人群中传播,但却没有任何确切依据的一种特定的信息。流言的内容一般与现实问题有关,流言包含的信息一般是不确切的、与真相有距离的,流言的形式通常口口相传。

2. 流言的种类

生活中的流言主要有三类:其一,愿望流言。它反映人们内心的某种要求、期盼,或未能实现的梦想、欲求。此类流言凭常识常常能进行推测,并会被人们有目的和故意地向其他人传播。比如,二战期间的"希特勒死了""日本油量只够用六个月"等传言即属此类流言,当时大众受其影响,纷纷等待真实消息的公布。

其二,恐怖流言。它反映了人们内心存在的惧怕情绪。此类流言通常出现在自然灾害、战争等社会紧张时期，或者出现在人们对某些事物感受到恐惧和悲观的时候。比如，在二战期间一度盛传"美国太平洋舰队在珍珠港全军覆没"，即属此类流言，这一流言在当时使美国社会人心惶惶。

其三，攻击流言。它反映了人们内心的愤懑、怨恨等情绪。此类流言也产生于社会紧张时期，或者发生在群体之间人际关系紧张的状况下。比如，冷战期间"苏联人在曼哈顿和加利福尼亚海岸布置了深水炸弹"的流言即属此类，这一流言使世界感受到美、苏两国交恶之深。

（二）流言的特点

1. 新异性

流言之"言"之所以能"流"，就是因为其内容包含的信息与人们从日常生活或经验中获得的信息不同，具有或"新"或"奇"，或既"新"又"奇"的特点，使传播者感到有趣、刺激、亢奋。新奇事物、新闻人物容易出现在流言中即是流言的新异性使然。

2. 失真性

流言产生的基础是不确切的信息，流言传播的通常是未经证实的街谈巷议式的传闻。还有，在传播过程中，传播者会有意无意地将有些信息进行改造，这种"信息加工"会使流言越传越失真，甚至面目全非。

3. 迷惑性

当正常的信息传输渠道不通畅甚至受阻、信息量过少或信息不清晰时，流言就容易产生。此时，流言会被人们轻易接受，容易使许多人受蒙蔽。正因流言具有的这种迷惑性，所以它一旦开始启动就较难停止，往往会出现"辟谣难"的状况。

4. 广泛性

流言的传播总是很广泛的。当流言的内容与社会的急剧变化、天灾人祸、人们普遍关心的问题，或与人们厌恶的人物或事件有关时，流言就会较多，并且会更加广泛地传播。

需要指出的是，流言有时并非毫无根据，它在一定程度上满足了人们的心理需要，补充了人们无法从正当渠道获取的信息。但流言往往会导致是非混淆、毁人声誉或引起社会不安等消极后果。

流言和谣言有相同之点，更有不同之处。相同点是，两者都缺乏明确而可靠的事实根据，又都能广泛流传。不同之处是，两者动机相异。谣言，一般怀有恶意，其目的就是要造成某种恶果；流言，无不良动机，即使产生消极后果，那也是在无意间造成的。

（三）流言产生的条件

流言的产生常常与以下条件有关。

（1）当正常信息渠道受阻，或缺乏信息和信息不清时，流言因为能够填补正常信息不足的空缺而容易产生和传播。

（2）当社会发生剧变或有天灾人祸时，人们往往会不知所措但又希望找到解决问题的途径和方法,此时流言因为能够使人产生一种安全感而容易产生和传播。

(3) 当存在人们普遍关注和期盼解决的问题时,流言因为能够提供人们希望了解的信息、反映人们解决问题的愿望而容易产生和传播。

从上述流言产生和传播的条件可知,流言一般与人们的不安、恐惧、好奇、期盼、憎恶等心理状态有关。

(四) 流言的传播

流言一般以链式网络进行传播。其传播的一般趋势是:个体先将流言传播给与自己关系密切的人,常常还会要求其"保密";然后接受流言和参与传播会呈S形,即"慢—快—慢"的方式变化。

流言在传播过程中会出现以下进一步失真的现象。

(1) "磨尖"现象。即接收者再传播时总会对原信息"断章取义",留下自己印象深刻、自己感兴趣的内容,在遗漏掉许多细节的同时使流言越传越简略扼要。

(2) "削平"现象。即接收者再传播时总会去掉原信息中自己认为不合理的成分,重新编排某些情节使之更加感人动听。

(3) "同化"现象。即接收者再传播时总会根据自己的经验、需要、态度等主观因素来理解和接受流言的内容,并据此做进一步的加工、润色,使流言以传播者特有的表达方式流传开来,并烙上传播者个人的性格特点。

(五) 与流言抗争

流言缺乏事实根据,总是与问题的真相有着或大或小的距离。流言应当被制止,也是可以被制止的。

首先,在流言或谣言开始传播时,应准确判断其性质、范围和影响,然后对其进行有针对性的引导或防范。

其次,针对已经在传播的流言甚至谣言,相关部门、人士应向社会和公众披露问题的真实情况,让社会和公众获得足以消除疑虑的必要信息,这点尤为重要。披露的信息要准确和充分,披露的途径要正规和权威。"流言止于公开",这是与流言抗争的至理名言。

最后,应尽量提高公众的心理成熟度,消除人们的恐惧和焦虑不安。面对社会的、自然的、生活的问题和事件,要培养人们全面了解、冷静分析、独立思考的心态和能力,使人们能够做到不轻易相信传闻,更不要去传播。

三、暗示概述

(一) 暗示的含义

暗示指人或环境以含蓄的方式向他人发出某种信息,以此来对他人的心理和行为产生影响。暗示能使人不由自主地按某种方式行动,或不加批判地接受某种意见、观点。暗示的结果是受暗示者的思想、行为与暗示者的意志相符合。

社会心理学中一般研究的是"社会暗示",即群体或他人对个人的影响。社会暗示通过人际交往来实现。暗示者可以是个人,也可以是群体。暗示可以采取言语的方式进行,也可以用手势、表情或通过借助其他物理环境等方式进行。暗示可以使人立刻做出相应的反应,也可能是一个缓慢的潜移默化的社会影响过程。在个人与他人或群体的互动中,如果能够营造特定的暗示环境,就能够在一定程度上控制对方的行为和活动。

(二) 暗示的种类

1. 直接暗示

这是由暗示者直接把某一事物的意义提供给受暗示者,使对方无意识地很快予以接受的一种暗示。有这样一项研究,研究者以化学教授的身份走进教室并告诉学生,自己手中的瓶子里装有恶臭的气体,他想测试这种气体的扩散速度,为此请闻到该气体的同学举手,然后他打开瓶塞开始计时,15秒后坐在前排的多数同学举起了手,一分钟后全班有75%的学生举起了手。其实,瓶子里无任何恶臭气体,学生的反应是受到了直接暗示的结果。

2. 间接暗示

这是由暗示者凭借其他事物或行为为中介,向被暗示者间接提供某一事物的意义,使其迅速且无意识地予以接受的一种暗示。例如,向大学生提供两段文学作品并请他们进行评价,同时告知他们前一段是大文豪狄更斯所写,后一段是位普通作家所写,结果前一段获得交口赞誉,而后一段得到了一大堆批评,其实两段均为狄更斯所作。生活中针对孩子的偏食问题,聪明的家长会故意津津有味地大口吃孩子不喜欢的东西,并说其多有营养多好吃,结果孩子也会尝试着吃起来。

间接暗示是一种主要的暗示手法。人们都想保持独立和自尊,都不愿意受到他人的干涉和控制。所以,间接暗示一般不会使人产生心理抗拒,其控制作用更强。

3. 自我暗示

当影响心理的"某种观念"来自自己时,这种暗示就叫作自我暗示。比如,某人吃饭时怀疑自己不小心吞下了一个苍蝇,于是非常恶心、焦躁不安,以致患病,有位医生用催吐药使他呕吐,在呕吐物中悄悄放入了一只苍蝇,病人看到后内心释然,病也好了。此人的遭遇其实是"庸人自扰"式的自我暗示的结果。

4. 反暗示

反暗示指外界的刺激引起了与预期相反的反应。"此地无银三百两"就是反暗示的典型例子。

(三) 影响暗示的因素

1. 暗示者特征

暗示者的一些特征会使人产生一种信服的态度,从而会自然而然地接受暗示者的影响。暗示者的特征包括他们的地位、权力、学识、经验、历练、专长、自信心,以及身材、体力、年龄、性别等,这些特征都会对暗示的效果发生作用。例如,看到某单位保安系统中工作人员身材高大、设施高级先进、装备齐全精良，人们就会觉得该单位一定对安全保卫工作十分重视并做得相当出色。又如，人们通常会认为，发生紧急事件后亲临现场的领导级别越高，问题就越严重，同时问题的解决也会更迅速和彻底。

还有，暗示者的一些举措，比如，使用"你将会……""你能够……""你可以……"之类的鼓励性话语，会使人们变得倾向于接受暗示。

2. 受暗示者特征

一般认为，受暗示者如果性格内向、独立性弱、自信心不足，就很容易受暗示的影响。还有，与成年人相比，儿童和青少年也比较容易接受暗示，这与他们的身心发展不够成熟有关。

此外，环境中一些人的共同行为也会对人产生暗示作用。这通常发生在影剧院、体育馆、娱乐场、会议室等公共场所。在这样的场所中，如果有几个人站起来回头观望，常常会有许多人以为发生了什么而跟着回头观望。需要指出的是，这与从众不同，从众地跟随多数人的行为是群体压力使然，而此处并无压力，只是好奇心使暗示产生了效果。

第二节 相符行为

一、从众概述

（一）从众的含义

从众指在群体直接或隐含的引导或压力下个人的观念、行为朝着与多数人相一致的方向变化的现象。从众类似生活中的"随大流"现象。

生活中，从众可以表现为采纳特定情境中占优势的行为方式，如助人情境中的利他行为等；也可以表现为接受社会上占主导地位的观念与行为方式，如顺应风俗、习惯、传统等；还可表现为临时赞同现场多数人的意见，如形成决议时跟着多数人的表态而表态。

个人行为既有从众现象，也有反从众或独立的心理倾向或行为表现。反从众，可能是心理逆反或独立性较强所致，不愿意行为被他人支配。

（二）有关从众的研究

针对从众行为的最早研究是心理学家谢里夫的游动错觉实验。之后，心理学家阿希(S. Asch)进行了从众的经典实验研究：被试为大学生，研究者向他们呈现 A、B 两张卡片，分别有 1、2、3 三条比较线段和一条标准线段，被试的任务是从卡片 A 比较线段中挑出与卡片 B 标准线段等长的那条线段，预测表明，视力正常者都能正确回答是线段 2；实验时，被试逐一单独进行回答，但有 6 名陪试一起参与，研究者要求他们逐一做出判断，被试的回答顺序被安排在倒数第二，当陪试按研究者安排都做出不正确的判断时，即回答线段 1 或 3 时，相当部分（约三分之一）的被试也跟着做出了与陪试一致的反应，至少发生一次从众反应的比例则高达 76%。

继阿希后有大量关于从众的研究，其内容涉及图形等物理刺激，还有意见或事实陈述、逻辑推理等，从研究中均能发现类似的从众反应。

（三）从众的类型

根据行为表现与内心态度的一致性，可以将从众分为三种。

1. 真从众

真从众，即在外显行为上以及内心看法上均对群体表示认同。在阿希模式实验中，真从众是指被试确实认为自己判断错了，相信其他人是正确的，尤其当标准线段与三条比较线段长度接近时，他们更倾向于认为自己错了，其他人是对的。真从众时，对群体的认同、与群体保持一致是真实的，心理上没有矛盾冲突。

2. 权宜从众

权宜从众指一个人在行为上与群体保持一致，但内心并不认可群体的看法，只是在压力下才做出与群体一致的行为。这种从众是表面的，并不是真正接纳的一种从众。阿希研究中的从众大多属于此类。生活中，权宜从众是一种主要的从众。

权宜从众时，个体一般会有较强烈的内心冲突，并导致认知失调。为恢复失调，一种可能的做法是让权宜从众最终转变为真从众，另一种可能的做法是个体对自己的从众行为做出合理化解释。

3. 不从众

不从众指个体能不被群体的意见所左右，保持自我认定的选择。不从众有两种情况：一种是表面上不从众，内心其实是认可群体意见的。另一种是行为表现与内心相一致的不从众。

（四）从众行为的心理原因

1. 获得行为参照

每个人的知识、经验都有局限性。面对不确定的情境，人们都会为自己的行为寻找参照体系。一般来说，多数人掌握的信息总比一个人掌握的更多，多数人了解的情况总比一个人了解的更全面。从众是一个人获得行为参照的自然结果，同时也有相信别人的心理基础。

2. 获取他人好感

生活中，获得他人好感、与他人保持良好人际关系是每个人的自然心理倾向。为此，人们常常会在必要的时候调整自己原有的认知、行为和态度。与大多数人一致的从众反应就可能是上述心理倾向和心理调整的结果。

3. 摆脱偏离的恐惧感

人们都对偏离群体具有一定的恐惧感，一旦偏离就会焦虑。心理学研究指出，群体喜欢那些与自己保持一致的成员，不喜欢那些偏离者，会努力促使其变化，不变者会遭厌恶和拒绝。从众有助于个体摆脱偏离群体的恐惧，获取心理上的安全感。

4. 提升群体的凝聚力

每个人都隶属于特定的群体，都希望所属群体有凝聚力、好声誉、高绩效。故每个人都具有忠于集体的心理。从众反应可以反映自己对群体的忠诚度，显示自己所属群体具有凝聚力。

（五）影响从众的因素

1. 群体方面的因素

（1）群体规模。一般来说，群体规模越大，多数人的观点或行为对个人的压力就越大，就越容易发生从众。在前述阿希的实验里，随着陪试人数的增多，从众现象也会增多。不过，人数增多带来的影响要具体分析。在人为情境下大量陪试故意做出错误判断容易露出破绽，会削弱从众效果。在真实生活中，群体规模的增大对从众的影响就会逐渐凸显。

（2）群体观点或行为的一致性。这是导致从众行为的一个重要因素。研究表明，任何降低或削弱这种一致性的行为都会使从众率明显下降。例如，在后续研究中，阿希安排陪试中的一位发表正确判断，即打破了群体的一致性，此时从众率骤降为8%。换言之，当群体保持观点和行为的高度一致时，人们才容易发生从众。

（3）群体的凝聚力。群体的凝聚力越高，成员对所属群体的认同感就越强，归属和依附心理也越强，对群体的忠诚度也越高，更愿意在观点和行动上与群体保持一致。反之，群体没有或缺乏凝聚力时，其成员就不会有从众行为。

2. 情境方面的因素

（1）情境中刺激物主要有以下三个特点：①刺激物的模糊性。对模糊的刺激物人们容易做出从众反应。克雷奇等人的研究表明，被试对非常肯定项目的从众率仅占15%，对较为肯定项目的从众率为24%，对难以肯定项目的从众率达36%。②刺激物的任务难度。难度越大，个体越难正确认知并形成看法，也越容易倾向于在接受群体的意见时使从众的可能增加。③刺激物的突发性。情况突然发生，人们没有充足的时间仔细思考，就容易做出从众反应。

（2）情境中的文化。从众倾向有文化特点。有人就阿希的实验在不同国家做了跨文化比较，发现从众存在着文化上的差异，且会随着时代的发展而有所变化。

3. 个体方面的因素

（1）个体地位。人们往往愿意听从群体中权威者的意见，而忽视一般成员的观点。通常，群体中那些地位高者不容易屈服于群体的压力，地位低者容易出现从众行为。

（2）个性特征。一般来说，情绪不稳定、智力较低、意志较薄弱、缺乏自信、易受暗示、比较懦弱、患得患失的个体有较强的从众倾向。反之，比较自信、有较高自尊要求的个体一般不易产生从众行为。

（3）男女性别。以往通常认为妇女要比男子更容易从众，后来的研究对此提出了质疑。研究表明，在各种不熟悉的材料上男、女都表现出较高的从众倾向，在熟悉程度相仿的材料上男、女从众比例的差异就很小。

（4）个体年龄。儿童、青少年的身心处于发展阶段，通常容易做出从众的反应。随着年龄增长,个体的从众行为表现出减少的趋势。

(5)自我卷入。研究表明,自我卷入的水平会直接影响个体从众的程度。例如,当情境要求先聆听并记下群体中其他人的意见,然后发表个人想法时,容易发生从众;反之,要求个人先做思考,然后再听其他人的意见,接着再进行个人表达时,发生从众的情况就较少。

(六)研究从众行为的意义

从众行为对于个人适应社会具有重要的意义。任何社会从执行社会功能到延续社会文化,都要求个人的观念、行为与社会多数人保持一致。一个人只有与社会主流倾向保持一致,才能够适应、生存和发展,否则会面临重重困难,甚至寸步难行。

研究从众行为有助于促进人们发扬良好社会风尚,抵制不良观念及行为倾向。研究发现,洗澡擦肥皂时有关闭水龙头行为的人约占被试总人数的6%,当安排1个人作为榜样去关水龙头时,跟着关水的人数增加到49%,而当有两个人去关时,跟着关水的人数则会增加到67%。

当然,对人们有时会表现出来的反从众行为也应该进行具体分析。这里关键是考察反从众行为本身。如果反从众行为者的情绪过急、缺乏理智,就会意气用事,即使反从众是对的,也不能让人心悦诚服,如果是错的则会带来更严重的消极后果。

二、众从概述

(一)众从的含义

众从,指群体中多数人受到少数人的影响而改变原来的态度、立场和信念,转而采取与少数人一致的行为的现象。

群体中少数人在观点遭驳斥的情况下依然能够坚持己见,始终保持一致,这也会给群体带来不小的影响。多数人会因此怀疑自己的立场是否正确,对自己的观点和行为产生动摇,接着部分人会开始转而倾向于认同少数人所持的意见,进而多数派在分化过程中会有越来越多的人也转而认同少数派的观点和行为。

最早注意到群体中存在少数人对多数人影响即众从问题的是心理学家莫斯科维西(S. Moscovici)。他认为,社会影响既存在少数人受多数人影响、听从多数人意见的一面,也存在多数人受少数人影响、听从少数人意见的另一面。他与同事通过实验研究证明了这一点。

(二)众从行为产生的条件

众从行为的产生离不开特定的条件,这些条件与少数派、多数派的特征有关。

1. 少数派的特征

一是一致性。这指少数派成员的态度和行为始终保持一致,否则就不会对多数派产生影响。这种一致性除了成员意见一致外,还包括时间先后一致,即能坚持到底。一致性体现了少数派的自信和坚定。

二是独立性。这指少数派的观点、行为要与众不同、不落俗套且有新意,这样才会对多数派形成压力。当然，这种独立性要与社会发展和时代精神吻合。

三是权威性。这指当少数派中有权威人物时其影响力会大大增强。权威人物地位高、有威望，常是群体中的核心人物，其"名片效应"会大大提升少数派意见的可信度，从而对多数派形成更大的心理压力。

2. 多数派的特征

一是意见分歧。这指多数派成员之间有矛盾、意见不一，这就容易受少数派的影响而导致众从行为的发生。

二是缺乏凝聚力。这指多数派内部成员人心不齐、群体凝聚力不强，成员往往各自为政、各行其是。这样的多数派一旦面临外界压力，很容易倒向少数派的一边。

三是真实情况不明。这指多数派成员不了解事情的真实情况。当情况不明时，人们的态度会就会模棱两可，人们的思维更容易以他人的观点或行为为重要参考。此时，如果群体中少数派立场坚定，那么多数派成员就容易认可少数派的观点并进而发生众从行为。

（三）阻碍众从产生的因素

1. 少数派内部意见不统一

研究表明，少数派在观点和行为上具有一致性才能对多数人产生压力与影响力，一旦少数派不具有这种一致性，即成员内部意见不一，则他们对多数派的压力就会消失，多数派就不可能发生转变，也不会出现众从行为。

2. 多数派内部团结一致

即使少数派具有一致性的特征，但只要多数派能团结一致、始终如一，那么少数派的影响力就会大大减弱而无法使多数派动摇并发生转变。

（四）研究众从行为的意义

研究众从行为有重要意义。从微观层面考察，这有助于群体的正常活动。任何群体在这一或那一问题上难免总会有少数派和多数派之分。在群体活动中，对多数派的意见自然应该重视，同时也要看到少数派的客观存在和一定的影响力。研究表明，如果群体对偏离者不能宽容，则会诱导更多的从众行为，当群体风气不正时这样的从众在价值取向上是不可取的，所以对群体的偏离者或少数派要持有宽容的态度，以消除无原则从众的消极影响。此外，群体中少数派意见的存在，哪怕是反对的意见，都会有利于激发群体去思考，有利于集思广益，使群体获得更好的发展。

从宏观层面考察，这有助于推动社会的变革和文明的发展。人类的生产、社会、文化等各种活动都会按照自身的规律发展变化。这一过程离不开少数人创新性的思维和行为，而变革者往往是少数人。由于变革者即少数派的坚定执着，社会上其他人即多数派中逐渐会有人接受少数派的观点，当多数派中的大多数人都发生了转变时，原来的少数派就变成了多数派，原来的多数派就消失了，此时社会就比原来进步了，文明也比原来有所发展了。所以，可以说，没有少数派就没有社会的变革和文明的发展。

三、服从概述

(一) 服从的含义

服从,指个人按照群体规范或他人的命令而行动,服从行为是在外界存在着明确的压力下做出的。

服从有两种:一种是在特定的有组织的团体规范下的服从,如遵纪守法、维护社会秩序等;另一种是对权威人物命令的服从,如一切行动听指挥、下级服从上级等。

服从和从众虽然都源于压力,都是对社会影响的反映,但两者之间存在本质差异。

从压力源来看:服从的压力源于外界的规范、行政命令或权威意志,个体不管理解与否都得执行;从众的压力源于个体内心,为的是获得心理上的平衡。

从发生方式看:服从带有强制性;从众是自发的、自愿的,尽管可能违心,但外界并没有强求个体。

从最后结果看:不服从,除了会使个体受到一定的惩罚外,还会影响其所属群体的正常运作,影响群体;不从众,一般不会对群体造成伤害,主要是使个体感到惶恐和不安。

需要指出的是,一个人的服从行为和从众行为有时会交织在一起。

(二) 不服从:服从的对立面

与服从对立的是不服从。当群体的规范或权威的要求有违情理时,或尽管合理却不符合个人需要时,一个人有可能做出不服从的行为。不服从的表现形式有以下几方面。

1. 抗拒

这是一种显性的不服从形式。具体表现有:个体在行动上拒不执行任务,提出口头或书面的抗议,怀有对立甚至偏激的情绪。

2. 消极抵制

这是一种隐性的不服从形式。表现为:个体在表面或口头上表示服从,行动上则消极对待或不予执行。当群体成员对群体规定或领导不满意、不愿意执行有关要求,但又不敢或不便于公开表态时,就会采取消极抵制的形式。

3. 自由主义态度

这也是一种隐性的不服从形式。当群体成员对规范或命令不理解时,个体在一般情况下能够服从,但是在无人或缺乏监督的情况下,个体就随意、散漫,把规范和权威置于脑后。

(三) 服从的典型实验

20世纪六七十年代,美国社会心理学家米尔格拉姆(S. Milgram)进行了探讨个人对权威人物服从的研究。实验安排两人一组,其中被试承担教师角色、实验助手即陪试承担学生角色,教师的任务是朗读配对的关联词,要求学生记住。然后,教师呈现某个词后要求学生从所提供的四个词中选择一个正确的配对词。如果选择错误,教师必须按要求按下按钮对学生施以电击作为惩罚,学生则做出相应的痛苦反应。随着错误次数的增多,实施的电击水平会相应加强。实验开始时,学生、教师分别在两个房间,彼此无法看见,但能通过通信设备清晰地听到彼此的声音。在教师面前放有实施电击的按钮,按钮有从 15 伏到 450 伏的不同档次。其实,对学生而言电击是虚假的。实验中,学生根据安排故意多次出错,教师指出其错误并随即按下按钮给予电击,学生随之发出痛苦呻吟。随着电压升高,学生会喊叫、怒骂、哀求、踢墙,最后似乎昏厥了。其间,教师不忍心时会问实验者怎么办,实验者则会给出"继续按要求做"的指令。

实验结果是:40 名被试中有 26 名(占 65%)始终服从命令,尽管表现出不同程度的紧张和焦虑。另 14 名(占 35%)拒绝执行命令,认为这样做伤天害理。实验结束后,研究者告知所有被试实情,以消除他们内心的焦虑和不安。

其后米尔格拉姆又进行了一系列相关实验,对服从行为产生的各种有关因素做了深入的探究。

(四)服从发生的原因

1. 责任转移

多数人明知服从行为会对他人构成伤害为何仍然会执行,米尔格拉姆的分析认为,这是行为者归因时将行为责任转移给了命令者的缘故。命令来自权威人物时,服从者会以"我只是执行命令"为自己做辩解。这种心态使人们只关心是否忠实履行了义务,而不再关心行为的后果,即实际上处于没有独立思考和判断的状态。

2. 合法权力

在服从行动中,社会赋予其中一方以强势地位和影响力,使另一方认识到自己处于从属地位、只有服从的义务,即一方拥有社会赋予的指挥另一方的合法的地位和权力。如,在教室里学生就得听教师的话回答问题或完成作业,在体检时就得听医生的话宽衣解带。如,在米尔格拉姆的实验情境中,被试清楚地知道要听从实验者的指挥和命令。

3. 逐步卷入

如果开始时权威的要求较低,或命令较为温和,则个体很容易不假思考、立即服从。但是,当服从一旦启动后,个体就已经卷入其中难以"刹车"了。当权威的要求不断提高、命令越来越多地涉及他人的利害关系时,逐步卷入其中的个体会出于惯性而继续服从并执行命令。

4. 事件的突发性

在问题突然发生或事件迅速变化且时空条件又不允许多加思考的情况下,人们往往就会做出服从行为。如,游行变成了示威、示威变成了骚动甚至暴乱,此时命令怎么干就怎么干了。

(五)影响服从的因素

1. 客观方面的因素

一是距离。即命令者与服从者之间的接近程度。双方越接近,服从者越容易服从。米尔格拉姆在实验中曾安排了以下三种情况：主试与被试面对面地在一起，向被试交代任务后主试离开现场；通过电话与被试联系；主试始终不在现场，实验要求全部由录音机播放。结果显示，服从行为最多、最少的分别是第一、第三种情况。

二是权威性。即命令者权威性的大小。权威是由权力、地位、专业知识技能、经验和能力等因素构成的。一般而言，人们更容易服从和执行更有权威的命令。米尔格拉姆曾安排同一实验者以不同身份主持实验，证明了权威影响的存在。

三是他人支持。即周围他人的影响。米尔格拉姆对最初的实验加以变化，安排两名陪试一起参加，让他们两人先后拒绝服从命令，结果被试的服从行为大大减少，而抵抗程度大大提高。

2. 主体方面的因素

一是个体的道德水平。研究表明，个体的道德水平与不加思考地服从权威呈现负相关关系，即道德水平越高，盲目服从权威的可能性越小。生活中，道德水平高的人就不会听从命令去干不道德的事。

二是个体的人格特征。人格越具有权威主义倾向者越容易表现出服从。权威主义人格具有世俗倾向、权威式服从、权威式攻击、思维僵化、反对内省和体验等特征。研究表明，在群体或组织中，如果领导专横武断就容易使人形成这种权威主义人格。

（六）研究服从行为的意义

1. 服从是正常社会生活的要求

服从是群体得以存在并能够有效运作的一个基本条件，也是维护社会秩序的必要条件。

人都在社会群体中生活，不管是否愿意，都必须服从群体制定的规范和要求，否则就不可能有正常的社会生活和群体活动。在大多数情况下，服从都是自愿的。有时，也有觉悟不高的被动服从，但当被动服从成为习惯，就会变成自觉的服从。例如，服从交通规则对有些人而言就有一个从被动服从到自觉服从的过程。

社会群体中，通常有领袖与一般成员之分，一般成员对领袖人物的服从也是必要的。这可以使群体形成合力，提高群体活动的效率。反之，不服从领袖人物的群体往往是一盘散沙。在面对重大问题或紧急情况时，成员对群体领袖的服从显得尤为重要。

社会群体中，个人服从集体、少数服从多数、下级服从上级是通常被强调的组织原则。这是提升群体战斗力的一个重要条件。

在群体生活中，人们对学识渊博者、德高望重者、掌握实权者或地位显赫者都会具有服从的自然心理倾向。这种服从往往是无条件的，可能源于对权威的敬重、仰慕，服从是自觉自愿的、发自内心的；也可能源于对权威的惧怕、对个人得失的权衡，服从多少有点不得已或违心。但是，从提高群体凝聚力和活动效率来看，这种服从是具有一定价值的。

2. 抵制破坏性服从

服从也是一个人的自然心理倾向，因为不服从会造成活动的无效或低效，会造成人际关系紧张，会导致内心高度焦虑不安。但是，人类历史上的战争杀戮和现实生活中对无辜者实施的暴行,则与盲目服从密切相关,必须予以抵制。抵制破坏性服从有以下几种主要的方法。

一是建立责任意识。这是指每个人要清醒地意识到自己要对自己的行为负责。尤其是那些接受了群体或权威指令而行动的人,必须清楚自己要对自己行为的后果包括可能造成的伤害负责。

二是接触不服从榜样。这是指要看到群体中存在着有不服从者或不服从行为的情况或事例。这类情况和事例具有榜样和警示的作用,使人想到服从可能有问题,不服从可能有其合理性。

三是质疑权威的动机。这是指要对群体或权威为何发出这样或那样的指令进行思考。可以问个"为什么"以了解指令背后的动机是符合公众利益的还是追求个人或小团体利益的,是有利于社会稳定和谐的还是会造成社会矛盾对抗的,是体现了人类文明和社会的进步还是暴露了人性的扭曲和卑劣。

四是了解服从的心理机制。这是指学习和把握人们之所以会服从的真正原因与机制。了解了服从的各种原因、影响因素和心理机制,就可以有效地消除不服从带来的心理压力,从而实施不服从行为。这是"知识改变行为"的体现。

第九章
群体影响

第一节　群体影响概述

一、群体的含义

群体指两个或两个以上的个体彼此依赖、相互影响,为共同的目标组合而成的集合体。在人数过于庞大的群体中,成员难以相互熟悉并发生充分互动,也很难产生群体归属感,故社会心理学对群体的研究大多集中在由 2—30 人组成的群体上。

简单的集合体,如路边看热闹的人群、商店里的顾客,他们不存在依附关系,彼此间难有持久的相互影响,故不能将之称为群体。一般来说,长途汽车上的乘客也不能称为群体。但是,当汽车因抛锚而被困于荒野,乘客为解除困境这一共同目的而组织起来行动时,他们就形成了一个暂时性的群体。所以,美国心理学家谢里夫指出,共同的目标可以促成群体的形成,也可以使两个彼此敌对的群体融合在一起,而目标上的不同也可以使原来的群体分化。

二、群体的分类

(一) 按成员关系的亲密程度分

依据成员间关系的亲密程度,群体可以分为初级群体和次级群体。初级群体,也称首属群体,指个体直接生活于其中,与群体其他成员有充分的直接交往和紧密人际关系的群体,如家庭、亲戚、友伴群体等。初级群体通常是因自然的人际交往形成的,没有严格的群体规范,其运作依赖于成员之间的情感联系而非规定性的角色关系。

次级群体,指按照一定规范建立起来的,有明确社会结构的群体。它是社会根据一定的目标建立起来的,如学校、医院、政府机关等。其运作依赖于社会角色关系,群体成员有明确的职责。

(二) 按构成的原则和方式分

根据构成的不同原则和方式,群体可以分为正式群体和非正式群体。正式群体,指有组织结构界定的、任务责任划分非常明确的群体。在正式的群体中,个体有明确的地位与社会角色,个体的行为是由组织目标规定的,并且指向组织目标。

非正式群体,指那些没有正式结构、自然形成而无明确职责划分的群体。非正式群体的形成,常以共同的利益、观点为基础,以情感联系为纽带,群体成员有较强的凝聚力和较高的行为一致性。在许多情况下,一个正式群体中会存在若干非正式群体,例如,一个班级中会有若干个友伴群。

(三) 按对个人的意义及发挥的作用分

根据对个人的意义及发挥的作用,群体可以分为参照群体和一般群体。参照群体,也叫标准群体或榜样群体,其标准、目标和规范可以成为人们行动的指南,成为人们努力达到的标准。群体中个人会把自己的行为与群体标准进行对照,并修正自己的行为。例如,工厂的先进班组、机关的先进科室等即属此类群体。在生活中,人们所在的群体并不一定就是个人心目中的参照群体。

一般群体,与参照群体相对应,指那些虽然也存在并活动于社会上,但其标准和目标还不足以成为人们行动楷模的普通群体。

另外,根据规模,群体可分为大群体和小群体,根据维持时间长短可分为长期群体和临时群体,根据成员间关系的紧密程度可分为紧密群体和松散群体等。

三、加入群体的原因

个体加入群体是因为群体能满足自己的需要。这方面的需要主要有以下几种。

(1) 安全需要。加入群体能够降低个体独处时的不安全感。当个体成为群体的一分子后,会感到自己变得更为强大,从而减少了自我怀疑感,面对威胁时,也更有能力去抵制。

(2) 地位需要。加入一个大家都认为重要的群体,能使个体获得该群体所拥有的社会认可和社会地位。

(3) 自尊需要。群体能使其成员感受到自我价值。群体成员的身份除了能向外人传递自己的地位之外,还能够增强群体成员的自我价值感。

(4) 归属需要。群体能够满足社交需要。人们的许多需要往往能在群体成员的相互作用中得到满足。对许多人来说,在群体中,工作上的人际互动是满足归属需要的最基本途径。

(5) 权力需要。有些东西是单凭个人无法实现的,只有通过群体活动才有可能实现,权力就是其中之一。

(6) 目标实现的需要。很多时候,个体实现目标需要依靠众人的智慧、知识和力量,这就要求他们加入群体。

四、群体的两个概念

(一) 群体规范

1. 群体规范的含义

群体规范是群体成员共同接受的一系列行为标准。它告诉群体成员在特定的情境下,什么是适当行为,什么是不适当行为。群体规范一旦形成就能影响、制约其成员的行为。

群体规范有正式、非正式两种。正式规范,由正式文本明确规定,并由上级或群体的其他成员监督执行,它只存在于正式群体中。如,学校制定的学生规范手册。非正式规范是成员间约定俗成的、无明文规定的行为标准,它在正式和非正式群体中都存在。

2. 群体规范的作用

作用之一是保持群体的一致性。群体规范制约着成员的思想观念和行为方式，也为成员提供了彼此认同的依据，使群体成员与群体保持一致。作用之二是提供认知标准和行为准则。群体规范为成员评定自身或他人行为提供了标准，也为其成员认识事物、判断是非提供了参照框架。作用之三是帮助角色定位。群体规范能帮助其成员对自己在群体中的角色进行定位，也能帮助他们了解他人在群体中的角色地位。作用之四是惰性作用。这是群体规范的消极作用，即群体规范有时会使成员不去努力拼搏而只求处于中等水平。

（二）群体凝聚力

1. 群体凝聚力的含义

群体凝聚力指成员被群体吸引并愿意留在群体内的程度，是群体使全体成员产生情感共鸣、确定相同价值定向和保持行为一致的内在聚合力量。

群体凝聚力由以下两方面组成：一是成员之间的吸引力，即正性力量；二是成员离开群体的离心力，即负性力量。

2. 影响群体凝聚力的因素

因素之一是成员的共同性。态度、价值观、兴趣爱好相似是人际吸引的重要条件，它们也会影响群体凝聚力，共性越大，凝聚力越大。因素之二是规模大小。规模大小直接影响成员之间的交流频率和熟悉感、亲热感，一般小群体更具有凝聚力，大群体的人际关系会比较复杂，人际冲突可能较多。因素之三是目标的一致性。当群体与个人之间的目标一致时凝聚力就大，因为在实现群体目标的同时也能实现个人目标。因素之四是群体领导。领导者素质高、能力强、为人正直、体谅群体、领导方式民主，就能够提高群体凝聚力。

第二节　群体对个体行为的影响

一、社会助长、社会抑制

（一）社会助长、社会抑制的含义

社会助长，指有他人在场时，个体会比独自一人时表现得更好的现象。美国心理学家特里普利特（N. Triplett）通过实验发现，别人在场或群体性的活动会明显促进人们的行动效率。例如，自行车运动员在比赛时获得的成绩比自己一个人时更好，儿童在群体情境下拉钓鱼线比单独一人时更用力。

社会抑制是一种与社会助长相反的效应，即他人在场对个体活动产生消极影响的现象。例如，初上讲台的教师、初次登台的演员、初次参加正式比赛的运动员会有失常表现等。

（二）社会助长、社会抑制的机制

同样有其他人在场，为何会出现两种截然不同的效应？研究得出的一致结论是：社会助长、社会抑制与个体所从事的活动性质和复杂程度有关。在任务简单而情况熟悉时，他人在场能提高活动效率；对于那些复杂而陌生的任务，他人的在场就会导致个体绩效下降。

进一步分析指出：他人在场提高了个体的生理唤醒状态，这种唤醒具有增强优势反应的倾向；在简单任务中正确反应是占优势的，但在复杂任务中却是错误反应占着优势；社会助长或社会抑制，是他人在场引发的生理唤醒状态促进了个体优势反应的结果。

二、社会懈怠

（一）社会懈怠的含义

法国的林格曼（Ringelman）研究发现，当一组成员一起拉绳时，平均每人所用的力量比个体单独拉绳用的力量要小。社会心理学家把这种现象称为社会懈怠，它指群体一起完成一件事情时，个人所付出的努力比其单独完成时付出的努力要少的现象。

社会心理学家拉塔内等人有一研究，他们让 6 名男性大学生被试围坐成半圆形，间距 1 米，被试戴上耳机，从耳机中能听到事前录制好的他人的叫喊或鼓掌的声音，但听不到真实情境中自己或他人的鼓掌声。实验中，主试要求被试单独叫喊或鼓掌，或是要求一组被试一起叫喊或鼓掌。结果表明，当被试认为自己正和其他 5 名被试一起叫喊或鼓掌时，其发出的声音的指数要比他们认为自己单独叫喊或鼓掌时低三分之一。

（二）社会懈怠的原因

1. 群体规模

这是影响社会懈怠的一个重要因素。一个针对有关研究的元分析表明，一起完成一个共同目标的群体越大、成员数量越多，个人所付出的努力程度就会越低。

为何会产生群体懈怠？社会心理学家的解释是，个体在群体任务中的努力程度取决于两个因素：一是个体认为群体成功之价值的大小。当认为群体成功的价值不大时，个体就不会努力。二是个体认为个人努力对成功完成群体任务之重要性或必要性的大小。当认为个人努力会淹没在群体之中时，个体就容易松懈下来。此时，群体规模越大，社会懈怠程度就越高。

2. 被评价意识

社会懈怠也与人们的被评价意识有关。在群体情境下个人的被评价焦虑降低，个人在群体中的行为责任意识减弱，行为动力也相应地降低。

当人们不是单独对某件事负责，或在群体活动中个人行为成果不被单独测量时，就会出现责任扩散现象。相反，当个体的行为能被单独评价时，社会懈怠现象的程度会降低。

（三）如何减少社会懈怠

1. 对个体绩效进行评估

不仅公布整个群体的工作成绩，而且还公布每个成员的工作成绩，使大家都感到自己的工作是受重视的、被监控的和可评价的。

2. 知觉他人绩效

帮助群体成员认识他人的工作成绩，使他们了解不仅自己是努力工作的，他人也是努力工作的。

3. 缩小群体规模

不要将一个群体组织得太大，如果是一个大群体，就可以将它分为几个小规模的群体，使成员在受到小群体影响的同时，也能感受到外群体的比较与压力。

三、去个性化

（一）去个性化的含义

去个性化指在某些情况下个体丧失其个体性而融合于群体中的现象。去个性化的效果是常常使人们摆脱正常社会规范的约束而表现出极端的反规范行为。社会心理学家费斯廷格曾让大学生以小组为单位进行敏感话题讨论，讨论的内容是让每个人说说自己父母的缺点。其中，一类小组的讨论在明亮的教室里进行，每个成员都具有高辨认性；另一类小组的讨论在昏暗的教室里进行，每个成员都穿上布袋装，只露出鼻孔和眼睛，具有低辨认性。结果表明，后一类去个性化的情境使个体会更猛烈地抨击自己的父母。

去个性化状态使人最大限度地降低了自我觉察和自我评价的意识，也降低了个人对社会给予自己的评价的关注，因而大大削弱了通常的内疚、羞愧、恐惧和责任心的控制力量，从而降低了对冲动行为和偏差行为的自控能力。当然，去个性化行为也并非都是消极的。比如，在灾难现场人们争先恐后、奋不顾身的救援行为也带有去个性化的特点，但却是值得肯定和赞扬的。

（二）去个性化的原因

1. 群体规模

当群体规模增大时个体的被评价焦虑会降低。有人曾对美国1899—1946年的60起滥用私刑的案件进行过分析，结果发现，暴徒的数量越多，他们杀害受害者的方式就越残忍。可能的原因是：群体规模越大，其成员的自我意识和行为责任感越可能丧失，并出现"大家都这样做，我也可以"的想法。

2. 隐匿身份

隐匿身份也同样导致责任扩散和评价焦虑降低。津巴多（P. Zimbardo）做过一个经典实验：以大学女生为被试，实验组穿上统一的白色服装，戴上像恐怖组织成员戴的那种只露出眼睛的帽子，控制组则在身上贴着很大的名字标识。研究者要求两组被试按键对一名女性实施电击。结果发现，实验组实施电击的时间比控制组的长一倍。

3. 情绪唤起

还有，群体性活动使得我们处于情绪唤起的状态。比如，足球场上，当出现裁判不公的现象时，球迷会发出一阵阵的嘘声，然后是冲裁判大喊。还有，像集体喊叫、高歌、鼓掌等集体活动都能引发我们的情绪唤起，导致我们的自我意识减弱。研究表明，个体在看到自己的行为和别人的行为相似的情况下，会对自己的冲动行为产生一种自我强化的愉悦感，进而会更加肆意妄为。

当然，在去个性化的情境下，个体是否会表现出反社会的行为还受到群体规范的影响和制约。

第三节　群体对决策的影响

一、群体决策及其作用

（一）群体决策的含义

群体决策是群体针对某问题提出各种解决方案，并在分析、比较各种方案后做出决策的过程。

一般来说，群体决策所涉及的问题主要是两种：一种是智力任务，即讨论的是事物本身，且只有一种方案是正确的，遵循的是正确性原则；另一种是判断任务，即讨论的是对事物的价值判断，答案可以有多种，遵循的是多数胜出原则。当然，现实中许多问题的决策是两者的综合。

（二）群体决策的作用

与个人决策相比，群体决策有四方面的作用。其一，通过广泛讨论可以使大家对问题有较全面的认识和理解，进而减少偏见和片面的理解；其二，通过交流意见可以加强成员间的信息沟通和彼此的了解，进而改善群体内的人际关系；其三，通过决策活动可以提升成员的自尊心和责任感，进而提高决策效果；其四，通过决策可以集中个体和群体的智慧，有助于任务的完成。

从整体上看，群体决策应该比个人决策效果更好。然而，群体决策和个人决策孰优孰劣还要考察具体情况，如任务的性质、成员的品质等。对群体决策中的一些特有的干扰现象尤其要予以关注。

二、群体对决策的影响之一：群体极化

（一）群体极化的含义

群体极化指经群体讨论后做出的群体决策比其成员的初始决策倾向更为极端化的现象。极端包括了冒险与保守两种倾向。如果群体成员在讨论前倾向于冒险，经讨论后的群体决策则会更倾向于冒险；反之，如果讨论前倾向于保守，讨论后则会更倾向于保守。

任何决策，不管倾向于冒险还是保守，都可能存在风险。面临挑战时群体和个人会怎样？心理学家有这样一项研究：在国际象棋锦标赛中，排位靠后的选手迎战排位靠前的对手，按一般战术进行比赛，拖到最后也很难战胜对手；如果采取超常规战术，结果也许能赢，但风险极大，也许不需几个回合就惨败了。你会在超常规战术有多少赢棋概率的前提下选择这种战术进行比赛？10%？20%？……还是90%？结果显示，群体的决策比个人决策更

具风险性。在个人单独决策时,至少达 30%—40% 的成功率时个体才肯采用冒险策略;而群体成员讨论后,往往只要有 10% 的成功率他们就会采用冒险策略。社会心理学家把这种群体决策比个人决策更为冒险的现象称为"冒险转移"。

冒险转移在群体决策的极化现象中较为普遍,当然这不是绝对的。例如,有位已婚的两个孩子的父亲,他有一份稳定、薪水不高的工作,但无积蓄,有人建议他卖掉他的人寿保险来投资某公司的股票,如果该公司新产品开发成功,则股票价格将涨三倍,如果失败则将血本无归。面对这一决策情境时,个体大多倾向于认为这位父亲不应冒险,当变成群体讨论时,人们的决策则会变得更加保守。

(二) 群体极化的解释

1. 责任扩散论

群体之所以比个体更容易做出冒险决策,是由于决策的责任被分摊到了每个成员身上的缘故,这使每个人都觉得自己不必对决策可能引起的错误和后果承担责任。

2. 社会比较理论

在群体讨论问题时,人们关注的是群体赞同什么观点,个体是冒险还是保守会随着群体成员观点的不同而发生变化。决策时,当他人观点与自己一致时,个体就会把自己的观点表达得更极端。在激进的群体中,一个人会表现得更激进;在保守的群体中,一个人会表现得更保守。

3. 文化价值论

决策的冒险或保守与人们所处的文化背景是推崇冒险行为还是谨慎行为有关。在西方文化中,较突出激烈的竞争,强调个人的发展与表现,人们在群体互动中为了表现和张扬自己,会倾向于更冒险的行为。

4. 说服性辩论的观点

群体决策过程中,为支持自己的观点每个人会提出相应的论据,其中一些是个体单独决策时没有想到的。如果人们从他人那里得到了支持自己决策的论点、论据,或自己的论点、论据得到了补充,那么他就会更加坚信自己的决策,并使这种观点变得极端。

5. 领导者影响论

群体中的领导可能极富冒险精神,也可能较为保守谨慎,群体中大多数成员都会受到他们的态度的影响,从而更倾向于冒险或保守。

三、群体对决策影响之二: 群体思维

(一) 群体思维的含义

群体思维指在一个高凝聚力的群体内,人们在决策及思考问题时过分追求群体的一致,导致群体对问题的解决方案不能做出客观、正确的评价和抉择。

美国社会心理学家詹尼斯(I. L. Janis)分析了美国政府历史上的一些不幸事件。例如,

1941年对日本偷袭珍珠港毫无准备，1961年肯尼迪政府决定入侵古巴，1964—1967年，约翰逊及其智囊团决定扩大越战等都与决策群体为追求一致而忽视重要信息、做出错误决策有关。

群体思维实际上是一种小集团意识，往往容易出现在凝聚力较高的群体中。在这种群体中，决策往往受强有力的领导人的意志所左右。当这样的领导人强烈主张自己的方案时，群体成员通常不会反对，即使有不同意见也会以"人微言轻"来说服自己放弃。

群体思维下的决策往往没有对目标进行充分思考，没有更多地收集相关信息，没有恰当地评估其他可行的方案，没有拟定应变计划，没有考虑到实施有偏颇的方案可能会面临的风险。因此，群体思维下的决策一旦失误，将会非常致命。

（二）群体思维的特点

1. 无懈可击的错觉

群体成员认为自己的群体总是正确的、不会出错，是无敌的。

2. 道德无可置疑

群体的决定不是为了个人而做的，没有任何偏心和私心，所做的一切都是为了大家的利益。

3. 刻板观点看事物

以过分简单而刻板的方式看待事物包括外群体，认为面对的问题或其他群体"不过如此"。

4. 自我检查

成员们决定自己不要再提出任何反对意见，以防止群体合作受到影响或破坏。

5. 向反对者施压使之顺从

一旦出现反对意见，群体内的其他人就会直接施加压力，迫使其顺从大多数人。

6. 群体一致的错觉

在群体内、对群体外均不征求任何人尤其是持不同意见者的任何意见或想法，从而造成群体一致同意的错觉

7. 卫道士

成员有"护卫"领导者的倾向，尽力确保领导者看不到反对者、听不到任何异议和歧见。

（三）群体思维的防范

1. 鼓励质疑

领导要鼓励群体成员发表疑虑或反对意见，并表示愿意接受成员对自己提出的各种批评。

2. 领导中立

讨论中领导要保持中立，只有当所有群体成员表达完各自的观点后，才可以陈述自己的

看法和期望。

3. 有分有合

在决策之前，让群体进行分组讨论，最后再集中在一起交流各种不同的意见。

4. 群体外专家参与

邀请群体外的专家参与决策，鼓励专家挑战群体的观点。

5. 设置反对角色

指定某一个或某几个人扮演决策批判者角色，由这些人"挑刺"，专门负责向群体的决策提出质疑和挑战。

四、现代群体决策技术

（一）德尔菲法

德尔菲是古希腊神话中一位智者的名字。德尔菲法（Delphi method）最早是 BAND 公司的智囊团使用的技术，是一项由专家提供反馈的背对背的技术。它一般有以下步骤：第一步，聘请若干专家组成小组，同时群体成员并不进行面对面的交流；第二步，要求群体成员就某个问题匿名提出尽可能多的方案，寄给专家组；第三步，专家组整理群体成员意见，把包括不同和相反意见的结果匿名反馈给群体成员；第四步，群体成员根据反馈信息再重新思考并提出新方案，寄给专家组。循环上述步骤，直到就此问题形成一致的决策方案。

德尔菲法不要求群体成员在一起讨论，可以避免发生由面对面争论而引起的人际冲突，也适用于群体成员层次参差不齐的情况。不过此法比较费时间。

（二）具名群体技术

具名群体技术（nominal group technique）就是通过一个"纸片群体"进行决策。当群体成员对需要解决的问题了解不多、不深，同时通过共同讨论也难以形成一致的决策时，通常可以使用这一技术。

该技术一般包括以下步骤：第一步，成员就某个特定问题各自写下自己的想法，越多越好，并提出解决问题的方案；第二步，不做任何选择地列出群体的所有方案，列出时以简洁扼要的语言表述，让成员获得充分的信息；第三步，群体对记录和列出的方案进行讨论，并做辨析、分类和评估，列出问题解决的方案清单；第四步，投票表决，即成员从方案清单中选择自己认为最优的 5 个方案；最后，计算累计得分最高的方案作为群体决策的结果。

（三）头脑风暴

头脑风暴（brain storming）又称智力激励法，是一种激发创造性思维的方法。它是一种通过小型会议的组织形式，让决策者在自由愉快、畅所欲言的气氛中，自由交换想法或点子，并以此激发与会者创意及灵感的方法。在决策过程中，决策者鼓励人们提出各种备选的方案，同时杜绝任何对这些方案提出的批评意见。其基本规则是：延迟判断，鼓励建议数量，想法不分等级，一视同仁。

第四节　群体领导

一、群体领导概述

(一) 群体领导的含义

在群体互动的过程中，个体的心理和行为会受到群体的影响，同时群体本身也会受到其个体成员的影响。为了实现共同的目标，协调成员间的关系，需要强有力的个体发挥对群体行为的影响作用，这就是群体中的领导。

领导在群体中扮演着发号施令、做出决策、解决成员间纠纷、提供支持、成为群体楷模的角色，他们是对群体行为和信念最有影响力的个体，具有社会影响是其核心特征。

(二) 群体领导的两种类型

根据关注取向的不同，领导可分为任务型和社交型两类。任务型领导通常是支配性的，他们关注的是怎样顺利地达到群体的工作目标，他们提出建议和意见，为群体提供信息，控制、协调、组织群体完成特定的任务。社交型领导通常是民主性的，他们关注群体互动以及情感和人际关系，他们关心同情群体成员，接纳群体成员的意见和建议，鼓励他们参与决策，努力保持群体稳定并使成员能够和谐地工作。

(三) 群体领导的产生

一般有两种途径：一是通过正式任命或选举产生，如一个公司的总经理由董事会任命，他可以对下属的部门经理进行派遣并向其布置任务；而美国的国家最高领导人——总统则是通过选举产生的。二是群体成员自然成为群体的领导。如经常在一起活动的朋友，某个人会自然而然地成为该群体的领导，虽没有正式任命或选举，但大多数群体成员都承认其领导地位。当然，无论是通过任命或选举产生的领导，还是自然形成的领导，成为领导的成员都有其脱颖而出的缘由。

(四) 对群体领导进行阐述的三种观点

一是特质论观点。该观点认为，成为领导者的人天生具备某些特质。持这种观点的心理学家试图找出领导者尤其是成功领导者具备的特质，并认为考察某群体领导者是否具备这些特质就能判断他是否是一位优秀领导者。不过，关于领导特质论的研究在优秀的领导究竟有哪些特质这一问题上难以达成共识。比如，有的人认为，天才的领导者应具备善于言辞、外表英俊潇洒、智力过人、具有自信心、心理健康、有支配他人的倾向、外向而敏锐等七项品质特征。有的人则认为，领导者的特质涉及身体特征（身高、体重、外貌）、智力特征（判断力、果断性、口才、知识）、社会背景特征（社会经济地位、学位、学历）、个性特征（自信、正直、独立、进取、民主、创造）、工作特征（高成就需要、责任感、主动、创新）、社交特征（合作、诚实、善交际）等六个方面。

二是时势论观点。该观点认为,尽管领导者的形成与特质有关,但特质并不如所想象的那么重要。在大多数情况下,不是英雄造时势,而是时势造英雄。因此,领导者不是天生的,是由某种情境或条件造就出来的。领导的产生依赖群体的性质和目标、个体成员的能力和人格、群体所处的特定环境等各种因素。也就是说,一个人在合适的时间,碰巧又有适当的环境,就可能成为领导者。

三是行为论观点。该观点认为,能否成为领导以及成为什么样的领导者,与个体在群体中的行为有关。一般来说,个体在群体中交流的信息量比其质量更为重要;信息交流的内容则与个体成为什么类型的领导有关;在群体中处于信息交流的中心位置的人更容易成为领导;那些负有使命感,其行为能代表更多群体成员的个体也更容易成为领导;在群体中工作性质过于专业或工作层次过于低阶的人就难以成为领导。

二、领导行为及其有效性

(一) 领导风格

1. 从群体内权力分配的角度考察

勒温认为,根据领导者对群体成员所采取的不同控制方式,领导风格有专制型、民主型和放任型三类。

专制型,群体内所有方针由领导者决定,工作方法、程序由领导指示,成员无从了解群体活动的最终目标、不能选择工作方式和伙伴,领导者凭个人好恶来评价成员的工作成果。

民主型,群体成员共同讨论决定群体方针,领导者给予鼓励和支持、尽量避免干涉和指挥,以事实为依据评价群体成员。

放任型,领导者除了一些被动的管理工作外,对群体方针的决定、任务的分担、人员的安排和工作的评价都不做任何主动干预。

研究表明,民主型的领导风格与生产效率、群体士气有相当高的正相关,放任型的领导风格与生产效率、群体士气呈负相关。总体上,民主型领导风格有更高的行为有效性。

2. 从领导行为关注的指向考察

可以从结构、关怀两个维度来考察领导行为关注之目标,进而具体分析领导风格。在结构维度上:领导者更愿意界定和建构自己与下属的角色以达成组织目标;高结构性,领导者向成员分派具体工作、要求成员保持一定的绩效标准、强调工作的最后期限。在关怀维度上:领导者尊重和关心下属的看法与情感,更愿意建立相互信任的工作关系;高关怀性,领导者帮助下属解决个人问题、友善而平易近人、公平对待每个下属、对下属生活的各方面和满意度等十分关心。

上述两个维度可以组合成四种领导风格:"高结构—高关怀""高结构—低关怀""低结构—高关怀""低结构—低关怀"。研究发现,在结构和关怀两方面均高的领导,即"高结构—高关怀"领导者相比其他三类,能带来更高的工作效率和成员满意度。

(二) 领导风格与领导行为的有效性

领导的行为有效性并不只是取决于领导行为本身,它是领导者、群体成员和情境诸变量相互作用的结果关系的函数。社会心理学家在归纳领导行为风格的基础上、在动态权变的基础上分析了领导行为的有效性,其中两种观点具有代表性。

1. 领导行为生命周期理论

该理论为赫西(Hersey)和布兰查德(Blanchard)所提出,是一种重视下属的权变理论。该理论认为,领导者的风格应该适应其下属的成熟程度。在成员日趋成熟时,领导者的行为也要做出相应的调整。

该理论将领导行为的两个维度,即任务行为、关系行为按照高、低进行组合,形成四种具体的领导风格:命令型,即高任务—低关系,领导者告诉下属干什么、怎么干以及何时何地去干,强调指导性或命令性行为;说服型,即高任务—高关系,领导者同时提供指导性行为与支持性行为;参与型,即低任务—高关系,领导者与下属共同决策,领导者的主要任务是提供条件并与下属进行沟通;授权型,即低任务—低关系,领导者提供极少的指导或支持。

该理论指出,没有一种领导风格有绝对的优劣,领导风格的选择应结合下属的成熟水平。下属成熟水平可分为四个阶段,第一阶段(M_1)时,他们对于执行某种任务既无能力也不情愿,既不胜任工作也不能被信任,因此最好的领导风格是命令型;第二阶段(M_2)时,尽管他们缺乏能力和技能,但他们有积极性,愿意执行必要的工作任务,因此最好的领导风格是说服型;第三阶段(M_3),他们往往具有了工作的能力和技能,但经常不愿意干领导希望他们从事的工作,因此最适宜的领导风格应该是参与型;处于第四阶段(M_4)时,他们既有能力又愿意做让他们做的工作,因此领导者应该采取授权型的领导风格(如图 3-9-1 所示)。

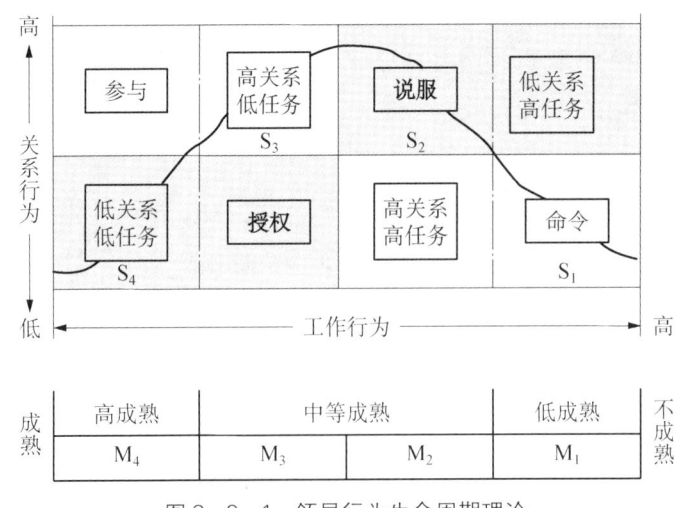

图 3-9-1 领导行为生命周期理论

2. 领导效率的相依模型

在分析有效领导行为时,弗德勒(Feidler)的领导效率相依模型考虑了人格特质和社会情境因素。该理论认为：领导的效果是领导者个人因素与情境因素之间的相互作用的结果，领导者的人格特质与环境的匹配则决定着绩效。

该理论有这样的假设，即存在着任务导向的和关系导向的两种领导者。同时该理论认为，领导行为的有效性并不取决于领导风格，而是取决于情境允许领导对群体成员施加影响的水平，即领导对情境的控制程度，这种控制与群体的上下级关系、任务的结构性、职位权力这三种情境因素有关。

弗德勒认为，任务导向型领导在较高或较低情境控制的条件下，表现最佳；关系导向型领导在中等情境控制条件下，表现最佳。

在控制程度较低的情况下，任务导向型的领导掌握权力，而群体成员需要更多的指导，这又恰恰是任务导向型领导可以提供的，从而保证了混乱、模糊的工作环境中的秩序性。

在控制程度较高的情况下，群体中一切运行正常，任务导向型领导能给群体带来高效率。

在中等控制情境下，群体运行比较平稳，但仍需关注那些不良的人际关系和消极情感因素，这时关系导向型领导的关心和体贴就会发挥作用，从而保证了群体的高效。

除了上述较为完整的理论、模型之外，领导者的性别、自身的影响力、群体所在的文化背景等也会对领导行为的有效性产生影响。

第十章
社会心理学的应用

第一节　社会心理学在健康、临床领域的应用

一、社会心理学与健康

健康不只是生理问题，也是心理问题。社会心理学从健康行为的影响因素、健康行为的控制这两方面对该问题进行了探讨。

（一）健康行为的影响因素

1. 压力与应激

压力、应激与健康关系甚大。压力，这里指心理压力即精神压力。通常，压力是由外部事件引发的一种内心体验，它指向特定的事件，如身患疾病、考试失败、求职遇挫、成家迁徙、交通事故、钱包被窃等。每个人在生活中都会感受到来自社会和环境的种种压力。

面临压力时，一个人的身体会进入高度紧张状态，主要表现为嘴巴发干、心脏跳动加快、双手颤抖、多汗、脑海中一片空白等。对于大多数人而言，生活中的压力就是一种经验和历练。但是，频繁或持续的、重大的生活事件带来的压力，对人的身心造成的影响是重大的。这样的压力会造成强烈的负性情绪体验，并伴随有可预测的生理变化、生物化学变化和行为变化。随着时间的积累，这样的变化会损害人的健康，使人体易受到疾病的侵袭。

与正性事件相比，负性事件或不愉快事件更容易带来压力。但是一些重大的正性事件，如娶媳嫁女、乔迁搬家、访亲拜友、节庆贺喜等也常会带来压力。

与可控、可预测的事件相比，无法控制或不可预测的事件会给人们带来更大的压力。因为后者使人无法及时改变计划，并采取有效的行动来应对生活事件。

与清晰的事件相比，模棱两可的事件更能让人感受到压力。比如，当一个人突然感到好友对他很冷淡时，其内心就会困惑，因"究竟为什么""发生了什么""我该怎么办"而纠结，压力倍增。

与可以解决的事件相比，无法解决的事件会给人更大的压力。成功应对生活事件，就是解决了相应的问题，个体便获得了经验和成长。问题没有解决或一时不能解决，个体就会感受到压力，即通常讲的"如同一块石头压在心上"。

面对压力时，一个人会进入应激状态。这是在压力即生活事件的刺激下个体做出相应的反应来适应环境的心理过程。此时，个体的内心会展开"究竟发生了什么""为什么发生""结果会怎样""我该怎么办"等认知活动，同时情绪高度紧张，且生理上出现交感神经高度兴奋、肾上腺素分泌激增、血压升高、血糖上升、呼吸加速、耗氧量增加、肌肉紧缩等反应。

应激状态对人的影响有心理的,也有生理的。比如,在心理上,人的知觉范围会变窄,思考灵活性会变差,情绪上通常或是显得振奋、昂扬,或是显得抑郁、愤怒,行为上或是出现抗争或是出现退缩。在生理上,个体会经历三个应激反应期,先是躯体被唤醒的报警反应期,然后是消耗能量应对压力的抵抗期,最后是身心疲惫的衰竭期。

长期面对压力,经常处于应激状态,会影响人体各系统,尤其是感觉系统、神经系统、心血管系统、免疫系统的功能,导致健康状况下降,易患疾病。当然,个体在面对压力和做出应激反应方面存在差异,即同样的情况对不同的人会有不同的影响。比如,面对同样的压力,有人将之视为畏途,有人将之视为挑战,应激时有人萎靡不振,有人斗志昂扬。

2. 控制力知觉

控制力知觉,指个体在生活中或面对生活事件时对自身负有的责任以及控制自我的力量的觉知。它是一个人对自我力量之感觉的反映,也与一个人在各种情境中行为选择之有效性密切有关。一个人如果感到自己不能控制自身及自己的生活,就会出现生气、焦虑、愤懑之类的消极情绪。反之,如个体能感到自己对生活有足够的控制力,就不会或较少有消极的情绪体验。控制力知觉会影响人的健康。研究表明,随着人们控制力知觉的增强,他们的健康水平会相应地得到提升。

3. 自我效能

自我效能又称为自我效能感,是一个人认为自己有能力执行特定行为来达到预期目标的信念。通常来说,人的自我效能感越高,就越倾向于做出更大的努力。高自我效能感的人更会表现出健康行为。比如,影响戒烟的一个因素是相信自己有能力戒烟,一旦个体相信自己有能力戒烟,他就会做出转移注意力、避免到吸烟场所、少与吸烟者交往等行为。

自我效能感通过两种方式影响人的健康行为。一是这种人做事更加努力,也更有毅力,有了健康行为更能持之以恒;二是这种人会比较自信,面对压力时较少感到紧张、焦虑,免疫系统不会受到很大影响。

4. 人格

人格与健康的密切联系至少体现在以下两个方面。

(1) A 型、B 型两种行为模式。在临床观察研究的基础上,有两位心脏病学家发现了两套外显的行为模式。A 型:有达到个人目的的强烈而持久的内驱力,面对各种情境都具有竞争的倾向,有得到别人认可和不让别人超越自己的强烈欲望,不断参与到要求限时完成的任务之中,习惯风风火火地完成各种任务,心理和生理上过分敏感。B 型:其行为模式与 A 型相反,即不具有内驱力、进取心、时间紧迫感、渴望竞争及最后期限压力等诸方面的特征。进一步的研究发现,A 型行为模式的人中有 28% 的人有明显的冠心病发病迹象,而此迹象在 B 型行为模式的人中仅占 4%。

(2) 自我治疗、疾病倾向两种人格。对于生活事件带来的压力,人们的认知会有差异,其对健康的影响也就不同。据此,社会心理学家区分了自我治疗、疾病倾向两种人格。属于前者的个体更经常地会以较为消极的甚至破坏性的方式来应对压力,比如,失恋了就酗酒,不如意了就猛抽烟,以消解内心的痛苦。后者,尽管面对压力也会体验到消极情绪,但能尽可能把其影响降至最低,对自己有信心、对生活有热情、心态积极、情绪稳定、乐观向上。与前者相比,后者能尽量保持健康行为,从而避免患病或能够缩短病程。

5. 社会支持

这里指一定的社会关系为个体提供身心两方面之关爱和帮助的种种行为。生活中,亲情、友情、恋情是社会支持的主要和重要来源。通常,社团活动、兴趣活动也能为人们提供社会支持。宗教活动则能对其信众起到社会支持作用。美国的一项调查表明,从事宗教活动的人比不从事者平均多活14年。芬兰对96000名丧偶者的调查发现,丧偶一周之内,他们往生的危险性增加了一倍。

社会支持何以能影响个体健康?社会支持能使个体得到情感方面的积极关注和生活方面的有效建议,这两种支持对人的心血管系统、内分泌系统、免疫系统都具有积极的作用。有研究以86名乳腺癌患者为对象,其中50名参加了为期1年的额外的每周1次的小组支持治疗,10年的跟踪调查发现,尽管最后仅3人存活,但获得社会支持者的平均存活时间为36.6个月,而未参加小组支持治疗者为18.9个月。

(二)健康行为的控制

1. 形成健康观念

与健康行为有关的观念有五个主要方面:一般健康价值观,包括对健康的兴趣和关注;严重疾病和不舒适感会威胁健康;个人缺点会导致某种疾病;人们能够做出反应来减少疾病的威胁;这些反应能够有效地克服疾病威胁。形成这些观念可以引导个体向着改善自身健康的方向调整行为。

有了健康观念,未必一定会导致人们相应的实际行为。因为,从观念到改变行为需要经历若干阶段。首先是前关注阶段,个体尚无意愿改变自己的行为;其次是关注阶段,能清楚自身存在的问题并予以考虑,但尚未做出行动抉择;再次是准备阶段,能试图努力改变行为;又次是行动阶段,个体付出时间和精力,以行动解决问题;最后是巩固阶段,努力维持取得的成绩,杜绝问题复发。上述阶段可以应用于各种健康行为的获得。

2. 应对压力

一般地,心理学家把应对的努力分为两大类,一类是解决问题的努力,另一类是调整情绪的努力。前者,试图通过建设性活动以改变充满压力的环境;后者,试图通过调节自身情绪以减少环境压力的影响。当然,两类努力可以同时进行。心理学家也就特定问题的具体应对策略进行了研究。

应对压力是一个动态的过程,其间需要许多资源。内部资源包括应对风格和人格特点;外部资源包括经费、时间、社会支持以及应对过程中可能发生的其他生活事件。这些因素交互作用,共同决定了应对过程。

应对风格指个人处理压力时通常会采用某类具体方法,一般有以下几种:一类是直面,即遭遇压力事件时会迎难而上着手解决问题;另一类是回避,即通过各种方法回避压力事件;还有一类是敌意,即对压力环境做出敌意的反应,这常常对健康有消极影响。

心理学家发现,有几种人格特点有助于人们调整情绪和应对压力,如天性乐观、有责任感、坚韧不拔、有个人控制感等。此外,提升个体的控制力知觉、自我效能感,为个体提供社会支持,都有助于他们控制健康行为。还有一些理论观点,如推断活动理论、认知失调理论、保健信念模式等,也都可以用来帮助人们控制健康行为。

二、社会心理学与临床

(一) 求医行为分析

求医行为指人们感觉到有了症状后寻求医疗帮助的行为。如果以"有病—无病"的自我判断为一个维度,以"求医—不求医"的就医行为为另一个维度,则可以构成四个象限。其中,"无病不求医""有病求医"两类合乎逻辑。当然,今天无病也应该定期检查,"防患于未然",这种情况可以归入第三类"无病求医"。不过"无病求医"还有另外两种情况,一种是客观要求,如高考、参军、结婚等需要接受健康检查,另一种则可能是为了骗取医学证明或病假条才去就医的。第四类"有病不就医"则是值得关注和研究的现象。

从动机的强弱程度,可将求医行为分为三类:一是主动的求医行为。即一个人感到身体不适、有症状时自觉做出求医决定并有相应的求助行为。二是被动的求医行为。即本人缺乏自知力或决策能力,由他人做出求医决定而产生的求医行为。三是强制的求医行为。即本人不愿求医,由于其疾患对他人和社会构成公共威胁而被强制就医。

(二) 症状的认知和解释

对自身症状的认知、解释会左右人的求医行为。这主要受以下因素的影响。

1. 注意焦点

通常,那些习惯把注意力放在自己身上、独自居住、生活相对平静的人,更容易注意到自己的症状。相反,那些习惯于关注外部世界、与别人住在一起、在外工作且社交活跃的人,相对不容易注意到自己的症状。

2. 情绪影响

与乐观开朗的人相比,那些情绪低落和总是郁郁寡欢的人通常会报告更多的头痛或其他疼痛,以及更严重的不适感。习惯性的不良情绪状态,尤其是那些神经症患者和负性情绪患者,会报告更高程度的各种症状且更可能患有重病。

3. 生活经验和生活满意度

那些必须供养他人或对他人负有重大责任的人,常常会报告有较多的躯体不适的症状,健康状况的问题相对较多。同时,那些在生活中主要方面(包括工作和家庭生活)中有较高满意度的人,通常与较低水平的症状报告相联系。

4. 期望

期望会影响对信息的解释，包括对身体不适感的解释。例如，那些认为月经会引起躯体不适和心情烦躁的妇女，会更多地报告自己就是有这些症状。有研究比较了妇女在月经期的症状报告与经期后的回顾性症状报告，发现那些认为自己有这些生理和心理症状的妇女，其实是夸大了她们所感觉到的程度。

5. 社会交往

有时，自己体感不适后常会询问周围的家人和朋友，看看他们的感觉和状态，或者向他们询问这样的体感不适有什么含义。在认知自己的症状和求医之前，我们通常都会与包括亲戚朋友在内的人就有关信息和看法进行交流与沟通。

6. 认知框架

对问题的认识会影响对问题的感知和解释，对疾病也是这样。所以，建议患者对疾病症状要形成理性认识，包括疾病名称、症状（即确定疾病的依据）、病因、病程以及可能的结果。这样的认识会影响患者在整个病程中的行为。例如，高血压会使人感觉到不适，如果误认为它是急性病，在控制血压后就错误地停止服药，那就会带来极大的风险，这也是此病被称为"杀手"的原因。

7. 疼痛

疼痛是认知自身症状的一个重要因素，这是毫无疑问的。不过，在疼痛的知觉和解释方面存在着文化差异，值得重视。例如，在某些文化中，人们只是根据疼痛的程度做出反应；在另一些文化中，人们根据对疼痛意味着什么的认知做出反应，那些被认为来自不重要部位的疼痛即使较严重也会被忽略，而对那些被认为是严重疾病的先兆性微小疼痛，人们则会给予重视并寻求治疗。

（三）临床诊断中的偏差

1. 相关错觉

相关错觉即错误地高估了两个变量之间真实存在的相关，甚至错误地认为两个无关变量之间存在着相关。临床心理工作离不开心理测验，一些测验确实具有很强的预测性，但也有些与实际症状的联系并不紧密，使用者对测验的假设要保持清醒，不要据此轻易做出诊断。

2. 事后聪明与过分自信

事后聪明指在事件结果出现之后，一个人会夸大地认为自己其实早就知道会有这样的结果的一种心理倾向；后者指自信过度或过分的一种心理倾向。事后聪明往往会导致过分自信。例如，若我们认识的人自杀了，就认为我们及其亲近的人应该能够预料并阻止其自杀，应该能够看见自杀的信号和呼救的请求。有这样一项实验，研究者为被试提供了有关一位后来自杀的抑郁症患者的描述，与不知道这种描述的被试相比，他们更倾向于说自己"已经预见到"他会自杀。这种"应该事先知道"的看法会使家人、朋友和治疗师陷入深深的负罪与内疚之中。

3. 自我证实的诊断

人们有一种在诊断时更关注能够证明自己判断的信息的心理倾向。比如，若认为某个人是外向的，就会提出与外向有关的问题，如"当你想让聚会的气氛变得更活跃时你会怎么做"来加以验证。而如果认为某个人是内向的，就会提出与内向有关的问题，如"是什么原因让你不能真正与人坦诚相见"来加以验证。

临床上，诊断时要努力避免上述偏差，要重视从各种途径收集尽可能多的信息，要重视使用各种科学诊断方法并了解其适用性，要重视与业界同行的交流切磋。

（四）遵从医嘱

遵从医嘱是使治疗取得成效的一个重要条件。遗憾的是，不遵医嘱的行为却大量存在，其比例根据疾病类型和医生建议的不同而有很大差异。在违背医嘱方面，比例最低的是在药物治疗上，如使用药片或药膏，约占整体的15%；比例最高的是在生活习惯上，如戒烟或减肥等，高达93%。

不遵从医嘱有若干原因。首先是由满意度造成的，那些对医疗质量不满意者倾向于不采纳医生的建议。其次是患者缺乏认识，如果对医嘱到底是怎么回事不甚了了，不遵从医嘱就会发生。再次是治疗方法本身的一些特点使然，与使用多种药物相比，人们更愿意遵从使用一种药物的医嘱，与耗时较长的治疗相比，人们更愿意遵从短程治疗，与较为抽象的要求（如多休息、避免压力等）相比，人们更愿意遵从"专业"性的要求（如每隔3小时服1次药、连续3天）。最后是心理阻抗造成的，如果觉得医嘱使自己不能从事喜欢或重要的活动，个体就会感到自身自由受到了限制，进而产生心理上的抵触和抗拒。

要使患者遵从医嘱应付出以下努力：向患者清楚说明疾病起因、诊断以及建议的治疗方案；可以把有关要求、建议写下来形成书面材料；可以让患者适当地重复有关的要求和建议；帮助患者提高对医嘱的认识，即理解尊重的必要和不尊重的后果。

（五）对治疗的心理控制和调整

在治疗过程中，个体对自身之心理活动、过程、状态的自我控制和调整十分重要。在设计对患者使用的干预技术时，临床心理学家、健康心理学家都重视控制在其中所起的作用。对于会让人感到不愉快的治疗，如果给予患者一定的控制感，就会增加他们执行治疗方案的可能性。许多研究表明，当患者已经知道治疗过程是不愉快的之后，只要告诉他们治疗的具体步骤，告诉他们可以采取哪些方法对这种不愉快的情绪体验加以控制，就能避免患者情绪低落，并对治疗起到促进作用。有时，只要让当事人感到能控制自己的生活，调整自己的心态，让当事人感到能参与到自己生活的安排之中并使之改变，就能获得积极的效果。

（六）慢性病分析

患了慢性病，如高血压、癌症等会影响到一个人生活的各个方面，包括心理状态。比如，工作受到影响，甚至需要放弃。又如，因意识到自己的生活会由此改变而产生恐惧、焦虑和抑郁。再如，为了治疗可能还需要学习一些自我照顾的技能。

慢性病会影响个体的工作，导致收入骤降，还可能使个体需要他人照料，这样就会影响与个体有亲密关系的人，如至亲好友等。例如，患者的妻子要承担以前由丈夫承担的责任，孩子要担负起本不该由他们承担的事务。所以，在慢性病患者面对各种社会、心理问题并进行调适的同时，他们的家庭成员也需要做出各种相应的调适。

慢性病患者在社会交流、社会支持方面也可能会遭遇一些问题。通常，大多数慢性病患者能得到家庭朋友给予的支持，并因此而发生积极的变化。但也有例外，例如，一些慢性病患者周围的人出于对疾病尤其是对绝症的恐惧和厌恶的本能，尽管认识上知道要在患者面前努力显得轻松、快乐，但行为上仍然会与患者保持一定距离，避免或减少与之接触交往，回避与之讨论疾病问题等。这种不一致会导致患者的不安和困惑，甚至使其产生自己被亲人拒绝、抛弃的感觉，从而干扰患者的应对行为和心理调适，也会影响彼此的关系。

（七）运用社会心理学原理的干预

社会心理学层面的治疗并不存在，但将社会心理学的一些原理整合到有关的治疗技术中，是可以提高临床干预效果的。

1. 通过外显行为引发内在变化

态度决定行为；同时，人们的行为包括扮演的角色以及所言所行也都影响着我们的态度。行为矫正就是试图改变当事人的行为，同时假设其内在的认知和情感也会随之发生一定的变化。如自信训练中，通过登门槛程序让个体先在一个获得支持的情境中进行角色扮演来练习自信，之后再使他逐渐在日常生活中变得自信。

2. 打破恶性循环

现实中，抑郁、孤独和社会性焦虑问题会通过消极情感体验、消极思维模式、自我挫败的行为构成一个恶性循环。临床上，可以通过突破其中的环节来打破恶性循环，开启新的局面。例如，可以改变环境，精心安排活动，提供足以引发积极、愉悦体验的刺激，促成个体对问题的积极思考。又如，可以提供社会技能训练，促使个体在社会情境中有较佳的表现，进而提升自信。

3. 通过内归因来维持变化

外部的影响通常能引发行为的迅速改变，但这种改变往往容易消退，即效果难以持久。对于个体身上发生的积极变化，如能将之归因于自己的努力并能够控制有关因素，则变化的效果最为持久。有一项关于体重控制的研究，其干预计划科学、周全、可行，并产生了效果，研究者要求其中一半的被试将改变归因于这个计划本身的出色，要求另一半被试将改变归因于自己的努力，在计划结束后的第 11 周，研究者发现内归因的那些人更好地保持了减肥效果。

4. 关注社会影响的作用

早期，临床干预的分析集中于治疗师有效、可靠的专门技术方面。近期，有关社会影响也是有效心理干预的一个重要因素的观点日益成为学界的共识并在实践中受到重视，社会影响包括患者的社会关系、治疗师与患者的互动以及社会支持系统的作用。

第二节 社会心理学在管理、环境领域的应用

一、社会心理学与管理

工业社会心理学与人事心理学、人类工程学一起组成了工业心理学，它就是当今的管理心理学，研究的是管理活动中人的社会心理活动及行为规律。

（一）员工激励

在管理中，激励是运用有效方法激发员工动机、调动员工积极性和创造性来完成组织任务与实现组织目标的过程。

1. 有关理论

激励的心理学理论有两大类，每类均有若干种理论观点，它们都可以用来激励员工。

一类理论为内容型激励理论。其中，一种为"需要层次理论"，该理论指出人的需要由生理的、安全的、归属与爱、尊重、自我实现五种不同层次的需要组成，管理者要把握组织成员的需要层次和变化发展，采取管理措施以引导成员行为来适应组织的要求和发展。第二种为"ERG 理论"，ERG 即生存、关系、成长，这三者分别对应需要层次理论中的"生理、安全""归属与爱""尊重、自我实现"，各层次需要除了符合"满足—上进"的规则，还符合"挫折—倒退"的规则，即不能满足高层次需要时，个体会倾向于追求较低层次需要的满足，后者同样值得管理者重视。第三种为"成就需要理论"，该理论认为人除了满足生理需要，还追求成就、亲和、权力三种需要的满足，个体的激励水平取决于其追求卓越和成功的程度，组织的发展程度取决于此类人才的数量及相应的培训和教育。第四种是"双因素理论"，双因素指保健因素和激励因素，前者指组织的政策、管理、监督、薪酬、环境等，后者指工作本身的挑战性和成就感、职务上的责任感、个人对未来发展的展望等，管理中尤其要关注后一类因素。

另一类理论为过程型激励理论。其中，一种为"期望理论"，该理论认为激励力量＝期望值×目标效价，期望值与人对达到目标可能性的判断有关，目标效价与人对达到目标满足个人需要的价值有关，管理者要把握好两者之间的关系，使之产生最大的激励力量。另一种为"公平理论"，该理论认为人的工作动机不仅受实际收入影响，还受与他人横向比较、与自己纵向比较后是否感到公平所影响，管理中要公平、公正地对待员工，不仅要重视结果的公平，还要关注过程和规则的公平，只有这样才能更有效地激励员工。

2. 目标管理

上面的各种激励理论侧重于探索激励的因素及其作用，并进一步思考了管理中激励员工的方法问题。目标管理则既是一种包括了激励技术的管理方法，也是一种管理的理论和思想，它被广泛应用于现代管理实践中。

目标管理，最早是由德鲁克(P. F. Drucker)提出的一个术语。他指出，激励过程之实质就是确立目标、进行反馈和实施奖惩的过程。目标管理要求把这一过程与以人为本的思想有机结合。所以，与一般的传统管理相比，目标管理的管理方式的突出之处是：更重视成员在组织的目标和标准之拟定中的参与度和自主性；更关注个人目标与组织目标之间的协调和统一；更强调执行组织任务中成员的自主和自律；对绩效评估还关注员工的自我评价并增加了相应的环节；明确上级的任务既不是放任也不是专制，而是帮助下属排除影响目标实现的障碍。目标管理能使员工得到极大的激励，能充分调动组织成员的积极性和责任感，能同时促成组织与个体之利益的最大化。

目标管理有三个环节：一是目标设置。这要遵循 SMART 原则，即具体性(specific)、可度量性(measurable)、可实现性(attainable)、现实性(realistic)、时限性(time-bound)。二是反馈。这要求上级在组织目标的实施过程中要及时对下级进行了解和评定，上下级要针对问题随时进行沟通和商讨，并要及时做出工作调整和绩效评估。三是奖赏系统。员工得到的激励最重要和最直接的是来自奖赏，员工、组织之各方面情况的多样性和复杂性决定了单一或不变的奖赏方式会使组织目标难以得到有效实现，故需要对奖赏系统的形成进行有针对性的研究。

(二) 领导者胜任力

领导者是组织的核心人物。社会心理学就管理领域中一些重要领导问题进行了研究，并取得了丰硕的成果。

1. 领导者应有的才能或特征

领导者要建立科学管理体系来合理组织人、财、物，以调动成员积极性，促进组织和群体目标的实现。为此，领导者需要具备相应的才能和特征。社会心理学的研究提出了胜任特征和胜任特征模型的概念。前者，是不同于一般领导者的优异领导者所具有的个人潜在的、深层次的特征；后者，是承担某特定任务角色需要具备的胜任特征的总和。

2. 领导行为的特质论

特质论是社会心理学对领导行为进行研究后总结出的一种观点。该观点相当于"英雄造时势说"，即凡能成为领导者必有不同常人之处。这些不同常人之处的人格特征是所有领导者都应具有的，这些领导者特征是跨区域、跨时代的。该理论的新发展提出了改变型领导者或有魅力领导者的概念。同时，大量研究表明，这些特质只是领导者成功之必要而非充分的条件。

3. 领导行为的情景论

情景论是社会心理学对领导行为进行研究后总结出的又一种观点。该观点相当于"时势造英雄说"，即领导者或伟人是由其所处时代、周围环境、客观形势等因素造成的。不过，面临同样的客观时势而能成为领袖的只是少数人物，表明了人的特质和努力还是很重要的，要成为领导者需要个人的特征与其所处情境这两者的相互匹配。

对该理论的研究后来转向了对领导者行为风格的研究。在这方面,有的研究者提出了专制、民主、放任三种领导风格,有的研究者从"创立结构""关怀体谅"两个维度分析提出了四种领导风格,还有的研究者提出了权变理论和认知资源利用理论。

4. 领导行为遴选、评价、培训的方法

职位分析曾是传统人力资源管理用来选拔、培训、评价领导者的主要方法。社会心理学通过研究开发了一些新的技术和方法,如专家小组、问卷调查、观察法等。目前,使用范围较广的是美国心理学家麦克莱兰提出的行为事件访谈法,该方法结合了关键事件法与主题统觉测验,运用了行为回顾式的探察技术。

5. 研究尝试新思路

社会信息加工理论是这方面研究新思路的反映。该理论由洛德(R. Lord)提出,以认知信息加工的思路来分析领导行为,提出了包括选择性注意、信息理解、编码、存储保持、提取判断五个阶段的"社会信息加工模型",涵盖了领导行为的知觉、活动及其结果的归因、测评和评价等多个方面。至少,该理论有助于减少对管理信息加工的认知偏差,提高领导者的有效认知能力,并可以用于领导者的自我管理和提高。

(三) 组织文化

20世纪70年代,社会心理学研究指出,管理不只是一门学问,还是一种"文化"。随之,人们越来越认识到企业文化的重要性。《西方企业文化》一书就曾基于对80家企业的调查指出,企业文化是由组织的环境、价值观、榜样人物、日常典礼礼仪、文化网络五大要素组成的一个系统。

之后,企业文化与组织心理学领域的开创者和奠基人沙因(E. H. Schein)对组织文化的概念做了界定,明确了其定义,还把组织文化划分为三个层次,即表面层、应然层和实然层。

现代的管理理论和实践主要源于美国,其研究成果面临着在其他地区或文化中是否适用的挑战,因此,学界开始关注这方面的跨文化研究。这方面有一项代表性成果,即对40多个国家的企业员工进行的长期研究,该研究阐述了影响管理实践的领导方式、组织结构和激励内容的四个文化指标,它们是权力差距、回避不确定性、个人—集体主义、男子气概—女子气质。当下,跨文化研究是社会心理学在管理领域的一种研究趋势。

二、社会心理学与环境

(一) 传统问题的研究

1. 拥挤

拥挤与人口密度有关,同时也有心理学的含义。社会心理学研究表明,拥挤是压力的紧张源之一,对人的生理、心理都会造成不良的影响。

个人空间由以躯体为中心的、会随之移动的无形边界组成,在心理上规定了人们在多大范围内互动是适宜的,是彼此相互接纳水平的反映。人都有对空间领域的私密性需求,是否拥挤及拥挤程度无疑会影响个人的内心感受及其与他人的互动。

研究表明,都市人的高血压、心脏病、神经衰弱症及其他精神性疾病的发病率都高于乡村居民,这与都市生活的拥挤状态有关。拥挤也会影响人的心理,对居住在套式宿舍与走廊式宿舍的两类大学生进行的研究结果显示,后者有较多的拥挤感,在解决群体问题和社会交往活动上的表现也差得多。

近20多年的研究发现,尽管拥挤感通常是消极的紧张源,但是如果人们感到自己对拥挤状态有一定的控制力,则此种消极影响就会降低甚至消失。

2. 噪音

噪音是今天城市生活的主要污染源之一,是我国城市的一大公害。

噪音对人的生理、心理都会产生不良影响。生理方面的影响包括听力下降、血压升高、内分泌失调等;心理方面的影响包括记忆力下降、注意不能集中、工作能力下降、容易疲劳,并能引发兴奋不安、焦虑烦躁、对事物莫名厌恶等不良情绪。

令人讨厌的噪音还会导致个体行为的变化。在难以忍受的噪音环境中,人们感觉很不愉快,同时会因需要动用部分精力应对噪音而忽视某些信息,包括无视他人的求助信息等。社会心理学的实验室研究和现场研究均表明,噪音确实会影响助人行为。

噪音的影响与人们的控制感有关,这一点与拥挤的影响很相似。如果人们感觉到自己能够控制噪音的影响,或者人们处于能控制噪音的心理状态,则噪音的消极作用会明显降低。

可预测性也会影响人们对噪音的感受和其发生的消极影响。与可预测的噪音相比,不可预测的噪音很容易让人处于应激状态,更容易让人感到心烦意乱,对人的活动会有更大的干扰。

3. 环境风险

环境风险涉及对诸如食物污染、环境污染、交通事故、自然灾害、核能泄漏等重大环境问题之风险的知觉及行为反应。

例如,在面对自然灾害时,由于人们面临着重大的或潜在的危害甚至生命危险,因而社会心理影响会是直接和强烈的。灾害事件为时相对短暂,但社会心理后效则是长久而深远的。通常,灾难过后人们会出现焦虑、悲痛和哀伤、精神错乱等适应不良的反应。在灾后恢复正常生活的过程中,受灾人有"同是天涯沦落人"的效应,受灾人的自我很容易融入群体之中,这使他们的群体意识强化而自我意识弱化。

例如,面对环境污染,事故发生地周围人口群的身心健康受到危害最大,人们会产生明显而持久的环境焦虑反应,长期严重的焦虑会导致人们情绪不稳并伴随明显的攻击倾向,这会对社会稳定构成威胁。环境风险对人们和社会的影响远远超出一般人的想象,环境污染心理学已成为环境心理学的一个研究热点。

(二) 关注当前环境问题

1. 环境问题

以下几个重要因素会引发环境问题。一是人口问题。这与人类赖以生存的地球到底能承载多少人口有关,过多的人口会造成生存空间狭窄、环境严重污染、自然资源耗竭,这些都会危及人们对生活品质的追求。二是污染问题。过去,人类为了发展经济,以牺牲环境为代价,全然没有意识到其严重后果,目前空气、淡水、土壤、海洋等方面的污染正给人类带来灾难性的打击,如酸雨、温室效应、持续干旱或洪涝、城市淡水资源缺乏等。三是能源危机。世界各国都关注能源问题,因为人类社会的能源消耗有增无减,而煤、石油等能源是有限的,控制高能耗的产业刻不容缓。四是自然资源耗竭。很多生产原料是不可再生的,学界对现有资源按当下的消耗量计算尚能使用多少时间已有评估,要让人们对此有清醒的认识。

2. 环境关注

全世界的国家和地区都日益关注环境问题。环境关注涉及人类对自身与自然环境之间关系的信念、态度和价值观。这方面有三种思潮:一是生态神学观,指出人类在科学上成就非凡,但对地球的认识有待进一步深入,我们应该回归原始人的心态,即永远敬畏大自然;二是深层生态学,认为环境问题不是仅凭科学技术就能解决的,自然不是仅仅为人类而存在的,它有其自身价值,要通过大量减少人口、"返璞归真"的生活方式改变环境现状;三是生态妇女运动,主张要改变过去由男性主宰社会(包括环境)问题的范式,如歧视、统治、剥削等,提倡女性范式如养育、接纳、均等等。

上述思潮的共同点是:地球资源有限,人类索取不能贪得无厌,对自然的态度不应是统御或控制的,而应该是努力尊重和力求平衡的。

(三) 环境的保护

保护环境,全社会在行动。社会心理学家的相关研究目前聚焦于环境保护行为的个体因素和如何促使人们表现出环境保护行为两大方面。后者又有行为技术应用、社会认知理论应用两种取向。

1. 个体因素

以垃圾分类回收行为为例,对其产生影响的个体因素主要有:(1)人口统计学的特点,早期研究表明,年纪较轻、受过较高教育、经济收入较高者有较多的垃圾分类回收行为,另有近期研究表明,此类相关度在下降,说明此类行为日益普遍了。(2)个体越知晓垃圾分类回收的意义,则相应的行为表现越多,两者是必要而非充分条件,需要除了知识之外的其他条件。(3)对环境问题的关心程度,这是影响环境保护行为的潜在因素,需要与具体行为联系分析。(4)有关的人格特点,尽管没有发现"垃圾分类回收人格特点",但发现越有此类行为者越有保护环境的责任感。

2. 行为技术应用

针对环境问题,基于行为主义理论的行为干预技术有:(1)信息策略,让人们了解更多的循环再生知识来促进使用循环再生品,其即时效果未必明显,但会产生累积效果。(2)提示,提示越具体越有促进作用,礼貌的提示比一般性提示有更大的作用,单个易操作行为之提示的成功率会更高。(3)模仿,提供受到人们鼓励和社会赞许的行为供人们模仿。(4)利益诱导,货币作为强化物被用于各种环境保护领域,如奖励搭乘公交车、节约使用能源、回收废弃物,对能源消费课征较高税收等。(5)反馈,对有保护环境行为的个体、家庭、群体及时提供其行为结果的信息,对此也可设计使用自我反馈的方法。

3. 社会认知理论应用

应用社会认知理论进行社会交互作用的干预的方法主要是说服,说服的目的是改变个体行为。研究发现,令人恐惧的信息、高度可靠的信息更有说服力;能够以直观生动的形式指出存在的问题并提出改进建议的说服更有力。可以运用认知失调理论让人们节约用水,在公共场所多放置垃圾箱会减少乱扔垃圾的行为,强制性和描述性这两种规范都能影响人们的环境保护行为。研究表明,在应对包括公共资源问题在内的社会困境问题时,沟通是解决矛盾、摆脱困境的一个关键。

需要指出的是,正确对待社会发展、人类福祉和财富,调整社会适应和社会比较的标杆,形成后现代的全新生活方式,已是当下环境保护之理论和实践两方面的重要探究趋势。

第三节 社会心理学在司法、政治领域的应用

一、社会心理学与司法

(一)犯罪原因的心理学分析

曾有各种心理学理论被用于分析犯罪行为,如精神分析理论、挫折—侵犯理论、遗传论的观点、变态心理与脑功能障碍的观点等。这些分析有一定的价值,但视角较为单一。

经验性多因素分析理论把犯罪问题置于宽广的社会体系中予以考察,探究了影响犯罪主体行为的内外因素。外部因素包括自然的和社会的两大类,前者有时间、季节、地理环境等,后者有社会政治、经济、意识形态、风俗习惯、大众传媒等。内部因素包括生理的和心理的因素,如年龄、性别、遗传特点、知识经验、个性特点等。

聚合作用理论又进了一步,即努力探究发生越轨行为的各种因素之间的内在联系,探究这些因素之间的相互影响、相互制约,认为要聚焦于分析社会条件、个体条件、越轨行为等诸多方面的聚合作用,这样才能揭示犯罪行为背后的真正原因。

(二)影响陪审团公正的因素

社会心理学研究发端于美国,美国司法审判是陪审团制度,社会心理学就影响陪审团裁定之公正性的有关因素进行了研究。

1. 陪审团自身因素

有关研究表明,陪审团成员自身的信仰、背景、种族、文化习俗等特征会影响裁定时的判断和决策。研究还发现,陪审团成员的性别、人格特点、信息加工方式、对处罚的态度等也可能影响最终的裁定。例如,在对强奸案和儿童虐待案的看法以及对嫌犯判决的裁定上,不同性别的陪审团成员会做出不同的决定,女性更可能倾向于裁定有罪判决。又如,易受感动和

易于激动的陪审团成员往往无法理性而全面地分析所有材料和证据。再如,在经历经验的基础上,人们会形成自己对事物的判断或解释的图式,一些陪审团成员一开始可能就有了自己的想法,这将影响其对证据的理解以及与他人的交流。已有一些相关研究的结果证明了陪审团成员的一些特征与其可能做出的判断和决策之间存在着一定的联系。

2. 陪审团外界因素

媒体报道是一个重要的外界因素。媒体对案情和嫌犯的报道,会在一定程度上影响陪审团成员对案件的理解、判断和裁定,如果媒体报道时带有渲染色彩,就会诱发公众包括陪审团成员的某种情绪,可能会扭曲陪审团的决策。被告特征是又一个重要的外界因素。被告特征主要是指其与陪审团成员的相似性和外表的吸引力。陪审团成员对态度、信仰、爱好、兴趣等方面与自己相似的被告会产生同情心,还会因被告有吸引力的容貌、体态、服饰、风度、举止等而为之感到惋惜,进而影响判断和裁定,当证据模糊或需要裁定被告是否有意犯罪时,这些因素的影响更大。

此外,证据呈现的方式、陪审团的规模也会对裁定产生影响。

研究者建议,组成陪审团后应安排成员接受必要的培训,包括法律程序、辩护标准等。

(三) 证人证言问题

1. 证人证言不全可信

认知心理学研究表明,有多种因素会影响人们的记忆过程而使其失真,包括证人证言。证人自案件发生到出庭作证,其间经历的感知觉、记忆、陈述等受到众多因素的影响,其准确性会下降。比如,人的感知觉是其感知能力、注意力、外界因素综合作用的结果,其中注意力又取决于人的经验、情绪、意志、个性特点和生理状态,外界因素有时间、气候、地形、方位等。又如,人的记忆会因受感知时的情绪、年龄、身体和精神状况的影响,以及材料本身的性质、特点等因素的影响而被遗忘或歪曲。再如,陈述的可靠性,除了受前面感知觉和记忆的影响,还受主体陈述能力、作证时的动机、年龄、知识、经验等的影响。因此,当今许多欧美学者认为,证人证言在很大程度上并不可靠。美国的资料表明,目击证人的错误辨认是导致错误指控的一个主要原因,每年 150 万例的犯罪判决中有 0.5％ 即 7500 例是错判,其中又有近 4500 例是由错误辨认所造成的。

2. 提高证人证言的准确性

由于证人证言在司法活动中的必要性和重要性,又由于目前还没有识别证人证言的方式方法,心理学家将注意焦点集中于提高证人证言的准确性上,并提出了下面两条途径。

一是提高辨认嫌犯技术。步骤如下:提供的所有人与嫌犯都要相似;分批提供人群,提供一批人时告诉目击者其中可能有,也可能没有嫌犯;不要总是把嫌犯放在开始的那批人中;对安排目击者辨认的人也不让他知道嫌犯是哪一位;在目击者辨认时先询问其辨认的把握程度,再告诉其辨认的结果;提供照片时要逐一给目击者看;提供录像时,既要让目击者看到形象,又要让目击者听到声音。这些方式能使目击者避免从人群中挑出"最像"嫌犯的人,提高辨认的准确性。

二是提高询问技术。对目击者询问时要采取认知面询的方式。即开始时让目击者进行未经提示的回忆，让其有充足的时间回忆和报告头脑中出现的一切，然后再用启发性的问题引导目击者回忆，例如，长相和服饰有什么不同寻常，说话声音语调有什么特别之处，周围发生或出现过什么，等等，所提问题要审慎地做到不包含任何事前的假定。研究表明，这种认知面询能使目击者回忆起更多的细节，又不影响正确率。

(四) 犯罪预防与心理矫正

1. 犯罪预防

有学者把犯罪预防分为防止犯罪和防止受害两种。前者旨在减少犯罪数量；后者旨在降低个人成为犯罪受害者的可能性。当然，应该兼顾两者、标本兼治。

有关调查显示，加强法律的强制制裁力，给罪犯以严厉惩罚的呼声在社会公众中有增强的趋势。这与一些学者提出的威慑理论是吻合的。该理论认为，严格、确定及迅速的法律刑罚具有较强的威慑力，可起到使人们避免从事犯罪行为的作用。但研究显示，严厉的法令和处罚甚至死刑的威慑效果依然是有限的。

怎样才能更有效地预防犯罪？有的学者认为，当人们认为法律和司法程序是公平、公正的时候，就会遵守法律或接受司法裁定和判决，并形成应有的法治观念和行为。这是从构建公平正义之社会的层面上预防犯罪。

也有学者认为，培养社会成员具有健全人格，使之能适应社会角色和生活的要求，是预防犯罪的基本途径。可以通过社会化和自我修养达到这一目标，并有相应的心理学依据，如刺激—反应的规律、意识的可塑性、需要心理的可调性、情感心理的可导性等。

2. 罪犯的心理矫正

认知—行为矫正技术被认为是一种较为成熟的、整合了多重心理学理论的技术方法。它包含一些具体的矫正方法，其中有一些侧重于矫正犯罪行为，如社会技能训练、自我管理、人际交往训练、问题解决训练等；另一些侧重于矫正认知和品德，如认知重建、道德两难问题讨论等。

二、社会心理学与政治

西方的政治心理学，在某种意义上是社会心理学在政治领域的应用。我国学者在这一领域涉猎很少，这里简单介绍一下国外，主要是欧美国家在这方面的研究情况。

(一) 民意与投票

早期，在这方面有影响的研究出现在1940年罗斯福竞选第三次总统连任的选举中。迄今的研究表明，大多数选民在竞选之初已做了选择，且较稳定；也有部分选民直到最后才做出自己的决定，造成了民意与投票两者关系的波动；离投票时间越近，民意测验之结果会越准确。

钱袋子投票与社会热情投票是影响选民投票结果的重要因素。有观察发现，选举结果与总体经济情况有关,如果选举年经济表现不佳,总统所在政党一般会失利,如果经济表现良好则会获得较高支持率。这被喻为钱袋子投票。但同时也有研究发现,在国家经济表现欠佳时,有些收入增加的选民仍然反对执政党,这被称为社会热情投票。很多研究指出,大体上社会热情投票会比较普遍,钱袋子投票相对较少,且较多出现在美国总统选举中,较少出现在美国和欧洲的议会选举中。

政党认同是左右选民投票结果的一个相当重要的因素。根据认知一致性原理,政党认同会影响人的投票倾向。例如,在 1996 年美国总统竞选中,忠诚的共和党员倾向于认为多尔要比克林顿更亲切,也认同多尔的反对增税和堕胎的立场。有人主张可以据此预测个人尤其是较为年长选民的投票行为。当然,对此也存在修正的观点,即政党认同并非唯一重要的影响因素,选民同时还会理性地考量当前执政者的表现、其任期内的重大政治问题和事件等。

意识形态、意识形态的自我认同在政治上、在选举投票中变得日益重要,且与政党认同的关系越来越密切。例如,在美国,近几十年来自由主义者更多地加入了民主党,而保守主义者更多地加入了共和党,年轻一代的选民更会从意识形态出发选择自己支持的政党,且比年长一辈的人在意识形态上更加两极化。

一致性是投票行为中存在的一种现象。有观点认为,由于大部分公民对所处的政治环境及其规则和过程知之不多、不深,其投票行为难以基于正确的政治考量。尽管如此,人们对政府应该有怎样的作为还是有明确的倾向性的,但一些研究证明,这种倾向性的表现有一定的随机性。例如,在某个场合询问某公民时,他可能会给出某个回答,但此后再问时,很多人的答案会有所改变,而第三次询问时又会有很多人变得与开始时相仿了。至于这种不一致性是否合理则存在着争议。

(二) 政治社会化

人们的政治生活大多始于年轻时代,基本的政治态度如政党认同、意识形态认同、社会和道德价值观等大体在成年之前已具雏形。这一政治社会化过程值得分析。

关于早期的政治社会化,美国有关调查显示,家庭和父母带来的影响甚大。比如,中学生父母支持哪位总统候选人,他们中绝大多数也支持那一位,但是在其他方面如"政府人员"可信度上,他们与父母的一致性就低得多。又如,高中生的政党认同很容易偏向于父母的认同,只有约 10% 的人有相反的认同,父母的那些清晰且重复的行为对子女的影响最大。

近来的证据表明,在政治社会化过程中,与家庭父母相比,发挥更大作用的是现实世界的政治。现实中,政治事件本身能起到引导社会化的催化作用。例如,在有选举权的年轻人中,那些参与机会最多者,其态度的社会化程度也最强。又如,与选举前两个月、选举后一年相比,年轻人在选举当月的政党认同会得到最大程度的加强,总统选举后年轻人的政治态度显著比选举前要稳定且一致。

关于政治社会化的稳定性,这其实就是早期政治社会化是否会伴随个体一生的问题。学界对此有三种假设。其一,具有持久性。即成年前期的政治社会化会在一个人以后的人生中得以保留,如政党认同、政治意识形态、种族偏见等在成年期之后不会有太大的改变。

其二，具有终身开放性。即政治社会化如同政治态度及一般态度一样，在人的一生中都是可能变化的。其三，关键年代的作用。早期形成的政治社会化会在人生的一些关键性节点发生变化。比如，上大学后会接受新观点和不同类型的人的影响，尤其会受具体学校之主流文化的影响，因为之前形成的东西其实并没有完成定型。又如，在大学生毕业后，影响其政治倾向稳定性的最重要因素是他们所处的社会环境。

（三）大众传媒与政治说服

我们生活在大众传媒时代，与大众传媒打交道的时间远多于个体彼此打交道的时间，政治态度是否受其影响受到关注。

很多人相信大众传媒，尤其是电视/网络具有强大的说服效果，这与人们看电视或在网络上看相关视频时非常投入有关，也与政治类节目的播出时段及频率有关。但迄今还难以找到其能够成功改变大众态度的例子，很多关于媒体说服力的例子在经过仔细分析后可以发现，实际基本上没有多大影响，或者说效果在改变对方态度方面表现得并不明显，但能够使己方更为坚定。

大众传媒要改变人们态度，面临的一个问题是曝光率，如政治类节目有多少人看、看的话是否仔细和专注等。另一个问题是，即使很多人看了，但离真正改变他们的政治观点仍会有很大距离，因为大众传媒尽管能吸引大量受众，但其中很多态度坚定者是很难被改变的，他们会为了保持认知一致性而倾向于改变应对方式而不是改变态度。当然，这并非意味着大众传媒毫无作为，如果政治事件长期、频繁、大量地被曝光，再加上其他一些条件，则大众传媒还是能起到一定的说服效果的。

近期，这方面的研究焦点从说服力转向了媒体影响政治的方式上。一是信息传播。无疑，电视/网络新闻排在首位，其次为报纸，但事实上竞选广告可能比新闻更有效，当下还需考虑网络和相关手机软件所具有的强大功能。二是重点议题的设定。媒体传播的议题要重视公众感兴趣的和政治人物谈论的话题。三是措辞。议题设定后如何表达很重要，美国在国内问题上更多地使用了"有助于穷人"这一说法来代替"福利"，这使政府有关计划的支持率提高了一倍。

（四）群体冲突

当今，政治上女性声音仍然没有男性那么强，尽管女性开始投票已有相当长时间的历史。二战后在政治态度、政治领域等问题上性别差异总体上越来越突出，也越来越受到关注。一个总体趋势是，女性现在更加倾向于自由主义，也更多关注如何推动社会服务，更少关注战争和使用军事压力。这一现象被称为性别差距，它存在于美国，也存在于德国、丹麦等国，表现为女性更厌恶使用暴力，包括战争、建立强大军队、死刑、严苛地惩罚罪犯等，同时另一些议题，如教育、堕胎合法化等在吸引女性参政方面变得更加重要。与较为传统的妇女，如家庭主妇、年纪较大、教育程度低的妇女相比，那些年轻的、受过良好教育的、有工作的职业女性更加关注那些帮助孩子、老人及其他弱势群体的议题，并反对使用政治和军事的压力。今天，更多关于性别差距的研究将关注焦点集中在女性的改变上。一种看法是，今天妇女地位的提高增进了她们的群体社会认知,她们受到更多的教育,有更多的人参加工作,也能不再花费大量时间照顾孩子,这些增进了她们对性别的感知,使她们更加关注女性权益和自由主义方面的议题。

政治生活中的冲突难以避免,心理学家关注人们对冲突的容忍程度。人们通常倾向于抵制和贬低那些与自己基本观点完全不一致的信息,似乎有一种压制那些自己不喜欢的观点的自然倾向。大部分调查表明,几乎所有人都赞同自由演讲的民主原则,不管其持何种观点,但当这样的原则被用于不受欢迎群体的具体行动中时却常常出现矛盾和冲突。对抽象的民主的认同,并不能保证对具体事例的有效支持。同时,在不同群体中,年轻的、受过更多教育的人口群通常具有较高的容忍度。人们学到了民主原则,但需要知识的增长为此提供理性支持,这样方能控制自己对不喜欢的人和群体的自发的厌恶倾向。

(五)国际冲突

国际冲突也是政治心理学的一个关注点。

关于敌方印象,认知一致性理论认为,为了与基本态度一致,知觉会有一定的扭曲。当坚定地认为对方是敌人时,人的许多知觉会与这一印象保持一致。例如,许多人心目中的敌方印象总具有心怀不轨、非正义和邪恶等特质。此时,群体自利性偏差也会发生,即对己方行为做正性评价、对敌方行为做负性评价。此时还会进一步形成敌方政府是邪恶的、人民是友好的等偏差印象。

关于信念系统。社会认知理论的信息加工倾向于理论驱动而非信息驱动。决策者认为,从历史经验学到的教训是非常重要的,"忘掉历史的人注定要重蹈覆辙"。但这也有一定的风险,因为经验在特定历史条件下才起作用,因此,要考虑其是否适用于多年后变化了的情况。给历史经验以过高的权重未必能确保成功。能否做出合理的对外决策取决于获取的信息是否全面和决策者的价值观。

关于危机管理,政治领导人处理国际危机时,一要重视相关的心理应激因素,二要避免决策过程中的群体思维倾向。

主要参考文献

1. 黄希庭,毕重增. 心理学(第二版)[M]. 上海:上海教育出版社,2020.
2. 梁宁建. 心理学导论[M]. 上海:华东师范大学出版社,2013.
3. 董奇,陶沙,等. 脑与行为——21世纪的科学前沿[M]. 北京:北京师范大学出版社,2000.
4. 彭聃龄. 普通心理学(第5版)[M]. 北京:北京师范大学出版社,2019.
5. 梁宁建. 基础心理学(第3版)[M]. 北京:高等教育出版社,2020.
6. 桑标. 儿童发展[M]. 上海:华东师范大学出版社,2014.
7. 林崇德. 发展心理学(第二版)[M]. 北京:人民教育出版社,2009.
8. 王振宇. 儿童心理发展理论(第二版)[M]. 上海:华东师范大学出版社,2016.
9. 张文新. 儿童社会性发展[M]. 北京:北京师范大学出版社,1999.
10. 中国心理学会. 当代中国心理学[M]. 北京:人民教育出版社,2001.
11. 乐国安. 社会心理学(第3版)[M]. 北京:中国人民大学出版社,2017.
12. 侯玉波. 社会心理学(第三版)[M]. 北京:北京大学出版社,2013.
13. 沙莲香. 社会心理学(第三版)[M]. 北京:中国人民大学出版社,2011.
14. 郑雪. 社会心理学[M]. 广州:暨南大学出版社,2004.
15. 时蓉华. 社会心理学(第2版)[M]. 上海:上海人民出版社,2002.
16. [美]菲利普·津巴多,罗伯特·约翰逊,薇薇安·麦卡恩. 津巴多普通心理学(第7版·2017修订)[M]. 钱静,黄珏苹,译. 北京:中国人民大学出版社,2016.
17. [美]理查德·格里格,菲利普·津巴多. 心理学与生活(第19版)[M]. 王垒,等译. 北京:人民邮电出版社,2016.
18. [美]丹尼斯·库恩,等. 心理学导论——思想与行为的认识之路(第13版)[M]. 郑钢,等译. 北京:中国轻工业出版社,2014.
19. [英]M·艾森克. 心理学:一条整合的途径(上、下册)[M]. 阎巩固,译. 上海:华东师范大学出版社,2000.
20. [美]戴维·迈尔斯. 心理学精要(第5版)[M]. 黄希庭,等译. 北京:人民邮电出版社,2009.
21. [美]克雷奇,卡拉奇菲尔德,利维森,等. 心理学纲要(上、下册)[M]. 周先庚,林传鼎,张述祖,译.北京:文化教育出版社,1981.

22. [美]罗伯特·S·费尔德曼.心理学与你的生活(原书第2版)[M].梁宁建,等译.北京:机械工业出版社,2016.

23. [美]查尔斯·S·卡弗,迈克尔·F·沙伊尔.人格心理学(第五版)[M].梁宁建,等译.上海:上海人民出版社,2011.

24. [美]本杰明·B·莱希.心理学导论(第11版)[M].吴庆麟,等译.上海:上海人民出版社,2010.

25. [美]罗伯特·J·斯滕伯格.心理学:探索人类的心灵(第三版)[M].李锐,等译.南京:江苏教育出版社,2005.

26. [美]J·H·弗拉维尔,P·H·米勒,S·A·米勒.认知发展(第四版)[M].邓赐平,刘明,译.上海:华东师范大学出版社,2002.

27. [美]L·A·珀文.人格科学[M].周榕,陈红,杨炳钧,等译.上海:华东师范大学出版社,2001.

28. [美]劳拉·E·贝克.婴儿、儿童和青少年(第5版)[M].桑标,等译.上海:上海人民出版社,2014.

29. [美]戴维·迈尔斯.社会心理学(第8版)[M].侯玉波,乐国安,张志勇,译.北京:人民邮电出版社,2006.

30. [美]史蒂文·L·麦克沙恩,玛丽安·冯·格里诺.组织行为学(英文版·第3版)[M].井润田,等译.北京:机械工业出版社,2007.

31. [美]埃里奥特·阿伦森,等.社会心理学(第五版)[M].侯玉波,等译.北京:中国轻工业出版社,2005.

32. [美]谢利·泰勒,戴维·西尔斯,利蒂希亚·安妮·佩普卢.社会心理学(第十版)[M].谢晓非,等译.北京:北京大学出版社,2004.

33. [美]R·A·巴伦,D·伯恩.社会心理学(第十版)(上、下册)[M].黄敏儿,王飞雪,等译.上海:华东师范大学出版社,2004.

34. [美]弗雷德·鲁森斯.组织行为学(第九版)[M].王垒,等译.北京:人民邮电出版社,2003.

35. [英]R·赖丁,S·雷纳.认知风格与学习策略:理解学习和行为中的风格差异[M].庞维国,译.上海:华东师范大学出版社,2003.

后 记

党的二十大报告中提出要"重视心理健康和精神卫生",这对新时代做好心理健康和精神卫生工作提出了明确要求。心理健康和精神卫生是公共卫生的重要组成部分,也是重大的民生问题和突出的社会问题。近年来,心理健康和精神卫生工作已经纳入全国深化改革和社会综合治理范畴。心理健康和精神卫生工作是一项系统工程,需要从公众认知、基础教育、社会心理、患者救治、社区康复、服务管理、救助保障等全流程加大工作力度,以适应人民群众快速增长的心理健康和精神卫生需求。

在加强心理健康和精神卫生工作中,从业人员的数量增加和素质提升至为关键。为了进一步提高心理咨询与辅导服务人员的专业理论水平及实践能力,根据心理辅导与服务能力考试标准,我们编写了《心理咨询与辅导基础理论》一书,以满足心理咨询与辅导服务人员学习和了解相关基础知识以及继续教育的需要。

本书共分为三个部分:第一部分"普通心理学"由梁宁建教授撰写,第二部分"发展心理学"由桑标教授撰写,第三部分"社会心理学"由岑国桢教授撰写,最后由桑标教授汇总定稿。本书在编写过程中得到了上海市心理学会、上海市教育人才交流协会、其他心理咨询专家以及华东师范大学出版社等各方面的热情支持与帮助,谨在此致以衷心的感谢。

桑 标

2023 年 10 月